现代力学丛书

Advanced Fracture Mechanics

高等断裂力学

王自强　陈少华　著

科学出版社

北京

内 容 简 介

本书系统论述断裂力学的基本概念、理论基础、力学原理、分析方法以及断裂力学的实验测定和工程应用. 深入阐明了断裂力学各个重要发展阶段的新颖学术思想和原创性工作, 同时融会贯通地介绍了国内学者在作者熟悉的若干领域内的创造性贡献.

全书共 14 章. 第 1 章介绍断裂力学的历史背景和发展脉络; 第 2~5 章介绍线弹性断裂力学; 第 6~8 章论述弹塑性断裂力学; 第 9 及第 10 章分别介绍疲劳裂纹扩展和界面裂纹; 第 11~14 章阐述裂纹体弹性动力学和裂纹动态扩展.

本书适合从事断裂力学研究和应用的科技工作者及工程师使用和参考, 也可供力学专业的高年级本科生和研究生阅读参考.

图书在版编目(CIP)数据

高等断裂力学=Advanced Fracture Mechanics/ 王自强, 陈少华著. —北京: 科学出版社, 2009
(现代力学丛书)

ISBN 978-7-03-023035-5

I. 高… II. ①王… ②陈… III. 断裂力学-研究 IV. O346.1

中国版本图书馆 CIP 数据核字(2008) 第 145638 号

责任编辑: 王飞龙 鄢德平 刘信力 / 责任校对: 李奕萱
责任印制: 赵 博 / 封面设计: 王 浩

科 学 出 版 社 出版
北京东黄城根北街 16 号
邮政编码: 100717
http://www.sciencep.com

三河市骏杰印刷有限公司印刷
科学出版社发行 各地新华书店经销
*
2009 年 3 月第 一 版 开本: 720 × 1000 1/16
2024 年 4 月第六次印刷 印张: 24
字数: 466 000

定价: 149.00 元

(如有印装质量问题, 我社负责调换)

丛 书 序

“现代力学丛书”是由中国科学院力学研究所编著的一套丛书，由科学出版社出版发行. 丛书的作者为本所的科研人员，客座研究人员及其他相关人员. 出版丛书的目的是为了总结和提高我们近年来的科学研究成果并促进相关学科领域的开拓. 中国科学院力学研究所自成立以来，既从事基础研究也以基础研究为手段，参与和承担了国家和部门委托的许多任务，取得了一系列重要的成果. 我们认为将这些成果分类整理，系统化并加以提高，在此基础上出版专著，是一件很有价值的事，既有益于中国科学院力学研究所科研工作的进一步提高也有利于为广大读者获取新的知识，共同促进力学学科的繁荣发展.

本丛书可供相关专业的科研人员和研究生参考.

《高等断裂力学》是本丛书的第一卷.

郑哲敏

二〇〇九年二月于北京

序　言

断裂力学作为工程科学的阆苑奇葩，不仅在固体力学界大放异彩，而且在工程结构可靠性分析和损伤容限设计，材料力学性能表征，固体缺陷和强度，应用数学，地震和地壳断裂以及地质力学等领域星光闪烁，引起了广泛的关注.

断裂力学的历史渊源可以追溯到 Griffith 在 1921 年和 1924 年的开创性工作. 而现代断裂力学的发展源于 Irwin 和 Orowan 在 1948 年的著名工作. 因此，断裂力学作为一门工程科学已经有了 80 多年的发展历史. 其基本原理已经日臻成熟，而它的应用正在向广度和深度发展.

国内已有几十种断裂力学的著作，这些著作大体分为三类：第一类作为高等院校的教材，主要介绍断裂力学的理论基础和分析方法；第二类偏重断裂力学的工程应用，主要介绍断裂力学的基本原理，断裂机理和断裂准则等一般知识；第三类是断裂力学某个领域的专著，主要介绍该领域的原创性研究成果.

本书介绍了断裂力学的历史背景和发展脉络，对断裂力学的基本概念和理论基础、力学原理、分析方法以及断裂参量实验测定方法和工程应用作了系统论述. 本书还对裂纹体的弹性动力学和裂纹动态扩展作了系统介绍. 书中既关注了国外学者的重要工作也关注了国内学者的创造性贡献.

国内学者对断裂力学的创造性贡献是多方面的. 限于篇幅，本书只介绍了作者熟悉的若干领域内国内学者的创造性贡献. 关于国内学者在断裂力学其他领域的创造性贡献，感兴趣的读者可以参阅国内诸多断裂力学专著.

本书的第 1~9 章由王自强撰写，第 10 章由王自强和陈少华共同撰写，第 11~14 章由陈少华撰写.

本书出版得到中国科学院力学研究所《现代力学丛书》出版基金资助. 在此表示深切的谢意.

本书出版还得到美国加州大学 Riverside 分校机械系的徐冠水教授的帮助和中国科学院力学研究所吴永礼研究员的帮助，徐冠水教授向我们提供了 Griffith 的经典文献，吴永礼研究员对本书进行了校核，在此一并表示深切的谢意.

本书的第一作者还要感谢冯秀艳博士采集和汇总了前 9 章的电子版插图.

王自强　陈少华

2008 年 9 月 8 日于北京

目　　录

第1章 引　论

1.1 历史背景

长期以来，工程材料与结构的广泛使用，使人类面临着大量的机遇和挑战. 石器时代，人类主要利用天然材料，制作一些原始的工具. 而在铜器时代和铁器时代，在金属加工成形方面，人类做了大量艰苦卓绝的努力. 据粗略估计[1]，在 13 世纪，一个骑士和他所用的马的装备耗费的财力相当于现代制作一辆先进的坦克. 中世纪关于铸件和锻件生产的历史记载现在还存在. 正如 Broek[1] 所指出的那样，采用这些生产方法制作的炮筒必然存在严重的技术缺陷，从而使炮手们在使用大炮前要向上帝祈祷.

近代由于工业革命，金属材料广泛使用，大型工程建筑和结构不断涌现，灾难性的不测事故的数量急剧增加. 1860~1870 年期间，由于车辆、车轴、轨道断裂造成的事故，英国每年均有 200 人丧生。

Shank[2] 在 1954 年发表的报告中，汇编了 60 件大型结构的破坏事故. 其中包括大桥，压力容器，储藏罐和管道等. 例如，1886 年长岛的 250ft① 高的铆接水塔在静水压力试验中脆断. 当水压达到 227ft 高时，一条 20ft 的垂直裂纹出现在底部，伴随着尖锐的撕裂声，水塔垮掉了；1938 年，在比利时，一座跨度 245ft 的焊接桥，在寒冷的天气，堕入 Albert 运河，发出类似爆破的巨大声响.

英国《工程》杂志在 1866 年 2 月刊上登载[3]：每年在英国有五六十起锅炉爆炸事件，使许多人丧命，并使许多建筑破坏.

1944 年 Cleveland 发生的液化气罐的灾难性大破裂事故令人胆战心惊. 据 Atallah[4] 报道：79 座房屋，2 个工厂以及大约 217 辆汽车在这次事故中被彻底毁坏. 另外还有 35 座房屋和 13 个工厂遭到严重破坏. 各类财产损失总和达 600~700 万美元 (1944 年). 破裂的容器泄出大量液化气，接着这些液化气被难以预防的因素点燃，液化天然容器的大火和随之而来的爆炸使 130 人丧生，300 人重伤. 图 1.1 展示了破坏后的残景[5]. 地下管道爆炸掀起了整个街道路面，上百间房屋遭毁坏 ……，爆炸时的火球高达 2800ft，甚至有被烤熟的鸟从天上掉下来[5].

随着全焊接技术的诞生，一个新的结构破坏事故时期开始了[6]. 二次世界大战期间，用全焊接技术建造的 2700 艘自由轮，其中有 10 艘断成两截，8 艘失踪；有近 90 艘发生了严重的结构破坏，近 400 艘遭受结构损坏. 全焊接技术比起铆接技术既

---

① 1ft=12in=30.48cm.

大大缩短了制作周期又大大降低了成本, 但是随之而来的是众多的断裂事故.

图 1.1 1944 年 Cleveland 发生的液化气罐爆炸

令人惊奇的是, 这些事故常常在低应力情况下发生 (有几条船是在港湾内突然破坏的). 由此, 很多国家开展了大规模的研究.

研究表明自由轮船舰的破坏是由下面 3 个因素组合造成的[7]:

1) 焊接工艺产生类似小裂纹的缺陷;

2) 断裂大部分起始于甲板舱口的角点, 此处有局部应力集中;

3) 制造自由轮的钢材在低温下韧性很差.

一艘全焊接的船, 可以看作是一片金属, 裂纹在一片韧性很差的金属中可以快速传播而不受很强阻力. 铆接技术是将许多板块有效地铆接起来, 裂纹在铆接处受阻, 不易穿越不同板块.

自由轮船艇的断裂事故, 引起了美国政府的高度重视. 在华盛顿海军研究实验室, 以 Irwin 为领导的一个研究组对断裂问题进行了系统研究, 这就促成了断裂力学的诞生.

1.2 工 程 意 义

1982 年, 美国 Battelle's Columbus 实验室受美国国家标准局 (NBS) 的委托, 对断裂破坏事故及防范, 每年所造成的经济损失和耗费作了评估. 这项研究是由 Duga[8] 领导的研究组进行的. 同时广泛征求了材料专家、设计专家、结构专家、经济学家和企业家的意见. 听取了工业咨询委员会、政府、科学院、商品安全和保险部门的意见. 研究表明, 这个经济损失费用确实是很高. 这项花费每年约 1190 亿美元, 相当于美国国民生产总值 4%. 随着社会的日益进步, 对于新材料及巨型工程结构的使用更加广泛, 这种花费会逐步增加. 近年的研究表明, 发达国家如美、日、欧盟等, 这种花费约占国民生产总值的 6%.

NBS 委托的研究工作还表明：如果充分利用现有的和未来的先进断裂控制技术, 那么经济损失可以减少一半, 即达到当年国民生产总值 2%~3% 的经济效益.

据我国劳动部统计[9], 我国在 20 世纪 80 年代发生的锅炉和压力容器的爆炸事故约 5000 起, 人员伤亡累计近万人, 居国内劳动安全事故的第二位. 我国这类事故的发生率比经济发达国家高 10 倍, 而重大恶性事故比经济发达国家高 100 倍. 综合上述, 可以清楚地看出, 断裂事故的防范是一个非常重要的问题. 断裂力学的深入研究和实际应用有重大的工程意义.

断裂力学已经在工程结构的设计中, 得到了切实的应用. 美国材料试验协会已将材料平面应变断裂韧性 K_{IC} 作为材料性能重要指标列入规范. 裂纹张开位移作为断裂参量已经成为压力容器结构[10] 和承压核结构[11] 的缺陷评定标准. 美国电力研究院发展了以 J 积分为基础的弹塑性缺陷评估方法, 称为 EPRI 方法[12]. 航空部门以断裂力学为基础, 提出了损伤容限设计思想[13]. 断裂力学在选材方面的应用也有了专门的指导手册[14].

1.3 脆性破坏特征

工程结构破坏事故的综合分析表明, 脆性破坏有以下特征[15]：

1) 尽管结构是由有延性的材料制成的, 但大多数工程结构的灾难性破坏具有脆性的特征, 也就是说只发生少量塑性变形;

2) 大多数脆性破坏发生在低温下;

3) 大多数脆性破坏是低应力破坏, 也就是破坏瞬时的名义应力远低于材料屈服应力;

4) 大多数破坏起始于缺陷、孔边、缺口根部以及出口舱角类等结构不连续部位;

5) 破坏源通常是预先存在的或服役过程中出现的缺陷或小裂纹;

6) 高强材料制成的结构, 容易产生脆性破坏;

7) 脆性破坏的传播速度很高, 通常是介质纵波速度的 $1/4\sim1/3$;

8) 高速撞击容易造成结构脆性破坏.

掌握这些特征, 有助于发展新的设计思想, 有效防范断裂事故的发生.

1.4 断裂力学起源与发展

工程结构的设计与制造已有很长的发展历史. 古代的建筑, 如希腊的圆形体育场, 中国的万里长城, 埃及的金字塔, 欧洲大教堂, 主要依靠实践经验. 直到 $16\sim19$

世纪, 应力和应变概念的发展和弹性理论、材料力学的建立, 才使定量设计成为可能.

近代结构设计是建立在强度准则基础之上, 而忽略结构和材料内部缺陷. 对于脆性破坏, 最大拉伸应力准则和 Coulomb-Mohr 准则是比较流行的. 而对韧性破坏, 通常采用屈服准则和极限载荷设计思想.

但是这些经典的设计思想不能解释一大类结构的脆性破坏. 很久以来, 人们就认识到这一点.

Leonardo da Vinci (1452~1519) 进行了不同长度相同直径铁丝强度实验. Lloyd(1830) 和 Le Blanc(1839) 进行了类似的实验 [16,17] 他们发现短铁丝的强度高于长铁丝.

Stanton 和 Batson[18] 1921 年报道了带缺口杆试样的实验, 发现每单位体积的断裂功随着试样尺寸的增加而减小. Docherty[19] 进行了几何相似带缺口杆试样的弯曲试验, 发现类似的行为. 这些早期的实验指出固体强度的尺寸效应. 美国海军研究实验室关于玻璃纤维的实验[20] 进一步确认了 Leonardo da Vinci 等的早期发现. 图 1.2 显示了实验结果. 图中上面曲线是精细制作的玻璃纤维实验结果. 下面的曲线是粗糙处理的玻璃纤维实验结果. 精细制作的纤维, 谨慎预防出现损伤, 而粗糙制作的纤维存在缺陷, 这就导致材料强度降低.

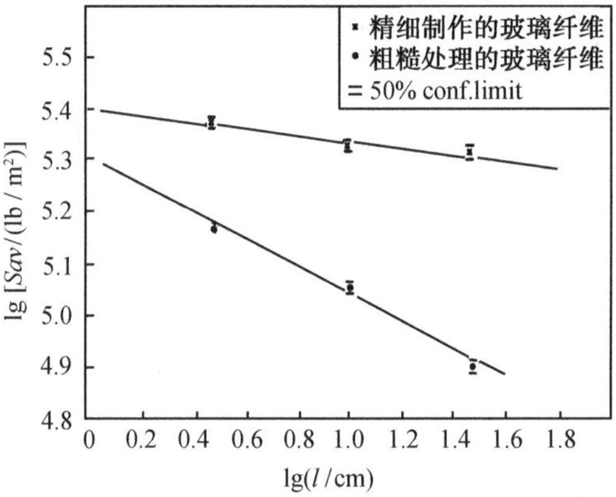

图 1.2

为了解释这些实验现象, 可以设想材料中含有缺陷. 试样尺寸越大, 试样中含有大尺寸缺陷的可能性也越大, 这就使材料的强度降低.

1.4.1 Griffith 工作

1921 年和 1924 年, Griffith[21,22] 对脆性材料的断裂理论作了开创性研究. 他发现玻璃的实际强度远远低于分子结构理论所预期的理论强度. 他认为强度的降低是由于玻璃内部存在细小的缺陷裂纹导致玻璃在低应力下发生脆断. 他从能量平衡观点出发, 提出了裂纹失稳扩展条件: 当裂纹扩展释放的弹性应变能等于新裂纹形成的表面能时, 裂纹就会失稳扩展.

他注意到 Inglis[23] 关于无限大板含椭圆孔的弹性解, 利用这个解答, 他求得在板中心割开一个长度为 $2a$ 的裂纹, 释放的弹性应变能为

$$U=\frac{\pi a^2\sigma^2 B}{E} \tag{1.1}$$

式中, σ 是无穷远处施加的均匀应力, B 是板厚, E 是弹性模量. 根据 (1.1) 式, 得断裂应力的公式:

$$\sigma_f=\sqrt{\frac{2E\gamma}{\pi a}} \tag{1.2}$$

式中, γ 是材料的表面能.

为了验证他的理论, 他做了两组实验. 一组是玻璃薄壁球壳. 他用金刚钻或钢刃结合轻轻敲凿制作裂纹, 然后在 450°C 下进行回火处理以消除残余应力. 在球壳内部的裂纹处黏上赛璐洛胶冻以防止漏气. 为了消除球壳曲率半径的影响, 他选取的球壳直径比裂纹长度大许多. 球壳的壁厚比直径小两个数量级, 所以可以看作是玻璃制品的球泡.

在球泡内部冲压, 直至球泡爆裂. 表 1.1 列出他的实验结果. 从表中不难看出, 断裂应力随着裂纹尺寸的增大而减小, 但 $\sigma_f\sqrt{a}$ 却基本保持常值, 这证明了公式 (1.2) 的正确性.

表 1.1 含裂纹薄壁球壳的爆裂应力

$2a$/in	D/in	$(\sigma_x)_f^{1)}$/ksi	$(\sigma_y)_f$/ksi	$\sigma_f\sqrt{a}$
0.15	1.49	0.864	0.864	0.237
0.27	1.53	0.623	0.623	0.228
0.54	1.60	0.482	0.482	0.251
0.89	2.00	0.366	0.366	0.244

1) x 轴平行于裂纹, y 轴垂直于裂纹.

第二组实验是含裂纹薄壁圆柱壳的爆裂实验, 实验结果也支持他的理论. Griffith 还将自己的理论用于解释玻璃纤维强度的尺寸效应. 图 1.3 显示的是 Griffith[21] 对不同直径的玻璃纤维拉伸强度的实验结果. 从图上不难看出随着玻璃纤维直径的减小, 玻璃纤维拉伸强度不断增加, 而当玻璃纤维直径大于 0.04in 时, 玻璃纤维的拉伸强就趋于玻璃块体的强度值 25klb/(in)^{2}①. Griffith 认为这种尺寸效应实际上是玻璃体内存在微小裂纹造成的. 纤维的直径越小, 它所含的裂纹尺寸也越小, 这

① 1lb=453.59g.

就造成断裂强度升高, 当纤维直径趋于 0 的时候, 纤维的断裂强度就趋于理论强度 1600klb/in^2.

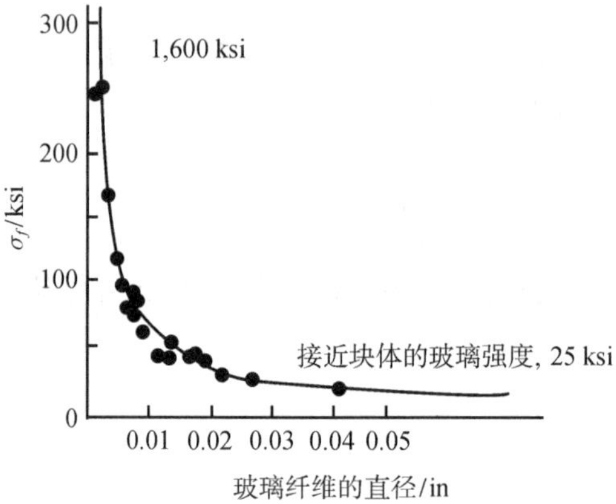

图 1.3

1.4.2 Irwin 应力强度因子理论

在 Griffith 理论发表以后的二十余年内, 断裂这个学科曾经吸引了一些科学家的兴趣, 但是并没有重要进展. Griffith 理论严格地说只适用于理想脆性材料, 对含裂纹固体的整体能量释放率计算显得复杂, 特别是复合应力下, 能量释放率计算比较困难.

为了推动断裂学科发展, 有两个关键的科学问题需要解决. 一是如何将 Griffith 理论扩展到工程材料; 二是如何能将 Griffith 整体能量平衡概念与某种容易分析的新的参数相联系.

Irwin[24] 和 Orowan[25] 各自独立地提出了裂纹尖端区域塑性耗散功概念, 认为对工程材料, 塑性耗散功要比表面自由能 2γ 大几个数量级. 因此, 在能量平衡分析中, 只需将塑性耗散功补充进表面能上, 修正的 Griffith 理论就能用到工程材料上去.

Irwin[26] 进一步提出了应力强度因子概念, 巧妙地将能量释放率与裂纹尖端应力强度因子联系起来, 从而开创了断裂力学新时代.

Irwin 的应力强度因子理论很快引起了国际学术界与工程界的重视. 20 世纪六七十年代断裂力学得到了迅猛发展, 引起了很多固体力学家, 材料物理学家, 应用数学家和工程师、设计师的兴趣.

1961 年, Paris 和他的合作者 [27] 提出了用应力强度因子方法分析疲劳裂纹扩展. Irwin[28] 在同一年提出了小范围屈服塑性区修正. 同一时期, Dugdale[29] 和 Barenblatt[30] 分别提出了条状屈服区模型和内聚力区模型. 这些模型与稍后发展起来的 BCS 位错连续分布模型[31] 成为分析板材平面应力裂纹问题的理论基础. Wells[32] 提出了以裂纹张开位移为断裂参量的 COD 方法, 来分析含裂纹宽板的弹塑性断裂问题.

Liebowitz[33] 主编《断裂》七卷丛书和 Sih[34] 主编的《断裂力学》丛书 (6 卷) 的出版象征着断裂力学的辉煌. 而 1973 年 Tada、Paris 和 Irwin[35] 汇编的第一本应力强度因子手册问世, 标志着线弹性断裂力学趋于成熟.

1.4.3 弹塑性断裂力学

1968 年 Rice[36] 和 Cherepanov[37] 提出了路径无关的 J 积分①, 同年 Hutchinson[38]、Rice 和 Rosengren[39] 建立了著名的 HRR 奇性场, 为弹塑性断裂力学奠定了重要的理论框架. 这些学者都用全量理论描述材料的塑性本构关系, 也就是用适用于单调加载的非线性弹性理论来表征加载时裂纹顶端区域的塑性变形.

后来发现 J 积分是 Eshelby[40]1951 年建立的能量动量张量中的第一平移积分, 而能量动量张量又是与物理中 Noether 守恒积分紧密相关的[41].

J 积分不仅具有守恒性, 而且与能量释放率 G 是相等的, 这不仅使 J 积分具有明确的物理意义, 而且为能量释放率计算提供了有效的工具. 在具体计算时, 我们可以用精度较高的远场来精确计算能量释放率.

HRR 奇性场表征了弹塑性材料裂纹尖端应力应变场的主要特征, 而 J 积分刻画了 HRR 奇性场强度. 1972 年 Begley 和 Landes[42] 基于块体试样的弹塑性断裂实验, 提出了以 J 积分为控制参量的弹塑性断裂准则. Rice, Paris 和 Merkle[43] 进一步发展了 J 积分估算方法, 从而为单试样测定 J_{IC} 提供了实用途径.

J 积分作为单参数断裂准则, 在 20 世纪七八十年代曾经风行一时, 独领风骚十余年. 但是精细的数值计算表明[44,45] 裂纹顶端的应力应变场难以用 HRR 场表征. 大量的实验[46,47] 证实, 材料的断裂韧性 J_{IC} 强烈地依赖试样几何和加载方式. 中心裂纹试样测得的 J_{IC} 要比弯曲试样测得的 J_{IC} 高一个数量级.

鉴于这种状况, 1986 年李尧臣和王自强[48] 建立了裂纹顶端弹塑性高阶场的基本方程, 得到平面应变的二阶场. 证实了二阶场是本征场, 它的幅值系数表征裂纹远场的三轴张力状态, 这就为弹塑性双参数断裂准则提供了理论基础.

对于平面应变 I 型裂纹, 夏霖和王自强[52], Xia、Wang 和 Shih[53] 得到了裂纹尖端弹塑性应力应变场本征级数展开式前五项完整结果. Chao 和 Yang[54,55] 得到了高阶场前 4 项结果.

Betegon 和 Hancock[56] 指出了 T 应力的影响. Sharma 和 Aravas[57], O'Dowd 和 Shih[58] 从不同角度分析了裂纹尖端场两项展开, 证实了李尧臣和王自强[48] 理论分析的正确性. O'Dowd、Shih 和 Dodds[59] 进一步提出了 J-Q 双参数断裂准则.

① 俄文版原文发表在 1967 年.

魏悦广和王自强[60] 基于裂纹尖端高阶场分析进一步证实裂纹尖端高阶场前 5 项只含有 3 个独立参数 J, k_2, k_4 (或 k_5), 提出以 J 和 k_2 为基础, k_4(或 k_5) 为辅助参量的 J-k 断裂准则. J-Q 双参数断裂准则和 J-k 断裂准则与 Kirk 等[61] 的实验符合得相当好.

与 J 积分准则相平行的, 裂纹张开位移准则 (COD 准则) 在预测弹塑性材料裂纹起始扩展方面也得到比较广泛的应用.

对于处于平面应力状态的薄板构件, 如果材料是弹性理想塑性介质, 那么 COD 准则是与 J 积分准则等价的. 但是对于常用的幂硬化材料, COD 准则尚缺少坚实的理论基础.

Wells[32] 根据大量实验于 1961 年提出了裂纹尖端开位移准则. Burdekin 和 Stone[62] 利用 Dugdale 模型得到裂纹尖端张开位移公式和标称应变之间关系曲线. 但是这个理论预示曲线远远高于宽板的实验曲线. 为此, Burdekin[62] 提出如下经验公式:

$$\frac{\delta}{2\pi\varepsilon_{ys}a} = \begin{cases} \left(\dfrac{\varepsilon}{\varepsilon_{ys}}\right)^2, & \dfrac{\varepsilon}{\varepsilon_{ys}} < 0.5 \\ \dfrac{\varepsilon}{\varepsilon_{ys}} - 0.25, & \dfrac{\varepsilon}{\varepsilon_{ys}} > 0.5 \end{cases}$$

徐纪林和王自强[63] 提出了条状颈缩区模型. 该模型设想裂纹尖端前方存在着一个狭窄的条状颈缩区. 在这个颈缩区上, 法向正应力 $\sigma_y = \sigma_u$, σ_u 是薄板试样拉伸曲线上的极限应力. 颈缩区被周围的弹塑区所包围. 采用这个模型, 结合有限元计算, 徐纪林和王自强成功地从理论上预示了宽板实验曲线.

J 积分, COD 单参数准则以及 20 世纪 90 年代发展起来的 J-Q, J-k 双参数准则都是针对裂纹起始扩展提出来的.

Hutchinson 和 Paris[64] 又将 J 积分作为控制参量, 分析扩展裂纹, 提出 J_R 阻力曲线的思想. Paris 等[65] 引入了撕裂模量, 以表征材料抵抗失稳扩展的能力.

扩展裂纹尖端场研究也是弹塑性断裂力学的重要内容. Chitaley 和 McClintock[66] 最先构造了理想塑性材料 III 型扩展裂纹尖端场. 这个解答虽然比较简单, 却生动地揭示了扩展裂纹尖端场重要特征: 裂尖附近的物质点在裂纹扩展过程中经历了从加载到卸载再二次加载的复杂过程; 而在裂纹延长线上, 塑性应变出现 $\left(\ln\dfrac{R}{r}\right)^2$ 奇异性.

理想塑性材料 I 型扩展裂纹尖端场, 首先由 Slepyan[67] 针对平面应变不可压情况给出. Slepyan 采用屈雷斯卡准则, 渐近场由四个角形区组成, 在扇形区中应变具有对数奇异性. Rice 等[68] 和高玉臣[69] 得到了 Mises 屈服准则的渐近解.

对平面应变可压缩情况, Drugan、Rice 和 Sham[70] 与高玉臣[71] 分别提出两个不同的五区解, 罗学富和黄克智[72] 进一步改进了 Drugan 等人的结果.

双线性硬化材料的扩展裂纹尖端场由 Amazigo 和 Hutchinson[73] 给出.

以上讨论针对率无关材料. 对于弹性幂硬化黏性材料, Hui 和 Riedel[74] 得到了一个幂次型渐近场. 这个场应力应变均具有 $r^{-\frac{1}{n-1}}$ 奇异性, 这个场仅适用于 $n>3$ 的情况. 而且这个场是一个自治场, 完全由材料的本构关系所决定, 不包含任何与外载及裂纹几何有关的参数.

20 世纪 80 年代以来, 细观断裂力学和纳观断裂力学呈蓬勃发展趋势, 这方面的有关情况可参阅杨卫的著作《宏微观断裂力学》[75].

参 考 文 献

[1] Broek D. Elementary engineering fracture mechanics. 王克仁, 等译. 工程断裂力学基础. 北京：科学出版社, 1980.

[2] Shank M E. Brittle failure of steel structure: a brief history. Metal progress, 1954, 66: 83-88.

[3] Anderson W E. An engineering views brittle fracture history. Boeing rept., 1969.

[4] Atallah S, U. S. history's worst LNG disaster. Firehouse, 1979, 1: 29.

[5] Kanninen M F, Popelar C H. Advanced fracture mechanics. 洪其麟, 等译. 高等断裂力学. 北京：北京航空学院出版社, 1987.

[6] Biggs W D. The brittle fracture of steel. McDonald and Evans, 1960.

[7] Anderson T L. Fracture mechanics, fundamentals and applications. Boca Raton: CRC Press, 1991.

[8] Duga J J, Fisher W H, et al. The economic effects of fracture in the United States. NBS special publication 647−2, United States Departement of Commerce, Washington, DC, 1983, 3.

[9] 劳动部文件. 关于开展锅炉和压力容器防爆技术研究的通知. 1990.

[10] BSI PD6493. Guidance on some methods for the derivation of acceptance levels for defects in fusion welded joints, 1980, British Standard Institution, London, 1980.

[11] Harrison R P, Loosemore K, Mi I. Assessment of the integrity of structure containing defects. CEGB Report R/H/R6, London, CEGB, 1976.

[12] Kumar V, German M D, Shih C F. An engineering approach for elastic plastic fracture analysis. EPRI Report, EPRI, New York 1981, NP-1931.

[13] Zahoor A. Ductile fracture Handbook. Novetech/EPRI, New York 1991, (1~3).

[14] Failure and prevention: Vol. 10 of Metals Handbook. ASM, Metals Park, OH, 1975.

[15] Gdoutos E E. Fracture mechanics, an introduction. Kluwer Academic Publishes, 1993.

[16] Timoshenko S P. History of the strength of materials. New York: McGraw-Hill, 1953.

[17] Todhunter I, Pearson K. History of the theory of elasticity and the strength of materials. Cambridge: Cambridge University Press, 1986.

[18] Stanton T E, Batson R G. Proceedings of the Institute of Civil Engineering 211. 1921: 67−100.

[19] Docherty J G. Slow bending tests on large notched bars. Engineering, 1935, 139: 211−213.

[20] Irwin G R. Structurals aspects of brittle fracture. Applied Materials Research, 1964, 3: 65−81.

[21] Griffith A A. The phenomena of rupture and flow in solids. Philosophical Transactions of the Royal Society of London A, 1921, 221: 163−198.

[22] Griffith A A. The theory of rupture. Proceedings of the First Congress of Applied Mechanics, 1924: 55−63.

[23] Inglis C E. Stresses in a plate due to the presence of cracks and sharp corners. Trans. Inst. Naval Arch., 1913, 55: 219−241.

[24] Irwin G R. Fracture dynamics, in fracture of metals. Cleveland, Am. Soc. Metals, 1948: 147−166.

[25] Orowan E. Fracture and strength of solids. Reports on Progress in Physics, 1948, XII: 185.

[26] Irwin G R. Analysis of stress and strains near the end of a crack transversing a plate. J. Applied Mechanics, 1957, 24: 109−114.

[27] Paris P C, Gomez M P, Anderson W P. A rational analytic theory of fatigue. The Trend in Engineering, 1961, 13: 9−14.

[28] Irwin G R. Plastic zone near a crack and fracture toughness. Sagamore Research Conference Proceedings, 1961, 4.

[29] Dugdale D S. Yieldings in steel sheets containing slits. J. Mech, Phys. Solids, 1961, 8: 100−104.

[30] Barenblatt G I. The mathematical theory of equilibrium cracks in brittle fracture. Advances in Applied Mechanics, 1962, VII: 55−129.

[31] Bilby B A, Cottrell A H, Swinden K H. The spread of plastic yield from a notch. Proc, Roy. Soc. London, Ser, A, 1963, 272: 304−314.

[32] Wells A A. Unstable crack propagation in metals: cleavage and fast fracture. Proceedings of the Crack Propagation Symposium, 1961, 1: 84.

[33] Liebowitz H. Fracture: an advanced treatise, Vol.I−VII, New York: Academic, Press, 1968: I-VII.

[34] Sih G C. Mechanics of fracture. Leyden: Noordhoff International Publishing, 1973−1979.

[35] Tada H, Paris P C, Irwin G R. The Stress Analysis of Cracks Handbook. St. Louis: Paris Productions Inc., 1985.

[36] Rice J R. A path indepedent integral and the approximate analysis of strain concentration by notches and cracks. J. Appl. Mech., 1968, 35: 379−386.

[37] Cherepanov G P. On crack propagation in solids. Int. J. Solids. Structs., 1969, 5: 863−871.

[38] Hutchinson J W. Singular bebavior at the end of a tensile crack tip in a hardening materials. J. Mech. Phys. Solids, 1968, 16: 13−31.

[39] Rice J R, Rosengren G F. Plane strain deformation near a crack tip in a power law hardening material. J. Mech. Phys. Solids, 1968, 16: 1−12.

[40] Eshelby J D. The continuum theory of lattice defects. Solid State Physics, 1956, 3.

[41] Günther W. Uber einige randintegrae der elastomechanik Adhandlungen der Branschweigischen Wissenschaftlichen Gesellschaft. 1962, 14: 53−72.

[42] Begley J A, Landes J D. The J-integral as a fracture criterion. ASTM STP 514, 1972: 1−20.

[43] Rice J R, Paris P C, Merkle J G. Some further results of J-integral analysis and estimates, in Progress in Flaw Groth and Fracture Toughness Testing. ASTM STP 536, American Society for Testing and Materials, Philadelphia, 213−245.

[44] McMeeking R M, Parks D M. Elastic-plastic fracture. ASTM STP 668, 1979: 175−194.

[45] Sih C F, German M D. Requirement for a one parameter characterization of crack tip fields by the HRR singularity. I. J. Fracture, 1981, 17: 27−43.

[46] Hancock J W, cowling M J. Role of state of stress in crack tip failure processes. Metal Science, 1980, 14: 293−304.

[47] De Castro P M S T, Spurrire J, Hancock P. An experimental study of the crack length/specimen widh ration dependence for the crack opening displacement test using smale scale specimen. Fracture Mechanics, ASTM STP677, Philadelphia, 486−497.

[48] 李尧臣, 王自强. 平面应变 I 型非线性裂纹问题的高阶渐近解. 中国科学 A, 1986: 182−194.

[49] 李松涛, 王自强. 平面应力问题的高阶渐近场. 中国科学 A, 1992: 512−519.

[50] Liu H W, Zhuang T. Characteristic crack tip fields and the characterizing parameter for elastic-plastic fracture mechanics. Advances in Fracture Research, ICF6, 1984, 2: 777−790.

[51] 邓海涛, 王自强. Plane stress elastic-plastic fracture criterion and stress-strain field around crack tip. Advances in Fracture Research, ICF7, 1989: 323−332.

[52] 夏霖, 王自强. 非线性材料裂纹问题的高阶渐近分析. 力学学报 (英文版), 1992, 8: 156−163.

[53] Xia L, Wang T C, Shih C F. High order analysis of crack tip fields in power law hardening materials. J. Mech, Phys. Solids, 1993, 41: 665−687.

[54] Chao Y J, Yang S, Sutton M A. Asymptotic analysis of the crack tip fields to determine the region of dominance of the HRR solution. Proceedings of the 28th Annual Technical Meeting of the Society of Engineering Science, 1991.

[55] Yang S, Chao Y J, Sutton M A. Complete theoretical analysis for high order asymptotic terms and the HRR zone at a crack tip for Mode I and Mode II loading of a hardening material. Acta Mechanica, 1993, 98: 79−98.

[56] Betegon C, Hancock J W. Two-parameter characterization of elastic-plastic crack tip fields. J. Applied Mechanics, 1991, 58: 104.

[57] Sharma S M, Aravas N. Determination of high-order terms in asymptotic elastoplastic crack tip solations. J. Mech. Phys. Solids, 1991, 39: 1043−1072.

[58] O'Dowd N P, Shih C F. Family of crack tip fields characterized by a triaxially parameter-I. Structure of fields. J. Mech. Phys. Solids, 1991, 39: 989−1015.

[59] O'Dowd N P, Shih C F, Dodds. The role of geometry and crack growth on constraint and implications for ductile/brittle fracture. ASTM STP 1224, Philadelphia, 1994.

[60] Wei Y G, Wang T C. Fracture criterion based on the higher-order asymptotic fields. Inter. J. Fracture, 1995, 73: 39−50.

[61] Kirk M J, Koppenhoefer K C, Shih C F. Effect of constraint on specimen dimension needed to obtain structurely relevant toughness measure. ASTM−STP 1171, 1993.

[62] Burderkin F M, Stone D E W. The crack opening displacement approach to fracture mechanics in yielding materials. J. Strain Analysis, 1966, 1: 145; Daws M G. The COD design curve, in Advances in elastic-plastic fracture mechanics. Applied Science Publishers, 1980: 279−300.

[63] 徐纪林, 王自强. 平面应力的弹塑性断裂模型及其有限元分析. 固体力学学报, 1980, 2: 183−193.

[64] Hutchinson J W, Paris P C. Stability analysis of J-controlled crack growth, ASTM STP 668, Philadelphia. Ame, Soc. Testing & Mater., 1979: 37−64.

[65] Paris P C, Tada H, Zahoor A et al. Instability of the tearing model of elastic-plastic crack growth. ASTM STP 668, Philadelphia, Ame Soc. Testry & Mate., 1979: 5−36.

[66] Chitaley A D, McClintock F A. Elastic-plastic mechanics of steady crack growth under anti-plane shear. J. Mech. Phys. Solids, 1971, 19: 147−163.

[67] Slepyan L I. Growing crack during plane deformation of an elastic plastic body. Izv. Akad Nauk. SSSR, Mekn, Tverd Tela. 1974, 9: 51−67.

[68] Rice J R, Drugan W J, Sham T L. Elastic-plastic analysis of growing cracks. ASTM STP 700, Philadelphia, Ame. Soc. Testing & Mate., 1980: 189−221.

[69] 高玉臣. 理想塑性介质中裂纹定常扩展的弹塑性场. 力学学报, 1980, 12: 48−56.

[70] Drugan W J, Rice J R, Sham T L. Asymptotic analysis of growing plane strain tensile crack in elastic ideally plastic solids. J. Mech. Phys. Solids, 1982, 30: 447−473.

[71] 高玉臣. The influence of compressibility on the elastic-plastic field of a growing crack. In the second Int. Symposium, On Elastic-Plastic Fracture Mechanics, Philadelphia, 1981. ASTM STP 803, 1983: 176−190.

[72] 罗学富, 黄克智. 可压缩弹塑性扩展裂纹尖端场问题的正确提法及其解. 中国科学, A, 1988, 31: 1275−1282.

[73] Amazigo J C, Hutchinson J W. Crack tip fields in steady crack growth with linear strain hardening. J. Mech. Phys. Solids, 1977, 25: 81−97.

[74] Hui C Y, Reidel H. The asymptotic stress and strain field near the tip of a growing crack under creep condition. Int. J. Fracture, 1981, 17: 409−425.

[75] 杨卫. 宏微观断裂力学. 北京: 国防工业出版社, 1995.

[76] 黄克智, 余寿文. 弹塑性断裂力学. 北京: 清华大学出版社, 1985.

[77] 匡震邦, 马法尚. 裂纹端部场. 西安: 西安交通大学出版社, 2002.

[78] 沈成康. 断裂力学. 上海: 同济大学出版社, 1996.

[79] 范天佑. 断裂理论基础. 北京: 科学出版社, 2003.

[80] 王铎. 断裂力学. 哈尔滨: 哈尔滨工业大学出版社, 1987.

[81] 程靳, 赵树山. 断裂力学. 北京: 科学出版社, 2006.

第 2 章　线弹性断裂力学

断裂力学的早期发展是建立在线弹性理论基础之上的, 也就是设想材料是理想的线弹性材料. 如陶瓷、玻璃等非常脆的材料, 在一定条件下可以看作是理想的线弹性材料, 然后通过 Irwin[1,2] 和 Orowan[3] 的修正, 引入塑性功, 在设想裂纹尖端塑性区尺寸远远小于裂纹尺寸和其他特征尺寸的前提下, 可以将线弹性断裂理论成功用到常用的工程材料中.

线弹性断裂力学主要研究裂纹起始扩展, 亚临界扩展及失稳扩展的规律. 通常采用两种不同的观点处理裂纹扩展问题：一种是能量平衡观点, 认为在裂纹扩展过程中, 外力所做的功减去物体应变能的增加应该等于产生新裂纹表面所需要的能量; 另一种是应力强度因子观点, 认为裂纹尖端应力场强度因子达到表征材料断裂韧性的临界应力强度因子时, 裂纹就起始扩展. 这两种观点有紧密的内在联系, 在很多情况下, 这两种观点可以得到相同的结果.

2.1　裂纹尖端弹性应力场

2.1.1　平面问题

弹性力学平面问题, 可以归结为求解应力函数 $U(x,y)$, 它满足协调方程：

$$\nabla^4 U = 0 \tag{2.1}$$

考察图 2.1 所示的有限裂纹的一端. 直角坐标系 Oxy 的原点选在裂纹尖端处. x 轴与裂纹共线, y 轴与裂纹垂直.

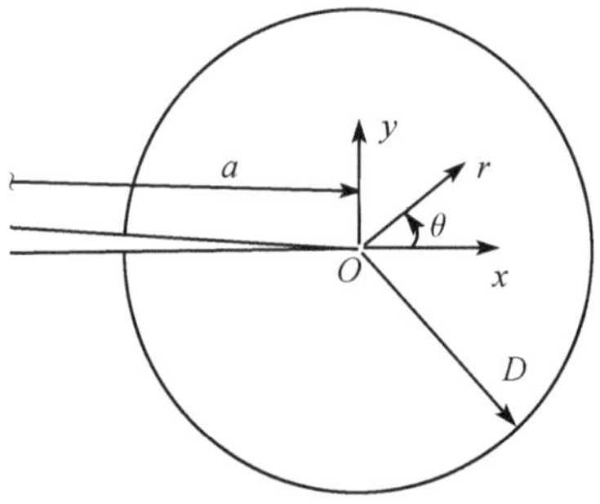

图 2.1

裂纹面上, 面力为零:

$$\sigma_\theta = \tau_{r\theta} = 0 \qquad \theta = \pm\pi \tag{2.2}$$

式中, σ_θ 和 $\tau_{r\theta}$ 分别是极坐标系中的周向正应力和剪应力.

本节只讨论裂纹尖端附近的奇性场. 设想应力函数 U 可用分离变量的形式表示为

$$U(r,\theta) = r^{1+\lambda} F_\lambda(\theta) \tag{2.3}$$

将 (2.3) 式代入 (2.1) 式, 得到关于 F_λ 的控制方程:

$$F_\lambda''''(\theta) + 2(\lambda^2+1)F_\lambda''(\theta) + (\lambda^2-1)^2 F_\lambda(\theta) = 0 \tag{2.4}$$

该方程的通解为

$$F_\lambda(\theta) = A\cos(\lambda+1)\theta + B\sin(\lambda+1)\theta + C\cos(\lambda-1)\theta + D\sin(\lambda-1)\theta \tag{2.5}$$

极坐标系中的应力分量为

$$\begin{cases} \sigma_r = \dfrac{1}{r^2}\dfrac{\partial^2 U}{\partial\theta^2} + \dfrac{1}{r}\dfrac{\partial U}{\partial r} = r^{\lambda-1}[F_\lambda'' + (\lambda+1)F_\lambda] \\ \sigma_\theta = \dfrac{\partial^2 U}{\partial r^2} = r^{\lambda-1}\lambda(\lambda+1)F_\lambda \\ \tau_{r\theta} = -\dfrac{\partial}{\partial r}\left(\dfrac{1}{r}\dfrac{\partial U}{\partial\theta}\right) = -r^{\lambda-1}\lambda F_\lambda' \end{cases} \tag{2.6}$$

由边界条件 (2.2) 导得

$$F_\lambda(\pm\pi) = 0, \quad F_\lambda'(\pm\pi) = 0 \tag{2.7}$$

将 (2.5) 式代入 (2.7) 式, 得到关于系数 A, B, C 和 D 的 4 个线性齐次代数方程:

$$\begin{cases} A\cos\lambda\pi + C\cos\lambda\pi = 0 \\ A(\lambda+1)\sin\lambda\pi + C(\lambda-1)\sin\lambda\pi = 0 \end{cases} \tag{2.8}$$

$$\begin{cases} B\sin\lambda\pi + D\sin\lambda\pi = 0 \\ B(\lambda+1)\cos\lambda\pi + D(\lambda-1)\cos\lambda\pi = 0 \end{cases} \tag{2.9}$$

这 4 个线性代数方程组成两组方程组. 这两个方程组有非零解的充要条件是它们的系数行列式分别为零, 由此得到一个相同的特征方程:

$$\sin 2\lambda\pi = 0 \tag{2.10}$$

相应的特征根为

$$\lambda = \pm\frac{n}{2}, \quad n = 0, 1, 2, \cdots \tag{2.11}$$

鉴于物体的应变能必须是有界的, 因此 λ 必须大于零, 由此:

$$\lambda = \frac{n}{2}, \quad n = 0, 1, 2, \cdots \tag{2.12}$$

显然裂纹尖端的奇性应力场对应于 $\lambda = \dfrac{1}{2}$, 此时有

$$D = -B, \quad C = 3A$$

相应的应力函数为

$$\begin{aligned} U(r,\theta) = & Cr^{\frac{3}{2}}\left(\cos\frac{\theta}{2} + \frac{1}{3}\cos\frac{3\theta}{2}\right) \\ & - Dr^{\frac{3}{2}}\left(\sin\frac{\theta}{2} + \sin\frac{3\theta}{2}\right) \end{aligned} \tag{2.13}$$

令 $K_{\rm I} = C\sqrt{2\pi}, K_{\rm II} = D\sqrt{2\pi}$.

考察 I 型裂纹, 此时 $K_{\rm I} \neq 0$, $K_{\rm II} = 0$. 将 (2.13) 式代入 (2.6) 式, 得

$$\begin{cases} \sigma_r = \dfrac{K_{\rm I}}{4\sqrt{2\pi r}}\left(5\cos\dfrac{\theta}{2} - \cos\dfrac{3\theta}{2}\right) \\ \sigma_\theta = \dfrac{K_{\rm I}}{4\sqrt{2\pi r}}\left(3\cos\dfrac{\theta}{2} + \cos\dfrac{3\theta}{2}\right) \\ \tau_{r\theta} = \dfrac{K_{\rm I}}{4\sqrt{2\pi r}}\left(\sin\dfrac{\theta}{2} + \sin\dfrac{3\theta}{2}\right) \end{cases} \tag{2.14}$$

在裂纹前方, $\theta = 0$

$$\sigma_r = \sigma_\theta = \frac{K_{\rm I}}{\sqrt{2\pi r}}, \quad \tau_{r\theta} = 0 \tag{2.15}$$

公式 (2.15) 表明, I 型裂纹尖端前方, 应力场具有 $r^{-\frac{1}{2}}$ 奇异性. 参数 $K_{\rm I}$ 表征奇性场强度, 称为 I 型应力强度因子. 应力强度因子概念的引入是断裂力学的突破性进展. 近代断裂力学的迅猛发展的一个重要标志是对裂纹尖端应力场强有了深入而透彻的了解.

对 II 型裂纹, 则有

$$\begin{cases} \sigma_r = \dfrac{K_{\rm II}}{4\sqrt{2\pi r}}\left(-5\sin\dfrac{\theta}{2} + 3\sin\dfrac{3\theta}{2}\right) \\ \sigma_\theta = \dfrac{-3K_{\rm II}}{4\sqrt{2\pi r}}\left(\sin\dfrac{\theta}{2} + \sin\dfrac{3\theta}{2}\right) \\ \tau_{r\theta} = \dfrac{K_{\rm II}}{4\sqrt{2\pi r}}\left(\cos\dfrac{\theta}{2} + 3\cos\dfrac{3\theta}{2}\right) \end{cases} \tag{2.16}$$

类似的可以求得直角坐标系中应力分量:

I 型:

$$\begin{cases} \sigma_x = \dfrac{K_{\mathrm{I}}}{\sqrt{2\pi r}} \cos\dfrac{\theta}{2}\left(1 - \sin\dfrac{\theta}{2}\sin\dfrac{3\theta}{2}\right) \\ \sigma_y = \dfrac{K_{\mathrm{I}}}{\sqrt{2\pi r}} \cos\dfrac{\theta}{2}\left(1 + \sin\dfrac{\theta}{2}\sin\dfrac{3\theta}{2}\right) \\ \tau_{xy} = \dfrac{K_{\mathrm{I}}}{\sqrt{2\pi r}} \sin\dfrac{\theta}{2}\cos\dfrac{\theta}{2}\cos\dfrac{3\theta}{2} \end{cases} \tag{2.17}$$

$$\begin{cases} \sigma_z = \nu(\sigma_x + \sigma_y), & \text{平面应变} \\ \sigma_z = 0, & \text{平面应力} \\ \tau_{xz} = \tau_{yz} = 0, & \end{cases} \tag{2.18}$$

II 型:

$$\begin{cases} \sigma_x = -\dfrac{K_{\mathrm{II}}}{2\pi r} \sin\dfrac{\theta}{2}\left(2 + \cos\dfrac{\theta}{2}\cos\dfrac{3\theta}{2}\right) \\ \sigma_y = \dfrac{K_{\mathrm{II}}}{\sqrt{2\pi r}} \sin\dfrac{\theta}{2}\cos\dfrac{\theta}{2}\cos\dfrac{3\theta}{2} \\ \tau_{xy} = \dfrac{K_{\mathrm{II}}}{\sqrt{2\pi r}} \cos\dfrac{\theta}{2}\left(1 - \sin\dfrac{\theta}{2}\sin\dfrac{3\theta}{2}\right) \end{cases} \tag{2.19}$$

公式 (2.18) 对 II 型裂纹依然成立.

2.1.2 位移场

对平面应变问题, 我们有

$$\varepsilon_z = 0, \quad \sigma_z = \nu(\sigma_x + \sigma_y)$$

因此

$$\begin{aligned} \varepsilon_x = \frac{\partial u}{\partial x} &= \frac{1}{E}[\sigma_x - \nu(\sigma_y + \sigma_z)] \\ &= \frac{1-\nu^2}{E} \cdot \left(\sigma_x - \frac{\nu}{1-\nu}\sigma_y\right) \end{aligned}$$

所以

$$u = \frac{1-\nu^2}{E}\int\left(\sigma_x - \frac{\nu}{1-\nu}\sigma_y\right)\mathrm{d}x \tag{2.20}$$

类似地有

$$v = \frac{1-\nu^2}{E}\int\left(\sigma_y - \frac{\nu}{1-\nu}\sigma_x\right)\mathrm{d}y \tag{2.21}$$

将 (2.17) 式和 (2.19) 式代入 (2.20) 式和 (2.21) 式得

II 型:

$$\begin{cases} u = \dfrac{K_{\mathrm{II}}}{4\mu}\sqrt{\dfrac{r}{2\pi}}\left[(2\kappa+3)\sin\dfrac{\theta}{2}+\sin\dfrac{3\theta}{2}\right] \\ v = -\dfrac{K_{\mathrm{II}}}{4\mu}\sqrt{\dfrac{r}{2\pi}}\left[(2\kappa-3)\cos\dfrac{\theta}{2}+\cos\dfrac{3\theta}{2}\right] \end{cases} \tag{2.22}$$

式中,

$$\kappa = \begin{cases} 3-4\nu, & \text{平面应变} \\ \dfrac{3-\nu}{1+\nu}, & \text{平面变力} \end{cases} \tag{2.23}$$

I 型:

$$\begin{cases} u = \dfrac{K_{\mathrm{I}}}{4\mu}\sqrt{\dfrac{r}{2\pi}}\left[(2\kappa-1)\cos\dfrac{\theta}{2}-\cos\dfrac{3\theta}{2}\right] \\ v = \dfrac{K_{\mathrm{I}}}{4\mu}\sqrt{\dfrac{r}{2\pi}}\left[(2\kappa+1)\sin\dfrac{\theta}{2}-\sin\dfrac{3\theta}{2}\right] \end{cases} \tag{2.24}$$

2.1.3 反平面问题

反平面问题是 III 型问题, 设想无穷远处, 物体受均匀剪应力 $\tau_{yz}^{\infty}=\tau$ 的作用, 如图 2.2 所示.

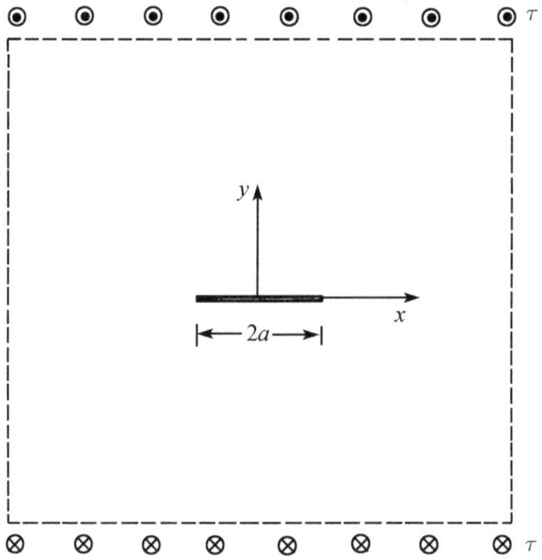

图 2.2

位移分量 u, v 为零, w 只是 x, y 的函数, 因此 $\varepsilon_z=0$. 只有两个剪应变分量 γ_{xz} 和 γ_{yz} 不为零:

$$\gamma_{xz}=\frac{\partial w}{\partial x}, \quad \gamma_{yz}=\frac{\partial w}{\partial y} \tag{2.25}$$

相应的应力分量为

$$\begin{cases} \tau_{xz} = \mu\gamma_{xz} = \mu\dfrac{\partial w}{\partial x} \\ \tau_{yz} = \mu\gamma_{yz} = \mu\dfrac{\partial w}{\partial y} \end{cases} \tag{2.26}$$

平衡方程为

$$\frac{\partial \tau_{xz}}{\partial x} + \frac{\partial \tau_{yz}}{\partial y} = 0 \tag{2.27}$$

将 (2.26) 式代入 (2.27) 式得

$$\nabla^2 w = 0 \tag{2.28}$$

令

$$w = r^\lambda f_\lambda(\theta) \tag{2.29}$$

由方程 (2.28) 推出

$$f_\lambda(\theta) = A\sin\lambda\theta + B\cos\lambda\theta \tag{2.30}$$

在裂纹面上, 面力为零:

$$\tau_{yz} = 0, \qquad \theta = \pm\pi \tag{2.31}$$

注意到

$$\begin{cases} \dfrac{\partial(\ )}{\partial x} = \dfrac{\partial(\ )}{\partial r}\cos\theta - \dfrac{1}{r}\dfrac{\partial(\ )}{\partial\theta}\sin\theta \\ \dfrac{\partial(\ )}{\partial y} = \dfrac{\partial(\ )}{\partial r}\sin\theta + \dfrac{1}{r}\dfrac{\partial(\ )}{\partial\theta}\cos\theta \end{cases} \tag{2.32}$$

将 (2.29) 式代入 (2.26) 式, 得

$$\tau_{xz} = \mu\lambda r^{\lambda-1}[A\sin(\lambda-1)\theta + B\cos(\lambda-1)\theta]$$

$$\tau_{yz} = \mu\lambda r^{\lambda-1}[A\cos(\lambda-1)\theta - B\sin(\lambda-1)\theta] \tag{2.33}$$

将 (2.33) 式代入 (2.31) 式得

$$\begin{cases} A\cos(\lambda-1)\pi - B\sin(\lambda-1)\pi = 0 \\ A\cos(\lambda-1)\pi + B\sin(\lambda-1)\pi = 0 \end{cases} \tag{2.34}$$

由此得到如下特征方程:

$$\sin 2\pi\lambda = 0 \tag{2.35}$$

所以 $\lambda = \pm\dfrac{n}{2}, (n = 0, 1, \cdots)$.

当 $\lambda < 0$ 时, 裂纹尖端的位移 w 为无穷大, 这是不合理的. $\lambda = 0$, 对应于刚性位移. $\lambda = \dfrac{1}{2}$ 对应于奇性场, 此时 $A \neq 0, B = 0$:

$$w = A\sqrt{r}\sin\frac{\theta}{2}$$

令

$$K_{\mathrm{III}} = \frac{\mu}{2}A\sqrt{2\pi}$$

III 型裂纹尖端附近的应力场和位移场为

$$\begin{cases} \tau_{xz} = -\dfrac{K_{\mathrm{III}}}{\sqrt{2\pi r}}\sin\dfrac{\theta}{2} \\ \tau_{yz} = \dfrac{K_{\mathrm{III}}}{\sqrt{2\pi r}}\cos\dfrac{\theta}{2} \\ w = \dfrac{2K_{\mathrm{III}}}{\mu}\sqrt{\dfrac{r}{2\pi}}\sin\dfrac{\theta}{2} \end{cases} \tag{2.36}$$

2.1.4　裂纹尖端区域变形特征

有了二维裂纹问题尖端场的完整解答之后, 我们可以对裂纹尖端区域的变形特征作具体分类.

张开型裂纹 (I 型裂纹)

如图 2.3(a) 所示, 这类裂纹在上、下裂纹面位移分量 u 是相等的, 而位移分量 v 大小相等而符号相反 (见公式 (2.24)). 也就是说, 相对 xz 平面, 裂纹上、下表面对称地张开.

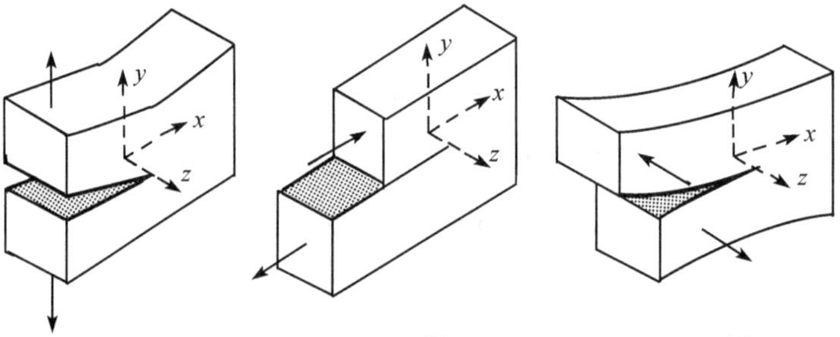

(a)　(b)　(c)

图 2.3

滑开型裂纹 (II 型裂纹)

如图 2.3(b) 所示, 这类裂纹上、下裂纹面, 位移分量 u 大小相等, 方向相反, 而位移分量 v 是相等的 (详见公式 (2.22)). 也就是说相对 xz 平面, 裂纹上下表面反对称地滑开.

撕开型裂纹 (III 型裂纹)

如图 2.3(c) 所示, 上、下裂纹面, 位移分量 w 大小相等, 方向相反. 也就是说, 上、下裂纹表面, 相对 xz 平面, 沿 z 方向反对称撕开.

2.1.5 中心裂纹

鉴于应力强度因子概念的重要性, 我们不仿用另一种方法分析裂纹尖端场. 众所周知, 弹性力学平面问题可以用 Muskhelishvili 复势理论[4] 来解决. 应力场和位移场可以用二个复变量函数 $\varPhi(z), \varPsi(z)$ 来表示:

$$\begin{cases} \sigma_x + \sigma_y = 4\mathrm{Re}\{\varPhi(z)\} \\ \sigma_y - \mathrm{i}\tau_{xy} = \varPhi(z) + \overline{\varPhi(z)} + z\overline{\varPhi' z} + \overline{\varPsi(z)} \\ 2\mu(u + \mathrm{i}v) = K\phi(z) - z\overline{\varPhi(z)} - \overline{\psi(z)} \end{cases} \tag{2.37}$$

式中,

$$\varPhi(z) = \phi'(z), \quad \varPsi(z) = \psi'(z) \tag{2.38}$$

对于直线裂纹问题, 引入复变量函数 $\varOmega(z), \omega(z)$ 取代 $\varPhi, \psi(z)$ 将是更方便的:

$$\begin{cases} \omega(z) = z\overline{\varPhi}(z) + \overline{\psi}(z) \\ \varOmega(z) = \omega'(z) = \overline{\varPhi}(z) + z\overline{\varPhi}'(z) + \overline{\varPsi}(z) \end{cases} \tag{2.39}$$

(2.37) 式可改写为

$$\begin{cases} \sigma_x + \sigma_y = 4\mathrm{Re}\{\varPhi(z)\} \\ \sigma_y - \mathrm{i}\tau_{xy} = \varPhi(z) + \varOmega(\overline{z}) + (z - \overline{z})\overline{\varPhi'(z)} \\ 2\mu(u + \mathrm{i}v) = \kappa\phi(z) - \omega(\overline{z}) - (z - \overline{z})\overline{\varPhi(z)} \end{cases} \tag{2.40}$$

公式 (2.39) 中上方带短的横杠 “–” 的函数是这样定义的:

$$\overline{\varPhi}(z) = \overline{\varPhi(\overline{z})}, \quad \overline{\varPsi}(z) = \overline{\varPsi(\overline{z})} \tag{2.41}$$

如图 2.4 所示, 考察无限大板中的中心裂纹, 裂纹长度为 $2a$, 无穷远处受均匀应力场 $\sigma_x^\infty, \sigma_y^\infty, \tau_{xy}^\infty$ 的作用.

裂纹面上的边界条件可表示为

$$\Phi^+(x) + \Omega^-(x) = \Phi^-(x) + \Omega^+(x) = 0 \tag{2.42}$$

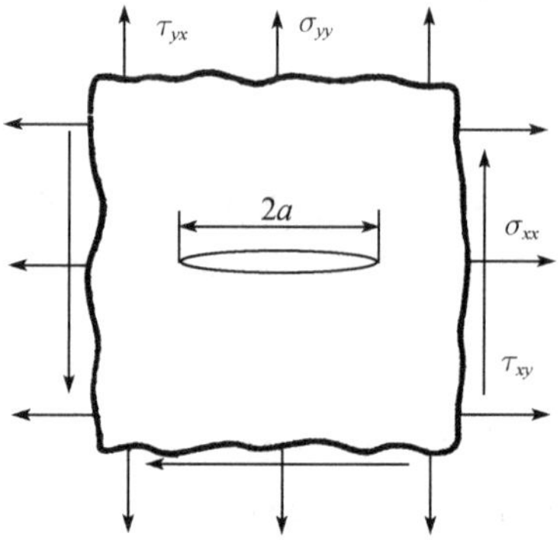

图 2.4

由此得

$$[\Phi(x) - \Omega(x)]^+ = [\Phi(x) - \Omega(x)]^-, \quad x \in L \tag{2.43}$$

式中,

$$L = (-a, a)$$

由 (2.43) 式, 不难看出函数 $\Phi(z) - \Omega(z)$ 是全平面上的解析函数, 因此在全平面上恒有

$$\Omega(z) = \Phi(z) + C \tag{2.44}$$

式中, C 是待定常数.

从 (2.42) 式, 又可推得

$$[\Phi(x) + \Omega(x)]^+ + [\Phi(x) + \Omega(x)]^- = 0,\ x \in L \tag{2.45}$$

这是一个典型的 Hilbert 问题, 其通解为

$$\Phi(z) + \Omega(z) = P(z)X(z) \tag{2.46}$$

式中,

$$P(z) = C_1 z + C_0 \tag{2.47}$$

注意到函数 $\Phi(z)$ 和 $\Omega(z)$ 在裂纹尖端有奇性, 无穷远处有界, $X(z)$ 应为

$$X(z) = \frac{1}{\sqrt{z^2 - a^2}} \tag{2.48}$$

在无穷远处, 函数 $\varPhi(z), \varPsi(z)$ 具有以下性质[4]:

$$\begin{cases} \varPhi(z) = \varGamma + 0\left(\dfrac{1}{z^2}\right) \\ \varPsi(z) = \varGamma' + 0\left(\dfrac{1}{z^2}\right) \end{cases} \tag{2.49}$$

式中,

$$\begin{aligned} \varGamma &= \frac{1}{4}(\sigma_x^\infty + \sigma_y^\infty) \\ \varGamma' &= \frac{1}{2}(\sigma_y^\infty - \sigma_x^\infty) + \mathrm{i}\tau_{xy}^\infty \end{aligned} \tag{2.50}$$

由 (2.40) 第 2 式, 推得

$$\begin{aligned} &\varOmega(\infty) = \sigma_y^\infty - \mathrm{i}\tau_{xy}^\infty - \varGamma \\ &C = \varOmega(\infty) - \varPhi(\infty) = \sigma_y^\infty - \mathrm{i}\tau_{xy}^\infty - 2\varGamma = \overline{\varGamma}' \end{aligned} \tag{2.51}$$

再由 (2.46) 式, 令 $z \to \infty$, 得

$$C_1 = \sigma_y^\infty - \mathrm{i}\tau_{xy}^\infty \tag{2.52}$$

最终得

$$\begin{cases} \varPhi(z) = \dfrac{1}{2}P(z)X(z) - \dfrac{1}{2}\overline{\varGamma}' \\ \varOmega(z) = \dfrac{1}{2}P(z)X(z) + \dfrac{1}{2}\overline{\varGamma}' \end{cases} \tag{2.53}$$

公式 (2.47) 中的待定参数 C_0, 可以根据位移单值条件确定. Muskhelishvili 的经典之作[4] 给出了详细论述, 对于我们的问题, $C_0 = 0$.

在裂纹前方有

$$\sigma_y - \mathrm{i}\tau_{xy} = \varPhi(x) + \varOmega(x) = \frac{\sigma_y^\infty - \mathrm{i}\tau_{xy}^\infty}{\sqrt{x^2 - a^2}}, \quad x > a \tag{2.54}$$

在右边裂纹尖端 A 处, 建立极坐标系 (r, θ). 在裂纹尖端 A 的前方:

$$\theta = 0, \qquad x = r + a$$

(2.54) 式改写为

$$\sigma_y - \mathrm{i}\tau_{xy} = \frac{\sigma_y^\infty - \mathrm{i}\tau_{xy}^\infty}{\sqrt{r(2a + r)}} \tag{2.55}$$

由 (2.55) 式清楚地看出, 在裂纹尖端附近, 应力场具有 $\dfrac{1}{\sqrt{r}}$ 的奇异性.

2.2　应力强度因子理论

通过以上的分析, 可以看出, 裂纹尖端附近的应力场一般说来可表示为

$$\begin{cases} \sigma_{\alpha\beta} = \dfrac{K_{\mathrm{I}}}{\sqrt{2\pi r}} \sum\nolimits_{\alpha\beta}^{\mathrm{I}}(\theta) + \dfrac{K_{\mathrm{II}}}{\sqrt{2\pi r}} \sum\nolimits_{\alpha\beta}^{\mathrm{II}}(\theta) \\ \sigma_{3\alpha} = \dfrac{K_{\mathrm{III}}}{\sqrt{2\pi r}} \sum\nolimits_{3\alpha}(\theta) \end{cases} \tag{2.56}$$

应力强度因子可由裂纹尖端应力场定义:

$$\begin{cases} K_{\mathrm{I}} = \lim\limits_{r\to 0} \sqrt{2\pi r}\sigma_y(r,0) \\ K_{\mathrm{II}} = \lim\limits_{r\to 0} \sqrt{2\pi r}\tau_{xy}(r,0) \\ K_{\mathrm{III}} = \lim\limits_{r\to 0} \sqrt{2\pi r}\tau_{yz}(r,0) \end{cases} \tag{2.57}$$

K_{I} 和 K_{II} 也可用复变函数 $\varPhi(z)$ 来定义:

$$K = K_{\mathrm{I}} - \mathrm{i}K_{\mathrm{II}} = 2\sqrt{2\pi} \lim_{z\to 0}[\sqrt{z}\varPhi(z)] \tag{2.58}$$

式中, 复变量 z 的原点必需取在裂纹尖端. 公式 (2.58) 可以由公式 (2.53) 和 (2.55) 加以验证.

由 (2.55) 式, 立即得到无穷大的板中心裂纹的应力强度因子:

$$\begin{cases} K_{\mathrm{I}} = \sigma_y^{\infty}\sqrt{\pi a} \\ K_{\mathrm{II}} = \tau_{xy}^{\infty}\sqrt{\pi a} \end{cases}$$

公式 (2.56) 表明, 应力强度因子 $K_{\mathrm{I}}, K_{\mathrm{II}}$ 和 K_{III} 是表征裂纹尖端应力奇性场的强度的参量, 它与坐标 (x, y) 无关. 一般说来 K 的大小, 与加载方式, 载荷大小, 裂纹长度及裂纹体几何形状有关.

应力强度因子的量纲很特殊, 这一点在历史上也曾引起一些非议, 但是现在应力强度因子的概念已经得到举世公认. 它的量纲为 [力]·[长度]$^{-3/2}$, 国际单位为牛顿 · 米 $^{-3/2}$($\mathrm{N\cdot m^{-3/2}}$); 工程单位为千克 · 毫米 $^{-3/2}$($\mathrm{kg\cdot mm^{-3/2}}$).

对裂纹这样的缺陷, 经典的应力集中因子概念已失去意义. 应力集中因子概念只适用于缺口端部曲率半径为有限非零情况.

公式 (2.56) 表明, 裂纹尖端附近的应力状态完全由应力强度因子参量来决定. 一旦这些参量确定下来, 裂纹尖端附近的应力场就完全确定了. 因此对于理想的线弹性材料, Irwin[5] 于 1957 年提出了应力强度因子断裂准则:

$$K_{\mathrm{I}} = K_{\mathrm{C}} \tag{2.59}$$

也就是说对于 I 型裂纹, 当 K_{I} 值达到临界值 K_{C} 时, 裂纹就会起始扩展. 式中 K_{C} 称为材料断裂韧性, 它由实验确定. 它是与试验温度、板厚、加载速率及环境有关的材料参数. 一旦这些外部因素确定下来, K_{C} 即为材料常数, 它不依赖于加载方式和试样几何. 在一定范围内, 它也不依赖于试样尺寸和裂纹尺寸.

实验表明, 张开型裂纹最容易产生脆断. 因此, 断裂准则 (2.59) 最先是针对 I 型裂纹提出来的. 对于复合型裂纹的脆断准则, 我们将在第 5 章中介绍.

在平面应变情况下, 张开型裂纹尖端前方材料处于三轴拉伸状态: $\sigma_y=\sigma_x,\sigma_z=\nu(\sigma_y+\sigma_x)$. 而平面应力情况下, 裂纹尖端前方材料处于双轴应力状态: $\sigma_y=\sigma_x,\sigma_z=0$. 因此, 平面应变情况下, 裂纹更容易扩展. 断裂韧性 K_{C} 的实验表明, K_{C} 随厚度而变, 当厚度较大时, K_{C} 随厚度增加而减小, 逐步趋向稳定的下平台值. 通常用充分厚的板进行实验, 以确定材料的平面应变断裂韧性 K_{IC}.

对于平面应变状态下的张开型裂纹, 我们有如下脆断准则:

$$K_{\mathrm{I}}=K_{\mathrm{IC}} \tag{2.60}$$

对于理想线弹性材料, 如果裂纹扩展引起应力强度因子增加 (大多数受载情况下, 裂纹长度增加, 外载保持不变引起应力强度因子增加), 那么裂纹起始扩展必然导致失稳扩展. 在这种情况下, (2.60) 式也可看作裂纹失稳扩展准则.

对于大多数工程材料, 裂纹尖端存在着一个塑性区, 如图 2.5 所示. 在塑性区内, 应力应变状态与线弹性解完全不同.

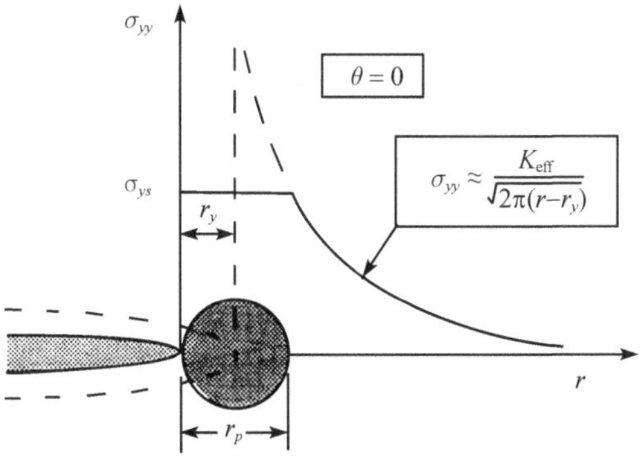

图 2.5

但是如果这个塑性区尺寸是充分小, 完全被 K 场控制的主导区所包围. 那么塑性区内的应力应变场将由 K 场所控制. 也就是说两个试样的几何形状、加载方式和裂纹尺寸并不相同, 但是如果这两个试样的应力强度因子相等的话, 那么裂纹尖端附近的应力应变场也将是相同的. 假如第一个试样在某个临界应力强度因子作用下, 裂纹开始扩展, 则第二个试样在相同的临界应力强度因子作用下, 裂纹也要起开扩展. 因此, 在小范围屈服的条件下, 断裂准则 (2.59) 式和 (2.60) 式对常用的工程材料也是适用的. 在这种情况下, K_C 主要是由裂纹尖端的塑性功所决定, 而且一般说来 K_C 随着裂纹亚临界扩展量 Δa 变化而变, 这就产生了裂纹扩展阻力曲线.

2.3 裂纹扩展能量原理

2.3.1 能量释放率

Griffith[6,7] 在 20 世纪 20 年代初研究了玻璃材料的脆断问题. 他用能量平衡观点, 建立了裂纹扩展准则.

考虑图 2.6(a) 所示的二维中心裂纹问题. 板厚为 B, 裂纹长为 $2a$, 无穷远处受到垂直方向的拉应力 σ 的作用.

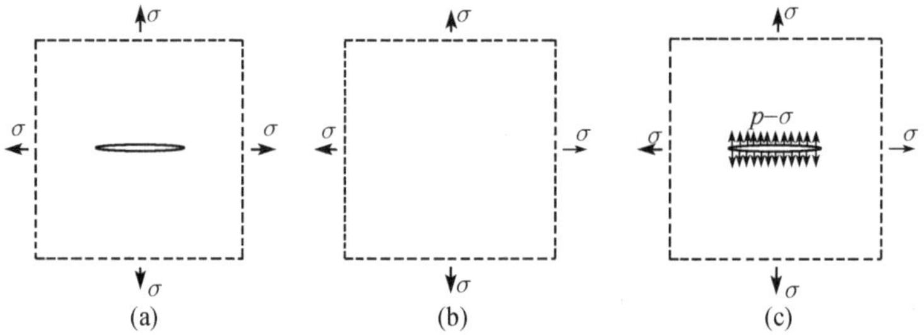

图 2.6

根据热力学第一定律, 我们有如下能量平衡方程:

$$U + T + \Gamma = W + Q \tag{2.61}$$

式中, U 为储存在介质中的内能, 对弹性体, 也就是弹性应变能; T 为介质动能; Γ 为产生新的表面所需要的能量; W 为外载在变形过程中所做的功; Q 为外界提供给物体的热量. 若外界与介质不存在热交换过程, 则介质的变形断裂过程可以看作是绝热过程, $Q = 0$. 设想裂纹扩展过程是个准静态过程, 裂纹扩展速度远小于应力波速, 有 $T \doteq 0$. 方程 (2.61) 变为

$$U + \Gamma = W \tag{2.62}$$

我们有

$$\Gamma = 4aB\gamma \tag{2.63}$$

式中, γ 为表面自由能. 裂纹出现时, 上、下裂纹面形成两个长度为 $2a$, 宽度为 B 的新表面. 取不含裂纹, 不受外力作用的板为基准状态, 如图 2.6(b) 所示此时物体的

内能为零. 如图 2.6(b) 不含裂纹的板施加外载荷, 外载均匀由小到大逐渐增加到 σ, 此时外载所做的功 W_0 恰好等于物体所储蓄的内能 U_0. 然后割开长度为 $2a$ 裂纹, 但维持裂纹上、下表面的拉应力. 如图 2.6(c) 所示在裂纹上、下表面施加一对压应力, 由小而大逐渐增加到 $-\sigma$, 这样得到图 2.6(a) 所示的状态.

在这个变形过程中, 维持外加载荷不变. 此时物体在变形增加过程中内能增量为

$$\mathrm{d}U = \int_{\Omega} \sigma_{ij}\mathrm{d}\varepsilon_{ij}\mathrm{d}\Omega = \int_{S_\sigma} p_i \mathrm{d}u_i \mathrm{d}S + \int_{S_{in}} p_i \mathrm{d}u_i \mathrm{d}S \tag{2.64}$$

式中, S_σ 是物体外表面 S 中, 作用有外载部分; 而 S_{in} 是物体内表面, 也就是上、下裂纹面. 显然 (2.64) 式右端第 1 项即是外力功增量, 而第 2 项可改写为

$$2\int_{S_{in}} p_i \mathrm{d}u_i \mathrm{d}s = -2B\int_{-a}^{a} (\sigma - p)\mathrm{d}v\mathrm{d}x \tag{2.65}$$

式中, p 是附加在裂纹面上的压应力. 上式中的负号表明面力与位移增量 $\mathrm{d}v$ 方向相反. 由此得

$$\mathrm{d}U = \mathrm{d}W - 2B\int_{-a}^{a} (\sigma - p)\mathrm{d}v\mathrm{d}x \tag{2.66}$$

利用 p 与 v 之间的线性关系, 不难得到①

$$\Delta(U - W) = -B\sigma \int_{-a}^{a} v(x)\mathrm{d}x \tag{2.67}$$

式中, $2v(x)$ 是压应力 $(-\sigma)$ 作用下, 裂纹面张开位移, 参考文献 [4], 由线弹性力学求解得

$$v(x) = \frac{\sigma}{4\mu}(\kappa + 1)\sqrt{a^2 - x^2}, \quad |x| \leqslant a \tag{2.68}$$

将 (2.68) 式代入 (2.67) 式, 积分后得

$$\Delta(U - W) = -\frac{(\kappa + 1)}{4\mu}\pi\sigma^2 a^2 B \tag{2.69}$$

将 (2.69) 式与 (2.62)、(2.63) 式比较, 得

$$2\gamma = \frac{(\kappa + 1)}{8\mu}\sigma^2\pi a = \frac{\sigma^2\pi a}{E'} \tag{2.70}$$

式中,

$$E' = \begin{cases} E/(1 - \nu^2), & \text{对平面应变} \\ E, & \text{对平面应力} \end{cases}$$

① $\Delta\phi$ 表示图 2.6(c) 变形过程中物理量中的增量.

(2.70) 式确立了在裂纹扩展条件下, 外加应力 σ 与裂纹半长 a 之间的关系式, Griffith 的断裂判据为

$$\sigma_{cr}=\sqrt{\frac{2E'\gamma}{\pi a}} \tag{2.71}$$

简要地说, 我们有

$$\begin{cases} U=U_0+\Delta U \\ W=W_0+\Delta W \end{cases} \tag{2.72}$$

式中, U_0 是无裂纹板在外载作用下所储存的弹性应变能; W_0 是对无裂纹板, 外载所做的功; ΔU 是引入长度为 $2a$ 的裂纹后, 板的弹性应变能的增加; ΔW 是期间外力所做的功. 我们有

$$U-W=\Delta U-\Delta W=-2\frac{\pi\sigma^2a^2}{E'}B \tag{2.73}$$

Griffith 还发现, 若将 (2.71) 式改写为

$$\sigma_{cr}\sqrt{\pi a}=\sqrt{2E'\gamma} \tag{2.74}$$

则右端项与材料参数有关, 而左端乃是临界应力与裂纹尺寸开根的乘积.

能量平衡方程 (2.62) 可改写为

$$-\mathrm{d}\Pi=\mathrm{d}\Gamma=2\gamma\mathrm{d}A$$

式中, Π 是系统的势能 $\Pi=U-W$, $\mathrm{d}A$ 是新增加的裂纹面. 由上式导得

$$G=-\frac{\partial\Pi}{\partial A}=2\gamma \tag{2.75}$$

式中, 物理参量 G 称为能量释放率, 采用符号 G 是为了纪念 Griffith.

公式 (2.75) 比之于 (2.73) 有很大的普适性, 它不仅适用于中心裂纹, 而且适用于其他裂纹, 包括三维裂纹.

能量释放率 G 可看作是试图驱动裂纹扩展的原动力, 故又称为裂纹扩展力. 而公式 (2.75) 的右端是与材料性能有关的参数. 称为临界能量释放率 G_{IC}, 又称为裂纹扩展阻力.

脆性断裂的能量判据为

$$G_{\mathrm{I}}\geqslant G_{\mathrm{IC}} \tag{2.76}$$

2.3.2 能量释放率与应力强度因子关系

能量准则是一种全局性准则, 而应力强度因子准则是一种局部准则, 它们是两种不同观点, 但这两种准则存在内在联系.

如图 2.7 所示, 讨论 I 型二维单边裂纹.

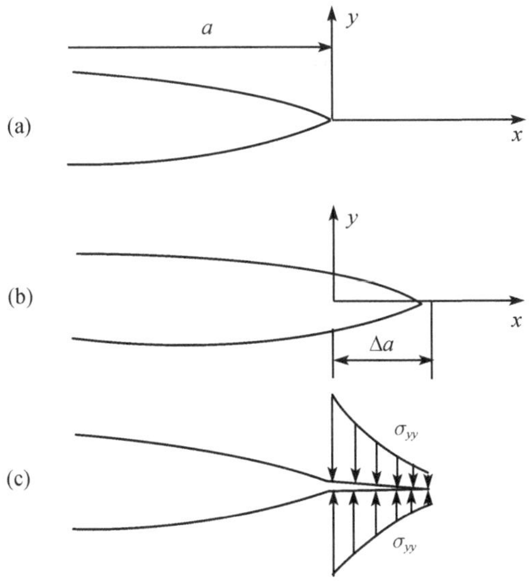

图 2.7

设想裂纹初始长度 a, 扩展后裂纹长度变为 $a+\Delta a$. 在裂纹扩展过程中, 在裂纹扩展段上, 面力消失, 上、下新表面产生张开位移 $2v(x)$. 比较势能 Π 的变化, 得

$$\Delta\Pi = 2B\int_0^{\Delta a}\frac{1}{2}\sigma_y(x,0)v(x)\mathrm{d}x \tag{2.77}$$

对 I 型裂纹, 法向应力 σ_y 可表示为

$$\sigma_y(x,0)=\frac{K_\mathrm{I}}{\sqrt{2\pi x}} \tag{2.78}$$

而位移分量 $v(x)$, 可以用裂纹长度为 $a+\Delta a$ 时裂纹面的位移来表示. 由 (2.24) 式:

$$v(x)=\frac{K_\mathrm{I}+\Delta K_\mathrm{I}}{4\mu}\sqrt{\frac{\Delta a-x}{2\pi}}\cdot 2(\kappa+1) \tag{2.79}$$

将 (2.78) 式、(2.79) 式代入 (2.77) 式积分后得

$$\Delta\Pi = B\frac{\kappa+1}{8\mu}K_\mathrm{I}(K_\mathrm{I}+\Delta K_\mathrm{I})\Delta a \tag{2.80}$$

由此得能量释放率 G_I:

$$G_\mathrm{I}=\lim_{\Delta a\to 0}\frac{\Delta\Pi}{B\Delta a}=\frac{(\kappa+1)}{8\mu}K_\mathrm{I}^2 \tag{2.81}$$

公式 (2.81) 可改写为

$$G_\mathrm{I}=\frac{K_\mathrm{I}^2}{E'} \tag{2.82}$$

此即能量释放率 $G_{\rm I}$ 与应力强度因子 $K_{\rm I}$ 之间的关系. 由此看出当 $G_{\rm I}$ 达到临界值 $G_{\rm IC}$ 时, 应力强度因子 $K_{\rm I}$ 也达到临界值 $K_{\rm IC}$:

$$\frac{K_{\rm IC}^2}{E'} = G_{\rm IC} \tag{2.83}$$

所以能量释放率准则与应力强度因子准则是等价的.

对于 II 型裂纹, 如果假设裂纹也沿裂纹延长线扩展, 那么同样有

$$G_{\rm II} = \frac{K_{\rm II}^2}{E'} \tag{2.84}$$

但是大量实验表明, 纯 II 型裂纹脆断, 将以分岔形式扩展. 分支裂纹与原裂纹延伸线成 65° ~85° 倾斜角, 因此 (2.84) 式难以直接应用.

对于纯 III 型裂纹, 实验表明裂纹沿其延长线扩展. 类似的分析得

$$G_{\rm III} = \frac{K_{\rm III}^2}{E}(1+\nu) \tag{2.85}$$

2.4 裂纹尖端塑性区

对于绝大多数工程材料, 裂纹尖端区域总是存在着一个塑性区. 在小范围屈服条件下, 这个塑性区被周围的弹性区包围着. 如果塑性区充分地小, 那么周围的弹性场依然可以用 K 场表征, 我们可以用线弹性理论近似估算塑性区的形状和尺寸, 并对应力强度因子进行修正.

2.4.1 塑性区的形状和大小

先讨论 I 型裂纹. 应力场 σ_x, σ_y 和 τ_{xy} 可以用公式 (2.17) 表示.

考察平面应变问题, 主应力的公式为

$$\left.\begin{array}{l}\sigma_1\\ \sigma_2\end{array}\right\} = \frac{1}{2}(\sigma_x+\sigma_y) \pm \frac{1}{2}\sqrt{(\sigma_x-\sigma_y)^2+\tau_{xy}^2} \tag{2.86}$$

将 (2.17) 式代入 (2.86) 式, 得

$$\left\{\begin{aligned}\sigma_1 &= \frac{K_{\rm I}}{\sqrt{2\pi r}}\cos\frac{\theta}{2}\left(1+\sin\frac{\theta}{2}\right)\\ \sigma_2 &= \frac{K_{\rm I}}{\sqrt{2\pi r}}\cos\frac{\theta}{2}\left(1-\sin\frac{\theta}{2}\right)\end{aligned}\right. \tag{2.87}$$

$$\sigma_3 = \sigma_z = \frac{K_{\rm I}}{\sqrt{2\pi r}}\cos\frac{\theta}{2}(2\nu) \tag{2.88}$$

采用 Mises 屈服准则, 等效应力 σ_e 为

$$\sigma_e = \frac{1}{\sqrt{2}}\sqrt{(\sigma_1-\sigma_2)^2+(\sigma_2-\sigma_3)^2+(\sigma_3-\sigma_1)^2} \tag{2.89}$$

利用 (2.87) 式、(2.88) 式, 得

$$\sigma_e^2 = \frac{K_{\mathrm{I}}^2}{4\pi r}\left[\frac{3}{2}\sin^2\theta+(1-2\nu)^2(1+\cos\theta)\right] \tag{2.90}$$

上述公式在弹塑性交界线上, 依然可以近似地采用. 在交界线上 $r=r_p$, 等效应力 σ_e 恰好等于初始屈服应力 σ_{ys}, 由此得

$$r_p = \frac{K_{\mathrm{I}}^2}{4\pi\sigma_{ys}^2}\left[\frac{3}{2}\sin^2\theta+(1-2\nu)^2(1+\cos\theta)\right] \tag{2.91}$$

对于平面应力, 可以导出类似公式:

$$r_p = \frac{K_{\mathrm{I}}^2}{4\pi\sigma_{ys}^2}\left[\frac{3}{2}\sin^2\theta+(1+\cos\theta)\right] \tag{2.92}$$

在裂纹前方:

$$r_p(\theta) = \begin{cases} \dfrac{K_{\mathrm{I}}^2}{2\pi\sigma_{ys}^2}, & \text{对平面应力} \\ \dfrac{K_{\mathrm{I}}^2}{2\pi\sigma_{ys}^2}(1-2\nu)^2, & \text{对平面应变} \end{cases} \tag{2.93}$$

从 (2.93) 式清楚地看出, 对相同的 K_{I} 平面应变的塑性区尺寸 $r_p(0)$ 远小于平面应力情况. 图 2.8 给出了 $\nu=1/3$ 时, 依线弹性公式 (2.91) 式和 (2.92) 式算得的塑性区形状. 从该图清楚地看出, 平面应变的塑性区尺寸远小于平面应力塑性区尺寸.

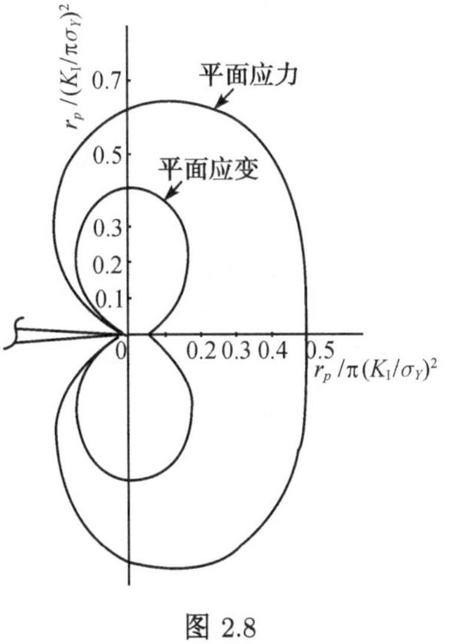

图 2.8

考察裂纹前方的应力状态, 对平面应力情况, $\theta = 0°, \sigma_1 = \sigma_2 = \sigma, \sigma_3 = 0$, 最大剪应力 $\tau_{\max} = \sigma/2$. 最大剪应力面在与板面成 45° 的倾斜面上, 如图 2.9(a) 所示. 依照 Tresca 屈服准则, 塑性变形主要集中在与板成 45° 倾斜的滑移面上. 对平面应变, 塑性应变主要集中在板平面内, 如图 2.9(b) 所示.

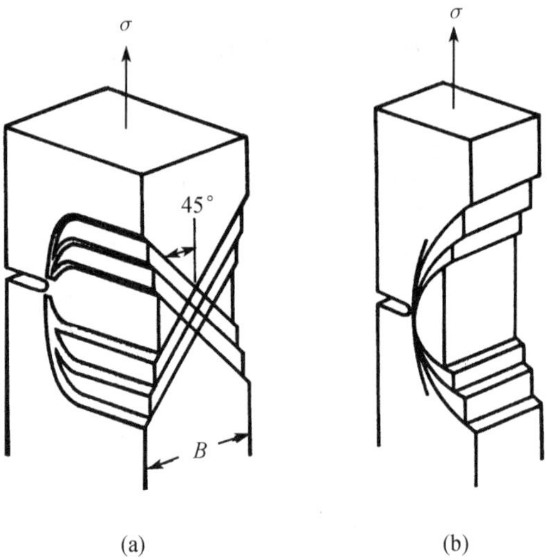

图 2.9

图 2.10 显示了 Hahn 等[9] 的实验结果. 实验是在 5mm 厚的钢板上进行的. 在板的前表面及后表面, 塑性区形状显示出三维特征. 在与板面垂直的载面上, 滑移带呈现 45° 倾斜的平面应力特征.

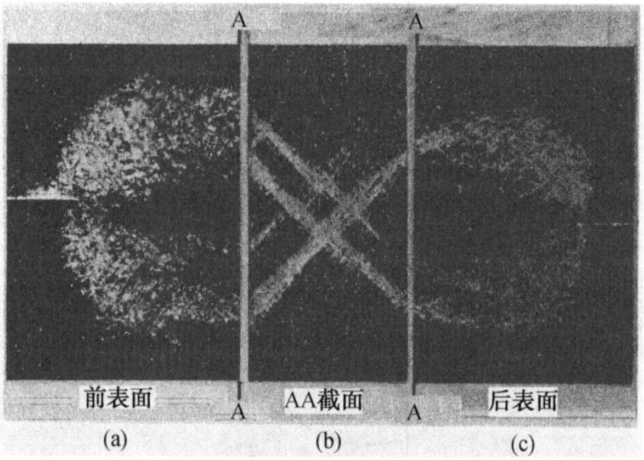

图 2.10

2.4.2 Irwin 模型

以上分析, 完全基于线弹性理论. 而事实上, 由于塑性区存在, 裂纹尖端的应力场将与线弹性解完全不同. Irwin[10] 提出了一个简化模型来分析塑性区存在所产生的应力再分布.

他主要考察裂纹延伸线上塑性区尺寸, 并且假定材料是弹性理想塑性材料. 如图 2.11(a) 所示, 虚线 ABC 表示线弹性 K 场解答. 在塑性区, 法向正应力 σ_y 恒等于屈服应力 σ_{ys}. 曲线 ABC 下的面积代表了作用在裂纹延伸面上的内力, 该内力显然是与外力平衡的. 曲线 $DBEF$ 表示实际的应力分布曲线. 这种应力重新分布现象简称为应力松弛. 这种应力重新分布依然要与外力平衡. Irwin[10] 认为由于裂纹尖端附近的塑性变形, 使板的位移比线弹性解稍大了些. 这相当于有效裂纹尺寸比真实裂纹尺寸大一些. 图 2.11(b) 上, 给出了有效裂纹顶端的应力场分布, 裂纹尖端已移至 O 点. 在整个塑性区内, $\sigma_y = \sigma_{ys}$. 有效裂纹顶端前方至塑性区边界 $r = r_p$ 处, 弹性应力场的合力应该等于 $\sigma_{ys} r_p$. 由此得

$$\int_0^{\lambda} \frac{K_{\mathrm{I}}}{\sqrt{2\pi r}} \mathrm{d}r = \sigma_{ys} r_p \tag{2.94}$$

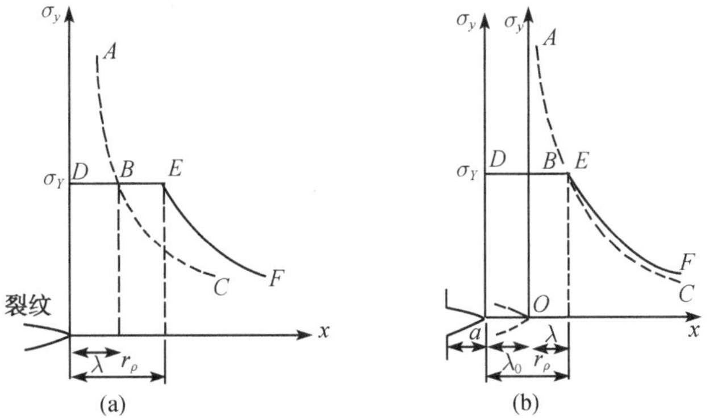

图 2.11

另一方面, 在有效裂纹顶端 $r = \lambda$ 处, $\sigma_y = \sigma_{ys}$:

$$\sigma_y = \frac{K_{\mathrm{I}}}{\sqrt{2\pi\lambda}} = \sigma_{ys} \tag{2.95}$$

以上的分析中已经设想塑性区外的应力场 BC 段与 EF 段基本相符, 也就是 B 点与 E 点相合.

由 (2.94) 式、(2.95) 式求得

$$\lambda = \frac{r_p}{2} \tag{2.96}$$

$$r_p = \frac{1}{\pi}\left(\frac{K_{\mathrm{I}}}{\sigma_{ys}}\right)^2 \tag{2.97}$$

公式 (2.96) 表明, 等效裂纹尖端恰好位于塑性区中心, 以上公式适用于平面应力情况.

对平面应变, 裂纹前方:

$$\sigma_x = \sigma_y, \qquad \sigma_z = \nu(\sigma_x + \sigma_y) = 2\nu\sigma_y$$

由 Mises 屈服条件, 得

$$\sigma_y = \frac{\sigma_{ys}}{(1-2\nu)} \tag{2.98}$$

这样 (2.97) 式应改为

$$r_p = \frac{(1-2\nu)^2}{\pi}\left(\frac{K_{\mathrm{I}}}{\sigma_{ys}}\right)^2 \tag{2.99}$$

在计算应力强度因子时, 需要保持塑性区修正概念的前后一致. 因此:

$$K_{\mathrm{I}} = C\sigma\sqrt{\pi(a+\lambda)} \tag{2.100}$$

严格地求解 (2.96) 式、(2.97) 式和 (2.100) 式可得到 K_{I}, r_p 的有关公式.

平面应力:

$$r_p = \frac{C^2\left(\dfrac{\sigma}{\sigma_{ys}}\right)a}{\left[1-\dfrac{1}{2}C^2\left(\dfrac{\sigma}{\sigma_{ys}}\right)^2\right]} \tag{2.101}$$

$$K_{\mathrm{I}} = C\sigma\sqrt{\pi a}\Bigg/\sqrt{\left[1-\frac{1}{2}C^2\left(\frac{\sigma}{\sigma_{ys}}\right)^2\right]} \tag{2.102}$$

式中, 参数 C 是反映物体几何形状, 裂纹几何及受载方式影响的修正因子; σ 是外加应力.

平面应变:

$$r_p = (1-2\nu)^2\frac{C^2\left(\dfrac{\sigma}{\sigma_{ys}}\right)^2 a}{\left[1-\dfrac{1}{2}(1-2\nu)^2\left(\dfrac{\sigma}{\sigma_{ys}}\right)^2\right]} \tag{2.103}$$

$$K_{\mathrm{I}} = C\sigma\sqrt{\pi a}\Bigg/\sqrt{1-\frac{1}{2}(1-2\nu)^2\left(\frac{\sigma}{\sigma_{ys}}\right)^2} \tag{2.104}$$

2.4.3 Dugdale 模型

对含裂纹薄板, Dugdale[11] 通过实验观察发现在裂纹延长线上形成条件屈服区, 同时发现在与板前后表面成 ±45° 倾斜面上形成交叉的剪切带. Dugdale[11] 提出了条状屈服区模型. Rice 和 Drucker[12] 曾证明, 对于弹性 —— 理想塑性材料, 在平面应力状态下, 利用 Tresca 屈服准则, 得到的屈服区确为条状, 集中在裂纹尖端前方.

Barenblatt[13] 提出的内聚力区模型与条状屈服区有些相似, 只是内聚力区内的正应力遵循内聚力的公式. Bilby, Cottrell 和 Swinden[14] 受 Dugdale 模型的启发, 建立了位错连续分布的 BCS 模型. 该模型得到的结果是与 Dugdale 模型的结果相同的.

Dugdale[11] 设想, 裂纹前方存在着一个条状塑性区, 其上作用着屈服应力 σ_{ys}, 塑性区尺寸为 ρ. 不仿把原有裂纹加塑性区看作是等效裂纹, 如图 2.12(a) 所示.

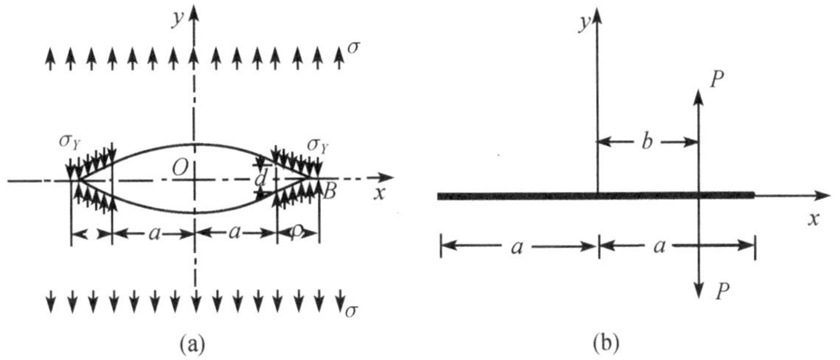

图 2.12

为了求解该问题, 最直接的莫过于采用 Green 函数的方法. Paris 和 Sih[15] 利用 Green 函数方法, 求得了图 2.12(b) 所示的一对偏心楔力 P 作用下的应力强度因子:

$$K_A = \frac{P}{\pi a}\sqrt{\frac{a+x}{a-x}}, \quad K_B = \frac{P}{\sqrt{\pi a}}\sqrt{\frac{a-x}{a+x}} \tag{2.105}$$

对于我们的问题, 均匀的分布楔力在 $(-a,-c)$ 和 (c,a) 区间作用, 应力强度因子为

$$K = \frac{P}{\sqrt{\pi a}}\int_c^a \left[\sqrt{\frac{a+x}{a-x}} + \sqrt{\frac{a-x}{a+x}}\right] \mathrm{d}x \tag{2.106}$$

积分后得

$$K = 2P\sqrt{\frac{a}{\pi}} \arccos\left(\frac{c}{a}\right) \tag{2.107}$$

将此结果用到 Dugdale 裂纹 (图 2.12(b)), a 要以 $a+\rho$ 代替, 而 c 要以 a 代替, $P=-\sigma_{ys}$, 有

$$K^* = -2\sigma_{ys}\sqrt{\frac{a+\rho}{\pi}}\arccos\left(\frac{a}{a+\rho}\right) \tag{2.108}$$

K^* 表示塑性区中的屈服应力 σ_{ys} 在等效裂纹尖端所产生的起屏蔽作用的应力强度因子. 另一方面外加应力场 σ 在等效裂纹尖端所产生的外加应力强度因子:

$$K = \sigma\sqrt{\pi(a+\rho)} \tag{2.109}$$

在等效裂纹顶端前方, 应力场是有限的. 因此, K^* 必与 K 互相抵消, 由此得

$$\sigma\sqrt{\pi(a+\rho)} = 2\sigma_{ys}\sqrt{\frac{a+\rho}{\pi}}\arccos\left(\frac{a}{a+\rho}\right)$$

$$\frac{a}{a+\rho} = \cos\left(\frac{\pi}{2}\frac{\sigma}{\sigma_{ys}}\right) \tag{2.110}$$

当 $\dfrac{\sigma}{\sigma_{ys}} \ll 1$ 时, 余弦项可用泰勒级数展开, 得

$$\rho = \frac{\pi^2\sigma^2 a}{8\sigma_{ys}^2} = \frac{\pi K^2}{8\sigma_{ys}^2} \tag{2.111}$$

公式 (2.111) 与 (2.97) 式十分接近. 当 $\dfrac{\sigma}{\sigma_{ys}}$ 比较大时, (2.110) 式给出的结果比较合理, 而与 Irwin 塑性区修正差别比较大.

2.5　厚度对 K_C 的影响

大量的实验表明, 试样厚度对材料断裂韧性 K_C 值有显着的影响. 图 2.13 显示了 K_C 与试样厚度关系曲线. 该曲线可以区分为 3 个不同区域: 很薄, 中间厚度, 很厚. 观察载荷–挠度曲线及试样断口形貌和特征, 可以帮助我们理解三个不同区域的断裂机制. 断口一般分为平断口与斜断口.

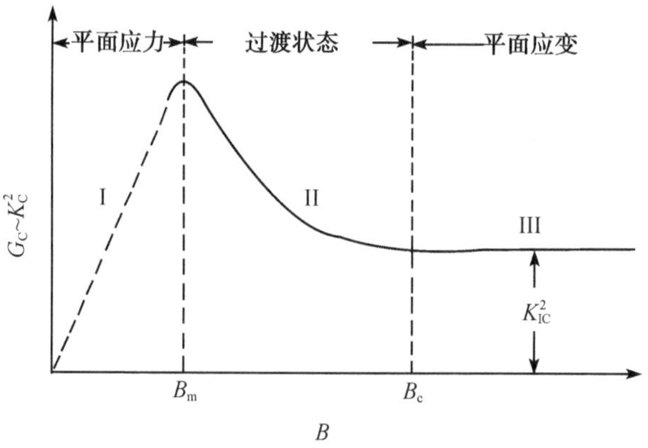

图 2.13

在最佳厚度 B_0 时, 断裂韧性 K_C 达到最高值, 这个值通常就作为平面应力断裂韧性. 厚度小于 B_0 时, 对一些材料会出现一个平台, 对另一些材料, K_c 随着 B 的减小而减小, 如图 2.14 所示. 在这个区域, 断口为与板面成 45° 的斜断口. 在靠近裂纹面附近, 有时会观察到板面屈曲现象.

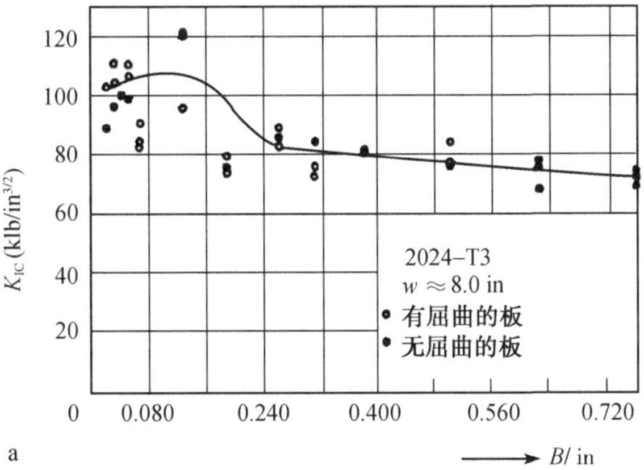

图 2.14

当厚度 $B > B_0$ 时, K_C 随着厚度的增加而减小. 在第 II 个区域, 断口形貌为中心部位的粗糙平断口与两侧剪切唇的结合. 厚度的增加意味着平面应变状态趋于占优. 当 $B > B_C$ 时, 平面应变状态形成, K_C 达到稳定的下平台 K_{IC} 值, K_{IC} 就是材料的平面应变断裂韧性. 图 2.15 显示了载荷–挠度曲线及断口特征.

Krafft 等人[16] 曾经提出了一个简化模型来分析 K_C 随厚度增加而减小的力学现象. 如图 2.16 所示, 设想平断口占有 $(1-S)B$ 厚, 则有

$$\mathrm{d}w = \frac{\mathrm{d}W_f}{\mathrm{d}A}(1-S)B\mathrm{d}a + \frac{\mathrm{d}W_p}{\mathrm{d}V}\frac{B^2S^2}{2}\mathrm{d}a \tag{2.112}$$

式中, $\frac{\mathrm{d}W_p}{\mathrm{d}V}$ 是剪切唇中, 单位体积塑性功耗; $\frac{\mathrm{d}W_f}{\mathrm{d}A}$ 是平断口部位产生单位面积新表面所需要做的功.

因此临界的能量释放率 G_C 为

$$G_C = \frac{\mathrm{d}W_f}{\mathrm{d}A}(1-S) + \frac{\mathrm{d}W_p}{\mathrm{d}V}\frac{B^2}{2}S^2 \tag{2.113}$$

设想 $\frac{\mathrm{d}W_f}{\mathrm{d}A}, \frac{\mathrm{d}W_p}{\mathrm{d}A}$ 为材料常数, 那么 (2.113) 式提供了 G_C 与 S 的依赖关系. 当厚度 B 增加时, S 减小趋于零; 当 $B > B_C$ 时, $S \approx 0$, 由此得

$$G_C = G_{IC} = \frac{\mathrm{d}W_f}{\mathrm{d}A} \tag{2.114}$$

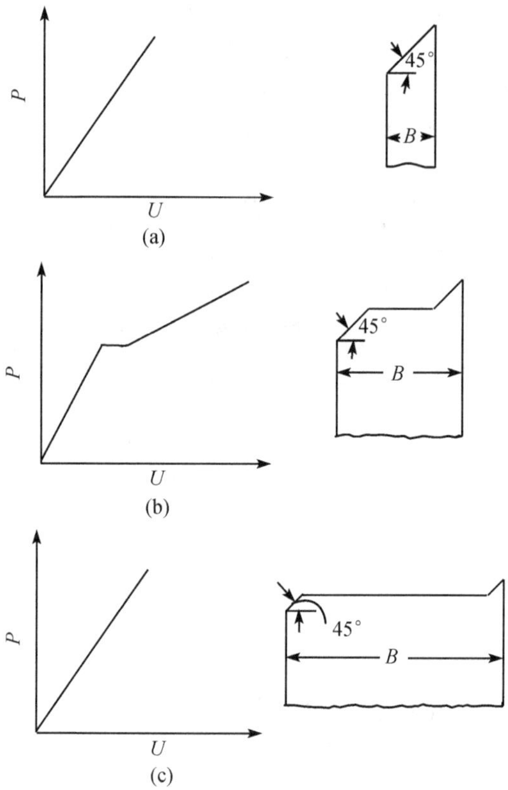

图 2.15

(a) I: 平面应力; (b) II: 过渡状态; (c) III: 平面应变

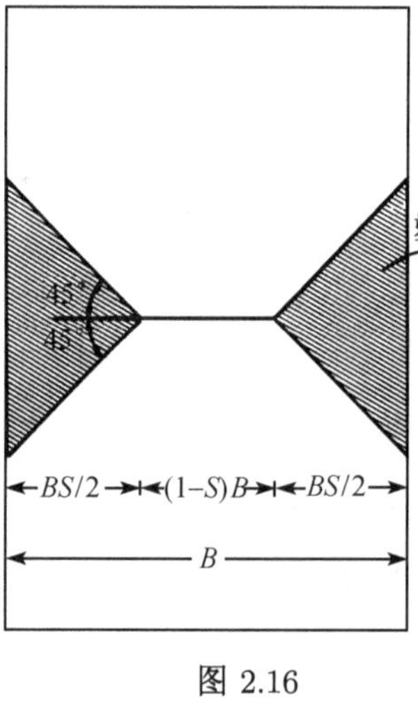

图 2.16

当 $B \to B_0, S \to 1$：

$$G_C = (G_C)_{\max} = \frac{dW_p}{dV} \cdot \frac{B_0}{2} \tag{2.115}$$

将 (2.114) 式、(2.115) 式代入 (2.113) 式得

$$G_C = G_{IC}(1 - S) + (G_C)_{\max}\frac{B}{B_0}S^2 \tag{2.116}$$

通过实验观察, Krafft 等人假定斜断口的厚度为 2mm(对所做的实验而言). 由 (2.116) 式即可预测 G_C 随厚度的变化. 图 2.17 给出了理论预测与实验结果比较, 两者符合得比较好.

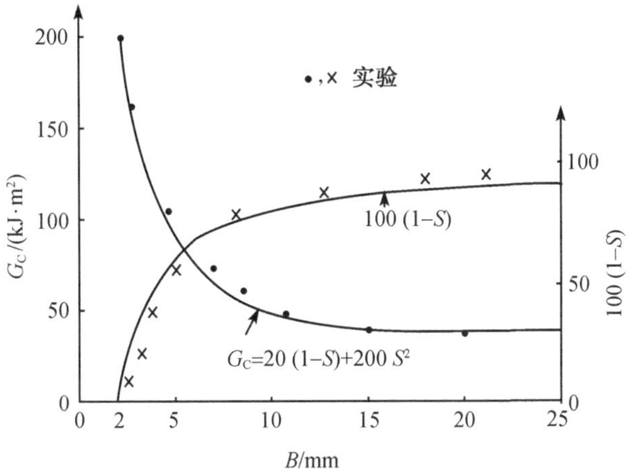

图 2.17

2.6 裂纹扩展阻力曲线

对于理想脆性材料, 裂纹起始扩展意味着裂纹失稳扩展, 也就是试件的脆性破坏. 但是对于常用的工程材料, 当试件充分厚, 裂纹尺寸及试件尺寸充分大时, 裂纹起始扩展才可能伴随着失稳扩展. 而当“平面应变”条件未能满足时, 裂纹起始扩展将伴随缓慢的、稳定的亚临界扩展. 裂纹的扩展量 Δa 通常是比较小的, 但都会引起裂纹扩展阻力的明显增加. 图 2.18(a) 和 (b) 分别示意典型的平面应变和平面应力载荷–挠度曲线. 对于平面应变试样, 裂纹尖端的塑性区尺寸很小, 可以用应力强度因子 K_I 来表征. 在这种情况下, 裂纹起始扩展不伴随亚临界扩展, 或者只伴随非常小量的亚临界扩展, 紧接着便是试件的突然破坏. 而对薄试件, 平面应力状态占优势, 裂纹尖端前方材料并不处于三轴约束状态, 唇状剪切塑性变形对裂纹扩展的影响不能忽略. 因此, 亚临界裂纹扩展比较明显.

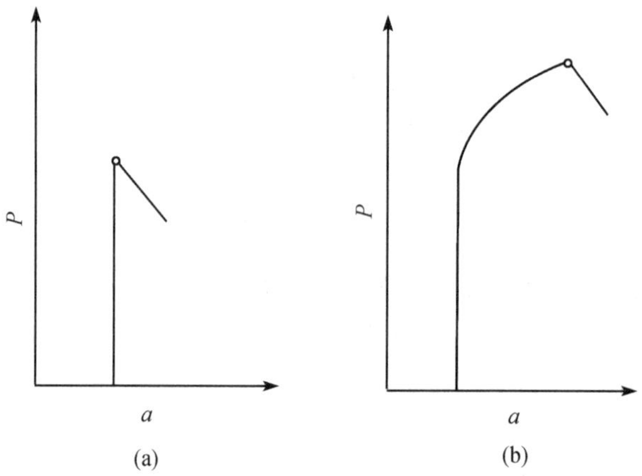

图 2.18

可以从能量平衡角度考察裂纹扩展阻力曲线 (R 曲线). 我们有

$$G_R = \frac{\mathrm{d}\Gamma}{\mathrm{d}A} + \frac{\mathrm{d}Up}{\mathrm{d}A} \tag{2.117}$$

式中, U_p 是裂纹扩展的塑性功耗. 在平面应变条件下, $\dfrac{\mathrm{d}U_p}{\mathrm{d}A}$ 可以看作是在形成单位面积新表面所耗散的塑性功, 是一个材料常数. 当试样厚度中等厚时, 剪切唇塑性功耗不能忽略, 而且剪切唇所占厚度比分 S 随着裂纹扩展而增加, 如图 2.19 所示. 在这种情况下, $\dfrac{\mathrm{d}U_p}{\mathrm{d}A}$ 将随着 Δa 的增加而非线性地增加.

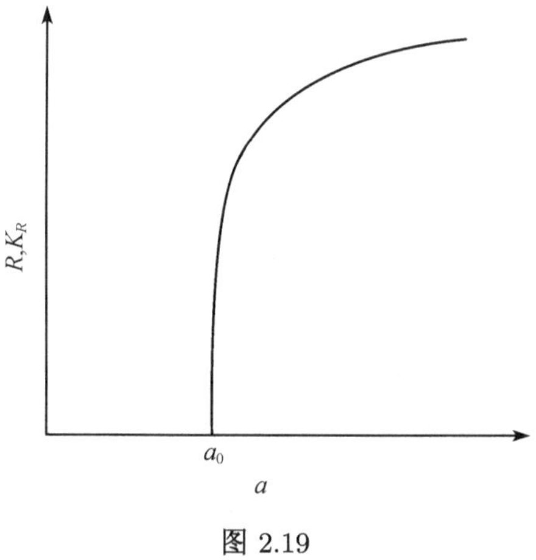

图 2.19

对于给定厚度的试件, 假定 $\dfrac{\mathrm{d}U_p}{\mathrm{d}A}$只依赖裂纹扩展量 Δa, 那么就得到裂纹扩展阻力曲线:

$$G_R(\Delta a)=\frac{\mathrm{d}\Gamma}{\mathrm{d}A}+\frac{\mathrm{d}U_p}{\mathrm{d}A} \tag{2.118}$$

裂纹起裂或亚临界扩展的条件为

$$\begin{aligned}&G=G_R(\Delta a)\\&\frac{\partial G}{\partial a}<\frac{\mathrm{d}G_R}{\mathrm{d}a}\end{aligned} \tag{2.119}$$

裂纹失稳扩展条件为

$$\begin{aligned}&G=G_R(\Delta a)\\&\frac{\partial G}{\partial a}\geqslant\frac{\mathrm{d}G_R}{\mathrm{d}a}\end{aligned} \tag{2.120}$$

式中, G 是能量释放率, 也是裂纹扩展驱动力; $G_R(\Delta a)$ 是材料裂纹扩展阻力曲线.

图 2.20 中的实线是 $G_R(\Delta a)$ 曲线, 点画线表示不同应力水平的裂纹扩展力曲线 $G(a,\sigma_i)$. 当 $\sigma<\sigma_0$ 时, 裂纹并不扩展; 当 $\sigma=\sigma_0$ 时, 裂纹起始扩展; 当 $\sigma_0<\sigma<\sigma_{\mathrm{c}}$ 时, 裂纹亚临界扩展; 当 $\sigma\geqslant\sigma_{\mathrm{c}}$ 时, 裂纹失稳扩展.

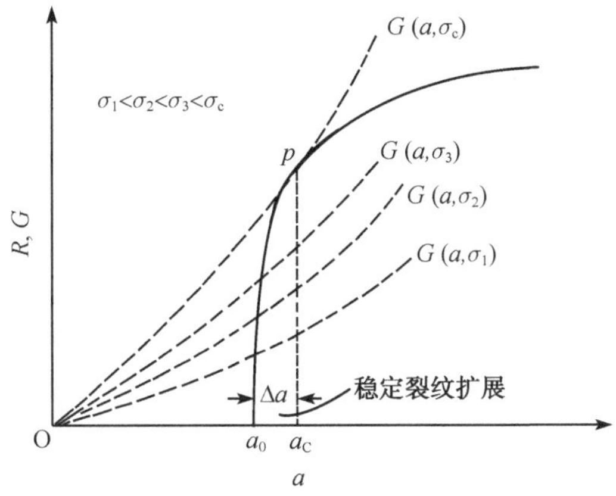

图 2.20

参 考 文 献

[1] Irwin G R. Fracture, in encyclopedia of physics. New York: Springer-Verlag, 1958, VI: 551–590.

[2] Irwin G R. Fracture dynamics, in fracturing of metals. Cleveland, Am. Soc. Metals, 1948: 147–166.

[3] Orowan E. Fracture and strength of solids. Report on Prongress in Phys., 1948, 12: 185.

[4] Mukhelishvili N I. Some basic problems of the mathematical theory of elasticity. Leyden, Noordhoff, 1975.

[5] Irwin G R. Analysis of stresses and strains near the end of a crack transversing a plate. J. Appl. Mech., 1957, 24: 361–364.

[6] Griffith A A. The phenomena of rupture and flow in solids. Phil. Trans. ser. A, 1920, 221: 163–198.

[7] Griffith A A. The theory of rupture. Applied Mechanics, 1924: 55–63.

[8] Gdoutos E E. Fracture mechanics, an introduction. Kluwer Academic Publishers, 1993.

[9] Hahn G T, Rosenfield A R. Local yielding and extansion of a crack under plane stress. Acta Metallurgica, 1965, 13: 293–306.

[10] Irwin G R. Plastic zone near a crack tip and fracture toughness. Proceedings of the Seventh Sagamore Ordnance Material Conference, 1960, 4: 63–78.

[11] Dugdale D S. Yielding of steel sheets containing slits. J. Mech. Phys. Solids, 1960, 8: 100–104.

[12] Rice J R, Drucker D C. Energy changes in stresses bodies due to void and crack growth. Int. J. Frac. Mechanics, 1967, 3: 19–27.

[13] Barenblatt G I. The mathematical theory of equilibrium cracks in brittle fracture. New York: Academic Press: 55–129.

[14] Bilby B A, Cottrell A H, Swinden K H. The spread of plastic yield from a notch. Proc. Roy. Soc. London, Ser. A., 1963, 272: 304–314.

[15] Paris P C, Sih G C. Stress analysis of cracks. ASTM STP 391, 1965: 70–81.

[16] Krafft J M, Sullivan A M, Boyle R W. Effect of dimensions on fast instability of notched sheets, Proceedings of Crack Propagation Symposium. Colledge of Aeronautics, Cranfield, 1961, 1: 8–28.

[17] Anderson T L. Fracture mechanics, foundamentals and applications. Boca Raton, CRC Press, 1991.

[18] 布洛克 D. 工程断裂力学. 王克仁, 何明元, 高桦, 译. 北京: 科学出版社, 1980.

第 3 章　应力强度因子分析方法

应力强度因子分析是断裂力学的重要内容之一. 一方面要根据构件的几何形状、裂纹尺寸和受载方式去计算构件的 K_{I}、K_{II} 和 K_{III} 值. 另一方面, 当用标准试样测定材料断裂韧性时, 先要确定试件应力强度因子标定公式.

过去 40 年内, 已经发展了很多有效的确定应力强度因子方法. 这些方法总体上可分为三类: 解析法、数值解法和实验方法. 解析法能处理各种典型问题, 特别是二维问题, 用解析法可以解决不少问题. 对于三维裂纹问题和几何形状比较复杂的二维裂纹问题, 往往要用数值解法.

本章主要介绍解析方法和数值解法.

3.1　Williams 级数展开与边界配置法

2.1 节中已经对裂纹尖端的奇性场作了详细分析. 分析中所采用的方法是 Williams[1] 于 1957 年提出的. 2.1.1 节中只讨论了主奇性项.

现在讨论本征函数一般项, 令 $\lambda = n/2$.

当 $n = 1, 3, 5, \cdots$ 时, 由 (2.8) 式和 (2.9) 式得

$$\begin{cases} C = -\dfrac{\lambda+1}{\lambda-1}A = -\dfrac{(n+2)}{(n-2)}A \\ D = -B \end{cases} \tag{3.1}$$

当 $n = 2, 4, 6, \cdots$ 时,

$$C = -A, \quad D = \frac{-(n+2)}{(n-2)}B \tag{3.2}$$

由此得到本征级数展开式:

$$\begin{aligned} U(r,\theta) = &\sum_{n=1}^{\infty} C_n r^{\frac{n}{2}+1}\left[\cos\left(\frac{n}{2}-1\right)\theta - \frac{\dfrac{n}{2}+(-1)^n}{\dfrac{n}{2}+1}\cos\left(\frac{n}{2}+1\right)\theta\right] \\ &+\sum_{n=1}^{\infty} D_n r^{\frac{n}{2}+1}\left[\sin\left(\frac{n}{2}-1\right)\theta - \frac{\dfrac{n}{2}-(-1)^n}{\dfrac{n}{2}+1}\sin\left(\frac{n}{2}+1\right)\theta\right] \end{aligned} \tag{3.3}$$

进而得到极坐标下的应力分量公式:

$$
\begin{aligned}
\sigma_r =& \sum_{n=1}^{\infty} \frac{n}{2} C_n r^{\frac{n}{2}-1} \left\{ \left[\frac{n}{2} + (-1)^n \right] \cos\left(\frac{n}{2} + 1 \right) \theta - \left(\frac{n}{2} - 3 \right) \cos\left(\frac{n}{2} - 1 \right) \theta \right\} \\
&+ \sum_{n=1}^{\infty} \frac{n}{2} D_n r^{\frac{n}{2}-1} \left\{ \left[\frac{n}{2} - (-1)^n \right] \sin\left(\frac{n}{2} + 1 \right) \theta - \left(\frac{n}{2} - 3 \right) \sin\left(\frac{n}{2} - 1 \right) \theta \right\}
\end{aligned} \tag{3.4}
$$

$$
\begin{aligned}
\sigma_\theta =& \sum_{n=1}^{\infty} \frac{n}{2} C_n r^{\frac{n}{2}-1} \left\{ \left(\frac{n}{2} + 1 \right) \cos\left(\frac{n}{2} - 1 \right) \theta - \left[\frac{n}{2} + (-1)^n \right] \cos\left(\frac{n}{2} + 1 \right) \theta \right\} \\
&+ \sum_{n=1}^{\infty} \frac{n}{2} D_n r^{\frac{n}{2}-1} \left\{ \left(\frac{n}{2} + 1 \right) \sin\left(\frac{n}{2} - 1 \right) \theta - \left[\frac{n}{2} - (-1)^n \right] \sin\left(\frac{n}{2} + 1 \right) \theta \right\}
\end{aligned} \tag{3.5}
$$

$$
\begin{aligned}
\tau_{r\theta} =& -\sum_{n=1}^{\infty} \frac{n}{2} C_n r^{\frac{n}{2}-1} \left\{ \left[\frac{n}{2} + (-1)^n \right] \sin\left(\frac{n}{2} + 1 \right) \theta - \left(\frac{n}{2} - 1 \right) \sin\left(\frac{n}{2} - 1 \right) \theta \right\} \\
&- \sum_{n=1}^{\infty} \frac{n}{2} D_n r^{\frac{n}{2}-1} \left\{ \left(\frac{n}{2} - 1 \right) \cos\left(\frac{n}{2} - 1 \right) \theta - \left[\frac{n}{2} - (-1)^n \right] \cos\left(\frac{n}{2} + 1 \right) \theta \right\}
\end{aligned} \tag{3.6}
$$

众所周知, 应力函数 U 可以用两个复变函数 $\varphi(z)$ 和 $\chi(z)$ 来表示:

$$
U = \mathrm{Re}[\bar{z}\varphi(z) + \chi(z)] \tag{3.7}
$$

由 (3.3) 式及 (3.7) 式不难推得

$$
\left\{
\begin{aligned}
&\varphi(z) = \sum_{n=1}^{\infty} (C_n - \mathrm{i}D_n) z^{\frac{n}{2}} \\
&\chi(z) = \sum_{n=1}^{\infty} (A_n - \mathrm{i}B_n) z^{\frac{n}{2}+1}, \quad z = r\mathrm{e}^{\mathrm{i}\theta}
\end{aligned}
\right. \tag{3.8}
$$

Bueckner[2] 证明了在以裂纹顶端为原点, 半径为 R 的圆内, 如果物体的能量是有限的, 函数 $\varphi(z), \chi(z)$ 是连续的, 那么展开式 (3.8) 在这个圆内是存在的和收敛的.

由 (3.8) 式推得

$$
\psi(z) = \chi'(z) = \sum_{n=1}^{\infty} \left(\frac{n}{2} + 1 \right) (A_n - \mathrm{i}B_n) z^{\frac{n}{2}} \tag{3.9}
$$

我们可以从公式 (3.8), (3.9) 出发, 利用公式 (2.47) 推得直角坐标系中的应力场 σ_x、σ_y、τ_{xy} 和位移场 u 和 v. 参照文献 [1] 和 [3] 列出如下公式:

$$
\sigma_x = \sum_{n=1}^{\infty} \frac{n}{2} C_n r^{\frac{n}{2}-1} \left\{ \left[\frac{n}{2} + 2 + (-1)^n \right] \cos\left(\frac{n}{2} - 1 \right) \theta - \left(\frac{n}{2} - 1 \right) \cos\left(\frac{n}{2} - 3 \right) \theta \right\}
$$

$$+\sum_{n=1}^{\infty}\frac{n}{2}D_n r^{\frac{n}{2}-1}\left\{\left[\frac{n}{2}+2-(-1)^n\right]\sin\left(\frac{n}{2}-1\right)\theta-\left(\frac{n}{2}-1\right)\sin\left(\frac{n}{2}-3\right)\theta\right\} \tag{3.10}$$

$$\begin{aligned}\sigma_y=&\sum_{n=1}^{\infty}\frac{n}{2}C_n r^{\frac{n}{2}-1}\left\{-\left[\frac{n}{2}-2+(-1)^n\right]\cos\left(\frac{n}{2}-1\right)\theta+\left(\frac{n}{2}-1\right)\cos\left(\frac{n}{2}-3\right)\theta\right\}\\&+\sum_{n=1}^{\infty}\frac{n}{2}D_n r^{\frac{n}{2}-1}\left\{-\left[\frac{n}{2}-2-(-1)^n\right]\sin\left(\frac{n}{2}-1\right)\theta+\left(\frac{n}{2}-1\right)\sin\left(\frac{n}{2}-3\right)\theta\right\}\end{aligned} \tag{3.11}$$

$$\begin{aligned}\tau_{xy}=&\sum_{n=1}^{\infty}\frac{n}{2}C_n r^{\frac{n}{2}-1}\left\{-\left[\frac{n}{2}+(-1)^n\right]\sin\left(\frac{n}{2}-1\right)\theta+\left(\frac{n}{2}-1\right)\sin\left(\frac{n}{2}-3\right)\theta\right\}\\&+\sum_{n=1}^{\infty}\frac{n}{2}D_n r^{\frac{n}{2}-1}\left\{\left[\frac{n}{2}-(-1)^n\right]\cos\left(\frac{n}{2}-1\right)\theta-\left(\frac{n}{2}-1\right)\cos\left(\frac{n}{2}-3\right)\theta\right\}\end{aligned} \tag{3.12}$$

$$\begin{aligned}2\mu(u+\mathrm{i}v)=&\sum_{n=1}^{\infty}C_n r^{\frac{n}{2}}\left\{\kappa\mathrm{e}^{\mathrm{i}\frac{n}{2}\theta}+\left[\frac{n}{2}+(-1)^n\right]\mathrm{e}^{-\mathrm{i}\frac{n}{2}\theta}-\frac{n}{2}\mathrm{e}^{-\mathrm{i}(\frac{n}{2}-2)\theta}\right\}\\&+\sum_{n=1}^{\infty}D_n r^{\frac{n}{2}}\left\{-\mathrm{i}\left[\kappa\mathrm{e}^{\mathrm{i}\frac{n}{2}\theta}-\left(\frac{n}{2}-(-1)^n\right)\mathrm{e}^{-\mathrm{i}\frac{n}{2}\theta}\right]-\frac{n}{2}\mathrm{i}\mathrm{e}^{-\mathrm{i}(\frac{n}{2}-2)\theta}\right\}\end{aligned} \tag{3.13}$$

对于合力有关函数 f, 则有

$$\begin{aligned}f=&\frac{\partial U}{\partial x}+\mathrm{i}\frac{\partial U}{\partial y}=\varphi(z)+z\overline{\Phi(z)}+\overline{\psi(z)}\\=&\sum_{n=1}^{\infty}r^{\frac{n}{2}}\left\{(C_n-\mathrm{i}D_n)\mathrm{e}^{\mathrm{i}\frac{n}{2}\theta}+(C_n+\mathrm{i}D_n)\frac{n}{2}\mathrm{e}^{-\mathrm{i}(\frac{n}{2}-2)\theta}\right.\\&\left.-\left[\left(\frac{n}{2}+(-1)^n\right)C_n+\mathrm{i}\left(\frac{n}{2}-(-1)^n\right)D_n\right]\mathrm{e}^{-\mathrm{i}\frac{n}{2}\theta}\right\}\end{aligned} \tag{3.14}$$

Williams 级数已经满足平面问题的全部方程和裂纹面面力自由条件. 上述公式中的系数 C_n 和 D_n 由外边界条件来确定, 通常可以用变分原理来确定这些系数. 在以裂纹尖端为圆心, 半径为 R 的圆内, Williams 级数的收敛性是有保证的, 只要在这个圆内, 应力应变是连续的 (除了裂纹尖端之外). 因此, 当物体几何形状与 C_R 相近时, Williams 级数依然是存在的, 采用变分法可以得到收敛于正确解的结果. 但是常用的标准试样外边界状是矩形, 变分法的计算工作量比较大.

Gross、Srawley 和 Brown[4] 提出了用边界配置法解决标准试样 K_{I} 标定问题. 图 3.1 是两种标准试样：三点弯曲试样和紧凑拉伸试样. 选择三点弯曲试样作为例子, 来说明边界配置法是如何实施的.

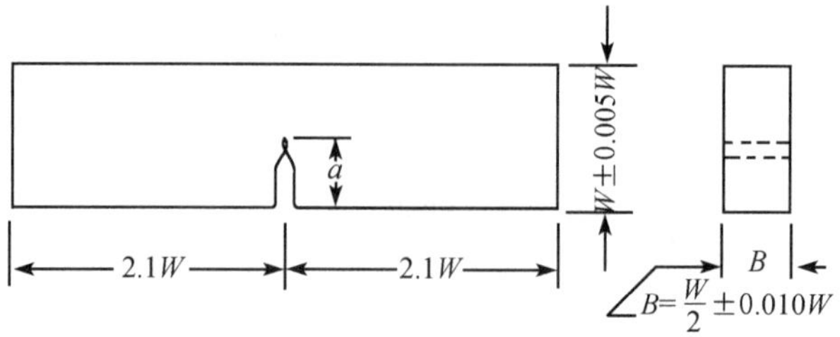

(a)

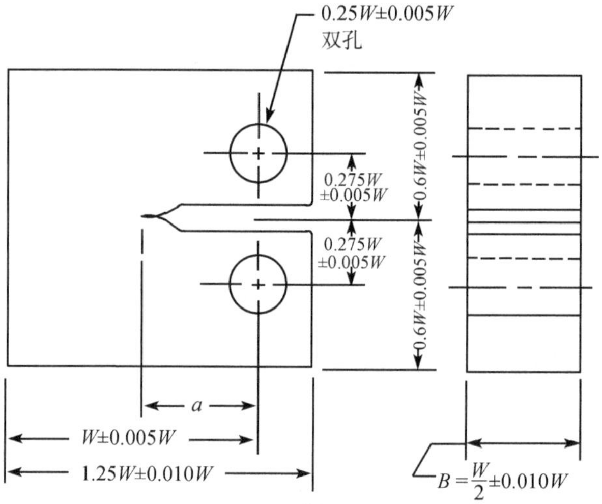

(b)

图 3.1

如图 3.2 所示, 取试样的一半来考察. 从裂纹尖端出发, 沿边界 $OAB'B\ B^*C^*$ $CC'D$ 线路计算 U、$\dfrac{\partial U}{\partial x}$ 和 $\dfrac{\partial U}{\partial y}$. 裂纹尖端 O 处它们的值取为零. 在 OAB' 段, 面力为零. 由此推出:

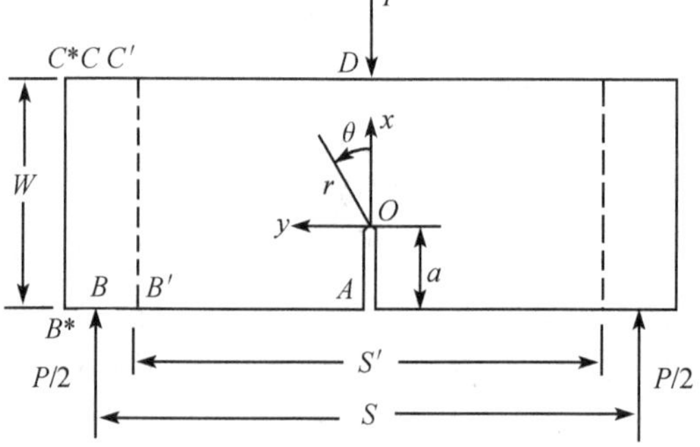

图 3.2

$$U=0,\quad \frac{\partial U}{\partial y}=0,\quad 在\ OA\ 段 \tag{3.15a}$$

$$U=0,\quad \frac{\partial U}{\partial x}=0,\quad 在\ AB'\ 段 \tag{3.15b}$$

穿过 B 点合力有一间断量, 因此在 BB^*C^*CD 有

$$\frac{\partial U}{\partial y}=-\frac{P}{2B_0},\quad \frac{\partial U}{\partial x}=0$$

B_0 是试样厚度. 由此得

$$U=\frac{P}{2B_0}\left[\frac{s}{2}-y\right],\quad \frac{\partial U}{\partial x}=0,\quad 在\ BB^*\ 段 \tag{3.15c}$$

$$U=\frac{P}{2B_0}\left[\frac{s}{2}-\frac{s^*}{2}\right],\quad \frac{\partial U}{\partial y}=-\frac{P}{2B_0},\quad 在\ B^*C^*\ 段 \tag{3.15d}$$

$$U=\frac{P}{2B_0}\left[\frac{s}{2}-y\right],\quad \frac{\partial U}{\partial x}=0,\quad 在\ C^*D\ 段 \tag{3.15e}$$

式中, s^* 是直线 $\overline{AB}^*$ 的长度, 公式 (3.15) 给出了外边界 $AB'BB^*C^*CC'D$ 上应力函数 U 及其法向导数的值. 要在外边界上严格满足 (3.15) 式条件是很困难的, 但是可以在有限个配置点满足 (3.15) 式. 在级数 (3.3) 式中截取前 m 项, 在外边界选取 m 个配置点, 可建立 $2m$ 个边界条件, 组成 $2m$ 个关于未知系数 $C_k, D_k, k=1,2,\cdots,m$ 的线性代数方程组. 解出 C_k 和 D_k 就可得到应力强度因子.

边界配置法的优点是计算简单方便, 特别适合用于紧凑拉伸、三点弯曲及含中心裂纹的矩形试样; 缺点是收敛性未得到证明. 另外配置点的选择对结果有影响. 为了得到比较可靠的计算结果, 一些学者建议采用边界配置法与最小二乘法相结合的方法来分析问题, 即边界配置点的数目 M 远远大于 m. 这样可以保证边界条件在 M 个配置点上得到最佳的满足, 从而得到稳定的收敛结果.

此外必须指出, 当 $n=2$ 时, D_2 这一项所对应的应力函数恒为零, 所以 D_2 项应该从未知系数中除掉.

3.2 复变函数方法

在解决二维裂纹问题中, 复变函数方法是很有用的. 在断裂力学发展早期, Westergaard 提出了一种简单复变函数分析方法, 求得若干典型问题的解答. 各种断裂力学教科书中, 对 Westergaard 应力函数法均有比较详细介绍, 感兴趣的读者可参阅文献 [5], [6].

这里着重介绍 Muskhelishvili[7] 复变函数法.

3.2.1　共线裂纹

如图 3.3 所示, 讨论无限大平板中的共线裂纹问题. 设 n 个共线裂纹的集合记为 L:

$$L=\sum_{k=1}^{n}L_k,\quad L_k=(a_k,b_k),\quad a_k<b_k<a_{k+1}$$

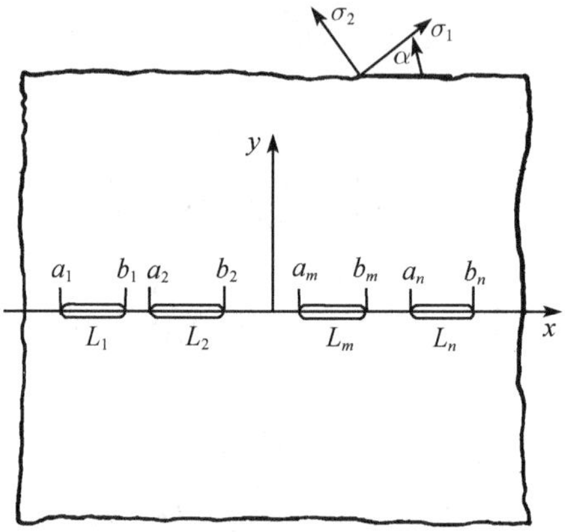

图 3.3

假定无穷远处应力有界, 那么复函数 $\varPhi(z),\varPsi(z)$ 有如下性质:

$$\varPhi(z)=\varGamma-\frac{X+\mathrm{i}Y}{2\pi(\kappa+1)}\cdot\frac{1}{2}+0\left(\frac{1}{z^2}\right)\tag{3.16}$$

$$\varPsi(z)=\varGamma'-\frac{\kappa(X+\mathrm{i}Y)}{2\pi(\kappa+1)}\cdot\frac{1}{2}+0\left(\frac{1}{z^2}\right)\tag{3.17}$$

式中, X,Y 表示作用于 L 上外应力主矢量:

$$\begin{cases}\varGamma=\dfrac{1}{4}(\sigma_x^\infty+\sigma_y^\infty)\\[2mm]\varGamma'=\dfrac{1}{2}(\sigma_y^\infty+\sigma_x^\infty)+\mathrm{i}\tau_{xy}^\infty\end{cases}\tag{3.18}$$

参照 (2.49) 式, 引入 $\varOmega(z),\omega(z)$ 代替 $\varPsi(z),\psi(z)$:

$$\begin{cases}\omega(z)=z\overline{\varPhi}(z)+\overline{\psi}(z)\\ \varOmega(z)=\omega'(z)\end{cases}\tag{3.19}$$

应力场和位移场可用 (2.50) 式表示:

$$\begin{cases}\sigma_x+\sigma_y=4\mathrm{Re}\{\varPhi(z)\}\\ \sigma_y-\mathrm{i}\tau_{xy}=\varPhi(z)+\varOmega(\overline{z})+(z-\overline{z})\overline{\varPhi'(z)}\\ 2\mu(u+\mathrm{i}v)=\kappa\phi(z)-\omega(\overline{z})-(z-\overline{z})\overline{\varPhi(z)}\end{cases}\tag{3.20}$$

进而有

$$2\mu(u+\mathrm{i}v)'_x=\kappa\Phi(z)-\Omega(\overline{z})-(z-\overline{z})\overline{\Phi'(z)} \tag{3.21}$$

在 L 上, 得到如下条件:

$$\begin{cases}\Phi^+(t)+\Omega^-(t)=\sigma_y^+-\mathrm{i}\tau_{xy}^+\\ \Phi^-(t)+\Omega^+(t)=\sigma_y^--\mathrm{i}\tau_{xy}^-\end{cases} \tag{3.22}$$

式中, σ_y^+,τ_{xy}^+ 和 σ_y^-,τ_{xy}^- 分别是作用在裂纹上下岸的面力. 由 (3.22) 式导得

$$\begin{cases}[\Phi(t)+\Omega(t)]^++[\Phi(t)+\Omega(t)]^-=2p(t)\\ [\Phi(t)-\Omega(t)]^+-[\Phi(t)-\Omega(t)]^-=2q(t)\end{cases} \tag{3.23}$$

式中,

$$\begin{cases}p(t)=\dfrac{1}{2}(\sigma_y^++\sigma_y^-)-\dfrac{\mathrm{i}}{2}(\tau_{xy}^-+\tau_{xy}^-)\\ q(t)=\dfrac{1}{2}(\sigma_y^+-\sigma_y^-)-\dfrac{\mathrm{i}}{2}(\tau_{xy}^+-\tau_{xy}^-)\end{cases} \tag{3.24}$$

方程 (3.23) 是典型的 Hilbert 问题. Muskhelishvili[7] 在他的经典著作中, 对此问题作了精辟的论述, 方程 (3.23) 的解答为

$$\Phi(z)-\Omega(z)=\frac{1}{\pi\mathrm{i}}\int_L\frac{q(t)}{(t-z)}\mathrm{d}t-\overline{\Gamma}' \tag{3.25}$$

$$\Phi(z)+\Omega(z)=\frac{X(z)}{\pi\mathrm{i}}\int_L\frac{p(t)}{X^+(t)(t-z)}\mathrm{d}t+2P_n(z)X(z) \tag{3.26}$$

式中,

$$X(z)=1/\sqrt{(z-a_1)(z-b_1)\cdots(z-a_n)(z-b_n)} \tag{3.27}$$

$$P_n(z)=c_0z^n+c_1z^{n-1}+\cdots+c_n \tag{3.28}$$

$$c_0=\Gamma+\frac{1}{2}\overline{\Gamma}' \tag{3.29}$$

系数 $c_1,c_2,\cdots,c_n$ 可从位移单值条件确定.

由 (3.25) 式和 (3.26) 式, 得

$$\begin{cases}\Phi(z)=\Phi_0(z)+P_n(z)X(z)-\dfrac{1}{2}\overline{\Gamma}'\\ \Omega(z)=\Omega_0(z)+P_n(z)X(z)+\dfrac{1}{2}\overline{\Gamma}'\end{cases} \tag{3.30}$$

式中,

$$\begin{cases}\Phi_0(z)=\dfrac{X(z)}{2\pi\mathrm{i}}\displaystyle\int_L\frac{p(t)\mathrm{d}t}{X^+(t)(t-z)}+\frac{1}{2\pi\mathrm{i}}\int_L\frac{q(t)\mathrm{d}t}{t-z}\\ \Omega_0(z)=\dfrac{X(z)}{2\pi\mathrm{i}}\displaystyle\int_L\frac{p(t)\mathrm{d}t}{X^+(t)(t-z)}-\frac{1}{2\pi\mathrm{i}}\int_L\frac{q(t)\mathrm{d}t}{t-z}\end{cases} \tag{3.31}$$

现在来考虑位移单值条件, 如图 3.4(a) 所示, 围线 Λ_k 包围着裂纹 $L_k=(a_k,b_k)$. 围绕着 Λ_k 一周位移增量为零, 得

$$\kappa\int_{\Lambda_k}\Phi(z)\mathrm{d}z-\int_{\Lambda_k}\Omega(\overline{z})\mathrm{d}\overline{z}=0 \tag{3.32}$$

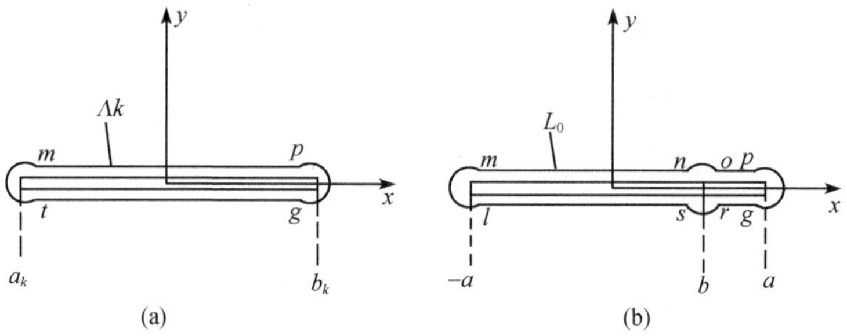

图 3.4

设 Λ_k 收缩至 L_k, 并代入 (3.30) 式, 得

$$\begin{aligned}&2(\kappa+1)\int_{a_k}^{b_k}P_n(t)X^+(t)\mathrm{d}t+\kappa\int_{a_k}^{b_k}[\Phi_0^+(t)-\Phi_0^-(t)]\mathrm{d}t\\&+\int_{a_k}^{b_k}[\Omega_0^+(t)-\Omega_0^-(t)]\mathrm{d}t=0,\quad k=1,2,\cdots,n\end{aligned} \tag{3.33}$$

这就是确定 $c_1,c_2,\cdots,c_n$ 的线性代数方程.

作为一个例子, 我们来分析图 3.4(b) 所示的楔力作用问题: 无限大平板含一长为 $2a$ 的裂纹. 在裂纹上、下表面 $x=b$ 处作用一对楔力 P, 无穷远处应力为零. 由此得到:

$$\begin{cases}p(t)=-P\delta(t-b),\quad q(t)=0,\\ \Gamma=\Gamma'=0\end{cases} \tag{3.34}$$

代入 (3.31) 式, 得

$$\begin{aligned}\Phi_0(z)=\Omega_0(z)&=\frac{X(z)}{2\pi\mathrm{i}}\int_L\frac{(-P)\delta(t-b)}{X^+(t)(t-z)}\mathrm{d}t\\&=\frac{-P\sqrt{a^2-b^2}}{2\pi\sqrt{z^2-a^2}(b-z)}\end{aligned} \tag{3.35}$$

进而有

$$\Phi(z)=\Phi_0(z)+P_1(z)X(z)=\Omega(z) \tag{3.36}$$

式中,

$$P_1(z) = c_0 z + c_1 \tag{3.37}$$

鉴于无穷远处应力为零, 所以 $c_0 = 0$. 位移单值条件为

$$2(\kappa+1)\int_{-a}^{a} c_1 X^+(t)\mathrm{d}t + 2(\kappa+1)\int_{-a}^{a} \varPhi_0^+(t)\mathrm{d}t = 0 \tag{3.38}$$

函数 $\varPhi_0(z)$ 有一个奇点 $z = b$, 另有两个支点 $z = a$ 及 $z = -a$. 先取一个闭合回路, 将裂纹包含在内而在这些奇异点构成开口小圆, 如图 3.4(b) 所示.

在 L 之外, 函数 $\varPhi_0(z)$ 是解析的, 因此恒有

$$\frac{1}{2\pi\mathrm{i}}\int_{L_0} \varPhi_0(t)\mathrm{d}t = 0$$

设 L_0 逼近裂纹, 考察在 $z = b$ 处上半小圆及下半小圆以及二个支点小圆上的积分, 不难证明, 前者互相抵消后者各自趋向零. 最后有

$$\frac{1}{2\pi\mathrm{i}}\int_{-a}^{a} [\varPhi_0^+(t) - \varPhi_0^-(t)]\mathrm{d}t = \frac{1}{\pi\mathrm{i}}\int_{-a}^{a} \varPhi_0^+(t)\mathrm{d}t = 0 \tag{3.39}$$

另一方面:

$$\int_{-a}^{a} X^+(t)\mathrm{d}t = \int_{-a}^{a} \frac{\mathrm{d}t}{\mathrm{i}\sqrt{a^2 - t^2}} = \frac{a\pi}{\mathrm{i}}$$

由公式 (3.38) 式和 (3.39) 式得

$$c_1 = 0$$

最终得

$$\varPhi(z) = \varOmega(z) = \frac{-P\sqrt{a^2 - b^2}}{2\pi\sqrt{z^2 - a^2}(b - z)} \tag{3.40}$$

考察裂纹尖端 $z = a$ 前方的应力场:

$$\sigma_y - \mathrm{i}\tau_{xy} = \frac{-P}{\pi} \cdot \frac{\sqrt{a^2 - b^2}}{\sqrt{x^2 - a^2}(b - x)} \tag{3.41}$$

$$K_{\mathrm{I}} = \lim_{x\to a} \sqrt{2\pi(x - a)}\sigma_y = \frac{P}{\sqrt{\pi a}}\sqrt{\frac{a + b}{a - b}} \tag{3.42}$$

3.2.2 保角变换

单个裂纹问题也可用保角变换的方法解决. 令

$$z = \omega(\xi) = \frac{a}{2}\left(\xi + \frac{1}{\xi}\right) \tag{3.43}$$

映射函数 $\omega(\xi)$ 将 z 平面上的裂纹映射成了平面上的单位圆, 将裂纹外部映射成了平面单位圆外部. 需要寻找单位圆外部的解析函数 $\varphi(\xi)$ 及 $\psi(\xi)$.

参照文献 [7], 有如下公式:

$$\begin{cases} \sigma_\rho + \sigma_\theta = 4\mathrm{Re}\{\varPhi(\xi)\} \\ \sigma_\rho - \mathrm{i}\tau_{\rho\theta} = \varPhi(\xi) + \overline{\varPhi(\xi)} - \dfrac{\xi^2}{\rho^2\omega'(\xi)}\{\overline{\omega(\xi)}\varPhi'(\xi) + \omega'(\xi)\varPsi(\xi)\} \end{cases} \tag{3.44}$$

式中,

$$\varPhi(\xi) = \varphi'(\xi)/\omega'(\xi), \quad \varPsi(\xi) = \psi'(\xi)/\omega'(\xi) \tag{3.45}$$

关于合力 f 有公式:

$$f = \mathrm{i}\int_{\xi_0}^{\xi}(X_n + \mathrm{i}Y_n)\mathrm{d}t = \phi(\xi) + \frac{\omega(\xi)}{\overline{\omega'(\xi)}}\overline{\phi'(\xi)} + \overline{\psi(\xi)} \tag{3.46}$$

考察单位圆内的函数:

$$\varphi(\xi) = -\omega(\xi)\overline{\varPhi}\left(\frac{1}{\xi}\right) - \overline{\psi}\left(\frac{1}{\xi}\right) \tag{3.47}$$

显然 $\varphi(\xi)$ 是单位圆内全纯函数, 除了一阶极点 $\xi = 0$ 将公式 (3.47) 代入 (3.46) 式得

$$f = \varphi(\xi) - \varphi\left(\frac{1}{\xi}\right) + \left\{\omega(\xi) - \omega\left(\frac{1}{\xi}\right)\right\}\overline{\varPhi(\xi)}, \quad |\xi| > 1 \tag{3.48}$$

将公式 (3.47) 代入 (3.4) 式得

$$\omega'(\xi)\varPhi(\xi) = -\omega'(\xi)\overline{\varPhi}\left(\frac{1}{\xi}\right) + \frac{1}{\xi^2}\omega(\xi)\overline{\varPhi}'\left(\frac{1}{\xi}\right) + \frac{1}{\xi^2}\overline{\omega}'\left(\frac{1}{\xi}\right)\varPsi\left(\frac{1}{\xi}\right) \quad \text{对} \quad |\xi| < 1 \tag{3.49}$$

在单位圆上, 我们得

$$\varphi^-(\sigma) - \varphi^+(\sigma) = f(\sigma), \quad \gamma \text{ 上} \tag{3.50}$$

式中, $f(\sigma)$ 为 σ 的已知函数.

边界问题 (3.50) 式的通解为

$$\varphi(\xi) = \frac{-1}{2\pi\mathrm{i}}\int_\gamma \frac{f(\sigma)\mathrm{d}a}{\sigma - \xi} + G_\infty(\xi) - G_0(\xi) \tag{3.51}$$

式中, $G_\infty(\xi)$ 是分区全纯函数 $\varphi(\xi)$ 在无穷远处的主部, $G_0(\xi)$ 是 $\varphi(\xi)$ 在一阶奇点 $\xi = 0$ 处的主部. 不难证实 (假定 $X + \mathrm{i}Y = 0$):

$$G_\infty(\xi) = \frac{a}{2}\varGamma\xi, \quad G_0(\xi) = -\frac{a}{2}(\overline{\varGamma} + \overline{\varGamma}')\frac{1}{\xi} \tag{3.52}$$

将 (3.52) 式代入 (3.57) 式得

$$\varphi(\xi)=-\frac{1}{2\pi \mathrm{i}}\int_{\gamma}\frac{f(\sigma)\mathrm{d}\sigma}{\sigma-\xi}+\frac{a}{2}\left[\varGamma\xi-(\overline{\varGamma}+\overline{\varGamma}')\frac{1}{\xi}\right] \tag{3.53}$$

如果裂纹面上无面力作用, 则有

$$\varphi(\xi)=\frac{a}{2}\left[\varGamma\xi-(\overline{\varGamma}+\overline{\varGamma}')\frac{1}{\xi}\right] \tag{3.54}$$

进而得

$$\begin{aligned}\psi(\xi)=&-\overline{\varphi}\left(\frac{1}{\xi}\right)-\overline{\omega}\left(\frac{1}{\xi}\right)\varPhi(\xi)\\=&\frac{a}{2}\left\{\varGamma'\xi+\overline{\varGamma}'\frac{1}{\xi}-(\varGamma+\overline{\varGamma}+\overline{\varGamma}')\frac{2\xi}{\xi^2-1}\right\}\end{aligned} \tag{3.55}$$

由 (2.58) 式得

$$\begin{aligned}K=K_{\mathrm{I}}-\mathrm{i}K_{\mathrm{II}}&=2\sqrt{2\pi}\lim_{z\to z_0}[\sqrt{z-z_0}\varPhi(z)]\\&=2\sqrt{2\pi}\lim_{\xi\to\xi_0}\left\{\sqrt{\omega(\xi)-\omega(\xi_0)}\frac{\varphi'(\xi)}{\omega'(\xi)}\right\}\end{aligned} \tag{3.56}$$

式中, ξ_0 是裂纹尖端 $z_0=a$ 的映射点. 在裂纹尖端:

$$\omega'(\xi_0)=0,\quad \omega'(\xi)\doteq\omega''(\xi_0)(\xi-\xi_0)$$

$$\omega(\xi)-\omega(\xi_0)=\frac{1}{2}\omega''(\xi_0)(\xi-\xi_0)^2$$

将上式代入 (3.56) 式得

$$K=2\sqrt{\pi}\frac{\varphi'(\xi_0)}{\sqrt{\omega''(\xi_0)}} \tag{3.57}$$

将 (3.43) 式、(3.54) 式代入 (3.57) 式得

$$K=\sigma\sqrt{\pi a}\cdot[\varGamma+\overline{\varGamma}+\overline{\varGamma}'] \tag{3.58}$$

对于图 3.5 所示的裂纹问题, 无穷远处受到与裂纹面成 α 角的均匀拉伸应力 σ 的作用:

$$K=\sigma\sqrt{\pi a}\frac{1}{2}(1-e^{2\mathrm{i}\alpha})=K_{\mathrm{I}}-\mathrm{i}K_{\mathrm{II}} \tag{3.59}$$

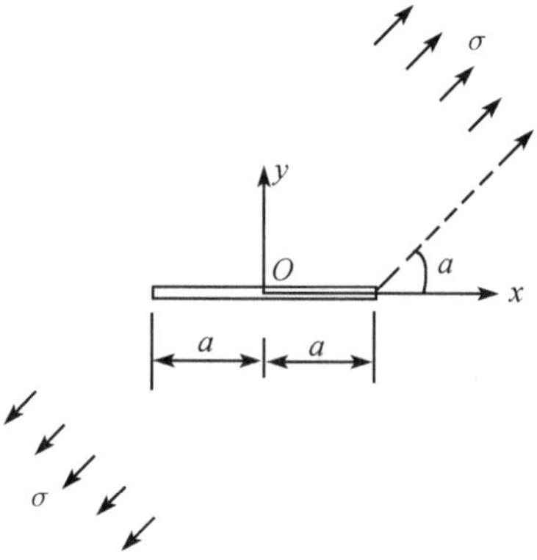

图 3.5

3.3 权 函 数 法

最早提出权函数法的是 Bueckner[2,8], 他阐明了权函数的重要性质并且给出了一系列应用. 而后 Rice[9] 和 Paris 等 [10] 又对权函数的构造方法作了发展.

3.3.1 权函数的基本性质

断裂力学中的权函数在数学上类似于数学物理方程中的格林函数. 众所周知格林函数是解决边值问题的有力工具. 譬如周边夹住的弹性薄膜承受横向载荷时, 平衡方程及边界条件归结为

$$\nabla^2 U = f, \quad \text{在 } \varOmega \text{ 内} \tag{3.60}$$

$$U = 0, \quad \text{在 } \varGamma \text{ 上} \tag{3.61}$$

这里 U 是横向位移. 若上述边值问题的格林函数是 $G(x, y; \xi, \eta)$, 则有

$$U(x, y) = \int_{\varOmega} G(x, y; \xi, \eta) f(\xi, \eta) \mathrm{d}\varOmega \tag{3.62}$$

因此, 一旦有了格林函数, 承受任意复杂载荷的薄膜挠度可用公式 (3.62) 求得.

对于含裂纹弹性体, 设想边界 $\overline{\varGamma}_\sigma$ 上作用着面载荷 p_α, 而在其余边界上位移为 0, 这里 $\overline{\varGamma}_\sigma$ 可以包含裂纹在内. 在弹性体内受有分布体载荷 f_α 的作用. 此时裂纹尖端的应力强度因子 $K_{\mathrm{I}}, K_{\mathrm{II}}$ 能否用下述公式来表示:

$$K_{\mathrm{I}} = \int_{\overline{\varGamma}_\sigma} p_\alpha U_\alpha^{(\mathrm{I})} \mathrm{d}s + \int_{\varOmega} f_\alpha U_\alpha^{(\mathrm{I})} \mathrm{d}\varOmega \tag{3.63}$$

$$K_{\mathrm{II}} = \int_{\overline{\varGamma}_\sigma} p_\alpha U_\alpha^{(\mathrm{II})} \mathrm{d}s + \int_{\varOmega} f_\alpha U_\alpha^{(\mathrm{II})} \mathrm{d}\varOmega \tag{3.64}$$

这里, $U_\alpha^{(\mathrm{I})}$ 是张开型权函数, $U_\alpha^{(\mathrm{II})}(\alpha=1,2)$ 是滑开型权函数. 公式 (3.63), (3.64) 表示了权函数的基本性质. 当外载 p_α, f_α 为任意复杂函数时, 公式 (3.63), (3.64) 直接给出了应力强度因子的计算公式, 从而避免了复杂裂纹体问题的求解工作.

为了证明权函数的存在, 先讨论一下互换定理. 对无裂纹体, 弹性力学已证明了互换定理:

$$\int_{\Gamma_\sigma} p_\alpha^{(2)} u_\alpha^{(1)} \mathrm{d}s + \int_{\Omega} f_\alpha^{(2)} u_\alpha^{(1)} \mathrm{d}\Omega = \int_{\Gamma_\sigma} p_\alpha^{(1)} u_\alpha^{(2)} \mathrm{d}s + \int_{\Omega} f_\alpha^{(1)} u_\alpha^{(2)} \mathrm{d}\Omega \tag{3.65}$$

为了证明 (3.65) 式对裂纹体也成立, 如图 3.6 所示, 考察含一条边界裂纹的弹性体. 在裂纹顶端画出一个以裂纹顶端为中心的小圆 A_ε, 对于挖去小圆 A_ε 的弹性体, 可以应用 (3.65) 式:

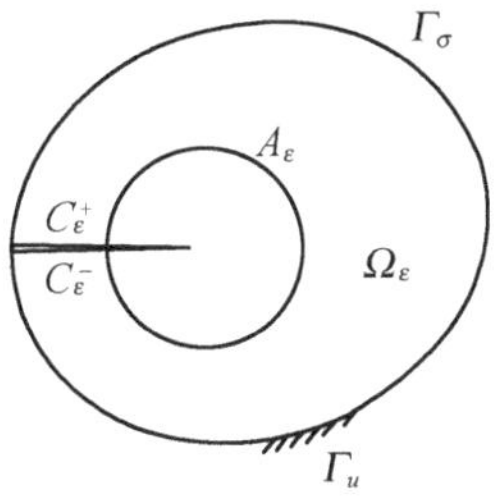

图 3.6

$$\begin{aligned}&\int_{\Gamma_\sigma} p_\alpha^{(1)} u_\alpha^{(2)} \mathrm{d}s + \int_{c_\varepsilon^+} p_\alpha^{(1)} u_\alpha^{(2)} \mathrm{d}s + \int_{c_\varepsilon^-} p_\alpha^{(1)} u_\alpha^{(2)} \mathrm{d}s + \int_{\overline{A}_\varepsilon} p_\alpha^{(1)} u_\alpha^{(2)} \mathrm{d}s + \int_{\Omega_\varepsilon} f_\alpha^{(1)} u_\alpha^{(2)} \mathrm{d}\Omega \\ =& \int_{\Gamma_\sigma} p_\alpha^{(2)} u_\alpha^{(1)} \mathrm{d}s + \int_{c_\varepsilon^+} p_\alpha^{(2)} u_\alpha^{(1)} \mathrm{d}s + \int_{c_\varepsilon^-} p_\alpha^{(2)} u_\alpha^{(1)} \mathrm{d}s + \int_{\overline{A}_\varepsilon} p_\alpha^{(2)} u_\alpha^{(1)} \mathrm{d}s + \int_{\Omega_\varepsilon} f_\alpha^{(2)} u_\alpha^{(1)} \mathrm{d}\Omega\end{aligned} \tag{3.66}$$

式中, $\overline{A}_\varepsilon$ 表示小圆 A_ε 的周界 (包括裂纹在内), $c_\varepsilon^+, c_\varepsilon^-$ 分别指小圆周 $\overline{A}_\varepsilon$ 之外的上、下裂纹面边界, Ω_ε 是指 A_ε 之外的弹性体所占区域. 在小圆周 $\overline{A}_\varepsilon$ 上面载荷是有 $\dfrac{1}{\sqrt{\varepsilon}}$ 的奇性, 而位移是有界的, 因此积分 $\displaystyle\int_{\overline{A}_\varepsilon} p_\alpha^{(1)} u_\alpha^{(2)} \mathrm{d}s$ 及 $\displaystyle\int_{\overline{A}_\varepsilon} p_\alpha^{(2)} u_\alpha^{(1)} \mathrm{d}s$ 与 $\sqrt{\varepsilon}$ 同量级. 该 ε 趋于零, 就得到下述公式:

$$\int_{\overline{\Gamma}_\sigma} p_\alpha^{(1)} u_\alpha^{(2)} \mathrm{d}s + \int_{\Omega} f_\alpha^{(1)} u_\alpha^{(2)} \mathrm{d}\Omega = \int_{\overline{\Gamma}_\sigma} p_\alpha^{(2)} u_\alpha^{(1)} \mathrm{d}s + \int_{\Omega} f_\alpha^{(2)} u_\alpha^{(1)} \mathrm{d}\Omega \tag{3.67}$$

此即裂纹体的互换定理.

为了研究张开型权函数, 考察图 3.7 所示的裂纹体. 图 3.7(a) 表示裂纹面受一对楔力 P 的作用, 在边界 Γ_u 上位移为零, 在外边界 Γ_σ 上不受载. 图 3.7(b) 表示同一个裂纹体受任意复杂载荷作用, 在边界 Γ_u 上位移为零. 将前一个载荷系所产

生的位移记作 $U_\varepsilon^{(\mathrm{I})}$, 把后一个载荷系所产生的位移记作 $\boldsymbol{u}$, 它所产生的应力强度因子记作 $K_{\mathrm{I}}, K_{\mathrm{II}}$. 由 (3.67) 式得

$$\int_{\overline{\varGamma}_\sigma} \boldsymbol{p}\cdot\boldsymbol{U}_\varepsilon^{(\mathrm{I})}\mathrm{d}s+\int_{\varOmega}\boldsymbol{f}\cdot\boldsymbol{U}_\varepsilon^{(\mathrm{I})}\mathrm{d}s=P\{V(\varepsilon,\pi)-V(\varepsilon,-\pi)\} \tag{3.68}$$

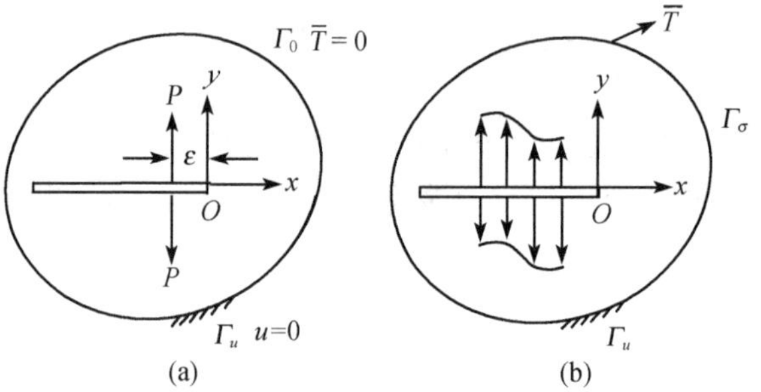

图 3.7

式中, $V(r,\theta)$ 是后一个载荷系所产生的 y 方向位移, (r,θ) 是以裂纹尖端为原点的极坐标系.

由 (2.24) 式, 得

$$V(r,\theta)=\frac{K_{\mathrm{I}}}{4\mu}\sqrt{\frac{r}{2\pi}}\left[(2\kappa+1)\sin\frac{\theta}{2}-\sin\frac{3\theta}{2}\right]+O(r) \tag{3.69}$$

将 (3.69) 式代入 (3.68) 式, 得

$$\int_{\overline{\varGamma}_\sigma} \boldsymbol{p}\cdot\boldsymbol{U}_\varepsilon^{(\mathrm{I})}\mathrm{d}s+\int_{\varOmega}\boldsymbol{f}\cdot\boldsymbol{U}_\varepsilon^{(\mathrm{I})}\mathrm{d}\varOmega=\frac{P\sqrt{\varepsilon}(\kappa+1)}{\sqrt{2\pi}\mu}\{K_{\mathrm{I}}+O(\sqrt{\varepsilon})\} \tag{3.70}$$

令

$$P=\frac{\sqrt{2\pi}\mu}{(\kappa+1)\sqrt{\varepsilon}} \tag{3.71}$$

ε 趋于零就得

$$K_{\mathrm{I}}=\int_{\overline{\varGamma}_\sigma} \boldsymbol{p}\cdot\boldsymbol{U}^{(\mathrm{I})}\mathrm{d}s+\int_{\varOmega}\boldsymbol{f}\cdot\boldsymbol{U}^{(\mathrm{I})}\mathrm{d}\varOmega \tag{3.72}$$

这里张开型权函数 $\boldsymbol{U}^{(\mathrm{I})}$ 等于:

$$\boldsymbol{U}^{(\mathrm{I})}=\lim_{\varepsilon\to 0}\boldsymbol{U}_\varepsilon^{(\mathrm{I})} \tag{3.73}$$

由于公式 (3.72) 的右端趋于确定的极限 K_{I}, 因 (3.73) 式的极限也应该存在.

类似地可以证明滑开型权函数的存在. 设 U_ε 是图 3.8 所示的载荷系统所产生的位移, 则有

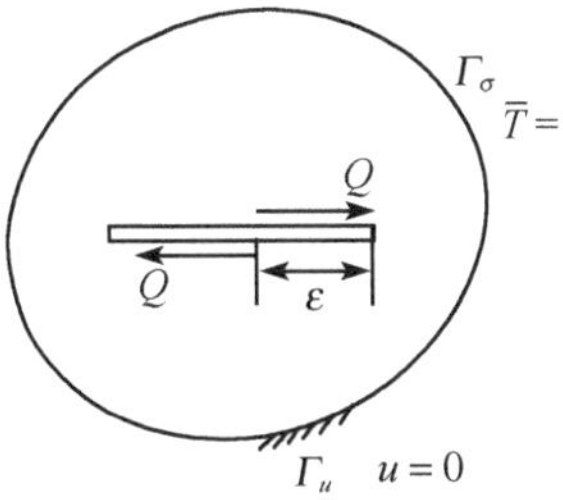

图 3.8

$$K_{\rm II}=\int_{\overline{\Gamma}_\sigma}\boldsymbol{p}\cdot\boldsymbol{U}^{(\rm II)}{\rm d}s+\int_\Omega\boldsymbol{f}\cdot\boldsymbol{U}^{(\rm II)}{\rm d}\Omega \tag{3.74}$$

$$\boldsymbol{U}^{(\rm II)}=\lim_{\varepsilon\to0}\boldsymbol{U}_\varepsilon^{(\rm II)} \tag{3.75}$$

3.3.2 引入权函数的另一种方法

先讨论含一条边界裂纹的弹性体. 如图 3.9 所示, 裂纹体占有区域 Ω, 它的外边界为 Γ, 上、下裂纹面为 C^+ 及 C^-, 裂纹长度为 a. 外边界分为两部分 Γ_σ 和 Γ_u, 在 Γ_σ 上作用着面力, 而在 Γ_u 上位移为零. 记 $\overline{\Gamma}_\sigma=\Gamma_\sigma+C^++C^-$. 允许裂纹面上作用载荷, 但假定该载荷在裂纹尖端附近是有界的, 并且不依赖裂纹长度而变, 只依赖于作用点的位置.

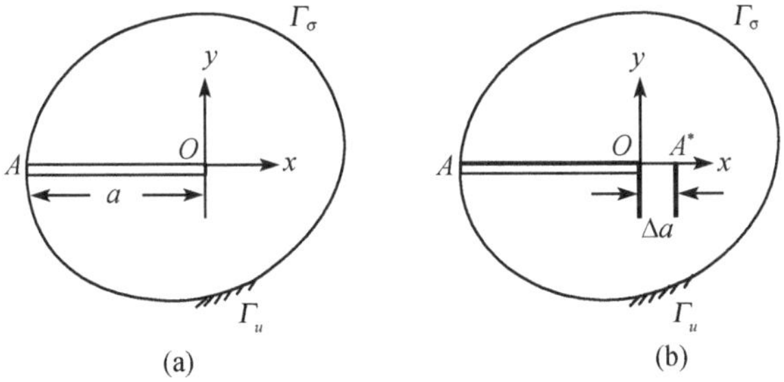

图 3.9

此时载荷 p_α^*, f_α^* 所产生的位移 u_α^* 必是裂纹长度 a 的函数. 现在考察位移场 $u_\alpha^*(a+\Delta a)-u_\alpha^*(a)$ 所对应的载荷系. 显然该载荷系在外边界 Γ_σ 上没有外载, 在上、下裂纹面上也没有载荷, 只在 OA^* 上作用着如下载荷:

$$\begin{cases} p_x^*=\pm\dfrac{K_{\rm II}^*(a)}{\sqrt{2\pi r}}+O(r^{\rm o}) \\ p_y^*=\pm\dfrac{K_{\rm I}^*(a)}{\sqrt{2\pi r}}+O(r^{\rm o}) \end{cases} \tag{3.76}$$

式中, + 对应于裂纹上表面, − 对应于裂纹下表面, $K_{\mathrm{I}}^*(a), K_{\mathrm{II}}^*(a)$ 是载荷系 p_α^*, f_α^* 作用在图 3.9(a) 所示裂纹体上所产生的应力强度因子.

现考虑另一个任意的载荷系 p_α, f_α, 作用在裂纹长度为 $a+\Delta a$ 的弹性体上, 此时在裂纹面上所产生的位移为

$$\begin{cases} u = \pm\dfrac{\sqrt{\Delta a - r}(\kappa+1)}{2\sqrt{2\pi}\mu}K_{\mathrm{II}} + O(\Delta a - r) \\ v = \pm\dfrac{\sqrt{\Delta a - r}(\kappa+1)}{2\sqrt{2\pi}\mu}K_{\mathrm{I}} + O(\Delta a - r) \end{cases} \tag{3.77}$$

将互换定理用到上述两个载荷系上:

$$\begin{aligned} &\int_0^{\Delta a}(p_x^* u + p_y^* v)^+ \mathrm{d}r + \int_0^{\Delta a}(p_x^* u + p_y^* v)^- \mathrm{d}r \\ &= \int_{\Gamma_\sigma} \boldsymbol{p}\cdot[\boldsymbol{u}^*(a+\Delta a) - \boldsymbol{u}^*(a)]\mathrm{d}s + \int_\Omega \boldsymbol{f}\cdot[\boldsymbol{u}^*(a+\Delta a) - \boldsymbol{u}^*(a)]\mathrm{d}\Omega \end{aligned} \tag{3.78}$$

将 (3.76) 式、(3.77) 式代入 (3.78) 式, 得

$$\begin{aligned} &\int_{\Gamma_\sigma} \boldsymbol{p}\cdot[\boldsymbol{u}^*(a+\Delta a) - \boldsymbol{u}^*(a)]\mathrm{d}s + \int_\Omega \boldsymbol{f}\cdot[\boldsymbol{u}^*(a+\Delta a) - \boldsymbol{u}^*(a)]\mathrm{d}\Omega \\ &= \frac{(\kappa+1)}{4\mu}(K_{\mathrm{I}}K_{\mathrm{I}}^* + K_{\mathrm{II}}K_{\mathrm{II}}^*)\Delta a + o(\Delta a) \end{aligned} \tag{3.79}$$

公式 (3.79) 两边除以 Δa, 然后该 Δa 趋于零, 得

$$\int_{\Gamma_\sigma} \boldsymbol{p}\cdot\frac{\partial \boldsymbol{u}^*}{\partial a}\mathrm{d}s + \int_\Omega \boldsymbol{f}\cdot\frac{\partial \boldsymbol{u}^*}{\partial a}\mathrm{d}\Omega = \frac{(\kappa+1)}{4\mu}(K_{\mathrm{I}}K_{\mathrm{I}}^* + K_{\mathrm{II}}K_{\mathrm{II}}^*) \tag{3.80}$$

若载荷系 p^*, f^* 只产生应力强度因子 K_{I}^*, 则公式 (3.80) 变为

$$K_{\mathrm{I}} = \int_{\Gamma_\sigma} \boldsymbol{p}\cdot\boldsymbol{U}^{(\mathrm{I})}\mathrm{d}s + \int_\Omega \boldsymbol{f}\cdot\boldsymbol{U}^{(\mathrm{I})}\mathrm{d}\Omega \tag{3.81}$$

式中, $\boldsymbol{U}^{(\mathrm{I})}$ 是张开型权函数:

$$\boldsymbol{U}^{(\mathrm{I})} = \frac{4\mu}{(\kappa+1)K_{\mathrm{I}}^*}\cdot\frac{\partial \boldsymbol{u}^*}{\partial a} \tag{3.82}$$

若载荷系 $\boldsymbol{p}^*, \boldsymbol{f}^*$ 只产生应力强度因子 K_{II}^*, 则有

$$\boldsymbol{U}^{(\mathrm{II})} = \frac{4\mu}{(\kappa+1)K_{\mathrm{II}}^*}\cdot\frac{\partial \boldsymbol{u}^*}{\partial a} \tag{3.83}$$

3.3.3 直线裂纹的权函数

作为一个典型例子, 讨论无限体中含共线裂纹, 先讨论单个裂纹问题. 如图 3.10 所示, 在 $x=c$ 处作用有一对单位厚度上点载荷 $P+\mathrm{i}Q$ 和 $-(P+\mathrm{i}Q)$.

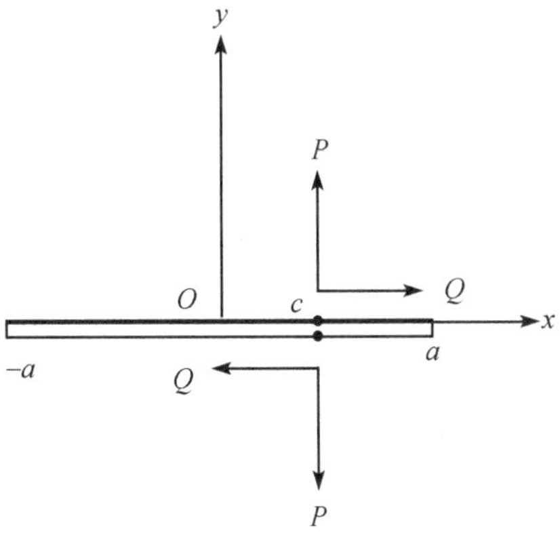

图 3.10

由 (3.40) 式得

$$\varPhi(z)=\varOmega(z)=\frac{(P-\mathrm{i}Q)}{2\pi\mathrm{i}}\frac{\mathrm{i}\sqrt{a^2-c^2}}{\sqrt{z^2-a^2}}\frac{1}{z-c} \tag{3.84}$$

令 $Q=0, P=\dfrac{\sqrt{2\pi}\mu}{(\kappa+1)\sqrt{a-c}}$ 代入 (3.84) 式使 $c\to a$, 得张开型权函数:

$$\begin{cases}\varPhi^{(\mathrm{I})}(z)=\varOmega^{(\mathrm{I})}(z)=\dfrac{\mu\sqrt{a}}{(\kappa+1)\sqrt{\pi}}\dfrac{1}{\sqrt{z^2-a^2}}\dfrac{1}{(z-a)}\\[2ex] \phi^{(\mathrm{I})}(z)=\omega^{(\mathrm{I})}(z)=-\dfrac{\mu}{(\kappa+1)\sqrt{\pi}}\dfrac{\sqrt{z^2-a^2}}{\sqrt{a}(z-a)}\end{cases} \tag{3.85}$$

进而得

$$U^{(\mathrm{I})}+\mathrm{i}V^{(\mathrm{I})}=\frac{1}{2(\kappa+1)\sqrt{\pi a}}\left\{-\kappa X(z)\frac{1}{(z-a)}+\frac{X(\bar{z})}{(\bar{z}-a)}\right.$$
$$\left.-(z-\bar{z})a\overline{\left[\frac{X^{-1}(z)}{(z-a)}\right]}\right\} \tag{3.86}$$

式中, $X(z)=\sqrt{z^2-a^2}$.

通过类似的推导, 不难得到滑开型权函数:

$$U^{(\mathrm{II})}+\mathrm{i}V^{(\mathrm{II})}=-\mathrm{i}[U^{(\mathrm{I})}+\mathrm{i}V^{(\mathrm{I})}]$$

利用权函数的基本性质, 不难求得在裂纹上表面 $x=c$ 处作用 —— 集中压力 P 和切力 Q, A 点应力强度因子为

$$\begin{cases} K_{\mathrm{I}} = \dfrac{P}{\sqrt{\pi a}}\sqrt{\dfrac{a+c}{a-c}} + \dfrac{Q}{\sqrt{\pi a}}\left(\dfrac{\kappa-1}{\kappa+1}\right) \\ K_{\mathrm{II}} = -\dfrac{P}{\sqrt{\pi a}}\left(\dfrac{\kappa-1}{\kappa+1}\right) + \dfrac{Q}{\sqrt{\pi a}}\sqrt{\dfrac{a+c}{a-c}} \end{cases} \tag{3.87}$$

关于权函数法的详细介绍已由吴学仁和 Carlsson[11] 给出.

3.4 积分变换法

裂纹问题可以化为偏微分方程的混合边值问题. 积分变换是解决这类问题的有效方法. 常用的变换包括傅里叶变换、拉普拉斯变换、梅林变换和享克尔变换等. 采用什么样的变换要根据裂纹体的几何形状及最后得到的对偶积分方程是否可解来考虑. 积分变换通常是针对基本方程中的未知函数进行的. 通过积分变换, 原有的基本方程降低一阶变为可以直接求解的方程. 根据某些边界条件, 得到变换后未知函数的解答及应力场、位移场的变换公式. 再根据裂纹所在面的混合边界条件, 得到一组对偶积分程, 解出这组对偶积分方程, 再通过反演的方法确定原有的未知函数及相应的位移场、应力场及应力强度因子.

作为一个例子, 考察图 3.11 所示的无限大体中的钱币状裂纹, 采用柱坐标系 (r, θ, z), 问题归结为求解上半空间中的位移场和应力场, 满足下述边界条件:

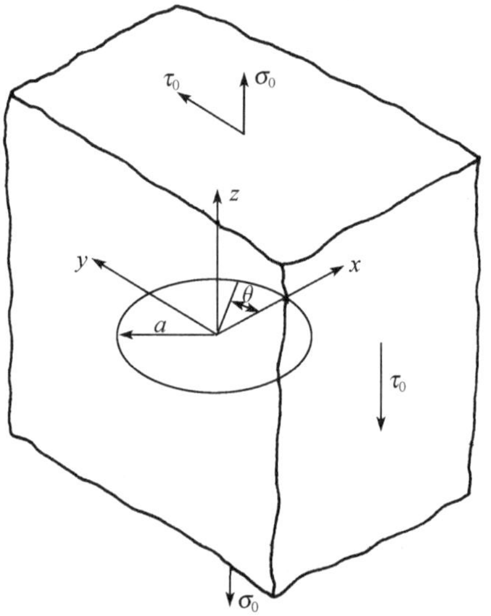

图 3.11

$$\begin{cases} \sigma_z = -p(r), & 0 \leqslant r \leqslant a, z = 0 \\ w = 0, & r \geqslant a, z = 0 \\ \tau_{rz} = 0, & r \geqslant 0, z = 0 \end{cases} \tag{3.88}$$

而在无穷远处应力场为零.

这是一个轴对称问题, 可用 Love 位移函数求解. 位移函数 ϕ 满足双调和方程:

$$\nabla^4 \phi = 0 \tag{3.89}$$

式中,

$$\nabla^2 = \frac{\partial^2}{\partial r^2} + \frac{1}{r}\frac{\partial}{\partial r} + \frac{\partial^2}{\partial z^2} \tag{3.90}$$

位移分量和应力分量为

$$\begin{cases} u_r = -\dfrac{\partial^2 \phi}{\partial r \partial z}, u_\theta = 0 \\ w = 2(1-\nu)\nabla^2\phi - \dfrac{\partial^2 \phi}{\partial z^2} \end{cases} \tag{3.91}$$

$$\begin{cases} \sigma_z = 2\mu\left[(2-\nu)\nabla^2\phi - \dfrac{\partial^2 \phi}{\partial z^2}\right]_{,z} \\ \tau_{rz} = 2\mu\left[(1-\nu)\nabla^2\phi - \dfrac{\partial^2 \phi}{\partial z^2}\right]_{,r} \end{cases} \tag{3.92}$$

对 ϕ 作零阶汉克尔变换:

$$G(\xi, z) = \int_0^\infty r\phi(r, z) J_0(\xi r) \mathrm{d}r \tag{3.93}$$

方程 (3.89) 变为

$$\left(\frac{\mathrm{d}^2}{\mathrm{d}z^2} - \xi^2\right)^2 G(\xi, z) = 0 \tag{3.94}$$

在推导 (3.94) 式时, 已经利用了函数 ϕ 在 $r = 0$ 及 $r = \infty$ 处的一些性质. (3.94) 式的解为

$$G(\xi, z) = (A + Bz)\mathrm{e}^{-\xi z} + (C + Dz)\mathrm{e}^{\xi z} \tag{3.95}$$

其中, 参量 A, B, C, D 仅为 ξ 的函数.

位移函数 ϕ 可用汉克尔逆变换求得

$$\phi(r, z) = \int_0^\infty \xi G(\xi, z) J_0(r\xi) \mathrm{d}\xi \tag{3.96}$$

将 (3.96) 式代入 (3.91) 式第一式得

$$u_r = -\int_0^\infty \xi^2 G'_z(\xi, z) J'_0(\rho)\Big|_{\rho=r\xi} \mathrm{d}\xi$$

利用贝塞尔函数的性质 $J'_0(\rho) = -J_1(\rho)$, 上式化为

$$u_r = \int_0^\infty \xi^2 G'_z(\xi, z) J_1(\xi r) \mathrm{d}\xi \tag{3.97}$$

类似的有

$$w = \int_0^\infty [(1-2\nu)G''_{z^2}(\xi, z) - 2(1-\nu)\xi^2 G(\xi, z)]\xi J_0(r\xi)\mathrm{d}\xi \tag{3.98}$$

关于应力有如下公式:

$$\sigma_z(r, z) = 2\mu \int_0^\infty \left[(1-\nu)\frac{\partial^3}{\partial z^3}G(\xi, z) - (z-\nu)\xi^2 G'_z(\xi, z)\right]\xi J_0(r\xi)\mathrm{d}\xi \tag{3.99}$$

$$\frac{\tau_{rz}(r, z)}{2\mu} = \int_0^\infty [\nu G''_{z^2}(\xi, z) + (1-\nu)\xi^2 G(\xi, z)]\xi^2 J_1(r\xi)\mathrm{d}\xi \tag{3.100}$$

其他应力分量公式也可类似地求得.

针对我们的问题, 有边界条件 (3.88) 式. 由 (3.88) 式的第三式得

$$\nu G''_{z^2}(\xi, z) + (1-\nu)\xi^2 G(\xi, z) \equiv 0, \quad z = 0 \tag{3.101}$$

根据无穷远处性质, (3.95) 式中的系数 C, D 必须为零, 于是 $G(\xi, z)$ 只含两个待定参量 A 和 B. 由 (3.101) 式得

$$B(\xi) = \xi A(\xi)/2\nu \tag{3.102}$$

又由 (3.88) 式第二式及 (3.98) 式得

$$\int_0^\infty \xi^3 A(\xi) J_0(\xi r)\mathrm{d}\xi = 0, \quad r \geqslant a \tag{3.103}$$

再由 (3.88) 式第一式及 (3.99) 式得

$$\int_0^\infty \frac{2\mu}{2\nu}\xi^4 A(\xi) J_0(\xi r)\mathrm{d}\xi = -p(r), \quad r < a \tag{3.104}$$

令

$$\frac{1}{2\nu}\xi^3 A(\xi) = A^*(\xi) \tag{3.105}$$

则有

$$\left\{\begin{aligned} &\int_0^\infty \xi A^*(\xi) J_0(\xi r)\mathrm{d}\xi = -\frac{p(r)}{2\mu}, \quad r < a \\ &\int_0^\infty A^*(\xi) J_0(\xi r)\mathrm{d}\xi = 0, \quad r \geqslant a \end{aligned}\right. \tag{3.106}$$

(3.106) 式是典型的对偶积分方程. 对于 $p(r) = p_0$ 的情况, 方程 (3.106) 可以直接求解:

$$A^*(\xi) = -\frac{p_0}{\mu} J_{\frac{3}{2}}(\xi a) a^2 / \sqrt{2\pi\xi a} \tag{3.107}$$

$$\begin{cases} A(\xi) = -\dfrac{p_0 a^2}{\mu} \dfrac{2\nu}{\xi^3} \dfrac{J_{\frac{3}{2}}(\xi a)}{\sqrt{2\pi\xi a}} \\ B(\xi) = -\dfrac{p_0 a^2}{\mu} \dfrac{1}{\xi^2} \dfrac{J_{\frac{3}{2}}(\xi a)}{\sqrt{2\pi\xi a}} \end{cases} \tag{3.108}$$

为了计算应力强度因子, 考察裂纹前方的应力场, $z = 0, r > a$:

$$\begin{aligned} \sigma_z &= -2p_0 a^2 \int_0^\infty \frac{J_{\frac{3}{2}}(\xi a)}{\sqrt{2\pi\xi a}} \xi J_0(\xi r) \mathrm{d}\xi \\ &= -2p_0 \int_0^\infty \frac{J_{\frac{3}{2}}(\xi)}{\sqrt{2\pi\xi}} \xi J_0(\xi\rho) \mathrm{d}\xi \end{aligned} \tag{3.109}$$

注意到:

$$J_{\frac{3}{2}}(\xi) = \sqrt{\frac{2}{\pi\xi}} \left(\frac{1}{\xi} \sin\xi - \cos\xi \right)$$

代入 (3.109) 式得

$$\sigma_z = \frac{2p_0}{\pi} [-S(0, -1) + I(0, 1)] \tag{3.110}$$

式中,

$$\begin{cases} S(0, -1) = \displaystyle\int_0^\infty \frac{1}{\xi} \sin\xi J_0(\xi\rho) \mathrm{d}\xi \\ I(0, 1) = \displaystyle\int_0^\infty \cos\xi J_0(\xi\rho) \mathrm{d}\xi \end{cases} \tag{3.111}$$

Sneddon 和 Lowengrub[12] 证实:

$$\begin{cases} S(0, -1) = \sin^{-1} \left(\dfrac{1}{\rho} \right) \\ I(0, 1) = (\rho^2 - 1)^{-\frac{1}{2}}, \quad \rho > 1, \quad \rho = \dfrac{r}{a} \end{cases} \tag{3.112}$$

由此,

$$K_{\mathrm{I}} = \lim_{r \to a^+} \{ \sqrt{2\pi(r-a)} \sigma_z(r, 0) \} = \frac{2p_0\sqrt{a}}{\sqrt{\pi}} \tag{3.113}$$

类似的有

$$K_{\mathrm{II}} = \lim_{r \to a^+} \{ \sqrt{2\pi(r-a)} \tau_{zr}(r, 0) \} = 0 \tag{3.114}$$

3.5 奇异积分方程

二维裂纹问题通常可以化为 Cauchy 型奇异积分方程, 这类方程难以用经典方法直接求解. 1971 年 Erdogan[13] 提出了奇异积分方程的直接数值解法. 关于这种方法的详细论述可以参见 Erdogan、Gupta 和 Cook[14] 的综述文章, 这里只作简要的介绍.

Cauchy 型奇异积分方程通常可以分为两类. 第一类为

$$\frac{1}{\pi}\int_L \frac{\phi(t)\mathrm{d}t}{t-x} + \int_L k(x,t)\phi(t)\mathrm{d}t = f(x), \quad x \in L \tag{3.115}$$

第二类为

$$A(x)\phi(x) + \frac{1}{\pi}\int_L \frac{\phi(t)\mathrm{d}t}{t-x} + \int_L k(x,t)\phi(t)\mathrm{d}t = f(x), \quad x \in L \tag{3.116}$$

讨论第一类奇性积分方程, 把 L 转换成区间 $(-1,1)$. 针对这类问题, 我们有如下特征方程:

$$\frac{1}{\pi}\int_{-1}^{1} \frac{\phi(t)\mathrm{d}t}{t-x} = F(x), \quad -1 < x < 1 \tag{3.117}$$

引入分区全纯函数 $\varPhi(z)$:

$$\varPhi(z) = \frac{1}{2\pi\mathrm{i}}\int_{-1}^{1} \frac{\phi(t)\mathrm{d}t}{t-z} \tag{3.118}$$

依照 Plemelj 公式:

$$\varPhi^+(x) - \varPhi^-(x) = \phi(x) \tag{3.119}$$

$$\varPhi^+(x) + \varPhi^-(x) = \frac{1}{\pi\mathrm{i}}\int_{-1}^{1} \frac{\phi(t)}{t-x}\mathrm{d}t = -\mathrm{i}F(x) \tag{3.120}$$

方程 (3.130) 是典型的 Hilbert 问题, 其通解为

$$\varPhi(z) = \frac{-X(z)}{2\pi}\int \frac{F(t)\mathrm{d}t}{(t-z)X^+(t)} + CX(z) \tag{3.121}$$

$X(Z)$ 可表示为

$$X(z) = (z-1)^{\frac{1}{2}+N}(z+1)^{-\frac{1}{2}+M} \tag{3.122}$$

如果无穷远处, $\varPhi$ 趋于零, 则有限制条件:

$$-K = M + N \leqslant 0 \tag{3.123}$$

式中, K 称为基本解指数.

由 (3.119) 式:

$$\phi(x)=2CX^{+}(x)-\frac{1}{\pi}X^{+}(x)\int_{-1}^{1}\frac{F(t)\mathrm{d}t}{(t-x)X^{+}(t)},\quad -1<x<1 \tag{3.124}$$

可见未知函数 $\phi(x)$ 在端点处的奇异性质与基本解 $X(z)$ 相一致.

奇性积分方程 (3.115) 式、(3.116) 式概括了一大类物理问题. 如果 ϕ 是位势型的量, 如位移、温度、静电势、速度势等, 则 ϕ 在端点是有界的; 若 ϕ 是通量型量, 如应力、位错密度、热通量、静电场、速度等, 则 ϕ 具有可积奇异性.

在裂纹问题中, $\phi(x)$ 通常指位错密度, 因此有 $N=-1, M=0, X(z)=\dfrac{1}{\sqrt{z^2-1}}$.

现在我们了解函数 $\phi(x)$ 在端点的奇性性质, 我们可以将函数 $\phi(x)$ 表示为权函数 $w(x)$ 与正则函数 $g(x)$ 的乘积:

$$\phi(x)=w(x)g(x) \tag{3.125}$$

式中, 权函数 $w(x)$ 表征 $\phi(x)$ 在端点的主奇异性:

$$w(x)=\frac{1}{\sqrt{1-x^2}} \tag{3.126}$$

方程 (3.115) 转化为

$$\frac{1}{\pi}\int_{-1}^{1}\frac{w(t)g(t)}{t-x}\mathrm{d}t+\int_{-1}^{1}k(x,t)w(t)g(t)\mathrm{d}t=f(x),\quad -1<x<1 \tag{3.127}$$

将 $g(t)$ 展成下列级数:

$$g(t)=\sum_{j=0}^{\infty}B_jT_j(t) \tag{3.128}$$

式中, $T_n(t)$ 是第一类 Chebyshev 多项式:

$$T_n(t)=\mathrm{conn}\theta,\quad t=\cos\theta,\quad n=0,1,\cdots \tag{3.129}$$

注意到公式:

$$\frac{1}{\pi}\int_{-1}^{1}\frac{T_n(t)\mathrm{d}t}{\sqrt{1-t^2}(t-x)}=U_{n-1}(x) \tag{3.130}$$

式中, $U_n(x)$ 是第二类 Chebyshev 多项式:

$$U_n(t)=\frac{\sin(n+1)\theta}{\sin\theta},\quad t=\cos\theta \tag{3.131}$$

将 (3.128) 式、(3.130) 式代入 (3.127) 式得

$$\sum_{j=0}^{\infty}B_jU_{j-1}(x)+\int_{-1}^{1}k(x,t)\sum_{j=0}^{\infty}B_jT_j(t)w(t)\mathrm{d}t=f(x) \tag{3.132}$$

再将积分核 $k(x,t)$ 展成第一类 Chebyshev 多项式：

$$k(x,t)=\sum_{k=0,1}^{\infty}\alpha_k(x)T_k(t) \tag{3.133}$$

注意到公式 (Chebyshev 多项式正交性)：

$$\frac{1}{\pi}\int_{-1}^{1}T_j(t)T_k(t)\frac{\mathrm{d}t}{\sqrt{1-t^2}}=\begin{cases}0, & j\neq k\\ 1, & j=k=0\\ \dfrac{1}{2}, & j=k>0\end{cases} \tag{3.134}$$

将 (3.133) 式、(3.134) 式代入 (3.132) 式得

$$\sum_{j=0}^{\infty}B_jU_{j-1}(x)+\frac{\pi}{2}\sum_{j=0}^{\infty}B_j\alpha_j(x)+\frac{\pi}{2}B_0\alpha_0(x)=f(x) \tag{3.135}$$

如果 (3.133) 式中的系数 $\alpha_k(x)$ 可以直接求得, 则利用配置法、变分法或其他方法从 (3.135) 式直接求解未知系数 B_j 乃是最有效、最方便的. 如果系数 $\alpha_k(x)$ 难以表示成解析式, 那么采用直接的数值积分求解 (3.127) 式会更合适.

方程 (3.127) 可以利用规则函数的求积公式形式地表示为

$$\sum_{j=1}^{n}w(t_j)g(t_j)\left[\frac{1}{\pi}\frac{1}{t_j-x_i}+k(x_i,t_j)\right]=f(x_i)$$
$$i=1,2,\cdots,n-1 \tag{3.136}$$
$$j=1,2,\cdots,n$$

文献 [14] 中, 阐述了只要适当选择高斯积分点 t_j 和配置点 x_i, 那么对非规则函数公式 (3.136) 同样是合适的.

依照文献 [14] 的 (7.56) 式, t_j,x_i 可按下述公式选择：

$$\begin{cases}T_n(t_j)=0, & t_j=\cos\left(\pi\dfrac{2j-1}{2n}\right),j=1,2,\cdots,n\\ U_{n-1}(x_i)=0, & x_i=\cos\dfrac{\pi i}{n},\quad i=1,2,\cdots,n-1\end{cases} \tag{3.137}$$

为了使方程 (3.136) 有唯一解, 文献 [14] 还提出必须补充下列约束方程：

$$\sum_{i=1}^{n}\frac{\pi}{n}g(t_i)=c \tag{3.138}$$

式中, c 是常数, 约束条件 (3.138) 式通常是位移单值条件.

作为一个典型算例, 考察图 3.12 所示半无限平面中含一条与自由边界平行的裂纹, 在裂纹面上作用着均匀的压应力：

$$\sigma_y=-p_0,\quad \tau_{xy}=0,\quad y=0,\quad -1<x<1 \tag{3.139}$$

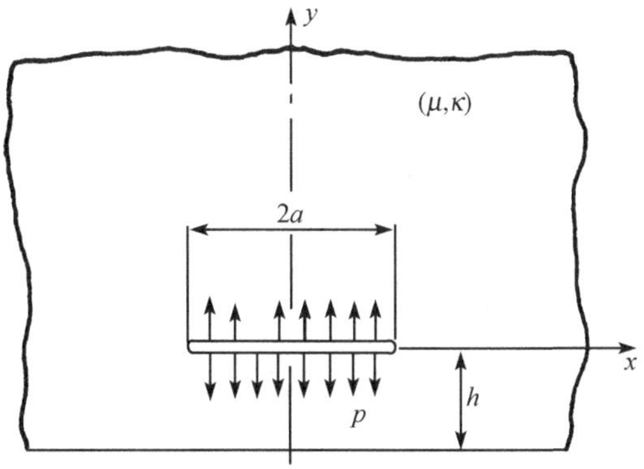

图 3.12

式中坐标 x, y 已用裂纹半长 a 量纲为一化.

引入位错密度分布函数 $\phi_1(x), \phi_2(x)$:

$$\begin{cases} \phi_1(x) = \dfrac{\partial}{\partial x}[u(x,+0) - u(x,-0)] \\ \phi_2(x) = \dfrac{\partial}{\partial x}[v(x,+0) - v(x,-0)] \end{cases} \tag{3.140}$$

参照文献 [13] 得

$$\begin{aligned} \frac{1+\kappa}{2\mu}\sigma_y(x,0) &= \frac{1}{\pi}\int_{-1}^{1}\frac{\phi_2(t)}{t-x}\mathrm{d}t + \sum_{j=1}^{2}\int_{-1}^{1}k_{2j}(x,t)\phi_j(t)\mathrm{d}t \\ &= -p_0\frac{1+\kappa}{2\mu} \end{aligned} \tag{3.141}$$

$$\begin{aligned} \frac{1+\kappa}{2\mu}\tau_{xy}(x,0) &= \frac{1}{\pi}\int_{-1}^{1}\frac{\phi_1(t)}{t-x}\mathrm{d}t + \sum_{j=1}^{2}\int_{-1}^{1}k_{1j}(x,t)\phi_j(t)\mathrm{d}t \\ &= 0 \end{aligned} \tag{3.142}$$

式中,

$$\begin{cases} \pi k_{11}(x,t) = -\dfrac{t-x}{R^2} + \dfrac{8h^2(t-x)}{R^4} - \dfrac{4h^2(t-x)[12h^2-(t-x)^2]}{R^6} \\ \pi k_{12}(x,t) = \pi k_{21}(x,t) = -\dfrac{8h^3[4h^2-3(t-x)^2]}{R^6} \\ \pi k_{22}(x,t) = \pi k_{11}(x,t) - \dfrac{16h^2(t-x)}{R^4} \\ R^2 = (t-x)^2 + 4h^2 \end{cases} \tag{3.143}$$

函数 $\phi_i(x)$ 在两个端点 $x = \pm 1$ 有可积的奇性, 因此 $K = 1$. 另外位移单值条

件归之为

$$\int_{-1}^{1} \phi_1(t)\mathrm{d}t = 0, \quad \int_{-1}^{1} \phi_2(t)\mathrm{d}t = 0 \tag{3.144}$$

考虑到问题的对称性, 将 $\phi_i(x)$ 展成下列级数:

$$\begin{aligned} \phi_1(x) &= \frac{1}{\sqrt{1-x^2}} \sum_{0}^{\infty} A_n T_{2n}(x) \\ \phi_2(x) &= \frac{1}{\sqrt{1-x^2}} \sum_{1}^{\infty} B_n T_{2n-1}(x) \end{aligned} \tag{3.145}$$

将 (3.145) 式代入 (3.141) 式和 (3.142) 式得

$$\sum_{1}^{\infty} [A_n U_{2n-1}(x) + A_n H_{11n}(x) + B_n H_{12n}(x)] = 0, \quad -1 < x < 1 \tag{3.146}$$

$$\sum_{1}^{\infty} [B_n U_{2n-2}(x) + A_n H_{21n}(x) + B_n H_{22n}(x)] = -\frac{(1+\kappa)p_0}{2\mu}$$

式中,

$$\begin{cases} H_{11n}(x) = \displaystyle\int_{-1}^{1} k_{11}(x,t) T_{2n}(t) w(t)\mathrm{d}t \\ H_{12n}(x) = \displaystyle\int_{-1}^{1} k_{12}(x,t) T_{2n-1}(t) w(t)\mathrm{d}t \\ H_{21n}(x) = \displaystyle\int_{-1}^{1} k_{21}(x,t) T_{2n}(t) w(t)\mathrm{d}t \\ H_{22n}(x) = \displaystyle\int_{-1}^{1} k_{22}(x,t) T_{2n-1}(t) w(t)\mathrm{d}t \end{cases} \tag{3.147}$$

将 $U_{2k-1}(x)\sqrt{1-x^2}$ 乘以 (3.146) 的第一式, $U_{2k-2}(x)\sqrt{1-x^2}$ 乘以 (3.146) 的第二式, 在 L 积分得 (级数展开式, 截断至 N 项)

$$\begin{aligned} &\frac{\pi}{2} A_k + \sum_{n=1}^{N} (a_{kn} A_n + b_{kn} B_n) = 0, \\ &\qquad\qquad k = 1, 2, \cdots, N \\ &\frac{\pi}{2} B_k + \sum_{n=1}^{N} (c_{kn} A_n + d_{kn} B_n) = F_{2k} \end{aligned} \tag{3.148}$$

式中,

$$a_{kn} = \int_L H_{11n}(x) U_{2k-1}(x) \sqrt{1-x^2}\mathrm{d}x$$

$$b_{kn} = \int_L H_{12n}(x)U_{2k-1}(x)\sqrt{1-x^2}\mathrm{d}x$$

$$c_{kn} = \int_L H_{21n}(x)U_{2k-2}(x)\sqrt{1-x^2}\mathrm{d}x \tag{3.149}$$

$$d_{kn} = \int_L H_{22n}(x)U_{2k-2}(x)\sqrt{1-x^2}\mathrm{d}x$$

$$F_{21} = -\frac{\pi}{2}p_0\frac{1+k}{2\mu}, \quad F_{2k} = 0(k=2,3,\cdots,N)$$

由 (3.148) 式可求得系数 $\{A_k\}, \{B_k\}$, 再代回 (3.141) 式, (3.142) 式得裂纹前方应力场,

$$\frac{1+\kappa}{2\mu}\tau_{xy}(x,0) = \sum_{n=1}^{N}[A_nG_{2n}(x) + A_nH_{11n}(x) + B_nH_{12n}(x)] \quad (x>1) \tag{3.150}$$

$$\frac{1+\kappa}{2\mu}\sigma_y(x,0) = \sum_{n=1}^{N}[B_nG_{2n-1}(x) + A_nH_{21n}(x) + B_nH_{22n}(x)]$$

式中,

$$G_n(x) = \frac{-[x-\sqrt{x^2-1}]^n}{\sqrt{x^2-1}} = \frac{1}{\pi}\int_{-1}^{1}\frac{T_n(t)w(t)}{t-x}\mathrm{d}t, \quad x>1 \tag{3.151}$$

由此得到 $x=1$ 处的应力强度因子:

$$\begin{aligned} K_{\mathrm{I}} &= \lim_{x\to 1}\sqrt{\pi(x^2-1)}\sigma_y(x,0) = -\frac{2\mu}{1+\kappa}\sqrt{\pi}\sum_{k=1}^{N}B_k \\ K_{\mathrm{II}} &= \lim\sqrt{\pi(x^2-1)}\tau_{xy}(x,0) = -\frac{2\mu}{1+\kappa}\sqrt{\pi}\sum_{k=1}^{N}A_k \end{aligned} \tag{3.152}$$

具体的数值计算结果在文献 [14] 中及各种应力强度因子手册中可以找到.

3.6 有限单元法

当物体几何形状、裂纹方位、裂纹几何比较复杂, 或加载方式比较复杂, 采用解析法或数值解析法难以求得解答时, 可用有限元法求得数值解.

3.6.1 常规元

这里只讨论以节点位移为基本未知量的常规协调元. 为了得到可靠的结果, 裂纹尖端的网格要划分得足够细, 网格尺寸一般为 $10^{-2} \sim 10^{-3}L$, L 是裂纹尺寸. 用常规有限元法求得结点位移后, 即可按公式 (2.22) 和 (2.23) 求得应力强度因子 K_{I} 和 K_{II}. 具体做法是考察上裂纹面的张开位移 $v(r,\pi)$ 及滑开位移 $u(r,\pi)$. 有公式:

$$
\begin{aligned}
v(r,\pi) &= \frac{K_{\mathrm{I}}}{2\mu}\sqrt{\frac{r}{2\pi}}(\kappa+1) \\
u(r,\pi) &= \frac{K_{\mathrm{II}}}{2\mu}\sqrt{\frac{r}{2\pi}}(\kappa+1)
\end{aligned}
\tag{3.153}
$$

由此得

$$
\begin{aligned}
K_{\mathrm{I}} &= \frac{2\mu}{(\kappa+1)}\sqrt{2\pi}\frac{v(r,\pi)}{\sqrt{r}} \\
K_{\mathrm{II}} &= \frac{2\mu}{(\kappa+1)}\sqrt{2\pi}\frac{u(r,\pi)}{\sqrt{r}}
\end{aligned}
\tag{3.154}
$$

取不同位置节点位移, 即可算出相应的 K 值, 作 K_{I}-r 和 K_{II}-r 曲线, 将其平直部分外延到 $r=0$ 的纵轴上, 从该轴上的截距作为所要求的 K_{I} 和 K_{II} 值. 一般说来, 裂纹尖端区域的网格越细, 精度可以越高. 公式 (3.153), (3.154) 只对充分小的 r 适用, 但 r 太靠近裂尖, 因常规元不能正确反映裂纹尖端奇性, 因此会影响有限元计算结果, 所以对非常靠近裂尖的节点, u、v 的计算结果往往不够精确.

公式 (3.153) 只含有主项, 如果用主项及一项高阶项的展开式, 那么会使 K 值计算精度明显提高. 如 (3.153) 改为

$$
\begin{aligned}
v(r,\pi) &= \frac{K_{\mathrm{I}}}{2\mu}\sqrt{\frac{r}{2\pi}}(\kappa+1) + b_1 r\sqrt{r} \\
u(r,\pi) &= \frac{K_{\mathrm{II}}}{2\mu}\sqrt{\frac{r}{2\pi}}(\kappa+1) + a_1 r\sqrt{r}
\end{aligned}
\tag{3.155}
$$

式中, a_1, b_1 为待定系数. 将有限元法算得的裂尖附近结点位移分量代入 (3.155), 结点数一般远超过待定系数 (包括 $K_{\mathrm{I}}, K_{\mathrm{II}}$) 总数, 然后用最小二乘法拟合出精度较高 $K_{\mathrm{I}}, K_{\mathrm{II}}$ 数值.

也可以用间接方法求得 $K_{\mathrm{I}}, K_{\mathrm{II}}$ 值. 如柔度法、虚拟裂纹扩展法、J 积分法等, 详见文献 [15] 和 [16].

3.6.2　特殊元 [16]

常规单元的位移模式不能反映尖端处的奇异性, 即使用很细的网格, 也难以达到很高的精度. 改进的方法是在裂纹尖端区域引入特殊元.

1. 奇应变三角元

如图 3.13 所示, 在裂纹尖端周围引入一圈奇应变三角元. 位移模式为

$$
\begin{aligned}
u &= u_0 + [(\theta-\theta_j)u_i - (\theta-\theta_i)u_j]\frac{1}{(\theta_i-\theta_j)}\sqrt{\frac{r}{R}} \\
v &= v_0 + [(\theta-\theta_j)v_i - (\theta-\theta_i)u_j]\frac{1}{(\theta_i-\theta_j)}\sqrt{\frac{r}{R}}
\end{aligned}
\tag{3.156}
$$

该位移模式确保相邻两个特殊元间的位移连续. 特殊元与外围常规元间只在共同结点处位移连续.

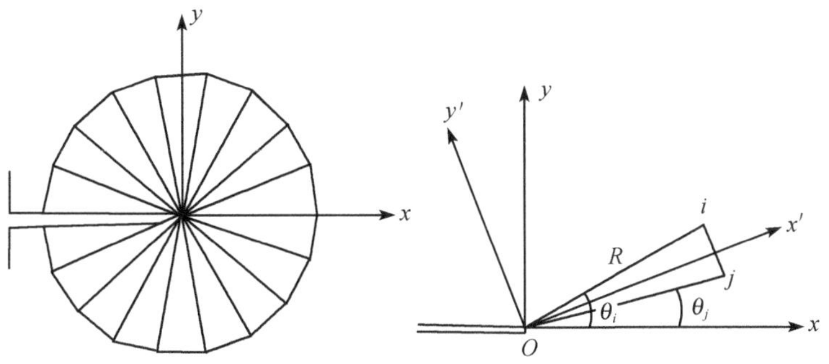

图 3.13

先建立局部坐标系 $Ox'y'$ 中的单元刚度矩阵再转换为整体坐标系中的单位刚度矩阵. 也可直接推导整体坐标系中的单元刚度矩阵, 再建立总刚度矩阵及载荷列阵, 求出结点位移.

2. 内嵌特殊元

如图 3.14 所示, 以裂纹顶端为圆心, 半径为 R 的圆形核心区作为一个特殊元. 在该特殊元内部位移函数采用 Williams 级数展开式.

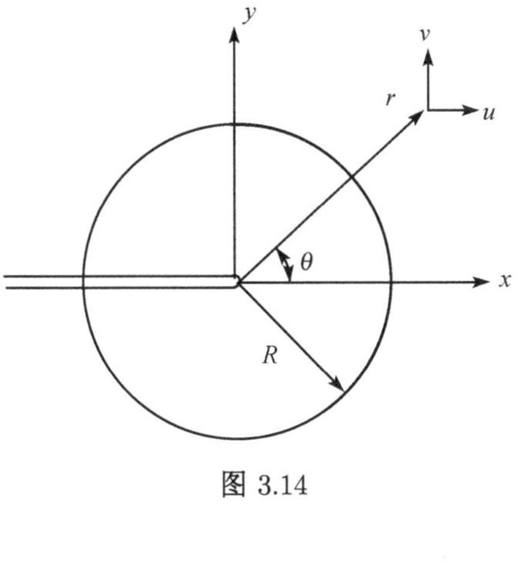

图 3.14

由 (3.13) 式得

$$2\mu u=\sum_{n=1}^{\infty} C_n r^{\frac{n}{2}}\left\{\left[\kappa+\frac{n}{2}+(-1)^n\right]\cos\frac{n\theta}{2}-\frac{n}{2}\cos\left(\frac{n}{2}-2\right)\theta\right\}$$

$$+\sum_{n=1}^{\infty} D_n r^{\frac{n}{2}} \left\{ \left[\kappa + \frac{n}{2} - (-1)^n \right] \sin \frac{n\theta}{2} - \frac{n}{2} \sin \left(\frac{n}{2} - 2 \right) \theta \right\}$$

$$2\mu v = \sum_{n=1}^{\infty} C_n r^{\frac{n}{2}} \left\{ \left[\kappa - \frac{n}{2} - (-1)^n \right] \sin \frac{n\theta}{2} + \frac{n}{2} \sin \left(\frac{n}{2} - 2 \right) \theta \right\} + \sum_{n=1}^{\infty} D_n r^{\frac{n}{2}} \left\{ \left[-\kappa + \frac{n}{2} - (-1)^n \right] \cos \frac{n\theta}{2} - \frac{n}{2} \cos \left(\frac{n}{2} - 2 \right) \theta \right\} \quad (3.157)$$

若上述展开式中, 只取首项则称为一阶奇应变圆单元, 若取 N 项则称为 N 阶特殊圆单元.

在特殊圆单元外部用常规单元. 在特殊圆单元与第一圈常规单元的公共节点上, 为了保证位移连续需要补充一些约束条件. 严格地说核心区是一个内接多边形区域. 在多边形区域边界上, 位移函数不是坐标线性函数, 因此核心区与外边常规单元之间位移并不协调, 只在公共角点上可以通过约束条件使位移得以连续. 所以这种情况下, 采用吴长春和卞学鐄[17], 龙驭球 [18] 新型有限元方法可以得到精度更好的结果.

这里只介绍 Wilson[16] 最初提出的不考虑非协调修正的有限元公式. 取前 4 项, 对 I 型裂纹有

$$u = u_0 + \sum_{k=1}^{4} \delta_k \left(\frac{r}{R} \right)^{\frac{k}{2}} f_k(\theta)$$
$$v = \sum_{k=1}^{4} \delta_k \left(\frac{r}{R} \right)^{\frac{k}{2}} g_k(\theta) \quad (3.158)$$

式中,

$$f_k(\theta) = F_k(\theta) \cos\theta - G_k(\theta) \sin\theta$$
$$g_k(\theta) = F_k(\theta) \sin\theta - G_k(\theta) \cos\theta \quad (3.159)$$

并且,

$$F_1(\theta) = -\left(\frac{5}{2} - 4\nu \right) \cos\frac{\theta}{2} + \frac{1}{2} \cos\frac{3\theta}{2}$$
$$F_2(\theta) = (2 - 4\nu) + 2\cos 2\theta$$
$$F_3(\theta) = \left(\frac{3}{2} - 4\nu \right) \cos\frac{\theta}{2} + \frac{1}{2} \cos\frac{5\theta}{2}$$
$$F_4(\theta) = -(1 - 4\nu)\cos\theta - 3\cos 3\theta$$
$$G_1(\theta) = \left(\frac{7}{2} - 4\nu \right) \sin\frac{\theta}{2} - \frac{1}{2} \sin\frac{3\theta}{2}$$
$$G_2(\theta) = -2\sin 2\theta$$

$$G_3(\theta) = \left(\frac{9}{2} - 4\nu\right)\sin\frac{\theta}{2} - \frac{1}{2}\sin\frac{5\theta}{2}$$
$$G_4(\theta) = -(5 - 4\nu)\sin\theta + 3\sin 3\theta \tag{3.160}$$

以上公式适用于平面应变, 对平面应力只需将 ν 换成 $\nu/(1+\nu)$ 即可. u_0 是裂纹尖端在 x 方向位移.

核心区域的能量变分为

$$\Delta U_{\text{core}} = \int_{\overline{\Omega}_R} \sigma_{\alpha\beta}\Delta\varepsilon_{\alpha\beta}\mathrm{d}\Omega = \int_{\overline{C}_R} p_\alpha \Delta u_\alpha \mathrm{d}s$$
$$= [K_{\text{core}}]\{\Delta\delta_1, \Delta\delta_2, \Delta\delta_3, \Delta\delta_4, \Delta u_0\}^{\mathrm{T}} \tag{3.161}$$

核心区外部刚度矩阵可用常规有限元方法形成. 唯一需要注意的是核心区外部与核心区公共角点处的节点位移均可以用列阵 $\{\delta_1, \delta_2, \delta_3, \delta_4, u_0\}^{\mathrm{T}}$ 表示. 公式 (3.161) 中的 $\overline{\Omega}_R$ 是内接多边形所围区域, $\overline{C}_R$ 是内接多边形. 公式 (3.161) 又可改写为

$$\int_{\overline{C}_R} (\sigma_r \delta u_r + \tau_{r\theta}\delta u_\theta)\mathrm{d}s = [K_{\text{core}}]\{\Delta\delta_1, \Delta\delta_2, \Delta\delta_3, \Delta\delta_4, \Delta u_0\} \tag{3.162}$$

应力强度因子 K_{I} 可按下述公式求得

$$K_{\mathrm{I}} = -2\mu\sqrt{\frac{2\pi}{R}}\delta_1 \tag{3.163}$$

3. 奇性等参单元

王克仁、徐纪林和高桦 [19] 提出了一种能反映裂纹尖端应力奇异性的八节点和十二节点等参元的一般公式. 这种方法与常规的等参元并无差别, 只是适当调节边中节点的位置, 因此使用起来很方便.

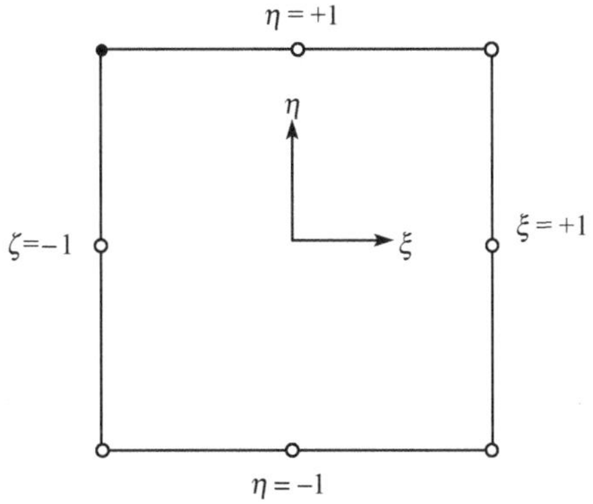

图 3.15

图 3.15 八节点等参元的形函数为

角点:

$$N_i = \frac{1}{4}[(1+\xi_i\xi)(1+\eta_i\eta)(\xi_i\xi+\eta_i\eta-1)] \tag{3.164a}$$

边中点 ($\xi_i = 0$):

$$N_i = \frac{1}{2}(1-\xi^2)(1+\eta_i\eta), \quad i = 2, 6 \tag{3.164b}$$

边中点 ($\eta_i = 0$):

$$N_i = \frac{1}{2}(1+\xi_i\xi)(1-\eta^2), \quad i = 4, 8 \tag{3.164c}$$

考虑 $\eta = 1$ 的边, 有

$$\begin{aligned} N_1 &= -\frac{1}{2}\xi(1-\xi) \\ N_2 &= 1-\xi^2 \\ N_3 &= \frac{1}{2}\xi(1+\xi) \end{aligned} \tag{3.165}$$

设想这一边对应于经过裂纹尖端的径向线段 AB, 如图 3.16 所示. 在 AB 线段上, C 点对应于 $\xi = 0$, 令线段 AB, AC 和 CB 的长度分别为 L、pL 和 $(1-p)L$.

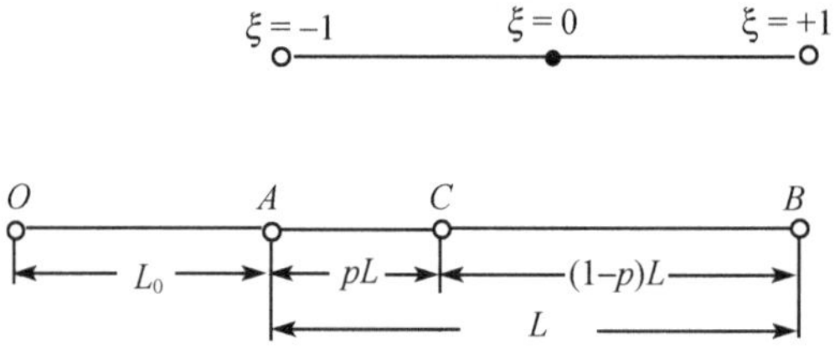

图 3.16

在物理平面上有

$$x = -\frac{\xi(1-\xi)}{2}L_0 + (1-\xi^2)(L_0+pL) + \frac{\xi}{2}(\xi+1)(L_0+L) \tag{3.166}$$

式中, x 为直线段 $OACB$ 的坐标, L_0 为线段 OA 的长度. 上式可改写为

$$\begin{aligned} \frac{x}{L} &= -\frac{\xi}{2}(1-\xi)k + (1-\xi^2)(k+p) + \frac{\xi}{2}(\xi+1)(k+1) \\ &= \xi^2\left(\frac{1}{2}-p\right) + \frac{1}{2}\xi + k + p \end{aligned} \tag{3.167}$$

式中, $k = L_0/L$, 由上式得

$$\xi = \frac{-\frac{1}{2} + \sqrt{\frac{1}{4} - 4\left(\frac{1}{2}-p\right)\left(k+p-\frac{x}{L}\right)}}{2\left(\frac{1}{2}-p\right)} \tag{3.168}$$

若令

$$p = \frac{1}{4}\left[\sqrt{4k(k+1)} + 1 - 2k\right] \tag{3.169}$$

则有

$$\xi = -[\sqrt{4k(k+1)} + 1 + 2k] + 2(\sqrt{k} + \sqrt{k+1})\sqrt{\frac{x}{L}} \tag{3.170}$$

将 (3.170) 式代入八节点等参元的有限元公式, 就得到含有 $\sqrt{r}$ 的位移公式. 如果 A 点与裂纹尖端 O 点重合, 则有 $k=0$、$p=\frac{1}{4}$, 这就是 Henshell 和 Shaw[20] 提出的公式.

Lynn 和 Ingrauffee[21] 指出, 在图 3.17 的散射状梯形单元中, 若取节点 5.7 的坐标满足:

$$r_5 = \left(\frac{\sqrt{r_1} + \sqrt{r_2}}{2}\right)^2, \quad r_7 = \left(\frac{\sqrt{r_3} + \sqrt{r_4}}{2}\right)^2 \tag{3.171}$$

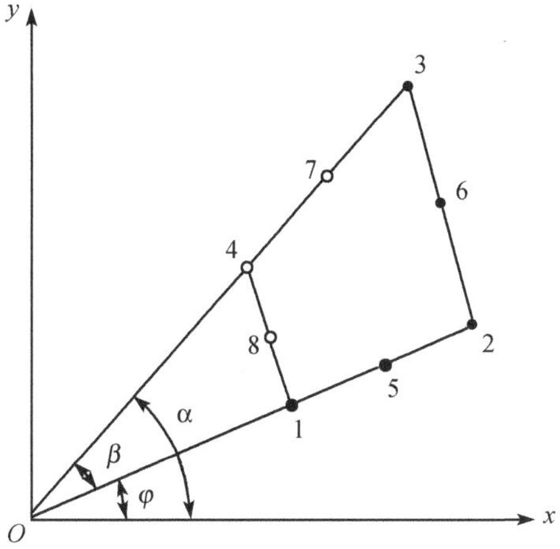

图 3.17

而节点 6, 8 仍取在中点, 则在这种单元中应变具有 $r^{-\frac{1}{2}}$ 项, 满足裂纹顶端应变分布的奇性特征, 所以能取得比较精确的应力强度因子. 这种单元在文献中称为过渡元.

吴永礼和徐纪林 [22] 数值分析表明, 在等参数奇异元 ($p=0$) 外面采用几圈过渡元, 会使计算精度提高.

有人指出上述的八节点等参元, 应变除了具有 $1/\sqrt{r}$ 的奇异性之外, 还具有 $1/r$ 的奇异性, 因此采用这种奇性等参元是否合适存在质疑. 吴永礼和徐纪林 [22] 指出普通的八节点等参元是应变也具有 $1/r$ 的奇异性, 所以对奇性等参元的质疑并不合适. 他们的数值计算表明, 采用公式 (3.171) 确定的过渡元所得的数值结果比常规八节点等参元更好.

参 考 文 献

[1] Williams M L. On the stress distribution at the base of a stationary crack. J. Appl. Mech., 1957, 24: 109–114.

[2] Bueckner H F. Field singularities and related integral expressions. Mechanics of fracture, Legden: Noordhoff International Publishing, 1973: 239–314.

[3] 沈成康. 断裂力学. 上海: 同济大学出版社, 1996.

[4] Gross B, Srawley J E, Brown W F. Stress intensity factor for a single edge notch tension specimen by boundary collecation of a stress function. NASA TN-D2395, 1964.

[5] Gdoutos E E. Fracture mechanlcs, an introduction. Dordrecht: Kluwer Academic Publishers, 1993.

[6] 布洛克 D. 工程断裂力学. 王克仁, 何明元, 高桦. 北京: 科学出版社, 1980.

[7] Muskhelishvili N I. Some basic problem of the mathematical theory of elasticity. Leyden: Noordhoff Inter. Publishing, 1975.

[8] Buekner H F. A novel principle for the computation of stress intensity factor. Z. Angew Meth. Mech., 1970, 50: 529–546.

[9] Rice J R. Some remarks on elastic crack tip stress fields. Int. J. Solids Struct., 1972, 8: 751–758.

[10] Paris P C, McMeeking R M, Tada H. The weight function method for determining stress intensity factors. ASTM STP 601, 1976: 471–489.

[11] Wu X R, Carlsson A J. Weight function and stress intensity factor solutions. Oxford: Pergamon Press, 1991.

[12] Sneddon I N, Lowengrub M. Crack Problems in the classical theory of elasticity. New York: Wiley, 1969.

[13] Erdogan F, Gupta G D. The stress analysis of multi-layered composite with a flaw. Int. J. Solids Stru., 1971, 7: 39.

[14] Erdogan F, Gupta G D, Cook T S. Numerical solution of singular integral eguations, Mechanics of Fracture. Leyden: Noordhoff Inter. Publishing, 1973.

[15] Aliabadi M H, Rooke D P. Numerical fracture mechanics. Dordrecht: Kluwer Academic Publisheers, 1991.

[16] Wilson W K. Finite element methods for elastic bodies containing cracks//Mechanics of Fracture. Leyden: Noordhoff International Publishing, 1973.

[17] 吴长春, 卞学鐄. 非协调数值分析与杂交元方法. 北京: 科学出版社, 1997.

[18] 龙驭球. 新型有限元引论. 北京: 清华大学出版社, 1992.

[19] 王克仁, 徐纪林, 高桦. Calculation of stress intensity factors for combined mode bend specimens, Advances in Reseach on the Strength and Fracture of Materials, ICF4, 1977, 4: 123–133.

[20] Henshell R D, Shaw K G. Crack tip finite elements are unnecessary. Int. J. Num, Meth. Engineering. 1975, 9: 495.

[21] Lynn P P, Ingraffee A R. Transition elements to be used with Guarter-point crack tip elemenents. Int. J. Numer. Methods in Engineering. 1978, 12.

[22] 吴永礼, 徐纪林. 等参数奇异元周围的过渡单元和普通单元. 水利学报, 1984, 56.

[23] 王铎. 断裂力学. 哈尔滨: 哈尔滨工业大学出版社, 1989.

[24] 范天佑. 断裂力学基础. 江苏科学技术出版社, 1978.

[25] Tada H, Paris P C, Irwin G R. The stress analysis of cracks handbook. Paris Productions Inc., St. Louis, 1985.

[26] Murakami Y. Stress intensity factor handbook. New York: Pergamon Press, 1987.

[27] 中国航空研究院. 应力强度因子手册. 北京: 科学出版社, 1981.

[28] Sih G C. Handbook of stress intensity factors. Institute of Fracture Mechanics, Le University, 1973.

第 4 章　平面应变断裂韧性

应力强度因子概念有相当广泛的普适性, 因此任何含裂纹的试样似乎都可以用来做试验以测定材料断裂韧性 K_{IC}. 但是实际做起来往往会碰到一些技术问题: 薄板试样难以满足裂纹前方的三轴约束状态; 而三维裂纹试样, 由于应力强度因子标定比较复杂, 难以作为标准试样; 裂纹方位不对称的试样, 在预制疲劳裂纹时会出现分支裂纹而使问题变化. 几何形状复杂的试样在加工制作上费时费工不方便.

为了使测试方法具有规范性, 需要建立统一标准. 美国材料试验学会 (ASTM) 经过多年实践, 建立了标准化的材料平面应变断裂韧性的试验程序[1]. 这些试验程序为保证裂纹顶端附近的平面应变状态提出了一些要求.

4.1　标 准 试 样

ASTM 规范建议 5 种形式的标准试样: 紧凑拉伸试样、三点弯曲试样、中心裂纹试样、圆盘状紧凑拉伸试样和拱形拉伸试样. 这 5 种试样的示意图绘在图 4.1 上, 该图取自 Anderson[2] 的著作.

前 3 种标准试样是广泛使用的, 第 2 种圆盘状试样对棒材特别合适, 而拱形拉伸试样对圆管类材料合适.

每种试样均有 3 个重要的尺寸: 裂纹长度 a、试样宽度 W 及厚度 B. 一般说来, $W \geqslant 2B, a/W = 0.45 \sim 0.55$.

Srawley 和 Brown[3] 对标准试样的应力强度因子标定工作作了重要贡献. 他们用边界配置法和拟合技术, 得到 K_{I} 表达式.

三点弯曲:

$$K_{\mathrm{I}} = \frac{PS\sqrt{a}}{BW^2}\left[2.9 - 4.6\left(\frac{a}{W}\right) + 21.8\left(\frac{a}{W}\right)^2 - 37.6\left(\frac{a}{W}\right)^3 + 38.7\left(\frac{a}{W}\right)^4\right] \tag{4.1}$$

紧凑拉伸:

$$K_{\mathrm{I}} = \frac{P\sqrt{a}}{BW}\left[29.6 - 185.5\left(\frac{a}{W}\right) + 655.7\left(\frac{a}{W}\right)^2 - 1017\left(\frac{a}{W}\right)^3 + 639\left(\frac{a}{W}\right)^4\right] \tag{4.2}$$

式中符号的定义在图 4.2 中.

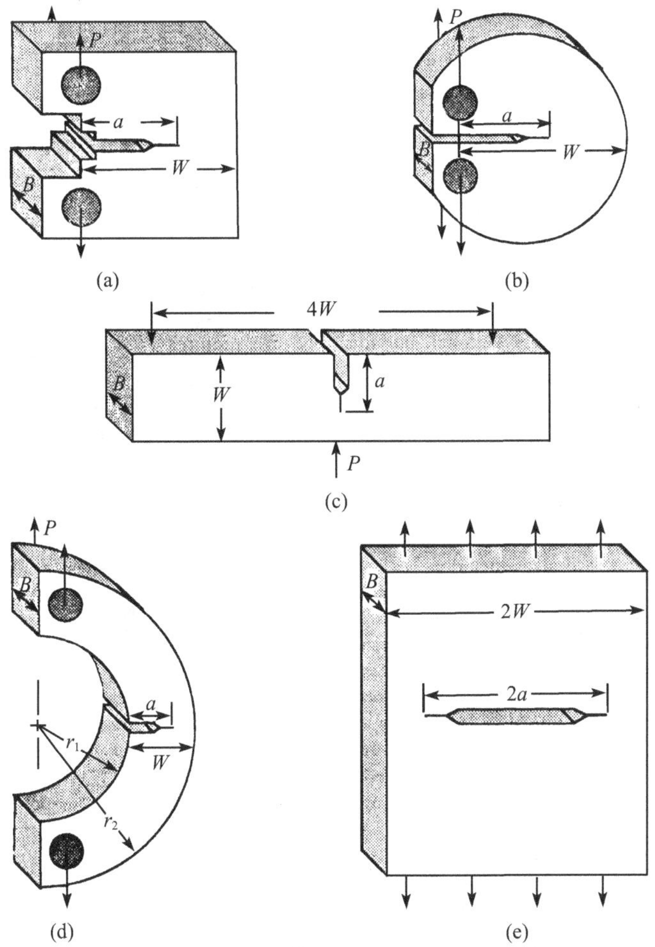

图 4.1

(a) 紧凑拉伸试样; (b) 圆盘状紧凑拉伸试样; (c) 三点弯曲试样; (d) 拱形拉伸试样; (e) 中心裂纹试样

美国材料试验学会 (ASTM) 规范 $E399-83$[1] 建议如下公式.

三点弯曲:

$$K_{\mathrm{I}}=\frac{3PS\sqrt{a}}{2BW^2}\left[1.99-\frac{a}{W}\left(1-\frac{a}{W}\right)\left(2.15-3.93\frac{a}{W}+2.7\frac{a^2}{W^2}\right)\right]\Big/\left(1+2\frac{a}{W}\right)\left(1-\frac{a}{W}\right)^{3/2} \tag{4.3}$$

紧凑拉伸:

$$K_{\mathrm{I}}=\frac{P\sqrt{a}}{BW}\left(2+\frac{a}{W}\right)\left[0.866+4.64\frac{a}{W}-13.32\left(\frac{a}{W}\right)^2+14.72\left(\frac{a}{W}\right)^3-5.6\left(\frac{a}{W}\right)^4\right]\Big/\left(1-\frac{a}{W}\right)^{3/2} \tag{4.4}$$

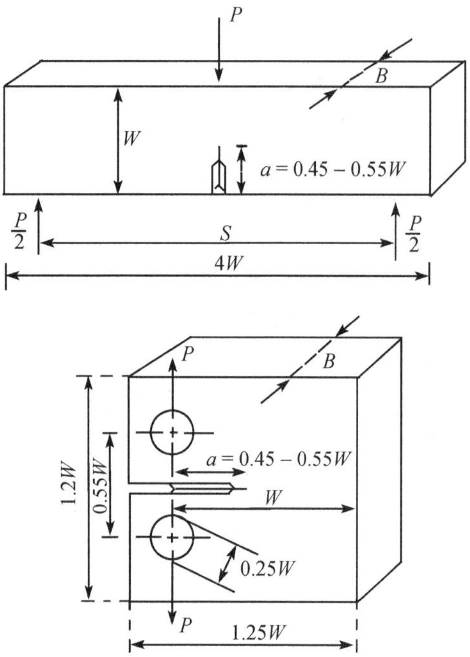

图 4.2

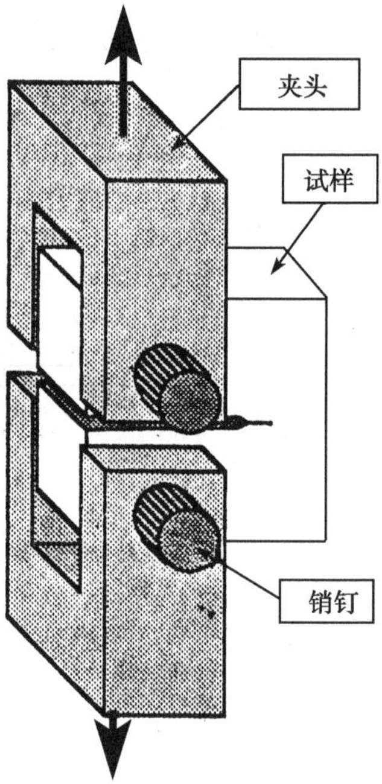

图 4.3

公式 (4.3) 式和 (4.4) 式的适用范围更宽些, 精度更高些. 公式 (4.3) 在整个 $0 < \dfrac{a}{W} < 1$ 的区域, 可以达到 0.5% 的精度. 而 (4.4) 式, 在区域 $0.2 < \dfrac{a}{W} < 1$ 的范围内, 可以达到 0.5% 的精度. 公式 (4.3) 式和 (4.4) 式之所以能够在相当宽的范围内得到很好的精度是因为考虑了深裂纹与浅裂纹的渐近公式.

紧凑拉伸试样是用图 4.3 所示专门设计的, “U 形” 钩通过销钉加载的. 通常要加工几种尺寸的紧凑拉伸试样以期达到平面应变条件.

4.2　试样取向与制备

工程材料通常会有各向异性, 此时材料的断裂韧性将对方向敏感. 材料微观结构的择优取向往往含有劣化面, 裂纹沿劣化面是比较容易传播的. 因此, 材料断裂韧性测试很注意选择不同取向的试样.

ASTM 断裂试验规范特别要求注明试样取向. 依照 ASTM 规范的符号, 碾压成形板或锻件块体有三个对称面, 可以制作 6 种不同取向的试样. 字母 L、T、S 分别指纵向、横向及竖向 (短横向), 如图 4.4 所示.

这里纵向是指碾压方向或锻轴方向. 为了确定每个试样的定向需要两个字母,

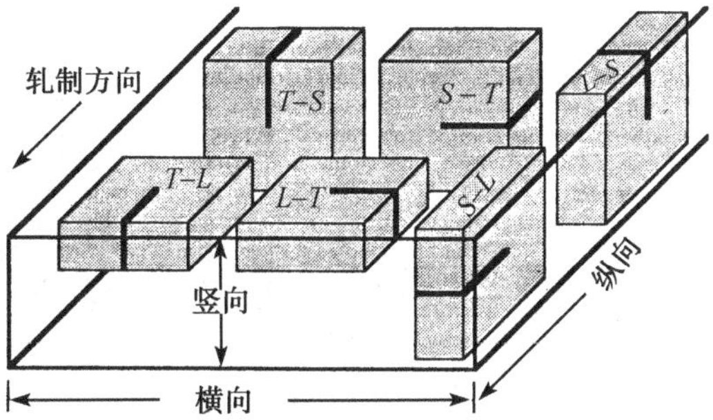

图 4.4

第一个字母指出与裂纹面垂直的拉伸应力方向, 第二个字母指出裂纹扩展方向. 譬如 L-T 定向试样表明试样沿纵向加载而裂纹沿横向扩展.

类似的对圆棒和含中心孔圆柱可以引入三个方向: 周向 (C)、径向 (R) 及纵向 (L). 可以得图 4.5 展示的 6 种定向试样.

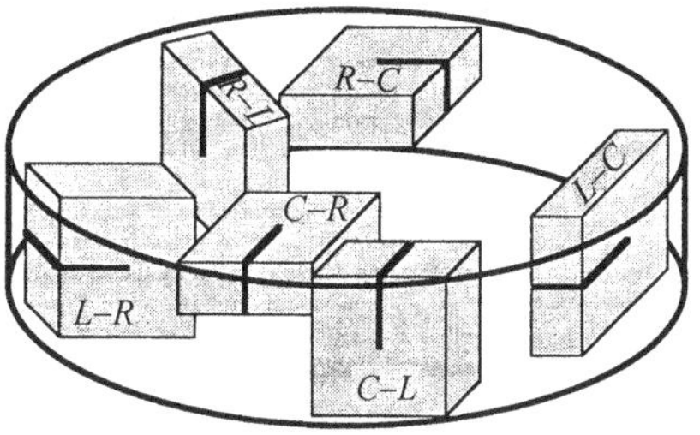

图 4.5

应力强度因子理论是针对尖裂纹建立起来的, 因此标准试样都需要预制疲劳裂纹. 通常用线切割的办法或机械方法, 制出一条深切口, 切口的宽度越窄越好, 一般为 0.15~0.20mm, 切口的长度为 $0.45W$. 然后用精细控制的循环载荷预制疲劳裂纹. 最大载荷及疲劳载荷的幅值必需充分地小 (不得超过断裂载荷 60%), 以确保预制的裂纹很尖而裂尖的塑性区尺寸及残余应力很小, 预制疲劳裂纹的长度不小于 $0.05W$.

为了保证预制的疲劳裂纹在切口根部对称位置出现, 试样的前后侧面要有一个引导 V 形缺口. 不然疲劳裂纹往往会在深切口的角上起始, 造成试验结果分散. 图 4.6 的侧面 V 形缺口诱使疲劳裂纹在深切口根部中间起始, 从而容易产生裂纹前缘比较直的疲劳裂纹.

在试验之后很容易确定预制疲劳裂纹的尺寸和前缘形状, 疲劳区与最后断裂区有不同的断口形貌, 因而容易区分开来, 裂纹长度定义为 $a = \dfrac{1}{3}(a_1 + a_2 + a_3)$. 若 a_1、a_2 和 a_3 的差别大于 5%则试验无效 (a_1、a_2 和 a_3 是沿裂纹前缘线等距离取

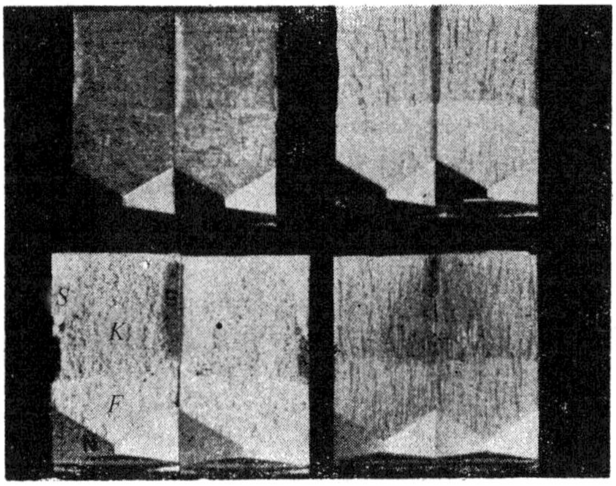

图 4.6　试样的 V 形槽

三个点测得的裂纹长度).

图 4.7 表明预制疲劳裂纹时的最大应力强度因子过高会引起疲劳裂纹钝化, 从而使 K_{IC} 偏大.

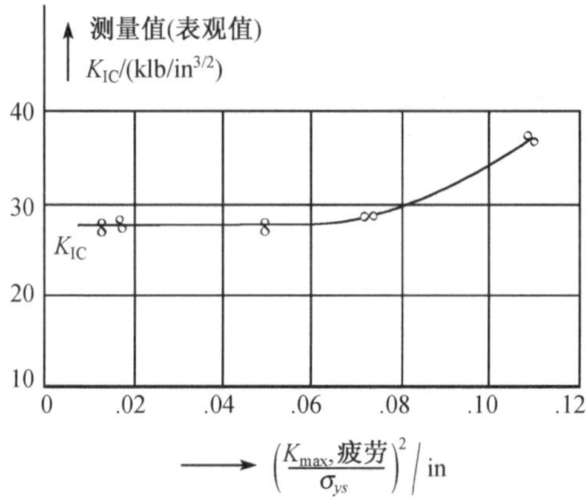

图 4.7　预制疲劳裂纹时的 $K_{\max}$ 对断裂韧度的影响

4.3　测试仪器和有效性分析

在断裂韧性试验过程中, 在 X-Y 记录仪上记下裂纹张开位移和外加载荷的关系曲线. 裂纹张开位移由特制的"夹式引伸计"测定. 夹式引伸计必需置于图 4.8 所示两片刀口之间. 这两片刀口是固结在深切口的嘴部, 像上下两个牙齿咬住夹式引伸计两根片状悬臂梁. 每根悬梁根上下面贴有一对电阻应变片, 4 个电阻应变片构成惠斯登电桥, 可以精确测量张开位移.

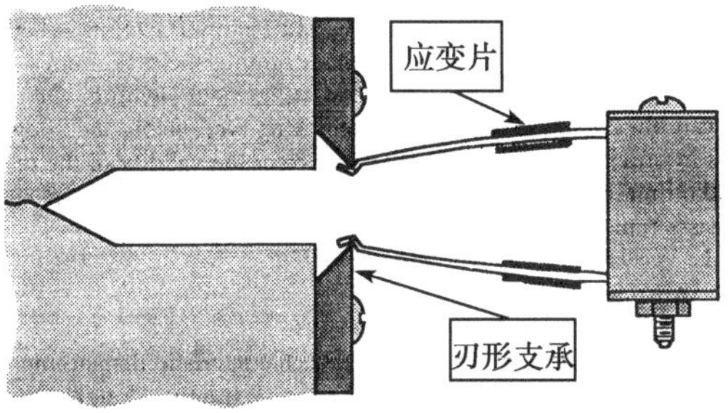

图 4.8

载荷–裂纹张开位移曲线可以有不同形状. 对于理想脆性材料, 裂纹张开位移随外载 P 线性增加, 在达到 K_{IC} 时突然失稳断裂, 如图 4.9(a) 所示. 对于大多数工程材料, 裂纹尖端区域总有少量塑性变形, 则 P-COD 曲线初始阶段仍是一条直线, 在达到载荷 P_Q 时, 裂纹突然小量扩展, 常伴随有噼吧的响声, 称之为突进, 在试验记录中表现为 COD 阶梯式增加. 裂纹暂时止裂可能是载荷的稍微降低或裂纹扩展阻力的增加. 在突进之后, 载荷可进一步增加, 直至 P_{F} 点发生断裂, 有时相继出现多次突进. 这段载荷–张开位移曲线呈非线性, 如图 4.9(b) 所示, 原则上应该用 P_Q 来计算裂纹起始扩展的 K_{IC}.

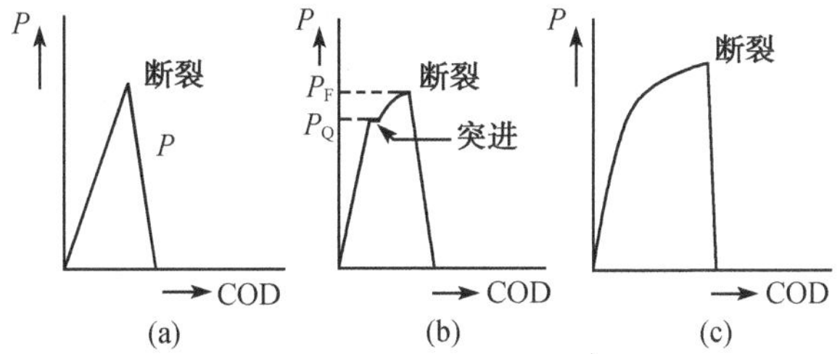

图 4.9

图 4.9(c) 呈现出较明显的非线性. 非线性是由两个因素造成的, 一是小范围屈服造成的塑性变形, 二是裂纹亚临界扩展造成的. 在这种情况, 需要划出与初始直线斜率偏离 5%的割线, 它与外载–张开位移曲线的交点 P_5 作为裂纹起始扩展的临界载荷 P_Q.

因此, 材料平面应变断裂韧性 K_{IC} 为

$$K_{\mathrm{IC}} = \frac{P_Q}{B\sqrt{W}} f\left(\frac{a}{W}\right) \tag{4.5}$$

为了确保 K_{IC} 的有效性, ASTM 规范对试样尺寸及载荷张开位移曲线提出了严格的准则. 首先在裂纹尖端附近应满足平面应变的约束条件, 试样厚度至少应比塑性

区尺寸大一个数量级, 否则会出现平面应力特性. 在试样表面总会有唇状剪切区域, 为了使平面应变状态占优势, 厚度必须很大.

2.4.2 节 Irwin 模型指出裂纹前方塑性区尺寸, 对平面应变为

$$r_{\mathrm{p}}=\frac{(1-2\nu)^2}{\pi}\left(\frac{K_{\mathrm{I}}}{\sigma_{ys}}\right)^2 \tag{4.6}$$

由 (4.6) 式看出, 塑性区尺寸与 $K_{\mathrm{IC}}^2/\sigma_{ys}^2$ 成正比, 因此对厚度的要求可以表示为: $B\geqslant\alpha\left(\frac{K_{\mathrm{IC}}}{\sigma_{ys}}\right)^2$.

图 4.10 的实验表明, 当 $\alpha\geqslant 2.5$ 时可以得到一致的 K_{IC} 值, 此即美国材料试验学会所采用的数值. 对于较小的 α 值, 试样表面平面应力区域比较大, 从而使表观断裂韧性偏大.

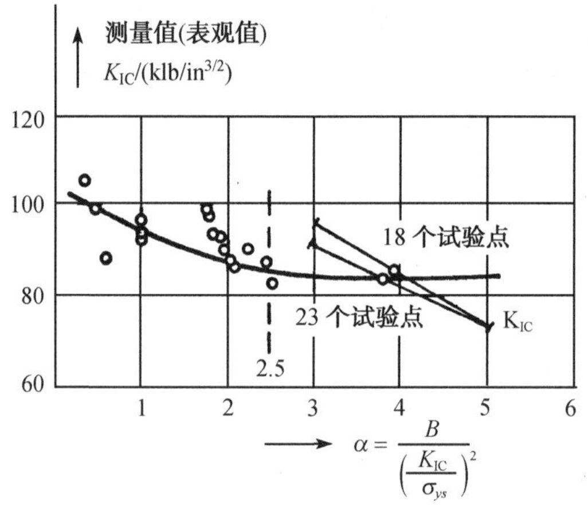

图 4.10

对裂纹尺寸也有类似的要求. 从断裂应力 σ_{C} 和裂纹尺寸的关系看出, σ_{C} 与 $\sqrt{a}$ 成反比:

$$\sigma_{\mathrm{C}}=\frac{K_{\mathrm{IC}}}{\sqrt{\pi a}} \tag{4.7}$$

由此得

$$a=\frac{1}{\pi}\left(\frac{K_{\mathrm{IC}}}{\sigma_{\mathrm{C}}}\right)^2=\frac{1}{\pi}\left(\frac{\sigma_{ys}}{\sigma_{\mathrm{C}}}\right)^2\left(\frac{K_{\mathrm{IC}}}{\sigma_{ys}}\right)^2 \tag{4.8}$$

为了保证试样低应力脆断, 美国材料试验学会也要求裂纹尺寸 a 应满足 $a\geqslant 2.5\times\left(\frac{K_{\mathrm{IC}}}{\sigma_{ys}}\right)^2$, 这意味着:

$$\frac{\sigma_{\mathrm{C}}}{\sigma_{ys}}\leqslant\frac{1}{\sqrt{2.5\pi}}=0.3568 \tag{4.9}$$

若平面应变裂尖前方塑性区尺寸近似地取作 $r_p = \dfrac{1}{3\pi}\left(\dfrac{K_{\rm IC}}{\sigma_{ys}}\right)^2$, 那么 B 和 a 应为 r_p 的 25 倍.

在试验之前, 必须先预估材料 $K_{\rm IC}$ 值, 然后制作符合这些要求的试样. 试验后, 根据实测所得的 K_Q 值进行检验, 如果 K_Q 小于或等于预估值, 则 K_Q 即为材料断裂韧性. 若 K_Q 大于预估值而使 a 和 B 的尺寸小于 $2.5\left(\dfrac{K_Q}{\sigma_{ys}}\right)^2$, 则试验无效.

另一方面为了确保试样在使准弹性情况断裂, 美国材料试验学会规定 $P_{\max}$ 必须小于 1.10 P_5.

这样有效性准则概括为

$$
\begin{aligned}
&0.45 \leqslant a/W \leqslant 0.55 \\
&B, a \geqslant 2.5\left(\frac{K_{\rm IC}}{\sigma_{ys}}\right)^2
\end{aligned} \tag{4.10}
$$

$$
P_{\max} \leqslant 1.10 P_5 \tag{4.11}
$$

高强度材料的平面应变断裂韧性值在 50~350kg/mm$^{3/2}$ 的范围内变化. 由于材料强度高, σ_{ys} 在 100~200kg/mm^2, 因此试样厚度在 2 ~ 20mm 量级即能满足平面应变要求, 所以高强材料的平面应变断裂韧性测试比较容易实现. 低屈服强度材料 $K_{\rm IC}$ 可以达到或超过 500kg/mm$^{3/2}$. 高韧度与低屈服强度的组合造成很高的 $(K_{\rm IC}/\sigma_{ys})^2$, 从而标准试样所要的厚度可达 0.5~1m 的数量级. 显然对这类材料 $K_{\rm IC}$ 试验是难以进行的, 必须用裂纹张开位移、J 积分或其他断裂参量来表征材料的裂纹扩展阻力.

低强材料在低温、腐蚀或核辐照环境下要脆得多, 这样标准的 $K_{\rm IC}$ 测试是切实可行的, 线弹性断裂力学在低温或环境条件下对常用工程材料是适用的.

4.4 K_R 曲线测试

美国材料试验学会 E561-86 规范对材料裂纹扩展阻力曲线测试作了明确的表述[4]. 对于给定厚度、温度和应变率的条件下, 工程材料的裂纹扩展阻力随着裂纹扩展呈现上升趋势. 如果这种上升趋势只依赖于裂纹扩展量 Δa, 而对试样几何、加载方式及裂纹长度不敏感, 那么测定裂纹扩展阻力曲线就有意义, 它表征了材料抵抗裂纹扩展的潜在能力.

阻力曲线的测定是对给定的厚度进行的, 因此规范对试样厚度不提出要求. K_R 曲线只适用于材料线弹性断裂, 因此裂纹尖端的塑性区必须远小于试样平面内尺寸, 但是可以大于试样厚度.

K_R 曲线可能对高强板材断裂韧性表征是颇有价值的. 一般说来, 材料在平面应变状态下容易发生脆断. 解理脆断往往呈现下降的 K_R 曲线, 而微空洞聚集合往往呈现上升的 K_R 曲线, K_R 曲线的形状既依赖于裂纹尖端的三轴约束状态, 也依赖于断裂机制. 随着三轴应力的增加, 断裂机制可以从韧性撕裂转向解理断裂. 但是应该强调指出的是薄板试样同样会产生灾难性的脆性破坏. 从宏观角度来看, 薄板试样处于平面应力状态, 但是从细观角度来看, 薄板试样的裂纹尖端微小区域内仍然有可能处于三轴约束状态. 如果材料比较脆, 发生脆性破坏的可能性会是比较大的.

K_R 测试方法在总体上与 K_{IC} 测试方法相同, 只是在试验过程中, 除了用 X-Y 记录仪记录载荷–张开位移曲线外, 还要同时记录载荷–裂纹长度关系曲线. 裂纹长度可以用光学显微镜或其他光学办法测试, 此时忽略沿厚度方向裂纹长度变化. 瞬时应力强度因子为

$$K_{\mathrm{I}} = \frac{P}{B\sqrt{W}} f\left(\frac{a}{W}\right) \tag{4.12}$$

载荷–张开位移的非线性是由两个因素造成的: 裂纹尖端塑性变形和裂纹扩展. 如果试样断裂前卸载至零, 那么张开位移并不会回到零点. 这是裂纹尖端塑性变形造成一定量的永久变形造成的.

物理上等效裂纹长度可以通过柔度法测量. 如图 4.11 所示, 可以用割线法求得在每一个加载点处对应的割线模量, 然后用柔度公式反推相应的等效裂纹长度 a_{eff}, 再由 (4.12) 式得到等效应力强度因子:

$$K_{\mathrm{eff}} = \frac{P}{B\sqrt{W}} f\left(\frac{a_{\mathrm{eff}}}{W}\right) \tag{4.13}$$

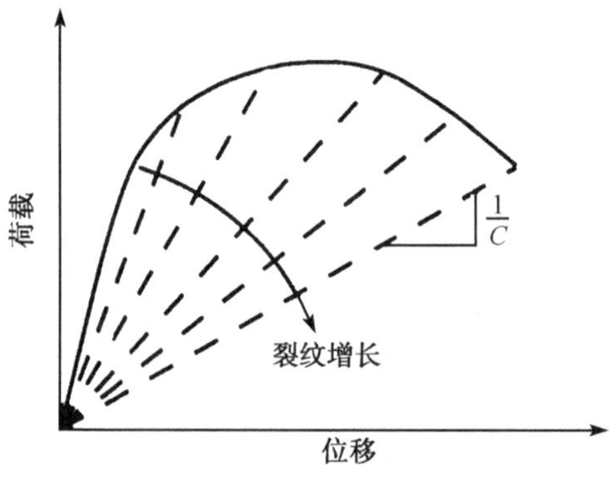

图 4.11

ASTM 规范还建议了第二种计算有效裂纹长度的方法：Irwin 修正方法：

$$a_{\text{eff}} = a + \frac{1}{2\pi}\left(\frac{K_{\text{eff}}}{\sigma_{ys}}\right)^2 \tag{4.14}$$

Irwin 修正方法需要通过迭代计算得到最终解答. 对于某个载荷 P, 由光学方法测得相应的 a, 作为等效裂纹长度的初值, 代入 (4.13) 式求得 K_{eff} 再代入 (4.14) 式得到一个新的等效裂纹长度 a_{eff}, 如此重复直至收敛.

Irwin 修正法适合于塑性区比较小的情况, 当塑性区比较大时, 割线法更加合理. 实验表明割线法确定的 K_R 曲线对尺寸的敏感性比较小.

ASTM K_R 曲线规范要求用等效裂纹扩展量 Δa_{eff} 与等效应力强度因子 K_{eff} 之间的关系曲线作为材料的 K_R 曲线.

美国材料试验协会 E561–86 规范, 对试样尺寸及最大许可的裂纹扩展量并未作出规定. 因此 K_R 曲线能否作为材料性质, 不依赖于试样几何. 裂纹尺寸及加载方式是一个需要加以认真研究的问题.

一般说来, 如果试样厚度与构元的厚度相同, 试样平面内尺寸及裂纹尺寸远远大于塑性区尺寸, 那么线弹性断裂力学才可以用来表征材料的断裂性能.

应该强调指出, 实验表明[5] 高强铝合金板材的 K_R 曲线依赖于试样尺寸. 因此应用 K_R 曲线方法表征材料断裂性能只在特定的条件下有参考意义, 尽可能接近工况的宽板试验乃是很必要的.

参 考 文 献

[1] E399–83. Standard test method for plane strain fracture toughness of metallic materials. Annual Book of ASTM Standards, Part 10, Philadelphia: American Society for Testing and Materials, 1983.

[2] Anderson T L. Fracture mechanics, foundamentals and applications, Boca Raton: CRC Press, 1991.

[3] Srawley J E, Brown W F. Fracture toughness testing methods. ASTM STP381, 1965: 133–145.

[4] E561–86. Standard practice for R–curve determination. ASTM Annual Book of Standards, Part 10, Philadelphia: American Society for Testing and Materials, 1986.

[5] Stricklin L L. Geometry dependence of crack growth resistance curves in thin sheet alaminam alloys. Master of Science Thesis, Texas A & M Univesity, College Station, TX, December, 1988.

[6] 布洛克 D. 工程断裂力学基础. 王克仁、何明元、高桦, 译. 北京：科学出版社, 1980.

[7] Gdoatos E E. Fracture mechanics, an introduction. Dordrecht: Kluwer Academic Publishers, 1993.

第 5 章　复合型裂纹的脆断理论

5.1　复合型裂纹变形特征

线弹性断裂力学在处理张开型裂纹失稳扩展问题上取得了很大成功, 但是工程中经常遇到的裂纹通常处于 K_{I}、K_{II}、K_{III} 均不为零的复合变形状态.

荷载分布不对称、裂纹方位不对称、材料各向异性以及裂纹高速传播都会出现裂纹分支. 因而复合型裂纹的断裂理论研究有重要的理论意义和广泛的实用价值.

复合型裂纹的实例很多. 这里不妨以常用的三点弯曲试样为例说明复合型裂纹的产生. 如图 4.2 所示, 当裂纹处于试样的中间对称位置, 荷载分布也是对称的. 那么对各向同性材料, 裂纹顶端的应力强度因子 K_{I} 不为零, 但是 K_{II}、K_{III} 均为零. 这就是单纯的张开型裂纹, 简称为 I 型裂纹. 这种张开型裂纹试样对于测定各种材料平面应变断裂韧度 K_{IC} 是十分有用的.

现在分析图 5.1 所示的试样. 那么由于对称性条件不能全部满足, 裂纹顶端的应力强度因子 K_{I}、K_{II} 均不为零.

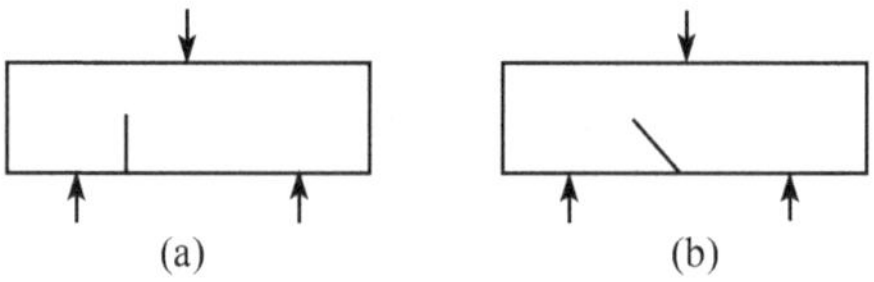

图 5.1　三点弯曲试样

(a) 偏裂纹试样; (b) 斜裂纹试样

图 5.1 (a) 是三点弯曲偏裂纹试样, 图 5.1 (b) 是三点弯曲斜裂纹试样. 这两种试样加载方式是对称的, 但是裂纹方位不对称, 因而 K_{I}、K_{II} 均不为零.

图 5.2 提供的是一种复合型裂纹试样. 图 5.2 (b) 是三点弯曲复合型试样, 图 5.2 (e) 是四点剪切复合型试样. 这两种试样裂纹方位是对称的, 但加载方式不对称, 因而 K_{I}、K_{II} 均不为零.

即使加载方式及裂纹方位符合对称条件, 由于材料各向异性, 譬如对于玻璃钢及碳纤维硼纤维增强复合材料, 其纤维方向与裂纹方位不一致时, 也会产生 K_{I}、K_{II} 均不为零的复合变形状态.

在压力容器、汽轮机转子和航空结构中, 我们经常碰到的裂纹缺陷及表面裂纹都是处于复合变形状态, 这方面的例子是举不胜举的.

上面简要说明了复合型裂纹产生的物理背景. 下面讨论一下各种典型裂纹的变形特征. 依照裂纹在物体中所占的位置来分类, 可分为穿透裂纹、深埋裂纹、表面裂纹及角裂纹等; 依照裂纹产生的物理因素来分类, 可分成焊接裂纹、疲劳裂纹、氢脆裂纹、层状裂纹和夹杂裂纹等.

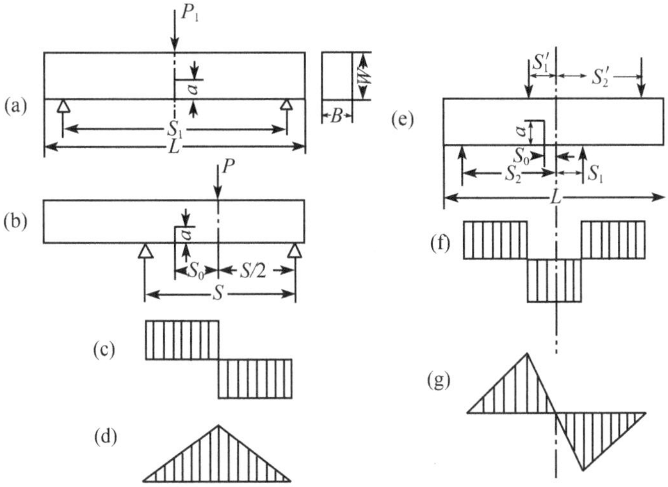

图 5.2 三点弯曲试样和四点剪切试样

P: 载荷; a: 裂纹长度; W: 试样宽度; B : 试样厚度; S : 跨距; L : 试样长度. (a) 三点弯曲试样对称加载; (b) 平行移开; (c) 剪力图; (d) 弯矩图; (e) 四点剪切试样; (f) 剪力图; (g) 弯矩图

但是这里关心的是裂纹上、下表面的位移特征. 在断裂力学中, 经常碰到三种典型裂纹: 张开型裂纹、滑开型裂纹及撕开型裂纹. 从图 5.3 可以看出张开型裂纹上、下表面的位移是对称的, 并且只有法向位移有间断, 造成上、下表面张开; 滑开型裂纹上、下表面的切向位移是反对称的, 并且只有切向位移有间断, 造成上、下表面滑开, 而法向位移并不间断; 撕开型裂纹上、下表面的相对位移沿着裂纹前沿方向.

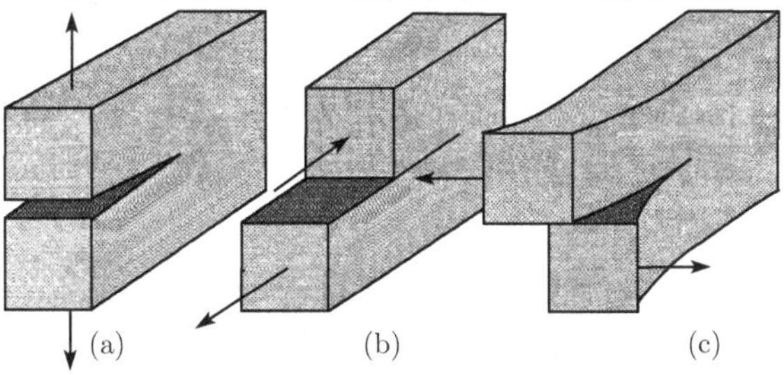

图 5.3 裂纹顶端 3 种基本变形模式

(a) 张开型裂纹; (b) 滑开型裂纹; (c) 撕开型裂纹

对于裂纹面的周界是任意光滑曲线的情况, 为了描述位移特征, 比较方便的是引入局部坐标. 如 5.4 画出了裂纹前沿的流动坐标 $Oxyz$ 以及局部简化的模型. 选取 AB 段充分地小, 那么 AB 段可简化为直线段, 依据局部简化模型, 就可以用前面的方法来分析位移特征.

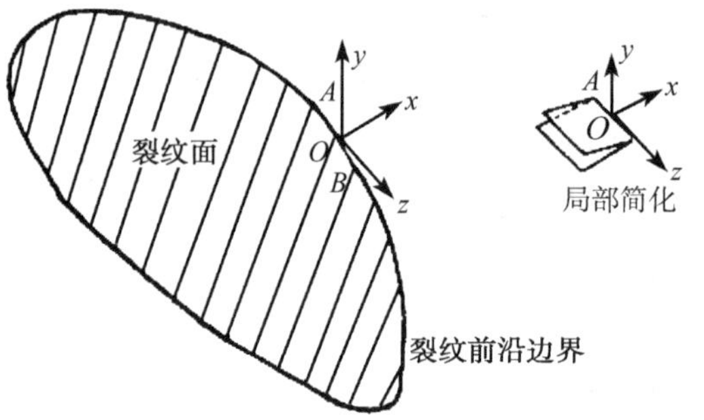

图 5.4　裂纹前沿的流动坐标 $Oxyz$ 以及局部简化的模型

以上分析了 3 种典型裂纹. 当裂纹上、下表面的位移兼有 3 种或其中两种特征时, 就得到复合型裂纹.

5.2　应力参数准则

从宏观连续介质力学的观点研究复合型裂纹的脆性断裂可以有多种方法, 其中比较流行的是两种方法: 能量法及应力参数法.

根据能量平衡原理推导出来的脆断理论, 称为裂纹扩展的能量平衡理论. 这个理论的基本思想依然是能量释放率概念, 也就是说裂纹的虚拟扩展引起总势能的释放. 当释放的能量与形成新的裂纹面所需的能量相等时, 就引起裂纹真实的初始扩展, 裂纹初始扩展的方向由最大的能量释放率方向确定. 这个理论的物理意义比较清楚, 它是把 Griffith 的适用于纯 I 型裂纹失稳扩展的经典理论推广到复合型裂纹的结果.

复合型裂纹扩展与纯 I 型裂纹扩展的重要差别在于裂纹不沿原来的裂纹面扩展, 而沿着分支裂纹面扩展. 因此除了确定裂纹初始扩展的临界载荷之外, 还必须确定裂纹初始扩展方向, 即开裂角.

但是计算裂纹沿新的分支扩展所释放的能量, 在数学上相当复杂. 如图 5.5 所示, 当裂纹偏离原分支而沿着另一个分支扩展时, 就出现了一个折线裂纹. 由于开裂角 γ 是未知的, 因此要把这种带有任意 γ 角的折线裂纹保角变换成单位圆, 需要引入一个复杂函数, 最后导致一个复杂的函数积分方程. 我们将在后面简要的介绍这方面工作.

为了避开复杂的数学计算, 采用比较直观的应力参数法是颇有吸引力的. 应力参数法的特点是通过对于裂纹前沿的应力应变场奇异性直观分析, 在综合研究已有实验资料的基础上, 提出若干假设作为确定复合型裂纹开裂角以及开裂载荷的依据.

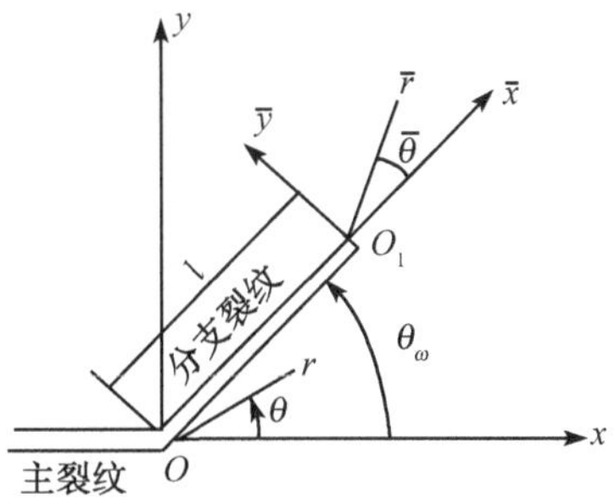

图 5.5　主裂纹与分支裂纹

下面介绍三种典型的应力参数准则.

(1) 最大正应力准则

Erdogan 和薛昌明[1]报告了用树脂玻璃板进行的 $K_{\rm I}$-$K_{\rm II}$ 复合型裂纹实验结果. 实验表明脆性材料在纯 $K_{\rm II}$ 的变形状态下, 裂纹沿与原裂纹平面约成 70° 的方向扩展, 这个方向非常接近裂纹顶端周向正应力 σ_θ 达到最大值的方向, 于是提出了目前流行的最大正应力准则. 这个准则以下面两个假设为基础:

1) 裂纹初始扩展沿着周向正应力 σ_θ 达到最大的方向;

2) 当这个方向的应力强度因子达到临界值时, 裂纹就初始扩展, 即:

$$\lim_{r\to 0}\sqrt{2\pi r}(\sigma_\theta)_{\max}=K_{\rm IC} \tag{5.1}$$

对于复合型裂纹, 在裂纹顶端附近有

$$\sigma_\theta=\frac{1}{\sqrt{2\pi r}}\cos\frac{\theta}{2}\left[K_{\rm I}\cos^2\frac{\theta}{2}-\frac{3}{2}K_{\rm II}\sin\theta\right] \tag{5.2}$$

$$\tau_{r\theta}=\frac{\cos\dfrac{\theta}{2}}{2\sqrt{2\pi r}}[K_{\rm I}\sin\theta+K_{\rm II}(3\cos\theta-1)] \tag{5.3}$$

从上述公式, 不难看出, 应力强度因子 $K_{\rm III}$ 对周向正应力 σ_θ 没有影响.

裂纹扩展方向由下式确定:

$$\left(\frac{\partial\sigma_\theta}{\partial\theta}\right)_{r=常数}=0,\qquad \left(\frac{\partial^2\sigma_\theta}{\partial\theta^2}\right)_{r=常数}<0 \tag{5.4}$$

将 (5.2) 式代入 (5.4) 式得:

$$K_{\rm I}\sin\theta+K_{\rm II}(3\cos\theta-1)=0 \tag{5.5}$$

设 θ_0 是满足方程 (5.5) 的开裂角, 那么裂纹扩展的临界应力强度因子 $K_{\rm I}$ 和 $K_{\rm II}$ 由下式确定:

$$\cos\frac{\theta_0}{2}\left[K_{\rm I}\cos^2\frac{\theta_0}{2}-\frac{3}{2}K_{\rm II}\sin\theta_0\right]=K_{\rm IC} \tag{5.6}$$

方程 (5.5) 式和 (5.6) 式即是最大正应力准则的基本方程. 比较 (5.5) 式和 (5.6) 式, 不难看出, 开裂方向也就是剪应力为零的方向. 另外从方程 (5.5) 式和 (5.6) 式看出, 应力强度因子 K_{III} 对开裂角及临界载荷均无影响.

中心裂纹单轴拉伸

此时 $K_{\mathrm{II}}=0$, $K_{\mathrm{I}}\neq 0$, 从方程 (5.5) 得, $\theta_0=0,\pi$.

$\theta_0=\pi$ 对应于裂纹的闭合. $\theta_0=0$ 对应于裂纹扩展. 也就是说裂纹沿裂纹延伸面扩展. 从 (5.6) 式得

$$K_{\mathrm{I}}=K_{\mathrm{IC}} \tag{5.7}$$

这是众所周知的应力强度因子理论.

中心裂纹面内剪切

如图 5.6 所示, $K_{\mathrm{I}}=0$, $\quad K_{\mathrm{II}}=\tau\sqrt{\pi a}$

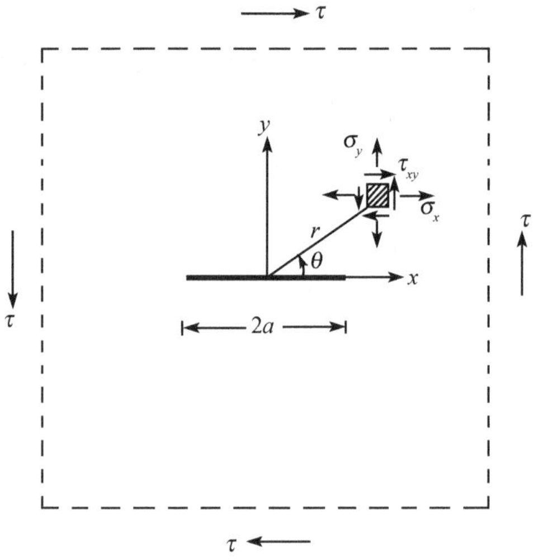

图 5.6　含穿透裂纹的无限大板, 远处受均匀剪应力 τ 作用

代入 (5.5) 式得

$$\begin{cases} K_{\mathrm{II}}(3\cos\theta_0-1)=0 \\ \theta_0=\pm 70.5^\circ \end{cases} \tag{5.8a}$$

实验表明, 对于图 5.6 所示的剪应力 τ 的方向, 开裂角为: $\theta_0=-70.5^\circ\sim-90^\circ$. 将上式代入 (5.6) 式, 取 $\theta_0=-70.5^\circ$ 得

$$-\frac{3}{2}\cos\frac{\theta_0}{2}\sin\theta_0 K_{\mathrm{IIC}}=K_{\mathrm{IC}}$$

$$K_{\mathrm{IIC}}=0.866K_{\mathrm{IC}} \tag{5.8b}$$

公式 (5.8b) 表明, 依照最大正应力准则, 滑开型裂纹的断裂韧度 K_{IIC} 要比平面应变断裂韧度 K_{IC} 小.

中心斜裂纹单轴拉伸

此时有

$$\begin{cases} K_{\text{I}} = \sigma\sqrt{\pi a}\sin^2\beta \\ K_{\text{II}} = \sigma\sqrt{\pi a}\sin\beta\cos\beta \end{cases} \tag{5.9}$$

将 (5.9) 式代入 (5.5) 式得

$$\tan\beta = \frac{1-3\cos\theta_0}{\sin\theta_0} \tag{5.10}$$

从 (5.6) 式得到临界应力 σ_{cr} 的计算公式:

$$\sigma_{cr} = \frac{K_{\text{IC}}}{\sqrt{\pi a}} \frac{1}{\cos^2\dfrac{\theta_0}{2}\sin\beta\left[\sin\beta\cos\dfrac{\theta_0}{2} - 3\cos\beta\sin\dfrac{\theta_0}{2}\right]} \tag{5.11}$$

表 5.1 列出了依照公式 (5.10) 算得的开裂角 θ_0. 图 5.7 画出了临界载荷与 β 角之间的关系. 表 5.1 和图 5.7 中的实验结果都是对有机玻璃的.

表 5.1 斜裂纹单轴拉伸开裂角 ($-\theta_0$) 单位: 度

β	30°	40°	50°	60°	70°	80°
$\max(\sigma_\theta), r = r_0$	60.2	55.7	50.2	43.2	33.2	19.3
$\min(S), r = r_0$	63.5	56.7	49.5	41.5	31.8	18.3
$\max(\sigma_\theta), W = W_0$	62.4	56.2	49.9	42.4	32.6	18.7
实 验[1]	62.4	55.6	51.1	43.1	30.7	17.3

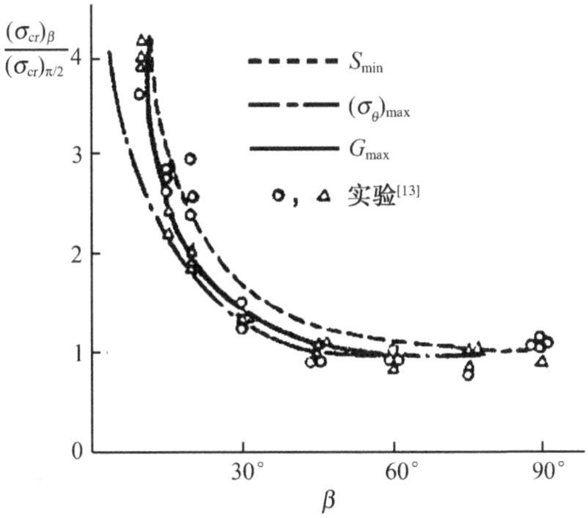

图 5.7 斜裂纹单轴拉伸的断裂载荷

表 5.1 还列出文献 [1] 关于树脂玻璃开裂角的实验结果, 图 5.7 也画出了文献 [13] 关于临界应力的实验结果. 从表 5.1 和图 5.7 不难看出理论预测与实验结果符合得比较好.

(2) 比应变能准则

薛昌明[2,3] 提出了比应变能准则. 他认为复合型裂纹扩展的临界条件取决于裂纹尖端区的能量状态和材料性能. 在裂纹尖端区域, 有非常高的应变集中, 造成裂纹钝化, 连续介质力学在此区域不适用. 因此, 在这个区域的材料力学行为很复杂, 至今未能弄清楚. 设想钝化裂纹端部的半径为 ρ_0, 与此相应的有个半径为 r_0 的心部区域, 由它所预言的应变能密度 ($r=r_0$ 处的应变能密度) 和根据 $\rho_0=0$ 的尖裂纹所预言的 $r=r_0$ 处的应变能密度相同. 为了确定裂纹扩展的临界条件, 提出了两个基本假设:

1) 裂纹初始扩展沿着应变能密度最小的方向, 即开裂角 θ_0 由下式确定:

$$\frac{\partial W}{\partial \theta}=0, \quad \frac{\partial^2 W}{\partial \theta^2}>0, \quad r=\text{常数}, \quad -\pi \leqslant \theta_0 \leqslant \pi \tag{5.12}$$

2) 当应变能密度因子 (指在 θ_0 方向的) 达到临界值时, 裂纹初始扩展, 即:

$$\lim_{r\to 0}(rW)=S_{cr}, \quad \text{在}\theta=\theta_0\text{处} \tag{5.13}$$

对于复合型裂纹, 裂纹顶端的应力状态由下式确定:

$$\left\{\begin{aligned}
&\sigma_x=\frac{K_{\rm I}}{\sqrt{2\pi r}}\cos\frac{\theta}{2}\left[1-\sin\frac{\theta}{2}\sin\frac{3}{2}\theta\right]-\frac{K_{\rm II}}{\sqrt{2\pi r}}\sin\frac{\theta}{2}\left[2+\cos\frac{\theta}{2}\cos\frac{3}{2}\theta\right]\\
&\sigma_y=\frac{K_{\rm I}}{\sqrt{2\pi r}}\cos\frac{\theta}{2}\left[1+\sin\frac{\theta}{2}\sin\frac{3}{2}\theta\right]+\frac{K_{\rm II}}{\sqrt{2\pi r}}\sin\frac{\theta}{2}\cos\frac{\theta}{2}\cos\frac{3}{2}\theta\\
&\tau_{xy}=\frac{K_{\rm I}}{\sqrt{2\pi r}}\cos\frac{\theta}{2}\sin\frac{\theta}{2}\cos\frac{3}{2}\theta+\frac{K_{\rm II}}{\sqrt{2\pi r}}\cos\frac{\theta}{2}\left[1-\sin\frac{\theta}{2}\sin\frac{3}{2}\theta\right]\\
&\sigma_z=0, \quad \text{平面应力}\\
&\sigma_z=\nu(\sigma_x+\sigma_y), \quad \text{平面应变}\\
&\tau_{xz}=-\frac{K_{\rm III}}{\sqrt{2\pi r}}\sin\frac{\theta}{2}\\
&\tau_{yz}=\frac{K_{\rm III}}{\sqrt{2\pi r}}\cos\frac{\theta}{2}
\end{aligned}\right. \tag{5.14}$$

弹性应变能密度 W 等于:

$$\begin{aligned}
W&=\frac{1}{2E}\left(\sigma_x^2+\sigma_y^2+\sigma_z^2\right)-\frac{\nu}{E}\left(\sigma_x\sigma_y+\sigma_y\sigma_z+\sigma_x\sigma_z\right)+\frac{1}{2\mu}\left(\tau_{xy}^2+\tau_{yz}^2+\tau_{xz}^2\right)\\
&=\frac{1}{r}\left(a_{11}K_{\rm I}^2+2a_{12}K_{\rm I}K_{\rm II}+a_{22}K_{\rm II}^2+a_{33}K_{\rm III}^2\right)
\end{aligned} \tag{5.15}$$

式中,

$$\begin{cases} \pi a_{11} = \dfrac{1}{16\mu}\,(1+\cos\theta)\,(k-\cos\theta) \\ \pi a_{12} = \dfrac{1}{16\mu}\sin\theta\,(2\cos\theta - k + 1) \\ \pi a_{22} = \dfrac{1}{16\mu}\,[(k+1)\,(1-\cos\theta) + (1+\cos\theta)\,(3\cos\theta - 1)] \\ \pi a_{33} = \dfrac{1}{4\mu} \end{cases} \tag{5.16}$$

$$k = \begin{cases} 3-4\nu, & \text{平面应变} \\ \dfrac{3-\nu}{1+\nu}, & \text{平面应力} \end{cases}$$

总之,

$$W = S/r \tag{5.17}$$

S 即称为应变能密度因子. 两个基本假设归之为

1) 裂纹起始扩展沿着 S 最小的方向;

2) 当 S(指在开裂方向) 达到临界值时, 裂纹起始扩展, 也即:

$$\frac{\partial S}{\partial \theta} = 0, \quad \frac{\partial^2 S}{\partial \theta^2} > 0, \quad \theta = \theta_0\text{处:} \tag{5.18}$$

$$S_{\theta=\theta_0} = S_{cr} \tag{5.19}$$

中心裂纹单轴拉伸

此时, $K_{\mathrm{I}} = \sigma\sqrt{\pi a}$, $K_{\mathrm{II}} = 0$, $S = \dfrac{\sigma^2 a}{16\mu}(1+\cos\theta)(k-\cos\theta)$

由公式 (5.18) 和公式 (5.19) 得

$$\theta_0 = 0$$

$$S_{\theta=\theta_0} = \frac{\sigma_{cr}^2 a}{16\mu} 2(k-1) = S_{cr}$$

依照应力强度因子理论, 有 $K_{\mathrm{IC}} = \sigma_{cr}\sqrt{\pi a}$

由此得

$$S_{cr} = \frac{K_{\mathrm{IC}}^2}{8\pi\mu}(k-1) \tag{5.20}$$

这就给出 S_{cr} 与 K_{IC} 之间的联系.

中心裂纹面内剪切

此时, $K_{\mathrm{I}} = 0$, $K_{\mathrm{II}} = \tau\sqrt{\pi a}$

$$S = \frac{\tau^2 a}{16\mu}[(k+1)(1-\cos\theta) + (1+\cos\theta)(3\cos\theta - 1)] \tag{5.21}$$

由 (5.18) 式得

$$\sin\theta_0[(k-1)-6\cos\theta_0]=0$$

再根据 $\dfrac{\partial^2 S}{\partial\theta^2}>0$ 的条件, 确定:

$$\theta_0=-\arccos\left(\frac{k-1}{6}\right) \tag{5.22}$$

公式 (5.22) 所确定的开裂角 θ_0 列于表 5.2.

表 5.2 纯 II 型裂纹开裂角 $(-\theta_0)$ 值 单位: 度

ν	0	0.1	0.2	0.3	0.4
比应变能理论	70.5	74.5	78.5	82.3	86.2
等 W 线上 $(\sigma_\theta)_{\max}$ 理论	70.5	72.3	74.5	76.5	79.5
$(\sigma_\theta)_{\max}$ 理论	70.5	70.5	70.5	70.5	70.5

将 (5.22) 式代入 (5.21) 式得

$$S_{\theta=\theta_0}=\frac{\tau_{cr}^2 a}{192\mu}(14k-k^2-1)=S_{cr} \tag{5.23}$$

斜裂纹单轴拉伸

将 (5.9) 式代入 (5.15) 式得

$$S=\pi\sigma^2 a(a_{11}\sin^2\beta+2a_{12}\sin\beta\cos\beta+a_{22}\cos^2\beta)\sin^2\beta \tag{5.24}$$

确定开裂角 θ_0 的方程式为

$$(k-1)\sin(\theta_0-2\beta)-2\sin 2(\theta_0-\beta)-\sin 2\theta_0=0,\quad \beta\neq 0 \tag{5.25}$$

方程 (5.25) 确定的开裂角也列在表 5.1 中.

临界载荷将由下式确定:

$$(\sigma_{cr})_\beta=\sqrt{S_{cr}/[\pi a\sin^2\beta(a_{11}\sin^2\beta+2a_{12}\sin\beta\cos\beta+a_{22}\cos^2\beta)]} \tag{5.26}$$

图 5.7 也画出了公式 (5.26) 给出的无量纲临界载荷 $(\sigma_{cr})_{\frac{\pi}{2}}/(\sigma_{cr})_\beta$ 与 β 之间的关系.

(3) 等 W 线上的最大正应力准则[4]

最大正应力准则与比应变能准则的共同点在于两者都是在以裂纹顶端为中心的同心圆上比较有关的力学量. 这种比较的优点是具有明显的几何意义. 如图 5.8(a) 所示, A、B 两点与裂纹顶端的距离相等, 但是 A 点与 B 点并不处于相同的力学状态. 因此单纯比较 A 点与 B 点的某个力学量往往缺乏明确的力学意义. 为了改变

这种状况, 引入新的确定裂纹初始扩展方向的准则是值得的. 裂纹前缘单位体元的应变能密度 W:

$$W = \frac{S}{r} \tag{5.27}$$

$$S = a_{11}K_{\mathrm{I}}^2 + 2a_{12}K_{\mathrm{I}}K_{\mathrm{II}} + a_{22}K_{\mathrm{II}}^2 + a_{33}K_{\mathrm{III}}^2$$

系数 a_{ij} 由公式 (5.16) 确定.

应变能密度表征材料储存的能量. 一般地说, 储存的能量越多, 断裂时释放的能量也就越多. 因此应变能密度与能量释放率有一定的联系. 在塑性理论中, 大量的实验表明, 形状应变能 W_d 是表征材料初始屈服和强化规律的主要力学量. 具有相同 W_d 的各个体元, 在塑性理论中看作是处于相同的力学状态, 而三轴张力所产生的体积应变能 W_V 对材料的初始屈服和强化规律的影响可以忽略.

与塑性理论不同的是三轴张力对脆断的影响不可忽略. 因此选择应变能密度作为表征弹性脆性断裂的一个力学度量是比较合适的.

考虑裂纹前缘的等应变能密度线, 简称等 W 线. 如图 5.8(b) 所示, 在 $\varGamma_0$ 线上, 有 $W = W_0$, 也就是位于 $\varGamma_0$ 上的各点 A_0、B_0、$C_0 \cdots$ 有相同的应变能密度.

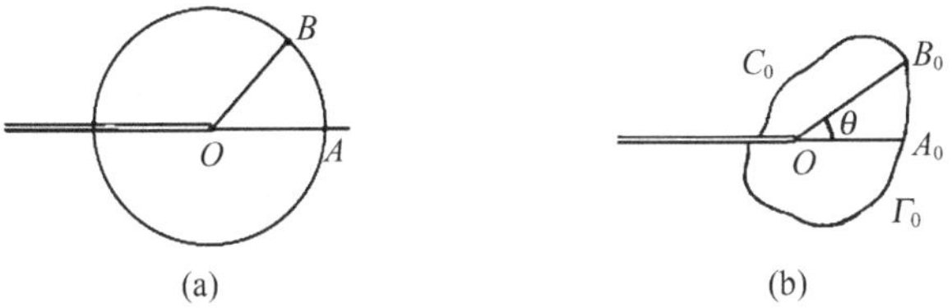

图 5.8

(a) 中心位于裂纹尖端的圆; (b) 裂纹尖端的等 W 线 $\varGamma_0$

大量实验表明, 裂纹初始扩展总是沿着通过裂纹顶端的半径方向. A_0、B_0、C_0 诸点元储存的应变能相等, 因此 A_0、B_0、C_0 诸点元中周向应力 σ_θ 最大的点元最容易发生沿半径方向的开裂. 这样就得到一个新的确定裂纹初始扩展方向的准则.

裂纹初始扩展在等 W 线上周向应力 σ_θ 达到最大的方向. 记开裂角 θ_0, 则有下述公式:

$$(\sigma_\theta)_{\theta=\theta_0} = \max_{W=W_0}(\sigma_\theta) \tag{5.28}$$

W_0 是一个任意的正数.

对于复合型裂纹, 在裂纹顶端附近有

$$\sigma_\theta = \frac{1}{\sqrt{2\pi r}}\cos\frac{\theta}{2}\left[K_{\mathrm{I}}\cos^2\frac{\theta}{2} - \frac{3}{2}K_{\mathrm{II}}\sin\theta\right] \tag{5.29}$$

由公式 (5.27) 得

$$W = W_0 = \frac{S}{r}$$

因此在等 W 线 Γ_0 上有

$$r = \frac{S}{W_0} \tag{5.30}$$

将上式代入 (5.29) 得

$$\sigma_\theta = \frac{\sqrt{W_0}}{2\sqrt{2}\sqrt{S}}[K_{\rm I}(1+\cos\theta) - K_{\rm II}3\sin\theta]\cos\frac{\theta}{2} \tag{5.31}$$

公式 (5.31) 表达了在等 W 线 Γ_0 上, 周向应力 σ_θ 与 θ 角的关系. 由于 W_0 是正的常数, 因此开裂角 θ_0 将由下述函数 f 达到最大来确定:

$$f(\theta) = \frac{1}{\sqrt{S}}[K_{\rm I}(1+\cos\theta) - K_{\rm II}3\sin\theta]\cos\frac{\theta}{2} \tag{5.32}$$

以上提出了确定开裂角的方法. 至于开裂载荷可以采用两种方法来确定.

第一种方法依照最大正应力准则, 假设沿着开裂方向主应力强度因子达到临界值, 裂纹起始扩展. 即有

$$\lim \sqrt{2\pi r}\,(\sigma_\theta)_{\theta=\theta_0} = K_{\rm IC} \tag{5.33}$$

这样等 W 线上的最大正应力准则, 归结为下面两个基本假设:

1) 裂纹初始扩展沿着等 W 线上, 周向应力 σ_θ 达到最大的方向, 即有

$$\frac{\partial f}{\partial \theta} = 0, \quad \frac{\partial^2 f}{\partial \theta^2} < 0, \quad \theta = \theta_0\text{处} \tag{5.34}$$

2) 沿着裂纹扩展方向, 主应力强度因子达到临界值时, 裂纹初始扩展. 即有

$$\lim_{r\to 0} \sqrt{2\pi r}(\sigma_\theta)_{\theta=\theta_0} = K_{\rm IC}$$

表 5.1 也列出了根据方程 (5.34) 算得的开裂角, 理论预测与实验结果相符合. 根据方程 (5.33) 算得的临界载荷与 (5.11) 式给出的结果非常接近, 在图 5.7 上, 与最大正应力准则的曲线重合 (对于斜裂纹单轴拉伸, $K_{\rm III} = 0$, 此时公式 (5.33) 与公式 (5.11) 给出结果非常接近).

第二种方法参照总能量释放率准则, 有

$$G^* = G_{\rm I}^* + G_{\rm II}^* + G_{\rm III}^* = \frac{1-\nu^2}{E}(K_{\rm I}^{*2} + K_{\rm II}^{*2}) + \frac{1+\nu}{E}K_{\rm III}^{*2} \tag{5.35}$$

沿着开裂方向建立局部坐标系 $Ox_1x_2x_3$. 在新的坐标系中:

$$K_{\rm I}^* = \lim_{r\to 0}\sqrt{2\pi r}\,\sigma_\theta, \quad K_{\rm II}^* = \lim\sqrt{2\pi r}\,\tau_{r\theta}, \quad K_{\rm III}^* = \lim\sqrt{2\pi r}\,\tau_{rz}$$

假设总能量释放率 G 达到临界时, 裂纹初始扩展:

$$G^* = G_{\mathrm{IC}} = \frac{1-\nu^2}{E}K_{\mathrm{IC}}^2 \tag{5.36}$$

公式 (5.36) 确定的临界载荷将明显的依赖于 K_{III}. 应力强度因子 K_{III} 对临界载荷的影响程度有待于实验考察.

5.3 分支裂纹应力强度因子[5,6]

如图 5.9 所示, 主裂纹与扩展分支的夹角为 γ. 无限大的弹性平面含这样的折线裂纹直接求解相当困难. 首先要寻找一个保角函数 $\omega(\xi)$, 把含折线裂纹的物理平面映射为映射平面上的单位圆外部, 并把裂纹顶点 A 和 B 及折点 O_1 和 O_2 分别映射为 ζ 平面上的 γ_1、γ_2、σ_1 和 σ_2.

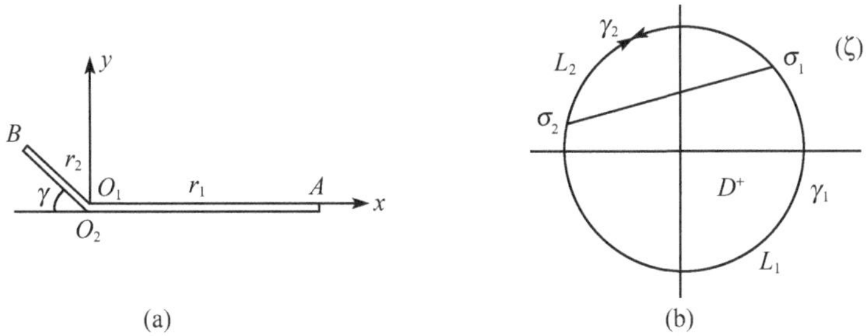

图 5.9

(a) 分支裂纹 (物理平面); (b) ζ 平面 (映象平面)

保角函数 $\omega(\zeta)$ 及有关的公式如下:

$$\omega(\zeta) = \frac{A}{\zeta}(\zeta-\sigma_1)^{\lambda_1}(\zeta-\sigma_2)^{\lambda_2} \tag{5.37}$$

$$\lambda_1 = 1-\gamma/\pi, \quad \lambda_2 = 1+\gamma/\pi, \quad \alpha_1\lambda_1+\alpha_2\lambda_2 = 2\pi \tag{5.38}$$

$$\sigma_1 = \mathrm{e}^{\mathrm{i}\alpha_1}, \quad \sigma_2 = \mathrm{e}^{\mathrm{i}\alpha_2} \tag{5.39}$$

$$\left.\begin{aligned} \lambda_1\cot\frac{\alpha_1-\beta_1}{2}+\lambda_2\cot\frac{\alpha_2-\beta_1}{2} = 0 \\ \lambda_1\cot\frac{\alpha_1-\beta_2}{2}+\lambda_2\cot\frac{\alpha_2-\beta_2}{2} = 0 \end{aligned}\right\} \tag{5.40}$$

$$\left.\begin{aligned} r_1 = 4A\left(\sin\frac{\alpha_1-\beta_1}{2}\right)^{\lambda_1}\left(\sin\frac{\alpha_2-\beta_1}{2}\right)^{\lambda_2} \\ r_2 = 4A\left(\sin\frac{\beta_2-\alpha_1}{2}\right)^{\lambda_1}\left(\sin\frac{\alpha_2-\beta_2}{2}\right)^{\lambda_2} \end{aligned}\right\} \tag{5.41}$$

令：

$$\varepsilon = (\alpha_2 - \beta_2)/2, \quad \delta = (\beta_2 - \alpha_1)/2 \tag{5.42}$$

则有

$$\begin{aligned} \delta &= \arctan\left(\frac{\lambda_1}{\lambda_2}\tan\varepsilon\right) \\ \beta_1 &= (\varepsilon - \delta) - (\varepsilon + \delta)\frac{\gamma}{\pi} \\ \beta_2 &= (\delta - \varepsilon) - (\varepsilon + \delta)\frac{\gamma}{\pi} + \pi \\ r_1 &= 4A(\cos\varepsilon)^{\lambda_1}(\cos\delta)^{\lambda_2} \\ r_2 &= 4A(\sin\varepsilon)^{\lambda_1}(\sin\delta)^{\lambda_2} \end{aligned} \tag{5.43}$$

弹性理论的边值问题归结为求解两个 ζ 平面单位圆外全纯的解析函数 $\varphi(\zeta)$, $\psi(\zeta)$. 由下述公式确定应力：

$$\left.\begin{aligned} &\sigma_x + \sigma_y = 4\mathrm{Re}[\varphi'(\zeta)/\omega'(\zeta)] \\ &\sigma_x + \sigma_y + 2\mathrm{i}\tau_{xy} = 2\left\{[\overline{\omega(\zeta)}/\omega'(\zeta)][\varphi'(\zeta)/\omega'(\zeta)]' + \psi'(\zeta)/\omega'(\zeta)\right\} \end{aligned}\right\} \tag{5.44}$$

$\varphi(\zeta)$, $\psi(\zeta)$ 满足如下边界条件：

$$\varphi^-(\sigma) + \frac{\omega(\sigma)}{\overline{\omega'(\sigma)}}\overline{\varphi'^-(\sigma)} + \overline{\psi'^-(\sigma)} = 0, \quad \sigma \in L \tag{5.45}$$

方程 (5.45) 中第二项在主裂纹顶端的映象 $\mathrm{e}^{\mathrm{i}\beta_1}$ 及分支裂纹顶端的映象 $\mathrm{e}^{\mathrm{i}\beta_2}$ 处有一阶极点的奇性. 为了避开这种奇性, 引入函数变换[6]：

$$\varphi_*(\zeta) = (\zeta - \mathrm{e}^{\mathrm{i}\beta_1})(\zeta - \mathrm{e}^{\mathrm{i}\beta_2})\varphi(\zeta) \tag{5.46}$$

经过冗长的推导, 得

$$\varphi(\zeta) = \varphi_0(\zeta) + \frac{1}{\gamma_2 - \gamma_1}\left\{\frac{f_0(\zeta) - f_0^-(\gamma_2)}{\zeta - \gamma_2} - \frac{f_0(\zeta) - f_0^-(\gamma_1)}{\zeta - \gamma_1}\right\} \tag{5.47}$$

式中, $\varphi_0(\zeta)$ 对应于无分支裂纹时的解答：

$$\varphi_0(\zeta) = \varGamma A\zeta + A_0 - \frac{A}{\zeta}(\overline{\varGamma} + \overline{\varGamma}') \tag{5.48}$$

$$f_0(\zeta) = \frac{1 - \mathrm{e}^{-2r\mathrm{i}}}{2\pi\mathrm{i}}\int_L \frac{\overline{\varphi'(\sigma)}(\sigma - \sigma_1)(\sigma - \sigma_2)}{\sigma(\sigma - \zeta)}\mathrm{d}\sigma \tag{5.49}$$

$$\gamma_1 = \mathrm{e}^{\mathrm{i}\beta_1}, \quad \gamma_2 = \mathrm{e}^{\mathrm{i}\beta_2}$$

方程 (5.47) 即是变换后的基本方程. 系数 Γ、Γ'、A_0 均由函数 $\varphi(\zeta)$、$\psi(\zeta)$ 在无穷远处的性质决定.

$\varphi(\zeta)$ 是单位圆外的全纯函数, 现在来研究函数 $\varphi(\zeta)$ 在单位圆上的性质. 先研究 $\varphi(\zeta)$ 在分支裂纹顶端的映象 γ_2 附近的性质. 众所周知, 原函数 $\varphi_1(z)$ 可以解析展开成下列级数:

$$\left.\begin{aligned}\varphi_1(z)&=\sum_{n=1}^{\infty}A_n(z-z_2)^{v_n}\\\varphi_1'(z)&=\sum_{n=1}^{\infty}v_nA_n(z-z_2)^{v_n-1},\quad v_n=\frac{n}{2}\end{aligned}\right\}\tag{5.50}$$

这个级数在 z_2 附近处处收敛 (z_2 点除外). 收敛域包括分支裂纹线. 注意到 $\omega'(\gamma_2)=0$, 有

$$z-z_2=\omega(\zeta)-\omega(\gamma_2)\doteq\frac{1}{2}\omega''(\gamma_2)(\zeta-\gamma_2)^2\tag{5.51}$$

$$\left.\begin{aligned}\varphi'(\zeta)&=\omega'(\zeta)\varphi_1'(z)=[(\zeta-\gamma_2)\omega''(\gamma_2)+O((\zeta-\gamma_2)^2)]\sum_{n=1}^{\infty}v_nA_n(z-z_2)^{v_n-1}\\\varphi'(\gamma_2)&=\frac{\omega''(\gamma_2)v_1A_1}{\sqrt{\omega''(\gamma_2)/2}}\end{aligned}\right\}\tag{5.52}$$

由此不难看出, 函数 $\varphi'(\zeta)$ 在 $\zeta=\gamma_2$ 处是正则的. 类似的可以证明 $\varphi'(\zeta)$ 在 $\zeta=\gamma_1$ 处也是正则的. 文献 [5] 进一步证明, 函数 $\varphi'(\zeta)$ 在 $\zeta=\sigma_1$ 有界, 而在 $\zeta=\sigma_2$ 处有弱奇性, 但公式 (5.49) 的被积函数在 σ_2 处是正则的. 因此下列罗朗级数, 在单位圆外及单位圆上 (除了 $\zeta=\sigma_2$ 点) 都是收敛的:

$$\left.\begin{aligned}\varphi(\zeta)&=\varphi_0(\zeta)+\sum_{n=1}^{\infty}g_n\zeta^{-n}\\\varphi'(\zeta)&=\varphi_0'(\zeta)+\sum_{n=1}^{\infty}(-n)g_n\zeta^{-n-1}\end{aligned}\right\}\tag{5.53}$$

将上式代入 (5.47) 式得

$$f_0(\zeta)=\frac{1-\mathrm{e}^{-2\gamma\mathrm{i}}}{2\pi\mathrm{i}}\sum_{n=1}^{\infty}(-n)\overline{g_n}P_{n+1}(\zeta)\tag{5.54}$$

$$\begin{aligned}P_n(\zeta)&=\int_{L_2}\frac{\sigma^n(\sigma-\sigma_1)(\sigma-\sigma_2)}{\sigma(\sigma-\zeta)}\mathrm{d}\sigma\\&=T_{n+1}(\zeta)-(\sigma_1+\sigma_2)T_n(\zeta)+\sigma_1\sigma_2T_{n-1}(\zeta)\end{aligned}\tag{5.55}$$

$$\left.\begin{aligned} & T_n(\zeta)=\int_{L_2}\frac{\sigma^n\mathrm{d}\sigma}{\sigma-\zeta}=\sum_{m=1}^{\infty}\alpha_{nm}\zeta^{-m} \\ & \alpha_{nm}=(\sigma_1^{n+m}-\sigma_2^{n+m})/(n+m),\quad m\geqslant 1,\quad n\geqslant 0 \end{aligned}\right\}\tag{5.56}$$

将 (5.55) 式代入 (5.47) 式得

$$\frac{1}{c_0}\sum_{n=1}^{\infty}g_n\zeta^{-n}+\sum_{n=1}^{\infty}n\overline{g_n}Q_{n+1}(\zeta)=Q_0^*(\zeta)\tag{5.57}$$

其中,

$$\left.\begin{aligned} & Q_n(\zeta)=\frac{P_n(\zeta)-P_n^-(\gamma_2)}{\zeta-\gamma_2}-\frac{P_n(\zeta)-P_n^-(\gamma_1)}{\zeta-\gamma_1} \\ & Q_n(\zeta)=\sum_{k=1}^{\infty}\rho_{nk}\zeta^{-k}\quad n\geqslant 0 \end{aligned}\right\}\tag{5.58}$$

$$\left.\begin{aligned} & c_0=\frac{1-\mathrm{e}^{-2r\mathrm{i}}}{2\pi\mathrm{i}(\gamma_2-\gamma_1)} \\ & \rho_{nk}=v_{n+1k}-(\sigma_1+\sigma_2)v_{nk}+\sigma_1\sigma_2v_{n-1k}, && n\geqslant 0 \\ & v_{nk}=\gamma_1^{k+n-1}\beta_{n+k}-\gamma_2^{k+n-1}\beta_{n+k}^*, && n+k\geqslant 1 \\ & \beta_n=\ln\frac{1-\sigma_2/\gamma_1}{1-\sigma_1/\gamma_1}+\sum_{m=1}^{n-1}[(\sigma_2/\gamma_1)^m-(\sigma_1/\gamma_1)^m]/m \\ & \beta_n^*=\ln\frac{1-\sigma_2/\gamma_2}{1-\sigma_2/\gamma_2}+\sum_{m=1}^{n-1}[(\sigma_2/\gamma_2)^m-(\sigma_1/\gamma_2)^m]/m, && m>1 \end{aligned}\right\}\tag{5.59}$$

又有

$$Q_0^*(\zeta)=\overline{\varGamma}AQ_0(\zeta)+A(\varGamma+\varGamma')Q_2(\zeta)\tag{5.60a}$$

$$v_{n1}=v_{\overline{1}1}=\left(\frac{1}{\gamma_1}-\frac{1}{\gamma_2}\right)\ln\frac{\sigma_1}{\sigma_2}+\frac{1}{\gamma_1}\ln\frac{1-\sigma_2/\gamma_1}{1-\sigma_1/\gamma_1}-\frac{1}{\gamma_2}\ln\frac{1-\sigma_2/\gamma_2}{1-\sigma_1/\gamma_2},\quad n=-1\tag{5.60b}$$

将方程 (5.57) 两边依罗朗级数展开, 并比起两边系数得到下列确定系数 g_n 的线性代数方程:

$$\left.\begin{aligned} & \frac{1}{c_0}g_m+\sum_{n=1}^{\infty}n\overline{g_n}\rho_{n+1m}=c_m, && m=1,2,\cdots \\ & c_m=\overline{\varGamma}A\rho_{0m}+(\varGamma+\varGamma')A\rho_{2m}, && m=1,2,\cdots \end{aligned}\right\}\tag{5.61}$$

由方程 (5.61) 求得系数 g_m, 然后代回方程 (5.54) 求得 $\varphi'(r_1)$ 和 $\varphi'^-(r_2)$. 再由下述公式求得分支裂纹及主裂纹顶端的应力强度因子:

$$(K_{\mathrm{I}}-\mathrm{i}K_{\mathrm{II}})_B=\frac{2\sqrt{\pi}\varphi'^-(\gamma_2)}{\sqrt{\mathrm{e}^{\pi\lambda_1\mathrm{i}}\omega''(\gamma_2)}}\tag{5.62}$$

$$(K_{\rm I}-{\rm i}K_{\rm II})_A=\frac{2\sqrt{\pi}\varphi'^{-}(\gamma_1)}{\sqrt{\omega''(\gamma_1)}} \tag{5.63}$$

表 5.3 列出了部分计算结果, 这些结果与文献 [8], [9] 的结果一致. 表中 T 为无穷远处拉伸应力, S 为无穷远处剪切应力.

表 5.3 $r_2^*=1$, $r_2^*=r_2/r_1$

$T=1$	$K_{\rm I}^A$	$K_{\rm II}^A$	$K_{\rm I}^B$	$K_{\rm II}^B$
$\gamma=30°$	1.693(1.693)	0.0432(0.0407)	1.360(1.357)	−0.853(−0.853)
$\gamma=45°$	1.618(1.613)	0.0272(0.0261)	0.930(0.932)	−1.045(−1.050)
$S=1$				
$\gamma=30°$	0.205(0.198)	1.795(1.797)	1.358(1.361)	1.011(1.016)
$\gamma=45°$	0.238(0.245)	1.789(1.800)	1.615(1.606)	0.246(0.247)

注：圆括号内列出的是文献 [8] 的结果

需要指出的是文献 [5], [6] 及文献 [8], [9] 的方法只适合于分支裂纹为有限长度的情况, 而不适合于分支裂纹长度趋于零的极限情况.

5.4 能量释放率准则

已有不少作者[10,11,12] 分析过能量释放率准则.1978 年 Lo[10] 提出的分析方法得到了广泛公认. 本节着重介绍 Lo 的工作.

考察图 5.5 所示的分支裂纹. 分支裂纹的长度为 l, 主裂纹的长度为 $2a$. 将分支裂纹看作是连续分布的位错. 先分析单个刃型位错与主裂纹的交互作用 (如图 5.10 所示).

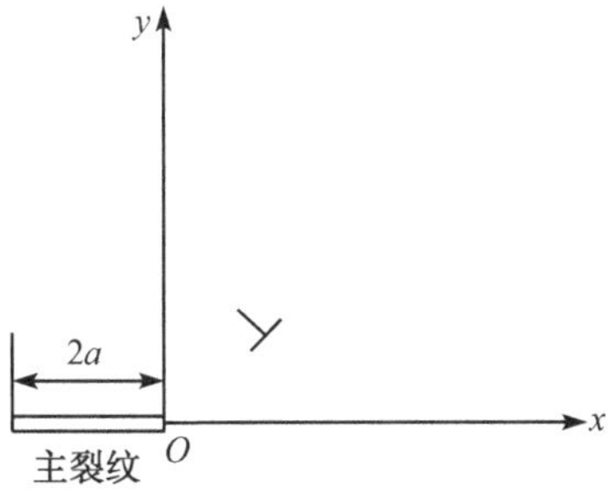

图 5.10 裂纹与位错交互作用

无限大平面中的刃型位错所产生的应力应变场可用复势 $\varPhi_0(z)$、$\varOmega_0(z)$ 来表述:

$$\left.\begin{aligned}\varPhi_0(z)&=\frac{B}{z-s}\\ \overline{\varOmega}_0(z)&=\frac{\overline{B}}{z-s}+\frac{B(\bar{s}-s)}{(z-s)^2}\\ B&=\frac{\mu}{\pi{\rm i}(\kappa+1)}(b_x+{\rm i}b_y)\end{aligned}\right\} \tag{5.64}$$

$$\left.\begin{aligned}\sigma_x+\sigma_y&=2[\varPhi_0(z)+\overline{\varPhi_0(z)}]\\ \sigma_y-{\rm i}\tau_{xy}&=\varPhi_0(z)+\varOmega_0(\bar{z})+(z-\bar{z})\overline{\varPhi_0'(z)}\end{aligned}\right\}$$

式中, s 是刃型位错所在位置, 而函数 $\bar{\Omega}_0(z)$ 为

$$\bar{\Omega}_0(z) = \Phi_0(z) + z\Phi_0'(z) + \Psi_0(z) \tag{5.65}$$

复变量函数 $\Phi(z)$, $\Psi(z)$ 是 Muskhelishvili[20] 引入的.

设想由于主裂纹的存在, 位错与主裂纹的交互作用产生的附加弹性场可以用 $\Phi_R(z)$, $\Omega_R(z)$ 描述. 那么总的复势函数为

$$\left.\begin{aligned} \Phi(z) &= \Phi_0(z) + \Phi_R(z) \\ \Omega(z) &= \Omega_0(z) + \Omega_R(z) \end{aligned}\right\} \tag{5.66}$$

参照 3.2 节, 有

$$\Phi_R(z) = \Omega_R(z) = \frac{-X(z)}{2\pi\mathrm{i}}\int_L \frac{p(t)\mathrm{d}t}{X^+(t)(t-z)} + c_1 X(z) \tag{5.67}$$

式中, $p(t)$ 是刃型位错在裂纹面上所产生的面力:

$$X(z) = \frac{1}{\sqrt{z(z+2a)}}$$

分区全纯函数 $X(z)$ 带有割痕 L, 这里取如下分支:

$$\lim_{z\to\infty} zX(z) = 1$$

又有

$$p(t) = (\sigma_y - \mathrm{i}\tau_{xy})_0 = \Phi_0^+(t) + \bar{\Omega}_0^-(t) = \frac{B}{t-s} + \frac{B}{t-\bar{s}} + \frac{\bar{B}(s-\bar{s})}{(t-\bar{s})^2}$$

将上式代入 (5.67) 式积分后得

$$\Phi_R(z) = \Omega_R(z) = -[BF(z,\ s) + BF(z,\ \bar{s}) + \bar{B}(s-\bar{s})G(z,\ \bar{s})] \tag{5.68}$$

式中,

$$\left.\begin{aligned} F(z,s) &= \frac{1}{2}\left[1 - \frac{X(z)}{X(s)}\right]\Big/(z-s) \\ G(z,\ \bar{s}) &= \frac{\partial}{\partial s}F(z,\ s) \end{aligned}\right\} \tag{5.69}$$

(5.67) 式中的待定系数 c_1 可以根据位移单值条件来确定, $c_1 = 0$.

考虑分支裂纹长度无限小的情况, 有 $l/a \to 0$, 主裂纹可以看作是半无限裂纹, 此时:

$$\left.\begin{aligned} X(z) &= \frac{1}{\sqrt{z}} \\ F(z,s) &= \frac{1}{\sqrt{z}(\sqrt{z}+\sqrt{s})} = \left(1 - \sqrt{\frac{s}{z}}\right)\Big/(z-s) \\ G(z,\bar{s}) &= -\frac{1}{\sqrt{z}\sqrt{\bar{s}}(\sqrt{z}+\sqrt{\bar{s}})^2} \end{aligned}\right\} \tag{5.70}$$

现在考察半无限裂纹尖端的分支裂纹, 将分支裂纹看作是连续分布刃型位错, 此时有

$$\Phi(z)=\int_0^l \frac{B(r)\mathrm{d}r}{z-r\mathrm{e}^{\mathrm{i}\theta}}+\int_0^l \Phi_R(z;s,B)\mathrm{d}r \tag{5.71}$$

$$\Omega(z)=\int_0^l \frac{B(r)\mathrm{d}r}{z-r\mathrm{e}^{-\mathrm{i}\theta}}+\int_0^l \frac{\bar{B}(r)(s-\bar{s})\mathrm{d}r}{(z-r\mathrm{e}^{\mathrm{i}\theta})^2}+\int_0^l \Phi_R(z;\ s,\ B)\mathrm{d}r \tag{5.72}$$

式中, $s=r\mathrm{e}^{\mathrm{i}\theta}$.

在分支裂纹面上, 面力为零, 由此得

$$2\int_0^l \frac{B(\eta)\mathrm{e}^{\mathrm{i}\theta}\mathrm{d}\eta}{t-\eta}+\int_0^l k(t,\ \eta;\ B(\eta))\mathrm{e}^{\mathrm{i}\theta}\mathrm{d}\eta+\sigma_\theta^{(0)}-\mathrm{i}\tau_{r\theta}^{(0)}=0 \tag{5.73}$$

式中, $\sigma_\theta^{(0)}-\mathrm{i}\tau_{r\theta}^{(0)}$ 是外加载荷在分支裂纹上所产生的面力. 对于给定的 $\sigma_\theta^{(0)}$ 和 $\tau_{r\theta}^{(0)}$, 方程 (5.73) 提供了求解 $B(\eta)$ (位错密度分布函数) 的定解方程.

Lo[10] 分析了分支裂纹长度为有限的情况, 所得分支裂纹尖端应力强度因子结果与文献 [8], [9] 一致. 而对 $l/a\to 0$ 的情况, 所得结果与文献 [11] 一致.

方程 (5.73) 中的积分核 $k(t,\eta;B)$ 为

$$k(t,\eta;B)=\Phi_R(z)+\mathrm{e}^{\mathrm{i}\theta}[\Phi_R(\bar{z})-\overline{\Phi_R(z)}+(z-\bar{z})\overline{\Phi_R'(z)}] \tag{5.74}$$

式中, $\Phi_R(z)$ 是在 $s=l\eta\mathrm{e}^{\mathrm{i}\theta}$ 处的刃型位错所对应的复势函数; $z=lt\mathrm{e}^{\mathrm{i}\theta}$.

5.5　复合型裂纹脆断试验

(1) K_I-K_II 复合型试验

斜裂纹单轴拉伸试样

这是一种常用的试样, 如图 5.11(a) 所示, 当裂纹与加载方向之间的角度 β 从 $\pi/2$ 变化到接近于零时, 可使 $K_\mathrm{II}/K_\mathrm{I}$ 值在很大范围内变化. 因此用这种试样做 K_I-K_II 复合型实验是比较合适的. 但是用这种试样进行实验时, 为了预制合格的尖裂纹, 要求预制裂纹载荷和裂纹方向垂直, 使裂纹顶端造成纯 K_I 的变形状态, 这样引发的裂纹就能保证沿着切口延伸线发展. 否则引发的裂纹会歪斜, 偏离切口延伸线. 为此可按图 5.12 所示的两种方法设计试样, 先在图示的大试件上预制疲劳裂纹后, 再如图所示切取中心斜裂纹试样.

为了尽可能减小预制疲劳裂纹时所需的疲劳载荷, 大试样两侧的削弱孔要尽可能接近于以后要切取的中心斜裂纹试样.

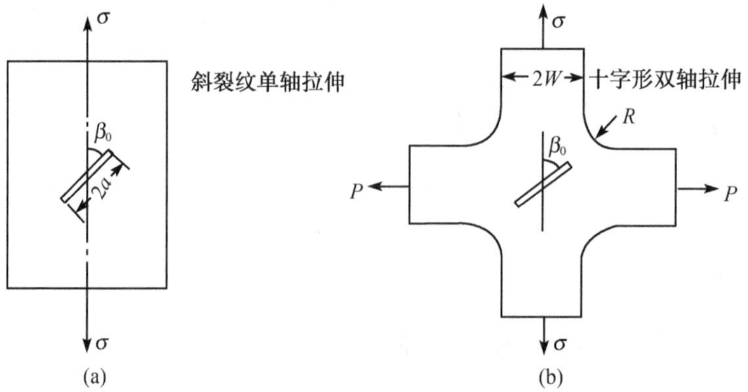

图 5.11　斜裂纹拉伸试样

(a) 斜裂纹单轴拉伸；(b) 斜裂纹双轴拉伸

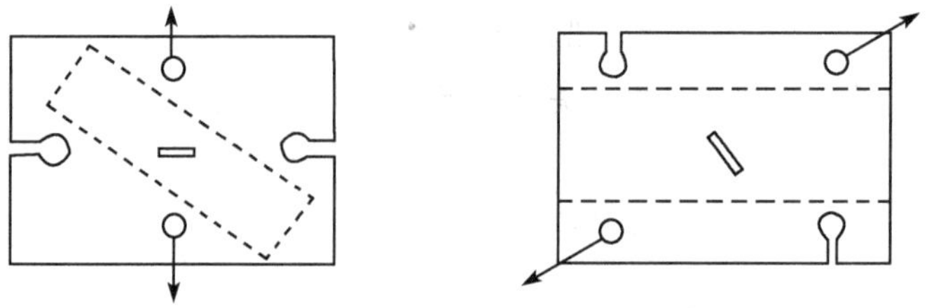

图 5.12　斜裂纹单轴拉伸试样的制作

这种试样的优点是 K_{I}、K_{II} 容易计算, 当试样足够宽时, 自由边界的影响可忽略, 此时有

$$K_{\mathrm{I}} = \sigma\sqrt{\pi a}\sin^2\beta, \quad K_{\mathrm{II}} = \sigma\sqrt{\pi a}\sin\beta\cos\beta$$

这种试样的缺点是比较费料, 而且需要高吨位的疲劳试验机. 当 β 接近于零时, K_{I} 和 K_{II} 都很小, 要拉断试样, 尤其需要高吨位的试验机.

斜裂纹双轴拉伸试样

如图 5.11(b) 所示, 为了便于施加双轴载荷, 将试样制作成十字形. 双轴载荷的比值 P_x/P_y 可以依照需要进行调节. 这种试样的特点是可以直接在试样上预制疲劳裂纹, 预制疲劳裂纹时, 令 $P_x = P_y$, 这样在试样中心造成三轴张力状态. 在斜裂纹顶端造成纯 K_{I} 的变形状态, 确保引发的裂纹沿着切口延伸线.

三点弯曲偏裂纹试样

高桦等[15] 建议了一种相当方便的 K_{I}-K_{II} 复合型试样, 也就是三点弯曲偏裂纹试样 (图 5.2 (b) 所示). 当裂纹位置居中时, 试件的几何和载荷条件对称, $K_{\mathrm{II}} = 0$, 此即常用的三点弯曲 K_{IC} 试样. 当裂纹向支座移动时, 随着 s_1 增大, K_{I} 逐渐减小, $K_{\mathrm{II}}/K_{\mathrm{I}}$ 比值增大.

这种试样预制裂纹比较简单, 只需将支座按图 5.2 (a) 方式布置, 即可预制直裂纹. 为了得到较高的 $K_{\mathrm{II}}/K_{\mathrm{I}}$, 应采用 $s/w = 3 \sim 2$ 的短跨试样. 这种试样的缺点是 K_{I}、K_{II} 的标定公式要通过边界配置法或有限元方法得到.

四点加载剪切试样

高桦等[15] 设计了另一种比较简单的 K_{I}-K_{II} 复合型试样 (图 5.2 (e) 所示). 当裂纹居中时, 裂纹所在断面弯矩为零, 剪力不为零. 此时, $K_{\mathrm{I}} = 0$, $K_{\mathrm{II}} \neq 0$, 因此是纯 K_{II} 变形状态. 当裂纹偏离加载合力线时, 裂纹所在断面弯矩和剪力均不为零, 就得到 K_{I}-K_{II} 均不为零的复合型试样. 这种试样的优点是能得到比值 $K_{\mathrm{II}}/K_{\mathrm{I}}$ 相当高的值. 这种试样的缺点同样是 K_{I}、K_{II} 的标定公式需要专门计算.

圆弧形裂纹试样

文献 [17] 设计了圆弧形裂纹试样 (图 5.13) 无穷远处受均匀应力作用. 当 $\eta = 79.6°$, 可以证明 $K_{\mathrm{I}} = 0$, $K_{\mathrm{II}} \neq 0$. 这样得到纯 K_{II} 变形状态. 但是这种试样预制裂纹困难, 文献 [17] 用 0.05 mm 厚的钢箔制作试件, 用薄刀片切出圆弧形细切口, 不另行预制裂纹.

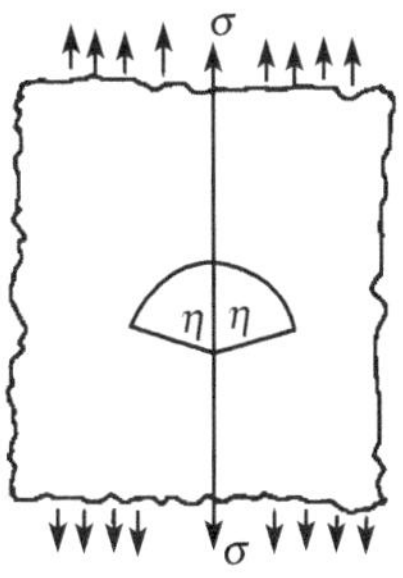

图 5.13　圆弧形裂纹

对于金属材料, 较好的纯 K_{II} 型试样是中心裂纹的纯剪试样及受扭转载荷作用的含穿透裂纹的薄壁圆管试样.

裂纹滑开位移测定

在通常的 K_{IC} 测定试验中, 用夹式引伸仪测量裂纹嘴的张开位移. 在进行复合型裂纹脆断试验时, 由于裂纹面产生相对滑开位移, 当载荷增大时, 滑开位移相应增大, 安装在裂纹嘴上的夹式引伸仪即行脱落. 所以, 试验改用夹式引伸仪测量裂纹面的滑开位移, 刀口片的贴法和引伸仪夹持法如图 5.14 所示. 用函数记录仪自动记录载荷和裂纹面滑开位移信息, 借以判断线性脆断条件是否满足. 图 5.15 画出了实验记录曲线示意图.

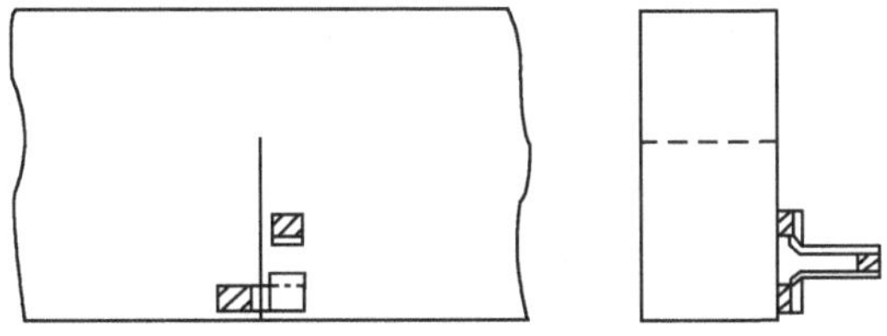

图 5.14　刀口片贴法和夹式引伸仪安装示意图

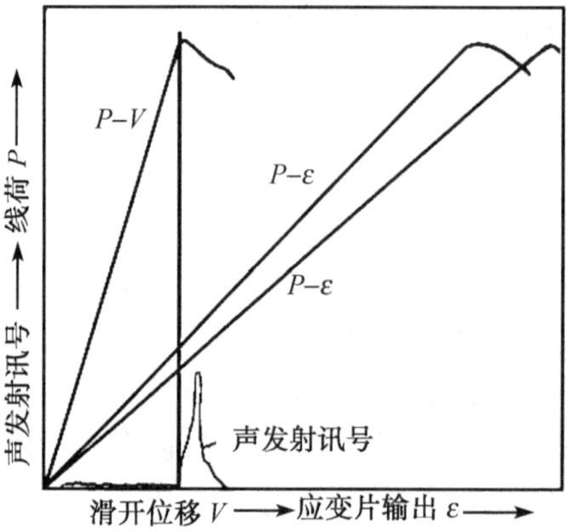

图 5.15　实验记录曲线示意图

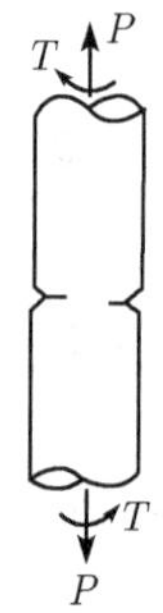

图 5.16 含周向裂纹圆轴受拉伸和扭矩作用

(2) K_{I}-K_{III} 复合型试验

常用的试样是受拉扭复合载荷作用的周向切口的圆棒试样 (图 5.16). 这时拉力 P 在裂纹顶端只产生 K_{I}, 扭矩 T 在裂纹顶端只产生 K_{III}. 因此, 适当的调节 P 与 T 的比例就可达到预定的 K_{I} 与 K_{III} 之比. 在预制疲劳裂纹时, 为保证裂纹沿周向深度一致, 要求试样表面及切口前沿有很好的同心度, 另外要求加载线很好的对中.

5.6　理论与实验比较

(1) 理想脆性材料复合型裂纹脆性断裂

为了检验各种理论是否可靠, 20 世纪 60 年代以来做了大量的复合型裂纹脆断的实验工作. 文献 [1] 提供了树脂玻璃的实验数据. 试件的名义尺寸为 9in×18in $\times\dfrac{3}{16}$in, 带有长度约为 2in 的中心斜裂纹. 裂纹角 β 以 30° 变到 80°, 泊松系数 $\nu = 1/3$. 开裂角的试验结果列于表 5.1.

从这组试验数据来看, 已有的理论在预计开裂角方面是比较成功的. 但是实验给出的开裂载荷比理论预计的高很多, 这一方面是由于试样未预制尖裂纹, 而用细长切口代替尖裂纹, 因而使开裂载荷升高; 另一方面, 由于试样很薄, 平面应变条件未必满足, 这也可能使开裂载荷升高.

70 年代 Palaniswamy[11] 及 Williams 和 Ewing[21] 各自完成了系统的复合型裂纹脆断实验. 前者用的是膨胀聚氨酯合成橡胶, 后者用的是有机玻璃 PMMA. 采用中心斜裂纹单轴拉伸试样, 后者实验结果及其与现有理论的比较类似于图 5.7. 这些实验结果清楚地表明, 对于理想的脆性材料, 现有各种理论在预计开裂角及开裂载荷方面都是成功的.

Ueda 等人[13,14] 提供了另一组细致的实验. 对于有机玻璃的复合型裂纹试样的开裂载荷及初始裂纹扩展方向都作了可靠的测定. 采用十字形双轴拉伸试样及单轴斜裂纹试样. 对 PMMA 材料, 图 5.17 画出了实测开裂角与裂纹角 β 的关系, 同时画出了几种理论的计算结果. 图中空心小圆表示实测结果. 从图 5.17 不难看出理论预计的开裂角与实测结果相符. 但当 β 小于 20° 时, 实测的开裂角比理论预计的要高.

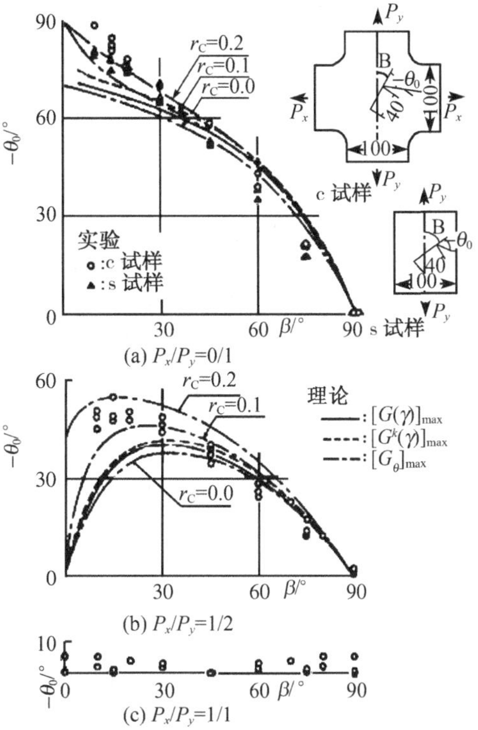

图 5.17 裂纹起始扩展的方向 (PMMA)[13]

图 5.18 画出了实测的无量纲临界载荷 $(\sigma_{cr})_\beta/(\sigma_{cr})_{\pi/2}$ 与裂纹角 β 之间的关系. 当 $\beta > 20°$ 时, 实测结果与三种理论相符; 当 $\beta < 20°$ 时, 实测结果与能量释放率准则相符. 图中 $G^k(\gamma)$ 是依照公式 (5.35) 算得的能量释放率准则, $G(\gamma)$ 是 Ueda 等[14] 提出的近似能量释放率准则.

图 5.17 和图 5.18 显示了双轴应力状态对开裂角与开裂载荷的影响. 对 $P_x/P_y = 1/2$ 的情况, 当 $\beta \leqslant 30°$ 时, 开裂角的实测值明显偏离三种理论与修正的最大正应力准则相符.

以上的结果都是对于理想脆性材料的 $K_{\rm I}$ 和 $K_{\rm II}$ 复合型裂纹. 表 5.4 列出了理

想脆性材料 (PMMA) 纯 II 型试验的实验结果与理论的比较.

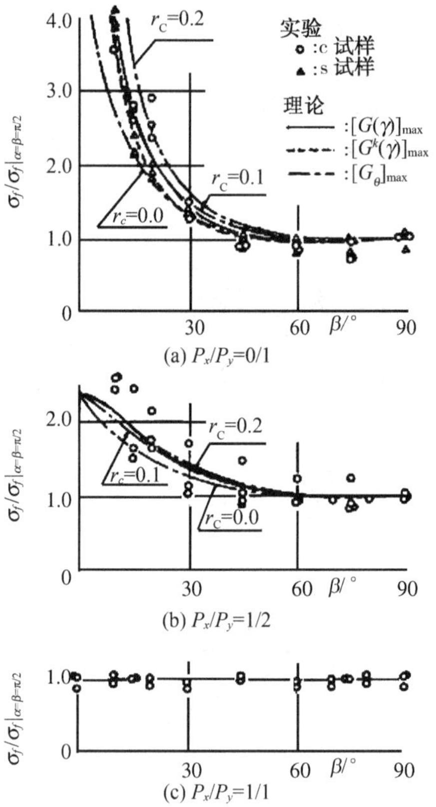

(a) P_x/P_y=0/1

(b) P_x/P_y=1/2

(c) P_x/P_y=1/1

图 5.18　斜裂纹双轴拉伸断裂载荷 (PMMA)[13]

对于纯 K_{III} 试验, 两种能量释放率准则 $G^k(\gamma)$ 和 $G(\gamma)$ 都预示 $\theta_0=-\gamma_0=0°$, $K_{\mathrm{IIIC}}=\sqrt{1-\nu}K_{\mathrm{IC}}$. 若取 $\nu=0.35$, $K_{\mathrm{IIIC}}=0.78K_{\mathrm{IC}}$, 实测结果为[13]

$$K_{\mathrm{IIIC}}=(0.93\sim1.04)K_{\mathrm{IC}}$$

表 5.4　PMMA 材料纯 II 型试验结果与理论比较

	准则或试样形式	$-\theta/°$	$K_{\mathrm{IIC}}/K_{\mathrm{IC}}$
理论	$\max(\sigma_\theta), r=r_0$	70.5	0.87
理论	$\max(\sigma_\theta), w=w_0(v=0.3)$	76.5	0.87
理论	$\min(S), r=r_0$	82.3	0.96
理论	$\max G(\gamma)$	76.2	0.72
实验[13]	含曲线裂纹板	82	0.91
实验[13]	含边界裂纹梁	70.5	0.76

(2) 弹塑性材料的复合型裂纹脆性断裂

对于金属材料, 复合型裂纹脆性断裂的规律与理想脆性材料并不相同, 这一点值得我们注意. 就开裂角而言, 理论预计与实测结果是大体一致的. 图 5.19 画出了软钢 SM41 制成的单轴拉伸中心斜裂纹试样和双轴拉伸十字形中心斜裂纹试样上得到的试验结果[13], 实线表示了 $\max G(\gamma)$ 准则预计的结果. 高桦等[15] 采用 3 点弯曲偏裂纹试样和 4 点剪切试样, 完成了 GC-4 超高强钢、$30Cr_2MoV$ 中强度转子钢和稀土球墨铸铁的复合型裂纹脆断试验, 裂纹起始扩展的开裂角 θ_0 与 K_{II}/K_I 比值之间的关系表示在图 5.20 上, 图中 $\beta_0 = \arctan(K_I/K_{II})$. 空心、实心和带杠的小圆表示实验结果.

文献 [13] 与 [15] 试验包含了 4 种不同的金属和 4 种不同类型的试样几何, 对于开裂角都显示出实测结果与理论计算较好的一致.Pook[16] 和 Shah[18] 的试验结果也符合这一结论. 但是对于开裂载荷, 实测的结果却明显地高于理论预计.

Ueda 等[13] 认为当裂纹角 $\beta = 45°$ 时, 理论与实测的差别达到最大. 为了考察这种差别, 可以分析图 5.21. 值 G_{cr}/G_{IC} (G_f/G_C) 表示了无量纲的临界能量释放率, 它随着 K_{II} 的增大迅速增大. 当 $\beta = 45°$ 时, $K_{II}/\sigma\sqrt{\pi a} = 0.5$, G_{cr}/G_{IC} 的平均

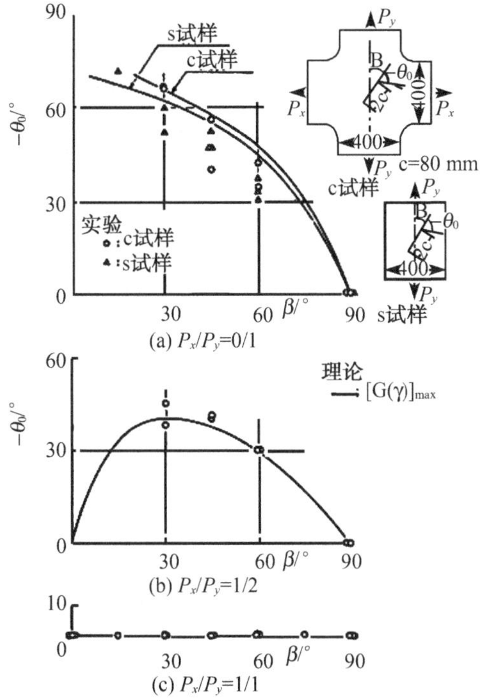

图 5.19　斜裂纹双轴拉伸, 裂纹起始扩展方向 (SM41)[13]

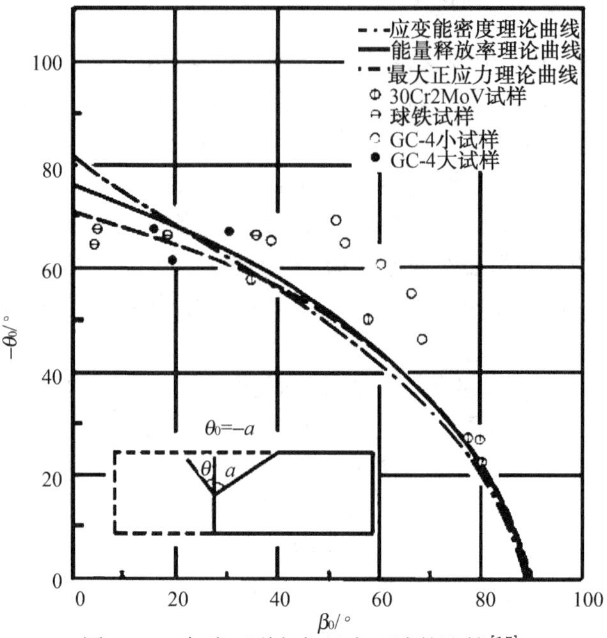

图 5.20　实验开裂角与现有理论的比较[15]

值大于 3.0. 作为对比, 理想脆性材料 PMMA 的结果也画在图 5.21 上. 显然对这种材料, 无量纲的临界能量释放率并不随 $K_{\rm II}/\sigma\sqrt{\pi a}$ 的变化而变化.

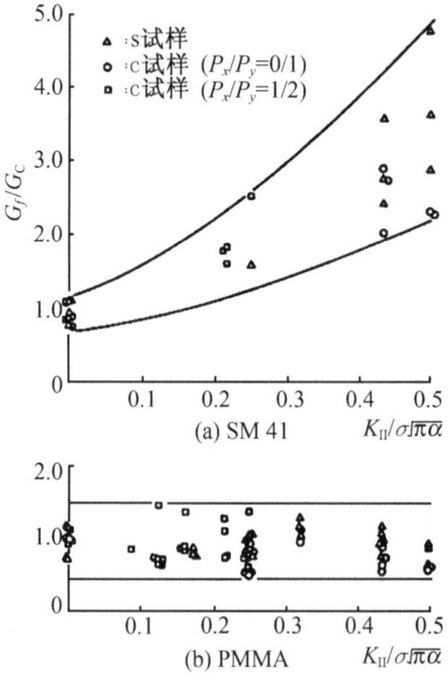

图 5.21　临界能量释放率随 $K_{\rm II}/\sigma\sqrt{\pi\alpha}$ 的变化[13]

高桦等[15] 的实验也揭示了这个重要的特性. 图 5.22 画出了裂纹失稳扩展时的 $K_{\rm I}$、$K_{\rm II}$ 实验值与现有理论的比较. 随着比值 $K_{\rm II}/K_{\rm I}$ 的增加. $K_{{\rm II}f}/K_{\rm IC}$ 的比值也不断增加. 如对于 GC-4 材料, 在 $K_{\rm II}/K_{\rm I}=3.0$ 时, $K_{{\rm II}f}/K_{\rm IC}=1.54$; $30{\rm Cr_2MoV}$ 中强钢 $K_{\rm II}/K_{\rm I}=1.66$ 时, $K_{{\rm II}f}/K_{\rm IC}=1.6$; 稀土球铁, 在 $K_{\rm II}/K_{\rm I}=3.8$ 时, $K_{{\rm II}f}/K_{\rm IC}=2.0$.

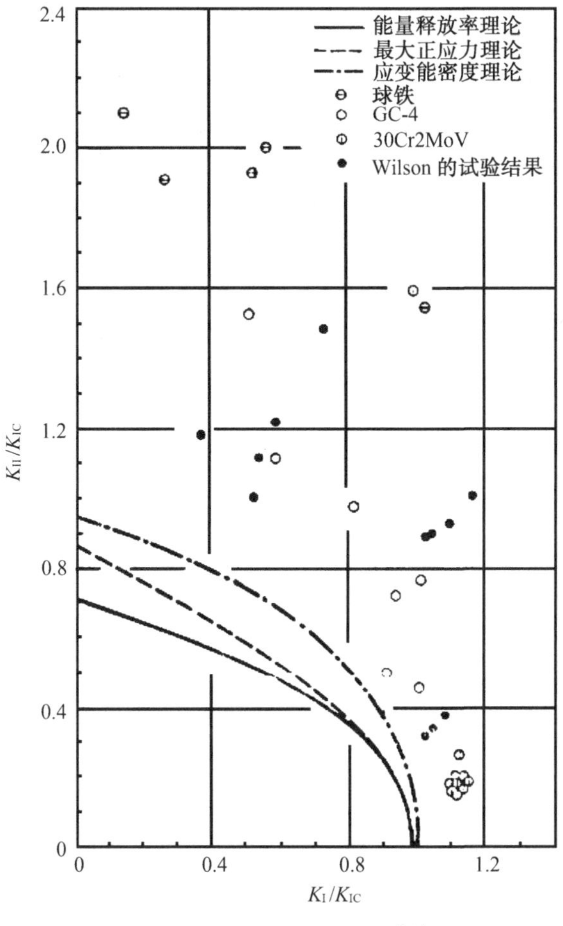

图 5.22 复合型裂纹脆断时 $K_{\rm I}$、$K_{\rm II}$ 实验值[15] 与现有理论的比较

金属材料复合型裂纹脆断的另一个特性是实验的分散度较大. 不同材料显示出不同的裂纹扩展阻力曲线, 而对同一种材料, 实验也显示出很大的分散度.

应该指出早期的实验, 并未揭示这些特性, 因此, 关于金属材料复合型裂纹脆断实验与理论是一个值得进一步研究的课题. 在这个领域内, 有些基本规律尚待认真而细致的探索.

5.7 塑性变形对金属材料复合型裂纹脆性断裂的影响

金属材料的复合型裂纹脆断实验结果与现有理论不符, 其根本原因在于: 现有线弹性理论只是从不同角度分析计算了裂纹扩展力, 而对复合裂纹扩展阻力却都简单的假定, 它就等于该种材料的纯 I 型裂纹扩展阻力 K_{IC}, 即认为复合型裂纹扩展阻力与变形特征无关, 这个假定对理想脆性材料是正确的. 因为这种材料的裂纹扩展阻力, 就像 Griffith 认为那样, 决定于形成新裂纹面的表面能, 而表面能自然不会因 $K_{\mathrm{II}}/K_{\mathrm{I}}$ 而变. 但是对于金属材料, 裂纹扩展阻力主要取决于裂纹增加单位面积所消耗的塑性功, 而塑性功, 无疑地应该与塑性区大小、塑性区内的应力应变特征以及材料特性有关. 对于裂纹扩展阻力的分析, 应该通过微观机制的研究结合弹塑性断裂分析得到. 目前这方面的研究尚不成熟, 所以还不能以理论上预计材料的裂纹扩展阻力, 而只能通过实验测定.

关于塑性区大小与形状, 文献 [15] 从线弹性理论出发, 给出了一个初步估计.

纯 I 型裂纹

平面应变:

$$r_{\mathrm{p}}(\theta)=\frac{K_{\mathrm{I}}^2}{4\pi\sigma_{ys}^2}\left[\frac{3}{2}\sin^2\theta+(1-2\nu)^2(1+\cos\theta)\right] \tag{5.75}$$

平面应力:

$$r_{\mathrm{p}}(\theta)=\frac{K_{\mathrm{I}}^2}{4\pi\sigma_{ys}^2}\left(1+\frac{3}{2}\sin^2\theta+\cos\theta\right) \tag{5.76}$$

纯 II 型裂纹

平面应变:

$$r_{\mathrm{p}}(\theta)=\frac{K_{\mathrm{II}}^2}{4\pi\sigma_{ys}^2}\left[3\cos^2\frac{\theta}{2}(3\cos\theta-1)+8(1-\nu+\nu^2)\sin^2\frac{\theta}{2}\right] \tag{5.77}$$

平面应力:

$$r_{\mathrm{p}}(\theta)=\frac{K_{\mathrm{II}}^2}{4\pi\sigma_{ys}^2}\left[2(2+\cos\theta)(3\cos\theta-1)^2+3\sin^2\theta(3\cos\theta+1)\right] \tag{5.78}$$

图 5.23 画出了 I 型裂纹和纯 II 型裂纹的塑性区形状和大小.

对于 I 型裂纹, 在开裂方向 $(\theta=0°)$, 塑性区尺寸为

$$(r_{\mathrm{p}}^*)_{\mathrm{I}}=\frac{K_{\mathrm{I}}^2}{4\pi\sigma_{ys}^2}2(1-2\nu)^2,\quad 平面应变$$

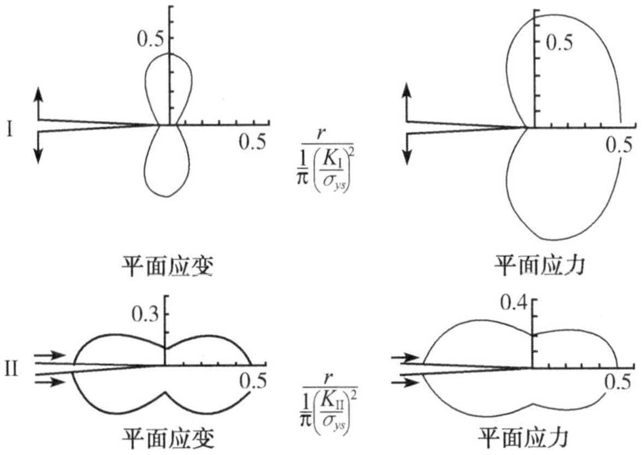

图 5.23 I、II 型裂纹顶端塑性区

对于 II 型裂纹, 在开裂方向 ($\theta = -70.5°$), 塑性区尺寸为

$$(r_{\rm p}^*)_{\rm II} = \frac{K_{\rm II}^2}{4\pi\sigma_{ys}^2}\frac{8}{3}(1-\nu+\nu^2)$$

对于相同的应力强度因子水平 ($K_{\rm I} = K_{\rm II}$) 有

$$\frac{(r_{\rm p}^*)_{\rm II}}{(r_{\rm p}^*)_{\rm I}} = \frac{4(1-\nu+\nu^2)}{3(1-2\nu)^2} = 9.33, \quad 对 \quad \nu = 1/3 \tag{5.79}$$

由上式可见, 如果 $K_{\rm IIC} = K_{\rm IC}$, 则在开裂方向上, II 型裂纹顶端的塑性区尺寸要比 I 型裂纹顶端的塑性区尺寸约大一个数量级. 更何况实验表明, 金属材料的 $K_{\rm IIC}$ 常常大于 $K_{\rm IC}$, 因此破断时在开裂方向上 I、II 型裂纹顶端塑性区尺寸差别将更大.

现在进一步考察复合型裂纹顶端, 开裂方向上的应力状态, 暂且用弹塑性边界处的应力状态近似地描述它 $\left(假定\ \nu = 1/3\right)$.

对于 I 型裂纹, 有

$$\left.\begin{aligned} &\theta = 0, \quad \tau_{r\theta} = 0, \quad \sigma_z = \nu(\sigma_r + \sigma_\theta) \\ &\sigma_r = \sigma_\theta = \frac{K_{\rm I}}{\sqrt{2\pi(r_p^*)_{\rm I}}} = \frac{\sigma_{ys}}{1-2\nu} = 3\sigma_{ys} \end{aligned}\right\} \tag{5.80}$$

$$\sigma = \frac{1}{3}(\sigma_r + \sigma_\theta + \sigma_z) = \frac{2(1+\nu)}{3(1-2\nu)}\sigma_{ys} = 2.67\sigma_{ys} \tag{5.81}$$

对于 II 型裂纹, 有

$$\left.\begin{aligned} &\theta = -70.5°, \quad \tau_{r\theta} = \sigma_r = 0 \\ &\sigma_\theta = \frac{\sigma_{ys}}{\sqrt{1-\nu+\nu^2}} = 1.13\sigma_{ys} \end{aligned}\right\} \tag{5.82}$$

$$\sigma = \frac{1}{3}(1+\nu)\,\sigma_\theta = 0.504\sigma_{ys} \tag{5.83}$$

由 (5.81) 式和 (5.83) 式, 不难看出, 纯 I 型裂纹顶端在开裂方向上的三轴张力 σ 是屈服强度的 2.67 倍. 而纯 II 型裂纹顶端在开裂方向上三轴张力 σ 仅为屈服强度的一半. 众所周知, 三轴张力对于脆断起着重要作用, 因此 II 型裂纹脆断将比 I 型裂纹困难得多.

以上的分析均系根据线弹性理论得出的, 因此只是一种初步的定性分析.

王自强和 Miller[19] 对这个问题进行了有限元的弹塑性分析, 采用既考虑几何非线性又考虑物理非线性的塑性大变形基本方程以及 8 节点等参元公式, 可以对复合型裂纹的弹塑性应力应变场进行有效的分析. 具体的计算是针对文献 [15] 所提出的 3 点弯曲和 4 点剪切复合型裂纹脆断试验进行的.

对于超高强钢 GC-4 的试验结果列于表 5.5 上, 表中 $K_{\mathrm{I}f}$、$K_{\mathrm{II}f}$ 表示脆断时的应力强度因子①. 而 K_{IC}^* 表示沿着开裂方向的临界应力强度因子, 依照弹性的最大正应力准则, 沿开裂方向有

$$\left\{\begin{aligned} K_{\mathrm{I}}^* &= \lim_{r\to 0}\sqrt{2\pi r}\,(\sigma_\theta)_{\theta=\theta_0} = \left(K_{\mathrm{I}} - 3\tan\frac{\theta_0}{2}K_{\mathrm{II}}\right)\cos^3\left(\frac{\theta_0}{2}\right) \\ K_{\mathrm{II}}^* &= \lim\sqrt{2\pi r}(\,\tau_{r\theta})_{\theta=\theta_0} = 0 \end{aligned}\right. \tag{5.84}$$

表 5.5 高强钢 GC-4 的实验结果

试样编号	W/mm	B/mm	a/mm	s/mm	s_0/mm	s_1/mm	s_2/mm	s_3/mm	s_4/mm	P_{cr}/kN	α	K_{IC}/MPa$\sqrt{\mathrm{m}}$	$\frac{K_{\mathrm{I}f}}{K_{\mathrm{IC}}}$	$\frac{K_{\mathrm{II}f}}{K_{\mathrm{IC}}}$	$\frac{K_{\mathrm{IC}}^*}{K_{\mathrm{IC}}}$
1	26.7	20.4	14.1	78	27.5					53.9	45.7°	47.6	0.899	0.340	1.04
2	26.7	20.8	13.9	78	29.0					74.5	54.5°	46.9	1.04	0.457	1.23
3	26.7	20.8	15.4	78	33.5					127	63.5°	49.4	1.06	0.77	1.53
4	63.1	18.1	34.3		7.6	40	120	40	120	258	64.6°	50.4	0.811	0.983	1.63
5	63.1	18.0	33.6		3.5	40	120	40	120	349	63.5°	50.6	0.511	1.54	2.10
6	26.2	21.0	13.7	78	33.5					118	47.2°	46.1	0.922	0.727	1.37
7	26.8	20.5	15.2	78	30.5					72.6	60.0°	50.5	0.887	0.505	1.15
8	63.0	18.1	35.8		5.3	40	120	40	120	230	65.5°	50.4	0.590	1.12	1.53

因此,

$$K_{\mathrm{IC}}^* = \left(K_{\mathrm{I}f} - 3\tan\frac{\theta_0}{2}K_{\mathrm{II}f}\right)\cos^3\left(\frac{\theta_0}{2}\right) \tag{5.85}$$

图 5.24 表示沿着开裂方向, 脆断前的周向正应力 σ_θ 的分布. 从图上不难看出, 尽管不同试样所对应的 $K_{\mathrm{II}}/K_{\mathrm{I}}$ 比值有很大变化, 临界状态的周向正应力 σ_θ 的分布都彼此接近, 因此计入塑性影响的最大正应力准则 $(\sigma_\theta)_{\max}$ 能够很好地预计开裂载荷.

① 由断裂载荷 P_f, 根据线弹性理论计算得 $K_{\mathrm{I}f}$ 和 $K_{\mathrm{II}f}$.

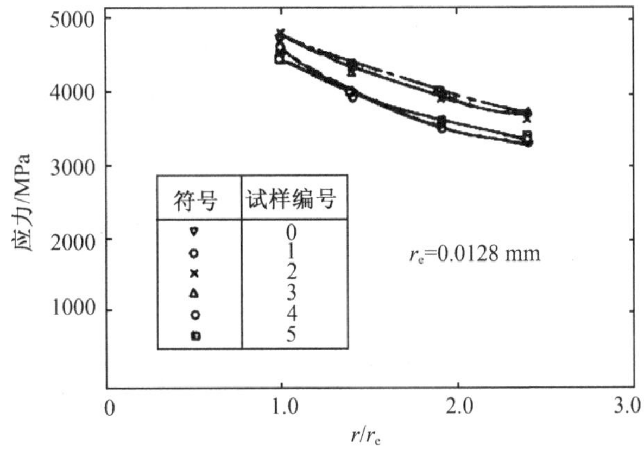

图 5.24 沿开裂方向, 周向应力的分布

关于复合型裂纹扩展阻力的实测结果及王自强和 Miller[19] 理论计算画在图 5.25 上.

图中 $\psi = \arctan(K_{\mathrm{II}}/K_{\mathrm{I}})$. 由图可看出, 基于弹塑性理论最大正应力准则 $(\sigma_\theta)_{\max}$ (假设沿开裂方向, $r = r_{\mathrm{e}}$ 处, 周向正应力 σ_θ 达到临界值时, 裂纹起始扩展, 具体计算时, $r_{\mathrm{e}} = 0.0128$ mm, $\sigma_{cr} = 4670$ MPa) 与实测结果比较一致. 另一方

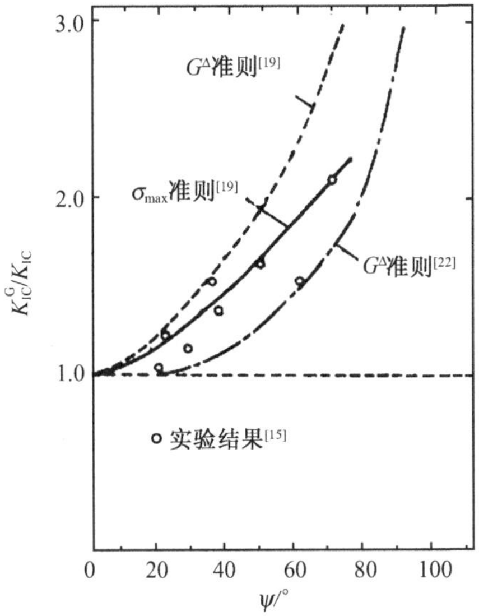

图 5.25 沿开裂方向临界应力强度因子随混合度的变化, 理论计算和实验结果的比较, $\psi = \arctan(K_{\mathrm{II}}/K_{\mathrm{I}})$.

- - -G^Δ 准则对弯曲试样算得的结果, – – – 对中心裂纹试样算得的结果

面他们的计算表明, 对于 3 点弯曲偏裂纹试样和 4 点剪切试样, G^{Δ} 准则给出了裂纹扩展阻力的上限, 而 Kfouri 和 Miller[22] 对中心裂纹试样 G^{Δ} 准则的理论计算给出了裂纹扩展阻力的下限. 在有限元计算中, 裂纹的扩展是一步一步进行的, G^{Δ} 指的是裂纹扩展有限长度算得的能量释放率, $G^{\Delta} = -\Delta\Pi/\Delta a$. 另外 G^{Δ} 依赖于分支裂纹的扩展方向, 文献 [19] 是沿着 σ_θ 最大方向计算 G^{Δ}.

应该强调指出, 本节提出的分析只适合于金属材料的脆性断裂, 而不适合于金属材料的韧性断裂. 复合型裂纹脆性断裂的特征是:

1) 断口是平断口, 具有解理断裂的特征;

2) 断裂方向, 也就是开裂角与线弹性断裂理论预测的结果大致符合; 对于纯 II 型裂纹, 开裂角约为 70°.

而金属材料韧性断裂的微观机制是韧窝机制. 在扫描电镜下可以清楚地看到微空洞的形核. 长大和合并. 其断裂方向是剪应力最大的方向.

高强钢 GC-4 的实验结果证实对于纯 II 型 4 点剪切试样, 如果试样尺寸 W 和 a 比较小, 不能严格满足平面应变的条件, 那么试样就会发生沿着裂纹延伸线方向的剪断, 此时开裂角为 0, 而断裂载荷会明显低于线弹性断裂理论的预测结果. 这一点尤其值得深思.

所以对于金属材料. 我们不仅要考察构件的脆性断裂, 也要考察构件的韧性断裂. 对于高强钢 GC-4, 纯 II 型 4 点剪切试样, 只当尺寸 W, B 和 a 足够大时, 才发生脆性断裂. 而当试样尺寸比较小时, 将发生剪切断裂, 而且断裂载荷明显低于线弹性断裂理论的预测. 金属材料的韧性断裂应该用弹塑性理论结合韧性断裂机制来分析, 而不宜采用最大正应力准则.

参考文献

[1] Erdogan F, Sih G C. On the crack extension in plates under plane loading and transverse shear. J. Basic Eng., 1963, 85: 519–527.

[2] Sih G C. Strain energy density factor applied to mixed mode crack problems. Int. J. Fracture, 1974, 10: 305.

[3] Sih G C, Macdonald B. Fracture mechanics applied to engineering problems-strain energy density fracture criterion. Eng. Frac. Mech., 1974, 6: 361.

[4] 王自强. 一个新的复合型断裂准则. 力学, 1975.

[5] 王自强, 朱高秋. 分支裂纹应力强度因子. 科学通报, 1986, 257–259.

[6] Wang T C. Fracture criteria for combined mode cracks. Scientia Sinica, 1978, 11, 457–474.

[7] Williams M L. On the stress distribution at the base of a stationary crack. J. Appl. Mech., 1957, 24: 109–114.

[8] Chatterjee S N. The stress field in the neighborhood of a branched crack in an infinite elastic sheet. Int. J. Solids Struct., 1975, 11: 521–538.

[9] Kitagawa H, Yuuki R, Ohira T. Crack morphlogical aspects in fracture mechanics, Eng, Frac. Mech., 1975, 7: 515–529.

[10] Lo K K. Analysis of ranched crack. Journal of Applied Mech., 1978, 45: 792–802.

[11] Palaniswamy K, Knauss W G. On the problem of crack extension in brittle solids under general loading. Mechanics Today: 87–148.

[12] Bilby B A, Cardew G E. The crack with kinked tip. Int. J. Fract. Mech., 1975, 11: 708–712.

[13] Ueda Y. Characteristics of brittle fracture under general combined modes. Proceedings of ICF International Symposium on Fracture Mechanics, Beijing, 1984: 225–242.

[14] Ueda Y, et al. Brittle ftacture initiation characteristics under bi-axial tensile load with large scale yielding and general yielding. Advance in Frac. Research, 1981, 5: 2321–2328.

[15] 高桦, 王自强, 杨成寿, 等. K_{I}, K_{II} 复合型裂纹脆性断裂. 金属学报, 1979, 15: 308.

[16] Pock L P. The effect of crack angle on fracture toughness. Eng. Fract. Mech., 1971, 3: 205–218.

[17] Hussian M A, Pu S L, Underwood J. Strain energy release rate for a crack under combined mode I and mode II. ASTM STP 560, 1974, 2.

[18] Shah R C. Fracture under combined modes in 4340 steel, Fracture Analysis, ASTM STP 560, 1974, 29.

[19] Wang T C, Miller K J. Fracture behavior and stress fields of cracked bend specimens subjected to mixed mode loading. Eng. Fract. Mech., 1984, 19: 621–632.

[20] Maskhelishvili N I. Some basic problems of the mathematical theory of elasticity. Leydon, Noordhof, 1975.

[21] Williams T G, Ewing P D. Int. J. Fracture Mechanics, 1972, 8: 441–464.

[22] Kfouri A P, Miller K J. Crack separation energy rates for inclined cracks in an elastic-plastic material, Three Dimensional Constitutive Relations and Ductile Fracture. 1981: 83–109.

第6章　弹塑性断裂力学

线弹性断裂力学适用于理想脆性材料. 对于常用的工程材料, 裂纹尖端附近必然存在塑性区. 如果塑性区尺寸远远小于裂纹尺寸和试样尺寸, 裂纹尖端塑性区内的应力应变场依然受 K 场所控制, 那么线弹性断裂力学经过适当修正仍然是适用的.

但是很多工程材料服役期间处于塑性变形状态, 或者小裂纹, 塑性区尺寸可与裂纹尺度相比, 甚至达到构元尺度, K 场已无法表征或控制裂纹尖端区域的应力应变场, 此时必须考虑裂纹体弹塑性行为, 必须研究裂纹在弹塑性介质中起始扩展. 亚临界扩展和失稳扩展的规律.

一般说来, 弹塑性断裂在裂纹起始扩展后要经历一段稳态的亚临界扩展过程然后才进入失稳扩展直至断裂. 弹塑性断裂理论大体可分为两类, 一类着眼于刻画静止裂纹尖端弹塑应变场建立合适的弹塑性断裂准则, 以描述裂纹起始扩展; 另一类着眼于分析扩展裂纹尖端附近的弹塑性应力应变场, 描述裂纹扩展规律.

6.1　J 积分原理

Rice[1] 和 Cherepanov[2] 互相独立地提出了 J 积分. 后来发现 J 积分是 Eshelby[3] 提出的能量动量张量的第一平移积分.

6.1.1　J 积分的定义与守恒性

考虑图 6.1 所示的二维裂纹体. 围绕裂纹尖端取任意光滑封闭回路 Γ: 由裂纹下表面任意点开始, 按逆时针方向沿 Γ 环境裂纹尖端行进, 终止于上表面任一点.

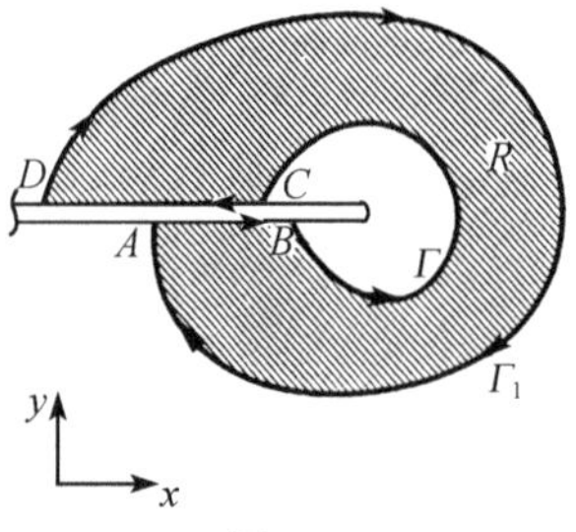

图 6.1

J 积分定义下述回路积分

$$J=\int_{\Gamma} W\mathrm{d}y-p_{\alpha}\frac{\partial u_{\alpha}}{\partial x}\mathrm{d}s \tag{6.1}$$

式中, W 是应变能密度

$$W=\int_{o}^{\varepsilon_{ij}}\sigma_{ij}\mathrm{d}\varepsilon_{ij} \tag{6.2}$$

考虑一类非线性材料, 该材料的本构关系为

$$\sigma_{ij}=\frac{\partial W}{\partial \varepsilon_{ij}} \tag{6.3}$$

(6.3) 式可描述一类非线性弹性本构关系, 也可以作为塑性全量理论, 表征单调加载情况下常用工程材料的塑性行为.

对于遵循 (6.3) 式本构关系的一类材料, 不难证明, J 积分与路径无关的.

为此考察另一条封闭回路 Γ_1. 取如下封闭回路 $\Gamma^* = AB\Gamma CD\overline{\Gamma}_1$, 此处 $\overline{\Gamma}_1$ 指从 D 点出发顺时针沿 Γ_1 返回 A 点, 我们有

$$J_{\Gamma^*} = J_{AB} + J_\Gamma + J_{CD} - J_{\Gamma_1} = J_\Gamma - J_{\Gamma_1} \tag{6.4}$$

在裂纹面上, 无外载作用, 因此 $p_\alpha = 0$, 另一方面 $\mathrm{d}y = 0$. 所以 $J_{\mathrm{AB}}, J_{\mathrm{CD}}$ 均为零.

计算 J_{Γ^*} 得

$$\begin{aligned}
J_{\Gamma^*} &= \int_{\Gamma^*} (Wn_1 - \sigma_{\alpha\beta} n_\beta u_{\alpha,1})\mathrm{d}s \\
&= \int_\Omega \left\{ \frac{\partial W}{\partial x_1} - \frac{\partial(\sigma_{\alpha\beta} u_{\alpha,1})}{\partial x_\beta} \right\} \mathrm{d}x_1 \mathrm{d}x_2 \\
&= \int_\Omega \left\{ \frac{\partial W}{\partial \varepsilon_{\alpha\beta}} \cdot \frac{\partial \varepsilon_{\alpha\beta}}{\partial x_1} - \sigma_{\alpha\beta,\beta} \frac{\partial u_\alpha}{\partial x_1} - \sigma_{\alpha\beta} \frac{\partial^2 u_\alpha}{\partial x_1 \partial x_\beta} \right\} \mathrm{d}x_1 \mathrm{d}x_2 \\
&= \int_\Omega \left\{ \sigma_{\alpha\beta} \frac{\partial \varepsilon_{\alpha\beta}}{\partial x_1} - \sigma_{\alpha\beta,\beta} \frac{\partial u_\alpha}{\partial x_1} - \sigma_{\alpha\beta} \frac{\partial \varepsilon_{\alpha\beta}}{\partial x_1} \right\} \mathrm{d}x_1 \mathrm{d}x_2 \\
&= -\int_\Omega \left\{ \sigma_{\alpha\beta,\beta} \frac{\partial u_\alpha}{\partial x_1} \right\} \mathrm{d}x_1 \mathrm{d}x_2
\end{aligned}$$

式中, Ω 是 Γ^* 所围区域. 如果区域 Ω 内无体力作用, 那么应力场必然满足平衡方程, 由此证明

$$J_{\Gamma^*} = J_\Gamma - J_{\Gamma_1} = 0 \tag{6.5}$$

也就是说

$$J_{\Gamma_1} = J_\Gamma \tag{6.6}$$

这就是 J 积分的守恒性, 即路径无关性.

6.1.2　J 积分与能量释放率

Rice[1] 进一步证明了对于遵循 (6.3) 式裂纹体, J 积分等于能量释放率:

$$J = -\frac{\mathrm{d}\Pi}{\mathrm{d}a} \tag{6.7}$$

式中, Π 是裂纹体的总势能

$$\Pi = \int_\Omega W \mathrm{d}\Omega - \int_\Gamma \bar{p}_\alpha u_\alpha \mathrm{d}s \tag{6.8}$$

对于二维问题, 只取单位厚度的物体, 式中, Ω 是物体占有区域, Γ 是外边界. 图 6.2 中的坐标系 Ox_1x_2 是固定的直角坐标系, x_1 轴与裂纹平行; 坐标系 $O_aX_1X_2$ 是原点跟着裂纹尖端一起运动的随动坐标系.

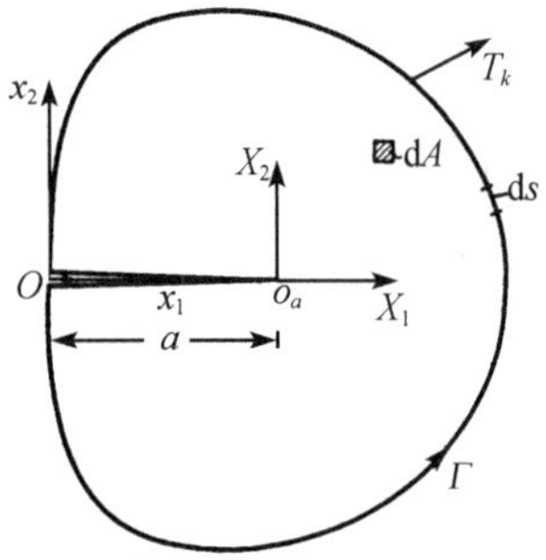

图 6.2

由 (6.8) 式导得

$$\frac{\mathrm{d}\Pi}{\mathrm{d}a}=\int_{\Omega}\frac{\partial W}{\partial a}\mathrm{d}\Omega-\int_{\Gamma}\bar{p}_{\alpha}\frac{\partial u_{\alpha}}{\partial a}\mathrm{d}s \tag{6.9}$$

在推导 (6.9) 式时, 已经设想裂纹扩展过程中外载保持不变. 坐标 Ox_1x_2 与 $O_aX_1X_2$ 之间有关系

$$X_1=x_1-a,\quad X_2=x_2 \tag{6.10}$$

所以对任何物理量中, 恒有

$$\begin{aligned}\frac{\partial\phi}{\partial a}&=\frac{\partial\hat{\phi}}{\partial a}+\frac{\partial\hat{\phi}}{\partial X_1}\frac{\partial X_1}{\partial a}=\frac{\partial\hat{\phi}}{\partial a}-\frac{\partial\hat{\phi}}{\partial X_1}\\&=\frac{\partial\hat{\phi}}{\partial a}-\frac{\partial\phi}{\partial x_1}\end{aligned} \tag{6.11}$$

式中, $\phi(x_1,x_2,a)$ 是任意的连续可微函数

$$\hat{\phi}(X_1,X_2,a)=\phi(x_1,x_2,a)$$

将 (6.11) 式代入 (6.9) 式得

$$\frac{\mathrm{d}\Pi}{\mathrm{d}a}=\int_{\Omega}\left(\frac{\partial\hat{W}}{\partial a}-\frac{\partial W}{\partial x_1}\right)\mathrm{d}\Omega-\int_{\Gamma}\bar{p}_{\alpha}\left(\frac{\partial\hat{u}_{\alpha}}{\partial a}-\frac{\partial u_{\alpha}}{\partial x_1}\right)\mathrm{d}s \tag{6.12}$$

在裂纹尖端划出半径为 ε 的小圆 C_ε, 记 $\Omega_\varepsilon=\Omega-C_\varepsilon$, 公式 (6.12) 可改写为

$$\frac{\mathrm{d}\Pi}{\mathrm{d}a}=\int_{C_\varepsilon}\frac{\partial W}{\partial a}\mathrm{d}\Omega+\int_{\Omega_\varepsilon}\left(\frac{\partial\hat{W}}{\partial a}-\frac{\partial W}{\partial x_1}\right)\mathrm{d}\Omega-\int_{\Gamma}\bar{p}_{\alpha}\left(\frac{\partial\hat{u}_{\alpha}}{\partial a}-\frac{\partial u_{\alpha}}{\partial x_1}\right)\mathrm{d}s \tag{6.13}$$

应用虚功原理

$$\int_{\Omega\varepsilon}\frac{\partial\hat{W}}{\partial a}\mathrm{d}\Omega=\int_{\Omega\varepsilon}\sigma_{ij}\frac{\partial\hat{\varepsilon}_{ij}}{\partial a}\mathrm{d}\Omega=\int_{\Gamma}p_{\alpha}\frac{\partial\hat{u}_{\alpha}}{\partial a}\mathrm{d}s-\int_{\Gamma\varepsilon}p_{\alpha}\frac{\partial\hat{u}_{\alpha}}{\partial a}\mathrm{d}s \tag{6.14}$$

由散度定理推得

$$\int_{\Omega\varepsilon}\frac{\partial W}{\partial x_1}\mathrm{d}\Omega=\int_{\Gamma}Wn_1\mathrm{d}s-\int_{\Gamma\varepsilon}Wn_1\mathrm{d}s \tag{6.15}$$

式中, Γ_ε 是小圆 C_ε 的圆周, 以逆时针走向作为 Γ_ε 的正向, n_α 是 Γ 或 Γ_2 的外法线. 将 (6.14) 式、(6.15) 式代入 (6.13) 式:

$$\frac{\mathrm{d}\Pi}{\mathrm{d}a}=-\left\{\int_{\Gamma}\left(Wn_1-p_{\alpha}\frac{\partial u_{\alpha}}{\partial x_1}\right)\mathrm{d}s\right\}+\left\{\int_{C\varepsilon}\frac{\partial W}{\partial a}\mathrm{d}\Omega-\int_{\Gamma\varepsilon}p_{\alpha}\frac{\partial\hat{u}_{\alpha}}{\partial a}\mathrm{d}s+\int_{\Gamma\varepsilon}Wn_1\mathrm{d}s\right\} \tag{6.16}$$

式中, $C_\varepsilon, \Gamma_\varepsilon$ 分别是空间固定的小圆及小圆周, 在时刻 t, 它们的圆心与裂纹尖端重合. 如果选择随动的 C_ε^* 及 Γ_ε^* 代替 $C_\varepsilon, \Gamma_\varepsilon$, 那么由 Reynold 输运定理, 不难证明 (6.16) 式右端第二个大括弧可表示为 [4]

$$\left\{\frac{\mathrm{d}}{\mathrm{d}t}\int_{C_\varepsilon^*} W\mathrm{d}\Omega - \int_{\Gamma_\varepsilon^*} p_\alpha \frac{\partial \hat{u}_\alpha}{\partial t}\mathrm{d}s\right\} \Big/ \dot{a}$$

引入流入裂尖的能通量 Q:

$$Q = -\frac{\mathrm{d}}{\mathrm{d}t}\int_{C_\varepsilon^*} W\mathrm{d}\Omega + \int_{\Gamma_\varepsilon^*} p_\alpha \frac{\partial \hat{u}_\alpha}{\partial t}\mathrm{d}s \tag{6.17}$$

公式 (6.16) 可改写为

$$G\dot{a} = J\dot{a} + Q \tag{6.18}$$

对定常扩展裂纹, 由于 $W, \hat{u}_\alpha$ 对于随动坐标系 $O_a X_1 X_2$ 是恒定的函数, 该函数不随时间而变, 因此, Q 恒等于零. 此时有

$$J = G = -\frac{\mathrm{d}\Pi}{\mathrm{d}a} \tag{6.19}$$

对于非线性弹性材料, 不难证明, 当 $\varepsilon \to 0$, $C_\varepsilon^*, \Gamma_\varepsilon^*$ 收缩为零时, Q 同样趋于零, 因此 (6.19) 式同样成立.

公式 (6.19) 即是著名的 J 积分与能量释放率等价公式. 公式 (6.19) 给予 J 积分明确的物理意义.

6.1.3 J 积分与 K_{I} 的关系

对于线弹性材料, J 积分与应力强度因子 K_{I} 有简单关系. 讨论平面应变问题. 取 Γ 为以裂纹尖端为圆心, 半径为 r 的圆周. 弹性应变能密度为

$$W = \frac{1}{2}\sigma_{ij}\varepsilon_{ij} = \frac{(1+\nu)}{2E}[(1-\nu)(\sigma_x^2+\sigma_y^2) - 2\nu\sigma_x\sigma_y + 2\tau_{xy}^2] \tag{6.20}$$

利用 (2.17) 式, 得

$$W = \frac{K_{\mathrm{I}}^2}{2\pi r}\frac{(1+\nu)}{E}\left[\cos^2\frac{\theta}{2}\left(1-2\nu+\sin^2\frac{\theta}{2}\right)\right] \tag{6.21}$$

又有

$$\begin{aligned} p_x &= \sigma_x\cos\theta + \tau_{xy}\sin\theta = \frac{K_{\mathrm{I}}}{\sqrt{2\pi r}}\frac{1}{2}\cos\frac{\theta}{2}(3\cos\theta - 1)\cdot \\ p_y &= \tau_{xy}\cos\theta + \sigma_y\sin\theta = \frac{K_{\mathrm{I}}}{\sqrt{2\pi r}}\frac{3}{2}\cos\frac{\theta}{2}\sin\theta \end{aligned} \tag{6.22}$$

$$\begin{aligned} u &= \frac{K_{\rm I}}{\mu}\sqrt{\frac{r}{2\pi}}\cos\frac{\theta}{2}(\kappa-\cos\theta) \\ v &= \frac{K_{\rm I}}{\mu}\sqrt{\frac{r}{2\pi}}\sin\frac{\theta}{2}(\kappa-\cos\theta) \end{aligned} \tag{6.23}$$

注意到

$$\frac{\partial}{\partial x} = \cos\theta\frac{\partial}{\partial r} - \sin\theta\frac{1}{r}\frac{\partial}{\partial \theta} \tag{6.24}$$

将 (6.22) 式 ~(6.24) 式代入 (6.1) 式, 得

$$J = \frac{(1-\nu^2)}{E}K_{\rm I}^2 \tag{6.25}$$

注意到能量释放率公式 (2.82)

$$G_{\rm I} = \frac{K_{\rm I}^2}{E}(1-\nu^2) \tag{6.26}$$

比较 (6.25) 式、(6.26) 式再次证实

$$J = G_{\rm I} \tag{6.27}$$

6.1.4　*J* 积分与 COD 的关系

针对 Dugdale 模型, 选择如下回路 Γ: 紧贴着条状屈服区, 由裂纹尖端出发沿下表面, 逆时针走, 环绕上表面走到裂纹尖端上岸 (图 6.3 所示).

$$\begin{aligned} J &= \int_\Gamma W\mathrm{d}y - p_\alpha\frac{\partial u_\alpha}{\partial x}\mathrm{d}s = -2\int_A^B \sigma_y\frac{\partial v}{\partial x}\mathrm{d}x \\ &= -2\sigma_{ys}(v_B - v_A) = \sigma_{ys}\delta_{\rm tip} \end{aligned}$$

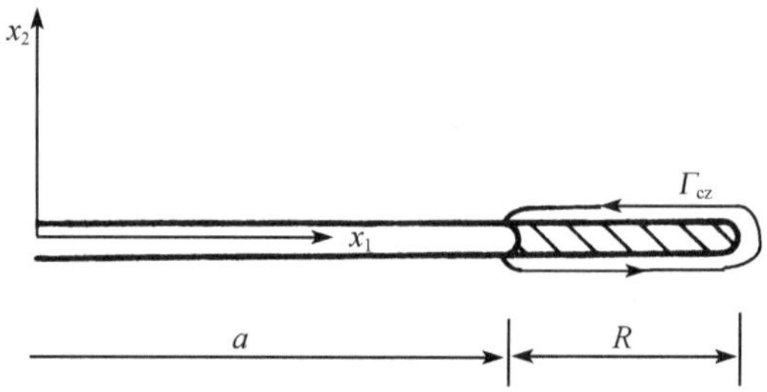

图 6.3

式中, $\delta_{\rm tip}$ 是裂纹尖端张开位移. 由此得

$$\delta_{\rm tip} = J/\sigma_{ys} \tag{6.28}$$

公式 (6.28) 不仅适合于 Dugdale 模型, 而且可以推广到更一般的内聚力模型. 设想在条状塑性区内, 有如下述内聚力公式

$$\sigma_y = \frac{\mathrm{d}\bar{\psi}}{\mathrm{d}\delta} \tag{6.29}$$

则有

$$J = -\int_A^B \sigma_y \frac{\partial \delta}{\partial x}\mathrm{d}x = -\int_A^B \frac{\mathrm{d}\bar{\psi}}{\mathrm{d}\delta}\mathrm{d}\delta = \bar{\psi}(\delta_{\mathrm{tip}}) \tag{6.30}$$

式中, $\bar{\psi}$ 是内聚力势. 由此得到

$$\delta_{\mathrm{tip}} = \bar{\psi}^{-1}(J) \tag{6.31}$$

式中, $\bar{\psi}^{-1}(J)$ 是内聚力势的逆函数.

6.2 HRR 奇性场

1968 年 Hutchinson[5] 和 Rice 与 Rosengren[6] 建立了幂硬化材料 I 型裂纹尖端的奇性场, 为弹塑性断裂力学提供了重要的理论基础.

讨论幂硬化材料, 在单轴拉伸时它遵循 Ramberg-Osgood 公式,

$$\frac{\varepsilon}{\varepsilon_0} = \frac{\sigma}{\sigma_0} + \alpha_0\left(\frac{\sigma}{\sigma_0}\right)^n \tag{6.32}$$

式中, σ_0 是屈服应力, ε_0 是参照应变 $\varepsilon_0 = \dfrac{\sigma_0}{E}$, E 是弹性模量, n 和 α_0 分别是应变硬化指数和硬化系数.

设想材料遵循 J_2 塑性形变理论, 此时三维的应力应变关系可表示为

$$\varepsilon_{ij} = \frac{1+\nu}{E}s_{ij} + \frac{1-2\nu}{3E}\sigma_{kk}\delta_{ij} + \frac{3}{2}\alpha_0\varepsilon_o\left(\frac{\sigma_{\mathrm{e}}}{\sigma_0}\right)^{n-1}\frac{s_{ij}}{\sigma_0} \tag{6.33}$$

式中, s_{ij} 是应力偏量, $\sigma_{\mathrm{e}} = \sqrt{\dfrac{3}{2}s_{ij}s_{ij}}$ 是有效应力.

6.2.1 平面应变问题

对平面应变状态, 有 [7]

$$\varepsilon_{\alpha\beta} = \frac{1+\nu}{E}\sigma_{\alpha\beta} + \frac{\Gamma}{E}\sigma_{\rho\rho}\delta_{\alpha\beta} + \frac{3}{2}\alpha_0\left(\frac{\sigma_{\mathrm{e}}}{\sigma_0}\right)^{n-1}\frac{P_{\alpha\beta}}{E} \tag{6.34}$$

式中,

$$\begin{gathered}\sigma_{\rho\rho} = \sigma_r + \sigma_\theta, \quad P_{\alpha\beta} = \sigma_{\alpha\beta} - \frac{1}{2}\sigma_{\rho\rho}\delta_{\alpha\beta} \\ \Gamma = -\nu(1+\nu) + \left(\frac{1}{2}-\nu\right)^2 \frac{\alpha_0\left(\dfrac{\sigma_{\mathrm{e}}}{\sigma_0}\right)^{n-1}}{1+\alpha_0\left(\dfrac{\sigma_{\mathrm{e}}}{\sigma_0}\right)^{n-1}}\end{gathered} \tag{6.35}$$

鉴于在裂纹尖端, 应力场有奇异性, 因此在作渐近分析时, Γ 可简化为

$$\Gamma = -\nu(1+\nu) + \left(\frac{1}{2} - \nu\right)^2$$

对于平面应变, 恒有 $\varepsilon_{33} = \varepsilon_{31} = \varepsilon_{32} = 0$, 所以

$$\tau_{zr} = \tau_{z\theta} = 0$$

在渐近意义上, 裂尖塑性应变的奇性高于弹性应变奇性, 因此, 有

$$S_{33} = 0, \quad \sigma_{33} = \frac{1}{2}(\sigma_r + \sigma_\theta) \tag{6.36}$$

有效应力 σ_e:

$$\begin{aligned} \sigma_{\mathrm{e}}^2 &= \frac{3}{4}(\sigma_r - \sigma_\theta)^2 + 3\tau_{r\theta}^2 + \frac{9}{4}S_{33}^2 \\ &= \frac{3}{4}(\sigma_r - \sigma_\theta)^2 + 3\tau_{r\theta}^2 \end{aligned} \tag{6.37}$$

引进应力函数 ϕ:

$$\begin{aligned} \sigma_r &= \frac{1}{r}\left(\frac{\partial\phi}{\partial r} + \frac{1}{r}\frac{\partial^2\phi}{\partial\theta^2}\right) \\ \sigma_\theta &= \frac{\partial^2\phi}{\partial r^2} \\ \tau_{r\theta} &= -\frac{\partial}{\partial r}\left(\frac{1}{r}\frac{\partial\phi}{\partial\theta}\right) \end{aligned} \tag{6.38}$$

应变协调方程为

$$\frac{1}{r}\cdot\frac{\partial^2}{\partial r^2}(r\varepsilon_\theta) + \frac{1}{r^2}\frac{\partial^2}{\partial\theta^2}\varepsilon_r - \frac{1}{r}\frac{\partial}{\partial r}\varepsilon_r - \frac{2}{r}\frac{\partial^2(r\varepsilon_{r\theta})}{\partial r\partial\theta} = 0 \tag{6.39}$$

在渐近意义上, 弹性应变相对塑性应变可以忽略, 因此, (6.34) 变为

$$\begin{aligned} \varepsilon_r &= \frac{3}{4}\alpha_0\left(\frac{\sigma_{\mathrm{e}}}{\sigma_0}\right)^{n-1}(\sigma_r - \sigma_\theta)/E \\ \varepsilon_\theta &= \frac{3}{4}\alpha_0\left(\frac{\sigma_{\mathrm{e}}}{\sigma_0}\right)^{n-1}(\sigma_\theta - \sigma_r)/E \\ \varepsilon_{r\theta} &= \frac{3}{2}\alpha_0\left(\frac{\sigma_{\mathrm{e}}}{\sigma_0}\right)^{n-1}\tau_{r\theta} \end{aligned} \tag{6.40}$$

将 (6.38) 式、(6.40) 式代入 (6.39) 式得到以应力函数 ϕ 表达的协调方程

$$\begin{aligned} &\left[\frac{1}{r^2}\frac{\partial^2}{\partial\theta^2} - \frac{1}{r}\frac{\partial}{\partial r} - \frac{1}{r}\frac{\partial^2}{\partial r^2}r\right]\left[\sigma_{\mathrm{e}}^{n-1}\left(\frac{1}{r}\frac{\partial\phi}{\partial r} + \frac{1}{r^2}\frac{\partial^2\phi}{\partial\theta^2} - \frac{\partial^2\phi}{\partial r^2}\right)\right] \\ &+ \frac{4}{r}\cdot\frac{\partial^2}{\partial r\partial\theta}\left[r\sigma_{\mathrm{e}}^{n-1}\frac{\partial}{\partial r}\left(\frac{1}{r}\frac{\partial\phi}{\partial\theta}\right)\right] = 0 \end{aligned} \tag{6.41}$$

在裂纹尖端附近, ϕ 可表示为

$$\phi = K_p r^{2+s} \widetilde{\phi}(\theta) \tag{6.42}$$

代入 (6.41) 式得

$$\left[\frac{\mathrm{d}^2}{\mathrm{d}\theta^2} - ns(ns+2)\right]\left\{\widetilde{\sigma}_{\mathrm{e}}^{n-1}\left[-s(s+2)\widetilde{\phi} + \frac{\mathrm{d}^2\widetilde{\phi}}{\mathrm{d}\theta^2}\right]\right\}$$
$$+ 4(s+1)[ns+1]\frac{\mathrm{d}}{\mathrm{d}\theta}\left(\widetilde{\sigma}_{\mathrm{e}}^{n-1}\frac{\mathrm{d}\widetilde{\phi}}{\mathrm{d}\theta}\right) = 0 \tag{6.43}$$

式中,

$$\widetilde{\sigma}_{\mathrm{e}} = \sqrt{\frac{3}{4}(\widetilde{\sigma}_r - \widetilde{\sigma}_\theta)^2 + 3\hat{\tau}_{r\theta}^2} \tag{6.44}$$

(6.43) 式即是 $\widetilde{\phi}(\theta)$ 应该满足的非线性控制方程. 裂纹面面力自由条件归之为

$$\sigma_\theta = \tau_{r\theta} = 0, \quad \theta = \pm\pi$$

用应力函数表示, 则有

$$\widetilde{\phi} = \frac{\mathrm{d}\widetilde{\phi}}{\mathrm{d}\theta} = 0, \quad \theta = \pm\pi \tag{6.45a}$$

另外在 $\theta = 0$ 处, $\widetilde{\phi}_\theta$ 必须是关于 $\theta = 0$ 的偶函数 (剪应力 $\tau_{r\theta} = 0, v = 0, \theta = 0$), 所以

$$\frac{\mathrm{d}\widetilde{\phi}}{\mathrm{d}\theta} = \frac{\mathrm{d}^3\widetilde{\phi}}{\mathrm{d}\theta^3} = 0, \quad \theta = 0 \tag{6.45b}$$

根据齐次边界条件 (6.45a) 和 (6.45b) 求解非线性齐次方程 (6.43), 一般情况下只能得到平凡解 —— 零解, 非零解只当 s 为特征值时成立.

Hutchinson[5] 用 Runge-Kutta 法打靶技术, 证实 $s = -\dfrac{1}{n+1}$ 时, 方程 (6.43) 有非零解.

Rice 和 Rosengren[6] 利用 J 积分原理证实特征值 $s = -\dfrac{1}{n+1}$. 求得了 $\widetilde{\phi}(\theta)$ 的数值解, 就可以求得 $\widetilde{\sigma}_r(\theta), \widetilde{\sigma}_\theta(\theta), \widetilde{\tau}_{r\theta}(\theta)$ 及 $\widetilde{\sigma}_{\mathrm{e}}(\theta)$, 图 6.4 即是 $n = 3$ 和 $n = 13$ 的归一化曲线 ($\widetilde{\phi}(0) = 1$).

通过应力应变关系, 可求得应变分量 $\varepsilon_r, \varepsilon_\theta, r_{r\theta}$, 再通过几何关系, 可求得位移. 我们有

$$u_r = \int \varepsilon_r \mathrm{d}r = \frac{3}{4}\varepsilon_0\alpha\left(\frac{K_p}{\sigma_0}\right)^n r^{\frac{1}{1+n}}(n+1)\widetilde{\sigma}_{\mathrm{e}}^{n-1}(\widetilde{\sigma}_r - \widetilde{\sigma}_\theta) \tag{6.46a}$$

$$u_\theta = \int_0^\theta \frac{\partial u_\theta}{\partial\theta}\mathrm{d}\theta = \int_0^\theta (r\varepsilon_r - u_r)\mathrm{d}\theta$$
$$= \frac{3}{4}\varepsilon_0\alpha\left(\frac{K_p}{\sigma_0}\right)^n r^{\frac{1}{1+n}}(n+2)\int_0^\theta \widetilde{\sigma}_{\mathrm{e}}^{n-1}(\widetilde{\sigma}_\theta - \widetilde{\sigma}_r)\mathrm{d}\theta \tag{6.46b}$$

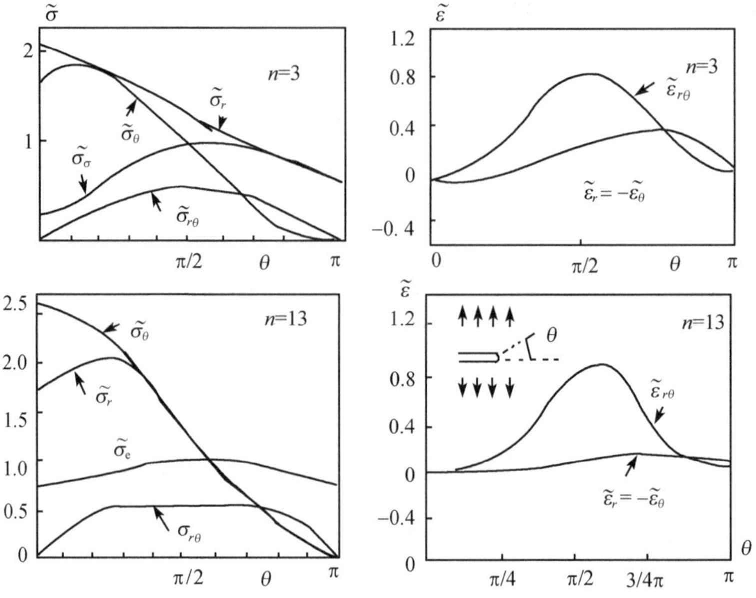

图 6.4

公式 (6.46) 可改写为

$$u_r = \varepsilon_0\alpha_0\left(\frac{K_p}{\sigma_0}\right)^n r^{\frac{1}{1+n}}\widetilde{u}_r(\theta)$$

$$u_\theta = \varepsilon_0\alpha_0\left(\frac{K_p}{\sigma_0}\right)^k r^{\frac{1}{1+n}}\widetilde{u}_\theta(\theta) \tag{6.47}$$

式中①,

$$\begin{aligned}\widetilde{u}_r(\theta) &= (n+1)\widetilde{\sigma}_{\mathrm{e}}^{n+1}[\widetilde{\sigma}_r - \widetilde{\sigma}_\theta]\frac{3}{4}\\ \widetilde{u}_\theta(\theta) &= (n+2)\int_0^\theta \widetilde{\sigma}_{\mathrm{e}}^{n-1}[\widetilde{\sigma}_\theta - \widetilde{\sigma}_r]\frac{3}{4}\mathrm{d}\theta\end{aligned} \tag{6.48}$$

将 (6.42) 式代入 (6.38) 式, (6.40) 式得

$$\begin{aligned}\sigma_r &= K_p r^{-\frac{1}{1+n}}\widetilde{\sigma}_r(\theta)\\ \sigma_\theta &= K_p r^{-\frac{1}{1+n}}\widetilde{\sigma}_\theta(\theta)\\ \tau_{r\theta} &= K_p r^{-\frac{1}{1+n}}\widetilde{\tau}_{r\theta}(\theta)\\ \sigma_{\mathrm{e}} &= K_p r^{-\frac{1}{1+n}}\widetilde{\sigma}_{\mathrm{e}}(\theta)\end{aligned} \tag{6.49}$$

$$\varepsilon_{\alpha\beta} = \varepsilon_0\alpha_0\left(\frac{K_p}{\sigma_0}\right)^n r^{-\frac{n}{n+1}}\widetilde{\varepsilon}_{\alpha\beta}(\theta) \tag{6.50}$$

---

① $\widetilde{u}_\theta(\theta)$ 也可表示为 $\widetilde{u}_\theta = (2\widetilde{\varepsilon}_{r\theta} - \widetilde{u}_r')/ns$.

式中,

$$\begin{aligned}\widetilde{\sigma}_r &= \ddot{\widetilde{\phi}}+\frac{2n+1}{n+1}\widetilde{\phi} \\ \widetilde{\sigma}_\theta &= \frac{n(2n+1)}{(n+1)^2}\widetilde{\phi} \\ \widetilde{\tau}_{r\theta} &= -\frac{n}{n+1}\dot{\widetilde{\phi}}\end{aligned} \tag{6.51}$$

$$\begin{aligned}\widetilde{\varepsilon}_r &= \frac{3}{4}\widetilde{\sigma}_\mathrm{e}^{n-1}(\widetilde{\sigma}_r-\widetilde{\sigma}_\theta) \\ \widetilde{\varepsilon}_\theta &= -\widetilde{\varepsilon}_r \\ \widetilde{\varepsilon}_{r\theta} &= \frac{3}{2}\widetilde{\sigma}_\mathrm{e}^{n-1}\widetilde{\tau}_{r\theta}\end{aligned} \tag{6.52}$$

$$\widetilde{\sigma}_\mathrm{e} = \sqrt{\frac{3}{4}(\widetilde{\sigma}_r-\widetilde{\sigma}_\theta)^2+3\widetilde{\tau}_{r\theta}^2} \tag{6.53}$$

为了分析 K_p 与 J 积分的关系, 考察以裂尖为中心, r 为半径的小圆作为积分围路, 此时有

$$J=\int_{-\pi}^{\pi}(Wn_1-\sigma_{\alpha\beta}n_\beta u_{\alpha,1})r\mathrm{d}\theta \tag{6.54}$$

当 r 充分小时, (6.54) 式中的 $W,\sigma_{\alpha\beta},u_\alpha$ 均趋近 HRR 场, 因此

$$J=\alpha_0\sigma_0\varepsilon_0 I_n\left(\frac{K_p}{\sigma_0}\right)^{n+1} \tag{6.55}$$

式中,

$$\begin{aligned}I_n=\int_{-\pi}^{\pi}\Big\{&\frac{n}{(n+1)}\widetilde{\sigma}_\mathrm{e}^{n+1}\cos\theta-\sin\theta\Big[\widetilde{\sigma}_r\Big(\widetilde{u}_\theta-\frac{\mathrm{d}\widetilde{u}_r}{\mathrm{d}\theta}\Big) \\ &-\widetilde{\tau}_{r\theta}\Big(\widetilde{u}_r+\frac{\mathrm{d}\widetilde{u}_\theta}{\mathrm{d}\theta}\Big)\Big]-[ns+1](\widetilde{\sigma}_r\widetilde{u}_r+\widetilde{\tau}_{r\theta}\widetilde{u}_\theta)\cos\theta\Big\}\mathrm{d}\theta\end{aligned} \tag{6.56}$$

由 (6.55) 式得

$$K_p=\sigma_0\left(\frac{J}{\alpha_0\sigma_0\varepsilon_0 I_n}\right)^{\frac{1}{n+1}} \tag{6.57}$$

将 (6.57) 式代入 (6.47) 式和 (6.49) 式及 (6.50) 式得

$$\begin{aligned}\sigma_{\alpha\beta} &= \sigma_0\left(\frac{J}{\alpha_0\sigma_0\varepsilon_0 I_n r}\right)^{\frac{1}{n+1}}\widetilde{\sigma}_{\alpha\beta}(\theta) \\ \varepsilon_{\alpha\beta} &= \alpha_0\varepsilon_0\left(\frac{J}{\alpha_0\sigma_0\varepsilon_0 I_n r}\right)^{\frac{n}{n+1}}\widetilde{\varepsilon}_{\alpha\beta}(\theta) \\ u_\alpha &= \frac{J}{\sigma_0 I_n}\left(\frac{J}{\alpha_0\sigma_0\varepsilon_0 I_n r}\right)^{-\frac{1}{n+1}}\widetilde{u}_\alpha(\theta)\end{aligned} \tag{6.58}$$

上式表明 HRR 场中应力的奇异性为 $r^{-\frac{1}{n+1}}$, 应变的奇性为 $r^{-\frac{n}{n+1}}$, 应变奇性强于应力奇性. 而 HRR 场的奇性强度由 J 积分表征.

6.2.2 平面应力问题

Hutchinson[8] 给出了平面应力问题的奇性场. 对于平面应力问题, 有

$$\sigma_z = \tau_{zr} = \tau_{z\theta} = 0 \tag{6.59}$$

应力偏量为

$$\begin{aligned}
S_r &= \frac{2}{3}\left(\sigma_r - \frac{1}{2}\sigma_\theta\right)\\
S_\theta &= \frac{2}{3}\left(\sigma_\theta - \frac{1}{2}\sigma_r\right)\\
S_z &= -\frac{1}{3}(\sigma_r + \sigma_\theta)\\
S_{r\theta} &= \tau_{r\theta},
\end{aligned} \tag{6.60}$$

有效应力 σ_e 为

$$\sigma_e = \sqrt{\sigma_r^2 + \sigma_\theta^2 - \sigma_r\sigma_\theta + 3\tau_{r\theta}^2} \tag{6.61}$$

应变分量为

$$\begin{aligned}
\varepsilon_r &= \frac{1}{E}(\sigma_r - \nu\sigma_\theta) + \alpha_0\left(\frac{\sigma_e}{\sigma_0}\right)^{n-1}\left(\sigma_r - \frac{\sigma_\theta}{2}\right)\Big/E\\
\varepsilon_\theta &= \frac{1}{E}(\sigma_\theta - \nu\sigma_r) + \alpha_0\left(\frac{\sigma_e}{\sigma_0}\right)^{n-1}\left(\sigma_\theta - \frac{\sigma_r}{2}\right)\Big/E\\
2\varepsilon_{r\theta} &= \frac{\tau_{r\theta}}{\mu} + 3\alpha_0\left(\frac{\sigma_e}{\sigma_0}\right)^{n-1}\tau_{r\theta}\Big/E
\end{aligned} \tag{6.62}$$

将 (6.38) 式和 (6.62) 式代入 (6.39) 式, 得到用应力函数表达的协调方程

$$\begin{aligned}
&\frac{1}{E}\nabla^4\phi + \frac{\alpha_0}{2}\left\{\frac{1}{r}\frac{\partial^2}{\partial r^2}\left[\left(\frac{\sigma_e}{\sigma_0}\right)^{n-1}\left(2r\frac{\partial^2\phi}{\partial r^2} - \frac{\partial\phi}{\partial r} - \frac{1}{r}\frac{\partial\phi}{\partial\theta^2}\right)\right]\right.\\
&+ \frac{6}{r^2}\frac{\partial^2}{\partial r\partial\theta}\left[\left(\frac{\sigma_e}{\sigma_0}\right)^{n-1} r\frac{\partial}{\partial r}\left(\frac{1}{r}\frac{\partial\phi}{\partial\theta}\right)\right] + \left[\frac{1}{r^2}\frac{\partial^2}{\partial\theta^2} - \frac{1}{r}\frac{\partial}{\partial r}\right]\\
&\left.\times\left[\left(\frac{\sigma_e}{\sigma_0}\right)^{n-1}\left(\frac{2}{r}\frac{\partial\phi}{\partial r} + \frac{2}{r^2}\frac{\partial^2\phi}{\partial\theta^2} - \frac{\partial^2\phi}{\partial r^2}\right)\right]\right\} = 0
\end{aligned} \tag{6.63}$$

将 (6.42) 式代入上式, 并取主项得

$$\left[ns - \frac{\mathrm{d}^2}{\mathrm{d}\theta^2}\right]\left\{\widetilde{\sigma}_{\mathrm{e}}^{n-1}[(s+2)(s-1)\widetilde{\phi} - 2\widetilde{\phi}^{\cdot\cdot}]\right\}$$
$$+ (ns+1)ns\widetilde{\sigma}_{\mathrm{e}}^{n-1}[(s+2)(2s+1)\widetilde{\phi} - \widetilde{\phi}^{\cdot\cdot}]$$
$$+ 6(ns+1)(s+1)\frac{\mathrm{d}}{\mathrm{d}\theta}[\widetilde{\sigma}_{\mathrm{e}}^{n-1}\widetilde{\phi}^{\cdot}] = 0 \tag{6.64}$$

此即确定 $\widetilde{\phi}$ 的控制方程. 结合边界条件 (6.45) 式即可求得 $\widetilde{\phi}(\theta)$. 利用 J 积分原理同样可以证明当 $s = -\dfrac{1}{n+1}$ 有非零解. 图 6.5 是 $\widetilde{\sigma}_\theta, \widetilde{\tau}_{r\theta}$ 及 $\widetilde{\sigma}_{\mathrm{e}}$ 的归一化解答的曲线.

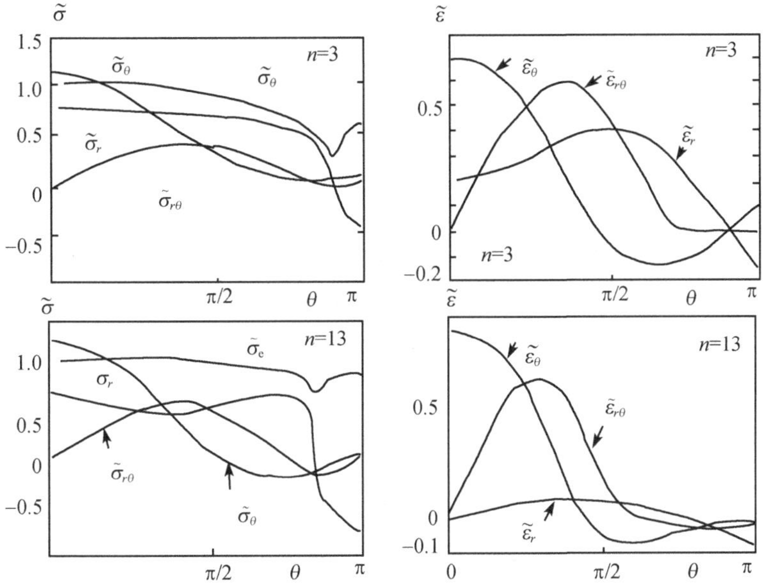

图 6.5

类似的有公式 (6.58), 相应的 I_n 是根据平面应力的 HRR 场由 (6.56) 式给出. Symington 等 [9] 对平面应变、平面应力、纯 I 型、纯 II 型、的 HRR 场的各种数据: $\widetilde{\sigma}_{\alpha\beta}, \widetilde{\varepsilon}_{\alpha\beta}, \widetilde{u}_\alpha, I_n$ 录制成表格, 供实际使用.

6.3 J 积分准则

综合前面的分析, 可以看出对一类非线性材料 J 积分具有 3 个重要性质:

1) J 积分是一种守恒积分, 它与路径无关, 可以选择远离裂纹尖端的路径求得精确的值;

2) J 积分等于能量释放率 G;

3) J 积分表征裂纹尖端弹塑性应力应变场奇性强度.

这 3 个基本性质显示了 J 积分作为断裂参量的突出优点. 另外 J 积分与 K_{I} 及 COD 的定量关系也增加了 J 积分的魅力. 因此, J 积分可以作为弹塑性材料裂纹起始扩展准则, 即当

$$J = J_{\mathrm{IC}} \tag{6.65}$$

时, 裂纹便起始扩展. 式中 J_{IC} 为材料平面应变断裂韧性.

对于给定厚度的薄板材料, 则有 J 积分达到临界值 J_{C} 时, 裂纹起始扩展,

$$J = J_{\mathrm{C}} \tag{6.66}$$

$J_{\mathrm{IC}}, J_{\mathrm{C}}$ 代表材料性能, 须由实验确定.

J 积分作为弹塑性材料裂纹起始扩展准则具有相当严密的理论基础和明确的物理意义. 自 20 世纪 70 年代以来, J 积分准则受到国际学术界广泛重视.

但是 J 积分准则也有如下缺点: ① J 积分定义限于二维情况, 只适用于平面问题; ② J 积分理论是建立在塑性形变理论基础之上的, 因此, J 积分原则上不能用于有卸载情况, 也就是不能用于扩展裂纹.

Shih 和 German[10] 有限元分析表明, J 积分作为单参数只是在一定条件可以有效地表征裂纹尖端的弹塑性应力应变场. 这些条件归结为

$$B, W - a > 25J/\sigma_{ys}, \quad \text{对 3 点弯曲试样} \tag{6.67}$$

$$B, W - a > 175J/\sigma_{ys}, \quad \text{对中心裂纹试样} \tag{6.68}$$

6.4 J 控制扩展

如图 6.6 所示, 扩展裂纹尖端区域与静止裂纹有很大不同, 主要表现在:

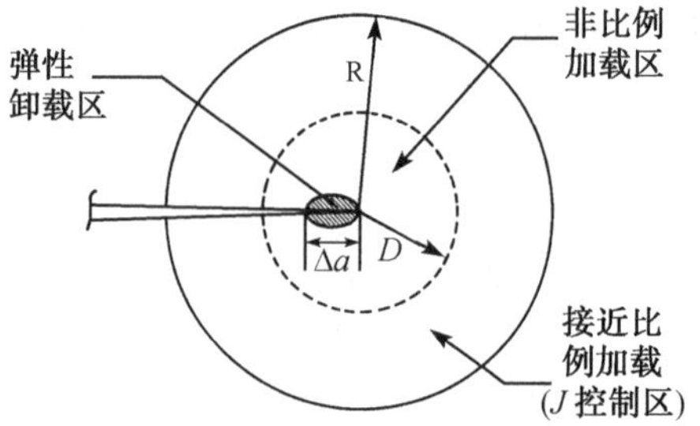

图 6.6

1) 在裂纹面上、下岸存在着弹性卸载区;

2) 在裂纹前方会出现强烈的非比例加载区;

3) 塑性功耗不只是集中于裂纹尖端前方而且包括扩展裂纹的尾区;

4) 扩展裂纹尖端应力应变场奇性比静止裂纹弱, 而且奇性场的控制区远小于静止裂纹.

正如前面所强调的那样, 塑性全量理论 (形变理论) 不适合模拟弹性卸载及强烈的非比例加载, 因此在这两个区域, 应力应变场难以用 HRR 场来描述. 但是当裂纹扩展量 Δa 充分小时, 这两个区域依然由 HRR 奇性场所表征的环形区域所包围, 那么 J 积分仍然可以作为唯一的控制参量表征裂纹扩展.

J 控制扩展需要满足两个条件:

1) 裂纹扩展量 Δa 远远小于 J 控制区尺寸 R,

$$\Delta a \ll R \tag{6.69}$$

这个条件意味着弹性卸载区尺寸远小于 J 控制区尺寸, 同时意味着裂纹尖端附近的卸载并不改变环形区域的应力应变场.

2) 非比例加载区尺寸远小于 J 控制区尺寸.

$$D \ll R \tag{6.70}$$

鉴于扩展裂纹弹塑性应力应变场分析的复杂性, 目前尚缺乏关于尺寸 D 的精细估算公式.

Hutchinson 和 Paris[11] 曾对尺寸 D 作过初步估算. HRR 场的应变公式为

$$\varepsilon_{\alpha\beta} = \alpha_0\varepsilon_0\left(\frac{J}{\alpha_0\sigma_0\varepsilon I_n r}\right)^{\frac{n}{n+1}}\widetilde{\varepsilon}_{\alpha\beta}(\theta) \tag{6.71}$$

由此得

$$\mathrm{d}\varepsilon_{\alpha\beta} = \alpha_0\varepsilon_0\left(\frac{1}{\alpha_0\sigma_0\varepsilon_0 I_n}\right)^{\frac{n}{n+1}}\left\{\left(\frac{n}{n+1}\right)\left(\frac{J}{r}\right)^{\frac{n}{n+1}}\widetilde{\varepsilon}_{\alpha\beta}(\theta)\frac{\mathrm{d}J}{J} + J^{\frac{n}{n+1}}\mathrm{d}[r^{-\frac{n}{n+1}}\widetilde{\varepsilon}_{\alpha\beta}(\theta)]\right\} \tag{6.72}$$

注意到 (r,θ) 是原点随着裂纹尖端一起移动的极坐标, 因此

$$\frac{\partial}{\partial x} = \cos\theta\frac{\partial}{\partial r} - \frac{\sin\theta}{r}\frac{\partial}{\partial\theta} = -\frac{\partial}{\partial a}$$

代入 (6.72) 得

$$\mathrm{d}\varepsilon_{\alpha\beta} = \alpha_0\varepsilon_0\left(\frac{J}{\alpha_0\sigma_0\varepsilon_0 I_n r}\right)^{\frac{n}{n+1}}\left\{\frac{n}{(n+1)}\widetilde{\varepsilon}_{\alpha\beta}(\theta)\frac{\mathrm{d}J}{J} + \frac{\mathrm{d}a}{r}\widetilde{\beta}_{ij}(\theta)\right\} \tag{6.73}$$

式中,

$$\widetilde{\beta}_{ij}(\theta) = \frac{n}{n+1}\cos\theta\widetilde{\varepsilon}_{\alpha\beta}(\theta) + \sin\theta\frac{\mathrm{d}}{\mathrm{d}\theta}\widetilde{\varepsilon}_{\alpha\beta}(\theta) \tag{6.74}$$

公式 (6.73) 右端大括号中的第一项表征比例加载的应变增量, 而第二项表征非比例加载引起的应变增量.

如果 r 趋近于零, 则第二项占优, 因此, 在裂尖附近, 有强烈的非比例加载区. 若

$$\frac{\mathrm{d}a}{r} \ll \frac{\mathrm{d}J}{J} \tag{6.75}$$

则第一项比例加载占优.

引入表征材料特性的长度参量

$$D^{-1} = \frac{1}{J}\frac{\mathrm{d}J}{\mathrm{d}a} \tag{6.76}$$

那么式 (6.75) 可改写为

$$D \ll r \tag{6.77}$$

而式 (6.70) 可表示为

$$D \ll r < R \tag{6.78}$$

换句话说, 如果 (6.78) 式得以满足, 那么存在着一个环形区域, 在这个区域内, 真实的应力应变场与 HRR 场差别很小, 因此可以用 J 积分来表征.

在小范围屈服条件下, K_R 阻力曲线方法可以描述裂纹稳态扩展. 在大范围屈服条件下, 需要用 J 积分代替 K. J_R 阻力曲线假定是一种材料特性, 在给定厚度, 环境和准静态扩展条件下, 不依赖于试样几何及裂纹尺寸.

裂纹稳态扩展条件为

$$J = J_R(\Delta a) \tag{6.79a}$$

$$\frac{\mathrm{d}J}{\mathrm{d}a} < \frac{\mathrm{d}J_R(\Delta a)}{\mathrm{d}a} \tag{6.79b}$$

当式 (6.79b) 不满足时, 裂纹将失稳扩展. 图 6.7 为给定外载的 J 控制裂纹扩展. 当 $P < P_1$ 时, 裂纹不会起裂; 当 $P = P_1$ 裂纹起始扩展; 当 P 上升至 P_2 时, 裂纹经少量稳定扩展后暂停扩展; 当 $P = P_3$ 时, 推力曲线与阻力曲线相切, 裂纹扩展呈失稳趋势, 切点所对应的 Δa_t 值为裂纹的最大稳态扩展量.

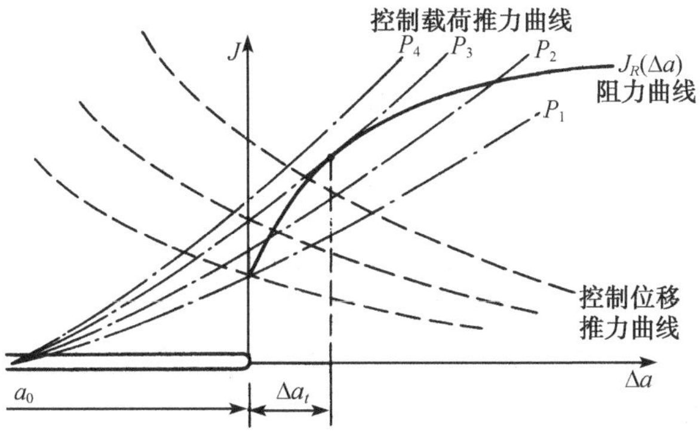

图 6.7

Paris 等 [12] 引入量纲为一的撕裂模量

$$T = \frac{E}{\sigma_0^2}\frac{\mathrm{d}J}{\mathrm{d}a} \tag{6.80a}$$

$$T_R = \frac{E}{\sigma_0^2}\frac{\mathrm{d}J_R}{\mathrm{d}a} \tag{6.80b}$$

裂纹稳态扩展的条件 (6.79b) 可表示为

$$T < T_R \tag{6.81}$$

Paris 等 [12] 列出了 3 点弯曲试样的实验结果. 图 6.8 是他们设计的加载置示意图. 这个装置上夹头实施位移加载, 中间设置一个具有不同的柔度的弹簧.

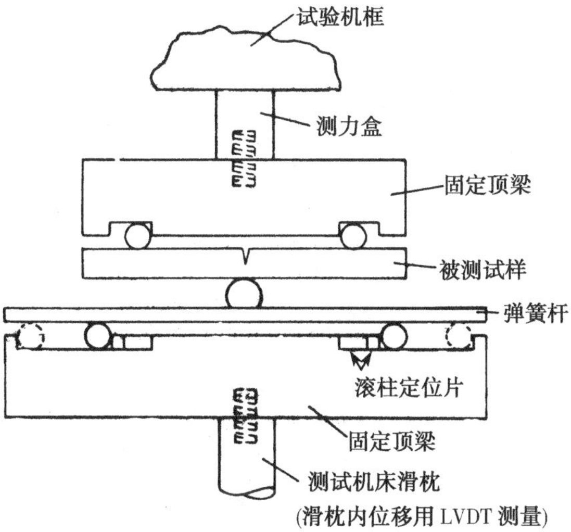

图 6.8

对于弹性 —— 理想塑性材料, 在全面屈服条件下, 对深裂纹 $(a/c \geqslant 1)$3 点弯曲试样, 文献 [13] 给出了如下结果

$$\left(\frac{\mathrm{d}J}{\mathrm{d}a}\right)_{\Delta} = \frac{4P_0^2}{b^2}(C_{nc} + C_M) - J/b \tag{6.82}$$

式中, P_0 是单位厚度, 深裂纹 3 点弯曲试样的极限载荷; b 是韧带尺寸; C_{nc} 是无裂纹 3 点弯曲试样的弹性柔度; C_M 是加载系统的柔度. 试验材料是中高强钢 (NiCrMoV 钢), T_R 的平均值是 36. 图 6.9 的实验结果支持了撕裂模量概念.

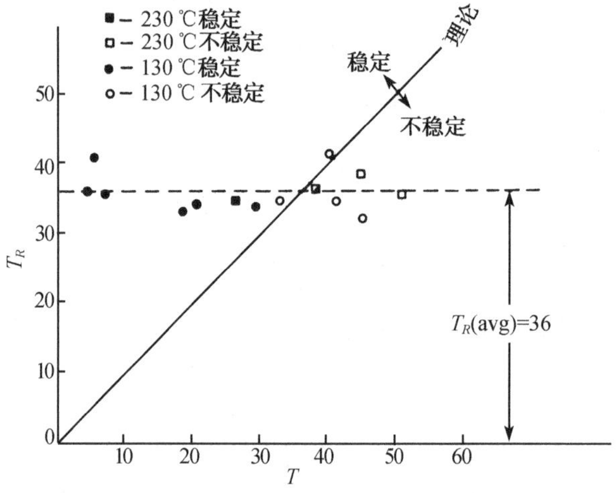

图 6.9

注：带有部分阴影的方格子代表边缘行为

J_R 阻力曲线的测试各国都制定了规范, 各种常用材料的撕裂模量值. $T_R(0)$ 均在 0.15~200 之间.

6.5　断裂韧性 J_{IC} 测试

美国材料试验学会 (ASTM) 有两个规范针对 J 积分试验. J_{IC} 规范 E813 最初发表于 1981 年而后 1987 年作了修改, E813-87 对韧性裂纹起始扩展的临界 J_{IC} 测试方法作了规范说明.

1987 年美国材料试验学会同时发表了 J_R 阻力曲线测试规范 E1152-87. 这个规范涉及的是完整的 J_R 阻力曲线, 因此, 采用的方法与 J_{IC} 测试方法是相似的.

J_{IC} 和 J_R 曲线测试既可以用于韧性材料也可以用于下平台和韧脆转变区域的金属材料.

6.5.1 早期 J_{IC} 测试方法

Begley 和 Landes[14] 首先提出了 J_{IC} 试验方法, 也就是多试样测试方法. 这个方法基于方程 (6.19).

试验通常是在指定位移或指定载荷条件下进行的. 如图 6.10(a) 和 6.10(b) 所示, 考察裂纹长度为 a 及 $a+\Delta a$ 的两条载荷–挠度曲线.

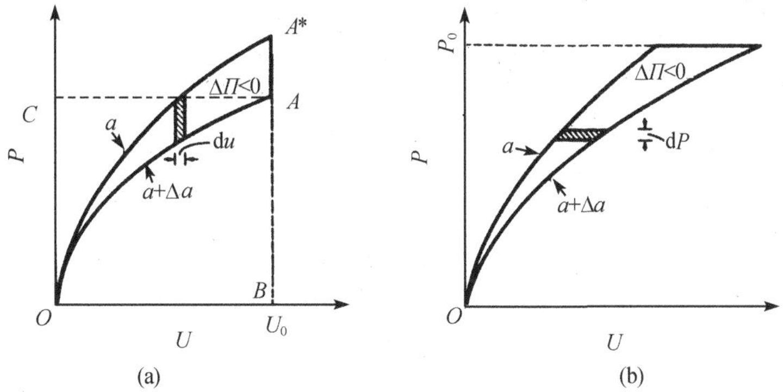

图 6.10 载荷–位移曲线

单位厚度试件的应变能 U 为

$$U=\int_{\Omega} W\mathrm{d}\Omega \tag{6.83}$$

式中, W 是应变能密度. U 等于 P-Δ 曲线下的曲线三角形 OAB 面积, 而外力势 P-Δ 等于矩形 $OBACO$ 面积这样单位厚度试件总势能 Π 等于负的 OAC 面积.

对于指定位移, 裂纹长度从 a 扩展到 $a+\Delta a$ 引起的总势能改变恰好等于 $\widehat{OAA^*O}$ 所围面积

$$J=-\left(\frac{\partial \Pi}{\partial a}\right)_{\Delta}=-\int_{0}^{\Delta}\frac{\partial P}{\partial a}\mathrm{d}\Delta \tag{6.84}$$

式中, 载荷 P 是 Δ 及 a 的函数, 可以通过实验直接测定. 3 点弯曲试样和紧凑拉伸试样, P 可直接取为外载, 在一般情况下, P 可看作是广义力, 而 Δ 可看作是广义位移.

类似的可以证明, 对于给定载荷的情况,

$$J=-\left(\frac{\partial \Pi}{\partial a}\right)_{P}=\int_{0}^{p}\frac{\partial \Delta}{\partial a}\mathrm{d}P \tag{6.85}$$

式中, Δ 是 P 及 a 的函数, 可以通过实验测度.

为了测定 J_{IC}, 需要制作一批带有不同裂纹长度的试样. 试验程序如下:

1) 将裂纹长度稍有差别的一组试样的载荷–位移曲线记录下来;

2) 对于指定的位移, 计算不同裂纹长度试样的总势能 Π(载荷–挠度曲线的 OAC 面积) 绘制 Π-a 曲线 (如图 6.10 所示);

3) 进一步由 Π-a 曲线及临界点, 确定临界值 $J_{\rm IC}$,

$$J_{\rm IC} = -\left(\frac{\partial \Pi}{\partial a}\right)_{\Delta c} \tag{6.86}$$

式中, Δc 是初始长度为 a 的裂纹起始扩展时刻的位移.

多试样方法试样制备工作量大, 数据处理的工作量也很大, 而且试验精度也不高, 这一方面是由于对于测试数据的微分处理, 另一方面, 不同裂纹长度的试样其性能很难保证完全一样, 因此, 材料断裂性能固有的分散性也会造成误差.

6.5.2　单试样方法

单试样方法是 Rice 等人 [15] 提出来的. 这种方法也是基于公式 (6.84) 和公式 (6.85). 但是这种方法成功之处在于对公式进行了分析和转换.

讨论含深裂纹的弯曲试样, 如图 6.11 所示, 公式 (6.85) 变为

$$J = \int_0^M \left(\frac{\partial \theta}{\partial a}\right)_M {\rm d}M \tag{6.87}$$

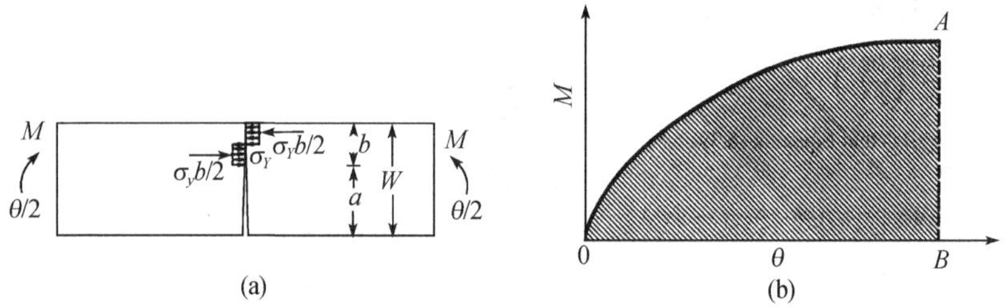

图 6.11

式中, M 是每单位厚度的外加弯矩, θ 是试样两端相对转角. θ 角可以表示为

$$\theta = \theta_{n\rm C} + \theta_{\rm C} \tag{6.88}$$

式中, $\theta_{n\rm C}$ 表示无裂纹试样相对转角, $\theta_{\rm C}$ 是出现裂纹所产生的附加转角. 设想试样的韧带 b 远小于试样高度 W. 公式 (6.87) 可改写为

$$J = \int_0^M \left(\frac{\partial \theta_{\rm C}}{\partial a}\right)_M {\rm d}M \tag{6.89}$$

当试样跨度 L 大于 W 时, 可以认为 $\theta_{\rm C}$ 只依赖于 M/M_0,

$$\theta_{\rm C} = f\left(\frac{M}{M_0}\right) \tag{6.90}$$

式中, M_0 是塑性极限弯矩

$$M_0 = \frac{1}{4}\sigma_{ys}b^2 \tag{6.91}$$

函数 f 依赖于材料弹塑性性质. 由 (6.90) 式得

$$\left(\frac{\partial\theta_{\mathrm{C}}}{\partial a}\right)_M = -\left(\frac{\partial\theta_{\mathrm{C}}}{\partial b}\right)_M = \frac{\partial f}{\partial(M/M_0)}\frac{M}{M_0^2}\cdot\frac{\mathrm{d}M_0}{\mathrm{d}b} \tag{6.92}$$

另一方面,

$$\left(\frac{\partial\theta_{\mathrm{C}}}{\partial M}\right)_a = \frac{1}{M_0}\frac{\partial f}{\partial(M/M_0)} \tag{6.93}$$

将 (6.92) 式和 (6.93) 式代入 (6.89) 式, 得

$$J = \frac{1}{M_0}\frac{\partial M_0}{\partial b}\int_0^{\theta_{\mathrm{C}}} M\mathrm{d}\theta_{\mathrm{C}} = \frac{2}{b}\int_0^{\theta_{\mathrm{C}}} M\mathrm{d}\theta_{\mathrm{C}} \tag{6.94}$$

鉴于试样的韧带尺寸 b 远小于试样高度 W, 因此, 总的转角 θ 可以近似地看作等于 θ_{C}, 所以 (6.94) 可以近似地用下式代替

$$J = \frac{2}{b}\int_0^{\theta} M\mathrm{d}\theta \tag{6.95}$$

公式 (6.95) 中的积分表示弯矩–转角曲线下的面积. 裂纹起始扩展的临界 J_{IC} 为

$$J_{\mathrm{IC}} = \frac{2}{b}\int_0^{\theta_{\mathrm{cr}}} M\mathrm{d}\theta \tag{6.96}$$

式中, $\theta_{\mathrm{C}r}$ 是裂纹起始扩展时刻的总转角.

公式 (6.96) 即是单试样确定材料断裂韧性 J_{IC} 的基本公式.

对于图 6.12 所示的紧凑拉伸试样, Merkle 和 Corten[16] 提出了如下公式

$$J = \frac{2}{b}\int_0^{\Delta} P\mathrm{d}\Delta\frac{1+\beta}{1+\beta^2} \tag{6.97}$$

式中, Δ 是加载点的总位移, 该公式适用于 $a/W > 0.5$ 的情况, 参数 β 为

$$\beta = 2\left[\left(\frac{a}{b}\right)^2 + \left(\frac{a}{b}\right) + \frac{1}{2}\right]^{1/2} - 2\left(\frac{a}{b} + \frac{1}{2}\right) \tag{6.98}$$

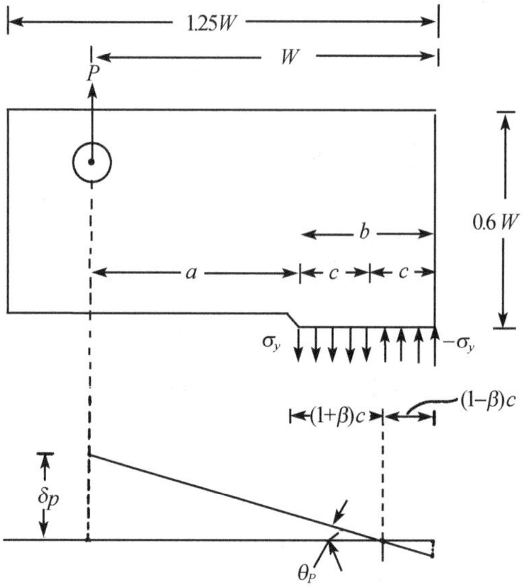

图 6.12

6.5.3　标准试验方法

ASTM E813–87 规定了测定平面应变裂纹起始扩展的 $J_{\rm IC}$ 试验方法. 标准试验推荐两种试样: 3 点弯曲和紧凑拉伸深裂纹试样. 试样厚度 $B = 0.5\ W$, $\dfrac{a}{W}$ 满足如下条件

$$0.5 < \frac{a}{W} < 0.75 \tag{6.99}$$

深裂纹是单试样测定 $J_{\rm IC}$ 公式 (6.95) 及公式 (6.97) 所要求的. 而 $\dfrac{a}{W} < 0.75$ 则是为了保证韧带尺寸 b 能够满足平面应变条件

$$b, B > 25J_{\rm IC}/\sigma_{ys} \tag{6.100}$$

不然的话试样尺寸 W 就要取得很大. 譬如选取 $\dfrac{a}{W} = 0.9$, 则 $\dfrac{b}{W} = 0.1$,

$$W = 10b > 250J_{\rm IC}/\sigma_{ys} \tag{6.101}$$

对于 3 点弯曲试样, 试样跨度 L

$$L = 4.5W > 1125J_{\rm IC}/\sigma_{ys} \tag{6.102}$$

这样试样尺寸对中低强钢会显得相当大.

应该强调指出, 对于平面应变 J_{IC} 测试, 尺寸要求 (6.100) 式比起平面应变 K_{IC} 尺寸要求 (4.10) 式小很多. 事实上, 对弹性材料, 我们有

$$J_{\mathrm{IC}} = \frac{K_{\mathrm{IC}}^2(1-\nu^2)}{E} \tag{6.103}$$

将 (6.103) 式代入 (6.100) 式得

$$b, B > 25\frac{\sigma_{ys}}{E}(1-\nu^2) \times \left(\frac{K_{\mathrm{IC}}}{\sigma_{ys}}\right)^2 \tag{6.104}$$

对中低强钢,

$$\frac{\sigma_{ys}}{E} < 0.25 \times 10^{-2} \tag{6.105}$$

由 (6.104) 式、(6.105) 式及 (4.10) 式可以看出对于中低强钢 J_{IC} 试样尺寸要比 K_{IC} 试样尺寸小 40 倍.

在测试过程中, 试样通常会有一定数量的稳态扩展. 试验终止后, 通过热处理染色或疲劳裂纹扩展再打断试样可以测出稳态裂纹扩展量 Δa.

E813-87 标准程序建议用试验过程中部分卸载法测量弹性柔度, 然后通过柔度标定曲线反推实际裂纹长度及裂纹扩展量 Δa(图 6.13).

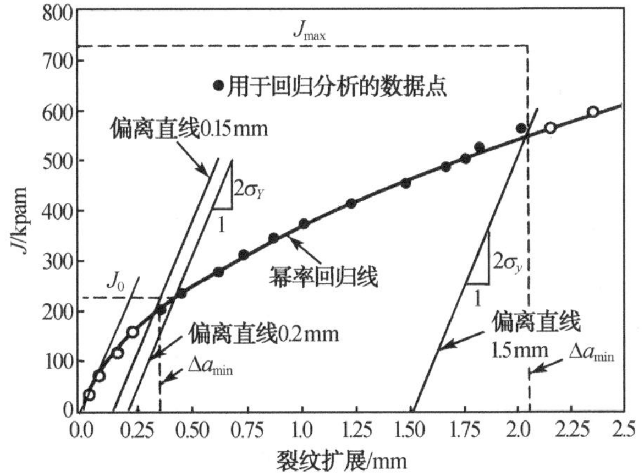

图 6.13

这里所说的裂纹实验长度严格地说是物理等效裂纹长度, 也就是说, 我们忽略了试验过程中不断实施的部分卸载对裂纹尖端材料性能的影响. 当卸载量比较小时, 这种影响是比较小的.

E813-87 试验标准将 J 积分为两部分:

$$J = J_{\mathrm{el}} + J_{\mathrm{pl}} \tag{6.106}$$

式中, J_{el} 是弹性应变的贡献:

$$J_{\mathrm{el}} = \frac{K_I^2(1-\nu)}{E} \tag{6.107}$$

式中, K_{I} 是根据载荷及裂纹几何按线弹性理论标得的应力强度因子. 而 J_{pl} 是根据载荷一位移曲线下的塑性面积 A_{pl}, 依照公式 (6.95) 式或 (6.97) 式计算:

$$J_{pl} = \frac{\eta}{b} A_{\mathrm{p}l} \tag{6.108}$$

式中, η 是量纲为一的常数①,

$$\eta = \begin{cases} 2, & \text{对 3 点弯曲试样} \\ \dfrac{2(1+\beta)}{1+\beta^2}, & \text{对紧凑拉伸试样} \end{cases} \tag{6.109}$$

图 6.14 显示了单位厚度试样所耗散的塑性功 $A_{\mathrm{p}l}$.

对于 J_{IC} 的实验测定, (6.108) 式中的 b 是试样初始的韧带尺寸. 图 6.15 是通过实验资料整理而得的 J 积分对物理裂纹扩展长度关系曲线. J 积分是由 (6.108) 式算得, 而物理裂纹扩展量 Δa 是由载荷–位移曲线上“在位点”通过部分卸载得到“在位点”的试样柔度反推得到的.

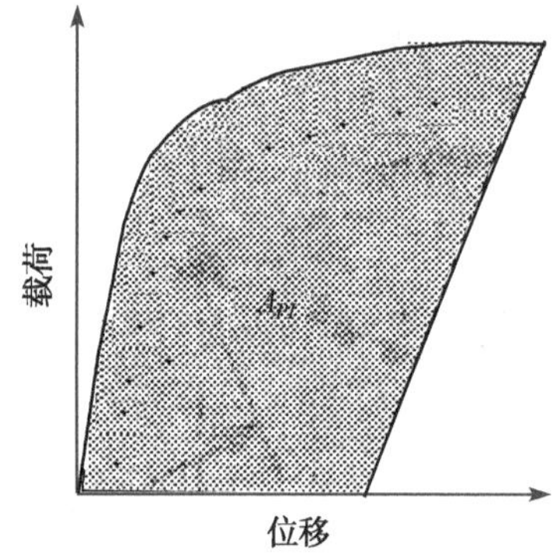

图 6.14

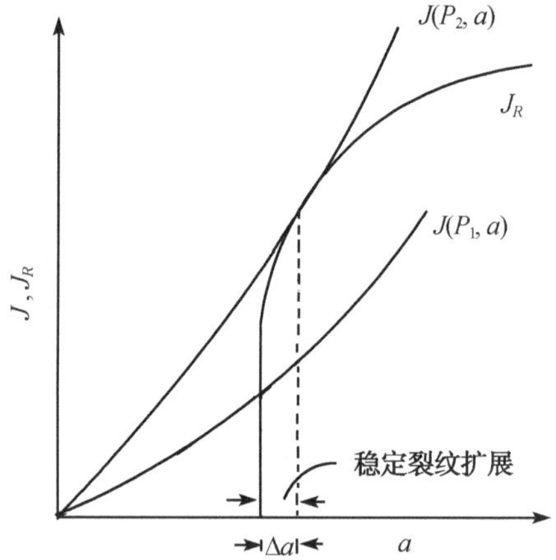

图 6.15

J_R 曲线比较严格的计算, 需要考虑裂纹扩展的影响而用瞬时的韧带 b 代替初始时刻的韧带, 因此 (6.108) 式需要依此一步一步地计算, J-Δa 曲线通常可以用幂次曲线表示

$$J = c_1(\Delta a)^{c_2} \tag{6.110}$$

① β 由公式 (6.98) 确定.

在 J-Δa 曲线上, 作 $\Delta a = 0.2\text{mm}$ 且与裂端钝化曲线相平行的偏置线, 该线与 J-Δa 曲线的交点看作是裂纹"起始"扩展点. 偏置线的斜率是 $2\sigma_{ys}$, 也就是说裂纹钝化曲线的方程为 $J = 2\sigma_{ys}\Delta a$. 依照 Dugdale 模型, 裂纹顶端的张开位移为

$$\delta = J/\sigma_{ys} \tag{6.111}$$

设想裂纹起始扩展前, 物理裂纹扩展量 Δa 是裂纹尖端的张开位移的一半, 因此

$$J = 2\sigma_{ys}(\Delta a)_{\text{钝化}}, \quad (\Delta a)_{\text{钝化}} = J/2\sigma_{ys} \tag{6.112}$$

由此测得的 J_Q 值将被定为材料平面应变裂纹起始扩展的临界值 J_{IC}, 如果下列尺寸要求得以满足

$$B, b_0 \geqslant 25J_Q/\sigma_{ys} \tag{6.113}$$

此外, E813-87 试验标准还规定, 所有用作有效数据的点, 必须落在 $\Delta a = 0.15\text{mm}$ 及 $\Delta a = 1.5\text{mm}$ 两条与裂纹钝化曲线相平行的偏置线之间.

6.6 Dugdale 模型

对于带穿透裂纹的薄板, Dugdale[17] 通过实验观察发现裂纹尖端塑性区, 主要集中在与板面成 45° 方向的切变带上. 切变带的高度大致等于板厚, 如图 2.10 所示. 随着外载的增加, 这条很窄的切变带沿着裂纹延伸面向前扩展, 形成带状屈服区. 在带状屈服区内, 设想 $\sigma_y = \sigma_{ys}$ 带状屈服区模型与 Barenblatt[18] 的内聚力模型十分相似. 后者着眼于对线弹性断裂理论作一个新的理论概述. Bilby 等 [19] 从位错连续统连续统理论出发, 对带状屈服区作了详细分析. BCS 模型 [19] 假定沿着裂纹及带状屈服区内, 存在着连续分布位错. 位错密度分布函数由受载条件及带状屈服区内屈服条件决定.

公式 (2.110) 已经给出了 Dugdale 模型的塑性区尺寸:

$$\frac{a}{c} = \cos\left(\frac{\pi\sigma}{2\sigma_{ys}}\right) \tag{6.114}$$

现在进一步分析裂纹顶端的张开位移.

为了考察裂纹顶端的张开位移. 需要求得复势函数 $\varPhi(z)$ 和 $\varOmega(z)$. 楔力 P 引起的复势函数已由 (3.40) 式给出

$$\varPhi(z) = \varOmega(z) = -\frac{P}{2\pi}\frac{\sqrt{c^2 - x^2}}{\sqrt{z^2 - c^2}(x - z)} \tag{6.115}$$

由此不难推出, 对于本节讨论的 Dugdale 模型有

$$\begin{aligned}\varPhi(z)=\varOmega(z)&=\frac{\sigma_{ys}}{2\pi}\int_a^c\frac{2z}{\sqrt{z^2-c^2}}\frac{\sqrt{c^2-x^2}}{(x^2-z^2)}\mathrm{d}x+\frac{\sigma z}{2\sqrt{z^2-c^2}}\\&=\frac{\sigma_{ys}}{2\pi}\{I(c,z)-I(a,z)\}+\frac{\sigma z}{2\sqrt{z^2-c^2}}\end{aligned}\tag{6.116}$$

式中,

$$\begin{aligned}I(t,z)&=\frac{2z}{\sqrt{z^2-c^2}}\cdot\int_0^t\frac{\sqrt{c^2-x^2}}{x^2-z^2}\mathrm{d}x\\&=\left\{\arcsin\frac{c^2+zt}{c(z+t)}-\arcsin\frac{c^2-zt}{c(z-t)}\right\}-\frac{2z}{\sqrt{z^2-c^2}}\arcsin\frac{t}{c}\end{aligned}\tag{6.117}$$

利用 (6.114) 式, 最终得

$$\varPhi(z)=\varOmega(z)=\frac{\sigma_{ys}}{2\pi}\{\pi-I_1(a,z)\}\tag{6.118}$$

式中,

$$I_1(t,z)=\arcsin\frac{c^2+zt}{c(z+t)}-\arcsin\frac{c^2-zt}{c(z-t)}\tag{6.119}$$

进而得到

$$\phi(z)=\omega(z)=\frac{\sigma_{ys}}{2\pi}\{\pi z-I_2(a,z)\}\tag{6.120}$$

式中,

$$\begin{aligned}I_2(t,z)&=\int I_1(t,z)\mathrm{d}z\\&=(z+t)\arcsin\frac{c^2+zt}{c(z+t)}-(z-t)\arcsin\frac{c^2-zt}{a(z-t)}\end{aligned}\tag{6.121}$$

由 (3.20) 式, 导出真实裂纹顶端的张开位移为

$$\delta=2\lim_{x\to a}v=\frac{(\kappa+1)}{\mu}\frac{\sigma_{ys}}{2\pi}(2a)\ln\frac{c}{a}\tag{6.122}$$

对于平面应变有

$$\delta=\frac{(1-\nu^2)}{\pi E}8\sigma_{ys}a\ln\frac{c}{a}\tag{6.123a}$$

对平面应力有

$$\delta=\frac{1}{\pi E}8\sigma_{ys}a\ln\frac{c}{a}\tag{6.123b}$$

公式 (6.114) 和公式 (6.123) 即是 Dugdale 模型的基本公式.

6.7 带状颈缩区模型

在工程中, 经常用到带裂纹的薄板、薄壁结构. 对于韧性较好的材料, 裂纹在起始扩展前就有很大的塑性区. 尤其当初始裂纹尺寸比较小时, 裂纹起始扩展往往会在全面屈服情况下, 此时平面应变的线弹性断裂理论已不再适用, 必须研究平面应力弹塑性断裂理论.

在低应力破坏时, 基于 Dugdale 模型和裂纹顶端张开位移准则所推得的起裂载荷与大量实验符合良好. 但是对于短裂纹, 塑性区往往不限于裂纹延伸面, 而向着与裂纹延伸线大约成 50° 方向发展成两条剪切带 [20], Dugdale 模型不再适用.

Schaeffer 等 [20] 对薄钢板进行裂纹张开位移 (COD) 的实验研究, 发现对于应变硬化材料裂纹顶端前方应力达到强度极限后处于颈缩流动状态, 在裂纹延伸面上形成一条带状颈缩区, 颈缩区埋在塑性区内, 如图 6.16 所示.

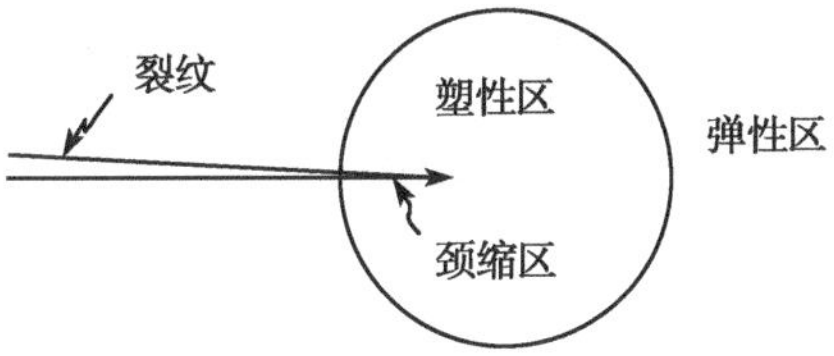

图 6.16

徐纪森和王自强 [21] 据此提出了带状颈缩区模型. 一般中低强度工程材料, 光滑试样的单轴拉伸曲线如图 6.17 曲线 (c) 所示. B 点是最大载荷点, 对应于极限强度 σ_u, 从 B 点开始出现颈缩. 考虑试样颈缩后, 应力软化比较缓慢, 因此, 不妨用图 6.17 中曲线 (a) 来近似代替曲线 (c). 这样采用 Tresca 屈服准则, 对于平面应力情况, 在颈缩区内有 $\sigma_y = \sigma_u$.

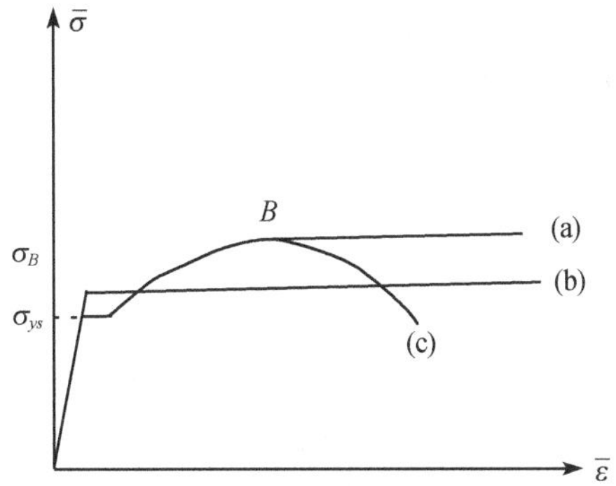

图 6.17

带状颈缩区模型设想颈缩区很窄, 其高度可近似取为零. 这样真实裂纹与带状颈缩区一起看作是等效裂纹. 在等效裂纹顶端应力、应变是有限的, 而颈缩区上下两岸法向位移是间断的.

带状颈缩区之外的塑性区可以是任意形状, 需要用弹塑性理论进行分析.

对于幂硬化材料, 裂纹顶端的位移场由 (6.58) 式表示,

$$u_i = \frac{J}{\sigma_0 I_n}\left(\frac{\alpha\sigma_0\varepsilon_0 I_n r}{J}\right)^{\frac{1}{n+1}}\widetilde{u}_i(\theta) \tag{6.124}$$

考察受均匀拉伸应力作用的中心裂纹板. 在外加拉伸应力 σ 和颈缩区上极限强度 σ_u 的作用下, 等效裂纹顶端 J 积分应该为零, 据此, 可以确定颈缩区尺寸.

徐纪林和王自强 [21] 采用塑性形变理论的有限元法, 对带状颈缩区模型进行了分析. 材料屈服极限 $\sigma_{ys} = 47.0\times10^2$MPa, 极限强度 $\sigma_u = 59.4\times10^2$MPa, 应变硬化指数 $n = 7.75$. 板的半宽 $b = 460$mm, 裂纹半长 $a = 57.5$mm.

图 6.18 给出了标称应变 ε 与裂纹顶端张开位移无量纲参数 $\Phi = \dfrac{\delta}{2\pi a}$ 之间的关系曲线. 图中同时给出了文献 [22] 的实验结果, 二者基本上一致. 图中 y 是标称应变量测点的标距.

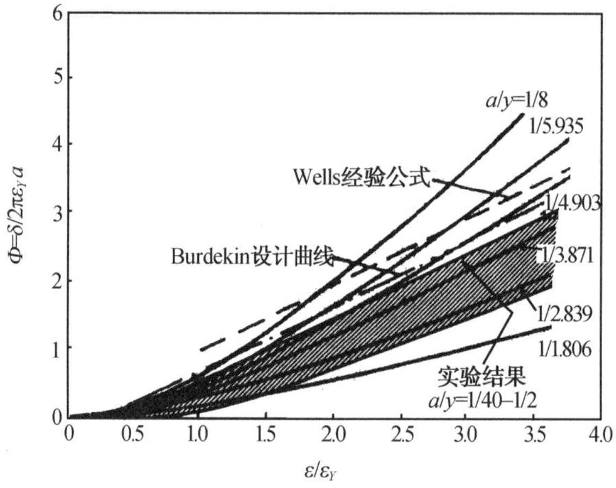

图 6.18

图 6.19 给出了不同载荷下计算所得塑性区分布, 可以看出塑性区并不限于裂纹延伸面上, 而正如 Burdekin 和 Stone[23] 所观察到的那样, 塑性区向着与裂纹大约成 50° 方向发展成两条剪切带 (图 6.20).

文献 [21] 进而采用弹塑性增量理论有限元法对带状颈缩区模型进行了分析.

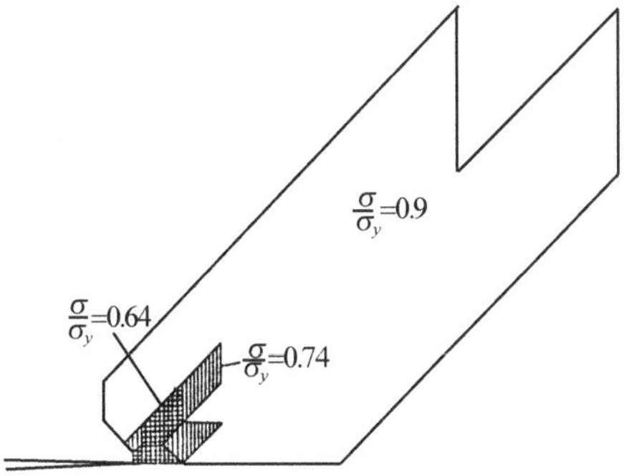

图 6.19

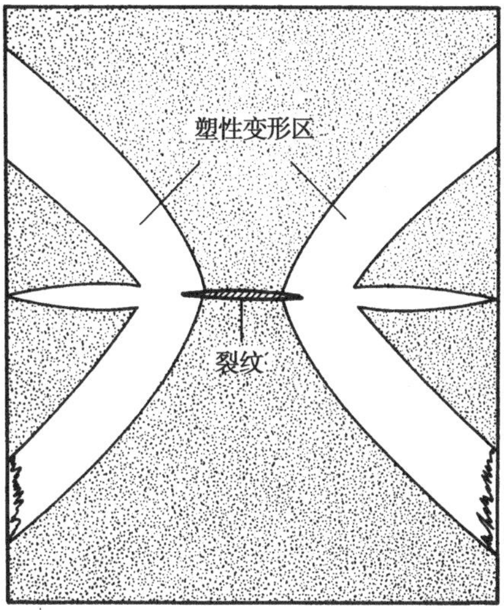

图 6.20

Lebey 和 Roche[24] 对两种材料, 进行了中心裂纹板材试件的均匀拉伸试验. 测量了裂纹起裂时, 裂纹中心张开位移 Δ_i, 外加均匀应力 (名义应力)$\sigma_{i(名)}$ 和净截面应力 $\sigma_{i(净)}$. 由 Δ_i 基于带状颈缩区模型, 可以算得 $\sigma_{i(名)}$ 和 $\sigma_{i(净)}$. 实测结果与计算结果均列于表 6.2, 两者符合得比较好, 差别小于 10%.

表 6.1 试件材料性能 [24]

试件号	σ_{ys}/MPa	σ_u/MPa	最大载荷处延伸率	应变硬化指数 n
1	28.5	42.0	0.23	5.0
2	28.5	42.0	0.23	5.0
3	38.0	46.0	0.10	10.5
4	38.0	46.0	0.10	10.5

表 6.2　理论与实验结果比较

试件号	中心裂纹长 $2a$/mm	起始扩展时裂纹中心位移 Δ_{li}/mm	实验 [24] $\sigma_{i(名)}$ /MPa	实验 [24] $\sigma_{i(净)}$ /MPa	计算 [21] $\sigma_{i(名)}$ /MPa	计算 [21] $\sigma_{i(净)}$ /MPa
9	10	1.6	28.4	31.0	31.1	33.9
12	50	1.7	18.8	32.2	20.3	34.8
7	10	1.0	38	41.5	38.8	42.3
8	50	1.18	25.3	43.4	25.3	43.4

6.8　裂纹张开位移准则

6.8.1　方法概述

当裂纹起始扩展发生在大范围屈服和全面屈服的情况下, 采用裂纹顶端的张开位移准则是比较方便的. Wells[25] 和 Cottrell[26] 首先引入了临界张开位移概念. 他们认为当塑性变形很大时, 裂纹的扩展是通过主裂纹与裂纹前方的微空洞连接合并而促成的, 因此, 塑性应变将起主导作用. 在这种情况下, 裂纹顶端的张开位移可以比较好的刻划裂纹顶端的塑性变形. 为此, 他们建议对于一定的温度, 板厚, 应变率和环境, 当裂纹顶端的张开位移达到临界值 $\delta_{\rm C}$ 时, 裂纹将起始扩展.

$$\delta = \delta_{\rm C}$$

式中, δ 是裂纹顶端的张开位移, 而 $\delta_{\rm C}$ 是一个材料常数, 它不依赖试样几何及裂纹长度.

基于 Dugdale 模型和 J 积分原理, 公式 (6.28) 给出了裂纹顶端的张开位移公式

$$\delta = J/\sigma_{ys} \tag{6.125}$$

再由公式 (6.25), 得

$$\delta = J/\sigma_{ys} = \frac{(1-\nu^2)}{E\sigma_{ys}}K_{\rm I}^2 \tag{6.126}$$

以上公式确立了平面应变, 小范围屈服条状下裂纹顶端张开位移与应力强度因子之间的关系, 对于平面应力情况, 有

$$\delta = \frac{K_{\rm I}^2}{E\sigma_{ys}} \tag{6.127}$$

由 (6.126) 式和 (6.127) 式看出, 在小范围屈服条件下, 裂纹顶端张开位移准则是与应力强度因子准则是一致的.

对于含中心裂纹的薄板试样, 公式 (6.114) 和公式 (6.123) 给出了 Dugdale 模型裂纹顶端张开位移公式

$$\delta = \frac{8\sigma_{ys}}{\pi E} a \ln\sec\left(\frac{\pi\sigma}{2\sigma_{ys}}\right) \tag{6.128}$$

对于给定的 δ_C, 由公式 (6.128) 可以直接求得裂纹起始扩展的临界载荷 σ_C.

公式 (6.128) 在预报压力容器的脆性和半脆性断裂载荷方面, 得到了实验验证. 实验证实脆性断裂发生在裂纹顶端的张开位移达到临界值 δ_C 的时候, 并且这个 δ_C 与实验室小试样测得的 δ_C 相同 [27]. 该公式在压力容器的断裂分析中得到了广泛应用 [28].

6.8.2 COD 设计曲线

对于大范围屈服和全面屈服的情况, 建立标称应变 ε 与裂纹顶端张开位移 δ 及裂纹尺寸 a 之间的关系曲线是有意义的.

Burdekin 和 Stone[23] 利用 Dugdale 模型建立了标称应变的计算公式

$$\frac{\varepsilon}{\varepsilon_Y} = \frac{2}{\pi}\left\{2n\operatorname{arcoth}\left[\frac{1}{n}\sqrt{\frac{k^2+n^2}{1-k^2}}\right] + (1-\nu)\operatorname{arccot}\left[\sqrt{\frac{k^2+n^2}{1-k^2}}\right] + \nu\arccos k\right\} \tag{6.129}$$

式中,

$$n = \frac{a}{y}, \quad k = \cos\left(\frac{\pi\sigma}{2\sigma_Y}\right), \quad \varepsilon_Y = \frac{\sigma_Y}{E} \tag{6.130}$$

对于给定的标距 y, 由 (6.128) 式和 (6.129) 式可以求得不同远场应力 σ 所对应的裂端张开位移及标称应变, 由此可以建立量纲为一裂纹顶端张开位移 Φ 与量纲为一标称应变的关系曲线, 如图 6.21 所示.

根据图 6.21 的曲线, 由临界裂纹顶端张开位移 δ_C 及裂纹长度 a, 就可以确定所允许的标称应变.

δ_C 与临界标称应变的宽板实验资料落在图 6.22 带阴影的分散带中. 从图上清楚地看出 Dugdale 模型的计算曲线远远高于实验资料, 因此, 对大范围屈服和全面屈服情况, Dugdale 模型是不合适的, 而图 6.18 表明, 徐纪林和王自强 [21] 提出的带状颈缩模型计算所得的曲线与宽板的实验资料基本相符. 如果依照宽板材料的拉伸曲线进行仿真模拟, 就有可能得到更好的理论预测.

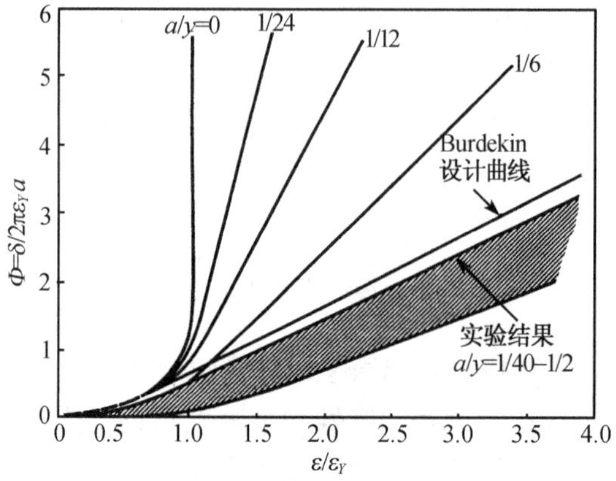

图 6.21

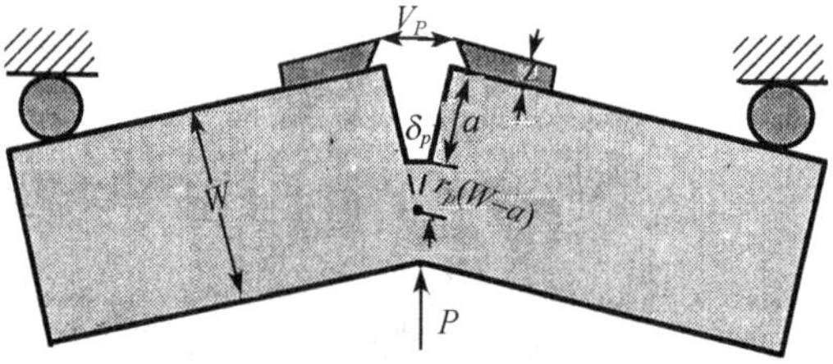

图 6.22

Dawes[29] 根据实验资料, 提出了如下经验公式

$$\varPhi=\frac{\delta}{2\pi a\varepsilon_Y}=\begin{cases}\left(\dfrac{\varepsilon}{\varepsilon_Y}\right)^2, & \dfrac{\varepsilon}{\varepsilon_Y}<0.5\\ \dfrac{\varepsilon}{\varepsilon_Y}-0.25, & \dfrac{\varepsilon}{\varepsilon_Y}>0.5\end{cases}\tag{6.131}$$

该公式提供了 COD 设计曲线.

Dawes[30] 认为对小裂纹, 当外加应力 σ 小于屈服应力时, 远处应变 ε 为

$$\frac{\varepsilon}{\varepsilon_Y}=\frac{\sigma}{\sigma_Y}\tag{6.132}$$

将上式代入 (6.131) 式得

$$\varPhi=\begin{cases}\left(\dfrac{\sigma}{\sigma_Y}\right)^2, & \dfrac{\sigma}{\sigma_Y}<0.5\\ \dfrac{\sigma}{\sigma_Y}-0.25, & 0.5<\dfrac{\sigma}{\sigma_Y}<1\end{cases}\tag{6.133}$$

由 (6.133) 得到最大可允许裂纹尺寸 $a_{\max}$ 为

$$a_{\max} = \begin{cases} \dfrac{\delta_{\mathrm{C}} E \sigma_Y}{2\pi\sigma^2}, & \dfrac{\sigma}{\sigma_Y} < 0.5 \\ \dfrac{\delta_{\mathrm{C}} E}{2\pi(\sigma - 0.25\sigma_Y)}, & 0.5 < \dfrac{\sigma}{\sigma_Y} < 1 \end{cases} \tag{6.134}$$

6.8.3 COD 试验

英国 1979 年首先建立了 COD 试验规范 BS5762[31], 1989 年, 美国 ASTM 提出了相应的试验规范 E1290-89[32]. 英国的试验规范只使用单边裂纹试样 (SENB) 而美国的试验规范还采用紧凑拉伸试样.

实验的裂端张开位移 δ 由两部分确定:

$$\delta = \delta_{\mathrm{e}} + \delta_p \tag{6.135}$$

式中,

$$\delta_{\mathrm{e}} = \frac{K^2(1-\nu^2)}{2\sigma_Y E} \tag{6.136}$$

式中, 因子 1/2 是根据 Irwin 的塑性区修正概念导出的裂端张开位移公式借鉴而来的, K 是由外加载荷依照线弹性理论算得的应力强度因子. δ_p 是设想试样绕着一个塑性铰旋转一定角度而得的.

塑性铰的概念可以通过图 6.22 的 3 点弯曲试样来说明, 裂端的塑性张开位移 δ_p 为

$$\delta_p = \frac{r_p(W-a)V_p}{r_p(W-a)+a+Z} \tag{6.137}$$

式中, r_p 为塑性转动因子, 它表征塑性铰所在位置距裂端 $r_p(W-a)$; V_p 是夹式引伸计口端的张开位移 (裂纹嘴张开位移), 它是通过贴有电阻应变片的引伸计测得的.

ASTM E1290 对 3 点弯曲试样建议 $r_p = 0.44$, 对紧凑拉伸试样, 则建议如下公式:

$$r_p = 0.4\left\{1 + 2\sqrt{0.5\frac{a}{w} + \left(\frac{a}{w}\right)^2} - 2\left(0.5 + \frac{a}{w}\right)\right\} \tag{6.138}$$

本章介绍了平面应变和平面应力两种典型情况. 对于一般的弹塑性裂纹问题, 横向约束效应沿着裂纹前沿线是变化的, 即使对含穿透裂纹的厚板, 在板的中央, 横向约束是最强的, 可以看作是平面应变状态, 而在板的前后表面, 横向约束为零. 所以横向约束效应呈现三维特征.

对于三维约束效应, 采用有限元数值分析是比较方便的. 但是数值分析难以对裂纹尖端场的奇异性特征作出精确分析.

郭万林 [33,34] 在本构方程中引入三轴应力约束因子 T_z,

$$T_z = \sigma_z/(\sigma_r + \sigma_\theta) \tag{6.139}$$

T_z 是 z 的函数, 因而裂纹顶端场奇性指数 s 也是 z 的函数. 应力函数 ϕ 可以表示为

$$\phi = K_p r^{2+f(z)} \widetilde{\phi}(\theta, T_z) \tag{6.140}$$

式中, $s = f(z)$, $f(z)$ 是一个待定的函数, 它依赖于 T_z. 如果 T_z 是常数, 则 $f(z)$ 也是常数. 他给出了当 $T_z = 0.3$、0.4 和 0.45 时, 裂纹顶端奇性场的角分布函数及奇性指数 s 值.

一般说来 T_z 不是常数, 此时裂纹顶端奇性场的求解变得十分困难.

参 考 文 献

[1] Rice J R. A path independent integral and the approximate analysis of strain concentration by notch and cracks. J. Appl. Mechanics, 1968, 35: 379.

[2] Cherepanov G P. On crack propagation in solids. Int. J. Solids. Structs., 1969, 5: 863.

[3] Eshelby J D. Energy relation and the energy momentum tensor in continum mechanics. in Inelastic behavior of solids, New York: MicGraw-Hill, 1970, 77.

[4] 杨卫. 宏微观断裂力学. 北京: 国防工业出版社, 1995.

[5] Hutchinson J W. Singular behavior at the end of a tensile crack tip in a hardening materials. J. Mech. Phys. Solids, 1968, 16: 13.

[6] Rice J R, Rosengren G F. Plane strain deformation near a crack tip in a power law hardening material. J. Mech. Phys. Solids, 1968, 16: 1.

[7] Xia L, Wang T C. High order asymptotic analysis for the crack in nonlinear material. Acta Mechanica Sinica, 1992, 8: 156.

[8] Hutchinson J W. Plastic stress and strain field at crack tip. J. Mech, Phys. Solids, 1968, 16: 337–347.

[9] Symington M, Shih C F, Ortiz M. Table of HRR fields. Providence, Bown Reports, 1987, MRG/DMR-8714665/1.

[10] Shih C F, German M D. Reguirements for a one parameter characterigation of crack tip fields by the HRR singularity. Int. J. Fracture, 1981, 17: 27.

[11] Hutchinson J W, Paris P C. Stability analysis of J-controlled crack growth. Elastic-plastic Fructure, ASTM STP 668, 1979: 37.

[12] Paris P C, Tada H, Zahoor A, et al. The theory of instability of the tearing mode of elastic-plastic crack growth. Elastic-Plastic Fracture, ASTM STP 668, 1979: 5

[13] Hutchinson J W. Fundamentals of the phenomenological theory of nonlinear fracture mechanics. J. Appl. Mech., 1983, 50: 1042.

[14] Begley J A, Landes J D. The J integral as a fracture criterion. in Fracture Toughness, ASTM STP 1972, 514: 1.

[15] Rice J R, Paris P C, Merkle J G. Some further results on J-integral analysis and estimates. in Progress in flaw growth and fracture toughness, ASTM STP 536, 1973: 231

[16] Merkle J G, Corten H T. A J-integral analysis for the compact specimen, considering axial force as well as bending effects. J. Pressure Vessel Technology, 1974, 96: 286.

[17] Dugdale D S. Yielding in steel sheets containing slits. J. Mech, Phys, Solids, 1960, 8: 100.

[18] Barenblatt G I. The mathematical theory of eguilibrium cracks in brittle fracture. New York: Academic Press, 1962: 55.

[19] Bilby B A, Cottrell A H, Swinden K H. The spread of plastic yield from a notch. Pro. Roy, Soc. London, Ser, A, 1963, 272: 304.

[20] Schaeffer B J, Liu H W, Ke J S. Deformation and the strip necking zone in a cracked steel sheet. Experimental Mechanics, 1971, 11: 172.

[21] 徐纪林, 王自强. 平面应力的弹塑性断裂模型及其有限元分析. 固体力学学报, 1980, 2: 183.

[22] Dawes M G. Fracture control in high yield strength weldments. Welding Journal Research Suplement, 1974, 53: 369S–379S.

[23] Burdekin F M, Stone D E W. The crack opening displacement approach to fracture mechanics in yielding materials. J. Strain Analysis, 1966, 1: 145.

[24] Lebey J, Roche R. Crack propagation initiation in ductile structures. Proceedings of the Fouth Int. Conference on Fracture, 1977, 3: 47.

[25] Wells A A. Unstable crack propagation in metals: cleavage and fracture. Proceedings of the Crack Propagation Symposium, 1961, 1: 210.

[26] Cottrell A H. Theoretical aspects of radiation damage and brittle fracture in steel pressure vessels. Iron Steel Institute Special Report, 1961, 69: 281.

[27] Hahn G T, Sarrater M, Rosenfield A R. Criteria for crack extension in cylindral pressure vessels. Int. J. Fracture Mechanics, 1969, 5: 187–210.

[28] Folias E S. Fracture in pressure vessels. Thin shell structures. Englewood cliffs: Prentice-Hall 1974: 483–518.

[29] Dawes M G, Fracture control in high yield strength weldments. Welding Journal Research Suplement, 1974, 53: 3695.

[30] Dawes M G. The COD design curve, in advances in elastic-plastic fracture mechanics. Applied Science Publishers, 1980: 279.

[31] BS5762. Method for crack opening displacement (COD)testing. British Standards Institution, London, 1979.

[32] ASTM 1989. ASTM standard test method for crack tip opening displacement (CTOD) fracture toughness measurement. E1290-89, Philadelphia, PA.

[33] Guo W L. Elastoplastic three dimensional crack border field-I. singular structure of the field. Engineering Fracture, 1993, 46: 93–104.

[34] Guo W L. Elastoplastic three dimensional crack border field-II. Asymptotic solution for the field. Engineering Fracture, 1993, 46: 105–113.

第 7 章　裂纹顶端弹塑性高阶场

著名的 HRR 奇性场提供了弹塑性断裂力学一个理论基础. J 积分表征了 HRR 奇性场的强度, 可以作为预示裂纹起始扩展的一个控制参量. J 积分作为单参数控制参量的重要条件是 HRR 奇性场的控制区域包围了断裂过程区.

但是 Begley 和 Landes[1]及 Hancock 和 Cowling[2]的实验证实裂纹扩展阻力曲线强烈地依赖于试样几何和加载方式. McMeeking 和 Parks[3]及 Shih 和 German[4]的有限元分析, 有力地证实裂纹顶端的弹塑性应力应变场强烈地依赖于试样几何和载荷水平. 单参数 J 积分难以表征裂纹顶端的弹塑性应力应变场.

1986 年李尧臣和王自强[5]建立了裂纹顶端弹塑性高阶场的基本方程, 求得了平面应变问题的二阶场, 证实了二阶场的幅值系数 k_2 在表征中心裂纹顶端弹塑性应力应变场中起着重要的作用. 1991 年 Sharma 和 Aravas[6]的工作, 进一步证实了这些结果.

对平面应变纯 II 型裂纹, 夏霖和王自强[24]进行了高阶场分析, 发现二阶场的影响与纯 I 型裂纹相比是比较小的. 特别是当幂硬化指数 $n < n^*(n^* \approx 5)$ 时, 二阶场的影响可以忽略不计.

对于平面应力纯 I 型裂纹, 李松涛[7], Sharma 和 Aravas[6]及李松涛和王自强[8]进行了弹塑性高阶场分析, 发现二阶场的幅值系数 k_2 不是一个独立参量, 它必须与 HRR 奇性场所对应的弹性应变项相对应. 二阶场对裂纹前方的应力场的影响很小.

夏霖、王自强和施春风[9] 及 Yang 等[10]对裂纹顶端高阶场作了进一步研究, 得到了前 5 项完整结果. 证实了本征级数前 5 项展开式, 只含 3 个独立参数: J, k_2 和 k_4(或 k_5), 前 5 项结果能够很好地描述裂纹前方的弹塑性应力应变场.

Betegon 和 Hancock[11], Ai-Ani 和 Hancock[12]受 Larsson 和 Carlsson[13] 及 Rice[14] 工作的启发, 从另一个角度研究了双参数方法. 他们研究了 T 应力对裂纹顶端弹塑性应力应变场的影响. O'Dowd 和 Shih[15] 指出弹性 T 应力, 只对裂端小范围屈服有明确的定义, 当裂端屈服区比较大乃至全面屈服的情况, T 应力已经失去意义. 他们提出用 J 和 Q 双参数表征裂纹顶端的弹塑性应力应变场, 并提出了相应的双参数弹塑性断裂准则.

基于高阶场的完整分析, 魏悦广和王自强[16]提出了 J-k_2 双参数断裂准则, 该准则以 k_4(或 k_5) 作为辅助参量, 给出了断裂韧性上、下限曲线, 它们很好地预示了

Kirk 等[17] 实验结果.

7.1 高阶场基本方程

考察幂硬化材料, 它遵循 Ramberg-Osgood 单轴拉伸应力–应变关系:

$$\frac{\varepsilon}{\varepsilon_0}=\frac{\sigma}{\sigma_0}+\alpha_0\left(\frac{\sigma}{\sigma_0}\right)^n \tag{7.1}$$

式中, σ_0 是屈服应力, ε_0 是对应的弹性应变 $\varepsilon_0=\sigma_0/E$, n 是应变硬化指数, α_0 是硬化系数.

采用塑性形变理论, 本构方程可以写为

$$\varepsilon_{ij}=\frac{1+\nu}{E}s_{ij}+\frac{1-2\nu}{3E}\sigma_{kk}\delta_{ij}+\frac{3}{2}\alpha_0\varepsilon_0\left(\frac{\sigma_e}{\sigma_0}\right)^{n-1}\frac{s_{ij}}{\sigma_0} \tag{7.2}$$

式中, E 是杨氏模量, ν 是泊松系数, s_{ij} 是应力偏量, σ_e 是等效应力 $\sigma_\mathrm{e}=\sqrt{3s_{ij}s_{ij}/2}$.

对于平面应变, 我们有

$$\varepsilon_{\gamma\beta}=\frac{1+\nu}{E}\sigma_{\gamma\beta}+\frac{\varGamma}{E}\sigma_{\rho\rho}\delta_{\gamma\beta}+\frac{3}{2}\alpha_0\left(\frac{\sigma_\mathrm{e}}{\sigma_0}\right)^{n-1}\frac{P_{\gamma\beta}}{E} \tag{7.3}$$

式中, $\sigma_{\rho\rho}=\sigma_\gamma+\sigma_\theta$, $P_{\gamma\beta}=\sigma_{\gamma\beta}-\dfrac{1}{2}\sigma_{\rho\rho}\delta_{\gamma\beta}$,

$$\varGamma=-\nu(1+\nu)+\left(\frac{1}{2}-\nu\right)^2\frac{\alpha_0\left(\dfrac{\sigma_\mathrm{e}}{\sigma_0}\right)^{n-1}}{\alpha_0\left(\dfrac{\sigma_\mathrm{e}}{\sigma_0}\right)^{n-1}+1}$$

式中, β, γ, ρ 取值 1,2.

对于等效应力 σ_e, 可以导得如下公式:

$$\sigma_\mathrm{e}^2=\frac{3}{4}(\sigma_r-\sigma_\theta)^2+3\tau_{r\theta}^2+\frac{9}{4}s_{33}^2 \tag{7.4}$$

应力分量可用应力函数 φ 表示:

$$\begin{cases}\sigma_r=\dfrac{1}{r}\left(\dfrac{\partial\varphi}{\partial r}+\dfrac{1}{r}\dfrac{\partial^2\varphi}{\partial\theta^2}\right)\\[2ex] \sigma_\theta=\dfrac{\partial^2\varphi}{\partial r^2}\\[2ex] \tau_{r\theta}=-\dfrac{\partial}{\partial r}\left(\dfrac{1}{r}\dfrac{\partial\varphi}{\partial\theta}\right)\end{cases} \tag{7.5}$$

应变协调方程为

$$\frac{1}{r}\frac{\partial^2}{\partial r^2}(r\varepsilon_\theta)+\frac{1}{r^2}\frac{\partial^2\varepsilon_r}{\partial\theta^2}-\frac{1}{r}\frac{\partial\varepsilon_r}{\partial r}-\frac{2}{r^2}\frac{\partial^2(r\varepsilon_{r\theta})}{\partial r\partial\theta}=0 \tag{7.6}$$

令

$$\varphi=\sigma_0\sum_{i=1}^{5}K_i r^{s_i+2}\tilde{\varphi}_i(\theta) \tag{7.7}$$

将上式代入 (7.5) 式, 得

$$\begin{aligned}\frac{\sigma_{\alpha\beta}}{\sigma_0}=&K_1 r^{s_i}\left[\tilde{\sigma}_{\alpha\beta 1}+\eta_1 r^{\Delta s_2}\tilde{\sigma}_{\alpha\beta 2}+\eta_2 r^{\Delta s_3}\tilde{\sigma}_{\alpha\beta 3}\right.\\&\left.+\eta_3 r^{\Delta s_4}\tilde{\sigma}_{\alpha\beta 4}+\eta_4 r^{\Delta s_5}\tilde{\sigma}_{\alpha\beta 5}\right]\end{aligned} \tag{7.8}$$

式中希腊字母下标 α,β 取值 1, 2, 在这里指的是 r,θ.

$$\begin{aligned}\tilde{\sigma}_{ri}&=\ddot{\tilde{\varphi}}_i+(s_i+2)\tilde{\varphi}_i\\\tilde{\sigma}_{\theta i}&=(s_i+2)(s_i+1)\tilde{\varphi}_i\\\tilde{\tau}_{r\theta i}&=-(s_i+1)\dot{\tilde{\varphi}}_i\end{aligned} \tag{7.9}$$

并且 $\Delta s_i=s_i-s_1$, $\eta_i=K_{i+1}/K_1$

$$(\ )^{\cdot}=\frac{\partial}{\partial\theta}(\ )$$

将 (7.8) 式代入 (7.3) 式得

$$\varepsilon_{\alpha\beta}=\varepsilon^{\mathrm{e}}_{\alpha\beta}+\varepsilon^{\mathrm{p}}_{\alpha\beta} \tag{7.10}$$

$$\begin{aligned}\varepsilon^{\mathrm{e}}_{\alpha\beta}=&\varepsilon_0 K_1 r^{s_1}(\tilde{\varepsilon}^{\mathrm{e}}_{\alpha\beta 1}+\eta_1 r^{\Delta s_2}\tilde{\varepsilon}^{\mathrm{e}}_{\alpha\beta 2}+\eta_2 r^{\Delta s_3}\tilde{\varepsilon}^{\mathrm{e}}_{\alpha\beta 3}\\&+\eta_3 r^{\Delta s_4}\tilde{\varepsilon}^{\mathrm{e}}_{\alpha\beta 4}+\eta_4 r^{\Delta s_5}\tilde{\varepsilon}^{\mathrm{e}}_{\alpha\beta 5})\end{aligned} \tag{7.11}$$

$$\begin{aligned}\varepsilon^{p}_{\alpha\beta}=&\alpha\varepsilon_0 K_1^n r^{ns_1}[\tilde{\varepsilon}^{\mathrm{p}}_{\alpha\beta 1}+\eta_1 r^{\Delta s_2}\tilde{\varepsilon}^{\mathrm{p}}_{\alpha\beta 2}+\eta_2 r^{\Delta s_3}\tilde{\varepsilon}^{\mathrm{p}}_{\alpha\beta 3}\\&+\eta_1^2 r^{2\Delta s_2}\tilde{\varepsilon}^{\mathrm{p}}_{\alpha\beta 22}+\eta_1\eta_2 r^{\Delta s_2+\Delta s_3}\tilde{\varepsilon}^{\mathrm{p}}_{\alpha\beta 23}\\&+\eta_3 r^{\Delta s_4}\tilde{\varepsilon}^{\mathrm{p}}_{\alpha\beta 4}+\eta_4 r^{\Delta s_5}\tilde{\varepsilon}^{\mathrm{p}}_{\alpha\beta 5}]\end{aligned} \tag{7.12}$$

式中,

$$\tilde{\varepsilon}^{\mathrm{e}}_{\alpha\beta i}=(1+\nu)\tilde{\sigma}_{\alpha\beta i}+\delta_{\alpha\beta}\mathit{\Gamma}\tilde{\sigma}_{\rho\rho i} \tag{7.13}$$

$$
\left\{
\begin{aligned}
\tilde{\varepsilon}^{\mathrm{p}}_{\alpha\beta1} &= \frac{3}{2}\tilde{\sigma}_{\mathrm{e}_1}^{n-1}\tilde{s}_{\alpha\beta1}\\
\tilde{\varepsilon}^{\mathrm{p}}_{\alpha\beta2} &= \frac{3}{2}\tilde{\sigma}_{\mathrm{e}1}^{n-1}\left[(n-1)\frac{\tilde{\sigma}_{\mathrm{e}12}}{\tilde{\sigma}_{\mathrm{e}1}^2}\tilde{s}_{\alpha\beta1}+\tilde{s}_{\alpha\beta2}\right]\\
\tilde{\varepsilon}^{\mathrm{p}}_{\alpha\beta22} &= \frac{3}{2}\tilde{\sigma}_{\mathrm{e}1}^{n-1}\left\{\frac{(n-1)}{2}\left[\frac{\tilde{\sigma}_{\mathrm{e}22}}{\tilde{\sigma}_{\mathrm{e}1}^2}+(n-3)\frac{\tilde{\sigma}_{\mathrm{e}12}^2}{\tilde{\sigma}_{\mathrm{e}1}^4}\right]\tilde{s}_{\alpha\beta1}\right.\\
&\qquad\left.+(n-1)\frac{\tilde{\sigma}_{\mathrm{e}12}}{\tilde{\sigma}_{\mathrm{e}1}^2}\tilde{s}_{\alpha\beta2}\right\}\\
\tilde{\varepsilon}^{\mathrm{p}}_{\alpha\beta3} &= \frac{3}{2}\tilde{\sigma}_{\mathrm{e}1}^{n-1}\left[(n-1)\frac{\tilde{\sigma}_{\mathrm{e}13}}{\tilde{\sigma}_{\mathrm{e}1}^2}\tilde{s}_{\alpha\beta1}+\tilde{s}_{\alpha\beta3}\right]\\
\tilde{\varepsilon}^{\mathrm{p}}_{\alpha\beta4} &= \frac{3}{2}\tilde{\sigma}_{\mathrm{e}1}^{n-1}\left[(n-1)\frac{\tilde{\sigma}_{\mathrm{e}14}}{\tilde{\sigma}_{\mathrm{e}1}^2}\tilde{s}_{\alpha\beta1}+\tilde{s}_{\alpha\beta4}\right]\\
\tilde{\varepsilon}^{\mathrm{p}}_{\alpha\beta5} &= \frac{3}{2}\tilde{\sigma}_{\mathrm{e}1}^{n-1}\left[(n-1)\frac{\tilde{\sigma}_{\mathrm{e}15}}{\tilde{\sigma}_{\mathrm{e}1}^2}\tilde{s}_{\alpha\beta1}+\tilde{s}_{\alpha\beta5}\right]\\
\tilde{\varepsilon}^{\mathrm{p}}_{\alpha\beta23} &= \frac{3}{2}\tilde{\sigma}_{\mathrm{e}1}^{n-1}(n-1)\left\{\left[\frac{\tilde{\sigma}_{\mathrm{e}23}}{\tilde{\sigma}_{\mathrm{e}1}^2}+(n-3)\frac{\tilde{\sigma}_{\mathrm{e}12}\tilde{\sigma}_{\mathrm{e}13}}{\tilde{\sigma}_{\mathrm{e}1}^4}\right]\tilde{s}_{\alpha\beta1}\right.\\
&\qquad\left.+\frac{\tilde{\sigma}_{\mathrm{e}13}}{\tilde{\sigma}_{\mathrm{e}1}^2}\tilde{s}_{\alpha\beta2}+\frac{\tilde{\sigma}_{\mathrm{e}12}}{\tilde{\sigma}_{\mathrm{e}1}^2}\tilde{s}_{\alpha\beta3}\right\}
\end{aligned}
\right. \tag{7.14}
$$

这里,

$$\tilde{s}_{\alpha\beta i}=\tilde{\sigma}_{\alpha\beta i}-\frac{1}{2}(\tilde{\sigma}_{\rho\rho i})\delta_{\alpha\beta},\ i=1,2,3,4,5,$$

式中, $\tilde{\sigma}_{\mathrm{e}1}$, $\tilde{\sigma}_{\mathrm{e}12}$, $\tilde{\sigma}_{\mathrm{e}22}$, $\tilde{\sigma}_{\mathrm{e}3}$, $\tilde{\sigma}_{\mathrm{e}13}$, $\tilde{\sigma}_{\mathrm{e}14}$ 和 $\tilde{\sigma}_{\mathrm{e}15}$ 的公式见文献 [9].

将 (7.10) 式 ~(7.12) 式代入协调方程, 得

$$
\begin{aligned}
&\alpha_0K_1^nr^{ns_1-2}[\varPi_1^{\mathrm{p}}+\eta_1r^{\Delta s_2}\varPi_2^{\mathrm{p}}+\eta_2r^{\Delta s_3}\varPi_3^{\mathrm{p}}+\eta_3r^{\Delta s_4}\varPi_4^{\mathrm{p}}\\
&+\eta_4r^{\Delta s_5}\varPi_5^{\mathrm{p}}+\eta_1^2r^{2\Delta s_2}\varPi_6^{\mathrm{p}}+\eta_1\eta_2r^{\Delta s_2+\Delta s_3}\varPi_7^{\mathrm{p}}]\\
&+K_1r^{s_1-2}[\varPi_1^{\mathrm{e}}+\eta_1r^{\Delta s_2}\varPi_2^{\mathrm{e}}+\eta_2r^{\Delta s_3}\varPi_3^{\mathrm{e}}+\eta_3r^{\Delta s_4}\varPi_4^{\mathrm{e}}\\
&+\eta_4r^{\Delta s_5}\varPi_5^{\mathrm{e}}]=0
\end{aligned} \tag{7.15}
$$

式中,

$$
\left\{
\begin{aligned}
\varPi_i^{\mathrm{p}} &= (\tilde{\varepsilon}^{\mathrm{p}}_{ri})^{\cdot\cdot}-(ns_1+\Delta s_i)(ns_1+\Delta s_i+2)\tilde{\varepsilon}^{\mathrm{p}}_{ri}-2(ns_1+\Delta s_i+1)(\tilde{\varepsilon}^{\mathrm{p}}_{r\theta i})^{\cdot}\\
\varPi_i^{\mathrm{e}} &= (\tilde{\varepsilon}^{\mathrm{e}}_{ri})^{\cdot\cdot}-(s_1+\Delta s_i)\tilde{\varepsilon}^{\mathrm{e}}_{ri}+(s_1+\Delta s_i)(s_1+\Delta s_i+1)\tilde{\varepsilon}^{\mathrm{e}}_{\theta i}\\
&\quad-2(s_1+\Delta s_i+1)(\tilde{\varepsilon}^{\mathrm{e}}_{r\theta i})^{\cdot},\ i=1,2,3,4,5\\
\varPi_6^{\mathrm{p}} &= (\tilde{\varepsilon}^{\mathrm{p}}_{r22})^{\cdot\cdot}-(ns_1+2\Delta s_2)(ns_1+2\Delta s_2+2)\tilde{\varepsilon}^{\mathrm{p}}_{r22}\\
&\quad-2(ns_1+2\Delta s_2+1)(\tilde{\varepsilon}^{\mathrm{p}}_{r\theta22})^{\cdot}\\
\varPi_7^{\mathrm{p}} &= (\tilde{\varepsilon}^{\mathrm{p}}_{r23})^{\cdot\cdot}-(ns_1+\Delta s_2+\Delta s_3)(ns_1+\Delta s_2+\Delta s_3+2)\tilde{\varepsilon}^{\mathrm{p}}_{r23}\\
&\quad-2(ns_1+\Delta s_2+\Delta s_3+1)(\tilde{\varepsilon}^{\mathrm{p}}_{r\theta23}).
\end{aligned}
\right. \tag{7.16}
$$

裂纹面面力为零条件归结为

$$\tilde{\varphi}_i(\pi) = \dot{\tilde{\varphi}}_i(\pi) = 0 \tag{7.17}$$

对于 I 型裂纹, 在裂纹面延伸面上有对称条件:

$$\dot{\tilde{\varphi}}_i(0) = \dddot{\tilde{\varphi}}_i(0) = 0 \tag{7.18}$$

方程 (7.15) 即是弹塑性高阶场的基本方程, 方程 (7.15) 式 ~(7.18) 式即是高阶场的控制方程.

7.2 一阶场和二阶场

一阶场是本征场, 它的控制方程为

$$\begin{cases} \varPi_1^{\mathrm{p}} = 0 \\ \tilde{\varphi}_1(\pi) = \dot{\tilde{\varphi}}_1(\pi) = 0 \\ \dot{\tilde{\varphi}}_1(0) = \dddot{\tilde{\varphi}}_1(0) = 0 \end{cases} \tag{7.19}$$

只当 s_1 取特征值, $s_1 = -\dfrac{1}{n+1}$ 时, 该方程才有非零解答, 也就是著名的 HRR 奇性场.

考察图 7.1 所示的 J 积分闭合回路 $ABCDEA$, 恒有

$$J^* = \int_{ABCDEA} (W\mathrm{d}y - p_i u_{i,x}\mathrm{d}s) = 0 \tag{7.20}$$

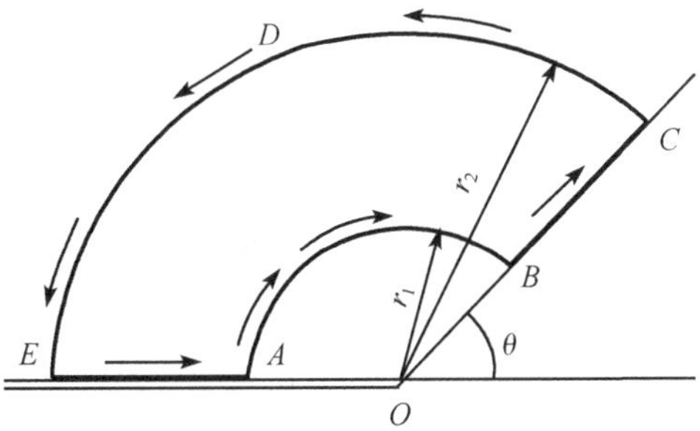

图 7.1 回路积分路程

只考虑 HRR 奇性场, 在裂纹面线段 EA 上积分为零, 在弧 $\overset{\frown}{AB}$ 和 $\overset{\frown}{CDE}$ 上的积分互相抵消, 最后只剩下:

$$\int_{BC} (W\mathrm{d}y - p_i u_{i,x}\mathrm{d}s) = 0$$

上式导致:

$$\int_{r_1}^{r_2} r^{-1}\varPi_1(\theta)\mathrm{d}r = \varPi_1(\theta)\ln\frac{r_2}{r_1} = 0$$

最后得到如下公式:

$$\begin{aligned}\Pi_1(\theta) =& \frac{n}{n+1}\tilde{\sigma}_{\mathrm{e}_1}^{n+1}\sin\theta + [\tilde{\tau}_{r\theta 1}(\tilde{u}_{\theta 1} - \dot{\tilde{u}}_{r1}) - \tilde{\sigma}_{\theta 1}\tilde{\varepsilon}_{\theta 1}]\sin\theta \\ &+ (1+ns_1)(\tilde{\tau}_{r\theta 1}\tilde{u}_{r1} + \tilde{\sigma}_{\theta 1}\tilde{u}_{\theta 1})\cos\theta = 0\end{aligned} \tag{7.21}$$

上式可以用来检验计算结果. 数值计算表明 HRR 场极其精确地满足 (7.21) 式.

二阶场的基本方程为

$$\Pi_2^{\mathrm{p}} = 0 \tag{7.22}$$

结合边界条件 (7.17) 式、(7.18) 式就可以得到二阶场的解答. 二阶场也是本征场, 本征值 s_2 依赖于硬化指数 n, 当 $n=3$, $s_2=-0.01284$; $n=5$, $s_2=0.05456$. 图 7.2 给出二阶场各应力分量的角分布函数, 图中略去了下标 2.

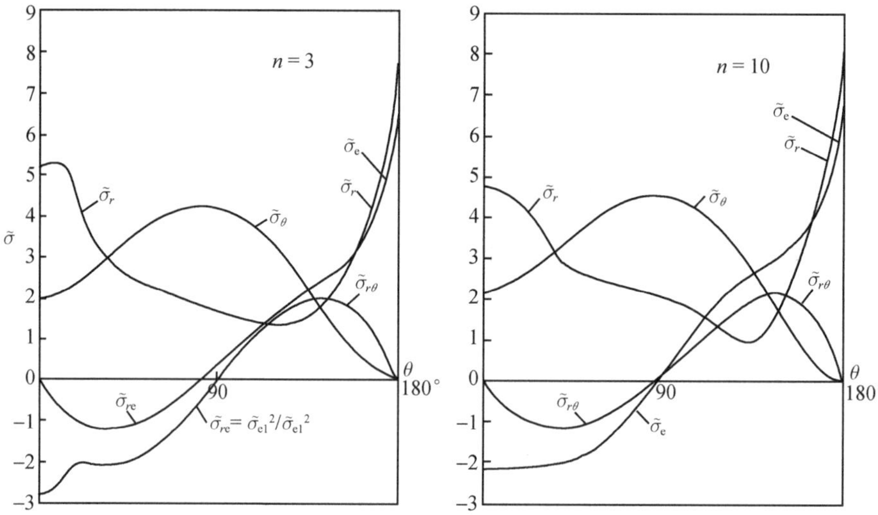

图 7.2　二阶场角分布函数 (图中省略下标 2)

当 $1<n<1.6$ 时, Sharma 和 Araras[6] 发现, 本征值 s_2 所对应的二阶塑性应变 $\varepsilon_{\alpha\beta 2}^{\mathrm{p}}$ 的奇性指数 $ns_1+\Delta s_2=(n-1)s_1+s_2>s_1$. 在这种情况下, 一阶场所对应弹性应变将影响二阶场, 此时基本方程变为

$$\Pi_2^{\mathrm{p}} = -\Pi_1^{\mathrm{e}} \tag{7.23}$$

同时二阶场的幅值系数 K_2 不再是独立参量, 而与一阶场耦合 $K_2=K_1^{2-n}/\alpha_0$.

现在来考察高阶场与 J 积分的联系. 由公式 (6.57) 得

$$K_1 = \left(\frac{J}{\alpha_0\sigma_0\varepsilon_0 I_n}\right)^{\frac{1}{n+1}} \tag{7.24}$$

将 (7.8)~(7.12) 式及相应的位移公式代入 J 积分公式, 则 J 积分也可相应表示为

$$J = J_1 + J_2 r^p + J_3 r^q + \cdots \tag{7.25}$$

式中, J_1、J_2、J_3 均是半径为 r 圆周上的回路积分, 它的起点和终点分别在上、下裂纹面上, J_1 为不依赖路径的 J 积分值. 另有 $0 < p < q$. 由 J 积分的守恒性得知, 对任意的 r, $J \equiv J_1$, 所以

$$J_2 = J_3 = 0 \tag{7.26}$$

由 (7.26) 式, 经过冗长的推导可得

$$\begin{aligned}&\int_{-\pi}^{\pi}\{n\tilde{\sigma}_{\mathrm{e}1}^{n-1}\tilde{\sigma}_{\mathrm{e}12}\cos\theta - \sin\theta[\tilde{\sigma}_{r1}(\tilde{u}_{\theta2} - \dot{\tilde{u}}_{r2}) + \tilde{\sigma}_{r2}(\tilde{u}_{\theta1} - \dot{\tilde{u}}_{r1})\\&- (\tilde{\tau}_{r\theta1}\tilde{\varepsilon}_{\theta2} + \tilde{\tau}_{r\theta2}\tilde{\varepsilon}_{\theta1})] - \cos\theta[(ns_1+1)(\tilde{\sigma}_{r2}\tilde{u}_{r1} + \tilde{\tau}_{r\theta2}\tilde{u}_{\theta1})\\&+ (ns_1 + \Delta s_2 + 1)(\tilde{\sigma}_{r1}\tilde{u}_{r2} + \tilde{\tau}_{r\theta1}\tilde{u}_{\theta2})]\}\mathrm{d}\theta = 0\end{aligned} \tag{7.27}$$

式中, $\tilde{u}_{r1}$, $\tilde{u}_{r2}$, $\tilde{u}_{\theta1}$, $\tilde{u}_{\theta2}$ 由下面的公式确定:

$$\begin{aligned}u_r &= \int \varepsilon_r \mathrm{d}r = \alpha_0\varepsilon_0 K_1^n r^{ns_1+1}\left[\frac{\tilde{\varepsilon}_r^{\mathrm{p}}}{(ns_1+1)} + \frac{\eta_1 r^{\Delta s_2}}{(ns_1+\Delta s_2+1)}\tilde{\varepsilon}_{r2}^{\mathrm{p}}\right.\\&\quad\left. + \frac{\eta_1^2 r^{2\Delta s_2}}{(ns_1+2\Delta s_2+1)}\tilde{\varepsilon}_{r22}^{\mathrm{p}} + \cdots\right]\\&= \alpha_0\varepsilon_0 K_1^n r^{ns_1+1}\times[\tilde{u}_{r1} + \eta_1 r^{\Delta s_2} + \cdots]\end{aligned} \tag{7.28}$$

由此得

$$\tilde{u}_{r1} = \frac{\tilde{\varepsilon}_{r1}}{ns_1+1}, \quad \tilde{u}_{r2} = \frac{\tilde{\varepsilon}_{r2}}{(ns_1+\Delta s_2+1)} \tag{7.29}$$

类似的有

$$\begin{aligned}u_\theta &= r\int\frac{1}{r}\left(2\varepsilon_{r\theta} - \frac{\dot{u}_r}{r}\right)\mathrm{d}r\\&= \alpha_0\varepsilon_0 K_1^n r^{ns_1+1}[\tilde{u}_{\theta1} + \eta_1 r^{\Delta s_2}\tilde{u}_{\theta1} + \cdots]\end{aligned} \tag{7.30}$$

$$\begin{cases}\tilde{u}_{\theta1} = \dfrac{2\tilde{\varepsilon}_{r\theta1} - \dot{\tilde{u}}_{r1}}{ns_1}\\[2ex]\tilde{u}_{\theta2} = \dfrac{2\tilde{\varepsilon}_{r\theta2} - \dot{\tilde{u}}_{r2}}{ns_1+\Delta s_2}\end{cases} \tag{7.31}$$

类似的我们可以考察高阶场对图 7.1 所示的 J^* 积分回路的影响, 可以推得如下公式:

$$\varPi_2(\theta) = \Delta s_2 \int_0^\theta \Sigma_2 \mathrm{d}\theta \tag{7.32a}$$

式中,

$$\begin{aligned}\varPi_2(\theta) = & n\tilde{\sigma}_{\mathrm{e1}}^{n-1}\tilde{\sigma}_{\mathrm{e12}}\sin\theta + \sin\theta[\tilde{\tau}_{r\theta1}(\tilde{u}_{\theta1} - \tilde{u}_{r1}^{\cdot}) \\ & + \tilde{\tau}_{r\theta2}(\tilde{u}_{\theta2} - \tilde{u}_{r2}^{\cdot}) + (ns_1 + 1 + \Delta s_2)\tilde{\sigma}_{\theta1}\tilde{u}_{r2} + (ns_1 + 1)\tilde{\sigma}_{\theta2}\tilde{u}_{r1}] \\ & +\cos\theta[(ns_1+1+\Delta s_2)(\tilde{\tau}_{r\theta1}\tilde{u}_{r2}+\tilde{\sigma}_{\theta1}\tilde{u}_{\theta2}) \\ & + (ns_1+1)(\tilde{\tau}_{r\theta2}\tilde{u}_{r1}+\tilde{\sigma}_{\theta2}\tilde{u}_{\theta1})]\end{aligned} \tag{7.32b}$$

$\Sigma_2(\theta)$ 乃是 (7.27) 式中的被积函数. (7.32) 式可以用来检验二阶场的计算结果.

7.3　高阶场前 5 项完整结果

三阶场控制方程可能跟 (7.15) 式中的下列三项有关:

$\alpha_0 K_1^n r^{ns_1-2}\eta_2 r^{\Delta s_3}\varPi_3^{\mathrm{p}}$, $\alpha_0 K_1^n r^{ns_1-2}\eta_1^2 r^{2\Delta s_2}\varPi_6^{\mathrm{p}}$ 以及 $K_1 r^{s_1-2}\varPi_1^{\mathrm{e}}$. 显然控制方程依赖于硬化指数. 文献 [9] 给出了详细分析, 结果如下:

情况 1: $1.6 < n \leqslant 2.8$

本征方程 $\varPi_3^{\mathrm{p}} = 0$ 所确定的最小本征值 $\Delta s_3 > -(n-1)s_1 = (n-1)/(n+1)$, 这样三阶场不可能是本征场, 而必须与 $\varPi_1^{\mathrm{e}}$ 相耦合, 由此得到三阶场的控制方程为

$$\varPi_3^{\mathrm{p}} = -\varPi_1^{\mathrm{e}} \tag{7.33}$$

而三阶场的幅值系数 $K_3 = K_1^{2-n}/\alpha$.

情况 2: $2.8 < n < 15$

本征方程 $\varPi_3^{\mathrm{p}} = 0$ 所确定的最小本征值 $\Delta s_3 < \dfrac{n-1}{n+1}$, 但 $\Delta s_3 > 2\Delta s_2$, 这样三阶场也不可能是本征场, 而必须与 $\varPi_6^{\mathrm{p}}$ 耦合, 由此推得三阶场控制方程:

$$\varPi_4^{\mathrm{p}} = -\varPi_6^{\mathrm{p}} \tag{7.34}$$

而三阶场的幅值系数 $K_3 = K_2^2/K_1$.

总的说来, 三阶场不是本征场, 它与一阶场或二阶场相耦合.

四阶场、五阶场可以用类似的方法得到. 前 5 阶场的应力角分布函数, 绘于图 7.3 中.

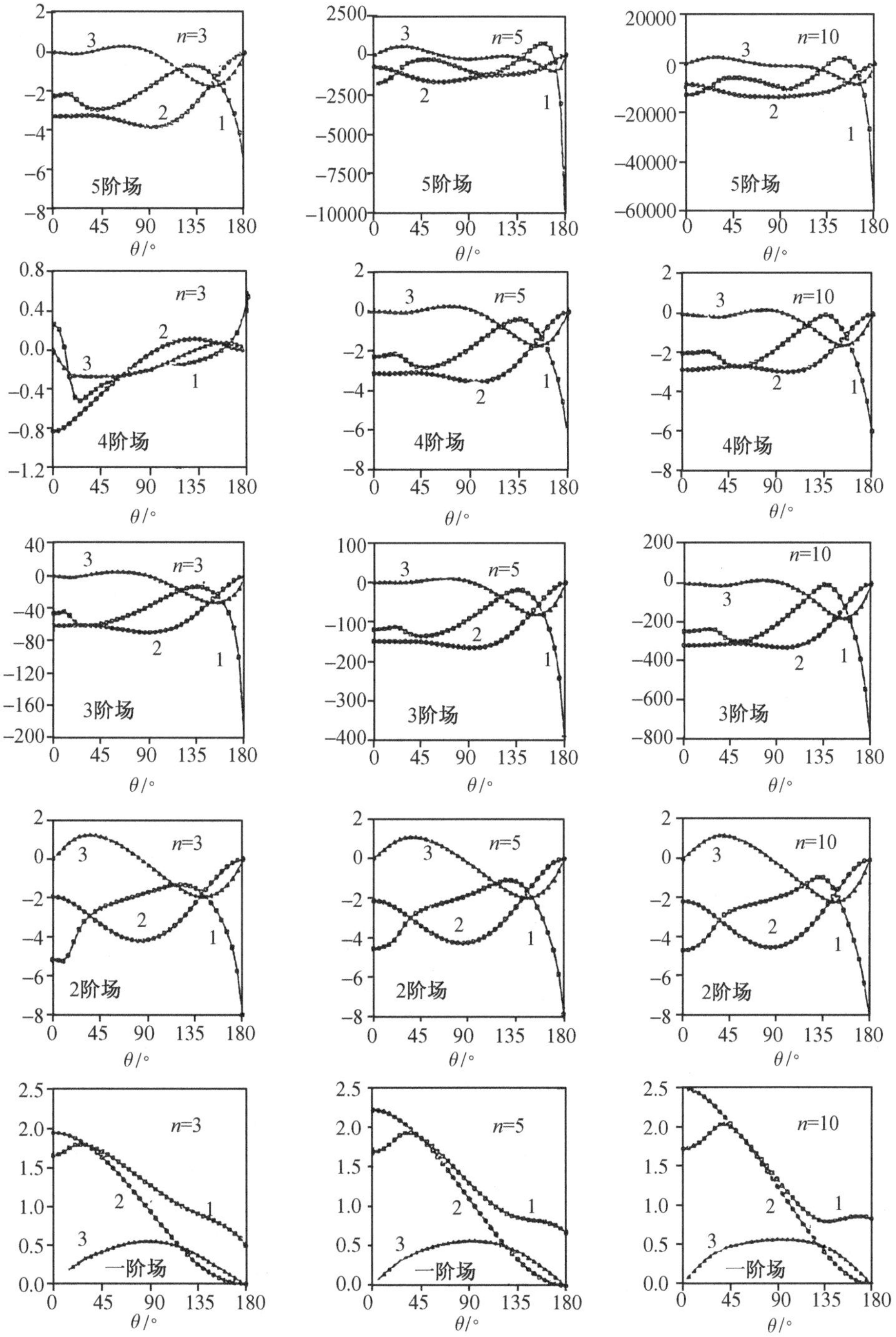

图 7.3 前 5 阶场应力角分布函数[16]

裂纹顶端区域的应力场公式由魏悦广和王自强[16] 给出：

当 $n=3$：

$$\frac{\sigma_{ij}}{\sigma_0}=k_1\bar{r}^{-0.25}\tilde{\sigma}_{ij1}(\theta)+k_2\bar{r}^{-0.013}\tilde{\sigma}_{ij2}(\theta)+\left(\frac{k_2^2}{k_1}\right)\bar{r}^{0.224}\tilde{\sigma}_{ij3}(\theta)+\left(\frac{1}{\alpha_0 k_1}\right)\bar{r}^{0.25}\tilde{\sigma}_{ij4}(\theta)+k_5\bar{r}^{0.382}\tilde{\sigma}_{ij5}(\theta), \tag{7.35}$$

当 $n=5$：

$$\frac{\sigma_{ij}}{\sigma_0}=k_1\bar{r}^{-0.167}\tilde{\sigma}_{ij1}(\theta)+k_2\bar{r}^{0.054}\tilde{\sigma}_{ij2}(\theta)+\left(\frac{k_2^2}{k_1}\right)\bar{r}^{0.276}\tilde{\sigma}_{ij3}(\theta)+k_4\bar{r}^{0.341}\tilde{\sigma}_{ij4}(\theta)+\left(\frac{k_2^3}{k_1^2}\right)\bar{r}^{0.497}\tilde{\sigma}_{ij5}(\theta), \tag{7.36}$$

当 $n=10$：

$$\frac{\sigma_{ij}}{\sigma_0}=k_1\bar{r}^{-0.091}\tilde{\sigma}_{ij1}(\theta)+k_2\bar{r}^{0.070}\tilde{\sigma}_{ij2}(\theta)+\left(\frac{k_2^2}{k_1}\right)\bar{r}^{0.230}\tilde{\sigma}_{ij3}(\theta)+k_4\bar{r}^{0.270}\tilde{\sigma}_{ij4}(\theta)+\left(\frac{k_2^3}{k_1^2}\right)\bar{r}^{0.391}\tilde{\sigma}_{ij5}(\theta), \tag{7.37}$$

式中，$\bar{r}=r\sigma_0/J$，$k_i=K_i(J/\sigma_0)^{s_i}(i=1,2,5$ 对 $n=3$；$i=1,2,4$，对 $n=5,10)$. 从这些公式中看出，前 5 项解只依赖三个独立参量，对 $n=3$，这 3 个独立参量为 J,k_2,k_5；对 $n=5,10$，这 3 个独立参量为 J,k_2,k_4.

现在来考察裂纹顶端应力应变场的表征. 采用精细的有限元方法结合修正的边界层公式，O'Dowd 和 Shih[15] 给出了 6 种 T 应力情况下，裂纹顶端弹塑性应力应变场的数值结果. 数值结果是针对 $n=10$ 的情况进行的，给出的是有限元结果与 HRR 奇性场的差场：

$$(\sigma_{\alpha\beta})_{\text{差场}}=(\sigma_{\alpha\beta})_{\text{MBL}}-(\sigma_{\alpha\beta})_{\text{HRR}} \tag{7.38}$$

在这种情况下，只有 2 个独立参数 k_2 和 k_4 需要确定. 我们约定用 $r\sigma_0/J=2,\theta=0$ 处的 $(\sigma_r)_{\text{差场}}$ 和 $(\sigma_\theta)_{\text{差场}}$ 值来标定 k_2 和 k_4，一旦 k_2 和 k_4 确定下来就可以用公式 (7.37) 来计算裂纹顶端弹塑性应力应变场.

图 7.5 给出了有限元计算结果，而图 7.4 给出了公式 (7.37) 计算结果. 这两组图清楚地显示了，高阶场完整地表征了裂纹顶端区域的应力应变场. 需要指出的是图 7.4 和图 7.5 同时给出了剪应力 $\tau_{r\theta}$ 的周向分布，两者同样符合得相当好.

从这些图上还清楚地看出当 $T/\sigma_0=1$ 时，差场是比较小的，这说明 HRR 奇性场在这种情况下能比较好的表征裂纹顶端的弹塑性应力应变场. 而当 $T/\sigma_0=-1$ 时，差场相当大，这说明在这种情况下，HRR 奇性场难以表征裂纹顶端的弹塑性应力场，而这种情况正好对应低三轴张力情况.

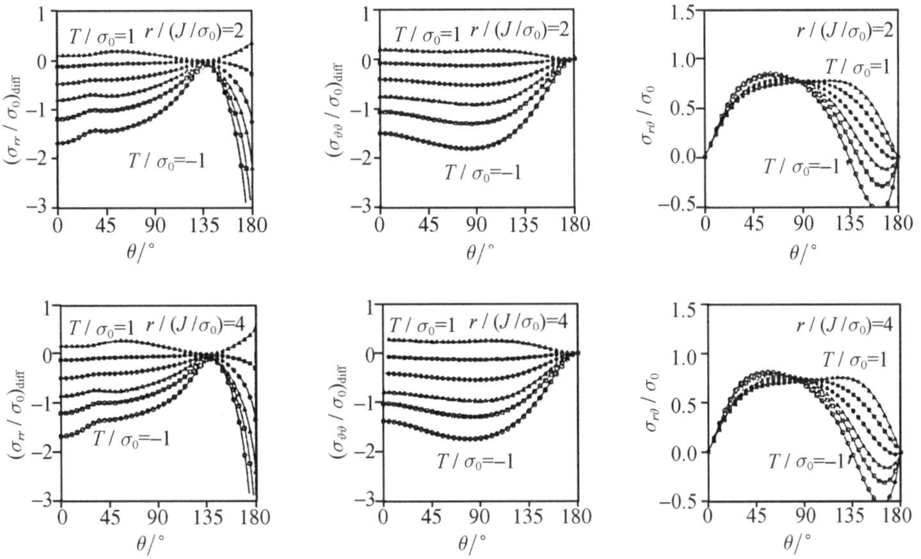

图 7.4　基于高阶场分析的差场结果[16]

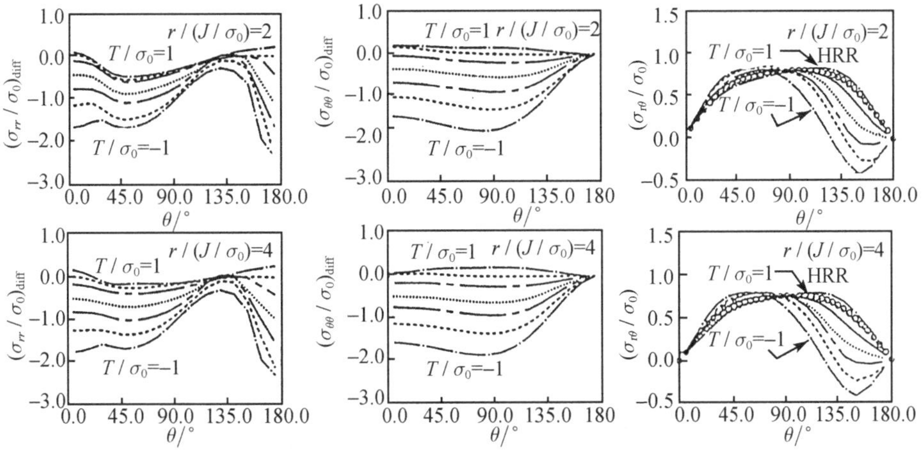

图 7.5　有限元分析得到的差场结果

修正边界层公式, 只适用于裂端塑性区不大的情况. 当裂端塑性区比较大时, 需要直接用有限元针对实际的试样几何计算裂端弹塑性应力应变场.

如图 7.6~ 图 7.8 所示, 魏悦广和王自强[16] 给出不同类型试样几何及不同硬化指数, 有限元计算结果与裂端本征级数展开前 5 项结果的比较 (关于周向应力 σ_θ). 图 7.7 上同时列出了 HRR 奇性场的结果, 该图清楚地说明, HRR 奇性场与裂端弹塑性应力场偏离是很大的, 而前 5 项结果与有限元结果符合得非常好. 图中小空心圆表示有限元计算结果, 实线表示高阶场计算结果, 小圆点表示 HRR 场.

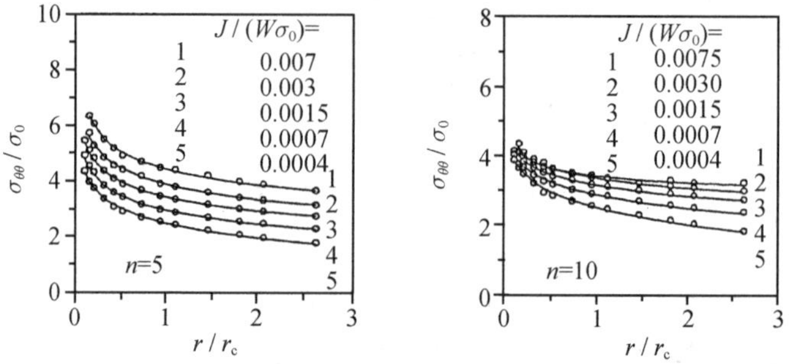

图 7.6 双边裂纹试样高阶场分析与有限元分析的比较, $r_c = 0.01a$

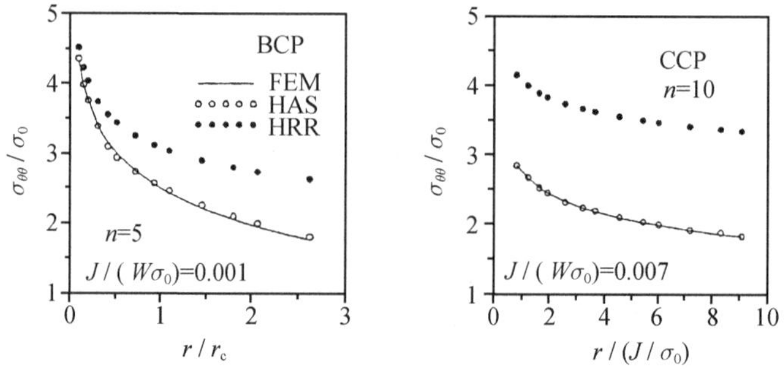

图 7.7 双边裂纹及中心裂纹试样高阶场分析与有限元分析的比较

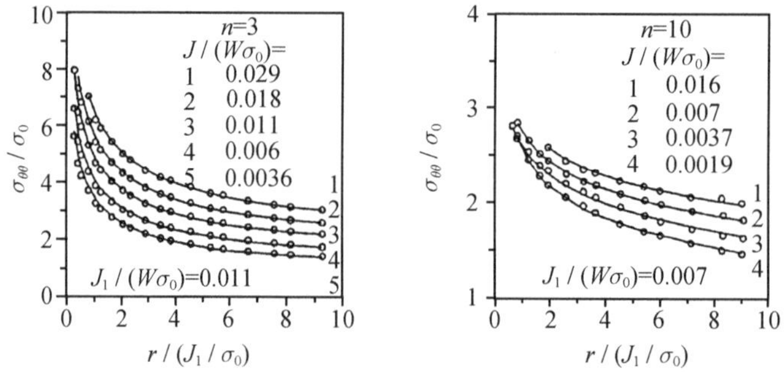

图 7.8 中心裂纹高阶场分析与有限元分析比较

图 7.9 给出了径向应力 σ_r 的比较结果. HRR 场对 CCP 试样同样有很大偏离, 而前 5 项结果与有限元结果符合得相当好, 图中带小三角形的实线表示 HRR 场.

图 7.10 给出了等效塑性应变 $\bar{\varepsilon}^{\mathrm{p}}$ 的比较结果, 前 5 项结果与有限元结果符合得很好.

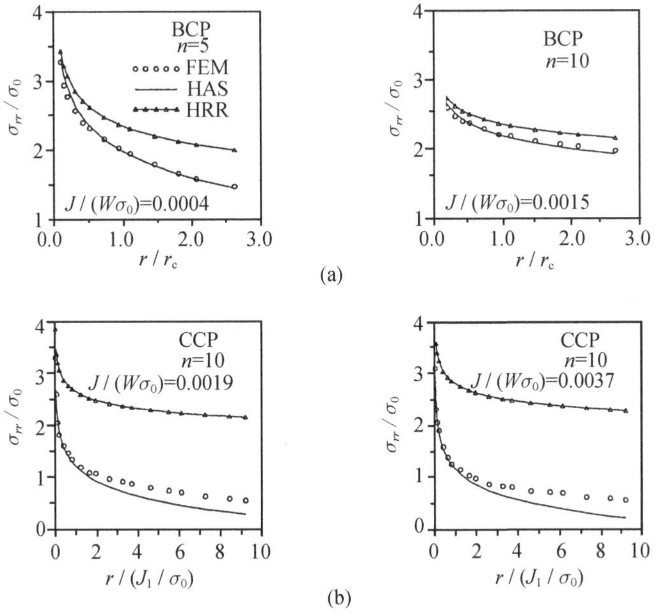

图 7.9 (a) 双边裂纹尖径向应力高阶场与有限元比较 (b) 中心裂纹径向应力高阶场与有限元比较, $J_1/W\sigma_0 = 0.007, r_c = 0.01a$.

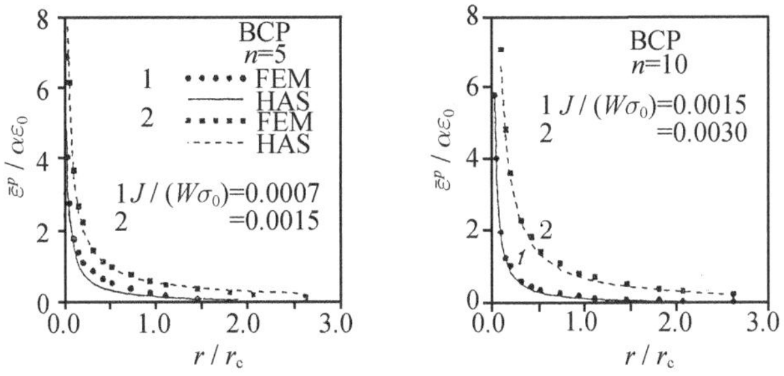

图 7.10 双边裂纹裂尖等效塑性应变高阶场分析与有限元分析的比较

7.4 J-Q 双参数方法

众所周知, 当裂纹顶端区域处于高三轴应力状态, 单参数 J 积分可以相当好的表征裂纹顶端区域的应力应变场. 但是高三轴应力状态只是一种可能的应力状态, 处于弯曲变形的深裂纹试样小范围屈服是一种典型的高三轴应力状态. 中心裂纹试样随着塑性变形增加, 裂纹顶端区域的三轴应力水平不断降低, 其应力状态就会明显偏离 HRR 奇性场.

O'Dowd 和 Shih[15] 基于系统的全场有限元分析, 提出 J-Q 双参数方法. 在这种方法中, J 和 Q 分别起着不同的作用. J 积分控制了高应力应变区的尺寸, 而 Q 表征裂纹顶端区域的约束状态.

7.4.1 *J-Q* 场

Williams[18] 指出, T 应力对裂纹顶端弹性应力场有重要的影响:

$$\sigma_{ij} = \frac{K_{\mathrm{I}}}{\sqrt{2\pi r}}\tilde{\sigma}_{ij}(\theta) + T\delta_{1i}\delta_{1j} \tag{7.39}$$

以上式提供的应力场作为外加远场, 通过有限元方法来分析幂硬化塑性材料的裂端应力应变场. 显然裂端区域的应力应变场除了依赖 J 积分, 还将依赖 T 应力, 裂端区域的应力场可表示为

$$\sigma_{ij} = \sigma_0 f_{ij}\left(\frac{r}{J/\sigma_0}, \theta; \frac{T}{\sigma_0}\right) \tag{7.40}$$

尺度量纲 J/σ_0 的引入, 可以从公式 (6.58) 中看出: HRR 奇性场是一个以 $\sigma_0 r/J$ 为无量纲量的自相似场. 而参量 T/σ_0 提供了表征裂端三轴应力状态的有效方法 (小范围至中范围屈服条件下).

但是当试样进入大范围屈服乃至全面屈服的情况, T 应力已经失去意义, 在这种情况下引入新参量 Q 代替 T 是很自然的.

裂纹前方的环形区域 $|\theta| < \dfrac{\pi}{2}$, $J/\sigma_0 < r < 5J/\sigma_0$ 是物理上重要的断裂过程区, 系统的有限元分析表明, 在这个环形区域内, 差场基本上不依赖于 r, 因此 O'Dowd 和 Shih[15] 设想:

$$(\sigma_{ij})_{\text{差场}} = Q\sigma_0\tilde{\sigma}_{ij}(\theta) \tag{7.41}$$

此处, 函数 $\tilde{\sigma}_{ij}(\theta)$ 已经用 $\tilde{\sigma}_\theta(0) = 1$ 归一化了. 因此可以定义:

$$Q = \frac{\sigma_\theta - (\sigma_\theta)_{\mathrm{HRR}}}{\sigma_0}, \quad \text{当 } \theta = 0, r = 2J/\sigma_0 \tag{7.42}$$

采用小应变 J_2 流动理论, 分析三种典型试样的裂纹顶端区域的应力应变场, 就可以得到 Q 参量随着塑性变形增加的演化规律.

中心裂纹试样不同硬化指数、不同裂纹尺寸、Q 参量的演化规律显示在图 7.11 上. 图 (a) 是针对短裂纹, 图 (c) 针对深裂纹. 从这两个图上清楚看出随着塑性变形的增加, Q 的绝对值越来越大, 差场越来越大, 也就是说 HRR 场越来越偏离真实解. 图 (b) 和 (d) 则是修正边界层的计算结果, 图中给出了 $r = kJ/\sigma_0$, $k = 1, 2, 3, 4$ 和 5 处算得的 Q 值, 从中看出 5 条曲线非常接近, 这说明 J-Q 方法对中心裂纹试样在小范围屈服至中范围屈服情况下具有很好的一致性.

图 7.12 给出了含裂纹三点弯曲试样的 Q 参量演化规律. 从图 (a) 中看出, 对短裂纹, 当塑性变形很大时, 不同位置对 Q 有一定的影响. 图 7.12(b) 和 (c) 显示了

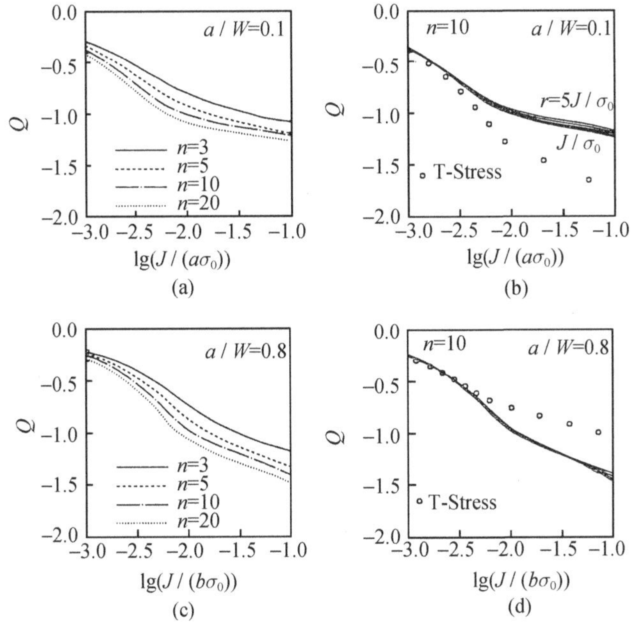

图 7.11 中心裂纹、硬化指数 n 及裂纹尺寸对 Q 值的影响[15]

(a) 短裂纹, $n=3,5,10,20$; (b) 短裂纹, $n=10$, Q 值在 $r/(J/\sigma_0)=1,2,3,4,5$ 不同点上估算; (c) 深裂纹, $n=3,5,10,20$; (d) 深裂纹, $n=10$, Q 在 $r/(J/\sigma_0)=1,2,3,4,5$ 不同点上估算值

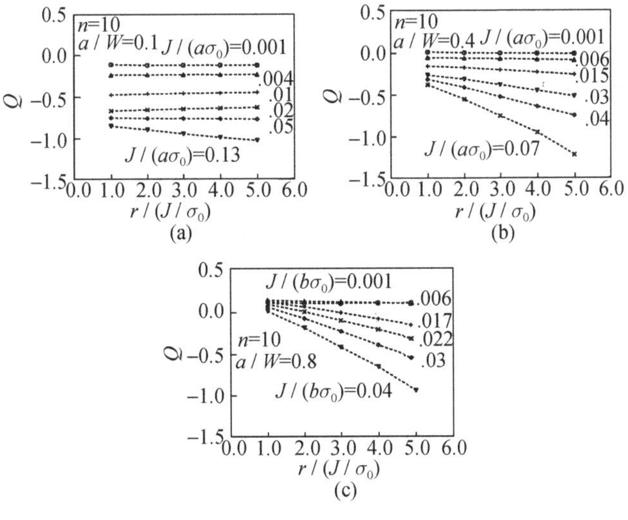

图 7.12 三点弯曲试样, 不同裂纹尺寸, 随着塑性变形增加, Q 在 $r/(J/\sigma_0)$=1, 2, 3, 5 不同点上估算值[15]

(a) 短裂纹; (b) 中裂纹; (c) 深裂纹

当 $a/w = 0.4$ 和 0.8 时不同位置估算的 Q 值. 从中看出, 当塑性变形较大时, Q 参量未能保持一致性, 而有相当大的差别这说明差场明显地依赖 r, 因此公式 (7.41) 对三点弯曲试样需要修正. 也就是说 J-Q 理论对三点弯曲试样有待改进.

7.4.2　*J-Q* 准则

Kirk 等[17] 测量了 A515 钢室温下解理断裂韧性, 考察了裂端约束状况对材料断裂韧性的影响. 试样厚度 B 分别为 10, 25.4 和 50.8mm, $a/w \approx 0.1 \sim 0.5$ 试验结果采集在图 7.13 上.

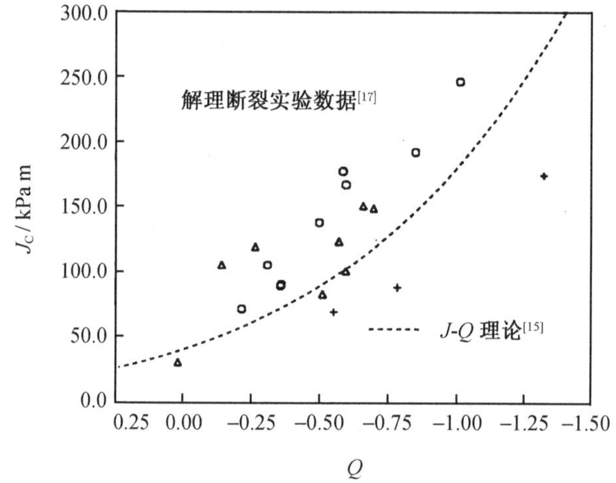

图 7.13　A515 钢材解理断裂的实验数据[17]

实验采用三点弯曲试样, 在 20 ℃下进行. 虚线表示 J-Q 理论预测结果[15]

+ B=10mm, ○ B=25.4mm, △ B=50.8mm(Kirk et al.[17])

对幂硬化材料, 选择 HRR 奇性场作为参照应力场是一种自然的选择, 但对一般工程材料单轴拉伸应力应变曲线不一定遵循幂硬化律. 在这种情况下, 选择以 $K_{\rm I}$ 场提供的应力场作为远场应力算得的弹塑性应力场 $(\sigma_\theta)_{SSY}$ 作为参照应力场将是更合适的:

$$\sigma_{ij} = (\sigma_{ij})_{SSY} + Q\sigma_0\tilde{\sigma}_{ij}(\theta) \tag{7.43}$$

相应的 Q 的定义应改为

$$Q = \frac{\sigma_\theta - (\sigma_\theta)_{SSY}}{\sigma_0}, \quad \text{在 } \theta = 0, r = 2J/\sigma_0 \text{ 处} \tag{7.44}$$

O'Dowd 和 Shih[15] 的数值研究表明 (7.43) 式提供了更加合适的表征 (包括对幂硬化材料), 因此他们的数值研究采用了 (7.44) 式的定义.

Ritchie 等[19] 根据金属材料断裂的微观机制, 提出了在裂端前方临界距离处正应力达到临界值, 裂纹就起始扩展. 依照公式 (6.58) 和公式 (7.41) 有

$$\frac{\sigma_C}{\sigma_0}=\left(\frac{J_C}{\alpha_0\varepsilon_0\sigma_0 I_n r_C}\right)^{1/(n+1)}\tilde{\sigma}_{22}(0)+Q \tag{7.45}$$

式中, r_C 是材料特征尺寸, σ_C 是材料断裂应力. 设想远场应力为 K_I 场的小范围屈服时的临界 J 和 Q 值分别用 J_{IC} 与 Q_C 来表示, 那么由 (7.45) 式可推得

$$\left(\frac{J_C}{J_{IC}}\right)=\left(\frac{\dfrac{\sigma_C}{\sigma_0}-Q}{\dfrac{\sigma_C}{\sigma_0}-Q_C}\right)^{n+1} \tag{7.46}$$

值得注意的是 (7.46) 式并不依赖 r_C.

A515 钢材的应变硬化指数 $n\doteq 5$. 取 $\sigma_C=3.5\sigma_0$, $J_{IC}=40\text{kPam}$, $Q_C=0$, 就得图 7.13 中的虚线, (7.46) 式的 J-Q 理论预示正确地反映了实验结果, 证实了材料断裂韧性与裂端约束的依赖关系.

7.5 J-k 断裂准则

基于高阶场分析结果, 同样可对断裂韧性与裂端区域约束状态的依赖关系作出正确描述. 由 (7.36) 式得 ($n=5$ 的情况)

$$\begin{aligned}\frac{\sigma_C}{\sigma_o}&=k_1\bar{r}_C^{-0.167}\tilde{\sigma}_{\theta 1}(0)+k_2\bar{r}_C^{0.054}\tilde{\sigma}_{\theta 2}(0)\\&\quad+\left(\frac{k_2^2}{k_1}\right)\bar{r}_C^{0.276}\tilde{\sigma}_{\theta 3}(0)+k_4\bar{r}_C^{0.341}\tilde{\sigma}_{\theta 4}(0)\\&\quad+\left(\frac{k_2^3}{k_1^2}\right)\bar{r}_C^{0.497}\tilde{\sigma}_{\theta 5}(0)\end{aligned} \tag{7.47}$$

设想小范围屈服场 ($T=0$, 远场由 K_I 场唯一确定的弹塑性场.) 所对应的临界参量分别用 J_{IC}, k_{2C} 和 k_{4C} 来表示. 又由 (7.24) 式得知:

$$k_1=K_1\left(\frac{J}{\sigma_0}\right)^{-\frac{1}{n+1}}=\left(\frac{1}{\alpha_0\varepsilon_0 I_n}\right)^{\frac{1}{n+1}} \tag{7.48}$$

另有

$$\bar{r}_C=\frac{r_C\sigma_0}{J_C}$$

由 (7.47) 式推得

$$J_C=\sigma_C\varepsilon_0 I_n\sigma_0 r_C\left\{\frac{\sigma_C}{\sigma_0}-\varOmega(k_2,k_4,\bar{r}_C)\right\}^{n+1} \tag{7.49}$$

进而推得

$$\frac{J_{\rm C}}{J_{\rm IC}}=\left\{\frac{\dfrac{\sigma_{\rm C}}{\sigma_0}-\varOmega(k_2,k_4,\bar r_{\rm C})}{\dfrac{\sigma_{\rm C}}{\sigma_0}-\varOmega(k_{2\rm C},k_{4\rm C},\bar r_{\rm C}^*)}\right\}^{n+1} \tag{7.50}$$

式中,

$$\varOmega(k_2,k_4,\bar r_{\rm C})=k_2\bar r_{\rm C}^{0.054}\tilde\sigma_{\theta2}(0)+\left(\frac{k_2^2}{k_1}\right)\bar r_{\rm C}^{0.276}\tilde\sigma_{\theta3}(0)$$
$$+k_4\bar r_{\rm C}^{0.341}\tilde\sigma_{\theta3}(0)+\left(\frac{k_2^3}{k_1^2}\right)\bar r_{\rm C}^{0.497}\tilde\sigma_{\theta5}(0) \tag{7.51}$$

$k_{2\rm C}$, $k_{4\rm C}$, $\bar r_{\rm C}^*$ 系小范围屈服场所对应的临界参量, 也就是这场 $T=0$, $K_{\rm I}=K_{\rm IC}$ 时, 相应的 k_2, k_4, $\bar r_{\rm C}$ 值.

取 $J_{\rm IC}=40\rm KPam$, $\sigma_{\rm C}=3.5\sigma_0$. $k_{2\rm C}, k_{4\rm C}$ 的值, 一般说来很小, 可以取 $k_{2\rm C}=k_{4\rm C}=0$. 代入 (7.51) 式得

$$J_{\rm C}=J_{\rm IC}\left\{1-\frac{\sigma_0}{\sigma_{\rm C}}\varOmega(k_2,k_4,\bar r_{\rm C})\right\}^{n+1} \tag{7.52}$$

在实测 $J_{\rm C}$ 值的变化范围内, 考察 BCP 试样及 CCP 试样 k_4 值的变化, 由此可以确定 $k_{4\max}$ 及 $k_{4\min}$. 将这两个值分别代入 (7.52) 式, 就可以得到断裂韧性 $J_{\rm C}$ 随 k_2 变化曲线 (上、下限曲线).

具体做法是, 在 $J_{\rm C}$ 值的可能变化范围内, 给定任意的 $J_{\rm C}$ 值. 方程 (7.52) 可改写为

$$\bar k_2\bar r_{\rm C}^{0.054}\tilde\sigma_{\theta2}(0)+\bar k_2^2\bar r_{\rm C}^{0.276}\tilde\sigma_{\theta3}(0)+\bar k_2^3\bar r_{\rm C}^{0.497}\tilde\sigma_{\theta5}(0)$$
$$+\bar k_4\bar r_{\rm C}^{0.341}\tilde\sigma_{\theta4}(0)+\left[\left(\frac{J_{\rm C}}{J_{\rm IC}}\right)^{\frac{1}{n+1}}-1\right]\frac{\sigma_{\rm C}}{\sigma_0}\cdot\frac{1}{k_1}=0 \tag{7.53}$$

式中, $\bar k_i=k_i/k_1$, $i=2,4$. k_1 由 (7.48) 式给出.

方程 (7.53) 是一个关于 $\bar k_2$ 的三次代数方程, 由此可以方便地确定 $\bar k_2$ 值. 将 k_4 取为 $k_{4\max}$ 及 $k_{4\min}$ 就分别得到断裂韧性 $J_{\rm C}$ 随 k_2 变化的上、下限曲线.

针对 Kirk 等人[17] 的实验资料, 魏悦广和王自强[16] 求得 $k_{4\max}=0.1$, $k_{4\min}=-0.1$, 相应的上、下限曲线绘在图 7.14 上.

从图上不难看出, 理论预示的结果很好地描述了 $J_{\rm C}$ 随 k_2 变化.

这说明基于高阶场分析所得到的 J-k 准则能够比较真实地反映试样几何和裂端约束状态对临界 $J_{\rm C}$ 的影响. J-k 准则中, J 和 k_2 是两个基本参量, 而 k_4(或 k_5) 则是辅助参量, 因此 J-k 断裂准则是一种修正的双参数准则.

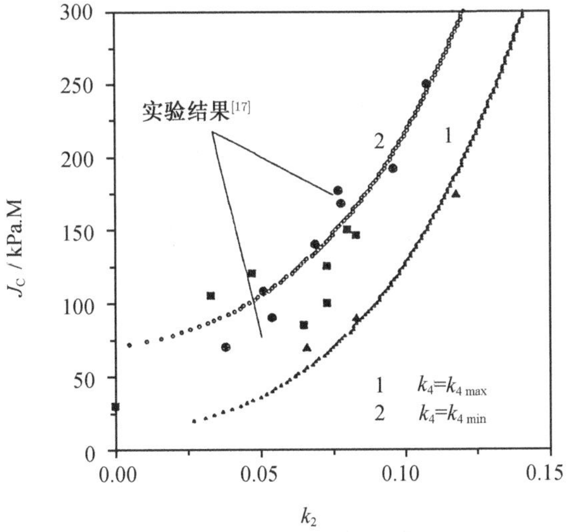

图 7.14 高阶场理论预测[16] 与实验结果比较

对常用的工程金属材料, 由满足平面应变断裂韧性测试条件的大试样所测得的 K_{IC} 可以换算得到 J_{IC}:

$$J_{IC} = \frac{(1-\nu^2)}{E} K_{IC}^2 \tag{7.54}$$

有了 J_{IC} 值, 就可以得到 $\bar{r}_C^*$:

$$\bar{r}_C^* = r_C \frac{\sigma_0}{J_{IC}} \tag{7.55}$$

为了求得参量 k_{2C} 和 k_{4C}, 需要参照 O'Dowd 和 Shih[15] 的有限元方法结合修正的边界层公式, 在远场为弹性应力场:

$$\sigma_{ij} = \frac{K_{IC}}{\sqrt{2\pi r}} \tilde{\sigma}_{ij}(0) \tag{7.56}$$

的作用下, 求得该材料的小范围屈服的全场解 (试样尺寸严格满足平面应变断裂韧性测试条件). 再由$r = 2\dfrac{J_{IC}}{\sigma_0}, \theta = 0$ 处的 $(\sigma_r)_{差场}$ 和 $(\sigma_\theta)_{差场}$ 值来求得 k_{2C} 和 k_{4C}. 一般说来, 这两个参量都是比较小的.

7.6 平面应力裂端弹塑性场

Luxmoore 等[20] 对含裂纹薄板试样进行了有限元计算, 得到的结果与实验符合得很好. 庄韬和王中芳[21] 对不同几何类型的含裂纹合金钢试样进行了弹塑性有限元分析, 证实了平面应力条件下, 裂纹顶端区域的应力应变场由 HRR 控制.

Narasimhan 和 Rosakis[22] 对幂硬化材料平面应力 I 型裂纹问题进行精细的弹塑性有限元计算, 证实裂纹前方的应力应变场与 HRR 奇性场一致. 邓海涛和王自强[23] 给出了平面应力 I 型裂纹问题弹塑性有限元全场解, 计算了三种典型的试样几何, 证实当 $r < 25J/\sigma_0$ 时, 裂纹前方应力场与 HRR 奇性场符合得很好, 试样几何的影响可以忽略不计.

李松涛[7]、Sharma 和 Aravas[6] 及李松涛和王自强[8] 对平面应力纯 I 型问题进行了弹塑性高阶场分析，发现二阶场对裂纹前方应力场的影响可以忽略不计.

设想在裂纹顶端区域, 应力函数 φ 可表示为

$$\varphi = K_1 r^{s_1+2} F_1(\theta) + K_2 r^{s_2+2} F_2(\theta) \tag{7.57}$$

则有

$$\left\{\begin{array}{l}\sigma_r = K_1 r^{s_1}\tilde{\sigma}_{r1}(\theta) + K_2 r^{s_2}\tilde{\sigma}_{r2}(\theta)\\ \sigma_\theta = K_1 r^{s_1}\tilde{\sigma}_{\theta 1}(\theta) + K_2 r^{s_2}\tilde{\sigma}_{r2}(\theta)\\ \tau_{r\theta} = K_1 r^{s_1}\tilde{\tau}_{r\theta 1}(\theta) + K_2 r^{s_2}\tilde{\tau}_{r\theta 2}(\theta)\end{array}\right. \tag{7.58}$$

其中,

$$\left\{\begin{array}{l}\tilde{\sigma}_{r1} = F_1^{\cdot\cdot} + (s_1+2)F_1\\ \tilde{\sigma}_{\theta 1} = (s_1+1)(s_1+2)F_1, \quad \tau_{r\theta 1} = -(s_1+1)F_1^{\cdot}\end{array}\right. \tag{7.59}$$

$$\left\{\begin{array}{l}\tilde{\sigma}_{r2} = F_2^{\cdot\cdot} + (s_2+2)F_2\\ \tilde{\sigma}_{\theta 2} = (s_2+1)(s_2+2)F_2, \quad \tau_{r\theta 2} = -(s_2+1)F_2^{\cdot}\end{array}\right. \tag{7.60}$$

将上式代入 (6.61) 式并保留展开式的前两项, 则:

$$\sigma_e^2 = K_1^2 r^{2s_1}(\tilde{\sigma}_{e1}^2 + 2\eta r^{\Delta s_2}\tilde{\sigma}_{e12}) \tag{7.61}$$

其中,

$$\tilde{\sigma}_{e1}^2 = \tilde{\sigma}_{r1}^2 + \tilde{\sigma}_{\theta 1}^2 - \tilde{\sigma}_{r1}\tilde{\sigma}_{\theta 1} + 3\tilde{\tau}_{r\theta 1}^2$$
$$\tilde{\sigma}_{e12} = \tilde{\sigma}_{r1}\tilde{\sigma}_{r2} + \tilde{\sigma}_{\theta 1}\tilde{\sigma}_{\theta 2} - \frac{1}{2}(\tilde{\sigma}_{r1}\tilde{\sigma}_{\theta 2} + \tilde{\sigma}_{\theta 1}\tilde{\sigma}_{r2}) + 3\tilde{\tau}_{r\theta 1}\tilde{\tau}_{r\theta 2}$$
$$\Delta s_2 = s_2 - s_1, \quad \eta = K_2/K_1$$

对 (6.62) 式作同样的处理, 可得

$$\left\{\begin{array}{l}\varepsilon_r^e = K_1 r^{s_1}(\tilde{\varepsilon}_{r1}^e + \eta r^{\Delta s_2}\tilde{\varepsilon}_{r2}^e)\\ \varepsilon_\theta^e = K_1 r^{s_1}(\tilde{\varepsilon}_{\theta 1}^e + \eta r^{\Delta s_2}\tilde{\varepsilon}_{\theta 2}^e)\\ \varepsilon_{r\theta}^e = K_1 r^{s_1}(\tilde{\varepsilon}_{r\theta 1}^e + \eta r^{\Delta s_2}\tilde{\varepsilon}_{r\theta 2}^e)\end{array}\right. \tag{7.62}$$

其中,

$$\left\{\begin{array}{l}\tilde{\varepsilon}_{r1}^e = \tilde{\sigma}_{r1} - \nu\tilde{\sigma}_{\theta 1}, \quad \tilde{\varepsilon}_{\theta 1}^e = \tilde{\sigma}_{\theta 1} - \nu\tilde{\sigma}_{r1}\\ \tilde{\varepsilon}_{r\theta 1}^e = (1+\nu)\tilde{\tau}_{r\theta 1}\end{array}\right. \tag{7.63a}$$

$$\begin{cases} \tilde{\varepsilon}^{\mathrm{e}}_{r2} = \tilde{\sigma}_{r2} - \nu\tilde{\sigma}_{\theta 2}, \quad \tilde{\varepsilon}^{\mathrm{e}}_{\theta 2} = \tilde{\sigma}_{\theta 2} - \nu\tilde{\sigma}_{r2} \\ \tilde{\varepsilon}^{\mathrm{e}}_{r\theta 2} = (1+\nu)\tilde{\tau}_{r\theta 2} \end{cases} \tag{7.63b}$$

另有

$$\begin{cases} \tilde{\varepsilon}^{\mathrm{p}}_{r} = \alpha_0 K_1^n r^{ns_1}(\tilde{\varepsilon}^{\mathrm{p}}_{r1} + \eta r^{\Delta s_2}\tilde{\varepsilon}^{\mathrm{p}}_{r2}) \\ \tilde{\varepsilon}^{\mathrm{p}}_{\theta} = \alpha_0 K_1^n r^{ns_1}(\tilde{\varepsilon}^{\mathrm{p}}_{\theta 1} + \eta r^{\Delta s_2}\tilde{\varepsilon}^{\mathrm{p}}_{\theta 2}) \\ \tilde{\varepsilon}^{\mathrm{p}}_{r\theta} = \alpha_0 K_1^n r^{ns_1}(\tilde{\varepsilon}^{\mathrm{p}}_{r\theta 1} + \eta r^{\Delta s_2}\tilde{\varepsilon}^{\mathrm{p}}_{r\theta 2}) \end{cases} \tag{7.64a}$$

其中,

$$\begin{cases} \tilde{\varepsilon}^{\mathrm{p}}_{r1} = \dfrac{3}{2}\tilde{\sigma}^{n-1}_{\mathrm{e}1}\tilde{S}_{r1}, \quad \tilde{\varepsilon}^{\mathrm{p}}_{\theta 1} = \dfrac{3}{2}\tilde{\sigma}^{n-1}_{\mathrm{e}1}\tilde{S}_{\theta 1} \\ \tilde{\varepsilon}^{\mathrm{p}}_{r\theta 1} = \dfrac{3}{2}\tilde{\sigma}^{n-1}_{\mathrm{e}1}\tilde{\tau}_{r\theta 1} \end{cases} \tag{7.64b}$$

$$\begin{cases} \tilde{\varepsilon}^{\mathrm{p}}_{r2} = \dfrac{3}{2}\tilde{\sigma}^{n-1}_{\mathrm{e}1}[\tilde{S}_{r2} + (n-1)\lambda\tilde{S}_{r1}] \\ \tilde{\varepsilon}^{\mathrm{p}}_{\theta 2} = \dfrac{3}{2}\tilde{\sigma}^{n-1}_{\mathrm{e}1}[\tilde{S}_{\theta 2} + (n-1)\lambda\tilde{S}_{\theta 1}] \\ \tilde{\varepsilon}^{\mathrm{p}}_{r\theta 2} = \dfrac{3}{2}\tilde{\sigma}^{n-1}_{\mathrm{e}1}[\tilde{\tau}_{r\theta 2} + (n-1)\lambda\tilde{\tau}_{r\theta 1}] \end{cases} \tag{7.64c}$$

$$\lambda = \tilde{\sigma}_{\mathrm{e}12}/\tilde{\sigma}^2_{\mathrm{e}1} \tag{7.64d}$$

将 (7.62) 式和 (7.64) 式代入 (7.6) 式, 保留前三项, 则应变协调方程可写成:

$$\alpha_0 K_1^n r^{ns_1-2} f_1^{\mathrm{p}} + \alpha_0 K_1^n \eta r^{ns_1+\Delta s_2-2} f_2^{\mathrm{p}} + K_1 r^{s_1-2} f_1^{\mathrm{e}} = 0 \tag{7.65}$$

其中,

$$f_1^{\mathrm{p}} = (\tilde{\varepsilon}^{\mathrm{p}}_{r1})^{\cdot\cdot} - ns_1\tilde{\varepsilon}^{\mathrm{p}}_{r1} - 2(ns_1+1)(\tilde{\varepsilon}^{\mathrm{p}}_{r\theta 1})^{\cdot} + ns_1(ns_1+1)\tilde{\varepsilon}^{\mathrm{p}}_{\theta 1} \tag{7.66}$$

$$f_1^{\mathrm{e}} = (\tilde{\varepsilon}^{\mathrm{e}}_{r1})^{\cdot\cdot} - s_1\tilde{\varepsilon}^{\mathrm{e}}_{r1} - 2(s_1+1)(\tilde{\varepsilon}^{\mathrm{e}}_{r\theta 1})^{\cdot} + s_1(s_1+1)\tilde{\varepsilon}^{\mathrm{e}}_{\theta 1} \tag{7.67}$$

$$\begin{aligned} f_2^{\mathrm{p}} = {} & (\tilde{\varepsilon}^{\mathrm{p}}_{r2})^{\cdot\cdot} - (ns_1+\Delta s_2)\tilde{\varepsilon}^{\mathrm{p}}_{r2} - 2(ns_1+\Delta s_2+1)(\tilde{\varepsilon}^{\mathrm{p}}_{r\theta 2})^{\cdot} \\ & + (ns_1+\Delta s_2)(ns_1+\Delta s_2+1)\tilde{\varepsilon}^{\mathrm{p}}_{\theta 2} \end{aligned} \tag{7.68}$$

方程 (7.65) 中, 奇性最高的项为 $\alpha K_1^n r^{ns_1-2} f_1^{\mathrm{p}}$, 因此有

$$f_1^{\mathrm{p}} = 0 \tag{7.69}$$

这就是 HRR 奇性场的控制方程.

裂纹面面力自由条件为 $\sigma_\theta(r,\pi) = \tau_{r\theta}(r,\pi) = 0$. 由 (7.59) 式和 (7.60) 式可得

$$F_1(\pi) = F_1^{\cdot}(\pi) = 0, \quad F_2(\pi) = F_2^{\cdot}(\pi) = 0. \tag{7.70}$$

对于 I 型问题, 对称性条件要求:

$$\dot{F}_1(0) = \dddot{F}_1(0) = 0, \quad \dot{F}_2(0) = \dddot{F}_2(0) = 0 \tag{7.71}$$

为求得非平凡解, 还需补充一个条件. 这里取 $F_1(0) = 1$, 结合条件 (7.70) 和 (7.71), 求解 (7.69) 式得到 HRR 奇性场, 其本征值为

$$s_1 = -\frac{1}{n+1} \tag{7.72}$$

现在考察二阶渐近场, 先设想方程 (7.65) 中的第二项奇性高于第三项, 此时一阶场的弹性应变项的影响可以忽略. 因此有

$$ns_1 + \Delta s_2 - 2 < s_1 - 2 \tag{7.73}$$

或

$$\Delta s_2 < -(n-1)s_1 = \frac{n-1}{n+1} \tag{7.74}$$

二阶场的控制方程为 $f_2^{\mathrm{p}} = 0$, 即:

$$\begin{aligned}&(\ddot{\tilde{\varepsilon}}_{r2}^{\mathrm{p}}) - (ns_1 + \Delta s_2)\tilde{\varepsilon}_{r2}^{\mathrm{p}} - 2(ns_1 + \Delta s_2 + 1)(\dot{\tilde{\varepsilon}}_{r\theta 2}^{\mathrm{p}})\\&+ (ns_1 + \Delta s_2)(ns_1 + \Delta s_2 + 1)\tilde{\varepsilon}_{\theta 2}^{\mathrm{p}} = 0\end{aligned} \tag{7.75}$$

这是线性齐次四阶常微分方程. 为了求得非平凡解, 也需要一个补充条件:

$$F_2(0) = 1 \tag{7.76}$$

方程 (7.75) 与边界条件 (7.70) 式和 (7.71) 式构成了本征值问题.

如果该本征值问题, 找不到满足约束条件 (7.74) 式的本征值 Δs_2, 此时一阶场弹性应变项的贡献不能忽略, 二阶渐近场必须与一阶场弹性项相匹配, 才能使协调方程在二阶近似意义上得以成立. 所以方程 (7.65) 的第二、三项具有相同的奇性:

$$\begin{aligned}ns_1 + \Delta s_2 - 2 &= s_1 - 2\\ \Delta s_1 &= \frac{n-1}{n+1}\end{aligned} \tag{7.77}$$

由此得到二阶场的控制方程为

$$f_2^{\mathrm{p}} + \frac{1}{\alpha_0 \eta K_1^{n-1}} f_1^{\mathrm{e}} = 0 \tag{7.78}$$

这是四阶线性非齐次常微分方程, 其中, K_2 可取为任意常数, 不妨取:

$$\eta = 1/(\alpha_0 K_1^{n-1}), \quad K_2 = 1/\alpha_0 K_1^{n-2} \tag{7.79}$$

则得到如下控制方程:

$$f_2^{\mathrm{p}}+f_1^{\mathrm{e}}=0$$

具体的可写为

$$\begin{aligned}&(\tilde{\varepsilon}_{r2}^{\mathrm{p}})^{\cdot\cdot}-(ns_1+\Delta s_2)\tilde{\varepsilon}_{r2}^{\mathrm{p}}-2(ns_1+\Delta s_2+1)(\dot{\tilde{\varepsilon}}_{r\theta2}^{\mathrm{p}})\\&+(ns_1+\Delta s_2)(ns_1+\Delta s_2+1)\tilde{\varepsilon}_{\theta2}^{\mathrm{p}}\\=&-\{(\tilde{\varepsilon}_{r1}^{\mathrm{e}})^{\cdot\cdot}-s_1\tilde{\varepsilon}_{r1}^{\mathrm{e}}-2(s_1+2)(\tilde{\varepsilon}_{r\theta1}^{\mathrm{e}})^{\cdot}+s_1(s_1+1)\tilde{\varepsilon}_{\theta1}^{\mathrm{e}}\}\end{aligned}\tag{7.80}$$

先讨论特征方程 (7.75) 的求解. 此时特征值需要满足约束条件 (7.74):

$$0<\Delta s_2<\frac{(n-1)}{(n+1)}$$

对于纯 I 型问题, 边界条件归结为

$$\dot{F}_2(0)=\dddot{F}_2(0)=0\tag{7.81}$$

$$F_2(\pi)=\dot{F}_2(\pi)=0\tag{7.82}$$

方程 (7.75) 是关于未知函数 $F_2(\theta)$ 的线性齐次变系数常微分方程.

考察两组特解, 分别满足下述条件:

$$\text{(i) } F_2(0)=1,\quad \ddot{F}_2(0)=0\tag{7.83}$$

$$\text{(ii) } F_2(0)=0,\quad \ddot{F}_2(0)=1\tag{7.84}$$

同时, 这两组特解均满足条件 (7.81).

利用 (7.81) 式和 (7.83) 式, 我们通过精度可控制的自动变步长四阶 Runge-Kutta 法, 积分方程 (7.75) 得到第一组特解 $F_2^{(1)}(\theta)$.

类似的可求得第二组特解 $F_2^{(2)}(\theta)$. 满足条件 (7.81) 式的方程 (7.75) 的通解可写为

$$F_2(\theta)=\alpha_1F_2^{(1)}(\theta)+\alpha_2F_2^{(2)}(\theta)\tag{7.85}$$

为了满足边界条件 (7.82) 必有

$$\begin{cases}\alpha_1F_2^{(1)}(\pi)+\alpha_2F_2^{(2)}(\pi)=0\\\alpha_1\dot{F}_2^{(2)}(\pi)+\alpha_2\dot{F}_2^{(2)}(\pi)=0\end{cases}\tag{7.86}$$

线性齐次代数方程 (7.86) 有非零解 (α_1,α_2) 的充要条件是下述行列式为 0:

$$\varDelta=F_2^{(1)}(\pi)\dot{F}_2^{(2)}(\pi)-F_2^{(2)}(\pi)\dot{F}_2^{(1)}(\pi)\tag{7.87}$$

显然行列式 $\varDelta$ 是 Δs_2 的函数, 调节 Δs_2 使行列式 $\varDelta$ 为零即可求得特征值 Δs_2 及相应的特征函数.

在 $0 < \Delta s_2 < \dfrac{n-1}{n+1}$ 的范围内, 寻找使 $\varDelta$ 为零的特征值 Δs_2. 对不同的材料幂硬化指数 n, 进行了精细的求解尝试 (积分方程 (7.75) 时, 控制精度 10^{-10}), 均未找到特征值 Δs_2. 这表明与一阶场弹性应变项相独立的二阶渐近场并不存在.

为此, 我们寻找方程 (7.80) 的解. 方程 (7.80) 是线性非齐次常微分方程, 其右端项便是非齐次项, 该项代表一阶场弹性应变项对应变协调方程的贡献. 我们先寻找满足方程 (7.80) 的特解 $F_2^{(0)}(\theta)$. 该特解满足齐次初始值条件.

$$F_2(0) = \dot{F}_2(0) = \ddot{F}_2(0) = \dddot{F}_2(0) = 0 \tag{7.88}$$

注意到 (7.88) 式, 满足方程 (7.80) 及初值条件 (7.81) 的通解为

$$F_2(\theta) = \alpha_1 F_2^{(1)}(\theta) + \alpha_2 F_2^{(2)}(\theta) + F_2^{(0)}(\theta) \tag{7.89}$$

式中, α_1, α_2 为待定系数. 为了满足边界条件 (7.82), 我们有

$$\begin{cases} \alpha_1 F_2^{(1)}(\pi) + \alpha_2 F_2^{(2)}(\pi) = -F_2^{(0)}(\pi) \\ \alpha_1 F_2^{(1)\cdot}(\pi) + \alpha_2 F_2^{(2)\cdot}(\pi) = -F_2^{(0)\cdot}(\pi) \end{cases} \tag{7.90}$$

由于线性代数方程 (7.90) 的系数行列式 $\varDelta$ 不为零, 因此, 方程 (7.90) 有唯一解答 (α_1, α_2). 这里要强调的是对应于方程 (7.80) 有

$$\Delta s_2 = \frac{n-1}{n+1} \tag{7.91}$$

图 7.15 画出了两个典型的计算结果. 从图上不难看出, 平面应力的二阶渐近

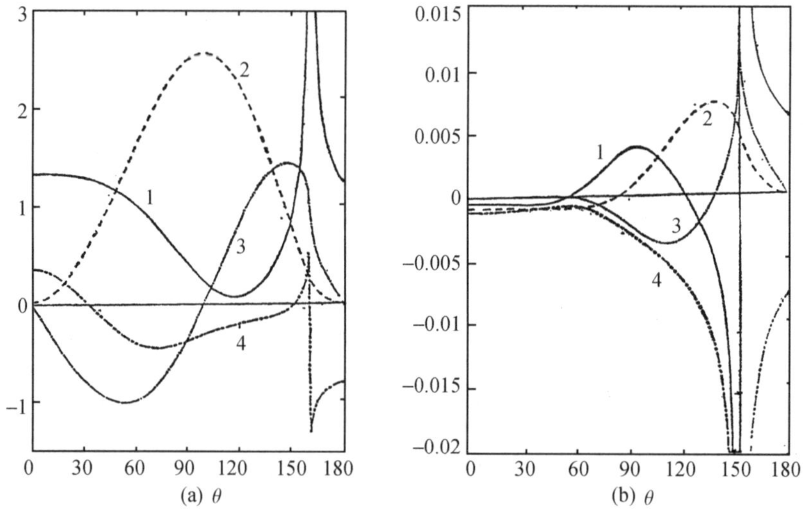

图 7.15　裂纹尖端二阶渐近场应力分布

(a) $n=3$, (b) $n=13$; 1——$\tilde{\sigma}_{r2}(\theta)$, 2——$\tilde{\sigma}_{\theta 2}$, 3——$\tilde{\sigma}_{r\theta 2}$, 4——$\tilde{\sigma}_{r12}$

场, 与一阶渐近场相仿的是径向应力 σ_{r2} 的角分布函数 $\tilde{\sigma}_{r2}(\theta)$ 存在着一个急剧变化的区域. 这个区域与一阶渐近场的急剧变化区域是一致的. 通过这个急剧变化区域 $\tilde{\sigma}_{r2}(\theta)$ 由正值转为负值. 材料的硬化指数越高, 急剧变化程度越强烈.

考察裂纹前方的法向正应力分布. 我们有

$$\sigma_\theta = K_1 r^{s_1}(\tilde{\sigma}_{\theta 1}(0) + \eta r^{\Delta s_2}\tilde{\sigma}_{\theta 2}(0)) \tag{7.92}$$

塑性应力强度因子 K_1 与 J 积分之间的关系为

$$J_1 = \alpha_0\sigma_0\varepsilon_0 K_1^{n+1} I_1 \text{ 或 } K_1 = (J_1/\alpha_0\sigma_0\varepsilon_0 I_1)^{\frac{1}{n+1}} \tag{7.93}$$

I_1 为积分模量, 它只是 n 的函数.

$$\begin{aligned} I_1 = \int_{-\pi}^{\pi} \Big\{ & \frac{n}{n+1}\tilde{\sigma}_{\mathrm{e}1}^{n+1}\cos\theta + [\tilde{\tau}_{r\theta 1}(\dot{\tilde{u}}_{\theta 1} + \tilde{u}_{r1}) - \tilde{\sigma}_{r1}(\tilde{u}_{\theta 1} - \dot{\tilde{u}}_{r1})]\sin\theta \\ & + (1+ns_1)(\tilde{\sigma}_{r1}\tilde{u}_{r1} + \tilde{\tau}_{r\theta 1}\tilde{u}_{\theta 1})\cos\theta \Big\} \mathrm{d}\theta. \end{aligned} \tag{7.94}$$

利用 (7.79) 式和 (7.93) 式, (7.92) 式可改写为

$$\sigma_\theta = K_1 r^{s_1}\tilde{\sigma}_{\theta 1}(0)[1+\rho] \tag{7.95}$$

式中,

$$\begin{cases} \rho = \rho_0 \bar{r}^{\frac{n-1}{n+1}}\tilde{\sigma}_{\theta 2}(0)/\tilde{\sigma}_{\theta 1}(0) \\ \rho_0 = \dfrac{1}{\alpha_0}(\alpha_0\varepsilon_0 I_1)^{\frac{n-1}{n+1}} \\ \bar{r} = r/(J/\sigma_0) \end{cases} \tag{7.96}$$

表 7.1 列出了若干量的计算结果, 计算是针对 $\alpha_0 = 1$, $\varepsilon_0 = 0.002$ 的情况进行的. 在裂纹顶端区域附近, 考察区域

$$0 < r/(J/\sigma_0) < 20 \tag{7.97}$$

表 7.1 K_1, K_2 和 $\rho_{\max}$ 计算结果

n	3.0	13.0
s_1	−0.25	−0.07143
s_2	0.25	0.7857
$\tilde{\sigma}_{\theta 1}(0)$	1.106	1.149
$\tilde{\sigma}_{\theta 2}(0)$	0.02263	-0.5377×10^{-3}
I_1	3.855	2.871
K_1	3.375	1.446
K_2	0.2963	0.01735
ρ_0	0.08781	0.0120
$\rho_{\max}$	0.00803	0.732×10^{-4}

在 (7.97) 式确定的区间内, 比值 ρ 的最大值为 $\rho_{\max}$, 其数值已列于表 7.1. 从表中不难看出二阶场的贡献可忽略不计.

以上证实了对平面应力问题, 弹塑性裂纹顶端的二阶场的幅值系数不是独立参量而是依赖 J 积分的. 它对裂纹前方应力场的贡献就是微小的, 可以忽略不计. Liu 和 Zhuang[29] 对几种典型试样 (中心裂纹, 紧凑拉伸和双边裂纹) 有限元分析表明, 与平面应变状态完全不同, 平面应力状态下, 弹塑性材料裂纹尖端场可以用主奇性场表示. 邓海涛和王自强[23] 的有限元计算, 进一步证实了 Liu 和 Zhang[29] 的结果. 邓海涛和王自强[23] 关于 2Cr13 不锈钢含不同裂纹长度的中心裂纹薄板试样的实验, 证实了 J 积分可以作为平面应力状态裂纹起始扩展准则.

参 考 文 献

[1] Begley J A, Landes, J D. Serendipity and the J integral. Int Journal of Fracture, 1976, 12: 764−766.

[2] Hancock J W, Cowling M J. Metal Science, August-September, 1980: 293.

[3] McMeeking R M, Parks D M. On criteria for J-dominance of crack tip fields in large scale yielding. Elastic Plastic Fracture, ASTM STP 668, 1979, 175.

[4] Shih C F, German M D. Reguirements for a one parameter characterization of crack tip fields by the HRR singularity. Int. J. Fracture, 1981, 17: 27−43.

[5] 李尧臣, 王自强. 平面应变 I 型非线性裂纹问题的高阶渐近解. 中国科学 A, 1986: 182−194.

[6] Sharma S M, Aravas N. Determination of high-order terms in asymptotic elastoplastic crack tip solutions. J. Mech. Phys. Solids, 1991, 39: 1043−1072.

[7] 李松涛. 平面应力裂纹问题的高阶渐近场. 硕士论文, 中国科学院力学研究所, 1988.

[8] 李松涛, 王自强. 平面应力问题的高阶渐近场. 中国科学 A, 1992.

[9] Xia L, Wang T C, Shih C F. High-order analysis of orack tip fields in elastic power-law hardening materials. J. Mech. Phys. Solids, 1993, 41: 665−687.

[10] Yang S, Chao Y J, Sutton H A. Complete theoretical analysis for high order asymptotic terms and the HRR zone at a crack tip for mode I and mode II loading of a hardening materical. Acta Mechanica, 1993, 98: 79−98.

[11] Betegon C, Hancock J W. Two parameter characterization of elastic-plastic crack tip fields. J. Appl. Mech., 1991, 58: 104.

[12] Ai A, Hancock J W. J-dominance in short cracks in tension and bending. J. Mech. Phys. Solids, 1991, 39: 23.

[13] Larsson S G, Carlsson A J. Influence of non-singular stress terms and speciamen geometry on small scale yielding at crock tips in elastic-plastic materia. J. Mech. Phys. Solids, 1973, 21: 263.

[14] Rice J. R. Limitation of the small scale yielding approximation for crack tip plasticity. J. Mech. Phys. Solids, 1974, 22: 17.

[15] O'Dowd N P, Shih C F. Two-parameter fracture mechanics: theory and applications, in Fracture Mechanics, ASTM STP 1207, 1994, 24.

[16] Wei Y G, Wang T C. Fracture criterion based on the higher-order asymptotic fields. Int. J. Fracture, 1995, 73: 39−50.

[17] Kirk M T, Koppenhoefer K C, shih C F. Effect of constraint on specimen dimensions needed to obtain structurally relevant toughness measures, in constraint effects in fracture, ASTM STP 1171, 1993.

[18] Williams M S. On the stress distribution at the base of a stationary crack. J. Appl. Mech., 1957, 24: 111.

[19] Ritchie R O, Knott J F, Rice J R. On the relation between critical fracture stress and fracture toughness in mild steel. J. Mech. Phys. solids, 1973, 21: 395.

[20] Luxmoore A R, Light M F, Evans W J. A comparison of finicte element and experiment ctudy on plane stress geometries. J. strain Analasis, 1977, 12: 208.

[21] 庄韬, 王中芳. 平面应力条件下弹塑性材料的起裂与裂纹稳态扩展. 金属学报, 1989, 25: A127−A131.

[22] Narasimhan R, Rosakis A J. A finite element analysis of small scale yielding near a stationary crack under plane stress. J. Mech. Phys. solids, 1988, 36: 77.

[23] Dend H T, Wang T C. Plane stress elastic plastic fracture criterion and stress strain field around crack tip. ICE 7, 1989, 1: 323−331.

[24] Xia L, Wang T C. High-order asymtotic analysis for the crack in nonlinear material. Acta Mechanica Sinica, 1992, 8: 156−164.

[25] O'Dowd N P, Shih C F. Family of crack tip fields characterised by a triaxility parameter, I. stracture of fields. J. Mech. Phys. solids, 1991, 39: 989.

[26] O'Dowd N P, Shih C F. Family of crack tip fields characterized by a triaxility parameter, II, fracture application. J. Mech. Phys. solids, 1992, 40: 93.

[27] Sumpter J D G, Forbes A T. Constraint based analysis of shallow cracks in mild steel. proceedings of TWI/EWI/IS International Confence on Shallow Crack Fracture Mechanics Test and Applications, Cambridge, UK, 1992.

[28] Dodds R H, Jr, Shih C F, Anderson T L. Continuum and micro-mechanics treatment of constraint in fracture. Int. J. Fracture, 1993, 64: 101.

[29] Liu H W, Zhuang T. Characteristic crack tip fields and the characterizing parameter for elastic-plastic fraeture mechanics. Advances in Fracture Research, ICF6, 1984, 2: 777−790.

第 8 章　理想弹塑性介质扩展裂纹尖端场

对韧性材料, 裂纹起始扩展后并不导致灾难性的破坏, 通常要经过一段亚临界扩展才会引起材料和结构元件的破坏.

裂纹之所以能够经受这种稳态扩展, 其原因是扩展裂纹尖端的应力应变场的奇异性要比静止裂纹尖端的奇性弱. 因此分析扩展裂纹的尖端场是很必要的.

本章的前两节主要讨论理想弹塑性材料的平面应变定常扩展裂纹问题. 1974 年 Slepyan[1] 首先求得了基于 Tresca 屈服准则的不可压缩理想弹塑性材料平面应变 I 型定常扩展裂纹的尖端场. 1980 年 Rice 等[2] 和高玉臣[3] 基于 Mises 屈服准则, 求得了不可压缩理想弹塑性材料平面应变 I 型扩展裂纹的尖端场.

正如 Drugan 等[4] 所指出的那样, 对不可压缩材料, $\nu = 0.5$, Mises屈服准则对于平面应变问题是与 Tresca 屈服准则是一致的, 所以 Rice 等[2] 和高玉臣[3] 的解答与 Slepyan[1] 的解答是一致的. 下面先讨论这个解答.

8.1　$\nu = 0.5$ 时的裂尖渐近场

对于理想弹塑性材料的平面应变问题, Mises 屈服准则可以表示为

$$\frac{3}{4}(\sigma_r - \sigma_\theta)^2 + 3\tau_{r\theta}^2 + \frac{9}{4}S_z^2 = \sigma_{ys}^2 \tag{8.1}$$

式中, $\sigma_r, \sigma_\theta, \tau_{r\theta}$ 是极坐标中的应力分量, S_z 是 Z 轴方向的应力偏量,

$$S_z = \sigma_z - \frac{1}{3}(\sigma_r + \sigma_\theta + \sigma_z) = \frac{2}{3}\left[\sigma_z - \frac{1}{2}(\sigma_r + \sigma_\theta)\right] \tag{8.2}$$

图 8.1 表示一个长度为 a 的裂纹, 延着裂纹前方作准静态扩展. (x, y) 是固定的直角坐标系. 极坐标系的原点取在裂纹顶端 O_a 处, 它随着裂纹尖端一起移动.

对于理想弹塑性材料, 裂尖区的应力场是处处有界的, 所以应力函数可以表示为

$$\phi = r^2 f_0(\theta) \tag{8.3}$$

由此得到裂尖应力场

$$\begin{cases} \sigma_r = 2f_0(\theta) + f_0''(\theta) \\ \sigma_\theta = 2f_0(\theta) \\ \tau_{r\theta} = -f_0'(\theta) \end{cases} \tag{8.4}$$

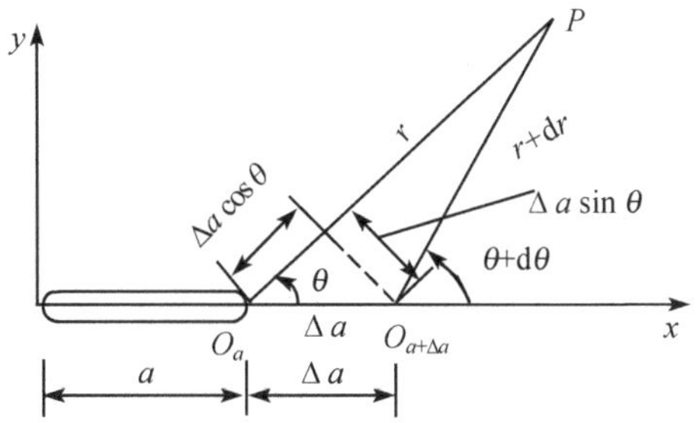

图 8.1 裂尖的随动板坐标

弹塑性体的 Prandtl-Reuss 的本构方程为

$$\dot{\varepsilon}_{ij} = \frac{(1+\nu)}{E}\dot{\sigma}_{ij} - \frac{\nu}{E}\dot{\sigma}_{kk}\delta_{ij} + \lambda S_{ij} \tag{8.5}$$

在弹性区 $\lambda = 0$.

对于不可压缩材料, 由 (8.5) 式推得

$$\dot{\varepsilon}_z = \frac{3}{2}\frac{\dot{S}_z}{E} - \lambda S_z \tag{8.6}$$

对于平面应变, 恒有 $\dot{\varepsilon}_z = 0$, 所以在弹性区有 $S_z = 0$. 我们考察的是准静态裂纹扩展, 可以取裂纹长度 a 作为广义时间. 当裂纹向前扩展的时候, 裂纹远方的物质点处于弹性状态, 当裂纹逼近该物质点的时, 它就进入了弹塑性状态, 所以从方程 (8.6) 必然可以推出 $\dot{S}_z = 0$, 进而推出 $S_z \equiv 0$. 这样屈服准则 (8.1) 变为

$$\frac{3}{4}(\sigma_r - \sigma_\theta)^2 + 3\tau_{r\theta}^2 = \sigma_{ys}^2 \tag{8.7}$$

将公式 (8.4) 代入 (8.7) 式得

$$\frac{1}{4}[f_0''(\theta)]^2 + [f_0'(\theta)]^2 = \tau_{ys}^2 \tag{8.8}$$

式中, τ_{ys} 是剪切屈服强度, $\tau_{ys} = \dfrac{1}{\sqrt{3}}\sigma_{ys}$.

方程 (8.8) 有两组解答①, 一组代表均匀应力场

$$f_0(\theta) = \frac{\tau_{ys}}{2}[b_1 \pm \cos 2(\theta - \theta_0)] \tag{8.9}$$

另一组代表 Prandtl 场的扇形区

$$f_0(\theta) = \frac{\tau_{ys}}{2}(b_2 \pm 2\theta) \tag{8.10}$$

① 将 (8.8) 式对 θ 求导数, 即可求得两组解答.

公式 (8.9) 和 (8.10) 中的 b_1, b_2 和 θ_0 都是待定参数.

由于 Prandtl 场提供的是 $\tau_{r\theta} = \mp\tau_{ys}$ 的剪应力场, 所以它不可能延伸到裂纹面处 $(\theta = \pi)$.

众所周知, 静止裂纹的裂尖场全部由塑性区包围, 但裂纹扩展后, 在裂尖后方将产生卸载, 因而必然存在一个卸载弹性区.

塑性应变率可表示为

$$\begin{cases} \dot{\varepsilon}_x^{\mathrm{p}} = \lambda S_x \\ \dot{\varepsilon}_y^{\mathrm{p}} = \lambda S_y, \qquad \dot{\varepsilon}_{xy} = \lambda \tau_{xy} \\ \dot{\varepsilon}_z^{\mathrm{p}} = \lambda S_z \end{cases} \tag{8.11}$$

对于不可压缩材料, $\dot{\varepsilon}_z^{\mathrm{p}} = 0, \dot{\varepsilon}_y^{\mathrm{p}} = -\dot{\varepsilon}_x^{\mathrm{p}}$

考察定常扩展问题, 在这种情况下, 裂尖场相对于随裂尖一起向前移动的极坐标而言是定常的, 而不随广义时间的变化而改变的. 也就是说裂尖场只是 $x - a$ 和 y 的函数. 所以有

$$(\quad)^{\cdot} = -\frac{\partial}{\partial x}(\quad) \tag{8.12}$$

而在卸载弹性区, 塑性应变率 $\dot{\varepsilon}_{ij}^{\mathrm{p}}$ 恒为零, 所以塑性应变 $\varepsilon_{ij}^{\mathrm{p}}$ 只是 y 的函数.

应变协调方程为

$$\frac{1-\nu^2}{E}\nabla^4\phi + \frac{\partial^2\varepsilon_x^{\mathrm{p}}}{\partial y^2} + \frac{\partial^2\varepsilon_y^{\mathrm{p}}}{\partial x^2} - 2\frac{\partial^2\varepsilon_{xy}^{\mathrm{p}}}{\partial x\partial y} = 0 \tag{8.13}$$

在卸载弹性区内, 有

$$\frac{1-\nu^2}{E}\nabla^4\phi + \frac{d^2}{\mathrm{d}y^2}\varepsilon_x^{\mathrm{p}}(y) = 0 \tag{8.14}$$

注意如下坐标变换公式

$$\begin{aligned} \frac{\partial}{\partial y^2} = {} & \sin^2\theta\frac{\partial^2}{\partial r^2} + \frac{\sin 2\theta}{r}\frac{\partial^2}{\partial r\partial\theta} + \frac{\cos^2\theta}{r}\frac{\partial}{\partial r} \\ & - \frac{\sin 2\theta}{r^2}\cdot\frac{\partial}{\partial\theta} + \frac{\cos^2\theta}{r^2}\cdot\frac{\partial^2}{\partial\theta^2} \end{aligned} \tag{8.15}$$

鉴于应力是有界的, 由公式 (8.14) 和公式 (8.15) 不难推断,

$$\frac{d^2}{\mathrm{d}y^2}\varepsilon_x^{\mathrm{p}}(y) = \frac{D_0}{r^2\sin^2\theta} = \frac{D_0}{y^2} \tag{8.16}$$

相应的 $\varepsilon_x^{\mathrm{p}}$ 的裂尖场为

$$\varepsilon_x^{\mathrm{p}}(y) = -D_0\ln y$$

由公式 (8.14) 可以导出如下方程

$$\frac{1-\nu^2}{Er^2}\frac{\mathrm{d}^2}{\mathrm{d}\theta^2}\cdot\left[\frac{\mathrm{d}^2}{\mathrm{d}\theta^2}+4\right]f_0(\theta)+\frac{D_0}{r^2\sin^2\theta}=0 \tag{8.17}$$

由上式可以清楚地看出 (8.16) 式是合理的, 因为公式 (8.17) 左端的第一项含有因子 $1/r^2$.

由此得到[3]

$$f_0(\theta)=c_1+c_2\theta+c_3\cos2\theta+c_4\sin2\theta+f_0^*(\theta) \tag{8.18}$$

式中,

$$f_0^*(\theta)=-\frac{ED_0}{4(1-\nu^2)}\left[\left(\theta+\frac{1}{2}\cot\theta\right)\sin2\theta+(\cos2\theta-1)\ln\sin\theta\right] \tag{8.19}$$

如图 8.2 所示, 裂纹尖端区域由四个区域组成, 其中, A 区是均匀应力区, B 区是中心扇形区, C 区是弹性卸载区, D 区是均匀应力的尾迹区. 由公式 (8.19) 看出, 当 $\theta\to\pi$ 时, $\ln\sin\theta\to\infty$, 所以弹性卸载区不可能延伸到裂纹面上, 因此, 必然出现二次塑性区, 也就是尾迹区 D.

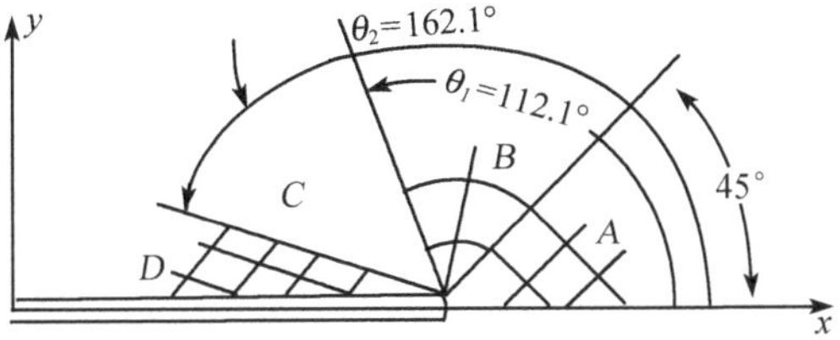

图 8.2 $\nu=\dfrac{1}{2}$ 时, 扩展裂纹尖端场分区构造

各区域交界线 Σ 上, 面力的连续条件和位移的连续条件为

$$\begin{cases}[\sigma_\theta]=\sigma_\theta^+-\sigma_\theta^-=0\\ [\tau_{r\theta}]=0\end{cases},在\Sigma上 \tag{8.20}$$

$$\begin{cases}[u_r]=0\\ [u_\theta]=0\end{cases}\ 在\Sigma上 \tag{8.21}$$

式中,

$$\begin{cases}\sigma_\theta^+=\lim\limits_{\delta\to0}\sigma_\theta(r,\theta+\delta)\\ \sigma_\theta^-=\lim\limits_{\delta\to0}\sigma_\theta(r,\theta-\delta)\end{cases} \tag{8.22}$$

设想尖端场各区域的交界线是由裂尖出发的径线, 那么由公式 (8.21) 得

$$\begin{cases}[\varepsilon_r]=0\\ [\varepsilon_\theta]=\dfrac{1}{r}\left[\dfrac{\partial u_\theta}{\partial\theta}\right]\end{cases},在\Sigma上 \tag{8.23}$$

由位移连续条件, 不难推得

$$\left[\frac{\partial \varepsilon_r}{\partial \theta}\right] = 2\frac{\partial}{\partial_r}[\varepsilon_{r\theta}], \quad \text{在}\Sigma\text{上} \tag{8.24}$$

考察应力分量全连续的解, 我们有

$$[f_0] = 0, \quad [f_0'] = 0, \quad [f_0''] = 0, \qquad \text{在}\Sigma\text{上} \tag{8.25}$$

在裂纹面上, 面力自由的条件给出：

$$f_0(\pi) = f_0'(\pi) = 0 \tag{8.26}$$

对于 I 型扩展裂纹, 裂尖场对于 x 轴是对称的, 所以公式 (8.9) 中的 $\theta_0 = 0$. 设想 A 区的均匀应力场 $\sigma_y > \sigma_x$, 那么公式 (8.9) 中 $\cos 2\theta$ 应取正号, 由此得

$$f_0(\theta) = \frac{\tau_{ys}}{2}[b_1 + \cos 2\theta], \quad -\frac{\pi}{4} \leqslant \theta \leqslant \frac{\pi}{4} \tag{8.27}$$

利用 (8.18) 式、(8.25) 式、(8.26) 式和 (8.27) 式最后得到如下公式 (对上半平面)[3]

$$f_0(\theta) = \begin{cases} \dfrac{\tau_{ys}}{2}[b_1 + \cos 2\theta], & 0 \leqslant \theta \leqslant \dfrac{\pi}{4} \\ \dfrac{\tau_{ys}}{2}\left[b_1 - 2\left(\theta - \dfrac{\pi}{4}\right)\right], & \dfrac{\pi}{4} \leqslant \theta \leqslant \pi - \beta \\ c_1 + c_2\theta + c_3\cos 2\theta + c_4\sin 2\theta + f_0^*(\theta), & \pi - \beta \leqslant \theta \leqslant \pi - \gamma \\ \dfrac{\tau_{ys}}{2}(1 - \cos 2\theta), & \pi - \gamma \leqslant \theta \leqslant \pi \end{cases} \tag{8.28}$$

其中,

$$\begin{cases} c_1 = -(\pi - \gamma)c_2 + \dfrac{\tau_{ys}}{2} - D^*\ln\sin\gamma \\ b_1 = \dfrac{3}{2}\pi - 2\beta + 1 - \dfrac{2}{\tau_{ys}}\left[c_2(\beta - \gamma) + D^*\ln\dfrac{\sin\gamma}{\sin\beta}\right] \\ c_3 = -\dfrac{1}{2}(c_2\sin 2\gamma + \tau_{ys}) + D^*(\cos^2\gamma + \ln\sin\gamma) \\ c_4 = -\dfrac{c_2}{2}\cos 2\gamma + D^*(\pi - \gamma - \sin\gamma\cos\gamma) \\ c_2 = \tau_{ys}\left[\sin\beta(1 - \sin 2\beta) + \left(\cos\dfrac{\pi}{4} + \cos\beta\right)(\cos 2\gamma - \cos 2\beta + 2\ln(\sin\gamma/\sin\beta))\right] \Big/ [\cos\beta \\ \qquad -\cos(2\gamma - \beta) - 2\cos\beta\ln(\sin\gamma/\sin\beta)] \\ D^* = \dfrac{ED_0}{4(1 - \nu^2)} \end{cases} \tag{8.29}$$

角度参数 β, γ 满足下述方程

$$\begin{aligned}&\sin(\beta-\gamma)(\sin\gamma-\cos\gamma)-\sqrt{2}\sin^2(\beta-\gamma)\\&-\left[\frac{1}{\sqrt{2}}(\cos2\gamma-\cos2\beta)+\cos2\gamma\cos\beta\right]\ln(\sin\gamma/\sin\beta)\\&-\left[\frac{1}{\sqrt{2}}(\sin2\beta-\sin2\gamma)-\sin2\gamma\cdot\cos\beta+\cos\beta\right](\beta-\gamma)=0\end{aligned} \tag{8.30}$$

现在讨论各区的应变场. A 区的应力场为

$$\sigma_x=\tau_{ys}(b_1-1),\quad \sigma_y=\tau_{ys}(b_1+1),\quad \tau_{xy}=0$$

代入协调方程得

$$\lambda=\lambda_1(x+y)+\lambda_2(x-y)$$

由此推出

$$\varepsilon_y^{\mathrm{p}}=-\varepsilon_x^{\mathrm{p}}=\tau_{ys}[\varLambda_1(x+y)+\varLambda_2(x-y)]$$

对于 I 型裂纹, $\varepsilon_y^{\mathrm{p}}$ 是 y 的对称函数, 所以 $\varLambda_1$ 与 $\varLambda_2$ 是相同的函数 $\varLambda$. 如果 $\varLambda$ 是自变量的奇性函数, 那么在 A 区与 B 区的分界线 $\varGamma_1$ 上. 应变必有奇异性, 所以 $\varLambda$ 只能是自变量的有界函数. 这就是 A 区的应变是有界的.

在 B 区, 应力场满足协调方程 $\nabla^4\phi=0$, 所以应变协调方程 (8.13) 变为

$$\frac{\partial^2\varepsilon_x^{\mathrm{p}}}{\partial y^2}+\frac{\partial^2\varepsilon_y^{\mathrm{p}}}{\partial x^2}-2\frac{\partial^2\varepsilon_{xy}^{\mathrm{p}}}{\partial x_0 y}=0$$

这说明塑性应变可以用位移场 $u_x^{\mathrm{p}}, u_y^{\mathrm{p}}$ 来表示. 这个位场 $u_x^{\mathrm{p}}, u_y^{\mathrm{p}}$ 必然是有限的. 但它们可以随 r, θ 而变化.

由于 (x, y) 坐标是固定的直角坐标系, 所以由上式可以得到

$$\frac{\partial^2\dot{\varepsilon}_x^{\mathrm{p}}}{\partial y^2}+\frac{\partial^2\dot{\varepsilon}_y^{\mathrm{p}}}{\partial x^2}-2\frac{\partial^2\dot{\varepsilon}_{xy}^{\mathrm{p}}}{\partial x\partial y}=0$$

将本构方程代入上式得

$$\left(\frac{\partial^2}{\partial y^2}-\frac{\partial^2}{\partial x^2}\right)[\lambda(\sigma_x-\sigma_y)]/2-2\frac{\partial^2(\lambda\tau_{xy})}{\partial x\partial y}=0 \tag{8.31}$$

利用上述方程, 可以求得

$$\lambda=\frac{g(\theta)}{r}-\frac{(1-\nu^2)}{E}\sqrt{2}\frac{1}{r}\ln r \tag{8.32}$$

相应的可以得到速率场 (主奇性场)

$$\begin{cases} v_r = 4(1-\nu^2)\dfrac{\tau_{ys}}{E}\sin\theta\ln\dfrac{A}{r} \\ v_\theta = -4(1-\nu^2)\dfrac{\tau_{ys}}{E}\left(\dfrac{1}{\sqrt{2}}-\cos\theta\right)\ln\dfrac{A}{r} \end{cases} \tag{8.33}$$

在卸载弹性区, $\lambda = 0$, 应变率 $\dot{\varepsilon}_{ij}$ 只依赖于应力率 $\dot{\sigma}_{ij}$. 不难求得速率的主奇性场为

$$\begin{cases} v_x = -B_3\ln\dfrac{A}{r} \\ v_y = -B_4\ln\dfrac{A}{r} \end{cases} \tag{8.34}$$

其中,

$$B_3 = D_0, \quad B_4 = \frac{4(1-\nu^2)}{E}c_2 \tag{8.35}$$

在交界线 $\varGamma_B$ 处, 速率场 v_θ 连续. 向公式 (8.33) 和 (8.34) 可以得到

$$D^* = \frac{ED_0}{4(1-\nu^2)} = -\left[\tau_{ys}\left(\frac{1}{\sqrt{2}}+\cos\beta\right)+c_2\cos\beta\right]\Big/\sin\beta \tag{8.36}$$

现在来考察径向速率场 v_r 的间断量.

$$[v_r]_{\varGamma_B} = v_r\Big|_{\theta=\theta_B^+} - v_r\Big|_{\theta=\theta_B^-} \tag{8.37}$$

式中, $\theta_B = \pi - \beta$.

利用公式 (8.33) 和公式 (8.34), 求得

$$[v_r]_{\varGamma_\beta} = -\frac{E}{4(1-\nu^2)}\cdot\left[\tau_{ys}\left(1+\frac{1}{\sqrt{2}}\cos\beta\right)+c_2\right]\Big/\sin\beta \tag{8.38}$$

v_r 的连续性要求导致

$$c_2 + \tau_{ys}\left(1+\frac{1}{\sqrt{2}}\cos\beta\right) = 0 \tag{8.39}$$

高玉臣[3] 指出 (8.39) 式可以确保卸载弹性区确实处于弹性状态.

将 (8.29) 式中关于 c_2 的公式代入 (8.39) 式就得到角度参数 β, γ 满足的第 2 个方程. 经计算可以求得 $\beta = 67.9°, \gamma = 18°$. 代入式 (8.39) 得 c_2, 进而可得 c_1, c_3, c_4, b_1 和 D_0.

8.2 $\nu < 0.5$ 时的裂尖场

弹性可压缩情况下的理想塑性材料中的平面应变定常扩展裂纹尖端场由 Drugan, Rice 和 Sham[4] 以及高玉臣[5] 给出的. 这里参照文献 [4] 的框架加以分析.

在裂尖附近, 应力场的主项只依赖于 θ. 平衡方程为

$$\begin{aligned} &\sigma_r-\sigma_\theta+\frac{\partial\tau_{r\theta}}{\partial\theta}=0 \\ &2\tau_{r\theta}+\frac{\partial\sigma_\theta}{\partial\theta}=0 \end{aligned} \tag{8.40}$$

屈服条件为 (8.1) 式, 将 (8.1) 式对 θ 求导, 并利用平衡方程得

$$S_r\frac{\partial}{\partial\theta}(\sigma_r+\sigma_\theta)+S_z\frac{\partial\sigma_z}{\partial\theta}=0 \tag{8.41}$$

式中,

$$S_r=\frac{1}{2}(\sigma_r-\sigma_\theta-S_z) \tag{8.42}$$

本构关系 (8.5) 式可改写为

$$\dot{\varepsilon}_{ij}=\frac{\sin\theta}{r}\cdot\left(\frac{1+\nu}{E}\frac{\partial\sigma_{ij}}{\partial\theta}-\frac{\nu}{E}\delta_{ij}\frac{\partial\sigma_{kk}}{\partial\theta}\right)+\lambda S_{ij} \tag{8.43}$$

对平面应变的情况, 有 $\dot{\varepsilon}_z=0$, 所以

$$\frac{\partial S_z}{\partial\theta}+\frac{2}{3\sin\theta}Er\lambda S_z=-\frac{2}{3}\varepsilon\frac{\partial}{\partial\theta}(\sigma_r+\sigma_\theta) \tag{8.44}$$

式中,

$$\varepsilon=\frac{1}{2}-\nu \tag{8.45}$$

裂尖场由图 8.3 所示的 5 个区域构成.

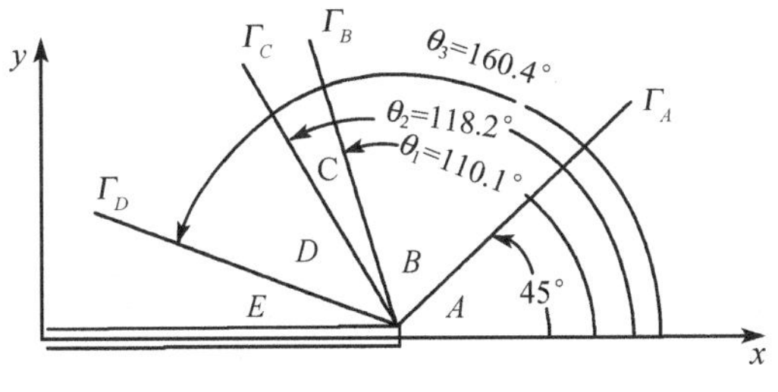

图 8.3 $\nu<0.5$ 时, 扩展裂纹尖端场的分区构造

A 区是均匀应力场:

$$\tau_{xy}=0,\quad \sigma_x=A_1-\tau_{ys},\quad \sigma_y=A_1+\tau_{ys} \tag{8.46}$$

设想 A 区内, λ 有界, 那么由 (8.43) 式看出, $\dot{\varepsilon}_{ij}$ 有界, v_r, v_θ 有界

B 区是中心扇形区, 应力场为

$$\begin{cases} \tau_{r\theta}=\tau_{ys}, \\ \sigma_r=\sigma_\theta=\sigma_z=A_1-2\tau_{ys}\left(\theta-\dfrac{\pi}{4}\right) \end{cases} \tag{8.47}$$

中心扇形区的速度场 v_r 和 v_θ 可以利用本构方程 (8.43) 式求得[6],

$$\begin{cases} v_r = (5-4\nu)\dfrac{\tau_{ys}}{E}\sin\theta\ln\dfrac{R}{r} \\ v_\theta = -(5-4\nu)\dfrac{\tau_{ys}}{E}\left(\dfrac{1}{\sqrt{2}}-\cos\theta\right)\ln\dfrac{R}{r} \end{cases} \tag{8.48}$$

C 区是剪应力 $\tau_{r\theta}$ 非均匀扇形区, 在该区内 $S_z \neq 0$. 应力场 $\sigma_r, \sigma_\theta, \tau_{r\theta}$ 与 S_z 需要通过一阶微分方程组 (8.40) 式和 (8.44) 式及 Rice 提出的协调方程求得.

Rice[6] 证明, 当以下条件满足时, $\dot{\varepsilon}_{\alpha\beta}$ 是协调的

$$\sin\theta\left[(S_z+\nu S_r)\frac{\partial}{\partial\theta}(\sigma_r+\sigma_\theta)-(\nu S_z+S_r)\frac{\partial\sigma_z}{\partial\theta}\right]=ES_z(B_3\cos\theta+B_4\sin\theta) \tag{8.49}$$

相应的速度场为 (主奇性场)

$$\begin{cases} v_x = -B_3\ln\dfrac{R}{r} \\ v_y = -B_4\ln\dfrac{R}{r} \end{cases} \tag{8.50}$$

式中,

$$\begin{cases} B_3 = -\dfrac{(5-4v)}{\sqrt{2}}\dfrac{\tau_{ys}}{E}\sin\theta_1 \\ B_4 = -\dfrac{(5-4v)}{\sqrt{2}}\dfrac{\tau_{ys}}{E}(\sqrt{2}-\cos\theta_1) \end{cases} \tag{8.51}$$

其中, θ_1 是 $\varGamma_B$ 处的角度.

定解方程归纳为

$$\begin{cases} \dfrac{\partial\tau_{r\theta}}{\partial\theta} = 2(\sigma_\theta-\sigma) \\ \dfrac{\partial\sigma_\theta}{\partial\theta} = -2\tau_{r\theta} \\ \dfrac{\partial\sigma}{\partial\theta} = \dfrac{2ES_z^2(B_3\cos\theta+B_4\sin\theta)}{\sin\theta[4S_z^2+4\nu S_z(\sigma_r-\sigma_\theta-S_z)+(\sigma_r-\sigma_\theta-S_z)^2]} \\ \dfrac{\partial S_z}{\partial\theta} = -\dfrac{2}{3}\cdot\dfrac{(\sigma_r-\sigma_\theta)}{S_z}\dfrac{\partial\sigma}{\partial\theta} \end{cases} \tag{8.52}$$

式中,

$$\sigma = \frac{1}{2}(\sigma_r+\sigma_\theta) \tag{8.53}$$

方程组 (8.52) 需要作数值积分. 从 $\theta=\theta_1$ 起, 积分的初值由中心扇形区的应力场提供. 由于在 $\theta=\theta_1$ 处 $S_z=0$, 所以方程组 (8.52) 的最后一个方程不能直接应用①. 在 $\theta=\theta_1$ 附近, 对应力分量 S_z 进行 Taylor 级数展开, 得

$$S_z = \frac{(5-4v)\tau_{ys}}{3\sqrt{2}(1-2\nu)\sin\theta_1}(\theta-\theta_1)^2+\cdots \tag{8.54}$$

① 如果以 S_z^2 作为未知量, 方程 (8.52) 式的最后一个方程是可以直接积分的.

在 $\theta = \theta_1$ 附近, 用 (8.54) 式代替方程组 (8.52) 的最后一个方程, 而当 $\theta \geqslant \theta_1 + 0.1°$ 时, 直接用方程组 (8.52) 就可以进行数值积分, 求得 C 区的各个应力分量. 再利用 (8.44) 式就可以得 C 区的塑性应子 λ, 校核 $\lambda > 0$. 一直积到 $\theta = \theta_2, \lambda = 0$, 就进入弹性卸载区 D.

D 区是弹性卸载区, $\lambda = 0$, 该区的速度场与应力分布由文献 [4] 给出:

$$\begin{cases} v_x = -B_3 \ln\dfrac{R}{r} \\ v_y = -B_4 \ln\dfrac{R}{r} \end{cases} \tag{8.55}$$

$$\begin{cases} M\sigma_x = 4B_3 \ln\sin\theta + B_3\cos2\theta + B_4(2\theta + \sin2\theta) + c_1 \\ M\sigma_{xy} = B_3(2\theta + \sin2\theta) - B_4\cos2\theta + c_2 \\ M\sigma_y = -B_3\cos2\theta + B_4(2\theta - \sin2\theta) + c_3 \\ \sigma_z = \nu(\sigma_x + \sigma_y) + c_4 \end{cases} \tag{8.56}$$

式中, $M = \dfrac{4(1-\nu^2)}{E}, c_1, c_2, c_3$ 和 c_4 为积分常数. 由公式 (8.55) 式和 (8.50) 式不难看出, $\varGamma_{\rm c}$ 处的速度场是连续的.

E 区是二次塑性区. 在 $\theta = \theta_3$ 处, 应力场再次满足屈服条件 (8.1). 在 E 区内, 应力场的定解方程仍然是微分方程组 (8.52). 速度场主奇性场也由公式 (8.55) 表示, $\varGamma_D$ 处的速度场也是连续的.

但是 (8.52) 式不能直接积分到 $\theta = \pi$, 因为 $\sin\pi = 0$, 因此, 需要将 (8.52) 式在 $\theta = \pi$ 附近进行 Taylor 展开.

设想裂纹面附近应力的导数是有界的. 由此推出

$$S_z = c_s(\pi - \theta)^\alpha, \quad \alpha > 0 \tag{8.57}$$

$$\frac{\partial\sigma}{\partial\theta} = c_\sigma(\pi - \theta)^{2\alpha-1} \tag{8.58}$$

$$\sigma = (\sigma)_\pi - \frac{c_\sigma}{2\alpha}(\pi - \theta)^{2\alpha} \tag{8.59}$$

$$\tau_{r\theta} = -2(\sigma_\theta - \sigma)_\pi(\pi - \theta) \tag{8.60}$$

$$\sigma_\theta = (\sigma_\theta)_\pi - 2(\sigma_\theta - \sigma)_\pi(\pi - \theta)^2 \tag{8.61}$$

$$\alpha = -\frac{2}{3}\frac{EB_3}{(\sigma - \sigma_\theta)_\pi} \tag{8.62}$$

$$c_\sigma = \frac{3\alpha}{4(\sigma - \sigma_\theta)_\pi}c_s^2 \tag{8.63}$$

令 $\eta = \pi - \theta$, 注意到 $(\sigma_\theta)_\pi = 0$, 上述公式可改写为

$$\begin{cases} S_z = c_s \eta^\alpha \\ \tau_{r\theta} = 2(a)_\pi \eta \\ \sigma - \sigma_\theta = (\sigma)_\pi - 2(\sigma)_\pi \eta^2 - \dfrac{3}{8(\sigma)_\pi} c_s^2 \eta^{2\alpha} \\ \sigma_\theta = 2(\sigma)_\pi \eta^2 \end{cases}$$

由以上公式, 消去 c_s 得到

$$\begin{cases} \sigma_\theta = 2(\sigma)_\pi \eta^2 \\ \tau_{r\theta} = 2(\sigma)_\pi \eta \\ \sigma = (\sigma)_\pi - \dfrac{3}{8(\sigma)_\pi} S_z^2 \end{cases} \tag{8.64}$$

公式 (8.64) 中 $(\sigma)_\pi$ 是待定参数. 公式 (8.64) 自动满足裂纹面上面力自由的条件. 进一步消去 $(\sigma)_\pi$ 可以得到

$$\begin{cases} \sigma_\theta = \tau_{r\theta} \eta \\ \sigma = \tau_{r\theta}/2\eta - \dfrac{3\eta}{4\tau_{r\theta}} S_z^2 \end{cases} \tag{8.65}$$

公式 (8.65) 是与裂纹面面力自由条件是等价的. 事实上由公式 (8.65) 的第二式不难看出, 当 $\eta \to 0$ 时, $\tau_{r\theta}/\eta$ 是有界的, 不然 $\tau_{r\theta}/\eta \to \infty, \sigma \to \infty$. 也就是说公式 (8.64) 的第 2 个方程是成立, 相应的公式 (8.64) 的第一个方程也是成立, 这就确保裂纹面处 $\tau_{r\theta} = \sigma_\theta = 0$. 所以 (8.65) 式是与裂纹面面力自由的条件是等价的. 对选定的充分小的 η 值 ($\eta = 0.1^\circ$ 或更小), 参数 A_1 及角度 θ_1 是待定参数, 调节 A_1, θ_1, 对微分方程组 (8.50) 进行积分, 使 (8.65) 式在 $\eta = 0.1^\circ$ 或更小的值处得以满足就得到正确解答.

注意到参数 A_1 所产生的应力场是均匀的三轴应力场 $\sigma_x = \sigma_y = \sigma_z = A_1, \tau_{xy} = 0$, 所以这个附加的应力场自动满足平衡方程并且对屈服条件不产生任何影响. 但是 A_1 影响 (8.65) 方程, 所以需要将 (8.65) 的第二式减去第一式得

$$\sigma - \sigma_\theta = \frac{\tau_{r\theta}}{2\eta} - \tau_{r\theta}\eta - \frac{3\eta}{4\tau_{r\theta}} S_z^2 \tag{8.66}$$

公式 (8.66) 式同样不受 A_1 的影响.

实际计算可按下列步骤进行:

1) 假定 θ_1 值, A_1 置零.

2) 按公式 (8.51) 计算 B_3, B_4.

3) 将公式 (8.54) 取代微分方程组 (8.52) 的最后一个方程, 对修正后的微分方程组得 $\theta = \theta_1$ 积分到 $\theta = \theta_1 + \Delta\theta$($\Delta\theta$ 取 0.1° 或更小).

4) 对微分组 (8.54) 得 $\theta = \theta_1 + \Delta\theta$ 积分到 $\theta = \theta_2$ 处, θ_2 由 $\lambda = 0$ 来确定, 其中 λ 由公式 (8.44) 确定.

5) 由 Γ_C 处的应力连续条件, 依照公式 (8.56) 确定 D 区的待定常数 c_1, c_2, c_3 和 c_4.

6) 由屈服条件 (8.1) 式, 确定二次塑性区 E 的起始点 $\theta = \theta_3$.

7) 从 $\theta = \theta_3$ 开始对微分方程组 (8.52) 进行积分至 $\theta = \pi - \Delta\theta(\Delta\theta = 0.1°$ 或更小).

8) 检验公式 (8.66) 是否成立.

如果 (8.66) 式成立, 则计算完成, 否则调节 θ_1 值, 重新计算, 直至 (8.66) 式成立.

计算完成后, 参数 A 由 (8.65) 式的第二式确定.

对 $\nu = 0.3$ 的情况, Drugan 等[4] 给出的计算结果如图 8.4 所示, 其中, $\theta_1 = 110.26°, \theta_2 = 123.13°, \theta_3 = 160.38°$.

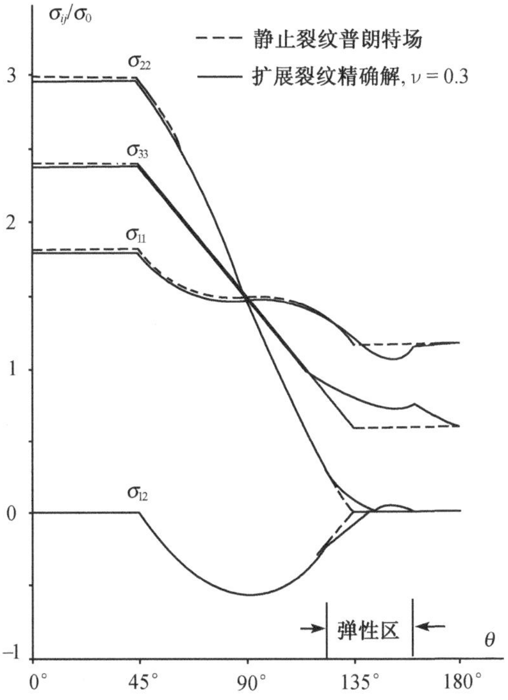

图 8.4

罗学富和黄克智[7] 指出 Drugan 等[4] 的解答未满足 $\theta = \theta_2$ 处 $\lambda = 0$ 的条件, 他们给出的修正结果为 $\theta_1 = 110.09°, \quad \theta_2 = 118.20°, \quad \theta_3 = 160.42°$.

8.3 理想弹塑性介质 III 型扩展裂纹

本节讨论理想弹塑性介质反平面扩展裂纹的尖端场. Chitaley 和McClintock[8] 给出了该问题的渐近场, 黄克智和戴耀[9] 在上述工作的基础上, 给出了该问题的应变和位移场.

考虑反平面剪切问题, w 是 z 轴方向的位移场, 为了书写简单起见, 剪应力 τ_{xz}, τ_{yz} 记为 τ_x, τ_y, 剪应变 γ_{xz}, γ_{yz} 记为 γ_x, γ_y.

引入应力函数 φ, 令

$$\tau_x = \frac{\partial \varphi}{\partial y}, \quad \tau_y = -\frac{\partial \varphi}{\partial x} \tag{8.67}$$

则 z 方向的平衡方程自动满足.

屈服条件为

$$\tau_x^2 + \tau_y^2 = \tau_{ys}^2 \tag{8.68}$$

几何方程为

$$\gamma_x = \frac{\partial w}{\partial x}, \quad \gamma_y = \frac{\partial w}{\partial y} \tag{8.69}$$

应变协调方程为

$$\frac{\partial \gamma_x}{\partial y} - \frac{\partial \gamma_y}{\partial x} = 0 \tag{8.70}$$

弹性应变分量服从胡克定律:

$$\gamma_x^{\mathrm{e}} = \tau_x / G, \quad \gamma_y^{\mathrm{e}} = \tau_y / G \tag{8.71}$$

塑性应变增量由 Prandtl-Reuss 关系给出:

$$\mathrm{d}\gamma_x^{\mathrm{p}} = \lambda \tau_x \mathrm{d}a, \quad \mathrm{d}\gamma_y^{\mathrm{p}} = \lambda \tau_y \mathrm{d}a \tag{8.72}$$

对于定常扩展我们有

$$\frac{\partial}{\partial a} = -\frac{\partial}{\partial x}$$

由此可得

$$\gamma_x^{\mathrm{p}} = \int_x^{x_A} \lambda \tau_x \mathrm{d}x, \quad \gamma_y^{\mathrm{p}} = \int_x^{x_A} \lambda \tau_y \mathrm{d}x \tag{8.73}$$

式中, x_A 是弹塑性交界面上 A 点的 x 坐标值, 它依赖于 y.

图 8.5 显示了各个分区的示意图. 远离裂纹顶端的是弹性区 I

靠近裂纹尖端的 II 区是主塑性区, 紧挨裂纹面的是二次塑性区 IV 区, 在 II 区与 IV 区之间是弹性卸载区 III.

在极坐标 (r,θ) 中, 剪应力 τ_r, τ_θ 可表示为

$$\tau_r = \frac{1}{r}\frac{\partial \varphi}{\partial \theta}, \quad \tau_\theta = -\frac{\partial \varphi}{\partial r} \tag{8.74}$$

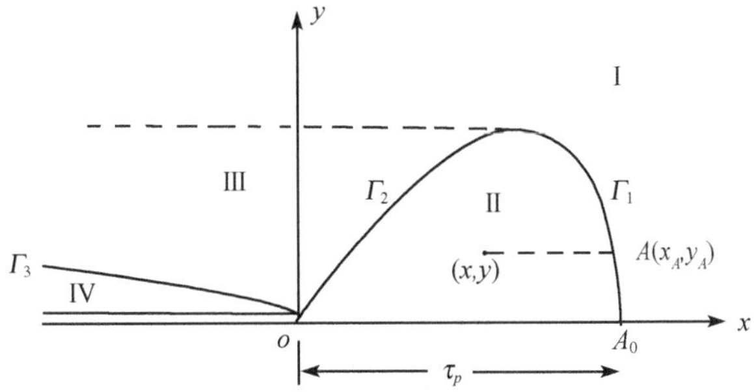

图 8.5

屈服条件 (8.68) 可表示为

$$\left(\frac{1}{r}\frac{\partial \varphi}{\partial \theta}\right)^2 + \left(\frac{\partial \varphi}{\partial r}\right)^2 = \tau_{ys}^2 \tag{8.75}$$

鉴于塑性区内应力场是有限的, 应力函数 φ 的渐近场可表示为

$$\varphi = rf(\theta) \tag{8.76}$$

代入 (8.75) 式得

$$[f'(\theta)]^2 + f^2(\theta) = \tau_{ys}^2 \tag{8.77}$$

对上述方程求微分得

$$[f''(\theta) + f(\theta)]f'(\theta) = 0 \tag{8.78}$$

由此得到两组解答:

$$f = \pm\tau_{ys} \tag{8.79}$$

$$f = \tau_{ys}\sin(\theta + \theta_0) \tag{8.80}$$

这两组解分别对应于 II 区和 IV 区的解答.

考虑到剪应力 τ_y 关于 x 轴的对称性, 可得主塑性区 II 内的解答.

$$\varphi = -\tau_{ys} r, \quad \tau_x = -\tau_{ys}\sin\theta, \tau_y = \tau_{ys}\cos\theta \tag{8.81}$$

由裂纹面面力自由条件, 得二次塑性区 IV 内的解

$$\varphi = \tau_{ys} y, \quad \tau_x = \tau_{ys}, \quad \tau_y = 0 \tag{8.82}$$

公式 (8.81) 和公式 (8.82) 不仅适合于裂纹尖端, 而且适合于整个 II 区与 IV 区.

应变协调方程 (8.70) 可以改写为

$$\frac{1}{G}\nabla^2\varphi+\frac{\partial\gamma_x^{\mathrm{p}}}{\partial y}-\frac{\partial\gamma_y^{\mathrm{p}}}{\partial x}=0 \tag{8.83}$$

在弹性卸载区内, 没有任何进一步的塑性应变增量, 塑性应变只是 y 的函数, 因为 $\dfrac{\partial\gamma_{ij}^{\mathrm{p}}}{\partial a}=-\dfrac{\partial\gamma_{ij}^{\mathrm{p}}}{\partial x}=0$, 所以 (8.83) 式可改写为

$$\frac{1}{G}\nabla^2\varphi=-\frac{\mathrm{d}\gamma_x^{\mathrm{p}}}{\mathrm{d}y} \tag{8.84}$$

考虑到在卸载边界 $\varGamma_2$ 处面力是连续的, 所以在裂纹尖端附近应力是有界的, 公式 (8.76) 在弹性卸载区 III 内依然有效. 由此公式 (8.84) 可以写成

$$\nabla^2\varphi=-\frac{\tau_{ys}}{y}\sin\theta_{\mathrm{p}} \tag{8.85}$$

(8.85) 式的通解为

$$\varphi=-\tau_{ys}\sin\theta_{\mathrm{p}}[A\sin\theta+B\cos\theta+f_0(\theta)] \tag{8.86}$$

式中,

$$f_0(\theta)=\sin\theta\ln(\sin\theta)+\left(\frac{\pi}{2}-\theta\right)\cos\theta \tag{8.87}$$

相应的应力场为

$$\left\{\begin{aligned}&\tau_x=-\tau_{ys}\sin\theta_{\mathrm{p}}(A+\ln\sin\theta)\\&\tau_y=\tau_{ys}\sin\theta_{\mathrm{p}}\left[B+\frac{\pi}{2}-\theta\right]\end{aligned}\right. \tag{8.88}$$

文献 [8] 给出了在 $\theta=\theta_{\mathrm{p}}$ 和 $\theta=\theta_s$ 处满足应力连续条件的解:

$$\left\{\begin{aligned}&\theta_{\mathrm{p}}=19.693^\circ,\quad \theta_s=0.36572^\circ\\&A=2.0868,\qquad B=1.5644\end{aligned}\right. \tag{8.89}$$

所谓应力连续, 指的是剪应力量 τ_r,τ_θ 连续, 也就是

$$[\varphi]_\varGamma=0,\quad \left[\frac{\partial\varphi}{\partial n}\right]_\varGamma=0 \tag{8.90}$$

在塑性区内, 应变协调方程 (8.83) 对 x 求导得

$$\frac{1}{G}\frac{\partial}{\partial x}\nabla^2\varphi-\lambda\nabla^2\varphi-\frac{\partial\lambda}{\partial x}\frac{\partial\varphi}{\partial x}-\frac{\partial\lambda}{\partial y}\frac{\partial\varphi}{\partial y}=0 \tag{8.91}$$

在主塑性区, 将 (8.76) 式和 (8.79) 式代入上式得

$$\lambda = \frac{1}{Gr}(-\cos\theta\ln r + k(\theta)) \tag{8.92}$$

代入 (8.73) 式, 经过冗长的运算, 求得主塑性区 II 内的应变渐近场:

$$\begin{cases} \gamma_x^{\mathrm{p}} = \dfrac{\tau_{ys}}{G}\ln r \cdot \sin\theta \\ \gamma_y^{\mathrm{p}} = \dfrac{\tau_{ys}}{G}\left\{\dfrac{1}{2}\left(\ln\dfrac{R_0}{r}\right)^2 + \left[\cos\theta - 2\ln\left(\cos\dfrac{\theta}{2}\right)\right]\ln\dfrac{R_0}{r}\right\}, \end{cases} \quad 0 \leqslant \theta \leqslant \theta p \tag{8.93}$$

III 区的应变渐近场为

$$\begin{cases} \gamma_x^{\mathrm{p}} = \dfrac{\tau_{ys}}{G}\sin\theta_{\mathrm{p}}\ln\dfrac{y}{\sin\theta_{\mathrm{p}}} \\ \gamma_y^{\mathrm{p}} = \dfrac{\tau_{ys}}{G}\left\{\dfrac{1}{2}\left(\ln\dfrac{R_0\sin\theta_{\mathrm{p}}}{y}\right)^2 + \left[\cos\theta_{\mathrm{p}} - 2\ln\left(\cos\dfrac{\theta_{\mathrm{p}}}{2}\right)\right]\ln\dfrac{R_0\sin\theta_{\mathrm{p}}}{y}\right\} \end{cases} \quad \theta_{\mathrm{p}} \leqslant \theta \leqslant \pi - \theta_s \tag{8.94}$$

由于 Γ_s 不是特征线, 所以剪应变必然连续. 由应变协调方程 (8.91) 可以推出二次塑性区内有

$$\lambda = -\frac{\sin\theta_{\mathrm{p}}}{Gx}, \quad \pi - \theta_s \leqslant \theta \leqslant \pi \tag{8.95}$$

将上式代入 (8.73) 式得

$$\begin{cases} \gamma_x^{\mathrm{p}} = \dfrac{\tau_{ys}}{G}\sin\theta_p\ln\left|\dfrac{x \cdot \tan\theta_s}{\sin\theta_{\mathrm{p}}}\right| \\ \gamma_y^{\mathrm{p}} = \dfrac{\tau_{ys}}{G}\left\{\dfrac{1}{2}\left(\ln\dfrac{R_0\sin\theta_{\mathrm{p}}}{y}\right)^2\left[\cos\theta_{\mathrm{p}} - 2\ln\left(\cos\dfrac{\theta_{\mathrm{p}}}{2}\right)\ln\left(\dfrac{R_0\sin\theta_{\mathrm{p}}}{y}\right)\right]\right\}, \end{cases} \quad \pi - \theta_s \leqslant \theta \leqslant \pi \tag{8.96}$$

利用下述公式:

$$w = \int_0^\theta r\gamma_\theta \mathrm{d}\theta$$

可以得到各区的位移公式[9]:

$$w = \frac{\tau_{ys}}{G}r\left\{\frac{1}{2}\sin\theta\left(\ln\frac{R_0}{r}\right)^2 + \sin\theta\left[1 - 2\ln\cos\frac{\theta}{2}\right]\ln\frac{R_0}{r}\right\}, \quad 0 \leqslant \theta \leqslant \theta_p \tag{8.97}$$

$$\begin{aligned} w = &\frac{\tau_{ys}}{G}r\left\{\frac{1}{2}\sin\theta\left(\ln\frac{R_0}{r}\right)^2\right. \\ &\left.+\left[\sin(\theta - \theta_{\mathrm{p}}) + \sin\theta\left(1 - \frac{\sin\theta}{\sin\theta_{\mathrm{p}}} - 2\ln\cos\frac{\theta_{\mathrm{p}}}{2}\right)\right]\ln\frac{R_0}{r}\right], \quad \theta_{\mathrm{p}} \leqslant \theta \leqslant \pi \end{aligned} \tag{8.98}$$

裂纹面上的位移为

$$w|_{\theta=\pi} = -\frac{\tau_{ys}}{G}r\ \sin\theta_{\mathrm{p}}\ln\frac{R_0}{r} \tag{8.99}$$

8.4 扩展裂纹与 J 积分

本节着重讨论, 非线性材料中, 裂纹准静态扩展理论.

8.4.1 裂纹定常扩展

设想任意的二维非线性物体占有区域 Ω. 这里非线性体可以是非线性弹性体、非线性黏弹性体或弹塑性体等. 边界 Γ 分为两部分, Γ_σ 和 Γ_u, 其上分别指定面力和位移. 坐标系 Ox_1x_2 是空间固定的直角坐标系, 坐标原点选在初始裂纹顶端, 如图 8.6 所示. (r,θ) 是流动的极坐标系, 其坐标原点跟着裂纹顶端 O_a 一起运动.

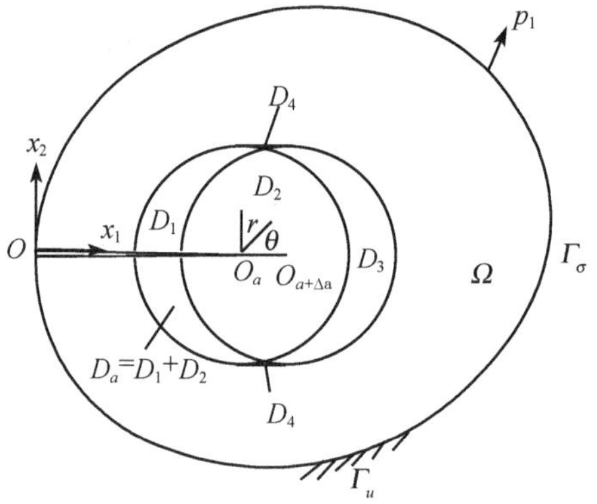

图 8.6

为了论证简明起见, 取单调增长的裂纹长度 a 作为广义的"时间"参量. 设想在扩展裂纹顶端 O_a 附近分出一个区域 D_a 来. D_a 包围了 O_a 点, 而其自身又被 Ω 所包围, 一般说来 D_a 可以是任何形状.

位移、应力、应变、速度、应变率及形变功率从裂纹起始扩展起, 均可表示为坐标 z 及裂纹长度 a 的函数.

外载输入功率为

$$\dot{W}_{外} = \int_{\Gamma_\alpha} p_i v_i \mathrm{d}s + \int_\Omega f_i v_i \mathrm{d}\Omega \tag{8.100}$$

式中, p_i 是作用在 Γ_α 上的面力, f_i 是体力密度. 物体的内能变化率为

$$\dot{U} = \frac{\mathrm{d}}{\mathrm{d}a}\int_\Omega U_0 \mathrm{d}\Omega = \lim_{\Delta a\to 0}\frac{1}{\Delta a}\left\{\int_\Omega [U_0(\boldsymbol{x}, a+\Delta a) - U_0(\boldsymbol{x}, a)]\mathrm{d}\Omega\right\} \tag{8.101}$$

为了计算 $\dot{U}$, 分析图 8.6 所示的扩展图像. 当裂纹顶端从点 O_a 扩展到 $O_{a+\Delta a}$ 时, 区域 D_a 平移至 $D_{a+\Delta a}$, 区域 D_a 与 $D_{a+\Delta a}$ 的公共区域为 D_2, D_1 为区域 D_a

的剩余部分, D_3 为区域 $D_{a+\Delta a}$ 的剩余部分. 作 D_a 与 $D_{a+\Delta a}$ 的公共切线, 它与区域 D_a 及 $D_{a+\Delta a}$ 的边界所围区域记为 D_4(在区域 D_a 及 $D_{a+\Delta a}$ 之外).

我们有

$$\int_{\Omega} U_0(\boldsymbol{x}, a+\Delta a)\mathrm{d}\Omega = \int_{\Omega-D} U_0(\boldsymbol{x}, a+\Delta a)\mathrm{d}\Omega + \int_{D_2+D_3} U_0(\boldsymbol{x}, a+\Delta a)\mathrm{d}\Omega + \int_{D_1+D_4} U_0(\boldsymbol{x}, a+\Delta a)\mathrm{d}\Omega \tag{8.102a}$$

式中, $D = D_1 + D_2 + D_3 + D_4$

另一方面, 我们有

$$\int_{\Omega} U_0(\boldsymbol{x}, a)\mathrm{d}\Omega = \int_{\Omega-D} U_0(\boldsymbol{x}, a)\mathrm{d}\Omega + \int_{D_1+D_2} U_0(\boldsymbol{x}, a)\mathrm{d}\Omega + \int_{D_3+D_4} U_0(\boldsymbol{x}, a)\mathrm{d}\Omega \tag{8.102b}$$

我们知道:

$$D_1 + D_2 = D_a, \quad D_2 + D_3 = D_{a+\Delta a}$$

对于裂纹定常扩展, 恒有

$$\int_{D_{a+\Delta a}} U_0(\boldsymbol{x}, a+\Delta a)\mathrm{d}\Omega = \int_{D_a} U_0(\boldsymbol{x}, a)\mathrm{d}\Omega \tag{8.103}$$

由此推出

$$\begin{aligned}
&\int_{\Omega} U_0(\boldsymbol{x}, a+\Delta a)\mathrm{d}\Omega - \int_{\Omega} U_0(\boldsymbol{x}, a)\mathrm{d}\Omega \\
=& \int_{\Omega-D} [U_0(\boldsymbol{x}, a+\Delta a) - U_0(\boldsymbol{x}, a)]\mathrm{d}\Omega \\
&+ \int_{D_1+D_4} U_0(\boldsymbol{x},a+\Delta a)\mathrm{d}\Omega - \int_{D_3+D_4} U_0(\boldsymbol{x},a)\mathrm{d}\Omega
\end{aligned} \tag{8.104}$$

在区域 $\Omega - D$ 内, 应力. 应变是连续可微的, 因此

$$U_0(\boldsymbol{x}, a+\Delta a) - U_0(\boldsymbol{x}, a) = \dot{U}_0(\boldsymbol{x}, a)\Delta a + \frac{1}{2}\ddot{U}_0(\boldsymbol{x}, a)(\Delta a)^2 + \cdots$$

区域 $D_1 + D_4$ 及 $D_3 + D_4$ 上的积分可转化为线积分. 由此推出

$$\dot{U} = \int_{\Omega-D_a} \dot{U}_0\mathrm{d}\Omega - \int_{C_a} U_0(\boldsymbol{x}, a)\mathrm{d}x_2 \tag{8.105}$$

C_a 是区域 D_a 的外边界.

将上式代入能量平衡条件得

$$\dot{W}_{外}-\dot{U}=\int_{\Gamma_\sigma}p_iv_i\mathrm{d}s+\int_{\Omega}f_iv_i\mathrm{d}\Omega \\ -\int_{\Omega-D_a}\dot{U}_0(\boldsymbol{x},a)\mathrm{d}\Omega+\int_{C_a}U_0(\boldsymbol{x},a)\mathrm{d}x_2 \tag{8.106}$$

注意到:

$$\dot{U}_0(\boldsymbol{x},a)=\sigma_{ij}\dot{\varepsilon}_{ij},\quad \boldsymbol{x}\in\Omega-D_a$$

利用虚功原理将区域 $\Omega-D_a$ 上的面积分转换为边界上的线积分, 导致

$$\dot{W}_{外}-\dot{U}=\int_{D_a}f_iv_i\mathrm{d}\Omega+\int_{C_a}U_0\mathrm{d}x_2+\int_{C_a}p_iv_i\mathrm{d}s \tag{8.107}$$

注意到裂纹定常扩展, 并设想区域 D_a 内, 体力 f_i 为零, 就得到

$$G=\dot{W}-\dot{U}=\int_{C_a}\left(U_0n_1-p_i\frac{\partial u_i}{\partial x_1}\right)\mathrm{d}s=J \tag{8.108}$$

公式 (8.108) 即是著名的 J 积分等于裂纹扩展力定理. 其中, C_a 是区域 D_a 的外边界. 在以上论证中, 未对材料本构关系作任何假定. 也就是说对裂纹定常扩展, J 积分原理对任何材料都是适用的. 以上的分析同时论证了 J 积分的路径无关性, 因为裂纹扩展力 G 是不依赖路径的.

8.4.2　非定常扩展

公式 (8.103), 此时不再适用, 我们有

$$\int_{D_2+D_3}U_0(\boldsymbol{x},a+\Delta a)\mathrm{d}\Omega-\int_{D_1+D_2}U_0(\boldsymbol{x},a)\mathrm{d}\Omega \\ =\int_{D_0}[\hat{U}_0(r,\theta,a+\Delta a)-\hat{U}_0(r,\theta,a)]r\mathrm{d}r\mathrm{d}\theta$$

式中, $\hat{U}_0(r,\theta,a)$ 是用流动极坐标系 (r,θ) 表示的应变能密度:

$$\hat{U}_0(r,\theta,a)=U_0(\boldsymbol{x},a)$$

D_0 是用极坐标系表示的区域 D_a, 显然从跟着裂纹顶端一起运动的观察者来说, 区域 D_a 是不变的, 它恒同于区域 D_0, 由此得到

$$\dot{W}_{外}-\dot{U}=\int_{D_a}f_iv_i\mathrm{d}\Omega+\int_{C_a}(U_0n_1+p_iv_i)\mathrm{d}S-\frac{\mathrm{d}}{\mathrm{d}a}\int_{D_0}\hat{U}_0(r,\theta,a)\mathrm{d}\Omega \tag{8.109}$$

设想在区域 D_a 内体力为零, 则有

$$\begin{aligned} G = \dot{W}_{外} - \dot{U} &= \int_{C_a} (U_0 n_1 + p_i v_i)\mathrm{d}s - \frac{\mathrm{d}}{\mathrm{d}a}\int_{D_0} \hat{U}_0(r,\theta,a)\mathrm{d}\Omega \\ &= \int_{C_a} \left(U_0 n_1 - p_i \frac{\partial u_i}{\partial \hat{x}_1} \right) \mathrm{d}s + Q \end{aligned} \tag{8.110}$$

式中, Q 是流入裂尖的能通量, $\hat{x}_1 = x_1 - a$

$$Q = \int_{C_a} p_i \frac{\partial \hat{u}_i}{\partial a}\mathrm{d}s - \frac{\mathrm{d}}{\mathrm{d}a}\int_{D_0} \hat{U}_0(r,\theta,a)\mathrm{d}\Omega \tag{8.111}$$

式中, $\hat{u}_i(r,\theta,a) = u_i(\boldsymbol{x},a)$. 公式 (8.109) 即是裂纹扩展力 G 的一般公式, 它适用于任意的非线性介质及任意的扩展状态.

现在讨论公式 (8.110) 右端第二项计算. 对弹塑性介质, 恒有

$$\dot{U}_0 = \sigma_{ij}\dot{\varepsilon}_{ij} = \sigma_{ij}\dot{\varepsilon}^{\mathrm{e}}_{ij} + \sigma_{ij}\dot{\varepsilon}^{\mathrm{p}}_{ij}$$

设想材料遵循正交性法则和幂硬化规律

$$\varepsilon_{\mathrm{ep}} = \alpha \left(\frac{\sigma_{\mathrm{e}}}{\sigma_{ys}} \right)^n$$

由此推出

$$U_0 = \frac{1}{2}\boldsymbol{\sigma} : \boldsymbol{\mu} : \boldsymbol{\sigma} + \frac{n}{1+n}\alpha\sigma_{ys}\left(\frac{\sigma_{\mathrm{e}}}{\sigma_{ys}} \right)^{n+1} \tag{8.112}$$

式中, $\boldsymbol{\mu}$ 是弹性柔度张量.

设想在裂纹顶端附近, 下列展开式成立

$$\sigma_{ij} = K_1 r^{s_1}\tilde{\sigma}_{ij1}(\theta,a) + K_2 r^{s_2}\tilde{\sigma}_{ij2}(\theta,a) + \cdots \tag{8.113}$$

式中, $s_1 < s_2, s_1, s_2, K_1, K_2$ 均可能随着 a 的变化而变. 由此

$$\begin{aligned} \sigma_{\mathrm{e}}^2 &= K_1^2 r^{2s_1}\tilde{\sigma}_{\mathrm{e}1}^2(\theta,a) + 2K_1K_2 r^{s_1+s_2}\tilde{\sigma}_{\mathrm{e}12}(\theta,a) + \cdots \\ \sigma_{\mathrm{e}}^{1+n} &= (K_1 r^{s_1}\tilde{\sigma}_{\mathrm{e}1})^{1+n}\left\{ 1 + 2\frac{K_2}{K_1} r^{\Delta s_2}\frac{\tilde{\sigma}_{\mathrm{e}12}}{\tilde{\sigma}_{\mathrm{e}1}^2} + \cdots \right\}^{(1+n)/2} \\ &= (K_1 r^{s_1}\tilde{\sigma}_{\mathrm{e}1})^{1+n}\left\{ 1 + (1+n)\frac{K_2}{K_1} r^{\Delta s_2}\frac{\tilde{\sigma}_{\mathrm{e}12}}{\tilde{\sigma}_{\mathrm{e}1}^2} + \cdots \right\} \end{aligned}$$

上式中, 只保留了主奇性项与次奇性项, 省略的项与这两项相比是小量. 同样弹性应变能相比塑性应变能也是小量, 所以

$$\hat{U}(r,\theta,a) = (K_1 r^{s_1}\tilde{\sigma}_{\mathrm{e}1})^{1+n}\frac{n}{(1+n)}\alpha\sigma_{ys}\left\{ 1 + (1+n)\frac{K_2}{K_1} r^{\Delta s_2}\frac{\tilde{\sigma}_{\mathrm{e}12}}{\tilde{\sigma}_{\mathrm{e}1}^2} + \cdots \right\} \Big/ \sigma_{ys}^{1+n} \tag{8.114}$$

取半径为 ε 的圆作为 D_0, 此时有

$$\int_{D_0}\hat{U}(r,\theta,a)\mathrm{d}\Omega=\frac{n}{(1+n)}\alpha\sigma_{ys}\left(\frac{K_1}{\sigma_{ys}}\right)^{1+n}\\ \times\left\{\frac{\varepsilon^{2+(1+n)s_1}}{[2+(1+n)s_1]}I_1+\frac{(1+n)\varepsilon^{2+(1+n)s_1+\Delta s_2}}{[2+(1+n)s_1+\Delta s_2]}\cdot\frac{K_2}{K_1}I_2\cdots\right\} \tag{8.115}$$

式中,

$$I_1=\int_{-\pi}^{\pi}\tilde{\sigma}_{\mathrm{e}1}^{1+n}\mathrm{d}\theta,\quad I_2=\int_{-\pi}^{\pi}\tilde{\sigma}_{\mathrm{e}1}^{n-1}\tilde{\sigma}_{\mathrm{e}12}\mathrm{d}\theta \tag{8.116}$$

进而得

$$\frac{\mathrm{d}}{\mathrm{d}a}\int_{D_0}\hat{U}(r,\theta,a)\mathrm{d}\Omega=\left\{\frac{\varepsilon^{\delta}}{\delta}(I_1K_1^{1+n})^{\cdot}\right.\\ \left.+\frac{\varepsilon^{\delta+\Delta s_2}}{(\delta+\Delta s_2)}(1+n)(I_2K_1K_2)^{\cdot}\right\}\frac{n\alpha}{(1+n)\sigma_{ys}^{n}} \tag{8.117}$$

式中, $\delta=2+(1+n)s_1,\Delta s_2=s_2-s_1$.

为了确保物体的应变能是有限的, δ 必需大于零. 公式 (8.117) 表明, 当 $\varepsilon\to 0$ 时, 必有

$$\frac{\mathrm{d}}{\mathrm{d}a}\int_{D_0}\hat{U}(r,\theta,a)\mathrm{d}\Omega\to 0$$

这样公式 (109) 就变为

$$G=\lim_{\varepsilon\to 0}\int_{C_a}(U_0n_1+p_iv_i)\mathrm{d}s \tag{8.118}$$

这里 C_a 是以裂纹顶端为中心, ε 为半径的圆周. 公式 (8.118) 中的速率场是以裂纹长度为广义时间导得的.

参 考 文 献

[1] Слепян Л. И. Растущая трещина прн плоскол деформацня упругопластического тела, Механика Твёрдого Тела, 1974, 9: 57−67.

[2] Rice J R, Drugan W T, Sham T C. Elastic-plastic analysis of growing cracks. ASTM STP 700, 1980: 189−221.

[3] 高玉臣. 理想塑性介质中裂纹定常扩展的弹塑性场. 力学学报, 1980, 1: 48−56.

[4] Drugan W T, Rice J R, Sham T L. Asymptotic analysis of growing plane strain tensile cracks in elastic-plastic solids, J. Mech, Phys. Solids, 1982, 30: 447−473.

[5] Gao Y C. The influence of compressibility on the elastic-plastic field of a growing crack, In the second Int. Symposium on Elastic-Plastic Fracture Mechanics, Philadelphia, 1981, ASTM STP 803, 1983: 176−190.

[6] Rice J R. Elastic-plastic crack growth, in mechanics of solids. Oxford: Pergamon Press, Ltd. 1982: 539−562.

[7] 罗学富, 黄克智. 可压缩弹塑性扩展裂纹尖端问题的正确提法及其解. 中国科学, A 辑 1988: 1274−1282.

[8] Chitaley A P, McClintock. Elastic-plastic mechanics of steady crack growth under antiplane shear. J. Mech. Phys. Solids, 1971, 19: 147−163.

[9] 黄克智, 戴耀. 关于理想弹塑性介质中 III 型稳恒扩展裂纹位移场. 力学学报, 1983: 77−80.

[10] 黄克智, 余寿文. 弹塑性断裂力学. 北京：清华大学出版社. 1985.

[11] 匡震邦, 马法尚. 裂纹端部场. 西安：西安交通大学出版社. 2002.

第 9 章　疲劳裂纹扩展

承载结构或元件, 由于交变载荷的作用, 或者由于载荷和环境侵蚀的联合作用, 会产生微小的裂纹. 裂纹将随着交变载荷周次的增加或环境侵蚀时间的延长而逐渐扩展. 随着裂纹尺寸增大, 结构或元件的剩余强度逐步减小, 最后导致断裂.

疲劳裂纹扩展规律是断裂力学研究的重要领域. 疲劳裂纹扩展曲线的确定, 是断裂力学工程设计方法的重要内容.

结构或元件的疲劳寿命通常由两部分组成, 一部分是初始裂纹或初始缺陷成核寿命, 第二部分是裂纹扩展寿命. 不含缺口的结构或元件初始寿命可能占总寿命的大部分, 而含缺口的结构或元件初始寿命可能只占总寿命的小部分.

疲劳裂纹扩展分析主要针对裂纹成核以后的疲劳寿命, 也就是初始成核裂纹尺寸 a_0 到临界裂纹尺寸 a_c 之间的剩余寿命.

9.1　等幅载荷下裂纹扩展

在周期性交变载荷作用下, 裂纹会发生亚临界扩展. 每一周交变载荷引起的裂纹扩展量叫裂纹扩展率, 用 $\mathrm{d}a/\mathrm{d}N$ 表示, 其中, a 指裂纹长度, N 指交变载荷的周次. 这样的定义对二维裂纹是很明确的. 对三维钱币状圆形裂纹, 在轴对称交变载荷作用下, a 指裂纹半径. 对三维椭圆形裂纹或非轴对称交变载荷作用下的钱币状裂纹, 裂纹扩展量沿着裂纹前缘是变化的, 这种情况下, 裂纹扩展率需要更加细致的定义.

疲劳裂纹扩展研究已经发表了大量的文献, 已经得到了大量的实验数据, 提出了很多以实验为依据的经验或半经验公式, 也对疲劳裂纹扩展机理作了详实的研究.

1963 年 Paris 和 Erdogan[1] 首先发现应力强度因子在疲劳裂纹扩展中起关键性作用, 从而推动了断裂力学应用于疲劳, 引发了大量的后继工作. 他们分析了含中心裂纹高强度铝合金板材在两种不同的载荷条件下的疲劳裂纹扩展数据. 一种情况是远处受均匀拉伸的交变载荷, 另一种是在裂纹的上下表面加一对集中交变载荷. 对于等幅的交变载荷, 第一种情况它的应力强度因子是随着裂纹扩展而增加, 而第二种情况下, 它的应力强度因子随裂纹扩展而减小. 而他们实验测得的裂纹扩展率 $\mathrm{d}a/\mathrm{d}N$ 数据与应力强度因子幅值 ΔK 的变化规律却惊人的一致. 也就是说参数 ΔK 作为疲劳裂纹扩展的驱动力, 可以相当好的表征等幅载荷下的疲劳裂纹扩展率 $\mathrm{d}a/\mathrm{d}N$. 他们提出了一个等幅度交变载荷下的疲劳裂纹扩展率的经验公式:

$$\frac{\mathrm{d}a}{\mathrm{d}N} = C(\Delta K)^n \tag{9.1}$$

式中, C、n 是需要通过试验确定的材料常数; $\Delta K = K_{\max} - K_{\min}$ 为应力强度因子的幅值.

图 9.1 给出了等幅正弦交变载荷下应力强度因子的变化规律. 图中标出了 4 个载荷参数 $K_{\max}, K_{\min}, \Delta K = K_{\max} - K_{\min}$ 和 $R = K_{\min}/K_{\max}$. 这 4 个载荷参数刻划了每个载荷周次应力强度因子的变化规律.

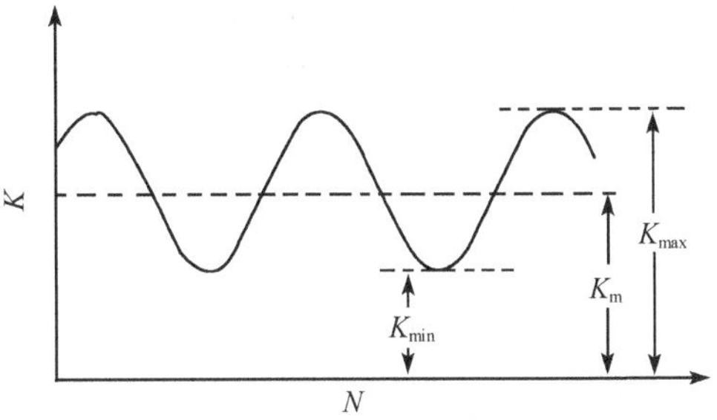

图 9.1 等幅正弦交变载荷

图 9.2 是 Paris 等[2] 发表的 A533B 钢材的疲劳裂纹扩展曲线, 在室温下, $R = 0.1$ 的实验数据.

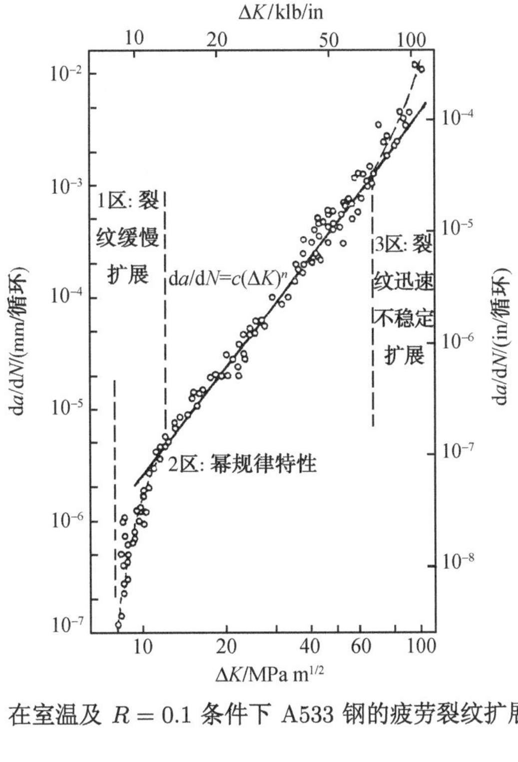

图 9.2 在室温及 $R = 0.1$ 条件下 A533 钢的疲劳裂纹扩展曲线[2]

图中清楚地表明, 疲劳裂纹扩展有三个不同阶段. 第一阶段是疲劳裂纹扩展缓慢区, 存在着一个疲劳裂纹扩展的门槛值 ΔK_{th}. 当 ΔK 低于 ΔK_{th} 疲劳裂纹不扩展或扩展速率极其缓慢$\left(\dfrac{\mathrm{d}a}{\mathrm{d}N} < 10^{-7}\mathrm{mm}/\text{循环}\right)$ 以至于在实验中难以测得每个周次的裂纹扩展量.

第二阶段, 疲劳裂纹扩展遵循幂函数规律, 也就是疲劳裂纹扩展率可以用应力强度因子幅值 ΔK 的幂函数表示, 这就是目前广泛采用的 Paris 公式 (9.1)

由于疲劳裂纹扩展是在裂纹尖端附近的局部区域产生, 在这个区域内, 应力应变场可以用应力强度因子来表征. 即使对金属材料, 裂纹顶端附近的塑性区尺寸比起裂纹尺寸和构件的特征尺寸小很多时, 应力强度因子仍是裂纹顶端应力应变场的外场控制参量. 也就是说, 如果受载状况不同的裂纹或构件以及几何形状不相同的裂纹, 具有相同的应力强度因子, 那么裂纹顶端的应力场具有相同的外部环境, 它们就具有相同的力学特性, 所以具有相同的疲劳裂纹扩展速率, 这就是 Paris 公式 (9.1) 得以成立的力学基础.

Paris 公式 (9.1) 在疲劳裂纹扩展分析中得到了广泛应用. 图 9.3 表示结构钢 BS4360 在室温下疲劳裂纹扩展试验曲线与 Paris 公式的比较. 试验曲线包括 4 种

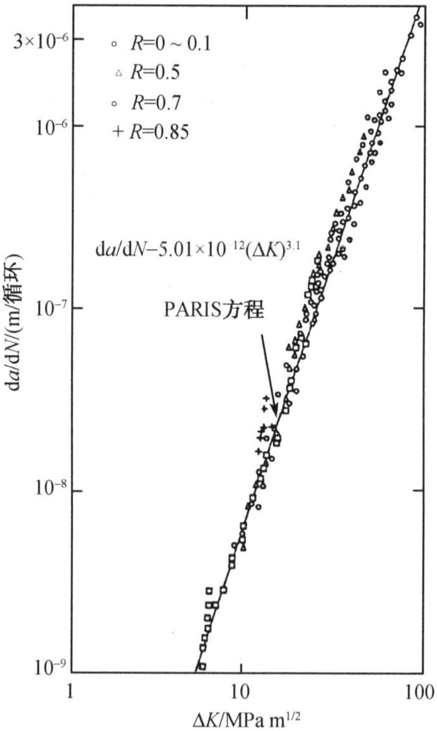

图 9.3 在室温下, 结构钢 BS4360 疲劳裂纹扩展试验数据与 Paris 公式的比较[3]

不同的 R 参数值. 从图上不难看出, Paris 公式给出了相当好的分析预测. 该图还表明, 对结构钢 BS4360 而言, 应力强度因子比值参数 R 对疲劳裂纹扩展率的影响不明显, 只是当 $R = 0.85$ 时, 疲劳裂纹扩展率才有明显的提升.

但是对硬铝合金 2024-T3, 参数 R 对疲劳裂纹扩展的影响非常明显. 图 9.4 给出了 5 种不同的 R 参数值的疲劳裂纹扩展率的试验数据整理结果. 从图上不难看出, 随着参数 R 从 -0.5 逐步增加到 R =0.33, 疲劳裂纹扩展率增长了 3~6 倍.

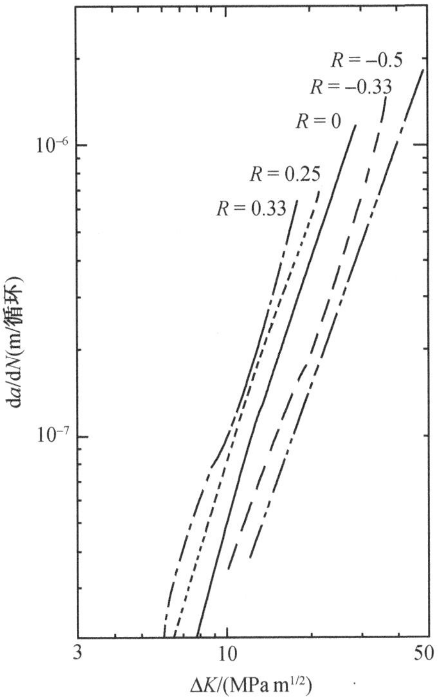

图 9.4 参数 R 对硬铝合金 2024-T3 疲劳裂纹扩展的影响[3]

疲劳裂纹扩展的第 III 阶段是快速扩展阶段. 在大量的工程实践中, 这一阶段只占疲劳寿命的很小一部分, 但是对于在低周疲劳状态下服役的构件而言, 这一阶段的疲劳寿命预测仍然是必要的.

Paris 公式 (9.1) 只适用疲劳裂纹扩展的第 II 阶段. 在第 III 阶段, 应力强度因子最大值接近材料的断裂韧性 K_c, 所以裂纹扩展明显加快, Foreman 等[4] 提出公式:

$$\frac{\mathrm{d}a}{\mathrm{d}N} = \frac{C(\Delta K)^m}{(1-R)K_C - \Delta K} \tag{9.2}$$

当 $K_{\max} \to K_C$ 时, 上式的分母趋近于零, 所以裂纹扩展率快速增加. 公式 (9.2) 大体符合第 III 阶段数据点的变化规律.

9.2　影响疲劳裂纹扩展的因素

9.2.1　应力比的影响

前面已经指出, 应力比参数 R 对硬铝合金 2024-T3 疲劳裂纹扩展有很重要的影响. Foreman 公式 (9.2) 反映了参数 R 对疲劳裂纹扩展的影响. 该公式只适用了 $R > 0$ 的情况. 一般说来, 当 $R < 0$ 时, 需要用别的公式来预测疲劳裂纹扩展,

Walker[5] 提出如下的公式:

$$\frac{\mathrm{d}a}{\mathrm{d}N} = C[(1-R)^m K_{\max}]^n \tag{9.3}$$

式中, 材料参数 C、m 和 n 需要通过实验曲线的拟合来确定.

图 9.5 给出了 Ti-6A1-4V 合金疲劳裂纹扩展曲线, 从图上清楚地看出, 参数 R 的影响是很大的. 对这种材料 $R < 0$ 表现出对疲劳裂纹扩展率的强烈影响.

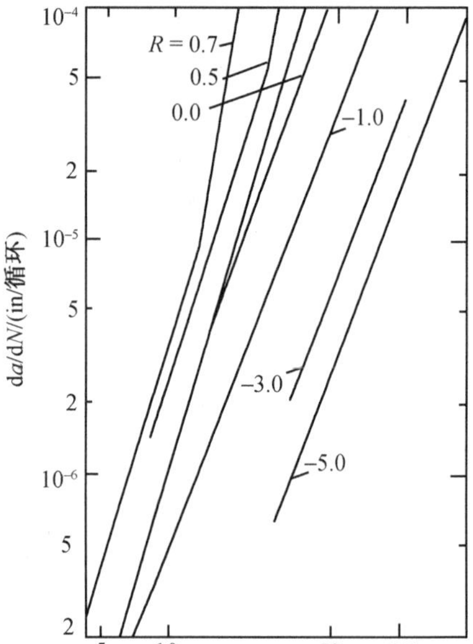

图 9.5　参数 R 对 Ti-6A1-4V 疲劳裂纹扩展的影响①

公式 (9.3) 也可改写为

$$\frac{\mathrm{d}a}{\mathrm{d}N} = C(1-R)^{n(m-1)}(\Delta K)^n \tag{9.4}$$

① 取自 Yuen 等人的工作, Metall. Trans., 1974, 5: 1833–1842.

当 $R=0$ 时, 上式归结为 Paris 公式 (9.1). 一般说来 $R<0$ 将使疲劳裂纹扩展速率降低, 随着 R 绝对值的增加, 因子 $(1-R)$ 将会增加, 所以公式 (9.4) 式中的 m 一般说来要小于 1, 这样可以适当调节 m 参数, 使公式 (9.4) 的预测结果能够反映试验数据.

9.2.2 加载频率的影响

加载频率本身对疲劳裂纹扩展的影响不明显, 但是当加载频率和应力腐蚀环境共同作用时, 加载频率的影响就很显著. 这是由于在低频的情况下, 有更长的时间材料经受环境腐蚀的作用, 所以疲劳裂纹扩展率将会增加.

9.2.3 温度的影响

试验表明, 随着温度的增加, 疲劳裂纹扩展率将会增加, 疲劳寿命将会降低. 在高温情况下, 应力腐蚀的作用也会增强.

9.3 裂纹闭合效应

裂纹闭合效应在断裂力学的试验中经常发生, 特别是当外载是压缩载荷时, 裂纹闭合现象很容易想象得到. 但是 Elber[6] 的实验观测发现, 在卸载过程中, 外载荷依然是拉伸载荷, 裂纹就提前闭合了. 在下一个循环载荷, 当外加载荷足够大时, 裂纹才重新张开. 他引入了一个新的参量: 裂纹完全张开的应力强度因子 K_{op}. 他认为疲劳裂纹扩展率应该由有效的应力强度因子幅值来确定

$$\frac{\mathrm{d}a}{\mathrm{d}N}=C(\Delta K_{\mathrm{eff}})^n \tag{9.5a}$$

式中, $\Delta K_{\mathrm{eff}}=K_{\max}-K_{\mathrm{op}}$. (9.5b)

图 9.6 是等幅载荷下. 三种不同裂纹长度塑性区的示意图, 其中图 (a) 是裂纹长度较小时的塑性区; 图 (b) 为裂纹扩展后应力强度因子增大, 塑性区也增大; 图 (c) 为裂纹进一步扩展, 塑性区也进一步扩展, 同时该图画出了裂纹扩展时, 塑性区的包线.

图 9.6 中的塑性区是指外加载荷达到最大时的塑性区. 此时周围的区域都是弹性区. 当外加载荷卸载时. 周围的弹性区企图要恢复变到原来的位置. 就给处于卸载状态的塑性区施加压力, 此压应力企图使裂纹闭合, 因而在卸载过程中, 载荷还没有卸到零, 裂纹就提前局部闭合. 当 $K_{\min}>K_{\mathrm{op}}$ 的时候, 也就是应力比参数 R 大于 $K_{\mathrm{op}}/K_{\max}$ 时, 裂纹表面不存在闭合现象. 而当 $K_{\min}$ 小于 K_{op} 裂纹表面就会出现闭合效应. R 参数越小, 裂纹闭合效应越明显.

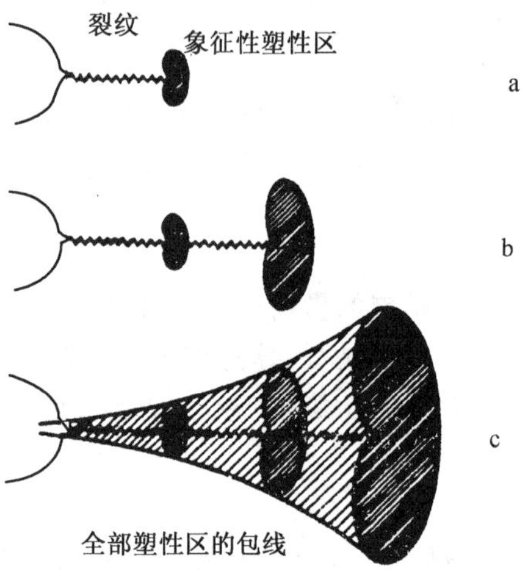

图 9.6　裂纹扩展时塑性区的包线

Elber[6] 对铝合金 2024-T3 做了一系列等幅加载试验, 结果表明有效应力强度因子幅值可以用下述公式表示:

$$\Delta K_{\text{eff}} = (0.5 + 0.4R)\Delta K \tag{9.6}$$

图 9.7 是他整理的实验结果. 从该图可以看出, 比例因子 $U = \Delta K_{\text{eff}}/\Delta K$ 与裂纹长度, $K_{\max}$ 以及 ΔK 无关, 而只与 R 有关.

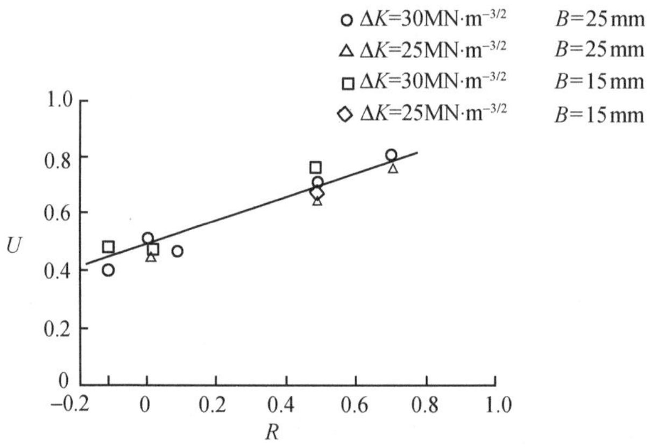

图 9.7　铝合金 2024-T3 疲劳裂纹扩展裂纹闭合效应的实验结果[6]

Schijve[7] 对铝合金 2024-T3 的试验结果也证实了公式 (9.6) 并且将该公式推广到参数 R 为负值的情况. 他建议的修正关系式为

$$U = 0.55 + 0.33R + 0.12R^2 \tag{9.7}$$

以上公式适用 $-1 < R < 0.54$.

关于公式 (9.6) 也存在着一些争论[7], 但是裂纹闭合效应以及它对疲劳裂纹扩展的重要影响都是得到广泛公认的.

图 9.8 是 Schijve[7] 关于疲劳裂纹扩展率与有效应力强度因子 $\Delta K_{\rm eff}$ 关系的试验结果. 从图上不难看出等效应力幅值 $\Delta K_{\rm eff}$ 确实给出了良好的分析预测.

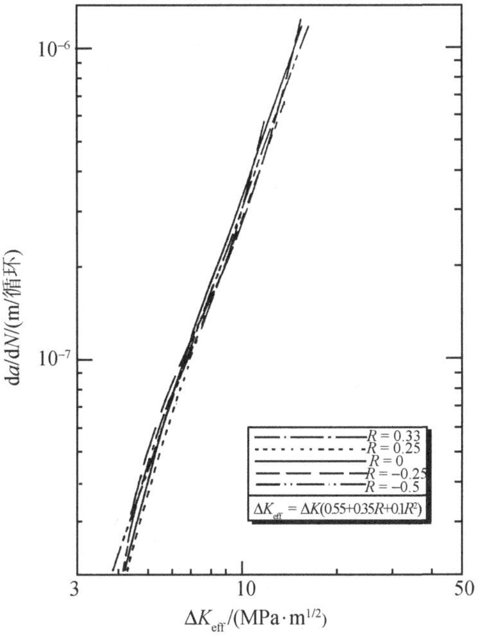

图 9.8 铝合金 2024-T3 疲劳裂纹扩展速率与 $\Delta K_{\rm eff}$ 的关系[7]

9.4 疲劳裂纹扩展门槛值确定

众所周知, 疲劳裂纹扩展是与裂纹尖端区域的交变塑性变形相关的. 在循环加载的情况下, 裂纹顶端区域的应力应变及塑性区尺寸都随着载荷的变化而变化. 在加载过程中, 裂纹尖端区域出现三轴拉伸状态的塑性变形, 而在卸载过程中, 当载荷降到最小值时, 裂纹尖端附近的区域就会出现反向塑性. 这是由于周围的弹性区在卸载到最小载荷时, 力图恢复到加载时该载荷下的原有位置, 而对裂纹尖端的塑性区施加相当大的压应力. 如果裂纹表面此时完全闭合, 那么这种压应力一般说来不会超过屈服应力, 因此不会发生反向塑性变形. 但是实际上由于加载过程中裂纹尖端会发生钝化. 所以在非常靠近裂尖的局部区域, 裂纹不会闭合. 残余的塑性变形使裂尖变成很锐的缺口. 缺口的应力集中促使裂尖区域再次进入反向塑性变形状态.

从材料物理角度看, 理想的尖裂纹只是一种数学模型. 真实的裂纹自身就有一定的宽度, 也就是说真实的裂纹, 尖端的曲率半径并不为零. 所以在裂纹顶端区域在卸载过程中会出现压应力造成的反向塑性变形.

基于上述物理机制, 采用 Dugdale 模型[8], 我们可以对循环载荷作用下, 裂纹顶端区域的应力、应变的变化规律作如下分析.

图 9.9 是含中心裂纹的无限大板, 在无穷远处受单轴循环载荷的作用. 设想板材是理想的弹塑性材料, 那么塑性区仅限于裂纹前方的条状区域.

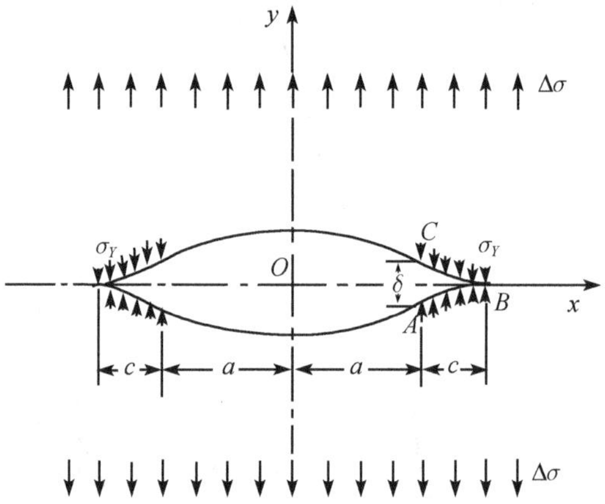

图 9.9 受循环载荷作用的含中心裂纹无限大板

当外载从零单调增加到最大载荷 $\sigma_{\max}$ 时, 裂纹前方条状塑性区尺寸为

$$R = a\left\{\frac{1}{\cos\left(\dfrac{\pi}{2}\dfrac{\sigma_{\max}}{\sigma_{ys}}\right)} - 1\right\} \tag{9.8}$$

当 $\sigma_{\max} \ll \sigma_{ys}$ 时, 我们有:

$$R = \frac{\pi K_{\max}^2}{8\sigma_{ys}^2} \tag{9.9}$$

式中, $K_{\max} = \sigma_{\max}\sqrt{\pi a}$ 为最大应力强度因子, σ_{ys} 是板材的屈服应力. 裂纹前方正应力 σ_y 的分布如图 9.10(a) 所示.

而当外载从 $\sigma_{\max}$ 卸载到 $\sigma_{\min}$ 时, 条状塑性区之外的区域是弹性区, 所以遵循弹性恢复的规律. 而条状塑性区内, 各点的塑性应变状态不同, 也就是各点的张开位移不同, 因而其卸载路径也不相同.

图 9.10 给出了卸载路径的示意图. 当卸载量 $\Delta\sigma$ 很小时, $\Delta K < \Delta K_{\text{th}}$, 此时裂纹前方的整个条状塑性区沿着线弹性卸载, 那么裂端区域并未进入反向塑性状态.

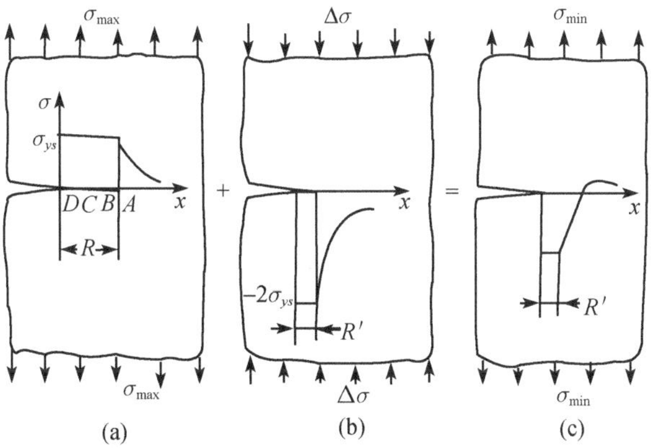

图 9.10 条状塑性区内各点的卸载路径

这种情况下, 外载从 $\sigma_{\min}$ 再加载至 $\sigma_{\max}$ 是个弹性加载过程. 在以后的循环载荷作用下都是处于弹性加载和弹性卸载过程. 也就是说当 $\Delta K \leqslant \Delta K_{\text{th}}$ 时, 条状塑性区内, 不存在循环塑性区, 这意味着板材的任何地方. 不存在循环应力应变迟滞迴线, 因而不消耗能量, 裂纹不会扩展.

当卸载量 $\Delta\sigma$ 足够大时, $\Delta K > \Delta K_{\text{th}}$, 在裂纹顶端前方的条件塑性区内将出现反向塑性变形. 卸载后, 反向塑性区内的正应力 $\sigma_y = -\sigma_{ys}$. 反向塑性区的尺寸可以近似地用下式表示:

$$R' = \frac{\pi(\Delta K - \Delta K_{\text{th}})^2}{8(2\sigma_{ys})^2} \tag{9.10}$$

式中, $2\sigma_{ys}$ 表示卸载后塑性区内正应力 σ_y 从 σ_{ys} 转变为 $-\sigma_{ys}$.

关于 ΔK_{th} 的估算, Greager 和 Paris[9] 给出了一个近似的分析. 外载从 $\sigma_{\max}$ 开始卸载, 若 $\Delta\sigma \leqslant \Delta\sigma_{\text{th}}$, 卸载可以依照弹性理论计算. 设想裂纹端部的曲率半径为 $\rho_{\max}$, 则裂纹端 P 前方的正应力变化量 $\Delta\sigma_y$ 可表示为

$$\Delta\sigma_y = \frac{\Delta K}{\sqrt{2\pi r}}[1 + \rho_{\max}/2r] \tag{9.11}$$

在裂纹端头 $r = \rho_{\max}/2$, 代入上式得

$$(\Delta\sigma_y)_{r=\rho_{\max}/2} = \frac{2\Delta K}{\sqrt{\pi\rho_{\max}}}$$

当端头的正应力变化量达到 $2\sigma_{ys}$ 时, $\Delta K = \Delta K_{\text{th}}$, 由此得

$$\Delta K_{\text{th}} = \sigma_{ys}\sqrt{\pi\rho_{\max}} \tag{9.12}$$

依照 Dugdale 模型, 裂纹顶端的张开位移为

$$\delta_t = \frac{8\sigma_{ys}a}{\pi E}\ln\sec\left(\frac{\pi\sigma}{2\sigma_{ys}}\right) \tag{9.13}$$

当 $\sigma \ll \sigma_{ys}$ 时, 上式可表示为

$$\delta_t = \frac{K^2}{E\sigma_{ys}}$$

裂端的曲率半径 $\rho_{\max}$ 可以认为当 $K = K_{\max}$ 时是裂端张开位移的一半, 所以

$$\rho_{\max} = K_{\max}^2 / 2E\sigma_{ys}$$

将上式代入式 (9.12) 得

$$\Delta K_{\text{th}} = \sqrt{\frac{\pi\sigma_{ys}}{2E}} K_{\max} \tag{9.14}$$

由式 (9.14) 看出, ΔK_{th} 依赖于 $K_{\max}$ 及 ε_{ys}. ΔK_{th} 与 $K_{\max}$ 呈线性关系而与 $\varepsilon_{ys} = \sigma_{ys}/E$ 的平方根成正比, ε_{ys} 只依赖板材的性质, 而 $K_{\max}$ 决定于外载水平.

Dugdale 模型只适用于理想塑性材料. 对于真实材料, 必须考虑加工硬化的影响.

采用内聚力模型, 结合有限元分析, 可以对真实材料的疲劳裂纹扩展的门槛值进行预测. 类似的我们可以导出如下的估算公式

$$\Delta K_{\text{th}} = \alpha\sigma_{ys}\sqrt{\pi\rho_{\max}} \tag{9.15}$$

式中, $\rho_{\max}$ 为最大外载所对应的裂纹端部的曲率半径, 它可以由有限元计算得到, α 应由实验测定, 它刻画的是材料的循环屈服应力 σ'_{ys} 的影响.

应力比 R 对 ΔK_{th} 也有明显的影响. Kaisand 和 Mowbray[10] 建议如下的公式.

$$\Delta K_{\text{th}} = (\Delta K_{\text{th}})_{R=0} f(R) \tag{9.16}$$

当 $R > 0$ 时,

$$f(R) = \sqrt{\frac{1-R}{1+R}}$$

当 $R < 0$ 时,

$$f(R) = \sqrt{\frac{1-R}{1+R/3}}$$

公式 (9.16) 与他们的实验结果符合得比较好. 对于不同的材料, 函数 $f(R)$ 可能并不相同, 具体的 $f(R)$ 需要通过实验来确定.

9.5　等幅载荷下疲劳裂纹寿命预测

等幅载荷下疲劳裂纹扩展律可以写成一般的公式:

$$\frac{\mathrm{d}a}{\mathrm{d}N} = f(\Delta K) \tag{9.17}$$

式中, 函数 $f(\Delta K)$ 一般说来还依赖于应力比 R. 疲劳裂纹扩展门槛值 ΔK_{th} 及材料的断裂韧性 K_{c}. 因此疲劳寿命预测就是对公式 (9.17) 进行积分, 也就是建立裂纹长度 a 与疲劳周次 N 的关系曲线.

设想一个结构元件承受疲劳载荷的作用, 当主裂纹的尺寸达到临界值的时候, 裂尖的应力强度因子在外载峰值达到 K_{c} 时, 结构元件会发生灾难性的破坏. 从初始裂纹尺寸 a_0 到临界裂纹尺寸 a_{c} 之间的循环载荷的周次 N_p 即是该结构元件的疲劳裂纹扩展寿命.

作为一个典型的例子, 我们考察含中心裂纹的有限宽平板. 平板远处受均匀应力 σ 的作用. 裂尖的应力强度因子为

$$K = F\left(\frac{a}{w}\right) a\sqrt{\pi a} \tag{9.18}$$

函数 $F\left(\dfrac{a}{w}\right)$ 反映两侧边界对裂尖应力强度因子的, 具体的公式可以在各种应力强度因子的手册中找到. 函数 $F\left(\dfrac{a}{w}\right)$ 可以近似地表示为

$$F\left(\frac{a}{w}\right) \doteq \sqrt{\frac{2w}{\pi a}\tan\left(\frac{\pi a}{2w}\right)} \tag{9.19}$$

式中, $2w$ 是板宽. 相应的有

$$\Delta K = F\left(\frac{a}{w}\right) \Delta\sigma\sqrt{\pi a} \tag{9.20}$$

式中, $\Delta\sigma$ 是交变载荷的应力幅值, 采用 Paris 公式 (9.1) 作为疲劳裂纹扩展率的计算公式, 得

$$N = N_0 + \int_{a_0}^{a} \frac{\mathrm{d}a}{C(\Delta K)^n} \tag{9.21}$$

式中, N_0 是初始寿命, 公式 (9.21) 右边第二项给出的是疲劳裂纹扩展寿命. 平板的总寿命为

$$N_t = N_0 + \int_{a_0}^{a_c} \frac{\mathrm{d}a}{C(\Delta K)^n} \tag{9.22}$$

9.6　变幅载荷下疲劳寿命预测

工程结构元件在服役过程中实际承受的载荷多是变幅的, 通常用载荷谱表示.

飞机、船艇、大桥、高层建筑等大型工程结构的载荷谱是随机变化的. 关于随机载荷谱的分析是工程结构力学中重要课题. 这里只是分析确定的载荷谱.

如果忽略不同载荷水平之间的交互作用, 那么公式 (9.22) 仍然是适用的. 但是实验表明在一系列等幅循环载中加上一个过峰之后, 疲劳裂扩展的速率会明显降

低, 延迟一段距离之后, 疲劳裂纹扩展的速率才会恢复. 这种延迟效果清楚地表明, 不同载荷水平之间的非线性交互作用是不可忽略的.

图 9.11 是 Von Euw 等[12] 提供的一个典型的实验结果. Jones[13]、Matsuoka 和 Tanaka[14] 也得到了其他材料的类似结果.

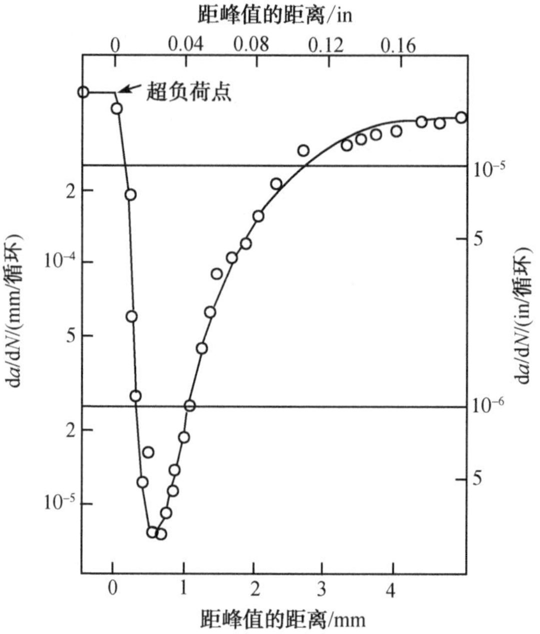

图 9.11　过载后裂纹扩展的延迟效应[12]

已经提出了几种力学模型来解释这种延迟效应. 这里只介绍两种模型.

(1) 裂纹顶端塑性区模型

Wheeler 模型[15]

这个模型对 Paris 公式进行了修正:

$$\frac{\mathrm{d}a}{\mathrm{d}N}=C_{\mathrm{p}}[C(\Delta K)^n] \tag{9.23}$$

式中, C_{p} 是延迟参数, 它是等幅载荷下的塑性区尺寸与过载峰引起的塑性区尺寸的比值的函数:

$$C_{\mathrm{p}}=\left(\frac{r_y}{a_{\mathrm{p}}-a}\right)^m \tag{9.24}$$

式中, r_y 是等幅循环载荷的塑性区尺寸, 依照线弹性断裂力学,

$$r_y = \begin{cases} \dfrac{K^2}{2\pi\sigma_{ys}^2} & \text{平面应力} \\ \dfrac{K^2}{6\pi\sigma_{ys}} & \text{平面应变} \end{cases}$$

其中, K 是等幅循环载荷最大载荷所对应的应力强度因子, a 是当前裂纹长度, a_{p} 是过载发生时裂纹长度 a_0 与过载塑性区尺寸之和. m 是一个经验参数.

Wheeler[15] 认为过载造成的塑性区使得裂纹尖端难以穿过, 从而使得裂尖处于残余压应力的包围之中, 这就造成裂纹扩展的延迟. 所以 C_{p} 可以用 (9.24) 的经验公式表示. 当等幅循环载荷的塑性区尺寸与过载的塑性区尺寸相接触的时候, 过载塑性区造成的延迟效应就开始消失, 此时 $C_{\text{p}} = 1.0$ 公式 (2.23) 又恢复成 Paris 公式.

图 9.12 是 Wheeler 模型的示意图. Wheeler 模型的缺点是公式 (9.24) 中引入了经验参数 m, 这个经验参数只能通过实验来确定.

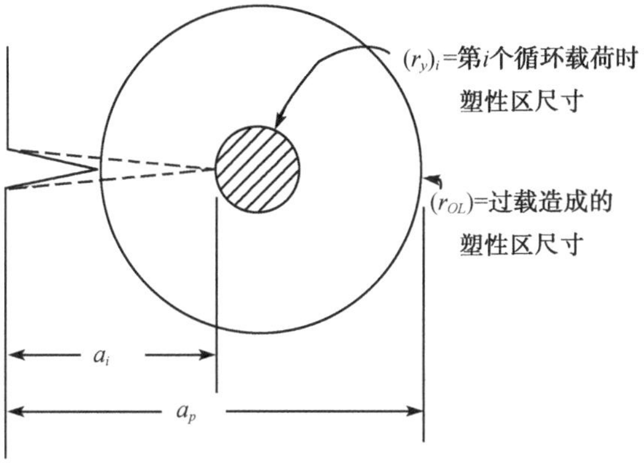

图 9.12 Wheeler 模型示意图[16]

Willenborg 模型[17]

Willenborg 认为过载引起的延迟效应是由于裂尖的剩余压缩应力造成的. 该模型的计算过程如下:

1. **计算所需要的应力** σ_{req}

这个应力所产生的塑性区尺寸正好使它与过载造成的塑性区相接触

$$a + \frac{1}{\beta\pi}\left[\frac{K_{\text{req}}}{\sigma_{ys}}\right] = a_{\text{p}} \tag{9.25}$$

式中,

$$\beta = \begin{cases} 2, & \text{平面应力} \\ 6, & \text{平面应变} \end{cases}$$

公式 (9.25) 可改写为

$$a+\frac{1}{\beta\pi}\left[\frac{F\left(\dfrac{a}{w}\right)\sigma_{\text{req}}\sqrt{\pi a}}{\sigma_{ys}}\right]^2=a_p \tag{9.26}$$

进而推得

$$\sigma_{\text{req}}=\sqrt{\frac{(a_p-a)}{a}\beta}\cdot\frac{\sigma_{ys}}{F\left(\dfrac{a}{w}\right)} \tag{9.27}$$

2. 确定压缩应力 σ_{comp}

该模型认为所需的应力 σ_{req} 与等幅循环的最大载荷 $\sigma_{\max}$ 之间的差即是压缩应力

$$\sigma_{\text{comp}}=\sigma_{\text{req}}-\sigma_{\max} \tag{9.28}$$

3. 确定有效应力

有效应力 σ^{eff} 定义为

$$\sigma^{\text{eff}}=\begin{cases}\sigma-\sigma_{\text{comp}}, & \sigma>\sigma_{\text{comp}}\\ 0, & \sigma\leqslant\sigma_{\text{comp}}\end{cases} \tag{9.29}$$

由此可以推出有效循环应力幅值为

$$\Delta\sigma^{\text{eff}}=\sigma_{\max}^{\text{eff}}-\sigma_{\min}^{\text{eff}} \tag{9.30}$$

公式 (9.28) 表明, 过载造成的塑性区之外的弹性体卸载后会对过载塑性区产生压应力. 当外载重新加载至 $\sigma_{\max}$ 时, 剩余压缩应力可以近似地用 (9.28) 式来表示. 由 (9.29) 式和 (9.30) 式看出, 当 $\sigma_{\min}>\sigma_{\text{comp}}$, 有效循环应力幅值与外加的循环应力幅值相等 $\Delta\sigma^{\text{eff}}=\Delta\sigma$, 这意味着延迟效应消失. 因为在这种情况下, 循环塑性区已经穿越过载造成的塑性区. 另外如果 $\sigma_{\max}\leqslant\sigma_{\text{comp}}$, 那么 $\Delta\sigma^{\text{eff}}=0$, 这意味着疲劳裂纹将停止扩展.

4. 计算有效的应力强度因子幅值 ΔK_{eff}

我们有

$$\Delta K_{\text{eff}}=F\left(\frac{a}{w}\right)\Delta\sigma^{\text{eff}}\sqrt{\pi a} \tag{9.31}$$

进而得到 Willenborg 模型导出的裂纹扩展率公式

$$\frac{\mathrm{d}a}{\mathrm{d}N}=C(\Delta K_{\text{eff}})^n \tag{9.32}$$

前面已经指出, 当 $\sigma_{\max}\leqslant\sigma_{\text{comp}}$ 时, 依照 Willenborg 模型, 裂纹将止裂. 通过简单的推算, 不难证实当 $K_{\text{OL}}/K_{\max}\geqslant 2$ 时, 裂纹将止裂. Nelson[18] 的实验结果表

明, 当 K_{oL}/K_{max} 在 2.0 与 2.7 之间时, 不同材料将出现疲劳裂纹的止裂现象. 这对 Willenborg 模型是一个有力的支持. 需要说明的是 K_{oL} 是过载峰值所对应的应力强度因子, K_{max} 是当前应力峰值所对应的应力强度因子.

(2) 裂纹闭合模型

已经提出了几种裂纹闭合模型[19,20]. 闭合模型中, 难点在于如何确定张开应力 σ_{op}. 一旦过载后的 σ_{op} 确定下来, 就可以求得有效循环应力幅值 $\Delta\sigma_{eff} = \sigma_{max} - \sigma_{op}$, 相应的可以得到有效的循环应力强度因子幅值 ΔK_{eff}, 进而导出裂纹扩展率的公式.

结合 9.3 节的 Elber 模型[6], 我们可以得到如下张开应力强度因子公式:

$$K_{op} = K_{oL} - U_{oL}(\Delta K)_{oL} \tag{9.33}$$

式中, $(\Delta K)_{oL}$ 是过载的应力强度因子幅值, U_{oL} 是过载的比例因子,

$$U_{oL} = 0.5 + 0.4R_{oL} \tag{9.34}$$

式中, R_{oL} 是过载的应力比值. 有了 K_{op} 就不难求得 σ_{op}.

9.7 缺口根部的疲劳裂纹

工程结构元件通常带有缺口, 缺口造成应力集中, 所以疲劳裂纹往往在缺口根部形核, 继而扩展成短裂纹, 再扩展成宏观裂纹, 最后导致元件失效.

缺口根部的应力状态可能有下列三种情况:

1) 完全的弹性状态;

2) 弹塑性应力状态;

3) 全面屈服状态.

对于弹性状态, 缺口根部的理论应力集中系数已有不少文献作了报道, Peterson[21] 的专著对应力集中数作了系统介绍.

当缺口根部出现短裂纹的时候, 缺口根部与短裂纹的交互作用, 使得裂尖的应力强度因子的增强比预想的略低. Smith 和 Miller[22] 根据 Newman[23] 提供的理论解, 给出了如下的估算公式

$$\text{当} \quad a < 0.13\sqrt{D\rho}, \quad \Delta K = \Delta\sigma\sqrt{\pi a}\sqrt{1 + 7.69D/\rho} \tag{9.35a}$$

$$\text{当} \quad a > 0.13\sqrt{D\rho}, \quad \Delta K = \Delta\sigma\sqrt{\pi(a + D)} \tag{9.35b}$$

式中, a 是从缺口根部算起的裂纹长度, D 是缺口的深度, ρ 是缺口根部的曲率半径.

由 (9.35) 式看出, 缺口根部短裂纹的应力集中系数 $k = \sqrt{1+7.69D/\rho}$, 对于圆形缺口 $k = 2.95$, 而弹性理论的应力集中系数为 3.0.

估算公式 (9.35) 与理论解的比较给在图 9.13 图中, 实线是 Newman[23] 的理论解, 而虚线是公式 (9.35) 的计算结果, 从图 9.13 不难看出估算公式确实提供了一个比较好的结果.

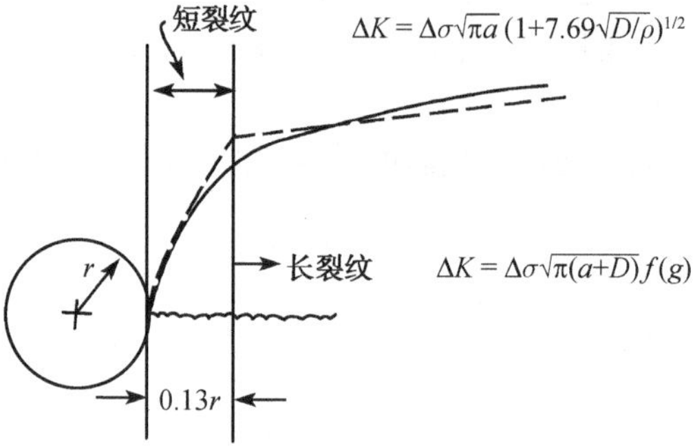

图 9.13 圆孔根部应力强度因子分析[22]

实线是 Newman[23] 的理论解, 虚线是公式 (9.35) 的结果

但是当缺口根部的裂纹非常短的时候, 公式 (2.35) 的结果比精细的数值分析[24] 偏低, 而理论公式 $\Delta K = 1.12k_t\Delta\sigma\sqrt{\pi a}$ 的预测却与精细的数值分析符合得相当好. 这里 k_t 是缺口根部的弹性理论应力集中系数. 当裂纹非常短的时候, 缺口根部的裂纹可以看作是表面裂纹, 所以有 1.12 的增强因子.

Haddad 等[25] 试图将材料的疲劳极限与缺口根部疲劳裂纹的门槛值联系起来, 提出了如下的修正公式:

$$\Delta K = k_t'\Delta\sigma\sqrt{\pi(a+l_0)} \tag{9.36}$$

式中, k_t' 是考虑裂纹影响的应力集中系数, 是裂纹长度的函数,

$$\Delta K_{\text{th}} = \Delta\sigma_f\sqrt{\pi l_0} \tag{9.37a}$$

$$l_0 = \frac{1}{\pi}\left[\frac{\Delta K_{\text{th}}}{\Delta\sigma_f}\right]^2 \tag{9.37b}$$

这里 $\Delta\sigma_f$ 是光滑试样的疲劳极限值, 而 ΔK_{th} 是疲劳裂纹门槛值. 他们将 l_0 看作是材料常数.

当缺口根部处于弹塑性状态的时候, 应力强度因子的理论不再适用, 而应该用 ΔJ 作为基本参量来表征疲劳裂纹扩展速率. ΔJ 的计算依赖于精细的有限元计算. 但是对于缺口根部的短裂纹, 有限元的网格划分相当繁琐, 而随着裂纹的扩展, 裂

尖区域的精细网格又要向前移动，这就使得有限元程序的编制变得相当复杂. 不仅仅是网格节点信息的转移，而且牵涉到单元内应力应变信息的转移.

Haddad 等[25] 提出了如下估算公式:

$$\Delta J = 2\pi F^2(l + l_0)\left\{\frac{f(n)}{n+1}\cdot \Delta\sigma\Delta\varepsilon - \left[\frac{2f(n)}{(n+1)} - 1\right]\frac{(\Delta\sigma)^2}{2E}\right\} \tag{9.38}$$

式中，F 裂纹几何影响因子，$f(n)$ 是 Symington 等[26] 求得的函数，n 是应变硬化指数. 公式 (9.38) 实际上是 Symington 等[26] 所提出的公式的直接应用.

G4011 钢不同几何形状缺口的疲劳裂纹扩展速率的实验数据汇集在图 9.14 上. 横坐标是 $\sqrt{\Delta J}$，这里 ΔJ 是根据公式 (9.38) 算得的. (9.38) 式中的 $\Delta\varepsilon$ 是与远处施加的循环应力幅值 $\Delta\sigma$ 对应的循环应变幅值，它是依据幂硬化材料的应力应变曲线求得的. 对于缺口根部的裂纹 $F = 1.12$.

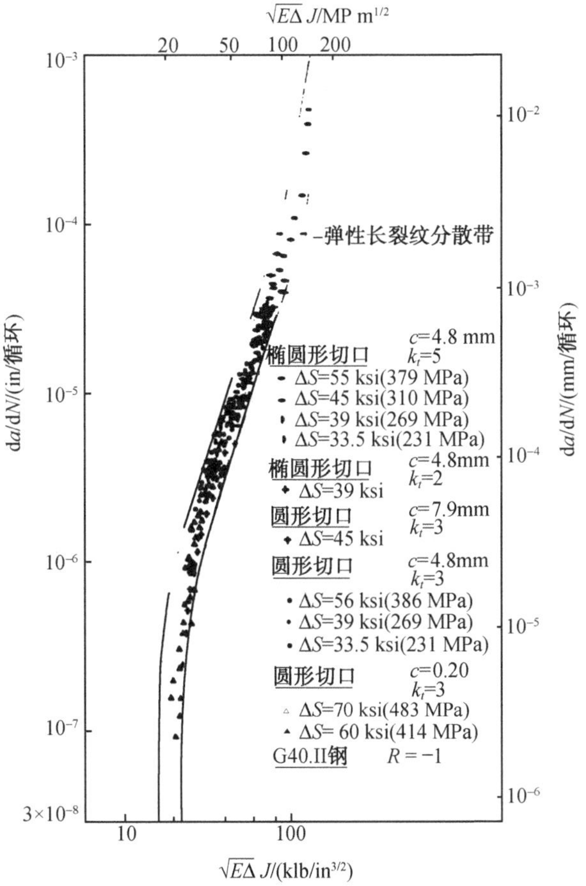

图 9.14 不同几何形状缺口根部裂纹的疲劳裂纹扩展率

ΔS 交变应力幅值, c 缺口深度

从图 9.14 不难看出, 疲劳裂纹扩展率 $\mathrm{d}a/\mathrm{d}N$ 能够相当好的用 $\sqrt{E\Delta J}$ 来表征.

参 考 文 献

[1] Paris P C, Erdogan F. A critical analysis of crack propagation laws. Trans. ASME, J. Basic. Eng., 1963, D85: 528–534.

[2] Paris P C, Bucci R J, Wessel E T, et al. An extensive study on low fatigue crack growth of cracks, Part I. ASTM STP 513, 1972: 141–176.

[3] Ewalds H L, Wanhill R J H. Fracture mechanics. Edward Amold Ltd, 1985: 170–178.

[4] Foreman R G, Kearney V E, Engle R M. Numerical analysis of crack propagation in cyclic load structure. J. Basic Engineering, 1967, 89: 454–464.

[5] Walker K. The effect of stress ratio during crack propagation and fatigue for 2024-T3 and 7075-Tt aluminum. ASTM STP 462, Effects of Environment and Complex Load History on Fatigue Life, 1970: 1–14.

[6] Elber W. The significance of fatigue crack closure. Damage Tolerance in Aircraft Structures, ASTM STP 486, 1971: 230–242.

[7] Schijve J. Four lectures on fatigue crack growth. Engineering Fracture Mechanics, 1979, 11: 167–221.

[8] Dugdale D S. Yielding of steel sheets containing slits, Journal of the Mechanics and Physics of Solids, 1960, 8: 100–104.

[9] Creager M, Paris P C. Elastic field equations for blut cracks with reference to stress crosion cracking. Int. J. Fracture Mechanics, 1967, 3: 247.

[10] Kaisand L R, Mowbray D F. Relationships between low-cycle fatigue and fatigue croch growth rate properties. J. Testing and Evaluation, 1979, 7: 270.

[11] Miner M A. Cumulative damage in fatigue. J. Applied Mechanics, 1945, 12(67): A159–A164.

[12] von Euw E J F, Hertzberg R W, Roberts R. Delay effcts in fatigue crack propagation. ASTM STP 513, American Society for Testing and Materials, Philadelphia, 1972.

[13] Jones B E. Fatigue crack growth retardation after single cyclic peak overload in Ti-GAL-4V titanium alloy. Engineering Fracture Mechanics, 1973, 5: 585–604.

[14] Matsuoka S, Tanaka K. Delayed retardation phenomena of fatigue crack growth in various and alloys. Journal of Material Science, 1978, 13: 1335–1353.

[15] Wheeler O E. Spectrum loading and crack growth. J. Basic Engineering, Trans. ASME, 1972, D94: 181–186.

[16] Bannantine J A, Comer J J, Handrock J L. Fundamentals of metal fatigue analysis. Prentice Hall, Englewood Cliffs, New Jersey 07632, 1999: 197–224.

[17] Willenborg J, Engle R M, Wood H A. A crack growth retardation model using and effective stress concept. AFFDL TM -71-1-FBR, 1971.

[18] Nelson D V. Review of fatigue crack growth predication under irregular loading. Spring Meeting, Society for Experimental Stress Analysis, 1975.

[19] Newman J C Jr. Prtdiction of fatigue crack growth under variable-amplitude and spectrum loading using a closure model. Design of Fatigue and Fractures Resistance Structures. ASTM STP 761, American Society for Testing and Materials, Philadelphia, 1982: 257–277.

[20] Dill H D, Saff C R. Spectrum crack growth prediction method based on crack surface displacement and contact analysis. Fatigue Crack Growth Under Spectrum Loads, ASTM STP 595, American Society for Testing and Materials, Philadelphia, 1976: 306–319

[21] Peterson R E. Stress concentration factors. New York: Wiley, 1974

[22] Smith R A, Miller K J. Fatigue cracks at notches. Int. J. Mechanics Science, 1977, 19: 11–12.

[23] Newman J C. An improred method of collocation for the stress analysis of cracked plates with varous shaped boundaries. NASA TND-6376, 1971.

[24] Dowling N E. Fatigue at notches and the local strain and fracture mechanics. approaches. Fracture Mechanics, ASTM STP 677, American Society for Testing and Materials Philadelphia, 1979: 247–273.

[25] Haddad M H E L, Dowling N E, Topper T H, et al. J integral application for short cracks at notches. Int. J. Fracture, 1980, 16: 15–30.

[26] Symington M, Shih C F, Ortiz M. Table of HRR field, Brown Reports, 1987, MRG/DMR-8714665/1

第 10 章　界 面 裂 纹

10.1　弹性界面力学

现阶段纤维或颗粒增强复合材料、结构陶瓷、层状材料、多晶合金等多种先进材料应用于燃烧引擎的部件、航空轴承、切割工具、能量产生系统、印刷工业部件等. 这些材料的断裂、疲劳、腐蚀及耐磨行为可以通过表面覆盖层获得提高. 金属、陶瓷、多聚物等类型的薄膜材料覆盖于这些工具、机械或电子设备上, 能赋予结构新的热、力、化学及耐磨性能.

界面的存在是这些材料中固有的共性. 这些材料或系统的整体力学行为强烈依赖于界面的特性, 如弹性或热性能的失配、界面处的残余应力、沿界面的黏着应力. 界面失效往往是这些材料 —— 薄膜体系破坏的基本形式, 所以对这些部件的设计要求对失效机理有一个很好的理解, 其中一个重要的任务是详细研究沿界面或者垂直界面的缺陷的断裂行为.

10.1.1　界面处应力跳跃

图 10.1 所示, 两个半无限大弹性体沿 x 轴黏结, 笛卡儿坐标系位于界面处. x 轴沿着界面方向, y 轴垂直于界面. 两种材料均为均匀各向同性. 材料 I 位于上半空间 S_1, 材料 II 位于下半空间 S_2. 沿界面处的位移 u_x, u_y 必须连续, 因此应变 ε_x 在上下界面处必须连续, 这样, 我们有

$$(\varepsilon_x)_{\mathrm{I}} = (\varepsilon_x)_{\mathrm{II}}, \quad \text{界面上}$$

根据上述方程, 考虑平面应变问题, 可以直接得

$$(\sigma_x)_{\mathrm{I}} = \frac{\mu_1(1-\nu_2)}{\mu_2(1-\nu_1)}(\sigma_x)_{\mathrm{II}} + \frac{\sigma_y}{1-\nu_1}\left(\nu_1 - \frac{\mu_1}{\mu_2}\nu_2\right), \quad \text{界面上} \tag{10.1}$$

上述方程也可用下式改写为

$$(\sigma_x)_{\mathrm{I}} = \frac{1+\alpha}{1-\alpha}(\sigma_x)_{\mathrm{II}} + \frac{2\sigma_y}{1-\alpha}(2\beta-\alpha) \tag{10.2}$$

式中, α、β 为 Dundurs 两个参数, 分别为

$$\begin{cases} \alpha = \dfrac{(\kappa_2+1)/\mu_2 - (\kappa_1+1)/\mu_1}{(\kappa_2+1)/\mu_2 + (\kappa_1+1)/\mu_1} \\[2ex] \beta = \dfrac{(\kappa_2-1)/\mu_2 - (\kappa_1-1)/\mu_1}{(\kappa_2+1)/\mu_2 + (\kappa_1+1)/\mu_1} \end{cases} \tag{10.3}$$

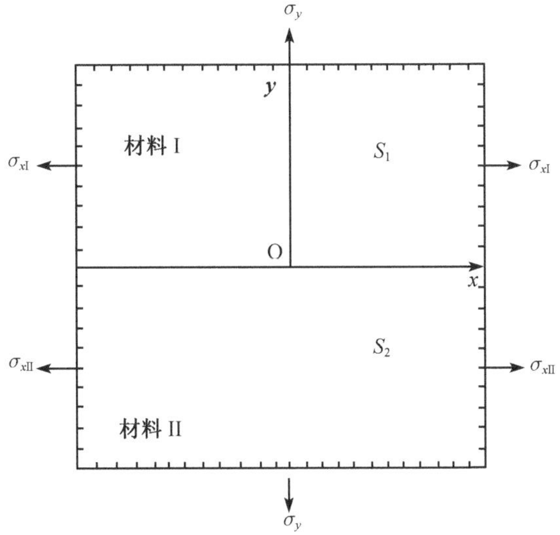

图 10.1 双材料界面

式中对于平面应变情况, $\kappa_i = 3 - 4\nu_i$; 对于平面应力, $\kappa_i = (3 - \nu_i)/(1 + \nu_i)$; ν_i 及 μ_i 分别表示材料的泊松比及剪切模量. 方程 (10.2) 同样也适用于平面应力情况.

在平面应变条件下, α、β 的物理许可范围位于 $\alpha = \pm 1$ 及 $\alpha - 4\beta = \pm 1$ 在 (α, β) 平面内所围成的区域, 如图 10.2 所示, 其中已经假设材料 I 为相对较硬的材料, 这样 α 值恒为正值. 在无穷远处 (x 趋于无穷), 我们同样有

$$(\sigma_x^\infty)_{\mathrm{I}} = \frac{1+\alpha}{1-\alpha}(\sigma_x^\infty)_{\mathrm{II}} + \frac{2\sigma_y^\infty}{1-\alpha}(2\beta - \alpha), \quad \text{界面上} \tag{10.4}$$

由此可见, 方程 (10.4) 中应力跳跃对理解界面问题十分重要.

图 10.1 所示的双材料系统, 受到满足方程 (10.4) 的远场均匀应力作用, 那么我们就可以得到在材料 I 及 II 中的应力场分别为

$$\sigma_x = (\sigma_x^\infty)_{\mathrm{I}}, \quad \sigma_y = \sigma_y^\infty, \quad \tau_{xy} = \tau_{xy}^\infty, \qquad \text{在材料 I 中} \tag{10.5a}$$

$$\sigma_x = (\sigma_x^\infty)_{\mathrm{II}}, \quad \sigma_y = \sigma_y^\infty, \quad \tau_{xy} = \tau_{xy}^\infty, \qquad \text{在材料 II 中} \tag{10.5b}$$

10.1.2 复势函数

对于弹性体, 应力和位移可以用两个 Muskhelishivili 复势函数表示

$$\begin{cases} \sigma_x + \sigma_y = 4\mathrm{Re}\{\varPhi(z)\} \\ \sigma_y - \mathrm{i}\tau_{xy} = \varPhi(z) + \varOmega(\bar{z}) + (z - \bar{z})\overline{\varPhi'(z)} \\ 2\mu(u_x + \mathrm{i}u_y) = \kappa\phi(z) - \omega(\bar{z}) - (z - \bar{z})\overline{\varPhi(z)} \end{cases} \tag{10.6}$$

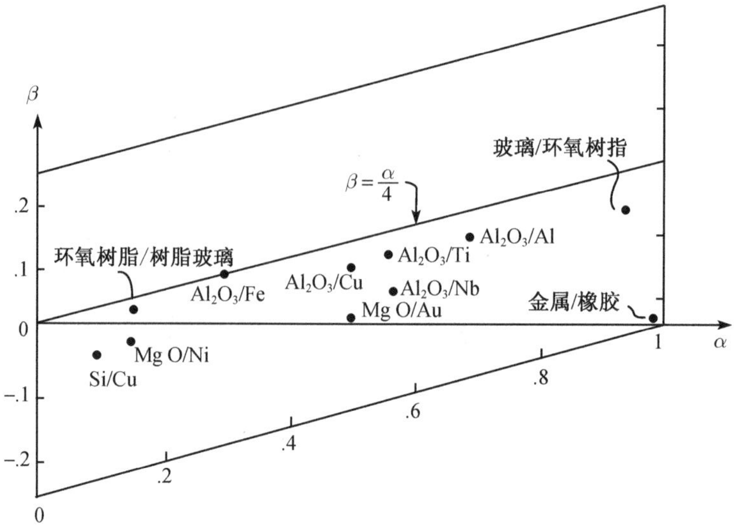

图 10.2　平面应变情况下一些材料组合的 Dundurs 参数的取值 (取自文献 [1])

式中, $\Phi(z) = \phi'(z)$, $\Omega(z) = \omega'(z)$.

对于一个位于无限大弹性体 $z = s$ 处的刃型位错, 复势函数可以表示为

$$\begin{cases} \Phi_0(z) = \dfrac{B}{z-s} \\ \Omega_0(z) = \dfrac{B}{z-\bar{s}} + \bar{B}\dfrac{s-\bar{s}}{(z-\bar{s})^2} \end{cases} \tag{10.7}$$

式中, $B = \dfrac{\mu}{\pi \mathrm{i}(\kappa+1)}(b_x + \mathrm{i}b_y)$, b_x 及 b_y 分别为 Burgers 矢量在 x 及 y 方向的分量.

对于一个位于无限大弹性体 $z = s$ 处的集中载荷, 复势函数可以表示为

$$\begin{cases} \Phi_0(z) = -\dfrac{P}{z-s} \\ \Omega_0(z) = \kappa\dfrac{P}{z-\bar{s}} - \bar{P}\dfrac{s-\bar{s}}{(z-\bar{s})^2} \\ P = \dfrac{1}{2\pi(\kappa+1)}(P_x + \mathrm{i}P_y) \end{cases} \tag{10.8}$$

式中, P_x 及 P_y 分别为集中力在 x 及 y 方向的分量.

关于刃型位错与双材料界面的相互作用问题, 已经有很多工作进行了研究. 假如刃型位错位于材料 II 中, 复势函数可以表示为[2]

$$\Phi(z) = \begin{cases} (1+\Lambda_1)\Phi_0(z), & z \in S_1 \\ \Phi_0(z) + \Lambda_2\Omega_0(z), & z \in S_2 \end{cases}$$

$$\varOmega(z)=\begin{cases}\varOmega_0(z)+\varLambda_1\varPhi_0(z), & z\in S_1\\(1+\varLambda_2)\varOmega_0(z), & z\in S_2\end{cases} \tag{10.9}$$

式中,

$$\varLambda_1=\frac{\alpha+\beta}{1-\beta},\quad \varLambda_2=\frac{\alpha-\beta}{1+\beta}$$

$\varPhi_0(z)$、$\varOmega_0(z)$ 由方程 (10.7) 给出.

10.2 界面裂纹弹性断裂力学

10.2.1 裂纹尖端场

Williams[3] 首先研究了裂纹尖端奇异场. England[4]、Rice 和 Sih[5] 等研究了界面裂纹尖端场问题. 如图 10.3 所示, 将坐标原点固定于界面裂纹尖端, 裂纹位于两种不同材料黏结的界面处. 对于平面应力及平面应变问题, 奇异裂纹尖端场可以表示为

$$\sigma_{\alpha\beta}=\frac{1}{\sqrt{2\pi r}}\{\mathrm{Re}(Kr^{\mathrm{i}\varepsilon})\sigma_{\alpha\beta}^{\mathrm{I}}(\theta)+\mathrm{Im}(Kr^{\mathrm{i}\varepsilon})\sigma_{\alpha\beta}^{\mathrm{II}}(\theta)\} \tag{10.10}$$

式中, $\mathrm{i}=\sqrt{-1}$, r 及 θ 为极坐标. 界面复应力强度因子 $K=K_{\mathrm{I}}+\mathrm{i}K_{\mathrm{II}}$, K_{I} 为实部, K_{II} 为虚部. Rice 等[6] 给出了角分布函数 $\sigma_{\alpha\beta}^{\mathrm{I}}$ 及 $\sigma_{\alpha\beta}^{\mathrm{II}}$.

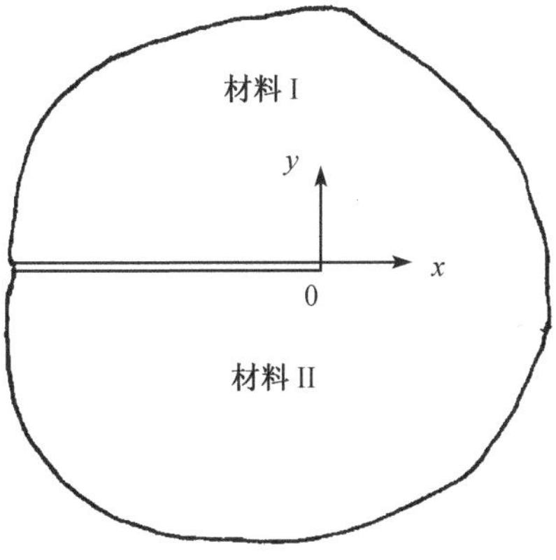

图 10.3 界面裂纹

裂纹尖端前方的应力场可以表示为

$$\sigma_{22}+\mathrm{i}\sigma_{12}=\frac{K}{\sqrt{2\pi r}}r^{\mathrm{i}\varepsilon} \tag{10.11}$$

式中, $r^{\mathrm{i}\varepsilon}=\cos(\varepsilon\ln r)+\mathrm{i}\sin(\varepsilon\ln r)$ 表示应力场的振荡奇异性. 由方程 (10.11) 可见, 界面裂纹尖端场不仅有 $r^{-1/2}$ 奇异性, 还具有振荡奇异性. 当 r 趋于零时, 应力场将经历拉应力与压应力的无数次交替.

振荡因子可表达为

$$\varepsilon=\frac{1}{2\pi}\ln\frac{1-\beta}{1+\beta}$$

裂尖后方 r 处的裂纹表面相对张开位移可以表示为

$$\delta_2+\mathrm{i}\delta_1=\frac{8K}{(1+2\mathrm{i}\varepsilon)\cosh(\pi\varepsilon)E^*}\sqrt{\frac{r}{2\pi}}r^{\mathrm{i}\varepsilon} \tag{10.12}$$

$$E^*=\frac{2\bar{E}_1\bar{E}_2}{\bar{E}_1+\bar{E}_2}$$

式中, 对于平面应变: $\bar{E}=E/(1-\nu^2)$; 对于平面应力: $\bar{E}=E$.

由上述方程可以预见, 裂纹表面会出现褶皱及上下嵌入现象, 这种结果与裂纹表面应力自由的假设相矛盾 (England[4]). 但在远处拉伸载荷作用下, 裂纹接触区很小, 我们可以认为由振荡性引起的复杂性对裂纹断裂过程并不很重要.

能量释放率 G 可以表达为

$$G=\frac{1-\beta^2}{E^*}(K_1^2+K_2^2) \tag{10.13}$$

对含中心裂纹的平面板受远处载荷作用时的复应力强度因子为

$$K=(\sigma_y^\infty+\mathrm{i}\tau_{xy}^\infty)(1+2\mathrm{i}\varepsilon)\sqrt{\pi a}(2a)^{-\mathrm{i}\varepsilon}$$

弹性失配仅通过振荡因子 ε 影响应力强度因子 K_1 及 K_2, 而 K_1 及 K_2 与 α 无关. 换句话说, 裂纹尖端前方的应力场仅与 Dundurs 参数 β 相关.

10.2.2　$\beta=0$ 的界面韧性

当 $\beta=0$ 时, 振荡因子 ε 消失. 裂尖前方的应力场奇异性为 $r^{-1/2}$. 方程 (10.11) 可写为

$$\sigma_{22}=\frac{K_1}{\sqrt{2\pi r}},\quad \sigma_{12}=\frac{K_2}{\sqrt{2\pi r}} \tag{10.14}$$

应力强度因子 K_1 及 K_2 与相应的均匀材料断裂力学中的 K_1 及 K_2 作用相同: K_1 刻画了法向应力的奇异性幅值, 而 K_2 刻画了剪切应力奇异性幅值. 同时, 弹性失配对裂纹前方应力场无直接影响. 此时, 双材料系统可以看作具有等效杨氏模量 E^* 的均匀材料, 引入混合度 ψ:

$$\psi=\arctan\left(\frac{K_2}{K_1}\right)$$

对于一个含中心裂纹的平面板:

$$\psi=\arctan\left(\frac{\tau_{xy}^\infty}{\sigma_y^\infty}\right)$$

界面通常是一个典型的低断裂韧性平面, 裂纹受远方载荷作用时, 趋向于沿双材料界面扩展. 大量实验表明界面韧性强烈依赖于混合度.

Trantina[7] 利用了沿黏结界面失效的铝/环氧树脂双材料, 第一个给出了关于界面韧性随剪切分量的增大而增大的实验依据. Anderson[8] 等观察到相似的趋势. Liechti 和 Chai[9] 对玻璃/环氧树脂界面进行了混合度范围更广的断裂韧性测量, 他们发现沿上下两个固定边界 $x_2=\pm h$ 处施加位移, 界面断裂韧性随剪切程度的变化而发生明显的变化.

利用对称及非对称的双悬臂梁, Cao 和 Evans[10] 研究了环氧树脂/玻璃系统. Wang 和 Suo[11] 研究了环氧树脂覆盖在金属及树脂玻璃基底的系统. 所有实验发现, 剪切程度越大, 界面的断裂韧性越大. O'Dowd 等[12] 对铝/铌系统, 利用四点剪切试样, 研究了混合加载界面断裂韧性, 发现铝的断裂韧性对混合度并不敏感, 而铝/铌的界面断裂韧性则强烈依赖于载荷的混合度. 更多关于界面断裂韧性的文献, 可以参考 Hutchinson 和 Suo[1].

当界面裂纹受面内混合载荷作用时, 裂纹起始扩展的准则为

$$G = \Gamma(\psi) \tag{10.15}$$

式中, 界面断裂韧性 $\Gamma(\psi)$ 必须通过特定设计的双材料试样测量得到. 能量释放率 G 可以认为是界面裂纹扩展的驱动力, 而 $\Gamma(\psi)$ 是裂纹扩展阻力. 图 10.4 给出了 Wang 和 Suo[11] 利用树脂玻璃/环氧树脂 Brazil-nut 试样得到的断裂韧性. 对于树脂玻璃/环氧树脂试样, $\alpha = -0.15$, $\beta = -0.029$, $\varepsilon = 0.009$. 由于 ε 值很小, 我们可以假设此界面系统 $\varepsilon = 0$, 由此导致 G 的误差近似小于 0.1%.

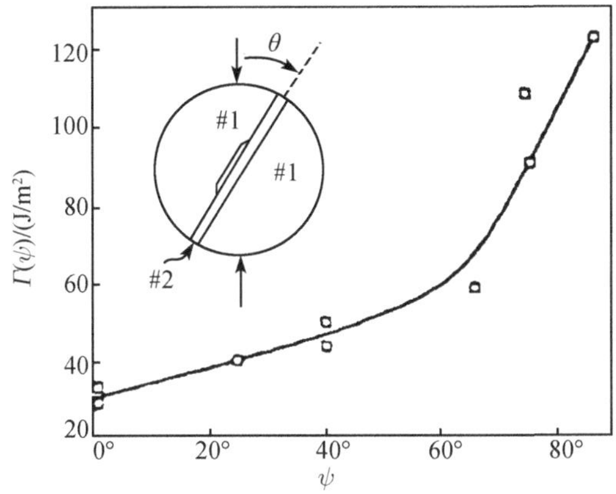

图 10.4 树脂玻璃与环氧树脂夹层试样的界面断裂韧性 (取自 Wang 和 Suo[11])

10.2.3 $\beta \neq 0$ 的界面韧性

当 $\beta \neq 0$, 裂纹前方界面处应力由方程 (10.11) 给出. 在此情况中必须考虑接触区的存在. 当接触区尺寸很小时, 复应力强度因子 K 可以刻画裂纹尖端场. 正如 Rice[13] 指出, 振荡性使得问题变得复杂, 因为剪切应力与法向应力的比值随 r 趋于零而发生变化. 我们不能确定 II 型应力强度因子与 I 型应力强度因子的比例关系, 必须对混合度进行更一般的阐明. 通过引进一个参考长度 l 来定义相位角, 即 $\tan\widehat{\psi} = \mathrm{Im}(Kl^{\mathrm{i}\varepsilon})/\mathrm{Re}(Kl^{\mathrm{i}\varepsilon})$. 由方程 (10.11), 我们得到 $\tan\widehat{\psi} = (\tau_{xy}/\sigma_y)_{r=l}$, 某种程度上, 参考长度 l 的选择是任意的. 一般来说可以有两种选择：第一种是基于试样

尺寸 L, 如裂纹长度; 第二种是基于材料内禀尺度, 如断裂过程区尺寸或塑性区尺寸. 对于一个界面裂纹, 复应力强度因子 K 有 $K = FTL^{1/2}L^{-\mathrm{i}\varepsilon}\exp(\mathrm{i}\psi)$, 式中, T 是载荷的代表性幅值, F 及 ψ 是依赖于试样几何及外载的无量纲数, 此外 ψ 是与 $L^{\mathrm{i}\varepsilon}$ 对应的相位角.

断裂韧性数据可以认为是基于 l 的 $\widehat{\psi}$ 的函数. 利用一个简单的相位转换, 我们可将相位角 $\widehat{\psi}$ 表示成 $\widehat{\psi} = \psi + \varepsilon\ln(l/L)$. 裂纹沿界面初始扩展的准则可以写为

$$G = \Gamma(\widehat{\psi}, l) \tag{10.16}$$

假如 l 的值可代表相关微尺度长度, $\Gamma(\widehat{\psi})$ 对于一个给定的材料组合, 可以解释为内禀材料断裂韧性. 相位角 $\widehat{\psi}$ 提供了内禀混合度的测量, 且界面韧性数据对不同形状裂纹可以归一到单一的韧性与混合度 $\widehat{\psi}$ 的曲线上.

图 10.5 给出了由 Liechti 和 Chai[9] 对环氧树脂/玻璃界面断裂韧性的测量数据, 界面参数取为: $E_1 = 2.07\text{GPa}$, $E_2 = 68.9\text{GPa}$, $\nu_1 = 0.37$, $\nu_2 = 0.2$, $\alpha = -0.935$, $\beta = -0.188$ 及 $\varepsilon = 0.06$, 其中, $l = 12.7\text{mm}$. 他们观测到环氧树脂中, 当 $\widehat{\psi} = 0°$, 塑性区近似为 1μm; 当 $\widehat{\psi} = 90°$, 为 140μm. Hutchinson 和 Suo[1] 发现, 如果用 $l = 127\mu\text{m}$ 代替 $l = 12.7\text{mm}$, $\widehat{\psi}$ 的原点移动 $-15.8°$, 则 $\widehat{\psi}$ 原点近似位于最小 $\Gamma(\widehat{\psi}, l)$ 处, 且基本位于数据中心.

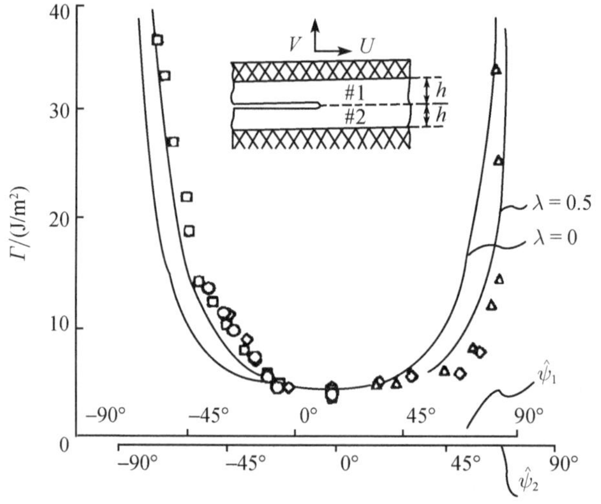

图 10.5　环氧树脂/玻璃的界面断裂韧性 (Liechti 和 Chai[9])

10.2.4　界面处裂纹转折

考虑均匀固体中一个长为 a 的分叉裂纹段, 与主裂纹成 Ω 角. 在转折前, 即 $a = 0$, 主裂纹被施加载荷, 产生复应力强度因子 $K = K_1 + \mathrm{i}K_2$ 及 T 应力.

应力强度因子 K_1^{kink} 与 K_2^{kink} 可表示为

$$\begin{cases} K_1^{\text{kink}} = c_{11}K_1 + c_{12}K_2 + b_1 T a^{1/2} \\ K_2^{\text{kink}} = c_{21}K_1 + c_{22}K_2 + b_2 T a^{1/2} \end{cases} \tag{10.17}$$

系数 c_{ij} 由 Hayashi 和 Nemat-Nasser[14] 给出, b_i 由 He 和 Hutchinson[15] 给出. 能量释放率 G^{kink} 在分叉裂纹尖端为 $G^{\text{kink}} = [(K_1^{\text{kink}})^2 + (K_2^{\text{kink}})^2]/\bar{E}$. 主裂纹的能量释放率, 在其沿直线扩展时为 $G = (K_1^2 + K_2^2)/\bar{E}$.

对于给定的混合度 ψ, 我们可以找到与 Ω 相关的最大值 $G_{\max}^{\text{kink}}$. 对应 G^{kink} 达到最大值时的 $\widehat{\Omega}$ 为 ψ 的函数. He 和 Hutchinson[15] 给出了函数 $\widehat{\Omega}(\psi)$, 如图 10.6a 所示. 图 10.6b 给出了裂纹直线扩展所需要的能量释放率与分叉裂纹最大能量释放率的比值, $G/G_{\max}^{\text{kink}}$, 与 ψ 的函数曲线. He 和 Hutchinson[15] 指出, 使得 G^{kink} 达到最大值的转角与 $K_2^{\text{kink}} = 0$ 的转角几乎一致. 既然计算最大能量释放率 $G_{\max}^{\text{kink}}$ 比计算应力强度因子 K_1^{kink} 及 K_2^{kink} 更复杂, 那么我们可以利用基于 $K_2^{\text{kink}} = 0$ 扩展方向的准则. 图 10.7 所示的界面裂纹, 应力强度因子 K_1^{kink} 及 K_2^{kink} 在分叉裂纹尖端有

$$K_1^{\text{kink}} + \mathrm{i}K_2^{\text{kink}} = cKa^{\mathrm{i}\varepsilon} + d\bar{K}a^{-\mathrm{i}\varepsilon} + bTa^{1/2} \tag{10.18}$$

系数 c, d 及 b 是 Ω, α 及 β 的函数, 在 He 和 Hutchinson[15] 及 He 和 Evans[16] 中有列表表示. 能量释放率 $G_{\max}^{\text{kink}}$ 也是 Ω, α 及 β 的函数. 对于 $\beta = 0$, $\eta = 0$ 的情况, 比值 $G/G_{\max}^{\text{kink}}$ 与 Ψ 的关系表示在图 10.8 中. 令 $\Gamma(\psi)$ 表示界面断裂韧性, Γ_{c} 表示混合载荷作用下材料 II 型断裂韧性, 假如 $G/G_{\max}^{\text{kink}} < \Gamma(\psi)/\Gamma_{\text{c}}$, 则裂纹易发生转折.

10.2.5 界面裂纹的力学模型

根据方程 (10.12), 在足够小的 r 处, 两裂纹面互相嵌入. 法向张开位移 $\delta_y = \delta\cos[\psi - \arctan(2\varepsilon) - \varepsilon\ln(L/r)]$. 当 $\varepsilon > 0$ 时, 使得张开位移 δ_y 变为负值的 r 的最大值为 $r_{\text{c}} = L\exp\{-[\pi/2 + \psi - \arctan(2\varepsilon)]\}$, 其中，$L$ 为裂纹长度. 如 $|\psi| < \pi/4$, 且 $|\varepsilon| < 0.03$, 那么 $r_{\text{c}}/L < 10^{-8}$, 接触区尺寸比所有物理相对长度尺度小得多. 如果 $|\psi| \approx \pi/2$, 接触区尺寸与裂纹长度可比, 因此我们不能忽略接触区对应力及位移场的影响. Comninou[17] 提出用接触区模型来消除振荡奇异性. 如图 10.9 所示, 在裂纹面上, 存在一个接触区, 其间隙 δ_y 消失, 而且法向应力 σ_y 为负值, 振荡奇异性及裂纹面的重叠现象在其解中消失. 但 Comninou 解与后面所描述的经典 K 场差别相当大.

在裂尖前方, 法向应力为有限值, 而剪切应力具有 $r^{-1/2}$ 奇异性. 在裂纹面上, 法向应力 σ_y 有 $r^{-1/2}$ 奇异性. 他们发现, 在远场 I 型载荷的作用下, 接触区尺寸远小于裂纹长度尺度.

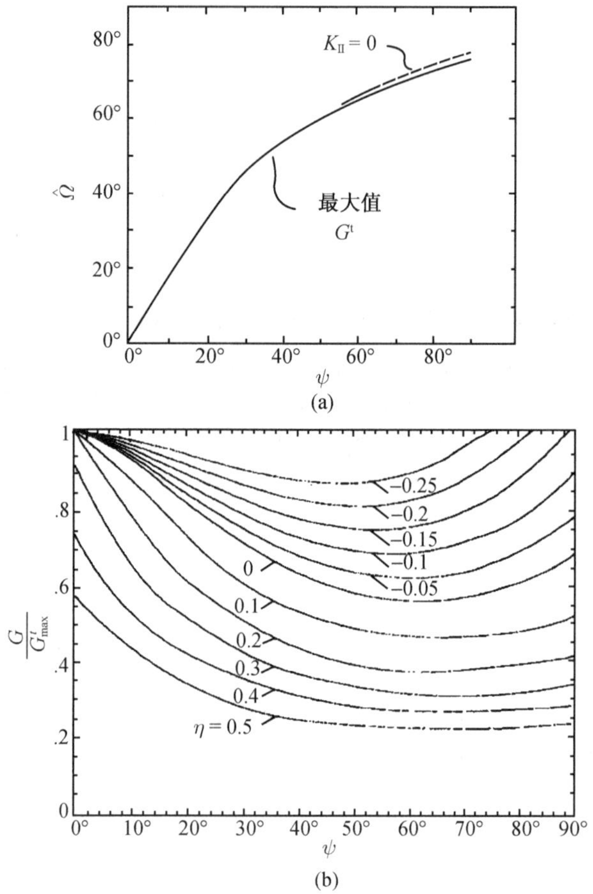

图 10.6　均匀材料中折线裂纹: (a) 由两种准则预测的折转角度; (b) 直线扩展裂纹能量释放率与折转裂纹的最大能量释放率比值作为 $\Psi = \arctan(K_{\rm II}/K_{\rm I})$ 的函数. 此处 $G^t_{\max} = G^{\rm kink}_{\max}$ 及 $\eta = T\sqrt{a/\bar{E}G}$ (He 和 Evans[16])

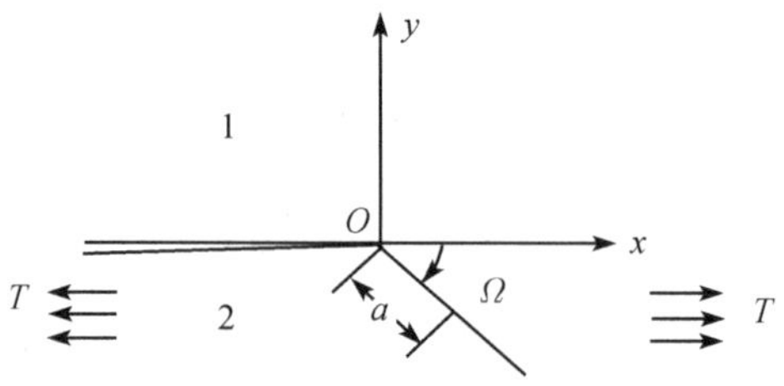

图 10.7　分叉界面裂纹

图 10.10 给出的是 Atkinson[18] 提出的界面层模型. 裂纹可以位于中间夹层中, 也可以位于材料 I 或材料 II 与中间夹层的界面处. 在后一种情况中, 必须选择界

面层的材料, 使得界面裂纹尖端处 Dundurs 参数满足 $\beta = 0$.

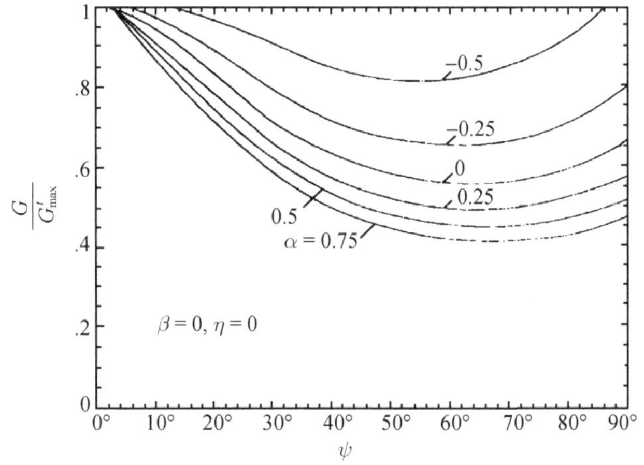

图 10.8 不同弹性失配水平的直线界面裂纹的能量释放率与折转裂纹的最大能量释放率比值, 此处 $\beta = 0$, $G_{\max}^t = G_{\max}^{\text{kink}}$ 及 $\eta = T\sqrt{a/\bar{E}G}$ (He 和 Evans[16])

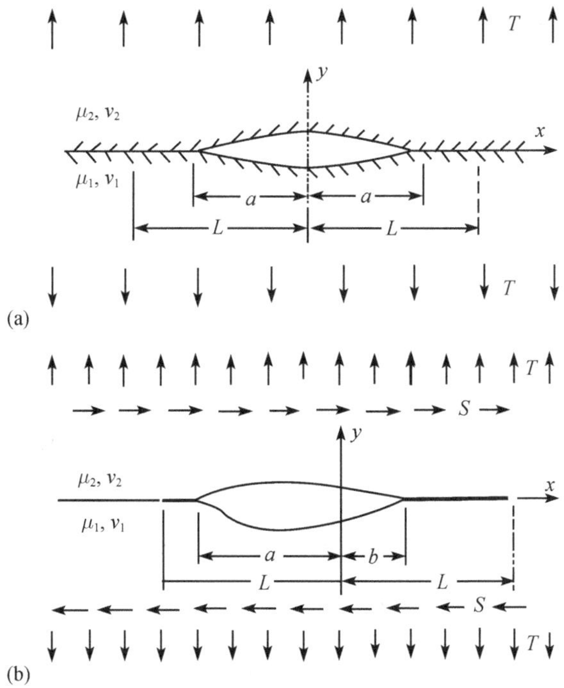

图 10.9 裂纹表面接触模型：(a) 纯拉伸载荷; (b) 拉伸剪切混合载荷 (Comninou[17])

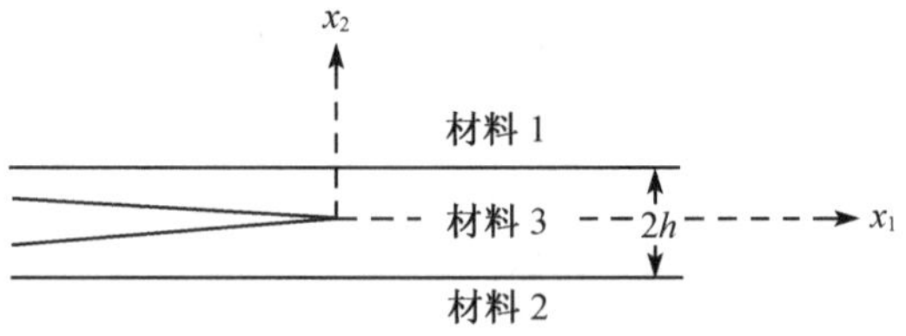

图 10.10 界面裂纹的界面层模型 (Atkinson[18])

Delale 和 Erdogan[19] 发展了 Atkinson 模型, 他们将界面作为一个非均匀介质进行了讨论. 在界面层中, 杨氏模量 E 及泊松比 ν 必须从上界面到下界面连续变化, 可以消除从界面裂纹两侧的弹性间断.

10.3 典型的界面断裂问题

10.3.1 薄膜脱黏

图 10.11 表示一个双材料无限长条含半无限界面裂纹的截面. 两种材料均为各向同性弹性材料. 没有裂纹的界面假设为完美的黏结, 位移及应力连续. 此双层材料系统受侧向力与力矩的作用. Hutchinson 和 Suo [1] 对该问题进行了研究. 裂纹远前方被认为是一个复合梁, 中心轴位于离梁底 $h\varDelta$ 处, $\varDelta$ 在 Hutchinson 和 Suo [1] 中给出, 得到了裂纹沿界面扩展能量释放率的封闭解. 复应力强度因子 $K = h^{-\mathrm{i}\varepsilon}F\mathrm{e}^{\mathrm{i}\omega}$, 其中, F 是 P_i 及 M_i 的函数 ($i = 1, 2, 3$). 在该文中给出了 F 的显式表达, 角度 ω 是 Dundurs 参数 α、β 及相对高度 $\eta = h/H$ 的函数. 具体列表参见 Hutchinson 和 Suo [1], 图 10.12 给出了一些典型的结果.

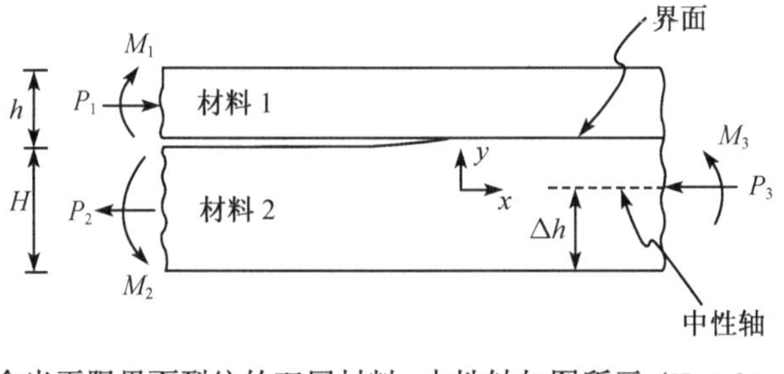

图 10.11 含半无限界面裂纹的双层材料, 中性轴如图所示 (Hutchinson 和 Suo[1])

薄膜边界脱黏或薄膜通道形成

图 10.13 为一个预拉薄膜, 边载荷等效为 $P_1 = P_3 = \sigma h$, $M_3 = (1/2 + 1/\eta - \Delta)\sigma h^2$, $P_2 = M_1 = M_2 = 0$, 相位角 ψ 定义为 $K = |K|h^{-\mathrm{i}\varepsilon}\exp(\mathrm{i}\psi)$. 图 10.14 给出了相应的能量释放率. 由于薄膜厚度 h 远小于基底厚度, 脱黏过程本质上是一个混合型过程, 滑动型将比张开型更强烈.

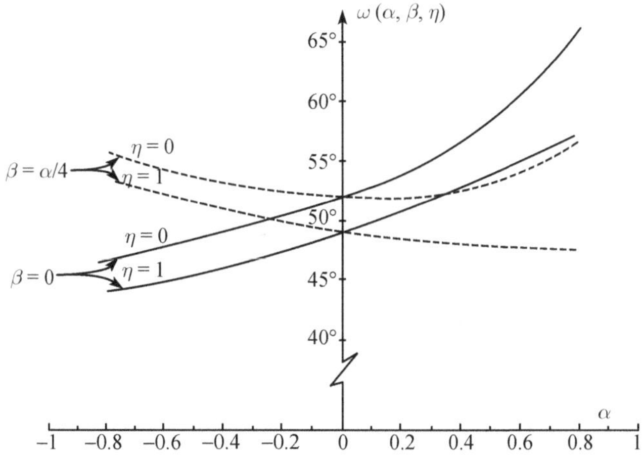

图 10.12 函数 $\omega(\alpha,\beta,\eta)$ 的值 (Hutchinson 和 Suo[1])

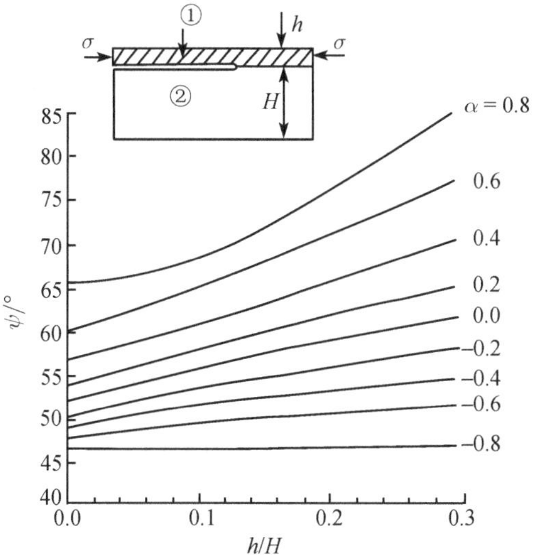

图 10.13 脱胶裂纹的混合度 (Hutchinson 和 Suo [1])

孔洞处脱黏

图 10.15 表示了在预拉薄膜中孔洞边界处引发的一个脱黏裂纹, 能量释放率为 $G = h\sigma^2/2\bar{E}_f k^2$, 其中, k 由 Hutchinson 和 Suo [1] 给出. 当 $(b-b_0)/h$ 足够大, 混合度与 b_0/b 无关. Jensen 等[20] 利用这样的薄膜脱黏模式测量了界面韧性, 很容易得到脱黏半径 b.

塑性及碎片效应

1999 年 Evans 等[21] 指出, 在薄膜与厚基底界面处, 脱黏受到塑性及碎片的严重影响. 两种测量对薄膜脱黏很重要:

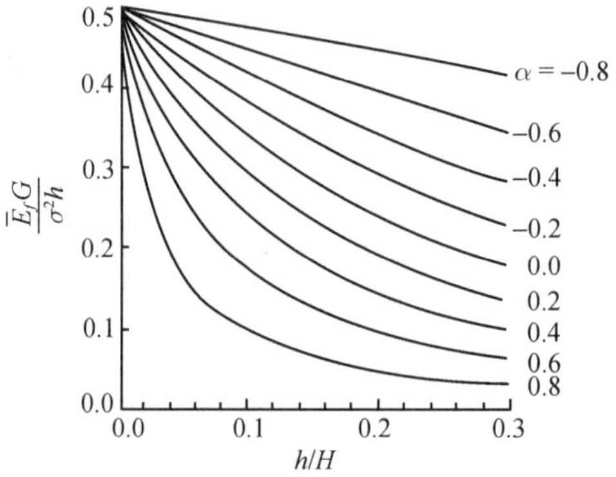

图 10.14　脱胶裂纹的能量释放率 (Hutchinson 和 Suo [1])

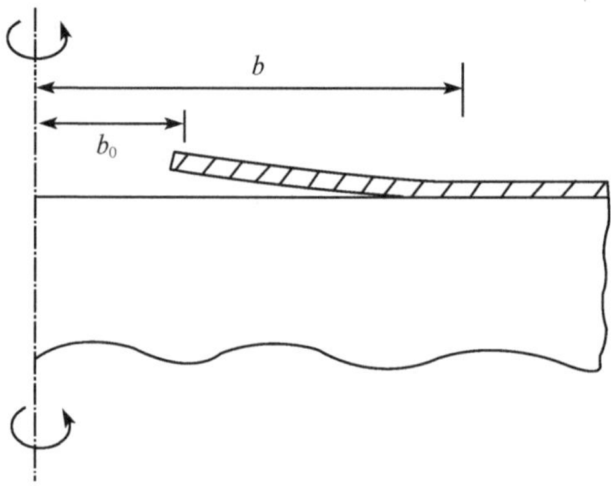

图 10.15　起源于圆切口边界处的脱胶裂纹轴对称模型 (Hutchinson 和 Suo[1])

(1) 单位面积耗散能量 (Jm^{-2}) 与均匀材料中断裂韧性有相同的作用 (Evans 和 Dalgleish[22]).

(2) 界面分离的临界应力 (Gupta 等[23]).

图 10.16 阐明了薄膜脱黏的三个基本机制: 在机制 I 中, 裂纹保持尖锐性; 机制 II 及 III 伴随裂纹的钝化. 机制 II 引起了界面处一个断裂过程区, 由脱黏、孔洞及形核产生. 机制 I 及 II 显示了阻力曲线行为伴随准静态韧性的趋势; 机制 III 牵涉到静止裂纹前方, 裂纹在界面相对比较弱的地方产生.

界面一般由扩散黏结或焊接等黏结产生, 通常存在残余应力, 且在决定能量释放率 G 和混合度中起重要作用 (Jensen 和 Thouless[24]).

关于脱黏机制已经有很多工作利用金属/氧化物界面进行了研究, 如 Evans 和 Dalgleish[22]. 主要结论是:

(1) 洁净的界面对界面韧性有利, 即使金属是多晶体或非外延生长层, 也可以获得强黏附;

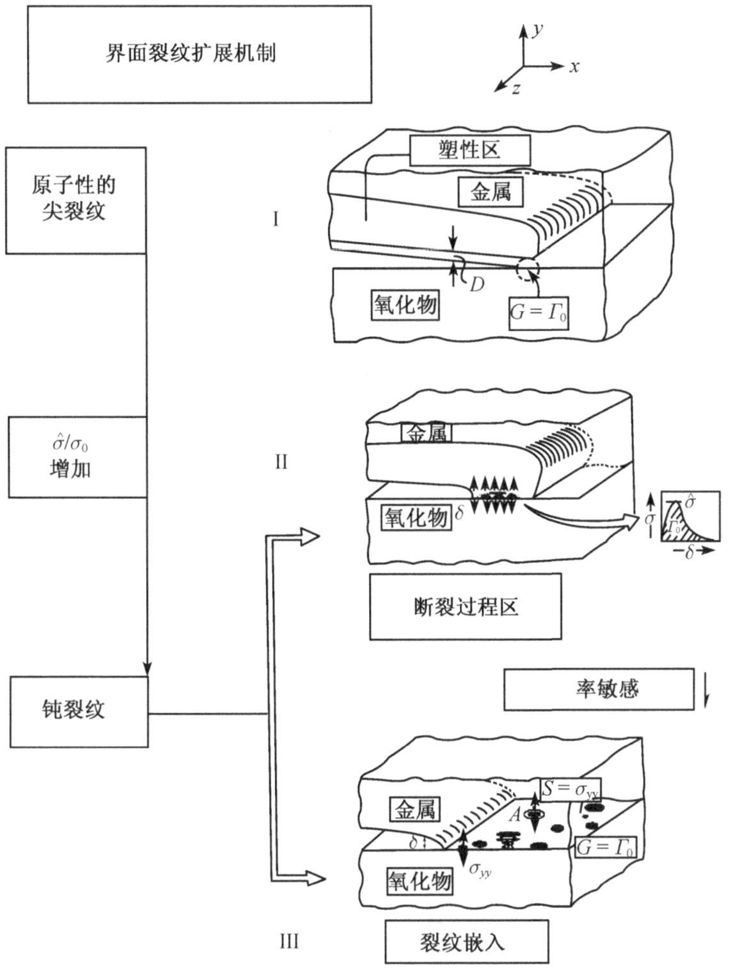

图 10.16 控制界面裂纹扩展的三个基本机制示意图 (Evans 等[21])

(2) 洁净界面污染的存在在界面韧性中明显的得到表现;

(3) 洁净界面的断裂韧性远大于氧化物界面的值. 对含洁净界面的金属/蓝宝石系统, 临界能量释放率 G_c 可以达到 200~400Jm^{-2}, 尽管氧化物具有一个小得多的值 $\Gamma_{\mathrm{oxide}} = 10 \sim 20\mathrm{Jm}^{-2}$(Elssner 等[25]). 此发现解释了金属/氧化物界面的固有强度.

薄膜脱黏的弹塑性机制由 Tvergaard 和 Hutchinson[26], Wei 和 Hutchinson[27,28] 进行了研究. 有三种模型可以描述塑性对界面韧性的影响:

(1) 内嵌断裂过程区模型

内嵌断裂过程区模型是由 Needleman[29] 及 Tvergaard 和 Hutchinson[26] 提出

的. 在 EPZ 模型中, 利用一个刻画界面断裂过程的应力–位移定律来刻画界面断裂, 作为界面的边界条件. 断裂过程区位于金属薄膜塑性区及界面的另一侧弹性基底之间. 一旦应力–位移定律中参数选定, 就可以利用 EPZ 模型获得断裂阻力曲线. 在 Tvergaard 和 Hutchinson[26] 一文中, 引进了材料长度参数 $R_0 = E\Gamma_0/3\pi(1-\nu^2)/\sigma_Y^2$, 其中, E, σ_Y 是薄膜的杨氏模量及屈服应力, Γ_0 为界面上单位面积的分离功, 由裂尖过程区消耗.

假设薄膜在高温下黏结或沉积于弹性基底, 然后冷却, 薄膜受到一个等双轴拉伸 σ_0, 临界能量释放率 $G_c = F\Gamma_0$, 其中, F 是应力硬化指数 N, 相位角及界面在严格纯 I 型张开的最大分离应力 $\hat{\sigma}$ 的函数. 参数 Γ_0 和 $\hat{\sigma}$ 刻画了界面的分离定律. 基于这个模型, 裂纹生长阻力 $\Gamma_R(\Delta a)$ 可由 Γ_0、$\hat{\sigma}$ 及金属薄膜、基底的力学特性求得. 尤其是我们可以获得准静态韧性 Γ_{ss}/Γ_0.

在 EPZ 模型中, 准静态过程的临界能量释放率, G_c 与 $\hat{\sigma}/\sigma_Y$ 的曲线关系由图 10.17(a) 给出 (Wei 和 Hutchinson[27]). 可以发现, 随着 $\hat{\sigma}/\sigma_Y$ 增大, 临界能量释放率 G_c 增加很快, 同时应变硬化对 G_c 也产生重要的影响. σ_Y/E 的影响比起 $\hat{\sigma}/\sigma_Y$ 的影响似乎小很多.

(2) SSV 模型

SSV 模型由 Suo 等[30] 提出的. 该模型假设位错在裂纹尖端不发射, 并在金属薄膜中加入一个离界面高为 D 的弹性区, 塑性变形发生在该弹性区外. 由于裂尖被弹性区包围, 裂尖仍然保持原子尖锐性, 且应力为 $r^{-1/2}$ 奇异性, 所以裂纹扩展阻力主要是界面分离功. 在裂尖处临界能量释放率 G_c 应与黏结功相等, 这个准则完全刻画了此模型. 参数 D 是一个拟合参数. 准静态状态下, 临界能量释放率 $G_c = F\Gamma_0$, 其中, F 是应力硬化指数 N, 无量纲参数 D/R_0 的函数. G_c/Γ_0 与 R_0/D 的函数关系由图 10.17(b) 给出 (Wei 和 Hutchinson[28]). 参数 R_0/D 与 EPZ 模型中 $\hat{\sigma}/\sigma_Y$ 作用相似. 当这个参数大于某一个值时, 依赖于 N 的 G_c/Γ_0 将迅速增大. I 型载荷作用下的准静态韧性 Γ_{ss}/Γ_0 与 $\hat{\sigma}/\sigma_Y$ 关系如图 10.18 所示, 其中, $\hat{\sigma} = \sqrt{E\Gamma_0/D}$. 值得注意的是: 当 D 趋于零时, Γ_{ss}/Γ_0 的比值无界. 原因是由于 SSV 模型不再成立, 假如塑性区延伸到裂尖处, 裂尖能量释放率为零.

(3) 统一模型

Wei 和 Hutchinson[31] 指出, 当应力峰值 $\hat{\sigma}$ 比较大时, EPZ 模型不能提供真实预测. 当应力峰值大于某一个比较大的值时 ($\hat{\sigma}/\sigma_Y \cong 5$, $N = 0.2$), EPZ 模型所预测的韧性无穷大. 同样, 在 SSV 模型中, 趋于裂尖时, 界面上应力趋于无穷. Wei 和 Hutchinson[31] 提出统一模型, 将金属薄膜厚度为 D 的弹性区与裂尖应力–位移定律统一起来. 他们假设分离长度相比于 D 足够小, 且分离区的应力不能超过应力峰值 $\hat{\sigma}$. 界面由黏结能 Γ_0、应力峰值 $\hat{\sigma}$ 及无位错区宽度 D 所控制. 图 10.19 给出了准静态韧性 Γ_{ss}/Γ_0 与 $\hat{\sigma}/\sigma_Y$ 在统一模型及 I 型载荷下的关系. 虚线表示 EPZ 模型的结果, SSV 模型对应于统一模型的极限值. 统一模型在 $\hat{\sigma}/\sigma_Y$ 比较大时趋于 SSV 模型, 同时当 $D \to 0$, 统一模型趋于 EPZ 模型.

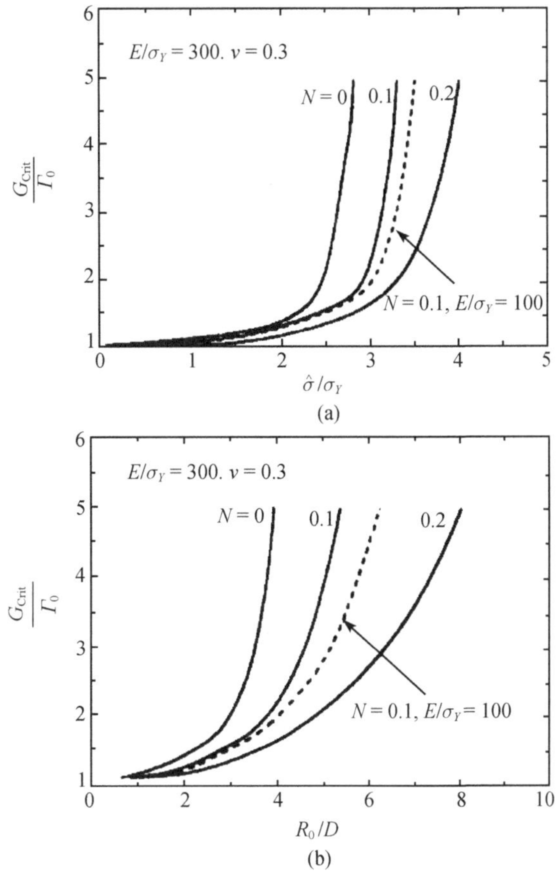

图 10.17 薄膜塑性屈服 G 的临界值: (a)EPZ 模型; (b)SSV 模型 (Wei 和 Hutchinson[27])

10.3.2 薄膜中裂纹

薄膜中裂纹类型

首先我们讨论由于热失配引起的残余应力. 薄膜–基底在高温 T_0 时应力自由 (在高温下制备), 当系统冷却到室温 T_r, 薄膜与基底中收缩应变相差 $(\alpha_f - \alpha_s)(T_0 - T_r)$, 其中, α_f 及 α_s 分别为膜及基底的热膨胀系数. 双轴残余应力定义为 $\sigma = (\alpha_f - \alpha_s)(T_0 - T_r)E_f(1 - \nu_f)$. 当 $\alpha_f > \alpha_s$, 有 $\sigma > 0$. 这类残余应力很大, 如 $T_0 - T_r = 500\text{K}$, 绝大多数材料有 $\sigma \cong 500\text{MPa}$, 这就意味着如果施加同等大小的应力于薄膜边界处, 再与基底黏结, 薄膜与基底之间的失配应变才会消失, 薄膜处于均匀双轴应力 σ 作用下, 基底则应力自由. 如果加一个相反方向的双轴应力 $-\sigma$

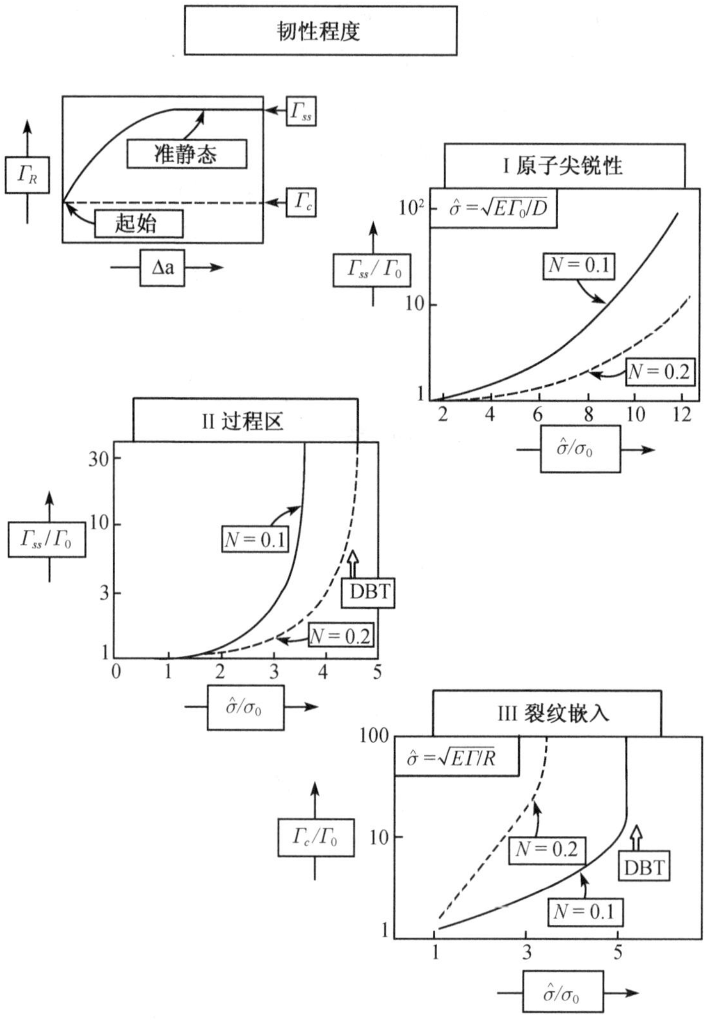

图 10.18 韧性特征, $\sigma_0=\sigma_Y$ (Evans 等[21])

于薄膜边界处, 来释放薄膜边界处的应力. 由于薄膜相对于基底, 厚度很小, 我们可以想像由反加在膜边界处的双轴应力产生的扰动应力, 对膜中心影响很小, 几乎可以忽略, 只有在膜边界处与 σ 相当.

双轴残余应力能导致薄膜产生裂纹, 这种裂纹在薄膜中生长, 并在界面处停止或穿透到基底中. 图 10.20 表示在薄膜中产生的不同类型的裂纹. 裂纹可以在薄膜、基底或者沿界面扩展. 薄膜、基底及界面的断裂阻力分别用 Γ_f、Γ_s 及 Γ_i 表示. 能量释放率 $G=Z\sigma^2h(1-\nu_f)/E_f$, 其中, 参数 Z 是一个无量纲驱动力, 依赖于裂纹类型及 Dundurs 参数. 对 $\alpha=\beta=0$ 的情况 (薄膜及基底为均匀弹性材料), 图

10.20 给出了参数 Z(Hutchinson 和 Suo[1]) 的值.

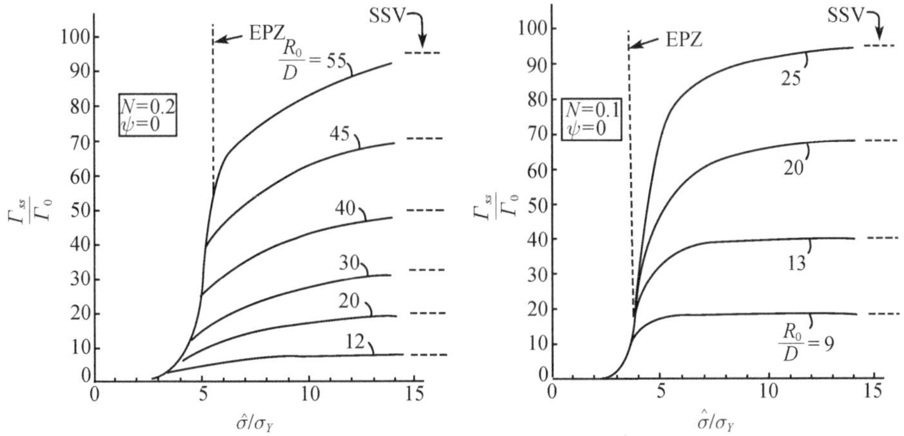

图 10.19 纯 I 型 ($\Psi = 0$) 沿弹塑性材料与刚性材料界面准静态扩展裂纹统一模型中宏观断裂功与分离功的比值, Γ_{ss}/Γ_0. 所用的参数为 $\nu = 0.3$, $\lambda_1 = 0.15$, $\lambda_2 = 0.5$ 及 $\delta_n^C/\delta_t^C = 1$ (Wei 和 Hutchinson[31])

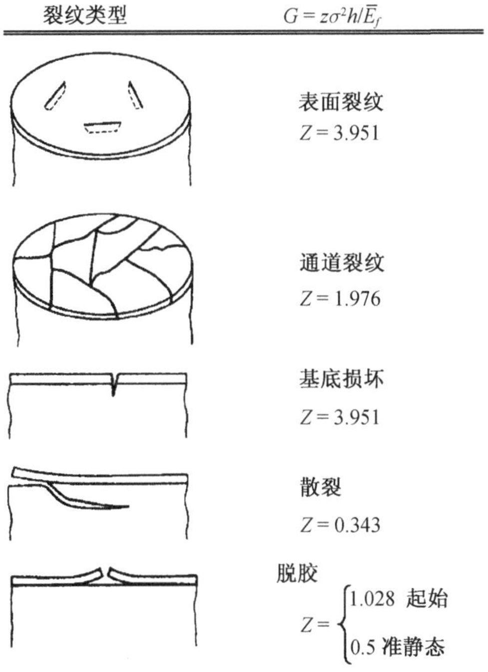

图 10.20 一般可以观察到的裂纹类型. 给出了每一个类型的无量纲驱动力, 其中假设了薄膜基底为弹性均匀材料且基底无限厚 (Hutchinson 和 Suo[1])

裂纹有时起始于薄膜表面缺陷. 如果裂纹尺寸小于薄膜厚度, 裂纹前沿同时向界面和膜侧向扩展. 驱动力参数 Z 对于表面裂纹比较高 ($Z = 3.951$), 但断裂阻力 Γ_f 通常比 Γ_i 或 Γ_s 高很多, 因此表面裂纹可以孤立、稳定而不相互贯通的存在. 通道裂纹在某些时候形成, 一旦形成, 通道裂纹往往处于活动状态. 它可导致失稳扩展, 并在另一个通道裂纹处停止或穿透至薄膜边界, 这样可能产生相互贯通的裂纹. 对于工程应用, 这种贯通裂纹网络是不能接受的. 但如果薄膜比较脆, 此通道裂纹通常会产生. 表面裂纹也可穿越界面而到达基底中, 由于残余应力主要位于薄膜内部, 穿透裂纹往往会在基底内一定深度停止. 但是, 裂纹也可以平行于界面扩展, 导致基底形成碎片.

表面裂纹

图 10.21 表示一个平面应变裂纹情况, 这个问题由 Beuth[32] 进行了研究. 无量纲应力强度因子 $K/\sigma\sqrt{h}$ 仅仅依赖于相对裂纹深度 a/h 及 Dundurs 参数 α、β. 如 a/h 的值足够小, 应力强度因子趋近于半无限大体边裂纹的情况, 即 $K \to 1.12\sigma\sqrt{\pi a}$. 对另一个极限情况, $a/h = 1$, 裂纹垂直并终止于界面处, 裂纹尖端附近的应力场表现为 $\sigma_{ij} \approx \hat{K} r^{-s}\tilde{\sigma}_{ij}(\theta)$, 其中, $\tilde{\sigma}_{ij}(\theta)$ 是角分布函数, $\hat{K}$ 是广义应力强度因子, 量纲为 [应力][长度]^s(Cook 和 Erdogan[33], Wang 和 Stahle[34]). 图 10.22 给出了奇异指数 $s(0 < s < 1)$ 的数值结果, 即下列特征方程的最小实根

$$\cos(s\pi) - 2\frac{\alpha-\beta}{1-\beta}(1-s)^2 + \frac{\alpha-\beta^2}{1-\beta^2} = 0 \tag{10.19}$$

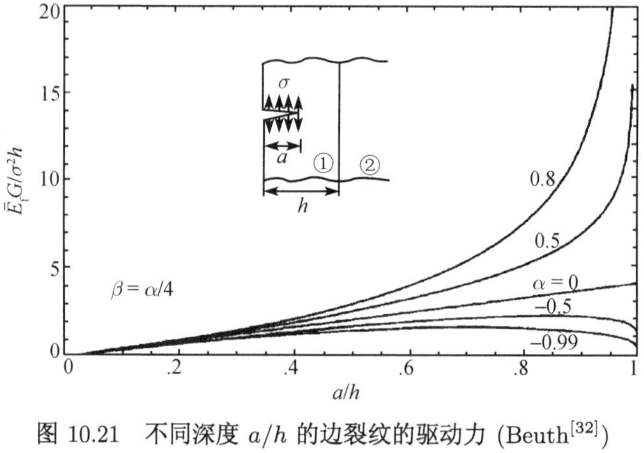

图 10.21 不同深度 a/h 的边裂纹的驱动力 (Beuth[32])

当 $a/h \to 1$, 裂尖仍然位于薄膜内部时, 应力强度因子可表达为 $K/\sigma\sqrt{h} = 1.12\sqrt{\pi}(a-h)^{1/2}(1-a/h)^{1/2-s}(1+\lambda a/h)$(见 Beuth[32]). 参数 λ 仅仅依赖于 Dundurs 参数, 见图 10.22 所示. 图 10.21 给出了能量释放率 G/G_0, 其中, $G_0 = \sigma^2 h(1-\nu_f^2)/E_f$. 裂纹起始的临界条件可表示为 $G \geqslant \Gamma_f$. 由图 10.21 可见, 裂纹在 $\alpha \geqslant 0$ 情

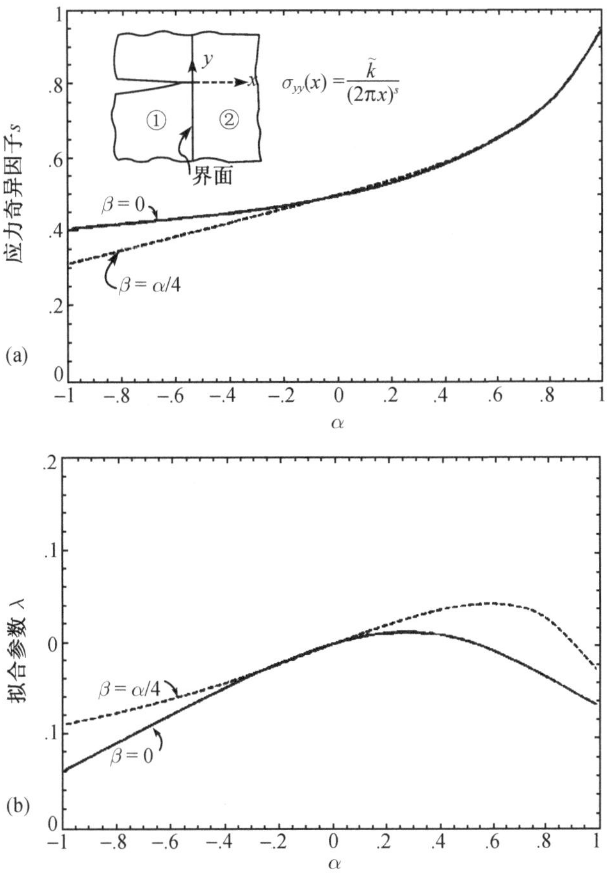

图 10.22 (a)Zak-Williams 奇异性; (b) 曲线拟合参数 (Hutchinson 和 Suo[1])

况下, 将失稳扩展; 如果 $\alpha < 0$, 裂纹将被界面屏蔽. 这就意味着, 假如基底比薄膜硬, 界面会成为阻止裂纹扩展的障碍.

裂纹通道

如果薄膜为脆性材料, 则裂纹将会在薄膜中形成通道, 如图 10.23 所示. 该问题是一个三维情况, 精确解是相当复杂的. 当裂纹通道长度超过薄膜厚度几倍时, 通道趋于准静态扩展, 且其横截面具有平面应变特征. 在准静态情况下, 通道裂纹前方的能量释放率可通过裂尖前方的应变能减去裂尖远后方的应变能得到. 该计算比较简单, 并不需要知道裂尖确切的形状. 由此考虑, Hutchinson 和 Suo[1] 提出了一个公式

$$G_{ss} = \frac{\sigma}{2h}\int_0^h \delta(z)\mathrm{d}z$$

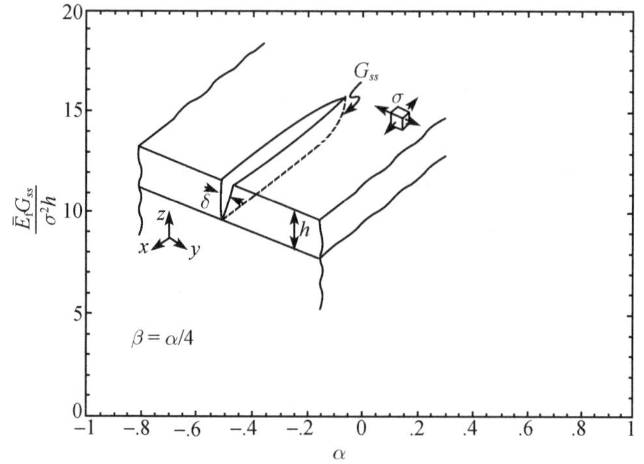

图 10.23　内插图表示一个沿薄膜的通道裂纹, 受到薄膜内残余拉伸应力作用. 对于不同弹性失配情况, 给出了通道前沿准静态扩展的能量释放率 (Hutchisnon 和 Suo[1])

式中, $\delta(z)$ 是平面应变裂纹的位移轮廓面.

第二个公式为

$$G_{ss} = \frac{1}{h}\int_0^h G(a)\mathrm{d}a$$

式中, $G(a)$ 是深度为 a 的平面应变的能量释放率, 如图 10.21 所示. 这就意味着能量释放率 G_{ss} 是平面应变裂纹在不同深度时能量释放率的平均. 具有不同杨氏模量的能量释放率 G_{ss} 由 Beuth[32] 给出. 图 10.23 给出了 $\beta = \alpha/4$ 的典型结果. 假如 G_{ss} 远大于 Γ_f, 将会形成通道网络. 对于 $\alpha = \beta = 0$(薄膜与基底为均匀弹性介质) 及无量纲化驱动力 $Z = 1.976$ 的情况由图 10.20 所示.

基底裂纹

关于穿透到基底的平面应变裂纹驱动力, 其结果显示于图 10.24 中. 显然, 对 $\alpha > -0.5$ 情况, 随裂纹深度的增大, 驱动力减小. 这就意味着裂纹在某一深度将停止扩展.

10.3.3　脆性基体复合材料的脱胶与滑移

连续纤维增强陶瓷基复合材料比陶瓷基体本身具有更高的强度及韧性. 纤维一基体的性质起非常重要的作用. 很多实验显示: 一个相对弱的界面, 由于界面的脱胶和滑移, 能阻止基体裂纹扩展路径上的纤维断裂. 这些纤维桥联裂纹并阻止基体裂纹进一步扩展.

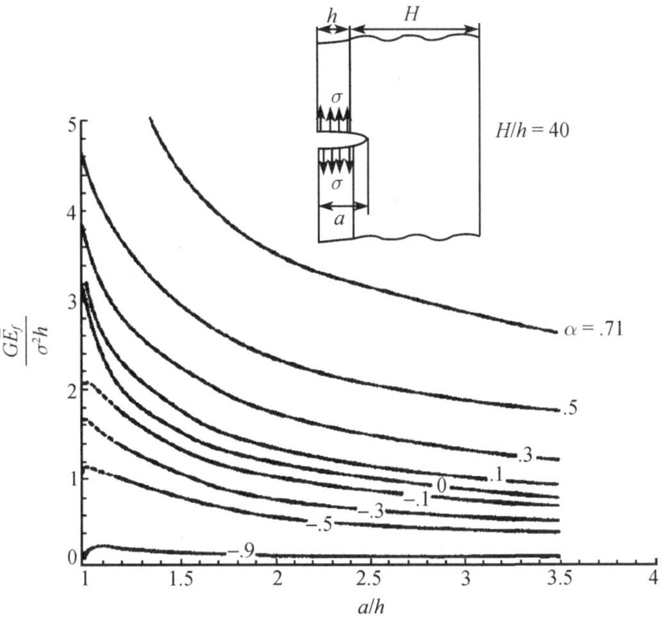

图 10.24 平面应变情况下, 裂纹尖端位于基底中的能量释放率[1]

桥联纤维对基体裂纹扩展的影响已经由许多文献进行了报道. Aveston 等[35]提出了一个模型来估计基体裂纹能够形核且纤维保持完好, 所需要施加的拉应力, 他们同时也考虑了界面滑移对所施加断裂应力的影响, 其所提出的 ACK 模型被 Budiansky 等[36] 进一步发展, 提出了 BHE 模型. BHE 模型对环状裂纹包围的单个圆柱形纤维进行了剪切滞后分析. Evans 和 Marshall[37] 对连续纤维增强陶瓷复合材料的力学行为进行了综合评论. 图 10.25 给出的示意图为长纤维单向增强复合材料, 包含桥联裂纹且受到平行于纤维轴向的远方拉伸载荷, 基体特征由图 10.26 描述. 纤维−基体界面脱胶及滑移的发生通常导致纤维桥联裂纹. 裂纹尖端界面的脱黏导致界面滑移. 当出现这种情况时, 脱黏界面的滑移阻力 τ 对控制从纤维向基体的载荷转移速率起重要的作用. 脱黏界面的滑移阻力并不大, 却提高了整体韧性. 假如界面内的残余应力为压应力, 界面的脱黏长度则较小; 相反如果残余应力为拉应力, 则促进脱黏过程. 一个重要的现象是裂纹尾部的脱黏也将进一步发展, 且同样受残余应力的控制.

He 和 Evans[16] 指出, 纤维脱黏在界面断裂阻力 Γ_i 远小于纤维断裂阻力 Γ_f 时, 如 $\Gamma_i \leqslant 0.25\Gamma_f$, 更易发生. 实验中观测到的裂纹与纤维、晶须的相互作用, 进一步支持了这一思想 (Thouless 等[39]). 界面的力学性质、纤维强度、复合材料中的残余应力是复合材料轴向拉伸的三个主要因素. 定性的说, 弱界面、高强纤维及垂直于纤维/基体界面的残余拉应力有利于提高韧性, 否则灾难性破坏则会发生. 图

10.27 描述了不同类型的反应.

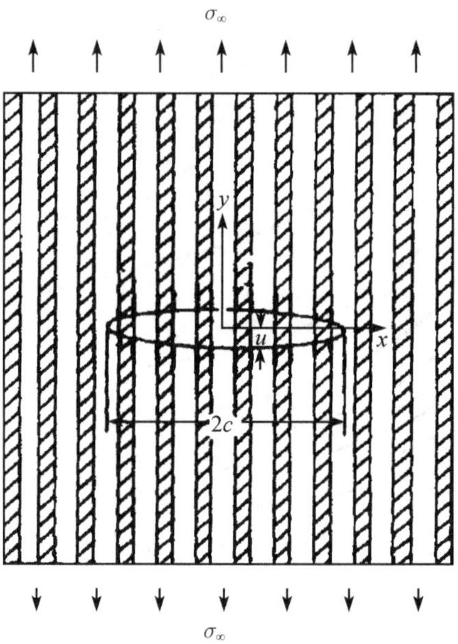

图 10.25　纤维桥联裂纹受远方载荷作用的示意图 (Danchaivijit 和 Shetty[38])

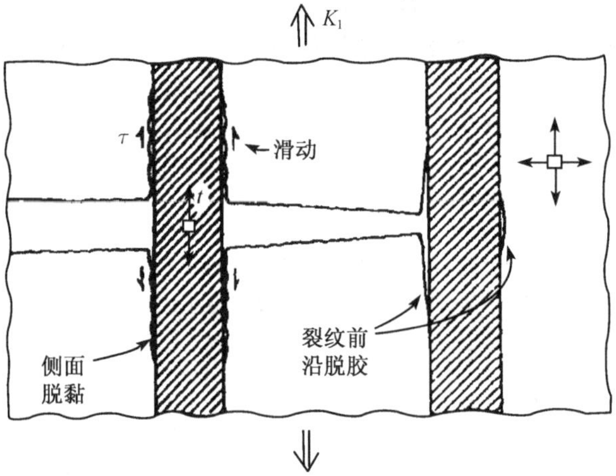

图 10.26　裂纹前方纤维起始脱黏及裂纹后翼纤维脱黏示意图 (Evans 和 Marshall[37])

对韧性陶瓷复合材料, 基体中第一个裂纹源于预先存在的缺陷形核, 只有小部分纤维断裂. 由于界面的脱黏、纤维与基体间摩擦作用, 载荷的进一步增加则增大了复合材料应力–应变曲线的非线性行为, 这种现象被称之为纤维桥联. 应力–应变曲线的尾部则对应断裂纤维的拔出. 复合材料最终强度绝大程度上由纤维束的强度决定. 这种韧性反应是大多数复合材料的共性.

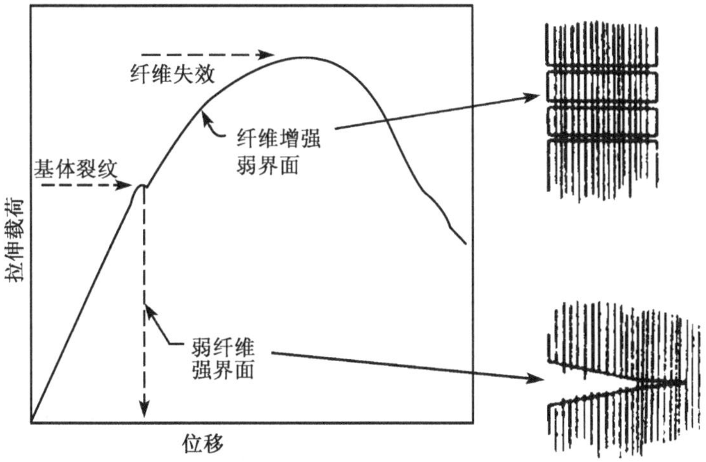

图 10.27 一个“韧性”陶瓷复合材料的拉伸应力应变曲线 (Evans 和 Marshall[37])

两裂纹面间桥联纤维的拉伸通过平均桥联应力 p 与局部张开位移 u 的关系来反应, 如图 10.28 所示. 此公式强烈依赖于桥联机制及力学特性, 如界面脱胶、摩擦滑移、纤维的弹性性质. 最大值 σ_{fc} 表示纤维的强度.

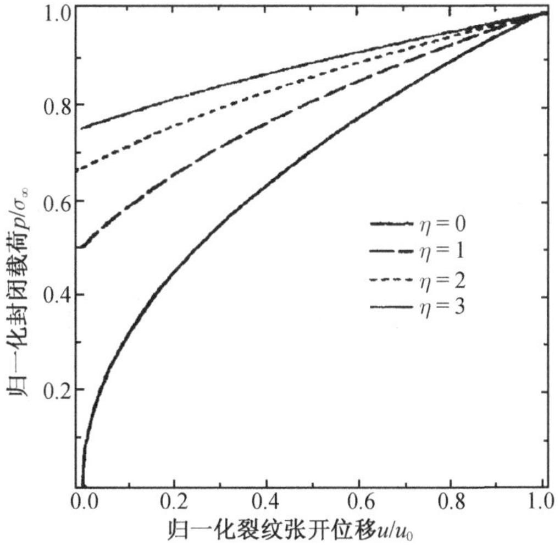

图 10.28 归一化平均桥联应力 p/σ_∞ 与裂纹张开位移 u/u_0 的关系 (Danchaivijit 和 Shetty[38])

假如纤维与基体界面完好, 当基体裂纹终止于界面处, 且无脱黏发生, $p(u)$ 曲线呈线性关系直至失效. 在另几个特殊情况下, 纤维从基体中完全脱胶, 但摩擦力阻止拔出, 桥联应力单一增大直至纤维断裂, 接着桥联应力降低, 断开纤维被拉出基体. 在裂纹尾部纤维桥联应力被认为对裂纹起闭合作用, 降低了裂尖的应力强度因子. 利用格林函数, 我们可以计算出屏蔽应力强度因子. 另一种方法是利用 J 积分来估计桥联作用对能量释放率的影响. 在扩展裂纹端部后方的桥联区发展, 导致应力强度因子的增大, 裂纹扩展可用一个阻力曲线来描述.

Budiansky 等[36] 提出了一种准静态增量韧性的简单解析解 $\Delta G = 2\int_0^{u_0} p(u)\mathrm{d}u$, 式中, u_0 为桥联区裂纹尾部张开位移.

连续纤维桥联基体裂纹扩展的临界应力已经被很多学者进行了研究, 如 Marshall 等[40], Gao 等[41], Danchaivijit 和 Shetty[38] 在其文章中考虑了纤维强度、纤维强度的统计分布及残余应力的影响.

临界应力的计算主要包括三个部分:

(1) 建立一个联系桥联纤维施加的闭合力与局部裂纹张开位移之间的关系式.

(2) 发展一个积分方程来决定由整个裂纹面载荷引起的裂纹张开位移. 利用自恰方法求解此方程, 保证桥联力与裂纹张开位移关系得到满足.

(3) 利用自洽纤维载荷计算等效应力强度因子及临界应力.

Danchaivijit 和 Shetty[38] 得到了关于桥联载荷与裂纹张开位移之间的简单解析公式. 根据这个公式, 图 10.28 给出了无量纲化的桥联应力与无量纲化的裂纹张开位移函数关系, 其中, 参数 $\eta = E_fV_f/E_mV_m$, $u_0 = \sigma_\infty^2 R/4(1+\eta)E_fV_f^2\tau$, E_f, E_m 分别为纤维及基体的杨氏模量, V_f, V_m 分别为纤维及基体的体积份数, R 是纤维的半径, τ 是脱黏区滑动摩擦应力, 一般假设为常数. 在准静态状态下, 裂纹表面应力及张开位移见图 10.29 所示.

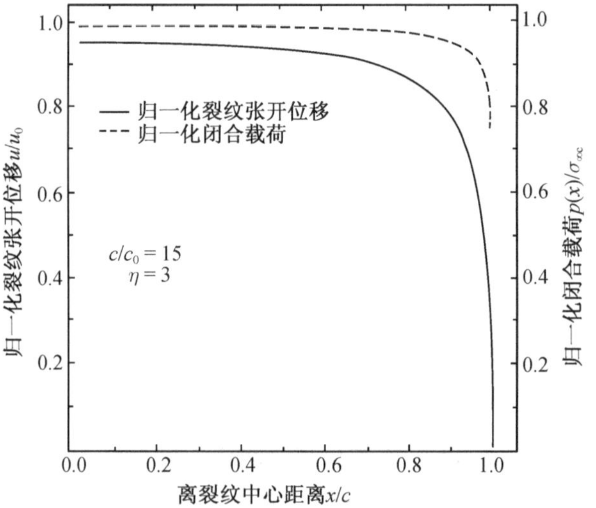

图 10.29　准静态区间纤维桥联裂纹的表面力与张开位移的关系 (Danchaivijit 和 Shetty[38])

硅/碳化物/锂形成的铝矽酸盐复合材料中, 基体裂纹扩张的临界应力与裂纹长度的函数关系由图 10.30 表示. 纤维、基体、复合材料及界面的特性取自 Marshall 等[40] 一文, 实线表示 $\eta = 2.35$ 的数值结果, 长画线是利用近似的 $E' = E_{11} = E_c$ 的结果, 其中, E_c 是复合材料的杨氏模量, $c_0 = \pi(K_{cm}/\alpha)^{2/3}V_m^2(1+\eta)$, V_m 是基体的体积份数, K_{cm} 是基体的断裂韧性, c 是裂纹长度. E' 的定义可由 Danchaivijit 和 Shetty[38] 文中得到. 由 Marshall 等[40] 给出的实验结果和由 ACK 理论得到的预测结果也一并表示在图 10.30 中.

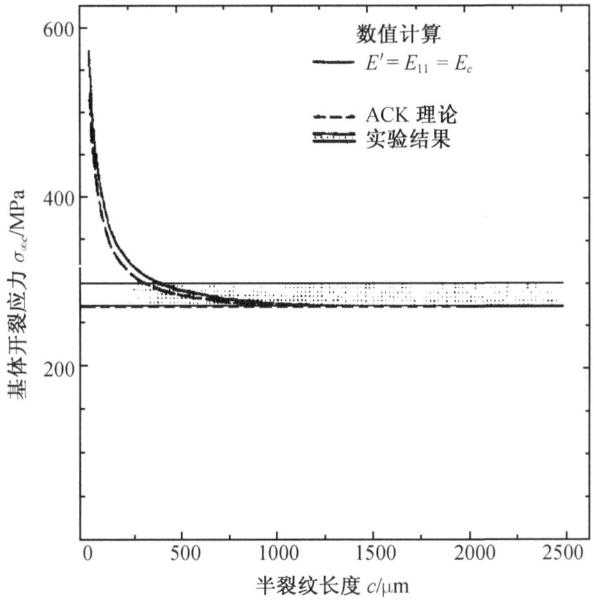

图 10.30 硅/碳化物/锂形成的铝矽酸盐复合材料中, 关于基体裂纹的应力的数值及实验结果比较 (Danchaivijit 和 Shetty[38])

10.3.4 多层材料中裂纹

这一节主要讨论位于两个相同体材料中含裂纹的薄脆性黏结夹层问题. 裂纹形状如图 10.31 所示, 黏结层厚度远小于系统平面内尺寸. 施加载荷由应力强度因子 K_{I}^{∞} 及 K_{II}^{∞} 刻画, 该应力强度因子由宏观分析且不考虑薄层存在而得到. 宏观能量释放率为

$$G^{\infty} = \frac{1-\nu^2}{E}\left({K_{\mathrm{I}}^{\infty}}^2 + {K_{\mathrm{II}}^{\infty}}^2\right)$$

式中, E, ν, 表示两个体材料的杨氏模量及泊松比. 系统的宏观韧性 $\bar{\Gamma}(\psi^{\infty})$ 可以通过实验测量得到, 式中, $\psi^{\infty} = \arctan(K_{\mathrm{II}}^{\infty}/K_{\mathrm{I}}^{\infty})$. 在工程应用中, 我们可以考虑局部裂纹形貌, 界面裂纹扩展的临界条件可表示为 $G_{\mathrm{c}}^{\infty} = \bar{\Gamma}(\psi^{\infty})$, 式中, G_{c}^{∞} 为临界宏

观能量释放率.

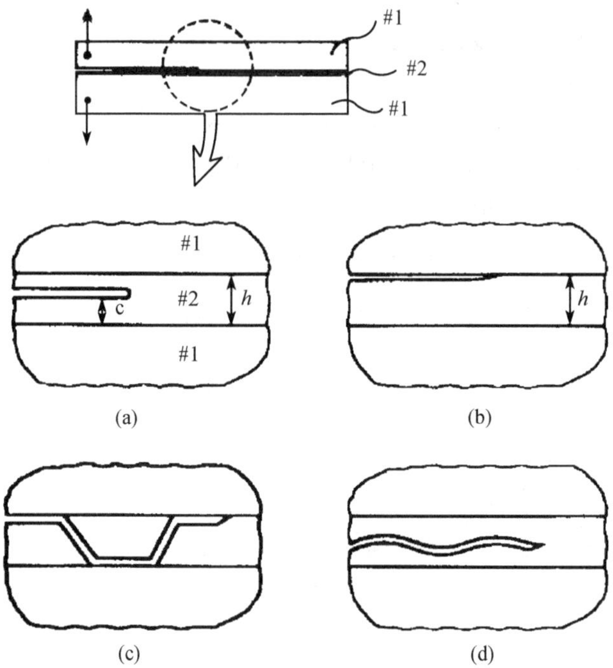

图 10.31　薄脆黏结层中裂纹的类型：(a) 层内直线裂纹; (b) 界面裂纹; (c) 交替裂纹; (d) 波状裂纹 (Hutchinson 和 Suo[1])

夹层中的直线裂纹

根据 J 积分原理, 局部能量释放率 G 与 G^{∞} 相等, 局部能量释放率 G 与局部应力强度因子的关系可以表示为

$$G=\frac{1-\nu_2^2}{E_2}(K_{\mathrm{I}}^2+K_{\mathrm{II}}^2)$$

式中, E_2, ν_2 为夹层的杨氏模量及泊松比, 局部应力强度因子与外加应力强度因子的关系可用如下的关系式表示

$$K=\left(\frac{1-\alpha}{1+\alpha}\right)^{1/2}(K_{\mathrm{I}}^{\infty}+\mathrm{i}K_{\mathrm{II}}^{\infty})\mathrm{e}^{\mathrm{i}\phi}$$

式中, ϕ 为局部应力强度因子与外加应力强度因子之间的相位角转移量. Fleck 等[42] 利用数值方法给出了 ϕ 的结果. 假如外加应力强度因子为纯 I 型, 且裂纹沿着夹层的中心线扩展, Wang 等[43] 给出了局部应力强度因子的表达式

$$K_{\mathrm{I}}=\left(\frac{1-\alpha}{1+\alpha}\right)^{1/2}K_{\mathrm{I}}^{\infty}$$

这个结果意味着柔性夹层中 ($\alpha<1$) 的裂纹将被屏蔽, 此屏蔽对于两个硬材料包裹的软夹层来说可达到很大. 如两个陶瓷体材料包裹一个多聚物材料.

沿界面的裂纹

在这种情况下, 局部能量释放率 G 仍然等于整体能量释放率 G^{∞}. 局部应力强度因子与整体应力强度因子可以由下式表示

$$K=h^{-\mathrm{i}\varepsilon}\left(\frac{1-\alpha}{1-\beta^2}\right)^{1/2}(K_{\mathrm{I}}^{\infty}+\mathrm{i}K_{\mathrm{II}}^{\infty})\mathrm{e}^{\mathrm{i}\omega}$$

式中, 转移角 $\omega(\omega=\psi-\psi^{\infty})$ 在 $5^{\circ}\sim15^{\circ}$ 之间, 如图 10.32 所示 (Hutchinson 和 Suo [1]).

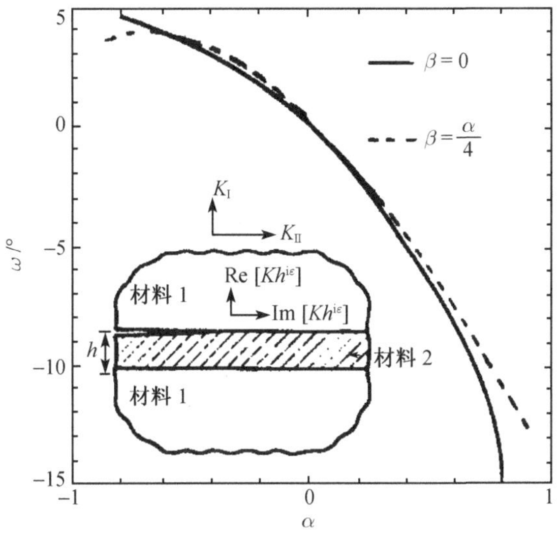

图 10.32 多层材料中界面裂纹, 相位角转移 ω 与弹性失配参数的关系 (Hutchinson 和 Suo[1])

交替裂纹

裂纹路径在上下两个界面之间往复交替, 且横向间距规则, 此裂纹我们称之为交替裂纹. Chai[44] 研究了铝/环氧树脂/铝多层试样中此类型的裂纹问题. 由热硬化环氧树脂引起相对较高的层内残余拉应力为 $\sigma_R\sim60\mathrm{MPa}$, 该系统具有很大的正 T 应力. 关于交替裂纹定量分析的工作, 主要特征是混合度的变化, 其变化趋势如图 10.33 所示, 其中, ψ 被定义为

$$\psi=\arctan\left[\frac{\mathrm{Im}(Kl^{\mathrm{i}\varepsilon})}{\mathrm{Re}(Kl^{\mathrm{i}\varepsilon})}\right]$$

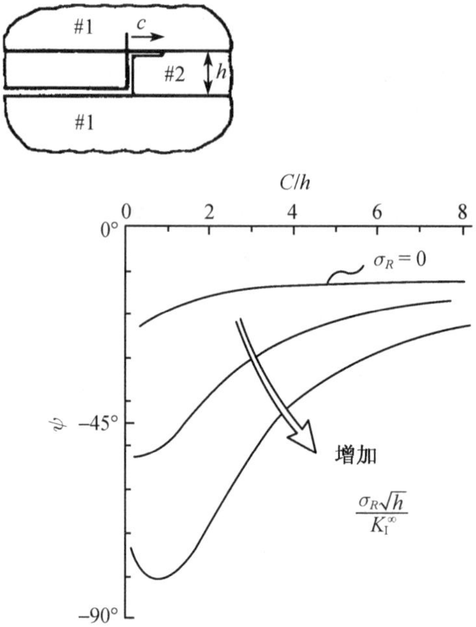

图 10.33 不同水平层内残余拉应力 σ_R 作用下界面裂纹尖端载荷相位角趋势, 远处载荷为 I 型 (Hutchinson 和 Suo[1])

$l=h$. 当 $\sigma_R\sqrt{h}/K_{\rm I}^{\infty}$ 趋于单位量级, 随着裂纹长度的增大, 界面起始于一个相对角较大的负 ψ 值, 然后降低到 $\psi=\omega$.

由于在夹层中存在相对较高的拉伸残余应力, 裂纹不能穿透铝材料, 相对较大的负 $K_{\rm II}$ 将促使裂纹沿界面扩展. 在铝/环氧树脂多层系统中, 当 ψ 足够小, 裂纹可能会转折到夹层中. 当 $c/h\to 2$, 满足转折条件, 与 Chai[44] 实验观测到结果一致.

隧道裂纹

在黏结过程中, 双轴残余应力可能会在中间夹层中产生. 如两个陶瓷与玻璃在超过玻璃熔点的高温下黏结, 然后冷却到室温, 由于热胀失配, 产生残余应力. 由于玻璃的热胀系数大于陶瓷的热胀系数, 该残余应力在玻璃层中呈拉伸状态. 拉伸残余应力使得裂纹穿透整个黏结玻璃层厚度, 形成隧道裂纹. 图 10.34 所示为一个由缺陷形核隧道裂纹, 穿透整个黏结层. 隧道裂纹属于一个复杂的三维问题. 当裂纹长度远大于黏结层厚度, 将达到准静态状态, 隧道裂纹前方保持其形状, 单位长扩展所需要的能量释放率可以通过二维弹性解来求得. 隧道裂纹的单位长能量释放率 hG_{ss} 与横越夹层的平面应变裂纹扩展的能量释放率相等. Ho 和 Suo[45] 给出了单个隧道裂纹在有限厚的夹层中的能量释放率. 无量纲化的 G_{ss} 是弹性失配参数

α, β 及相对厚度 h/w 的函数. 图 10.34 给出了不同的 $\alpha(\beta = \alpha/4)$ 及不同的 h/w 的典型结果. 无量纲化的能量释放率似乎对失配参数 α 非常敏感; 而当 $\alpha > 0.5$, 对相对厚度 h/w 似乎不太敏感.

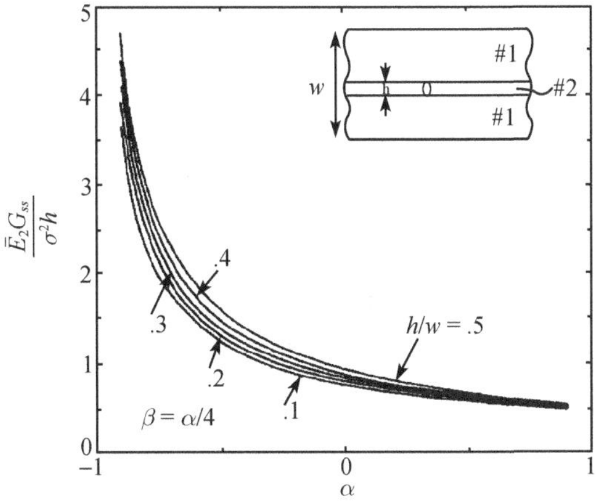

图 10.34 单独的隧道裂纹准静态能量释放率, 裂纹从一个界面延伸到另一个界面, 且沿着垂直于此截面方向扩展 (Ho 和 Suo[45])

10.3.5 裂纹垂直于双材料界面

很多学者已经研究了裂纹垂直于双材料界面的问题. 当裂纹垂直并终止于界面处, 应力奇异性为 r^{-s}, 其中, s 是最小的实特征根, 依赖于双材料的弹性模量. Cook 和 Erdogan[33] 利用梅林转换的方法推导了有限裂纹垂直于界面的控制方程, 并且得到了应力强度因子. Erdogan 和 Biricikoglu[46] 解决了两个有界半空间含一个沿界面扩展的裂纹问题.

Lin 和 Mar[47] 利用有限元分析了裂纹垂直于双材料界面的应力强度因子. Meguid 等[48] 提出了一种新颖的有限元方法分析了有限弹性体内裂纹垂直于双材料界面的情况. Chen[49] 利用体力法研究了裂纹垂直并终止于双材料界面的应力强度因子. 对于有限体内裂纹垂直于界面及裂纹垂直并终止于界面的问题, 最近由 Chen 等[50] 进行了理论研究.

裂纹垂直于双材料界面且裂尖未与界面交接

考虑如图 10.35 所示的平面弹性问题. 一个有限裂纹垂直于双材料界面, 且未与界面交接. 该弹性体由两种材料黏结, 在表面 S_σ 上受 p_i 作用及表面 S_u 上位移 u_i 的作用, 裂纹表面假设为应力自由. 两种材料均为均匀各向同性. 材料 I 位于界面上方 S_1 空间, 而材料 II 位于下方 S_2 空间. 笛卡儿坐标系固定于界面, x 轴沿界面方向, y 轴垂直于界面, 且与裂纹延长方向一致. 裂纹位于材料 II 中, 应力和位移

可用方程 (10.6) 表示. 对于无限大均匀弹性体 $z = s$ 处一个刃型位错的复势函数由方程 (10.7) 表示.

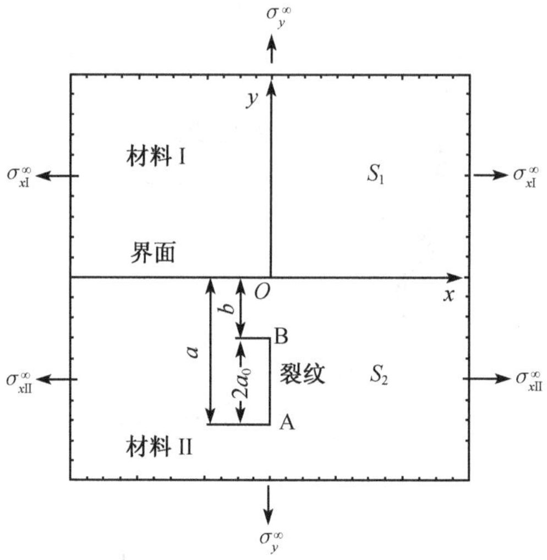

图 10.35　垂直于双材料界面的有限裂纹

裂纹可以认为是连续位错分布, Wang 和 Stahle[51] 提出了一种新的方法. 位错密度可以表示成第一类切比雪夫多项式. 复势函数与应力场可展开成一个 z 的新的变量函数的幂级数. 利用裂纹面应力自由条件, 我们可建立未知位错密度函数 b_x 及 b_y 控制方程. 基于边界配置法, 求解控制方程得到未知系数, 并给出了该问题的完整解, 包括裂纹前方的 T 应力以及应力强度因子, 从而分析了应力场特征. 不失一般性, 该文对 $\sigma_y^\infty = 0$ 及 $\tau_{xy}^\infty = 0$ 的问题进行了研究, 非零远场应力 $(\sigma_x^\infty)_{\mathrm{II}} = \sigma$ 及 $(\sigma_x^\infty)_{\mathrm{I}}$ 满足方程 (10.4).

(1) 应力强度因子

表 10.1 给出了半平面中裂纹垂直于表面时, 裂尖的应力强度因子及 Cook 和 Erdogan[33] 的结果, 两种结果相互吻合. 平面应变情况下的铝/环氧树脂材料, 应力强度因子如表 10.2 所示, 弹性常数为 $\mu_1/\mu_2 = 23.08$, $\nu_1 = 0.3$, $\nu_2 = 0.35$. 同样与 Cook 和 Erdogan[33] 的结果比较, 结果一致.

对铝/环氧树脂材料, 裂尖 B 的应力强度因子与几何参数 $\rho = b/a_0$ 的关系由图 10.36 给出. 无量纲化的应力强度因子为 $\bar{K}_{\mathrm{I}}(B) = K_{\mathrm{I}}(B)/\sigma\sqrt{\pi a_0}$. 当裂纹位于环氧树脂软材料内, 并接近界面时, 在裂尖 B 处, 应力强度因子由于铝材料的阻止而趋于零. 值得注意的是, 在裂纹尖端 B 处的无量纲化应力强度因子 $\bar{K}_{\mathrm{I}}(B)$ 近似呈幂硬化关系变化. Wang 和 Stahle[51] 给出了一个简单的拟合, $\bar{K}_{\mathrm{I}}(B) = q\rho^\gamma$, 式中, q 及 γ 在文中给出. 由此方程 (在原文中方程 (33)) 给出的曲线表示在图 10.36 中, 可以很清楚的看到, 当 $\rho < 0.1$, 该方程能够很好的对结果进行预测.

表 10.1 半平面裂纹垂直表面时, 裂尖应力强度因子

b/a_0	$K_I(A)/\sigma\sqrt{\pi a_0}$ Wang 和 Stahle[51]	$K_I(A)/\sigma\sqrt{\pi a_0}$ Cook 和 Erdogan[33]	$K_I(B)/\sigma\sqrt{\pi a_0}$ Wang 和 Stahle[51]	$K_I(B)/\sigma\sqrt{\pi a_0}$ Cook 和 Erdogan [33]
0.10	1.211	1.211	1.759	1.759
0.15	1.183	1.183	1.575	1.575
0.20	1.163	1.163	1.464	1.464
0.50	1.097	1.097	1.204	1.204
1.00	1.054	1.054	1.091	1.091
4.00	1.009	1.009	1.011	1.011
9.00	1.002	1.002	1.003	1.003

表 10.2 铝/环氧树脂双材料中有限裂纹裂尖的应力强度因子

b/a_0	$K_I(A)/\sigma\sqrt{\pi a_0}$ Wang 和 Stahle [51]	$K_I(A)/\sigma\sqrt{\pi a_0}$ Cook 和 Erdogan [33]	$K_I(B)/\sigma\sqrt{\pi a_0}$ Wang 和 Stahle[51]	$K_I(B)/\sigma\sqrt{\pi a_0}$ Cook 和 Erdogan[33]
0.10	0.8985	0.8985	0.6674	0.6674
0.15	0.9051	0.9051	0.7179	0.7179
0.25	0.9165	0.9165	0.7838	0.7838
1.00	0.9616	0.9616	0.9249	0.9249
4.00	0.9929	0.9929	0.9912	0.9912
9.00	0.9981	0.9981	0.9979	0.9979

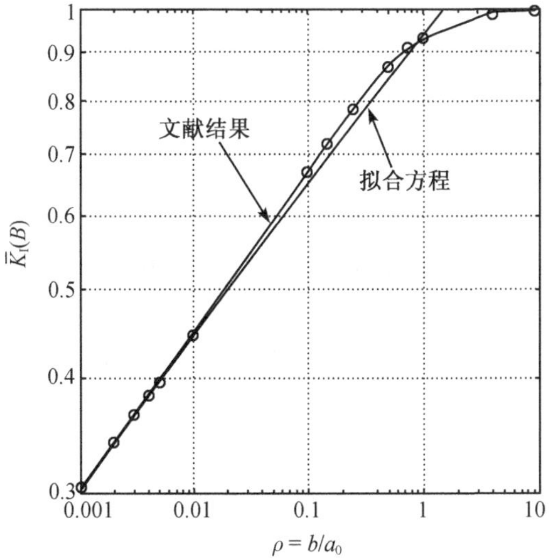

图 10.36 铝/环氧树脂双材料中无量纲化应力强度因子 $\bar{K}_I(B) = K_I(B)/\sigma\sqrt{\pi a_0}$ 与几何参数 ρ 的关系

图 10.37 描述了环氧树脂/硼双材料中裂尖 B 处应力强度因子与几何参数 $\rho = b/a_0$ 的关系, 弹性常数为 $\mu_1/\mu_2 = 0.007223$, $\nu_1 = 0.35$, $\nu_2 = 0.3$. 此时裂纹位于硬材料硼中, 裂尖 B 处的应力强度因子将随 ρ 趋于零而迅速增大. 当 $\rho < 0.1$ 时, 经验公式给出了很好的预测.

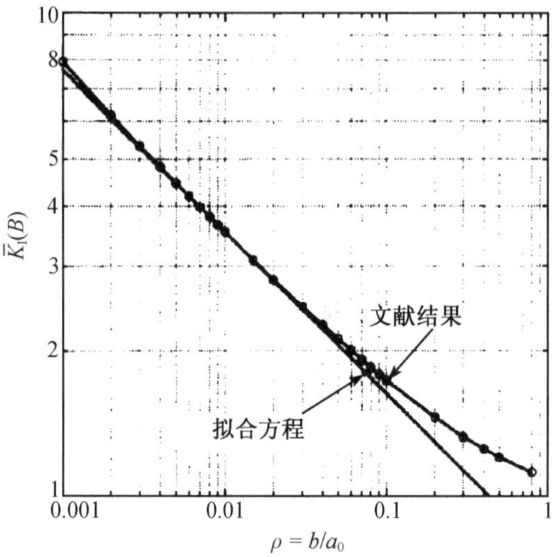

图 10.37　环氧树脂/硼双材料中无量纲化应力强度因子 $\bar{K}_{\rm I}(B) = K_{\rm I}(B)/\sigma\sqrt{\pi a_0}$ 与几何参数 ρ 的关系

(2) 裂尖 B 前方的应力分布

图 10.38 及 10.39 给出了铝/环氧树脂材料对, 裂纹位于软材料中, $b/a_0 = 0.01$ 时的裂尖 B 前方的应力分布. 图中坐标为无量纲化应力 $\bar{\sigma}_x = \sigma_x/\sigma$, $\bar{\sigma}_y = \sigma_y/\sigma$. 由图可见, 正应力 σ_x 在 $0 < r/b < 0.5$ 区间由 K 场控制, 而 σ_y 应力场在 $0 < r/b < 0.4$ 区间由 K 场及 T 应力同时控制.

图 10.40 给出了环氧树脂/硼双材料中裂纹尖端 B 前方 σ_y 应力分布, 此时裂纹位于硬材料中. K 场与精确解 σ_y 差异很大, σ_y 场在 $0 < r/b < 0.4$ 区间, 主要由 K 场与 T 应力场同时控制. 可见 T 应力效应在某些情况下是非常重要的.

裂纹垂直并终止于界面

图 10.41 表示的是一个有限长裂纹垂直并终止于双材料界面的平面弹性问题. Wang 和 Stahle[34] 首先给出了该问题的基本方程, 位错密度由第一类切比雪夫多项式加上一个描述裂尖应力奇异性的特殊项组成. 利用边界配置法, 求解控制方程, 可得到未知系数及该问题的完整解.

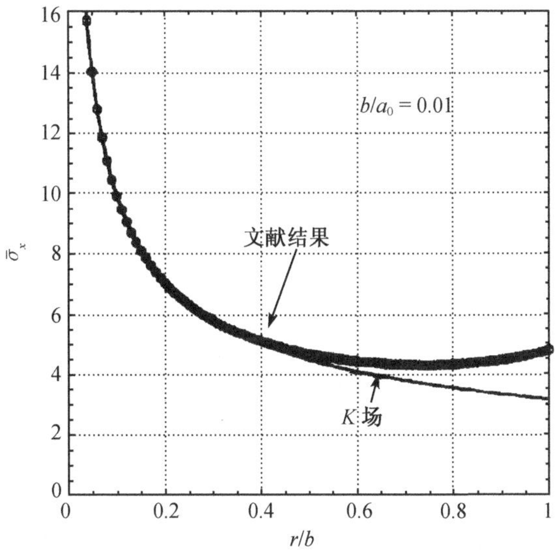

图 10.38 铝/环氧树脂双材料中, $b/a_0 = 0.01$ 情况下裂纹尖端 B 点前方正应力 σ_x 的分布, r 为离 B 点的距离, $\bar{\sigma}_x = \sigma_x/\sigma$

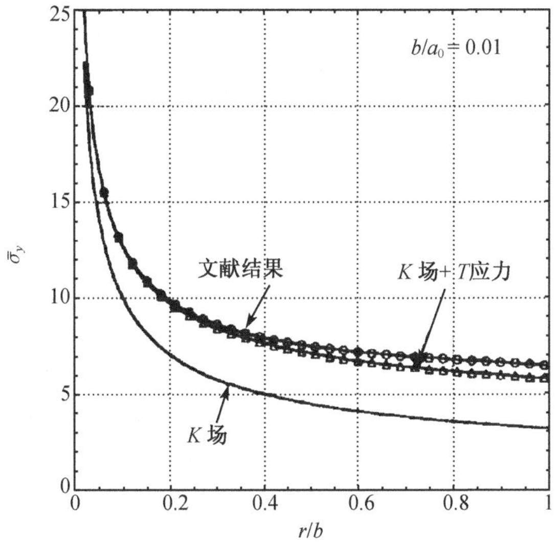

图 10.39 铝/环氧树脂双材料中, $b/a_0 = 0.01$ 情况下裂尖 B 点前方正应力 σ_y 与 K 场及 K 场加 T 应力场的比较. r 为离 B 点的距离, $\bar{\sigma}_y = \sigma_y/\sigma$

(1) 计算结果

对多组不同的双材料进行计算, 发现第一类切比雪夫无限级数能够很快的收敛, 可以利用有限截断项精确的近似, 其中, m 的取值表示级数项, m 的最大取值

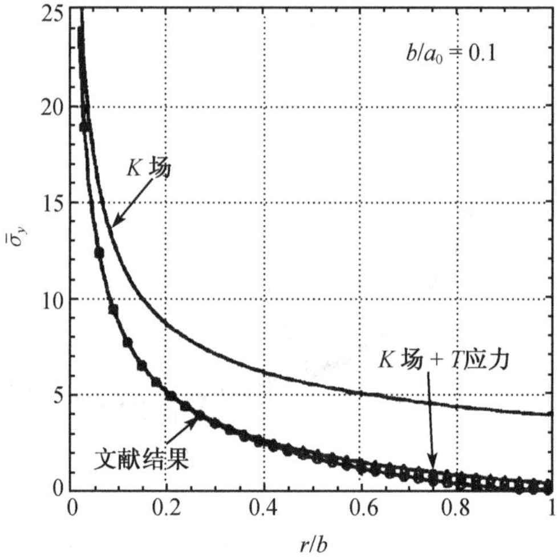

图 10.40　环氧树脂/硼双材料中, $b/a_0 = 0.1$ 情况下裂尖 B 点前方正应力 σ_y 与 K 场及 K 场加 T 应力场比较

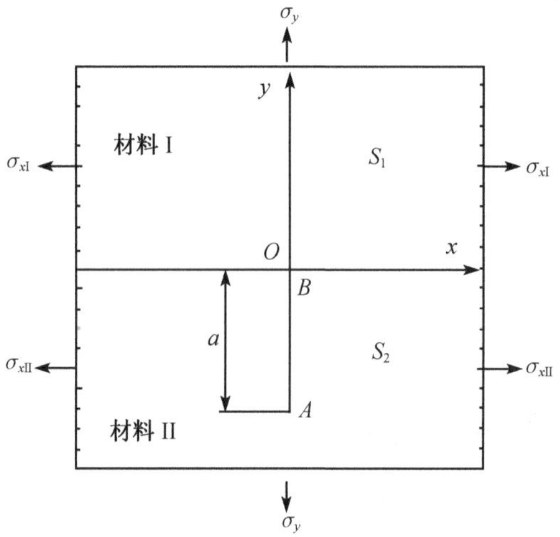

图 10.41　垂直并终止于双材料界面的有限裂纹

定义为 M. 对于铝/环氧树脂平面应变问题, 发现 M 取 150、180、210, 给出裂尖 A 及 B 处的应力强度因子, 具有 4 位有效数字的精确度, 且切比雪夫多项式系数 α_m 随着 m 的增大, 而迅速趋于零. 如 $\alpha_1 = 0.2487$, $\alpha_{10} = -0.1421 \times 10^{-3}$, $\alpha_{100} = 0.14015 \times 10^{-6}$, $\alpha_{180} = -0.2342 \times 10^{-8}$. 在 Wang 和 Stahle[34] 论文中所给出的结果对应于 $M = 180$.

(2) 应力强度因子

对平面应力不同材料对情况的应力强度因子由表 10.3 及 10.4 给出, 此处参数 λ_0 是方程 (10.19) 的最小特征值. Wang 和 Stahle[34] 给出的结果与 Meguid 等[48] 及 Chen[49] 结果一致.

表 10.3　应力强度因子 $\bar{Q}_{\text{I}}(B) = \sqrt{2}Q_{\text{I}}(B)/\sigma(2\pi a_0)^{\lambda_0}$

μ_1/μ_2	ν_1	ν_2	Wang 和 Stahle[34]	Meguid 等[48]	Chen[49]	Lin 和 Mar[47]	Cook 和 Erdogan[33]
0.00722	0.35	0.30	0.0192	0.018	0.0192	0.0196	0.0179
0.0433	0.35	0.30	0.0955	0.094	0.095	0.095	0.074
23.08	0.35	0.30	4.232	4.240	4.231	4.241	4.176
138.46	0.35	0.30	5.002	5.004	5.001	4.978	4.922

(3) 裂尖 B 前方的应力分布

裂尖前方应力场可以表示为

$$\sigma_{ij} = \frac{Q_{\mathrm{I}}}{(2\pi r)^{\lambda_0}} f_{ij}(\theta) + T_{ij} \tag{10.20}$$

式中, Q_{I} 是裂尖 B 处广义 I 型应力强度因子. T_{ij} 为 T 应力, 由特征函数第二项表征, 在分析断裂过程中起重要作用. 方程 (10.20) 右端第一项即为 Q 场.

表 10.4 应力强度因子 $\bar{K}_{\mathrm{I}}(A) = K_{\mathrm{I}}(A)/\sigma(2\pi a_0)^{1/2}$

μ_1/μ_2	ν_1	ν_2	Wang 和 Stahle [34]	Chen[49]	Lin 和 Mar[47]	Cook 和 Erdogan[33]
0.00722	0.35	0.30	1.474	1.474	1.529	1.509
0.0433	0.35	0.30	1.340	1.340	1.373	1.353
23.08	0.35	0.30	0.879	0.879	0.855	0.879
138.46	0.35	0.30	0.870	0.870	0.833	0.871

图 10.42 及 10.43 给出了平面应力情况下, 环氧树脂/硼双材料裂尖 B 前方的应力分布, 材料常数为 $\mu_1/\mu_2 = 0.007223$, $\nu_1 = 0.35$, $\nu_2 = 0.3$. 由图中可以很清楚地看到, σ_x 在 $0 < r/a_0 < 1$ 区间, 由 Q 场控制, 而 σ_y 在 $0 < r/a_0 < 0.05$ 区间由 Q 场控制.

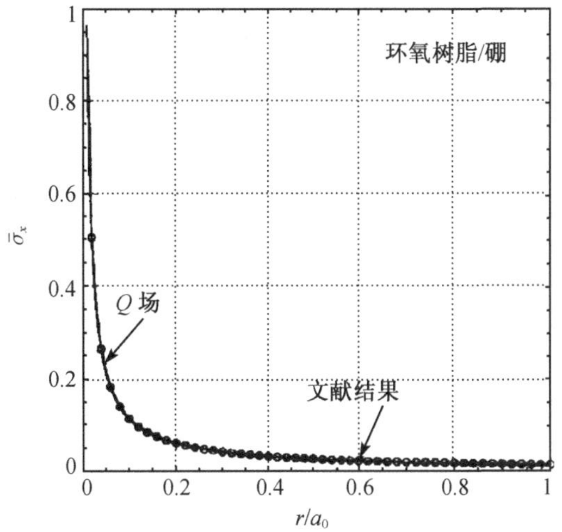

图 10.42 环氧树脂/硼双材料中, 平面应力情况下裂纹尖端 B 点前方正应力 σ_x 的分布, r 为离 B 点的距离, $\bar{\sigma}_x = \sigma_x/\sigma$

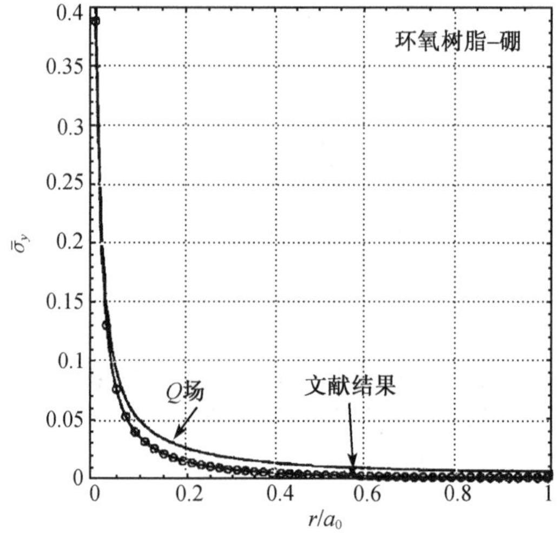

图 10.43　环氧树脂/硼双材料中, 平面应力情况下裂尖 B 点前方正应力 σ_y 的分布, $\bar{\sigma}_y=\sigma_y/\sigma$

当裂纹位于软材料中, 则呈现不同的趋势, 如图 10.44 所示, 给出了硼/环氧树脂材料对中 σ_x、Q 场及 Q 场加上 T_x 应力场的比较. 材料常数为 $\mu_1/\mu_2 = 138.46$, $\nu_1 = 0.3$, $\nu_2 = 0.35$. Q 场加上 T_x 场在 $0 < r/a_0 < 1$ 区间与 σ_x 场吻合很好, 但单独的 Q 场却与 σ_x 场差别很大, 可见 T_x 应力对正应力提供了很大的贡献. Q 场加 T_y 应力在 $0 < r/a_0 < 0.4$ 区间与 σ_y 应力吻合.

对于轻度弹性失配的双材料情况也由类似的结果. 正应力场由 Q 场与 T 应力场共同描述, 但控制区间相对变小.

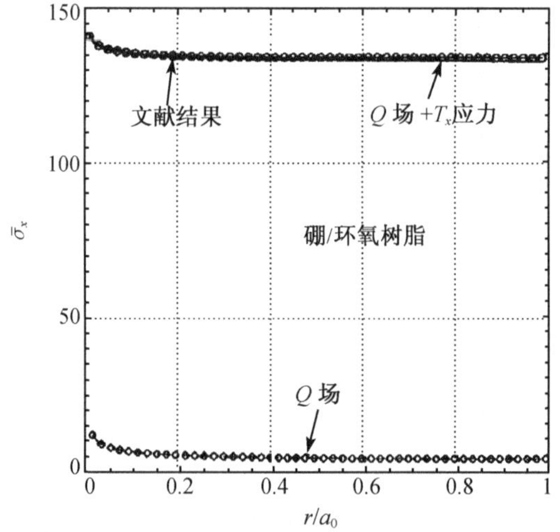

图 10.44　硼/环氧树脂双材料中, 平面应力情况下裂纹尖端 B 点前方正应力 σ_x 的分布

10.4 界面断裂试验

实验表明界面断裂韧性强烈依赖于混合度. Cao 和 Evans[10], Liechti 和 Chai[9] 研究了环氧树脂/玻璃系统界面韧性, Wang 和 Suo[11] 对环氧树脂与金属或树脂玻璃基底形成的系统的界面断裂进行了测试, O'Dowd 等[12] 研究了铝/铌界面断裂韧性, 所有这些实验揭示了一个共同的特征：当相位角增大, 界面断裂韧性迅速增大. 目前, 已经提出了多种不同的测试方法, 如 O'Dowd 等[12]. 对层状复合材料的撕开阻力可通过不同的桥联机制获得提高. 由于撕开阻力的不唯一, 所以必须通过实际范围的相位角进行测量.

10.4.1 分层试样及 R 曲线

对于单向复合材料及其他多层材料的研究, 常常应用梁型断裂试样. Liechti 和 Chai[9] 设计了一个双材料界面断裂试样, 可提供所有混合度范围内的界面断裂韧性. 该试样由含边裂纹的玻璃/环氧树脂双材料条带组成. 初始裂纹通过插入一个剃须刀在界面处, 然后拉伸到长度为 $a_0 \approx 6h$, 试样通过一个特殊的双轴载荷装置加载. 在固定边界 $x_1 = \pm h$ 处, 施加一定的平面内位移. 平面内长度远大于每一层的厚度 h. 对无限长条带含半无限界面裂纹问题, Liechti 和 Chai[9] 给出了能量释放率及应力强度因子.

对平面应变情况, 应力强度因子的显式解由 Hutchinson 和 Suo [1] 给出.

图 10.45 表示的一个单向复合材料制成的双悬臂梁, 纤维方向沿梁的轴向, 复合材料被当作一个均匀正交各向异性材料, 其细观特征, 如界面、纤维/基体的非均匀性并未加以考虑. 试样为纯 I 型, 能量释放率为

$$G = f\left(\frac{a}{h}\right)\frac{(Pa)^2}{h^3 \bar{E}_L}$$

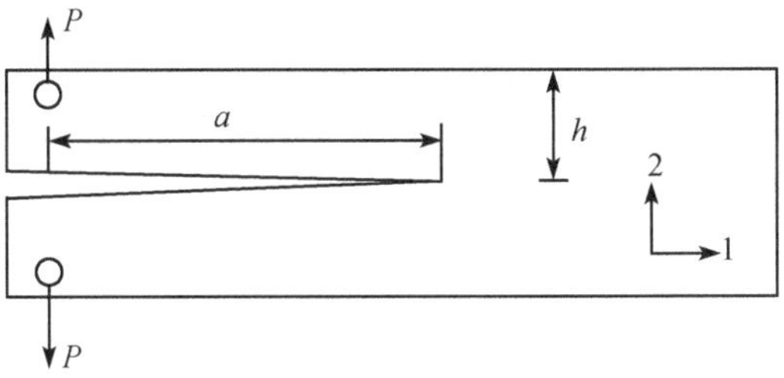

图 10.45 双悬臂梁模型 (DCB)

式中, P 为单位宽的力, $2h$ 为梁厚度, a 为裂纹长度, $\bar{E}_L$ 是纤维方向的等效杨氏模量. 函数 $f\left(\frac{a}{h}\right)$ 与正交各向异性参数有关.

图 10.46 描述了几种边加载的试样, 裂纹扩展具有固定的混合度. 在单轴复合材料中, 撕开裂纹沿纤维的法向扩展. 图 10.46(a) 为纯 I 型试样, 而图 10.46(b) 为纯 II 型试样, 10.46(c) 及 (d) 是混合型试样. 当裂纹长度超过 2 倍的试样厚度 $2h$ 时, 能量释放率及混合度与裂纹长基本无关.

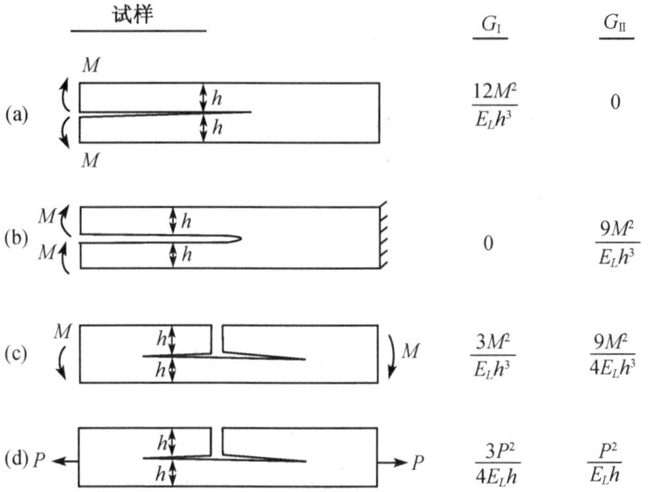

图 10.46　几个精确解: (a) 纯 I 型试样 (双悬臂梁); (b) 纯 II 型试样 (端部载荷劈裂); (c) 混合型试样 (四点弯曲); (d) 混合型试样 (裂纹重叠剪切) (Hutchinson 和 Suo[1])

对不同类型的能量释放率标定由图 10.46 给出 (Hutchinson 和 Suo[1]).

10.4.2　界面断裂试样

Suresh 等[53] 及 He 等[54] 发展了非对称三点弯曲试样及非对称四点弯曲试样来测量均匀金属材料混合型断裂韧性. Suresh 等[53] 给出了相应的标定. 图 10.47 给出了非对称四点弯曲试样及加载方式.

O'Dowd 等[12] 采用了非对称及对称的四点弯曲试样, 来测量铝/铌系统整个混合度范围内的界面断裂韧性. 图 10.48 给出了对称及非对称的四点弯曲试样图示. 他们同时也对试样进行了标定. 应力强度因子采用 $K = YT\sqrt{a}a^{-\mathrm{i}\varepsilon}\mathrm{e}^{\mathrm{i}\psi}$, 式中, ψ 定义为

$$\psi = \arctan\left[\frac{\mathrm{Im}(Kl^{\mathrm{i}\varepsilon})}{\mathrm{Re}(Kl^{\mathrm{i}\varepsilon})}\right]$$

$l = a$, 对于非对称四点弯曲试样, $T = (A - B)P/(A + B)W$. 无量纲化 Y 及 ψ 函数关系在图 10.49 中表示.

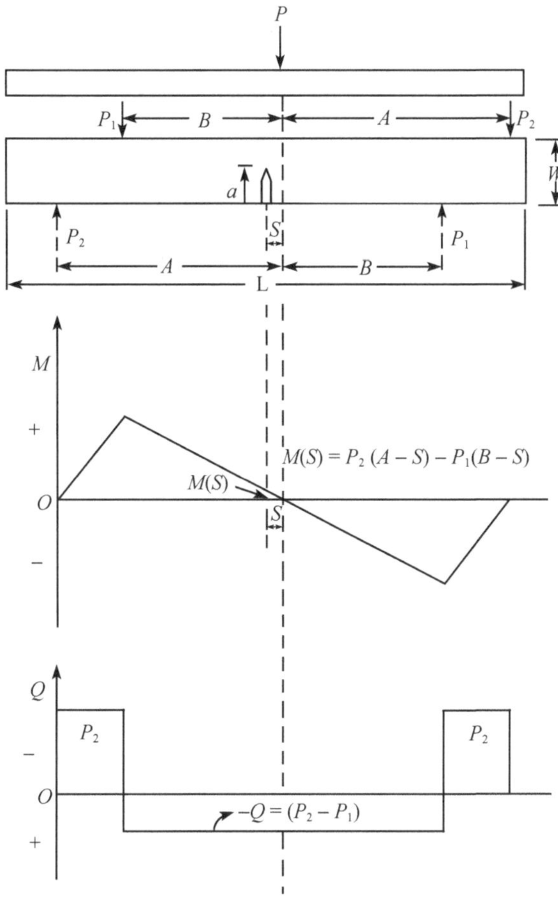

图 10.47 非对称四点弯曲试样几何形状、载荷布置及剪切力 Q, 弯矩 M 沿着试样长度方向的变化 (Suresh 等[53])

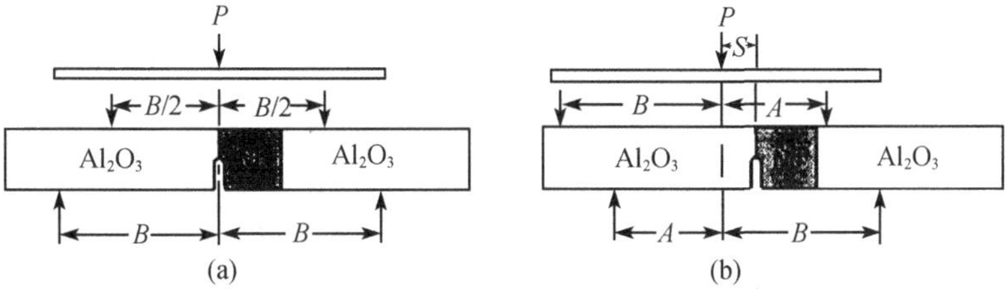

图 10.48 (a) 对称弯曲试样示意图; (b) 非对称弯曲试样示意图 (O'Dowd 等[12])

对于对称四点弯曲试样, $T = P(3B/2W^2)$. 无量纲化 Y 及 ψ 函数关系如图 10.50 所示. 对于铝/铌双材料, 铝为材料 I 的平面应变情况下, Dundurs 参数为 $\alpha = 0.527$, $\beta = 0.063$, 振荡因子为 $\varepsilon = -0.02$.

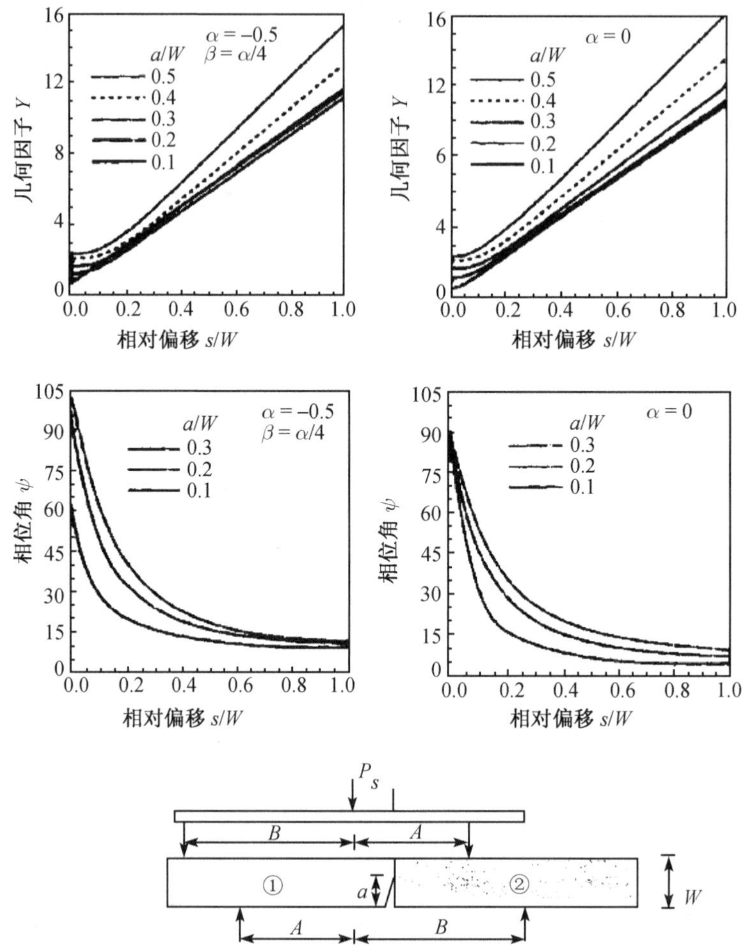

图 10.49　边缺口梁四点剪切 Y 及 ψ 标定 (Hutchinson 和 Suo[1])

10.4.3　Brazil-nut 试样

均匀 Brazil-nut 是一个半径为 a 含中心裂纹 $2l$ 的圆盘. Atkinson 等[55] 利用此试样进行脆性材料混合型断裂实验. 混合度由压缩角 θ 来控制. 当 $\theta = 0°$ 时, 为纯 I 型; 当 $\theta \approx 25°$, 为纯 II 型. 应力强度因子为 $K_{\rm I} = f_{\rm I} P a^{-1/2}$, $K_{\rm II} = \pm f_{\rm II} P a^{-1/2}$, 其中, "+" 号表示 A 点处应力强度因子, "−" 号表示 B 点处应力强度因子. Atkinson 等[55] 标定了无量纲因子 $f_{\rm I}$ 及 $f_{\rm II}$. 图 10.51 给出了均匀材料中裂纹尖端 A 及 B 处的能量释放率及相角 $\psi = \arctan(K_{\rm II}/K_{\rm I})$. 界面断裂试样可以利用一个厚为 h 的内嵌薄层, 及沿基底与内嵌薄层界面长为 $2l$ 的中心裂纹制得, 如图 10.52 所示.

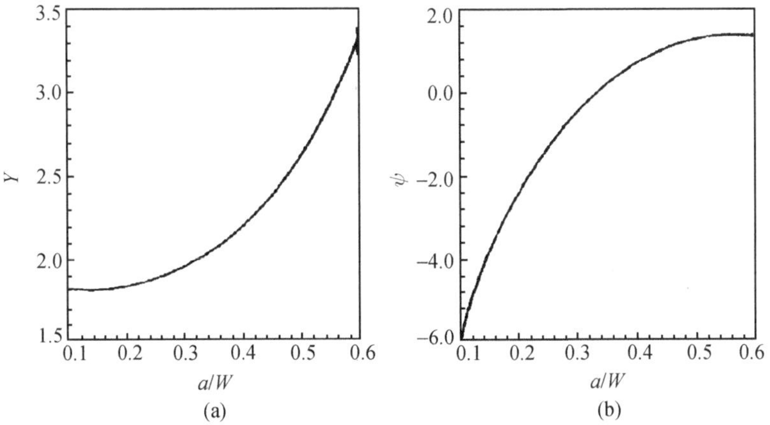

图 10.50 对称四点弯曲试样中函数 Y 及 Ψ 的标定, (a) Y 依赖于相对裂纹深度 a/W; (b) Ψ 依赖于 a/W (O'Dowd 等[12])

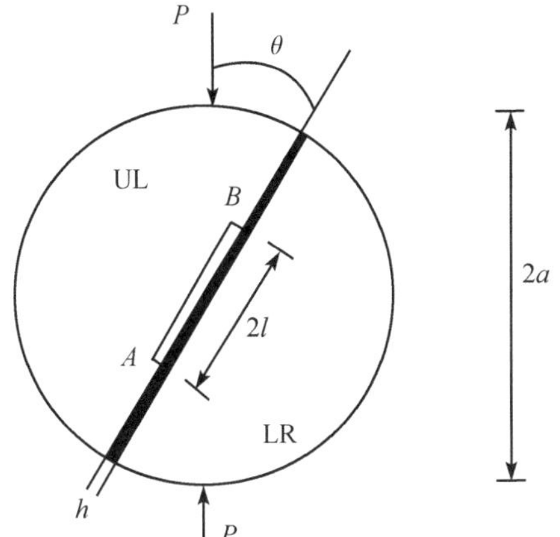

图 10.51 径向受压的 Brazil-nut 试样

当内嵌层厚度 h 远小于半径 a 及裂纹长度 $2l$ 时, 能量释放率可由 Irwin 关系依照 J 积分原理计算得到. 由于内嵌层很薄, 远场的扰动可以忽略, 局部应力强度因子仍可以由无量纲化因子 $f_{\rm I}$ 及 $f_{\rm II}$ 求得. 界面相位角 $\widehat{\psi}$ 相对于均匀试样有所移动, $\widehat{\psi}=\arctan(K_{\rm II}/K_{\rm I})+\omega+\varepsilon\ln(\hat{l}/h)$, 其中, ω 是由于基底与内嵌层弹性失配引起的偏移, 最后一项是由于振荡因子引起的偏移.

10.4.4 断裂能数据

对于环氧树脂/玻璃界面最完整的一组断裂能数据由 Liechti 和 Chai[9] 测得, 如图 10.52 所示. 这些数据表明混合度严重影响了 Γ_i, 即在环氧树脂中额外的塑性耗散.

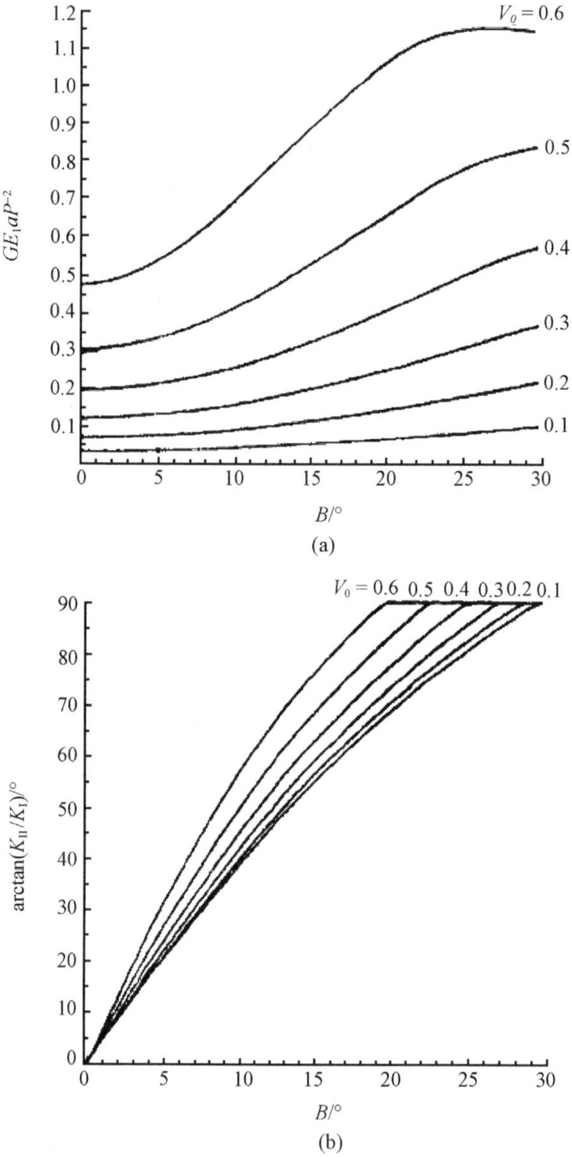

图 10.52　均匀 Brazil-nut 标定, (a) 归一化能量释放率; (b) 载荷相位角 (Atkinson 等[55])

由 Liechti 和 Chai 特别设计的加载装置, 似乎不适合具有更高弹性模量的金属/陶瓷双材料系统.

对铝/铌系统 $\hat{l} = 100\mu m$ 的界面断裂韧性数据由 O'Dowd 等[12] 给出, 如图 10.53 所示, 其中, $K_C(\hat{\psi})$ 是临界局部应力强度因子的幅值. 实线表示公式 $K_C(\hat{\psi}) =$

$K_{\mathrm{IC}}/\cos\hat{\psi}$ 预测的韧性曲线.

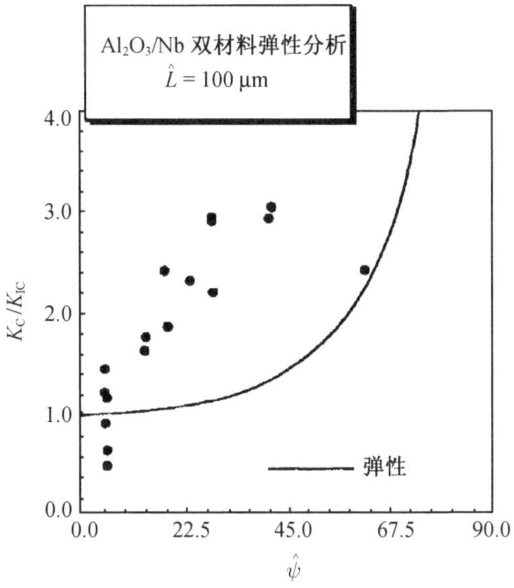

图 10.53 铝/铌系统的 $K_{\mathrm{C}}(\hat{\psi})/K_{\mathrm{IC}}$ 与实验数据比较 (O'Dowd 等[12])

Wang 和 Suo[11] 发展了一种 Brazil-nut 夹层试样, 来测量界面断裂韧性, 对 1090 铝, 420 不锈钢, 27000 铜及树脂玻璃作为基底, 环氧树脂作为夹层, 进行了试验, 测量结果如图 10.4 所示. 值得注意的是, 在 $\hat{\psi} > 60°$ 的韧性值比 $\hat{\psi} \approx 0°$ 的高很多.

参考文献

[1] Hutchinson J W, Suo Z. Mixed-mode cracking in layered materials. New York: Academic Press, 1992, 29: 63–191.

[2] Suo Z. Singularities interacting with interfaces and cracks. Int. J. Solids Struct. 1989, 25: 1133–1142.

[3] Williams M L. The stress around a fault of crack in dissimilar media. Bull. Seismol. Soc. Am., 1959, 49: 199–204.

[4] England A H. A crack between dissimilar media. J. Appl. Mech., 1965, 32: 400–402.

[5] Rice J R, Sih G C. Plane problems of cracks in dissimilar media. J. Appl. Mech., 1965, 32: 418–423.

[6] Rice J R, Suo Z, Wang J S. Mechanics and thermodynamics of brittle interfacial failure in biomaterial systems. Metal-Ceramics Interfaces, New York: Pergamon, 1990: 269–294.

[7] Trantina G C. Combined mode crack extension in adhesive joints. J. Composite Mater., 1972, 6: 371–385.

[8] Anderson G P, DeVries K L, Williams M L. Mixed-mode stress field effect in adhesive fracture. Int. J. Fract., 1974, 10: 565–583.

[9] Liechti K M, Chai Y S. Asymmetric shielding in interfacial fracture under in-plane shear. J. Appl. Mech., 1992, 59: 295–304.

[10] Cao H C, Evans A G. An experimental study of the fracture resistance of bimaterial interface. Mech. Mater., 1989, 7: 295–304.

[11] Wang J S, Suo Z. Experimental determination of interfacial toughness curves using Brazil-nut-sandwiches. Ada Metall., 1990, 38: 1279–1290.

[12] O'Dowd N P, Stout M G, Shih C F. Fracture toughness of alumina-niobium interface experiments and analyses. Phil. Mag. A, 1992, 66: 1037–1064.

[13] Rice J R. Elastic fracture mechanics concepts for interfacial cracks. J. Appl. Mech., 1988, 55: 98–103.

[14] Hayashi K, Nasser S N. Energy-release rate and crack kinking under comboned loading. J. Appl. Mech., 1981, 48: 520–524.

[15] He M Y, Hutchinson J W. Kinking of crack out of an interface: tabulated solution coefficients. Division of Applied Sciences, Cambridge: Harvard University.

[16] He M Y, Evans A G. Strength and fracture of metal/ceramic bonds. Acta Metall. Mater., 1991, 39: 1587–1593.

[17] Comninou M. The interface crack. J. Appl. Mech., 1977, 44: 631–636.

[18] Atkinson C. On quasistatic problems of cracks in a non-homogeneous elastic layer. Acta Mech., 1977, 26: 103–113.

[19] Delale F, Erdogan F. On the mechanical modeling of the interfacial region in bonded half-planes. J. Appl. Mech., 1988, 55: 317–324.

[20] Jensen H M, Hutchinson J W, Kirn K S. Decohesion of a cut prestressed film on a substrate. Int. J. Solids Struct., 1990, 26: 1099–1114.

[21] Evans A G, Hutchinson J W, Wei Y G. Interface adhesion: effects of plasticity and segregation. Acta Mater., 1999, 47: 4093–4113.

[22] Evans A G, Dalgleish B J. The fracture resistance of metal-ceramic interfaces. Acta Metall. Mater., 1992, 40: S295–S306.

[23] Gupta V, Argon A S, Parks D M, et al. Measurement of interface strength by a laser spallation technique. J. Mech. Phys. Solids, 1992, 40: 141–180.

[24] Jensen H M, Thouless M D. Effects of residual stresses in the blister test. Int. J. Solids Struct., 1993, 30: 779–795.

[25] Elssner G, Kom D, Ruble M. Influence of interface impurities on fracture energy of UHV diffusion bonded metal-ceramic bicrystals. Scr. Metal. Mater., 1994, 31: 1037–1042.

[26] Tvergaard V, Hutchinson J W. The relation between crack growth resistance and fracture process parameters in elastic-plastic solids. J. Mech. Phys. Solids, 1992, 40: 1377–1397.

[27] Wei Y G, Hutchinson J W. Nonlinear delamination mechanics for thin films. J. Mech. Phys. Solids, 1997, 45: 1137–1159.

[28] Wei Y G, Hutchinson J W. Steady state crack growth and work of fracture for solids characterized by strain-gradient plasticity. J. Mech. Phys. Solids, 1997, 45: 1253–1273.

[29] Needleman A. A continuum model for void nucleation by inclusion debonding. J. Appl. Mech., 1987, 54: 525–531.

[30] Suo Z, Shih C F, Varias A G. A theory for cleavage cracking in the presence of plastic flow. Acta Metall. Mater., 1993, 41: 1551–1557.

[31] Wei Y G, Hutchinson J W. Models of interface separation accompanied by plastic dissipation at multiple scales. Int. J. Fract., 1999, 95: 1–17.

[32] Beuth J L. Cracking of thin bonded films in residual tension. Int. J. Solids Struct., 1992, 29: 1657–1675.

[33] Cook T S, Erdogan F. Stresses in bonded material with a crack perpendicular to the interface. Int. J. Eng. Sci., 1972, 10: 677–697.

[34] Wang T C, Stahle P. A crack perpendicular to and terminating at a bimaterial interface. Acta Mech. Sinica, 1998, 14: 27–36.

[35] Aveston G, Cooper A, Kelly A. Single and multiple fracture. National Physics Laboratory, Teddington: IPC Science and Technology Press, 15–26.

[36] Budiansky B, Hutchinson J W, Evans A G. Matrix fracture in fiber reinforced ceramics. J. Mech. Phys. Solids, 1986, 34: 167–189.

[37] Evans A G, Marshall D B. The mechanical behavior of ceramic-matrix composites. Acta Metall., 1989, 37: 2567–2583.

[38] Danchaivijit S, Shetty D K. Matrix cracking in ceramic-matrix composites. J. Am. Ceram. Soc., 1993, 76: 2497–2504.

[39] Thouless M D, Cao H C, Malaga P A. Delamination from surface cracks in composite materials. J. Mater. Sci., 1989, 24: 1406–1412.

[40] Marshall D B, Cox B N, Evans A G. The mechanics of matrix cracking in brittle-matrix fiber composites. Acta Metall., 1985, 33: 2013–2021.

[41] Gao Y C, Mai Y W, Cotterell B. Fracture of fiber-reinforced materials. J. Appl. Math. Phys., 1988, 39: 550–572.

[42] Fleck N A, Hutchinson J W, Suo Z. Crack path selection in a brittle adhesive layer. Int. J. Solids Struct., 1991, 27: 1683–1703.

[43] Wang S S, Mandell J F, McGarry F J. An analysis of the crack tip stress field in DCB adhesive fracture specimens. Int. J. Fract., 1978, 14: 39–58.

[44] Chai H. A note on crack trajectory in an elastic strip bounded by rigid substrates. Int. J. Fract., 1987, 32: 211–213.

[45] Ho S, Suo Z. Microcracks tunneling in brittle matrix composites driven by thermal expansion mismatch. Acta Metall. Mater., 1992, 40: 1685–1690.

[46] Erdogan A G, Biricikoglu V. Two bonded half planes with a crack going through the interface. Int. J. Eng. Sci., 1976, 11: 745–766.

[47] Lin K Y, Mar J W. Finite element analysis of stress intensity factor for crack at a bimaterial interface. Int. J. Fract., 1976, 12: 521–531.

[48] Meguid S A, Tan M, Zhu Z H. Analysis of crack perpendicular to bimaterial interface using a novel finite element. Int. J. Fract., 1995, 73: 1–23.

[49] Chen D H. A crack normal to and terminating at a bimaterial interface. Eng. Fract. Mech., 1994, 49: 517–532.

[50] Chen S H, Wang T C, Kao-Walter S. A crack perpendicular to a bimaterial interface in a finite solid. Int. J. Solid Struct., 2003, 40(11): 2731–2755

[51] Wang T C, Stahle P. Stress state in front of a crack perpendicular to bimaterial interface. Eng. Fract. Mech., 1998, 59: 471–485.

[52] Evans A G, Ruhle M, Dalgleish B J, et al. The fracture energy of bimaterial interfaces. Mater. Sci. Eng. A, 1990, 126: 53–64.

[53] Suresh S, Shih C F, Morrone A, et al. Mixed-mode fracture toughness of ceramic materials. J. Am. Ceram. Soc., 1990, 73: 1257–1267.

[54] He M Y, Cao H C, Evans A G. Mixed mode fracture: the four-point shear specimen. Acta Metall. Mater., 1990, 38: 839–846.

[55] Atkinson C, Smelser R E, Sanchez J. Combined mode fracture via the cracked Brazilian disk test. Int. J. Fract., 1982, 18: 279–291.

第 11 章　弹性动力学基本概念及方法

11.1　动态惯性效应

动态断裂力学作为断裂力学的一个分支, 主要考虑了断裂现象中的材料惯性效应. 惯性效应可以由含裂纹的材料受快速施加载荷引起, 也可由快速裂纹的扩展产生. 在快速施加载荷的情况中, 载荷的影响通过材料中的应力波传递到裂纹, 为了决定裂纹是否由于应力波的加载而发生扩展, 必须考虑作用在裂纹上的瞬时力; 在快速裂纹扩展情况中, 裂纹两个相对面上的粒子, 当裂纹通过后, 发生相对位移. 对运动起阻碍作用的惯性阻力同样也影响裂纹驱动力, 对于完整的过程分析, 我们必须考虑惯性效应. 快速裂纹扩展的过程同样也与运动裂纹发射出的应力波相关联, 尤其在地震学的材料测试技术中.

理解动态断裂现象时, 由于一些复杂的因素变得相对困难. 时间的依赖性使得动态断裂过程的数学分析更为复杂. 从实验角度, 时间相关则要求更多精确的量化测试必须在极短的时间内进行, 且不干扰观察过程. 在裂纹扩展的数学模型中, 边界条件往往随时间而变化, 从实验角度看, 这个特点意味着被测量的有用信息通常以一种非均匀方式不断变化.

至于惯性效应对于一个特定的断裂过程是否重要, 依赖于加载条件、材料特性以及物体的几何构型. 惯性效应是否重要不是人为规定的, 而是具有一定的判断依据. 例如, 施加载荷的时间比应力波在一个代表性长度中传播时间大的多, 则惯性效应不重要, 该代表性长度可以是裂纹长度, 也可以是裂纹边到固体边界的距离等. 在裂纹扩展过程中, 如果裂尖速度为材料最小特征波速的一部分, 则惯性效应应该很重要.

11.2　线弹性动力学基本方程

在小变形条件下, 均匀各向同性体的运动控制场方程由下列几组关系组成:

应变与位移的关系:

$$\varepsilon_{ij} = \frac{1}{2}\left(u_{i,j} + u_{j,i}\right) \tag{11.1}$$

平衡方程:

$$\sigma_{ij,i} + \rho f_j = \rho \ddot{u}_j \tag{11.2}$$

线性应力–应变关系：

$$\sigma_{ij} = \lambda\delta_{ij}\varepsilon_{kk} + 2\mu\varepsilon_{ij} \tag{11.3}$$

式中, λ, μ 为正 Lame 弹性常数.

功率平衡可表示为

$$\int_{\mathrm{s}} \sigma_{ij} n_i \frac{\partial u_j}{\partial t} \mathrm{d}s + \int_R \rho f_j \frac{\partial u_j}{\partial t} \mathrm{d}R = \frac{\partial}{\partial t} \int_R (U+T)\,\mathrm{d}R \tag{11.4}$$

式中, R 为物体所占区域, s 为边界, T 为动能密度, U 为应力功密度. 在线弹性情况中, $U = \sigma_{ij}\varepsilon_{ij}/2$.

由 (11.1) 式 ~(11.3) 式, Navier 运动方程可写为

$$(\lambda+\mu)\nabla(\nabla\cdot\boldsymbol{u}) + \mu\nabla^2\boldsymbol{u} + \rho\boldsymbol{f} = \rho\ddot{\boldsymbol{u}} \tag{11.5}$$

利用 $\nabla\times(\nabla\times\boldsymbol{u}) = \nabla(\nabla\cdot\boldsymbol{u}) - \nabla^2\boldsymbol{u}$, (11.5) 可写为

$$c_d^2\nabla(\nabla\cdot\boldsymbol{u}) - c_s^2\nabla\times(\nabla\times\boldsymbol{u}) + \boldsymbol{f} = \ddot{\boldsymbol{u}} \tag{11.6}$$

式中,

$$c_d = \sqrt{\frac{\lambda+2\mu}{\rho}}, \quad c_s = \sqrt{\frac{\mu}{\rho}} \tag{11.7}$$

若体力 $\boldsymbol{f}$ 为零, 对 (11.6) 式两边利用散度算子 ($\nabla\cdot$), (11.6) 式可写为

$$c_d^2\nabla^2(\nabla\cdot\boldsymbol{u}) = (\nabla\cdot\boldsymbol{u})_{,tt} \tag{11.8}$$

同样, 对 (11.6) 式两边利用旋度算子 ($\nabla\times$), (11.6) 式可写为

$$c_s^2\nabla^2(\nabla\times\boldsymbol{u}) = (\nabla\times\boldsymbol{u})_{,tt} \tag{11.9}$$

式中, c_d 为膨胀波 (纵波), c_s 为旋转波 (剪切波). 在一个无限大各向同性体中, 纵波和剪切波分别以法向速度 c_d 和 c_s 扩展. 且两种波在固体内部相互独立. 在边界处, 如裂纹的表面, 两种类型的波将会相互作用. 弹性动力学特征场解释了大部分边值问题, Achenbach[1] 给出了无限大体中平面波扩展及平面波在边界处反射的讨论.

方程 (11.7) 给出了各向同性体中纵波及剪切波的波速表达式, 与物质密度 ρ、Lame 弹性常数 λ 及 μ 相关. 有时为了方便, 利用杨氏模量 E 及泊松比 ν 来表示两种波速. 弹性常数之间的关系为

$$E = \frac{\mu(3\lambda+2\mu)}{\lambda+\mu}, \qquad \nu = \frac{\lambda}{2(\lambda+\mu)} \tag{11.10}$$

$$\lambda = \frac{E\nu}{(1+\nu)(1-2\nu)}, \qquad \mu = \frac{E}{2(1+\nu)} \tag{11.11}$$

则波速可以表示为

$$c_d = \sqrt{\frac{E\,(1-\nu)}{\rho\,(1+\nu)\,(1-2\nu)}}, \qquad c_s = \sqrt{\frac{E}{2\rho\,(1+\nu)}} \tag{11.12}$$

另一个有用的关系式为 c_s/c_d 的比值, 仅依赖于泊松比

$$\frac{c_s^2}{c_d^2} = \frac{1-2\nu}{2(1-\nu)} \tag{11.13}$$

波动方程的完整解可以通过 Helmholtz 位移矢量分解为标量场 $\boldsymbol{\phi}$ 的梯度及矢量场 $\boldsymbol{\psi}$ 的旋度得到, 其分解写为

$$\boldsymbol{u} = \nabla\boldsymbol{\phi} + \nabla\times\boldsymbol{\psi} \quad \text{或} \quad u_i = \phi_{,i} + \mathrm{e}_{ijk}\psi_{k,j} \tag{11.14}$$

式中, 膨胀位移势 $\boldsymbol{\phi}$ 及剪切位移势 $\boldsymbol{\psi}$ 满足

$$c_d^2\nabla^2\boldsymbol{\phi} - \ddot{\boldsymbol{\phi}} = 0, \qquad c_s^2\nabla^2\boldsymbol{\psi} - \ddot{\boldsymbol{\psi}} = 0, \qquad \nabla\cdot\boldsymbol{\psi} = 0 \tag{11.15}$$

根据位移势函数 $\boldsymbol{\phi}$ 及 ψ, 形变的膨胀表示为 $\nabla\cdot\boldsymbol{u} = \nabla^2\phi$; 形变的转动矢量为 $\frac{1}{2}\nabla\times\boldsymbol{u} = -\frac{1}{2}\nabla^2\psi$, 方程 (11.14) 被称之为位移矢量的 Lame 表示.

Sternberg[2] 也讨论了其他表示. 如泊松表示为

$$\boldsymbol{u} = \boldsymbol{u}^d + \boldsymbol{u}^s \tag{11.16}$$

式中,

$$\nabla\times\boldsymbol{u}^d = 0, \qquad \nabla\cdot\boldsymbol{u}^s = 0 \tag{11.17}$$

及

$$c_d^2\nabla^2\boldsymbol{u}^d - \ddot{\boldsymbol{u}}^d = 0, \qquad c_s^2\nabla^2\boldsymbol{u}^s - \ddot{\boldsymbol{u}}^s = 0 \tag{11.18}$$

在二维情况下, 当弹性动力学场相对于移动的观察者为准静态或者自相似时, 可以有效地应用此表达式. 这样波动方程可以简化为能够得到一般解的 Lame 方程. 对于反平面剪切形变的特殊情况, $u_1 = u_2 = 0$, $u_3 = w(x_1, x_2, t)$, 平面外位移 $\boldsymbol{w}$ 满足基本波动方程为

$$c_s^2\nabla^2\boldsymbol{w} - \ddot{\boldsymbol{w}} = 0 \tag{11.19}$$

利用 $\boldsymbol{\phi}$ 及 ψ 的分量可以表示出位移分量, 具体如下:

$$\begin{cases} u_1 = \dfrac{\partial\phi}{\partial x_1} + \dfrac{\partial\psi_3}{\partial x_2} - \dfrac{\partial\psi_2}{\partial x_3} \\ u_2 = \dfrac{\partial\phi}{\partial x_2} + \dfrac{\partial\psi_1}{\partial x_3} - \dfrac{\partial\psi_3}{\partial x_1} \\ u_3 = \dfrac{\partial\phi}{\partial x_3} + \dfrac{\partial\psi_2}{\partial x_1} - \dfrac{\partial\psi_1}{\partial x_2} \end{cases} \tag{11.20}$$

将 (11.2) 式代入 (11.3) 式, 可以得到位移势表示的应力分量为

$$\sigma_{11}=\mu\left[\frac{c_d^2}{c_s^2}\nabla^2\phi-2\frac{\partial^2\phi}{\partial x_2^2}-2\frac{\partial^2\phi}{\partial x_3^2}+2\frac{\partial^2\psi_3}{\partial x_1\partial x_2}-2\frac{\partial^2\psi_2}{\partial x_3\partial x_1}\right] \tag{11.21}$$

$$\sigma_{22}=\mu\left[\frac{c_d^2}{c_s^2}\nabla^2\phi-2\frac{\partial^2\phi}{\partial x_3^2}-2\frac{\partial^2\phi}{\partial x_1^2}+2\frac{\partial^2\psi_1}{\partial x_2\partial x_3}-2\frac{\partial^2\psi_3}{\partial x_1\partial x_2}\right] \tag{11.22}$$

$$\sigma_{33}=\mu\left[\frac{c_d^2}{c_s^2}\nabla^2\phi-2\frac{\partial^2\phi}{\partial x_1^2}-2\frac{\partial^2\phi}{\partial x_3^2}+2\frac{\partial^2\psi_2}{\partial x_3\partial x_1}-2\frac{\partial^2\psi_1}{\partial x_2\partial x_3}\right] \tag{11.23}$$

$$\sigma_{12}=\mu\left[2\frac{\partial^2\phi}{\partial x_1\partial x_2}+\frac{\partial^2\psi_3}{\partial x_2^2}-\frac{\partial^2\psi_2}{\partial x_2\partial x_3}-\frac{\partial^2\psi_3}{\partial x_1^2}+\frac{\partial^2\psi_1}{\partial x_3\partial x_1}\right] \tag{11.24}$$

$$\sigma_{23}=\mu\left[2\frac{\partial^2\phi}{\partial x_2\partial x_3}+\frac{\partial^2\psi_1}{\partial x_3^2}-\frac{\partial^2\psi_3}{\partial x_3\partial x_1}-\frac{\partial^2\psi_1}{\partial x_2^2}+\frac{\partial^2\psi_2}{\partial x_1\partial x_2}\right] \tag{11.25}$$

$$\sigma_{31}=\mu\left[2\frac{\partial^2\phi}{\partial x_3\partial x_1}+\frac{\partial^2\psi_2}{\partial x_1^2}-\frac{\partial^2\psi_1}{\partial x_1\partial x_2}-\frac{\partial^2\psi_2}{\partial x_3^2}+\frac{\partial^2\psi_3}{\partial x_2\partial x_3}\right] \tag{11.26}$$

关于各向异性弹性材料, 如果该材料具有应变能函数, 最一般的应力–应变关系可以表示为

$$\sigma_{ij}=C_{ijkl}\varepsilon_{kl} \tag{11.27}$$

弹性常数矩阵满足下列的对称条件

$$C_{ijkl}=C_{klij}=C_{jikl}=C_{ijlk} \tag{11.28}$$

所以最多存在 21 个独立的弹性常数. 利用刚度矩阵 C_{ijkl}, 材料的应变能密度表示为

$$U=\frac{1}{2}C_{ijkl}\varepsilon_{ij}\varepsilon_{kl}=\frac{1}{2}C_{ijkl}u_{i,j}u_{k,l} \tag{11.29}$$

假设关系式可逆, 则存在一个矩阵 M_{ijkl}, 使得

$$\varepsilon_{ij}=M_{ijkl}\sigma_{kl} \tag{11.30}$$

弹性柔度矩阵 M_{ijkl} 具有与刚度矩阵 C_{ijkl} 一样的对称性.

11.3 复变解析函数

在弹性动力学断裂问题中, 经常应用到复变解析函数的一般性质, 在此小节将给出一些相关的公式.

考虑定义在一个特定点附近的函数 $f(\zeta)$, 其中, $\zeta=x+\mathrm{i}y=r\mathrm{e}^{\mathrm{i}\theta}$. 如果 $f(\zeta)$ 在这个点处对 ζ 可微, 那么 $f(\zeta)$ 在此点处解析. 如果 $f(\zeta)$ 在某一个区域的任意一点解析, 则 $f(\zeta)$ 在此区域内解析. 当然, $f(\zeta)$ 的解析也意味着在任一点的导数存在.

如果 $f(\zeta)$ 解析, $f(\zeta)=u(x,y)+\mathrm{i}v(x,y)$, 那么

$$\frac{\partial u}{\partial x}=\frac{\partial v}{\partial y},\qquad \frac{\partial u}{\partial y}=-\frac{\partial v}{\partial x} \tag{11.31}$$

这些关系称为 Cauchy-Riemann 方程. 如果 $f(\zeta)$ 在一个区域解析, 那么 Cauchy-Riemann 关系意味着在这个区域内, 存在实函数

$$\nabla^2\boldsymbol{u}=0,\qquad \nabla^2\boldsymbol{v}=0 \tag{11.32}$$

满足 Laplace 方程, 称为协调函数. 偏分方程 $\nabla^2\boldsymbol{u}=0$ 的一般解为

$$u=\mathrm{Re}\{F(\zeta)\}\quad 或\quad u=\mathrm{Im}\{G(\zeta)\} \tag{11.33}$$

$F(\zeta)$ 及 $G(\zeta)$ 在此区域为一个解析函数, 由边界条件决定.

关于解析函数应用于分析最有用的结果为 Cauchy 积分方程定理及推论. 如果 $f(\zeta)$ 在一个闭曲线 c 及内部的复平面 ζ 中解析, 那么

$$\oint_c f(\zeta)\mathrm{d}\zeta=0 \tag{11.34}$$

类似的, 如果 $f(\zeta)$ 在闭曲线 c 及外部解析, 包括在无穷远处当 $r\to\infty$, 如果 $\left|f(r\mathrm{e}^{\mathrm{i}\theta})\right|=O(1/r)$, 那么 (11.34) 式也成立.

Cauchy 定理的一个推论为 Cauchy 积分公式. 假设 $f(\zeta)$ 在 ζ 平面内闭曲线 c 上及内部解析, ζ_0 为 c 内任意一点, 那么

$$f(\zeta_0)=\frac{1}{2\pi\mathrm{i}}\oint_c\frac{f(\zeta)}{\zeta-\zeta_0}\mathrm{d}\zeta \tag{11.35}$$

其中, 路径按逆时针方向. 同样类似的有, 假设 $f(\zeta)$ 在 c 上及外部解析, 包括在无穷远处, 如果 $r\to\infty$, 有 $\left|f(r\mathrm{e}^{\mathrm{i}\theta})\right|=O(1)$, 且 ζ_0 在 c 的外部, 则有

$$f(\zeta_0)=-\frac{1}{2\pi\mathrm{i}}\oint_c\frac{f(\zeta)}{\zeta-\zeta_0}\mathrm{d}\zeta \tag{11.36}$$

(11.35) 式的其他推广也是有用的. 如假设 $f(\zeta)$ 在 c 上及内部解析, ζ_0 在 c 的内部, 则

$$f^{(n)}(\zeta_0)=\frac{n!}{2\pi\mathrm{i}}\oint_c\frac{f(\zeta)}{(\zeta-\zeta_0)^{n+1}}\mathrm{d}\zeta \tag{11.37}$$

左边表示 $f(\zeta)$ 的 n 阶导数. Cauchy 积分公式也可用来建立其他有用的解析函数, 具体的可以参考文献 [3] 和 [4].

11.4　Laplace 变换

在后面的章节里，为了求解边界值问题的解，同样将大量使用到 Laplace 变换. 此处给出了变换的定义及一些性质. 被求解的方程是典型的与时间及一个或多个空间变量相关的偏微分方程. 在此节中，仅对含时间 t 及一个空间变量 x 的情况进行讨论.

考虑一个函数 $w(x,t)$，定义在 $t>0$ 且 $-\infty<x<\infty$. w 关于时间的 Laplace 变换，由一个戴帽函数表示为

$$\hat{w}(x,s)=\int_0^{\infty} w(x,t)\mathrm{e}^{-st}\mathrm{d}t \tag{11.38}$$

式中，s 为变换参数. 假设 $w(x,t)$ 在任意 t 时间段可积，且当 $t\to\infty$ 时，$|w(x,t)|=O|\mathrm{e}^{\sigma^+t}|$，其中，$\sigma^+$ 为一个实常数，那么积分 (11.38) 对于 $\mathrm{Re}(s)>\sigma^+$ 收敛.

函数 $w(x,t)$ 可通过积分反变换得到

$$w(x,t)=\frac{1}{2\pi\mathrm{i}}\int_{\sigma-\mathrm{i}\infty}^{\sigma+\mathrm{i}\infty}\hat{w}\left(x,s\right)\mathrm{e}^{st}\mathrm{d}s \tag{11.39}$$

式中，σ 为大于 σ^+ 的任一实参数. 积分路径为一个在 s 平面平行于虚轴，且在 $\hat{w}(x,s)$ 的解析区间内的直线.

当变换可分成一个乘积形式时，即

$$\hat{w}(x,s)=\hat{w}_1(x,s)\hat{w}_2(x,s) \tag{11.40}$$

那么

$$w(x,t)=\int_0^t w_1(x,t-\tau)w_2(x,\tau)\mathrm{d}\tau \tag{11.41}$$

时间导数 $\partial w(x,t)/\partial t$ 的变换为

$$\int_{0^+}^{\infty}\frac{\partial w}{\partial t}\mathrm{e}^{-st}\mathrm{d}t=s\hat{w}(x,s)-w(x,0^+) \tag{11.42}$$

如果 $t<0$，w 为零，且在 $t=0$ 时，非连续增加到 $w(x,0^+)$，那么

$$\int_{0^-}^{\infty}\frac{\partial w}{\partial t}\mathrm{e}^{-st}\mathrm{d}t=s\hat{w}(x,s) \tag{11.43}$$

考虑一个函数 $\hat{w}(x,s)$，对于任意一个在 $\hat{w}(x,s)$ 收敛区间内的固定实数 s，且 $-\infty<x<\infty$，$\hat{w}(x,s)$ 的双边 Laplace 变换用大写的字母 W 表示，则此积分可以

表示为

$$
\begin{aligned}
W(\xi,s) &= \int_{-\infty}^{\infty} \hat{w}(x,s)\mathrm{e}^{-\xi x}\mathrm{d}x \\
&= \int_{-\infty}^{0} \hat{w}(x,s)\mathrm{e}^{-\xi x}\mathrm{d}x + \int_{0}^{\infty} \hat{w}(x,s)\mathrm{e}^{-\xi x}\mathrm{d}x
\end{aligned} \tag{11.44}
$$

式中, ξ 是一个复变换参数. 假设 $\hat{w}(x,s)$ 在任意 x 区间可积, 且

$$
|\hat{w}(x,s)| = \begin{cases} O\left(\mathrm{e}^{\tau^+ x}\right), & x \to \infty \\ O\left(\mathrm{e}^{-\tau^- x}\right), & x \to -\infty \end{cases} \tag{11.45}
$$

式中, τ^+ 及 τ^- 为实常数. 在 x 正值区间积分收敛, 且在半平面 $\mathrm{Re}(\xi) > \tau^+$ 定义了一个 ξ 的解析函数, 而 x 的负值区间积分收敛, 并定义了一个在半平面 $\mathrm{Re}(\xi) < \tau^-$ 解析函数, 那么在条带区间上存在且解析.

如果 $\tau^+ = \tau^-$, 则解析条带退化为一条直线, 如果 $\tau^+ > \tau^-$, 则双边 Laplace 变换不存在.

双边 Laplace 变换的反积分为

$$
\hat{w}(x,s) = \frac{1}{2\pi \mathrm{i}} \int_{\tau - \mathrm{i}\infty}^{\tau + \mathrm{i}\infty} W(\xi,s)\,\mathrm{e}^{\xi x}\mathrm{d}\xi \tag{11.46}
$$

式中, τ 为一个实参数, 且 $\tau^+ < \tau < \tau^-$.

11.5 Wiener-Hopf 分解

Wiener-Hopf 方法主要是将单个方程利用解析函数理论的一些特定定理, 分解为两个局部解析的函数. 本节将举例来说明 Wiener-Hopf 分解过程及方法.

例如, 对于以下方程:

$$
A(\zeta) + \Sigma_+(\zeta) = B(\zeta)\,U_-(\zeta) \tag{11.47}
$$

ζ 为复平面内平行于虚轴的一个条带区域内的点, 即 $\xi_+ < \mathrm{Re}(\zeta) < \xi_-$. 特殊函数 $A(\zeta)$ 及 $B(\zeta)$ 定义在整个 ζ 平面内, 而在条带内解析. 未知函数 $\Sigma_+(\zeta)$ 及 $U_-(\zeta)$ 分别在 $\mathrm{Re}(\zeta) > \xi_+$ 及 $\mathrm{Re}(\zeta) < \xi_-$ 中解析.

Wiener-Hopf 方法要求 $B(\zeta)$ 必须分解成两个分区解析函数的乘积形式, 即

$$
B(\zeta) = B_+(\zeta)\,B_-(\zeta) \tag{11.48}
$$

混合函数 $A(\zeta)/B_+(\zeta)$ 必须分解成两个分区解析函数和的形式, 即

$$
\frac{A(\zeta)}{B_+(\zeta)} = L_+(\zeta) + L_-(\zeta) \tag{11.49}
$$

式中, $L_+(\zeta)$ 及 $L_-(\zeta)$ 分别在 $\mathrm{Re}(\zeta)>\xi_+$ 及 $\mathrm{Re}(\zeta)<\xi_-$ 中解析. 这样,

$$L_+(\zeta)+\Sigma_+(\zeta)/B_+(\zeta)=B_-(\zeta)U_-(\zeta)-L_-(\zeta) \tag{11.50}$$

在条带 $\xi_+<\mathrm{Re}(\zeta)<\xi_-$ 中成立. 方程两边分别在相互重叠的半平面内解析, 且两边在条带的重叠部分达到一致. 根据解析函数的互等定理, 方程两边为连续解析函数开拓到互补的半空间, 这样两边可以用一个全纯函数 $E(\zeta)$ 来代替. 一般这个全纯函数由 $|\zeta|\to\infty$ 的特征来确定, 即与 $x=0$ 附近的物理变量的约束相关. 最普遍的情况是局部解析函数在无穷远处具有代数特征, 所以

$$|L_+(\zeta)+\Sigma_+(\zeta)/B_+(\zeta)|=O\left(|\zeta|^{q+}\right),\qquad \mathrm{Re}(\zeta)>\xi_+ \tag{11.51}$$

$$|B_-(\zeta)U_-(\zeta)-L_-(\zeta)|=O\left(|\zeta|^{q-}\right),\qquad \mathrm{Re}(\zeta)<\xi_-\quad \text{当}\quad |\zeta|\to\infty \tag{11.52}$$

为了解决这种问题, 关于有界全纯函数的 Liouville 定理被推广为, 即使在无穷远处也无奇异的全纯函数情况. 由推广的 Liouville 定理可知, 要求全纯函数 $E(\zeta)$ 是一个多项式, 且阶次小于等于 q_+ 或 q_- 中较小的最大整数 (Whittaker 和 Watson[5]). 这样, Σ_+ 及 U_- 就可由有限个多项式常系数求得.

在一些情况中, 分解成分区解析函数可以通过观察的方法来完成. 在某些情况下, 分解必须按照正常的方法才能完成. 正常的分解过程符合 Cauchy 积分公式,

$$L(\zeta)=L_+(\zeta)+L_-(\zeta)=\frac{1}{2\pi\mathrm{i}}\int_\Gamma\frac{L(\gamma)}{\gamma-\zeta}\mathrm{d}\gamma \tag{11.53}$$

式中, ζ 为条带区间中一点. Γ 为围绕 ζ 的任一按照逆时针方向的简单封闭曲线. 在 $\mathrm{Re}(\zeta)>\xi_-$ 区域内的围线称为 Γ_-, 在 $\mathrm{Re}(\zeta)>\xi_-$ 区域的称为 Γ_+, 那么

$$L_\pm(\zeta)=\frac{1}{2\pi\mathrm{i}}\int_{\Gamma_\pm}\frac{L(\gamma)}{\gamma-\zeta}\mathrm{d}\gamma \tag{11.54}$$

Cauchy 积分定义的 $L_\pm$ 除了 ζ 接近 $\Gamma_\pm$ 上的某些点外, 处处解析.

对于方程 (11.48) 式的分解可以通过观察得到

$$\log B(\zeta)=\log B_+(\zeta)+\log B_-(\zeta)=\frac{1}{2\pi\mathrm{i}}\int_{\Gamma_++\Gamma_-}\frac{\log B(\gamma)}{\gamma-\zeta}\mathrm{d}\gamma \tag{11.55}$$

所以

$$B_\pm(\zeta)=\exp\left\{\frac{1}{2\pi\mathrm{i}}\int_{\Gamma_\pm}\frac{\log B(\gamma)}{\gamma-\zeta}\mathrm{d}\gamma\right\} \tag{11.56}$$

在方程 (11.56) 中, 已经假设了 $|\zeta|\to\infty$, $B(\zeta)\to 1$, $B_\pm(\zeta)$ 在各自的半空间不仅解析而且非零. 后一个条件保证了 $B_\pm(\zeta)$ 及 $\log B_\pm(\zeta)$ 具有一个共同的解析区域.

对于只有一个简单极点 $\xi=0$ 的混合函数情况, 我们可以通过以下的例子进行分解, 即

$$\frac{F_{+}(\zeta)}{\zeta}=\left\{\frac{F_{+}(\zeta)-F_{+}(0)}{\zeta}\right\}_{+}+\left\{\frac{F_{+}(0)}{\zeta}\right\}_{-} \tag{11.57}$$

关于更多的分解方法及技巧, 读者可以参见 Freund[6].

11.6 动态断裂的能量概念

基于载荷做功及系统能量变化的方法在断裂力学发展中起了非常重要的作用. 这些方法某种程度上描述了材料断裂行为的实际过程, 具有很重要的意义. 另外这个领域中包含的一些完美的理论分析与能量方法也相互联系. 这一节, 我们主要考虑了与动态断裂过程紧密相关的能量的概念.

裂纹扩展过程中, 能量的变化首先是 1920 年 Griffith 认识到的. 裂纹扩展所形成的新表面与其表面能相关, 所以在脆性材料中裂纹扩展, 整体势能的减小必须等于新表面形成的表面能. 对于含裂纹的弹性体, 相对于扩展单位裂纹尺寸的整体势能的负变化率称为能量释放率, 这个量通常用 G 表示, 一般为裂纹尺寸的函数. 从其定义可见, G 为扩展单位裂纹长度的能量变化, 由形成新断裂面的弹性能及载荷系统提供. 在此意义上, G 是一种驱动裂纹扩展的广义力, 也称为裂纹扩展力, 这种思想在断裂力学中得到了大量应用和发展, 包括动态断裂力学.

Irwin[7] 认识到弹性应力强度因子为弹性裂尖场的特征参数, 且在这个基础上, 他建议了一种临界应力强度因子断裂准则. Irwin[7,8] 又进一步证明了能量准则和应力强度因子准则对于弹脆性材料平衡系统是等效的. 对于一个均匀各向同性弹性体, 在平面应变 I 型条件下,

$$G=\frac{1-\nu^{2}}{E}K_{\mathrm{I}}^{2} \tag{11.58}$$

式中, K_{I} 为 I 型应力强度因子. 如果将该式中的 $1-\nu^{2}$ 换成 1, 则对应为二维平面应力情况.

路径无关的 J 积分是 Eshelby[9] 及 Rice[10] 给出的裂纹体中更广义的联系裂尖场和远方加载条件的方法. 路径积分方法进一步推广到非线性弹性材料. Hutchinson[11] 及 Rice 和 Rosengren[12] 给出了弹塑性材料 J 积分值为裂尖特征参数, 与线性断裂力学的应力强度因子相似. 这些在平衡断裂力学系统中与能量概念相关的重要思想, 为动态断裂扩展提供了相似的基础.

11.6.1 裂尖能量流动积分

Atkinson 和 Eshelby[13] 提出了弹性力学能量释放率为裂纹尖端围线积分, 他们认为对于动态裂纹扩展的形式与准静态扩展一样, 只要弹性能密度变换为机械能

密度, 即弹性能加动能. Kostrov 和 Nikiton[14], Freund[15] 从场方程直接推导出裂尖应力场及形变场表示的动态能量释放率.

不考虑体积力情况下, 运动方程可写为

$$\frac{\partial \sigma_{ji}}{\partial x_j}-\rho\frac{\partial^2 u_i}{\partial t^2}=0 \tag{11.59}$$

上式可以重新表达为

$$\frac{\partial}{\partial x_j}\left(\sigma_{ji}\frac{\partial u_i}{\partial t}\right)-\frac{\partial}{\partial t}(U+T)=0 \tag{11.60}$$

式中, U 为应力功密度, T 为动能密度.

$$U=\int_{-\infty}^{t}\sigma_{ji}\frac{\partial^2 u_i}{\partial t'\partial x_j}\mathrm{d}t', \qquad T=\frac{1}{2}\rho\frac{\partial u_i}{\partial t}\frac{\partial u_i}{\partial t} \tag{11.61}$$

考虑一个含扩展裂纹的二维体, 如图 11.1 所示, 裂纹位于 $x_2=0$ 上, 并沿 x_1 正方向扩展, 裂尖瞬时速度为 v. 围线 Γ 从裂纹的一个应力自由面开始, 围绕裂尖, 在另一个应力自由面停止. 裂尖围线的尺寸及方向一定, 并随着裂纹一起前进. 那么通过 Γ 流向裂尖的瞬时能量流动率为

$$F(\Gamma)=\int_{\Gamma}\left[\sigma_{ji}n_j\frac{\partial u_i}{\partial t}+(U+T)vn_1\right]\mathrm{d}s \tag{11.62}$$

F 为通过 Γ 的能量通量, 具有一定的物理量纲, 即单位时间单位厚度的能量, 或者力/时间.

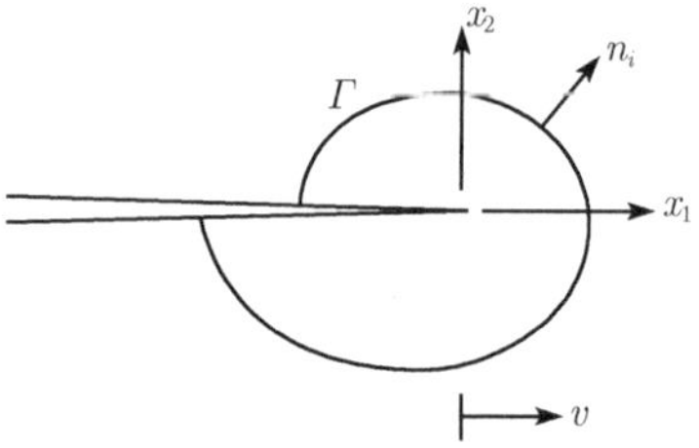

图 11.1 裂尖以瞬时速度 v 移动, 且围线 Γ 随裂尖移动

积分定义的 F 本身并不是路径无关的, 但对于一种特殊情况, 即准静态裂纹扩展, 此积分确实为路径无关. 如在一个运动的参考系中, 力场不变, 且随裂尖在 x_1 方向以均匀速度 v 前进, 那么任意一个场量将通过 $\xi=x_1-vt$ 与 x_1 及 t 相关联. 这样就很容易证明两个不同路径积分相等, 即 F 对准静态扩展裂纹路径无关. 该能量流动积分具有一种特殊的形式

$$F(\Gamma)=v\int_{\Gamma}\left[(U+T)n_1-\sigma_{ji}n_j\frac{\partial u_i}{\partial x_1}\right]\mathrm{d}\Gamma \tag{11.63}$$

式中,

$$U=\int_{x_1-vt}^{\infty}\sigma_{ji}\frac{\partial^2u_i}{\partial x_j\partial\xi}\mathrm{d}\xi,\qquad T=\frac{1}{2}\rho v^2\frac{\partial u_i}{\partial x_1}\frac{\partial u_i}{\partial x_1}\tag{11.64}$$

11.6.2 动态能量释放率

动态能量释放率定义为裂纹单位扩展流入弹性体及流进裂尖的机械能流动率. 为了得到从弹性体单位裂纹扩展的能量释放, 单位时间能量流动必须除以单位时间裂纹扩展, 即速度 v. 动态能量释放率用 G 表示为

$$\begin{aligned}G&=\lim_{\Gamma\to0}\left\{\frac{F(\Gamma)}{v}\right\}\\&=\lim_{\Gamma\to0}\left\{\frac{1}{v}\int_{\Gamma}\left[\sigma_{ij}n_j\frac{\partial u_i}{\partial t}+(U+T)\,vn_1\right]\mathrm{d}\Gamma\right\}\end{aligned}\tag{11.65}$$

式中, n_i 为 Γ 上方向远离裂尖的单位法向矢量, 极限意味着 Γ 周线收缩到裂尖. 对于二维场, G 为单位裂纹扩展及垂直于平面的单位厚度的能量释放, 所以物理量纲为力/长度.

为了使能量释放率概念具有一个基本含义, 根据 (11.65) 式求出的值必须与 Γ 的形状无关. 考虑一个封闭路径, 由两个围线 Γ_1、Γ_2 及连接两个围线的部分裂纹面组成,

$$\begin{aligned}F(\Gamma_2)-F(\Gamma_1)=\int_{A_{12}}&\left[\left(\frac{\partial U}{\partial t}+v\frac{\partial U}{\partial x_1}\right)\right.\\&\left.+\rho\frac{\partial u_i}{\partial t}\left(\frac{\partial^2u_i}{\partial t^2}+v\frac{\partial^2u_i}{\partial t\partial x_1}\right)\right]\mathrm{d}A\end{aligned}\tag{11.66}$$

式中, A_{12} 为闭合路线围成的面积.

对于线弹性材料响应,

$$\begin{aligned}F(\Gamma_1)-F(\Gamma_2)=\int_{A_{12}}&\left[\sigma_{ij}\frac{\partial}{\partial x_j}\left(\frac{\partial u_i}{\partial t}+v\frac{\partial u_i}{\partial x_1}\right)\right.\\&\left.+\rho\frac{\partial u_i}{\partial t}\frac{\partial}{\partial t}\left(\frac{\partial u_i}{\partial t}+v\frac{\partial u_i}{\partial x_1}\right)\right]\mathrm{d}A\end{aligned}\tag{11.67}$$

从渐近分析中很清楚地知道, 在裂尖区 u_i 通过 x_1-vt 与 x_1 及 t 相关联. 如果 Γ_1、Γ_2 都位于裂尖附近的区域内, 那么方程 (11.67) 中圆括号内的项等于零, $F(\Gamma)$ 的值对于裂尖区域所有的路径无关. 这样 G 的值将与路径的选择无关.

根据 (11.65) 式的意义, G 由裂纹尖端附近的机械场求得. 在 (11.65) 中的项可以用裂尖附近的空间描述来表示, 且积分可以求得能量释放率与应力强度因子之间的关系. 对于 I 型变形, 裂尖附近的应力及粒子速度分量为

$$\sigma_{ij}\sim\frac{K_{\mathrm{I}}(t)}{\sqrt{2\pi r}}\Sigma_{ij}(\theta,v),\qquad\frac{\partial u_i}{\partial t}\sim\frac{vK_{\mathrm{I}}(t)}{\mu\sqrt{2\pi r}}V_i(\theta,v)\tag{11.68}$$

r,θ 为裂尖的极坐标, v 为裂尖瞬时速度, 函数 Σ_{ij} 及 V_i 可以表示如下 (参见 Freund, 1998),

$$\Sigma_{11}=\frac{1}{D}\left\{\left(1+\alpha_s^2\right)\left(1+2\alpha_d^2-\alpha_s^2\right)\frac{\cos\dfrac{1}{2}\theta_d}{\sqrt{\gamma_d}}-4\alpha_s\alpha_d\frac{\cos\dfrac{1}{2}\theta_s}{\sqrt{\gamma_s}}\right\} \tag{11.69}$$

$$\Sigma_{12}=\frac{2\alpha_d\left(1+\alpha_s^2\right)}{D}\left\{\frac{\sin\dfrac{1}{2}\theta_d}{\sqrt{\gamma_d}}-\frac{\sin\dfrac{1}{2}\theta_s}{\sqrt{\gamma_s}}\right\} \tag{11.70}$$

$$\Sigma_{22}=-\frac{1}{D}\left\{\left(1+\alpha_s^2\right)^2\frac{\cos\dfrac{1}{2}\theta_d}{\sqrt{\gamma_d}}-4\alpha_s\alpha_d\frac{\cos\dfrac{1}{2}\theta_s}{\sqrt{\gamma_s}}\right\} \tag{11.71}$$

及

$$V_1=-\frac{1}{D}\left\{\left(1+\alpha_s^2\right)\frac{\cos\dfrac{1}{2}\theta_d}{\sqrt{\gamma_d}}-2\alpha_d\alpha_s\frac{\cos\dfrac{1}{2}\theta_s}{\sqrt{\gamma_s}}\right\} \tag{11.72}$$

$$V_2=-\frac{\alpha_d}{D}\left\{\left(1+\alpha_s^2\right)\frac{\sin\dfrac{1}{2}\theta_d}{\sqrt{\gamma_d}}-2\frac{\sin\dfrac{1}{2}\theta_s}{\sqrt{\gamma_s}}\right\} \tag{11.73}$$

其中, 参数表达为

$$\gamma_d=\sqrt{1-\left(v\sin\theta/c_d\right)^2},\qquad \tan\theta_d=\alpha_d\tan\theta \tag{11.74}$$

$$\gamma_s=\sqrt{1-\left(v\sin\theta/c_s\right)^2},\qquad \tan\theta_s=\alpha_s\tan\theta \tag{11.75}$$

$$D=4\alpha_s\alpha_d-\left(1+\alpha_s^2\right)^2,\qquad \alpha_d=\sqrt{1-v^2/c_d^2},\qquad \alpha_s=\sqrt{1-v^2/c_s^2} \tag{11.76}$$

这样 (11.65) 式积分为 $vK_{\mathrm{I}}^2B(\theta)/2\pi r\mu$, 其中

$$B(\theta)=\Sigma_{ij}n_jV_i+\frac{1}{2}n_1\mu M_{ijkl}\Sigma_{ij}\Sigma_{kl}+\frac{1}{2}\frac{v^2}{c_s^2}n_1V_iV_i \tag{11.77}$$

如果 Γ 选为半径为 r 的圆形路径, 中心位于裂尖处, 那么

$$G=\frac{K_{\mathrm{I}}^2}{2\pi\mu}\int_{-\pi}^{\pi}B(\theta)\,\mathrm{d}\theta \tag{11.78}$$

这样 G 与 K_{I}^2/μ 成正比, 且无量纲比例因子与裂纹瞬时速度 v 及材料的泊松比相关. 比例因子的值可以通过选择如图 11.2 所示的矩形围线 Γ 获得. 这是一个

比较方便的选择, 因为沿平行于 x_1 轴的边, 有 $n_1=0$, 而且通过先让 $\delta_2 \to 0$, 然后 $\delta_1 \to 0$, 使得 Γ 收缩到裂尖, 则平行于 x_2 轴的边对 G 无贡献. G 就可以通过 (11.65) 式中沿平行于 x_1 轴部分的第一项积分得到, 即

$$G = 2\lim_{\delta_1 \to 0}\left\{\lim_{\delta_2 \to 0}\int_{l-\delta_1}^{l+\delta_1}\sigma_{i2}\left(x_1,\delta_2,t\right)\frac{\partial u_i\left(x_1,\delta_2,t\right)}{\partial t}\mathrm{d}x_1\right\} \tag{11.79}$$

式中, l 为裂尖瞬时 x_1 轴的坐标. 系数 2 则是相对 x_1 轴对称性引起.

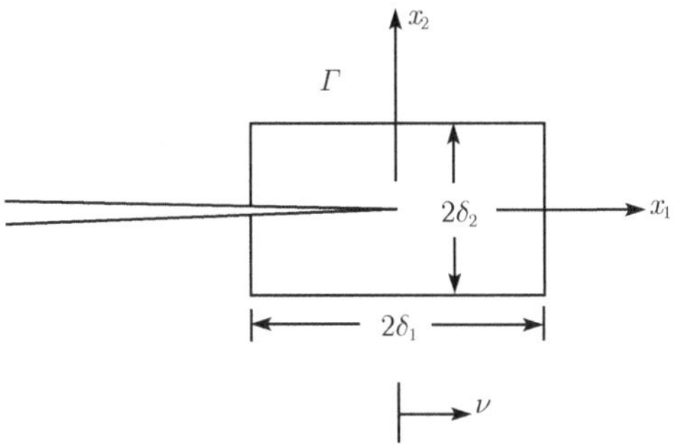

图 11.2 围线 Γ 的一种特殊选择, 可以建立能量释放率及应力强度因子之间的关系

对于 I 型平面应变, 上式积分为

$$\sigma_{i2}\dot{u}_i = \frac{K_{\mathrm{I}}^2}{4\pi\mu}\frac{\alpha_d^2\nu^3}{Dc_s^2}\left[\frac{\left(1+\alpha_s^2\right)^2\delta_2}{\left(x_1-l\right)^2+\alpha_d^2\delta_2^2}-\frac{4\alpha_s^2\delta_2}{\left(x_1-l\right)^2+\alpha_s^2\delta_2^2}\right] \tag{11.80}$$

式中, $D=4\alpha_d\alpha_s-\left(1+\alpha_s^2\right)^2$, 这样

$$G=\frac{v^2\alpha_d}{2c_s^2\mu D}K_{\mathrm{I}}^2 \tag{11.81}$$

重复上述步骤, 可以求得平面应变 II 型及 III 型的结果, 最终可以得到

$$G=\frac{1-\nu^2}{E}\left[A_{\mathrm{I}}\left(\nu\right)K_{\mathrm{I}}^2+A_{\mathrm{II}}\left(\nu\right)K_{\mathrm{II}}^2\right]+\frac{1}{2\mu}A_{\mathrm{III}}\left(\nu\right)K_{\mathrm{III}}^2 \tag{11.82}$$

式中, 系数表示为

$$A_{\mathrm{I}}=\frac{\nu^2\alpha_d}{\left(1-\nu\right)c_s^2D},\qquad A_{\mathrm{II}}=\frac{\nu^2\alpha_s}{\left(1-\nu\right)c_s^2D},\qquad A_{\mathrm{III}}=\frac{1}{\alpha_s} \tag{11.83}$$

函数 A_{I}、A_{II}、A_{III} 为普适函数, 与加载及弹性体的构型无关, 但与裂纹速度及材料性质相关. 每一个函数都有: 当 $\nu \to 0^+$, 有 $A \to 1$ 及 $\mathrm{d}A/\mathrm{d}\nu \to 0$. 对于平面应变情况, 当 $\nu \to c_R$, 有 $A=O\left[\left(c_R-\nu\right)^{-1}\right]$; 对于反平面情况, 当 $\nu \to c_s$, 有 $A=O\left[\left(c_s-\nu\right)^{-1}\right]$. 每一个函数 $A\left(\nu\right)$ 与 ν 之间存在单一变化的关系. 对于平面应力情况, 只要将式中的系数 $1-\nu^2$ 换为单位 1, 且必须考虑到平面内偏小的材料刚度而调整波速.

11.6.3 裂尖行为的黏结区模型

对尖锐裂尖的裂纹扩展研究发现, 裂尖处的应力场具有奇异性, 这个结果一般来讲并不具有物理意义, 只有材料行为偏离线弹性的区域尺寸很小的情况下才能接受. 黏结区思想提供了一个简单有用的方法, 来检测材料允许偏离线弹性情况下的裂尖行为.

黏结区模型的主要思想, 对于简单环境中平面应变 I 型裂纹扩展, 描述如下:

拉伸裂纹在一定施加载荷的条件下, 裂尖附近的应力强度因子场的形式为

$$\sigma_{ij} = \frac{K_{\mathrm{I}}(t)}{\sqrt{2\pi r}}\Sigma_{ij}(\theta, v) + \sigma_{ij}^{(1)} + O(1), \qquad r \to 0 \tag{11.84}$$

这样的应力强度因子被称为 K_{Iappl}. 为了模拟材料线弹性响应之外的情况, 在数学裂尖 ($\xi = 0$) 后 $x_1 = l(t)$ 区间, 裂纹的张开受到一种分布黏结应力 $\sigma(\xi)$ 的阻止, 其中, $-\Lambda < \xi < 0$, 且 $\xi = x_1 - l(t)$, 该应力分布在裂纹的上下表面, 黏结应力导致 $\xi = 0$ 处产生一个负的应力强度因子, 即 K_{Icoh}. 对于一个给定的黏结应力, 整个应力强度因子为 $K_{\mathrm{I}} = K_{\mathrm{Iappl}} + K_{\mathrm{Icoh}}$, 这样可以选择黏结区长度 Λ 来满足条件 $K_{\mathrm{I}} = 0$, 使得应力的奇异性消失. 必须注意的是, 对于 III 型情况, 利用这样的方法消除裂尖奇异性, 并不能导致所有的应力分量处处为有限值.

为了进一步了解黏结区概念, 考虑一个特殊情况, 裂纹扩展通过材料的简单解理断裂, 也就是裂纹扩展被认为是裂纹两个相对面上原子键的断裂. 这种情况由 Barenblatt[16,17] 对平衡条件下的黏结区模型进行了分析. 同样的思想由 Barenblatt[18] 应用到动态解理裂纹扩展. 这种情况下, 黏结应力 σ 通过裂纹面分离距离, 即 $\delta(\xi)$, 与位置 ξ 相关. 在数学裂尖处, 裂纹张开位移为零, 即 $\delta(0) = 0$, 并随离数学裂尖距离越远而逐渐增大, 在黏结区的末端, 即 $\xi = -\Lambda$ 处, 达到某一个值, 用 $\delta(-\Lambda) = \delta_t$ 表示. 黏结区末端称为物理裂尖 ($\xi = -\Lambda$), 该处以后的应力降为零.

假设在实验尺度上, 解理裂纹为一个完美的尖锐型裂纹, 在外加应力强度因子 K_{Iappl} 作用下, 以速度 v 前进. 在更细微的观察中, 同样的裂纹从黏结区的起点, 即数学裂尖处梯度张开到物理裂尖 $\xi = -\Lambda$ 处的 δ_t. 最终张开的 δ_t 由材料原子间相互作用规律决定. 在 K_{Iappl} 及黏结区模型的参数之间必然存在联系. 这就是本节的目的, 即利用能量方法来阐述其之间的联系.

考虑如图 11.3 所示的两个裂尖围线, Γ_{coh} 包绕黏结区, 而 Γ_{appl} 为中心在数学裂尖, 半径比 Λ 大的圆形. 假设较大的围线通过应力强度因子精确描述的应力场, 根据 (11.82), 通过 Γ_{appl} 的能量流动为

$$F(\Gamma_{\mathrm{appl}}) = \frac{1-\nu^2}{E} v A_{\mathrm{I}}(\nu) K_{\mathrm{Ic}}^2 \tag{11.85}$$

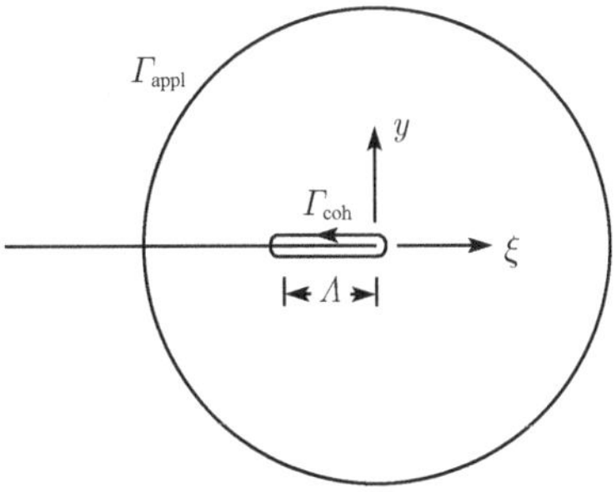

图 11.3 为了联系裂尖参数与远处载荷参数而选择的裂尖两种围线来求解能量流动积分

另一方面, (11.79) 式的基本能量流动积分立即导致流过黏结区围线的能量流动为

$$F\left(\Gamma_{\text{coh}}\right)=2\int_{-\Lambda}^{0}\sigma_{2j}\dot{u}_{j}\mathrm{d}\xi \tag{11.86}$$

黏结区中, $\delta\left(\xi,t\right)=2u_{2}\left(\xi,0,t\right)$, $\sigma_{12}\left(\xi,0,t\right)=0$, $\sigma_{22}\left(\xi,0,t\right)=\sigma\left(\delta\right)$, 那么

$$F\left(\Gamma_{\text{coh}}\right)=\int_{-\Lambda}^{0}\sigma\left(\delta\right)\dot{\delta}\left(\xi,t\right)\mathrm{d}\xi \tag{11.87}$$

式中, 上标 · 表示材料的时间导数, 即

$$\dot{\delta}\left(\xi,t\right)=\frac{\partial\delta}{\partial t}-\nu\frac{\partial\delta}{\partial\xi} \tag{11.88}$$

那么

$$F\left(\Gamma_{\text{coh}}\right)=\int_{-\Lambda}^{0}\sigma\left(\delta\right)\frac{\partial\delta}{\partial t}\mathrm{d}\xi+\nu\int_{0}^{\delta_{t}}\sigma\left(\delta\right)\mathrm{d}\delta \tag{11.89}$$

在上式的第 2 项为单位表面积必须提供的功率, 克服黏结应力形成裂纹面分离距离 δ_t. 第 1 项则反映了黏结应力的功率, 与黏结区内非均匀生长相关.

假如裂纹生长过程为准静态, 则上式第 1 项为零, 且在此条件下, 能量流动积分为路径无关. 这样, 在准静态裂纹扩展情况下, $F\left(\Gamma_{\text{coh}}\right)=F\left(\Gamma_{\text{appl}}\right)$, 或者

$$\frac{1-\nu^{2}}{E}A_{\text{I}}\left(\nu\right)K_{\text{Iappl}}^{2}=\int_{0}^{\delta_{t}}\sigma\left(\delta\right)\mathrm{d}\delta \tag{11.90}$$

这就建立了施加应力强度因子与由 $\sigma\left(\delta\right)$ 代表的材料黏结性质之间的关系. 从 (11.90) 中也很容易得到平面应力的情况.

必须强调的是 (11.90) 仅仅当黏结区足够小, 被整个应力强度场 K_{Iappl} 所包围的时候成立. 严格地讲, (11.90) 是当黏结区长度无限小时渐近的成立.

1960 年 Dugdale[19] 引入了塑性裂纹尖端黏结区模型. 比较感兴趣的物理现象是在裂尖前方, 高度局部化的塑性形变. 在韧性薄板材料中, 受到垂直于裂纹线方向

拉力作用时, 数学模型与上面介绍的相似. 黏结应力为理想塑性体的拉伸流动应力 σ_0. 在平面应力准静态动态裂纹扩展中, 单位裂纹扩展的能量流入黏结区为 $\sigma_0\delta_t$. 如果黏结区完全被 K_{Iappl} 应力强度因子所包围, 则

$$A_{\mathrm{I}}(\nu)\,K_{\mathrm{Iappl}}^2 = E\sigma_0\delta_t \tag{11.91}$$

其中, 假设了平面应力的形式为 $A_{\mathrm{I}}(\nu)$.

参 考 文 献

[1] Achenbach J D. Wave propagation in elastic solids. Amsterdam, North-Holland, 1973.

[2] Sternberg E. On the integration of the equation of motion in the classical theory of elasticity, Archive for Rational Mechanics and Analysis, 1960, 6, 34–50.

[3] Carrier G F, Krook M, Pearson C E. Functions of a complex variable. New York: McGraw-Hill, 1966.

[4] Hille E. Analytic function theory, New York: Blaisdell, 1959.

[5] Whittaker E T, Watson G N. Modern analysis. Cambridge: Cambridge University Press, 1927.

[6] Freund L B. Dynamic fracture mechanics. Cambridge: Cambridge University Press, 1998.

[7] Irwin G R. Analysis of stresses and strains near the end of a crack traversing a plate. Journal of Applied Mechanics, 1957, 24: 361–364.

[8] Irwin G R. Fracture mechanics, in structural mechanics. New York: Pergamon, 1960: 557–591.

[9] Eshelby J D. The continuum theory of lattice defects, Progress in Solid State Physics, New York: Academic, 1956, 3: 79–144.

[10] Rice J R. Mathematical analysis in the mechanics of fracture. Fracture. New York: Academic, 1968, 2: 191–311.

[11] Hutchinson J W. Plastic stress and strain fields at a crack tip. Journal of the Mechanics and Physics of Solids, 1968, 16: 337–347.

[12] Rice J R, Rosengren G F. Plane strain deformation near a crack tip in a power law hardening material. Journal of the Mechanics of Physics of Solids, 1968, 16: 1–12.

[13] Atkinson C, Eshelby J D. The flow of energy into the tip of a moving crack. International Journal of Fracture, 1968, 4: 3–8.

[14] Kostrov B V, Nikiton L V. Some general problems of mechanics pf brittle fracture. Archiwum Mechaniki Stosowanej, 1970, 22: 749–775.

[15] Freund L B. Crack propagation in an elastic solid subjected to general loading: I. constant rate of extension. Journal of the Mechanics and Physics of Solids, 1972, 20:

129–140.
[16] Barenblatt G I, Salganik R L, Cherepanov G P. On the nonsteady motion of cracks. Applied Mathematics and Mechanics, 1962, 26: 469–477.
[17] Barenblatt G I. The formation of equilibrium cracks during brittle fracture: general ideas and hypotheses, axially symmetric cracks. Applied Mathematics and Mechanics, 1959, 23: 622–636.
[18] Barenblatt G I. Concerning equilibrium cracks forming during brittle fracture: the stability of isolated cracks, relationship with energetic theoreties. Applied Mathematics and Mechanics, 1959, 23: 1273–1282.
[19] Dugdale D C. Yileding of steel sheets containing slits. Journal of the Mechanics and Physics of Solids, 1960, 8: 100–104.

第 12 章 静止裂纹的弹性动力学基本解

对于一个理想尖裂纹，在没有载荷作用时，裂纹的两个表面与空间的同一平面一致，裂纹前缘为光滑简单的平面曲线. 对于一个内部裂纹，则为一个封闭曲线. 对于一个边裂纹或表面裂纹，则为一个交叉于物体边界上的开曲线.

当物体的外边界或裂纹面上施加一个载荷时，裂纹前沿有应力集中的现象. 当施加载荷的速率足够小，在某种意义上，内部应力场为一平衡场. 当载荷很快的施加到含裂纹的物体上，内部应力场则失去平衡，惯性效应必须加以考虑. 没有一个确切的判据来决定载荷的速度快慢，以至于是否要考虑惯性效应的存在，但是定性的分析还是可行的. 例如，如果当载荷从零增加到最大值所花时间比弹性波在含裂纹固体的某一代表尺寸上传播时间大很多，则惯性效应影响很小；如果相差不大，则必须考虑惯性效应的影响.

12.1 突加反平面剪切载荷

如图 12.1 所示，一半无限裂纹位于 $y=0$, $-\infty < x \leqslant 0$ 处. (x,y) 为原点在裂尖上的坐标，其中，x 方向与裂纹方向一致，y 垂直于裂纹表面. 裂纹上下表面 $y=\pm 0$ 处突然受到一对均匀反平面剪切应力 τ^* 的作用，τ^* 为一个常数. 在 $t<0$ 时，裂纹表面应力自由，在 $t \geqslant 0$ 时受到一对方向相反的均匀分布的反平面剪切载荷 τ^*. 对于这个问题的基本方程可以表示如下：

$$\frac{\partial^2 w}{\partial x^2}+\frac{\partial^2 w}{\partial y^2}-\frac{1}{c_s^2}\frac{\partial^2 w}{\partial t^2}=0,\quad -\infty<x<\infty,\quad 0<y<\infty,\quad 0<t<\infty \tag{12.1}$$

式中，w 为 z 方向的位移.

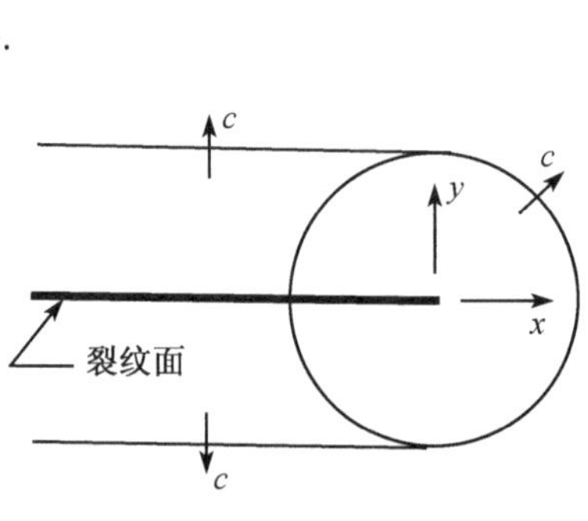

图 12.1 反平面剪切变形，由于在 z 方向裂纹面突加载荷引起的应力波前沿示意图

问题的边界条件为

$$\tau_{zy}\left(x,0^{+},t\right)=\mu\frac{\partial w}{\partial y}\left(x,0^{+},t\right)=-\tau^{*}H\left(t\right),\qquad -\infty<x<0 \tag{12.2}$$

$$w\left(x,0^{+},t\right)=0,\qquad 0<x<\infty \tag{12.3}$$

式中, μ 为剪切模量.

初始条件可以写为

$$w(x,y,0)=0,\qquad \frac{\partial w}{\partial t}\left(x,y,0\right)=0 \tag{12.4}$$

对此边界值问题的解, 可以通过几种方法进行求解, 如 Green 方法及 Wiener-Hopf 方法. 对于 Green 方法的求解过程可以参见 Freund[1] 一书. 对于 Wiener-Hopf 方法的求解过程, 在此小节省略, 更详细的 Wiener-Hopf 方法求解过程可以参见下一小节 I 型裂纹的情况. 我们直接给出了反平面剪切问题的解为

$$\tau_{zy}\left(x,0,t\right)=\frac{2\tau^{*}}{\pi}\left\{\sqrt{\frac{(c_s t-x)}{x}}-\arctan\sqrt{\frac{(c_s t-x)}{x}}\right\},\quad 0<x<c_s t \tag{12.5}$$

相应的应力强度因子为

$$K_{\mathrm{III}}(t)=2\tau^{*}\sqrt{2c_s t/\pi} \tag{12.6}$$

12.2 突加裂纹面正压力

无限大弹性体内包含一半无限裂纹, 裂纹表面突然受到一对均匀分布的压应力 σ^{*} 作用. 在 $t<0$ 时, 裂纹面应力自由, 在 $t\geqslant 0$ 时, 裂纹面受到该压应力的作用. 对于这个问题, 我们可以利用位移矢量的 Helmholtz 表示, 即标量势函数 ϕ 及矢量剪切势函数 ψ. 对于平面应变问题与 z 无关, ψ 只有一个非零分量, 两个函数 $\phi\left(x,y,t\right)$、$\psi\left(x,y,t\right)$ 在区间 $-\infty<x<\infty, 0<y<\infty, 0<t<\infty$ 上满足下列波动方程:

$$\frac{\partial^2\phi}{\partial x^2}+\frac{\partial^2\phi}{\partial y^2}-\frac{1}{c_d^2}\frac{\partial^2\phi}{\partial t^2}=0,\qquad \frac{\partial^2\psi}{\partial x^2}+\frac{\partial^2\psi}{\partial y^2}-\frac{1}{c_s^2}\frac{\partial^2\psi}{\partial t^2}=0 \tag{12.7}$$

边界条件表示为

$$\sigma_{yy}\left(x,0,t\right)=-\sigma^{*}H\left(t\right),\qquad -\infty<x<0 \tag{12.8}$$

$$\sigma_{xy}\left(x,0,t\right)=0,\qquad -\infty<x<\infty \tag{12.9}$$

$$u_y\left(x,0,t\right)=0,\qquad 0<x<\infty \tag{12.10}$$

利用两个势函数 ϕ 及 ψ, 初始条件表示为

$$\phi(x,y,0)=\frac{\partial\phi}{\partial t}(x,y,0)=\psi(x,y,0)=\frac{\partial\psi}{\partial t}(x,y,0)=0 \tag{12.11}$$

对于半平面内所有的点, 在裂纹表面施加压应力之前应力自由. 最终应力分量具有 $r^{-1/2}$ 奇异性. 奇异性大于 $r^{-1/2}$ 的解, 则失去了物理意义, 即能量无限. 总的能量密度正比于 $\sigma_{ij}\varepsilon_{ij}+\rho\dot{u}_i\dot{u}_i$, 在包括裂纹尖端的积分区的有限区域内必须为有限值.

我们将利用 Wiener-Hopf 方法来求解这一个边值问题. 单边 Laplace 变换可以消除对时间变量的相关性, 即

$$\hat{\phi}(x,y,s)=\int_0^\infty\phi(x,y,t)\,\mathrm{e}^{-st}\mathrm{d}t \tag{12.12}$$

变换参数 s 是一个正实数. 为了进一步理解 $\hat{\phi}(x,y,s)$ 及其他转换场, 我们考虑半平面内一个固定点 (x,y), 令 $t^*(x,y)$ 表示第一个物质波到达 (x,y) 的时间, 这样上式积分最小极限可以用 t^* 来表示. 假如使用变量 $t=\tau+t^*$ 代换, 则上式可以表示为

$$\hat{\phi}(x,y,s)=\mathrm{e}^{-st^*(x,y)}\int_0^\infty\phi(x,y,\tau+t^*)\,\mathrm{e}^{-s\tau}\mathrm{d}\tau \tag{12.13}$$

这样, 如果积分为 x,y 的代数函数形式, 则对于比较大的 x, y, 转换行为由到达时间 t^* 决定. 例如, 对任一个固定的 x, 纵波函数 ϕ 在 $y>0$ 平面, 由 c_d 占主导, 这样我们有 $t^*(x,y)=y/c_d$,

$$\hat{\phi}(x,y,s)=O\left(\mathrm{e}^{-sy(1-\varepsilon)/c_d}\right) \tag{12.14}$$

对任一固定 x, 当 $y\to\infty$, ε 为一个很小的正实数, 当 $x<0$, 平面波自身由 $\phi=-\left(\sigma^*/2\rho c_d^2\right)(c_dt-y)^2H(c_dt-y)$ 来描述, 由 (12.13) 可以直接得到 $\hat{\phi}=-\left(\sigma^*/\rho c_d^2s^3\right)\mathrm{e}^{-sy/c_d}$. (12.13) 虽然没有特殊意义, 但在后面应用 Wiener-Hopf 方法时, 将有重要的指导作用.

在利用了对时间 t 的单边 Laplace 变换后, 将对 x 进行双边 Laplace 变换. 我们注意到 (12.8) 式和 (12.10) 式只定义了 x 轴的一半范围, 但双边 Laplace 变换需要 x 轴的所有区域. 为此, 引进两个未知函数 $u_-(x,t)$ 及 $\sigma_+(x,t)$. u_- 表示在 y 方向, $-\infty<x<0$ 及 $0<t<\infty$ 范围内裂纹表面位移, 此值在 $0<x<\infty, 0<t<\infty$ 区间为零. 同样 σ_+ 为 y 方向, 在 $y=0$ 平面, $0<x<\infty$, $0<t<\infty$ 范围内的正应力. 这样, 边界条件 (12.8) 式 ~(12.10) 式在整个区间 $-\infty<x<\infty, 0<t<\infty$ 上可以改写为

$$\begin{cases}\sigma_{yy}(x,0^+,t)=\sigma_+(x,t)-\sigma^*H(t)H(-x)\\ \sigma_{xy}(x,0^+,t)=0\\ u_y(x,0^+,t)=u_-(x,t)\end{cases} \tag{12.15}$$

双边 Laplace 变换定义为

$$\begin{aligned}\varPhi(\zeta,y,s) &= \int_{-\infty}^{\infty}\hat{\phi}(x,y,s)\,\mathrm{e}^{-s\zeta x}\mathrm{d}x \\ &= \int_{-\infty}^{0}\hat{\phi}(x,y,s)\,\mathrm{e}^{-s\zeta x}\mathrm{d}x + \int_{0}^{\infty}\hat{\phi}(x,y,s)\,\mathrm{e}^{-s\zeta x}\mathrm{d}x\end{aligned} \tag{12.16}$$

上式右端, 当 ζ 位于右半平面的某些区域时, 第二个半无限积分收敛, 也就是存在一个正实数 ξ_+, 当 $\mathrm{Re}(\zeta) > \xi_+$ 时, 积分收敛, 此半无限积分在此空间解析. 第一个半无限积分则定义在 $\mathrm{Re}(\zeta) < \xi_-$ 上解析. 很显然, 双边 Laplace 变换只有在 $\xi_+ < \xi_-$ 存在. 假如 $\xi_+ < \xi_-$ 成立, 则双边无限积分收敛并在条带区域 $\xi_+ < \mathrm{Re}(\zeta) < \xi_-$, 定义为 ζ 的解析函数.

考虑 (12.13) 的渐近行为, $\varPhi(\zeta,y,s)$ 解析条带对于固定的 $y \geqslant 0$ 及 s 可以被求出. 对于任意 $x > 0$, 至少在 $t^* = r/c_d \geqslant x/c_d$ 之前, ϕ 为零; 对于任意 $x < 0$, ϕ 在 $t^* = y/c_d$ 非零, 那么对于任意小的 ε 正实数, 对于 (12.13), 我们有

$$\hat{\phi} = \begin{cases} O\left(\mathrm{e}^{-sx(1-\varepsilon)/c_d}\right), & x \to +\infty, \quad y > 0 \\ O\left(\mathrm{e}^{-sx\varepsilon/c_d}\right), & x \to -\infty, \quad y > 0 \end{cases} \tag{12.17}$$

如果根据 (12.17), 考虑 (12.16) 的两个半无限积分, 第一个半无限积分在 $\mathrm{Re}(\zeta) < 0$ 对于任意 y 及 s 收敛, 第二个在 $\mathrm{Re}(\zeta) > \dfrac{-1}{c_d}$ 区间收敛, 这样 $\varPhi(\zeta,y,s)$ 将在条带 $-1/c_d < \mathrm{Re}(\zeta) < 0$ 区间为 ζ 的解析函数.

对波动方程 (12.7) 利用单边 Laplace 变化, 则

$$\nabla^2\hat{\phi} - \frac{1}{c_d^2}s^2\hat{\phi} = 0, \qquad \nabla^2\hat{\psi} - \frac{1}{c_s^2}s^2\hat{\psi} = 0 \tag{12.18}$$

边界条件变换为

$$\begin{cases} \hat{\sigma}_{yy}(x,0^+,s) = \hat{\sigma}_+(x,s) - \sigma^* H(-x)/s \\ \hat{\sigma}_{xy}(x,0^+,s) = 0 \\ \hat{u}_y(x,0^+,s) = \hat{u}_-(x,s) \end{cases} \tag{12.19}$$

在 $-\infty < x < \infty$ 成立.

利用双边 Laplace 变换, 对 (12.18) 式及 (12.19) 式, 则有

$$\begin{cases} \mu\left[\left(b^2 - 2a^2\right)s^2\varPhi + 2\dfrac{\mathrm{d}^2\varPhi}{\mathrm{d}y^2} - 2s\zeta\dfrac{\mathrm{d}\varPsi}{\mathrm{d}y}\right]_{y=0^+} = \dfrac{\Sigma_+(\zeta)}{s^2} + \dfrac{\sigma^*}{s^2\zeta} \\ \mu\left[2s\zeta\dfrac{\mathrm{d}\varPhi}{\mathrm{d}y} + \dfrac{\mathrm{d}^2\varPsi}{\mathrm{d}y^2} - s^2\zeta^2\varPsi\right]_{y=0^+} = 0 \\ \left[\dfrac{\mathrm{d}\varPhi}{\mathrm{d}y} - s\zeta\varPsi\right]_{y=0^+} = \dfrac{U_-(\zeta)}{s^3} \end{cases} \tag{12.20}$$

式中,

$$\begin{cases} \Sigma_+(\zeta) = s^2 \displaystyle\int_0^{\infty} \hat{\sigma}_+(x,s)\,\mathrm{e}^{-s\zeta x}\mathrm{d}x \\ U_-(\zeta) = s^3 \displaystyle\int_{-\infty}^{0} \hat{u}_-(x,s)\,\mathrm{e}^{-s\zeta x}\mathrm{d}x \end{cases} \tag{12.21}$$

与 s 及 ζ 相关联. Σ_+ 在 $\mathrm{Re}(\zeta) > -a$ 中解析, 而 U_- 在 $\mathrm{Re}(\zeta) < 0$ 中解析. 两个函数在条带区间 $-a < \mathrm{Re}(\zeta) < 0$ 中共同解析.

考虑 $y \to \infty$ 时必须衰减, 则

$$\varPhi(\zeta,y,s) = \frac{1}{s^4}P(\zeta)\,\mathrm{e}^{-s\alpha y}, \qquad \varPsi(\zeta,y,s) = \frac{1}{s^4}Q(\zeta)\,\mathrm{e}^{-s\beta y} \tag{12.22}$$

式中,

$$\alpha = \alpha(\zeta) = \left(a^2 - \zeta^2\right)^{1/2}, \qquad \beta = \beta(\zeta) = \left(b^2 - \zeta^2\right)^{1/2} \tag{12.23}$$

$$a = 1/c_d, \qquad b = 1/c_s \tag{12.24}$$

在方程 (12.23) 中, 函数 α, β 在 ζ 复平面内为 ζ 的多值函数, 分支点为 $\zeta = \pm a$ 及 $\zeta = \pm b$. 对于 α 的平方根分支, 我们选分支割线为 $a \leqslant |\mathrm{Re}(\zeta)| < \infty$, $\mathrm{Im}(\zeta) = 0$. 这样就保证了分支在除了割线外的上半平面上具有正实数部分. 同样 $\beta(\zeta)$ 的分支割线选为 $b \leqslant |\mathrm{Re}(\zeta)| < \infty$, $\mathrm{Im}(\zeta) = 0$.

将 (12.22) 式代入边界条件 (12.20) 式中得到三个线性代数方程, 包含四个未知函数 $P(\zeta)$, $Q(\zeta)$, $\Sigma_+(\zeta)$ 及 $U_-(\zeta)$. 这四个方程对于 ζ 在公共解析条带区域的所有值都成立. 消除 P 及 Q, 那么我们就可以得到

$$\frac{\sigma^*}{\zeta} + \Sigma_+(\zeta) = -\frac{\mu}{b^2}\frac{R(\zeta)}{\alpha(\zeta)}U_-(\zeta) \tag{12.25}$$

式中, $-a < \mathrm{Re}(\zeta) < 0$ 为上式成立的公共条状解析区域, 且

$$R(\zeta) = 4\zeta^2\alpha(\zeta)\beta(\zeta) + \left(b^2 - 2\zeta^2\right)^2 \tag{12.26}$$

函数 $R(\zeta)$ 在除了分支点 $\zeta = \pm a$ 及 $\zeta = \pm b$ 的整个复平面内解析. 对于上述选择的 α 及 β 的分支, R 在 $a \leqslant |\mathrm{Re}(\zeta)| \leqslant b$, $\mathrm{Im}(\zeta) = 0$ 割线外的 ζ 平面内单值. R 通常被称为瑞利波函数, 因为 $R = 0$ 的两个实根为 $\zeta = \pm c$, 其中, $c_R = 1/c$. 根据泊松比 ν, c 的值可以近似的表示为

$$\frac{c}{b} = \frac{1+\nu}{0.862 + 1.14\nu} \tag{12.27}$$

公共解析区域条带如图 12.2 所示, 位于点划线及虚轴之间重叠的部分. 其中解析函数标记有下标 (+) 及 (−), 也可用箭头表示.

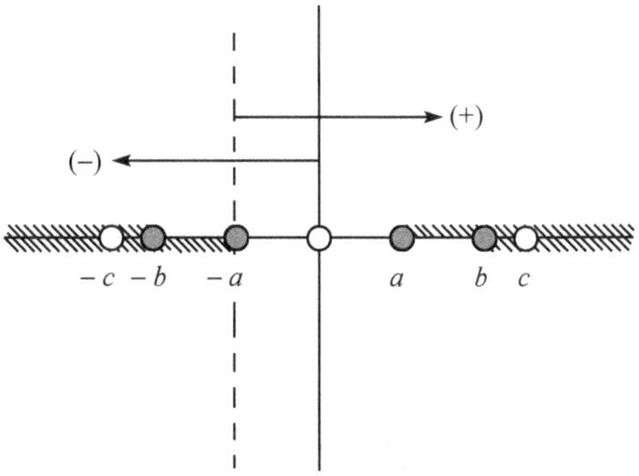

图 12.2 公共解析区域示意图及 Wiener-Hopf 方程中解析函数在 ζ 复平面中奇异点

利用第 11 章中 Wiener-Hopf 方法, 求解方程 (12.25),

$$\frac{\sigma^*}{\zeta}+\Sigma_+(\zeta)=-\frac{\mu\kappa}{b^2}\frac{S(\zeta)}{\alpha(\zeta)}\left(c^2-\zeta^2\right)U_-(\zeta) \tag{12.28}$$

式中,

$$S(\zeta)=\frac{R(\zeta)}{\kappa\left(c^2-\zeta^2\right)},\qquad \kappa=2\left(b^2-a^2\right) \tag{12.29}$$

利用性质

$$S\left(\bar{\zeta}\right)=\overline{S(\zeta)} \tag{12.30}$$

及 Wiener-Hopf 分解的方法, 我们可以得到

$$\log S_\pm(\zeta)=-\frac{1}{\pi}\int_a^b\arctan\left[\frac{4\eta^2\sqrt{\left(\eta^2-a^2\right)\left(b^2-\eta^2\right)}}{\left(b^2-2\eta^2\right)^2}\right]\frac{\mathrm{d}\eta}{\eta\pm\zeta} \tag{12.31}$$

所以

$$F_+(\zeta)\left(\frac{\sigma^*}{\zeta}+\Sigma_+(\zeta)\right)=-\frac{\mu\kappa}{b^2}\frac{U_-(\zeta)}{F_-(\zeta)} \tag{12.32}$$

式中,

$$F_\pm(\zeta)=\frac{\alpha_\pm(\zeta)}{(c\pm\zeta)\,S_\pm(\zeta)} \tag{12.33}$$

及

$$\alpha_\pm(\zeta)=(a\pm\zeta)^{1/2} \tag{12.34}$$

利用

$$\frac{F_+(\zeta)}{\zeta}=\left\{\frac{F_+(\zeta)-F_+(0)}{\zeta}\right\}_++\left\{\frac{F_+(0)}{\zeta}\right\}_- \tag{12.35}$$

将 (12.35) 式代入 (12.32) 式中, 可得到方程

$$\frac{\sigma^*}{\zeta}\left(F_+(\zeta)-F_+(0)\right)+F_+(\zeta)\,\Sigma_+(\zeta)=-\frac{\sigma^*F_+(0)}{\zeta}-\frac{\mu\kappa}{b^2}\frac{U_-(\zeta)}{F_-(\zeta)} \tag{12.36}$$

在条带 $-a < \mathrm{Re}(\zeta) < 0$ 区域成立. 由 Liouville 定理, 两边可以用一个全纯函数 $E(\zeta)$ 表示. 当 $|\zeta| \to \infty$, 在各自的半空间 $|F_{\pm}(\zeta)| = O\left(|\zeta|^{-1/2}\right)$, 而且 $\hat{\sigma}(x,s)$ 在 $x \to 0^+$ 时, 必须为 1/2 奇异性. 当 $x \to 0^-$ 时, $\hat{u}_-(x,s)$ 必须为零, 以保证位移的连续性, 所以

$$\lim_{x\to 0^+} x^{1/2}\hat{\sigma}(x,s) \sim \lim_{\zeta\to+\infty} \zeta^{1/2}\Sigma_+(\zeta) \tag{12.37}$$

$$\lim_{x\to 0^-} |x|^{-q}\,\hat{u}_-(x,s) \sim \lim_{\zeta\to-\infty} |\zeta|^{1+q}\,U_-(\zeta) \tag{12.38}$$

当 $|\zeta| \to \infty$, 方程 (12.36) 两边都为零. 在相应的半空间, 根据 Liouville 定理, 一个有界的全纯函数为常数, 又因为当 $|\zeta| \to \infty$, $E(\zeta) \to 0$, 所以 $E(\zeta) = 0$.

这样我们就可以得到

$$\Sigma_+(\zeta) = \frac{\sigma^*}{\zeta}\left(\frac{F_+(0)}{F_+(\zeta)} - 1\right) \tag{12.39}$$

$$U_-(\zeta) = -\frac{b^2}{\zeta\mu\kappa}\sigma^* F_+(0)F_-(\zeta) \tag{12.40}$$

再利用双边 Laplace 逆变换

$$\hat{\sigma}_+(x,s) = \frac{1}{2\pi\mathrm{i}}\int_{\xi_0-\mathrm{i}\infty}^{\xi_0+\mathrm{i}\infty} \frac{1}{s}\Sigma_+(\zeta)\mathrm{e}^{s\zeta x}\mathrm{d}\zeta \tag{12.41}$$

式中, ξ_0 为一个位于 $-a < \xi_0 < 0$ 中的实数.

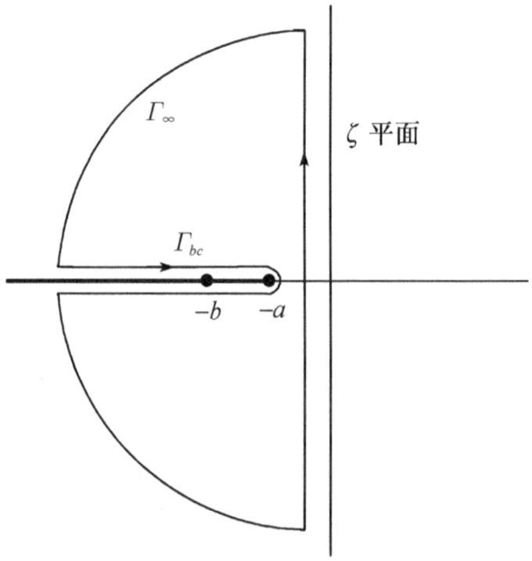

图 12.3　方程 (12.42) 式的积分路径

利用图 12.3 中的积分路径, 在闭合回路上积分为零, (12.41) 可以写为

$$\hat{\sigma}_+(x,s)=\frac{1}{2\pi\mathrm{i}}\int_{\Gamma_\infty}\frac{1}{s}\Sigma_+(\zeta)\mathrm{e}^{s\zeta x}d\zeta+\frac{1}{2\pi\mathrm{i}}\int_{\Gamma_{bc}}\frac{1}{s}\Sigma_+(\zeta)\mathrm{e}^{s\zeta x}\mathrm{d}\zeta \tag{12.42}$$

因为 $|\zeta|\to\infty$ 时, $\Sigma_+(\zeta)\to 0$, 且 $\Sigma_+(\bar{\zeta})=\overline{\Sigma_+(\zeta)}$, 那么第 2 个积分可写成实积分, 于是

$$\hat{\sigma}_+(x,s)=\frac{1}{\pi s}\int_{-a}^{-\infty}\mathrm{Im}\left\{\Sigma_+(\zeta)\right\}\mathrm{e}^{s\zeta x}\mathrm{d}\zeta \tag{12.43}$$

利用 $\eta=-x\zeta$ 变量代替, 式中, $\eta\geqslant 0$, 那么

$$\hat{\sigma}_+(x,s)=-\frac{1}{\pi sx}\int_{ax}^{\infty}\mathrm{Im}\left\{\Sigma_+\left(\frac{-\eta}{x}\right)\right\}\mathrm{e}^{-s\eta}\mathrm{d}\eta \tag{12.44}$$

再次利用 Laplace 逆变换, 则

$$\sigma_+(x,t)=-\frac{1}{\pi x}\int_{ax}^{t}\mathrm{Im}\left\{\Sigma_+\left(\frac{-\eta}{x}\right)\right\}\mathrm{d}\eta H(t-ax) \tag{12.45}$$

因为

$$\Sigma_+(\zeta)=-\frac{\mathrm{i}\sigma^*F_+(0)}{(-\zeta)^{1/2}}+O\left(|\zeta|^{-3/2}\right),\qquad |\zeta|\to-\infty \tag{12.46}$$

$$\lim_{x\to 0^+}(\pi x)^{1/2}\hat{\sigma}_+(x,s)=\lim_{\zeta\to+\infty}(s\zeta)^{1/2}\frac{1}{s^2}\Sigma_+(\zeta) \tag{12.47}$$

我们可以得到

$$\hat{K}_{\mathrm{I}}(s)=\sqrt{2}\sigma^*F_+(0)/s^{3/2} \tag{12.48}$$

利用 Laplace 逆变换, 应力强度因子可以最终写为

$$K_{\mathrm{I}}(t)=2\sigma^*\frac{\sqrt{c_d t(1-2\nu)/\pi}}{(1-\nu)} \tag{12.49}$$

12.3 突加平面内剪切应力情况

弹性体内含一半无限裂纹, 在 $t<0$ 时, 体内应力自由; 在 $t=0$ 时, 在裂纹表面突加一对方向相反的均匀分布的剪切应力 τ^*. 与 12.2 节不同的是, 此处在裂纹表面施加的是 τ_{xy} 剪切应力, 而 12.2 节中施加的是压应力. 同样我们可以引进势函数 ϕ 及 ψ 表示位移分量. 两个势函数 $\phi(x,y,t)$ 及 $\psi(x,y,t)$ 必须在区间 $-\infty<x<\infty$, $0<y<\infty$ 及时间区域 $0<t<\infty$ 上满足方程 (12.7). 相应的边界条件在所有的时间区域内有

$$\sigma_{yy}(x,0,t)=0,\qquad -\infty<x<\infty \tag{12.50}$$

$$\sigma_{xy}(x,0,t)=-\tau^*H(t),\qquad -\infty<x<0 \tag{12.51}$$

$$u_x(x,0,t)=0,\qquad 0<x<\infty \tag{12.52}$$

同样与 12.2 节一样, 可以利用 Wiener-Hopf 方法进行求解. 将 (12.50) 和 (12.52) 式中 x 的范围首先扩大到整个区域, 即 $-\infty<x<\infty$. 用 $u_-(x,t)$ 表示在 $-\infty<x<0, 0<t<\infty$ 区域上 $y=0^+$ 的裂纹表面位移. 在 $0<x<\infty$ 上, 该位移为零. 用 $\tau_+(x,t)$ 表示在 $y=0, 0<x<\infty, 0<t<\infty$ 上的剪应力 σ_{xy}, 它在区间 $-\infty<x<0$ 上为零. 这样在 $-\infty<x<\infty, 0<t<\infty$ 区间的边界条件可以写为

$$\sigma_{yy}\left(x,0^+,t\right)=0 \tag{12.53}$$

$$\sigma_{xy}\left(x,0^+,t\right)=\tau_+(x,t)-\tau^*H(t)H(-x) \tag{12.54}$$

$$u_x\left(x,0^+,t\right)=u_-(x,t) \tag{12.55}$$

利用单边 Laplace 对时间变换, 然后对 x 进行双边 Laplace 变换, 我们就可以得到一个标准的类似于 (12.25) 式的 Wiener-Hopf 方程. 所有的步骤与 12.2 节相同, 这里仅给出了 Wiener-Hopf 方程为

$$\frac{\tau^*}{\zeta}+T_+(\zeta)=-\frac{\mu}{b^2}\frac{R(\zeta)\,U_-(\zeta)}{\beta(\zeta)} \tag{12.56}$$

$T_+(\zeta), U_-(\zeta)$ 与 τ_+ 及 u_- 的关系与 12.2 节中 Σ_+, U_- 与 σ_+ 及 u_- 的关系相同, 两次变换后的裂纹前方剪切应力为

$$T_+(\zeta)=\frac{\tau^*}{\zeta}\left(\frac{G_+(0)}{G_+(\zeta)}-1\right) \tag{12.57}$$

式中,

$$G_\pm(\zeta)=\frac{\beta_\pm(\zeta)}{(c\pm\zeta)\,S_\pm(\zeta)},\qquad \beta_\pm(\zeta)=(b\pm\zeta)^{1/2} \tag{12.58}$$

裂纹前方延长线上的剪切应力为

$$\tau_+(x,t)=\frac{-1}{\pi x}\int_{ax}^{t}\mathrm{Im}\left\{T_+\left(-\frac{\eta}{x}\right)\right\}\mathrm{d}\eta H(t-ax) \tag{12.59}$$

最终可以得到相应的应力强度因子

$$K_{\rm II}(t)=2\tau^*\sqrt{\frac{2c_st}{\pi(1-\nu)}} \tag{12.60}$$

12.4 有限长裂纹面突加载荷情况

在前面的小节里, 我们讨论了瞬时裂纹载荷的情况, 其中特征长度与裂纹表面的应力分布相关. 本节将讨论固体本身具有特征长度的问题.

考虑一个弹性体, 包含一个平面裂纹, 其长度为 l, 垂直于裂纹表面的方向上长度则为无限大. 引入 x, y, z 坐标系, $y=0$ 表示裂纹表面所在的平面, z 轴垂直于平面, x 方向则与裂纹扩展方向一致, 如图 12.4 所示. 裂纹表面受到均匀分布的应力 σ^*, 即 $t<0$ 时, 裂纹面应力自由, 在 $t\geqslant 0$ 时受到均匀法向压应力的作用.

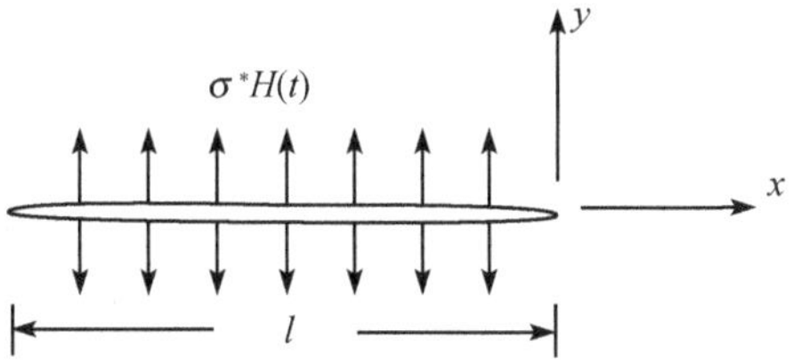

图 12.4 平面应变情况下有限长裂纹受突加裂纹面压应力 σ^*

该问题的求解与 12.2 节中相似, 由于对称性, 我们可以仅仅考虑 $y\geqslant 0$ 的半平面, 边界条件为

$$\sigma_{yy}(x,0,t)=-\sigma^* H(t), \qquad -l<x<0 \tag{12.61}$$

$$\sigma_{xy}(x,0,t)=0, \qquad -\infty<x<\infty \tag{12.62}$$

$$u_y(x,0,t)=0, \qquad -\infty<x<-l, \qquad 0<x<\infty \tag{12.63}$$

此边界条件与 12.2 中边界条件相似. 可以利用 Wiener-Hopf 方法求解这样的边值问题. 如果利用积分变换的方法, 可以得到分区解析函数, 它比 12.2 节中标准的 Wiener-Hopf 方程复杂. 原则上, 广义 Wiener-Hopf 方程可以通过迭代求解得到瞬时载荷过程的任一时刻的完整解. 在迭代的每一步, 与一个特殊半无限裂纹问题的解相关. 其中载荷依赖于前一步迭代的结果. 实际上 Thau 和 Lu[2] 只进行了迭代过程的第一步, 结果局限于时间段 $0<t<2l/c_d$, 也就是直到纵波传播了 2 倍的裂纹长度.

至于突加裂纹面压力问题, 在每一个裂纹边缘 (端部) 处发生等同的应力波场, 就如同这个边缘为一个半无限大平面裂纹, 应力强度因子也与半无限裂纹的一样, 直至每一个裂纹边缘感受到另一个边缘的存在, 即时间 $t=l/c_d$, 为 $t=0$ 时, 纵波从一边缘到达另一边缘的时间. 从 12.2(I 型) 中:

$$K_{\mathrm{I}}^{(0)}(t)=2\sigma^*\frac{\sqrt{1-2\nu}}{1-\nu}\sqrt{\frac{c_d t}{\pi}}, \qquad 0<t<l/c_d \tag{12.64}$$

上标 (0) 表示 (12.64) 式是整个应力强度因子的最低阶, 更高阶的贡献来自于相应的两个裂纹边缘的波反射.

进一步关于其他时间段的贡献, 可以参见 Freund 一书[1] 的 3.3 节.

12.5 动态载荷裂纹的起始扩展

前面章节对含静止裂纹固体, 在突加载荷情况下, 进行了弹性动力学分析. 描述了裂纹尖端应力强度因子与时间、载荷及裂纹长度的相关性. 应力强度因子概念给出了量化的材料阻止裂纹扩展的依据, 也预测了含裂纹的弹性结构起始断裂.

12.5.1 Irwin 准则

线弹性断裂力学的工程科学, 从作为场描述参数的应力强度因子概念延伸到材料惯性起重要角色的情况. 应力强度因子作为单个刻画裂纹起始扩展的参数, 一个简单的准则为：当应力强度因子增加到一个材料特定值, 则裂纹开始扩展, 该特定值通常被称为断裂韧性. 对 I 型平面应变问题, 通常用 K_{IC} 表示. 对于应力强度因子的值小于此临界值时, 裂纹不会扩展. 这就是线弹性断裂力学中的 Irwin 准则最简单形式. 必须注意的是, 与应力应变关系及其他基于数学公式的物理前提一样, 此准则是关于材料响应的一个物理基本条件. 在此准则的叙述中, 必须强调 K_{IC} 是材料的一个参数, $K_{\text{I}}(t)$ 是应力场奇性强度的表征. 美国材料测试学会已经采纳了一种测量金属断裂韧性的标准程序. 根据此标准, K_{IC} 只有在某些测试条件满足的情况下, 才能被认为是材料断裂阻力.

上面所叙述的 Irwin 准则, 同样可以作为弹性固体受应力波载荷作用而发生裂纹起始扩展的准则. 也就是, 在动态加载情况下, 存在着应力强度因子表征的奇性场, 可以认为该应力强度因子增加到某一临界值时, 裂纹起始扩展. 这个动态临界值是与载荷速率及材料的动态特性相关的. 关于基本准则能否对一类材料或者动态测试条件是否有效, 只有通过实验来衡量.

12.5.2 实验结果

将 I 型裂纹的尺寸当作构型的物理特征, 即裂纹的长度 l. 瞬时载荷是幅值为 σ^*, 持续时间为 t^* 的突加矩形脉冲应力波. 各向同性材料的整体响应由材料的泊松比及瑞利波速 c_R 描述. 断裂阻力为断裂韧性 K_{IC}. 图 12.5 给出了整个系统的示意图. 系统的响应依赖于系统参数的相对量. 通过无量纲参数 $\sigma_c^*\sqrt{l}/K_{\text{IC}}$ 与 t^*c_Rl 的关系, 关注 σ_c^* 与 l 的关系.

Kalthoff 和 Shockey[3], Shockey 等[4] 对应力波加载条件下断裂起始问题进行了研究. 材料选取为脆性环氧树脂, 低载荷条件下的断裂韧性为 $K_{\text{IC}} = 1.1\text{MPa}\cdot\text{m}^{1/2}$. 纵波波速为 $c_d = 2.6 \times 10^3\text{m/s}$. 试样为盘形圆柱, 直径为 50mm, 厚度为 9mm, 在每一个试样中嵌入圆形板状聚酯薄膜, 聚酯薄膜的直径从 0.4mm 到 12.7mm. 环氧树脂/聚酯薄膜界面的拉伸强度小于 5%的环氧树脂的拉伸强度. 试样置于一个冲击气枪板型仪器上, 有压缩波形成的载荷作为一个均匀平面脉冲沿试样内部传播, 并从应力自由的后表面, 作为拉伸脉冲反射, 时间为 2.04μs. 拉伸脉冲的幅值在 14.9MPa$\leqslant \sigma^* \leqslant$33.7MPa 的范围内随冲击载荷速度变化而变化, 聚酯薄膜被当作一个硬币状裂纹. 相邻圆盘之间的间隙确保他们之间在加载时, 没有相互作用, 每一个试样类似于一个硬币状裂纹镶嵌在一个无限大固体中.

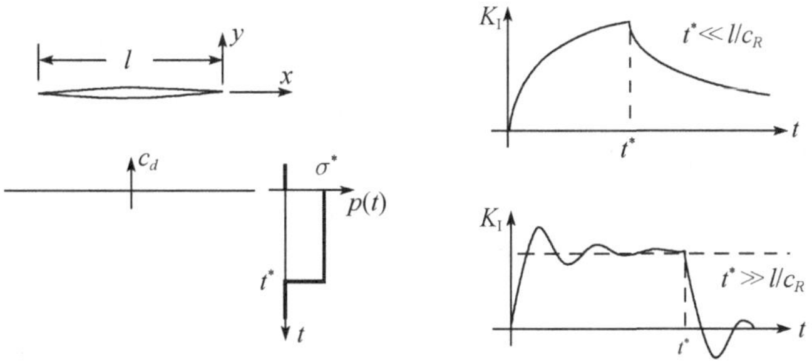

图 12.5 有限长平面应变裂纹在矩形应力波作用下的示意图

右图表示脉冲持续时间相比于波沿裂纹长度传播时间很长及很短情况的应力强度因子定性描述示意图

透明的环氧树脂方便在加载后进行观察, 确认裂纹是否扩展. 基于这样的实验, 数据总结在图 12.6 中, 这些数据直接从 Shockey 等[4] 获取, 并被 Freund[1] 进行了归一化. 点画线是基于低载荷速率情况下的断裂韧性值 $K_{\mathrm{ID}} = K_{\mathrm{IC}} = 1.1\mathrm{MPa\cdot m^{1/2}}$ 对点轨迹的预估. 水平线由 Sneddon[5] 结果得到, $\sigma^*\sqrt{l}/K_{\mathrm{IC}} = \sqrt{\pi/2}$. 剩余部分由 Chen 和 Sih[6] 对一个硬币状裂纹通过拉伸脉冲轴对称加载描述的数值计算估计得到. 应力空际对一个三维硬币状裂纹近似与一个平面应变裂纹一样, 然而数值结果显示应力最大值在加载后, 在三维情况下比二维情况出现的更快. 图 12.6 点画线曲线捕捉了数据的趋势, 但高估了 σ_{C}^* 的值. Shockey 等[4] 注意到准静态断裂韧性 $K_{\mathrm{IC}} = 1.1\mathrm{MPa\cdot m^{1/2}}$ 似乎高估了快速载荷裂纹起始的应力强度因子. 他们估计了动

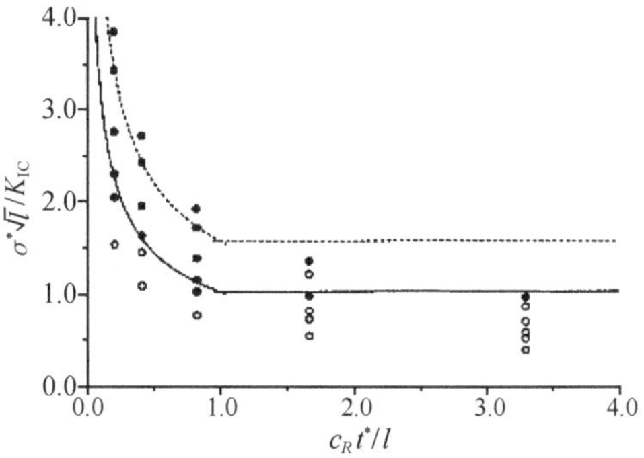

图 12.6 由于短应力脉冲作用, 在环氧树脂中断裂起始的数据[4]

实点表示裂纹扩展, 而空点表示裂纹未扩展

态载荷条件下, 断裂韧性大概为 $K_{\mathrm{I}d} = 0.72\mathrm{MPa}\cdot\mathrm{m}^{1/2}$, 下标 "$d$" 表示对这个值的特殊注释. 如果对点轨迹 $\sigma^* = \sigma^*_{\mathrm{C}}$ 理论估计重新计算, 简单地将点画线上每点的坐标通过比值 $K_{\mathrm{I}d}/K_{\mathrm{IC}}$ 减小, 就得到了图中的实线. 很显然, 实线与实验数据更一致. 即使是基于平面应变模型的预测曲线, 理论也刻画了硬币状裂纹动态响应的本质.

关于载荷率对断裂韧性的影响在后面将进一步讨论. Kalthoff 和 Shockey[3] 及 Shockey 等[4] 建议, 应力强度因子提高到一个临界水平, 对裂纹起始扩展是一个必要条件, 但不是充分条件. 他们认为应力强度因子的临界水平必须保持在某个最小的时间段, 这个最小时间没有任何基本意义, 必须依赖于材料性质及裂纹非线性区材料的分离机理. Shockey 等[4] 利用高强度钢铝合金试样报道了类似的实验. Homma, Shockey 和 Murayama[7] 采用结构钢, 实验中采用了边裂纹条带试样, 所得到的一般结论与前面类似.

Ravi-Chandar 和 Knauss[8,9] 进一步进行了动态载荷条件下脆塑性 Homalile-100 薄板的裂纹起始断裂实验. 他们的实验装备尽可能模拟了一个半无限裂纹在无限大固体中的情况, 裂纹面受均匀法向压力. 通过一个大的矩形板, 尺寸为 500mm×300mm, 厚度为 4.86mm, 沿长对称轴切一个裂纹, 直到板中心. 裂尖具有人为化的尖锐性, 在裂纹中沿一个裂纹面插入一个铜带, 然后铜带沿另一个裂纹面折叠回到板的边缘. 在铜带之间的空间填充一种电介质, 充电电容通过铜带放电, 发生一个强电流. 裂纹面的压力通过电流在每一个条带产生的磁场相互作用而获得. 裂纹面的压力在 25μs 内增强到一个平台值, 保持到断裂起始. 裂尖应力强度因子的时间历史通过光影斑点法监测. 在 Ravi-Chandar 和 Knauss[8] 中, 给出的数据是应力强度因子值在断裂时刻随着裂面加载到裂纹扩展的时间变化. 时间随载荷压力幅值反比例变化. 这些数据重新表示在图 12.7 中. 结果显示如果断裂时间大于 50μs, 临界应力强度因子与断裂时间无关, 也与施加压力的幅值无关. 进一步, 应

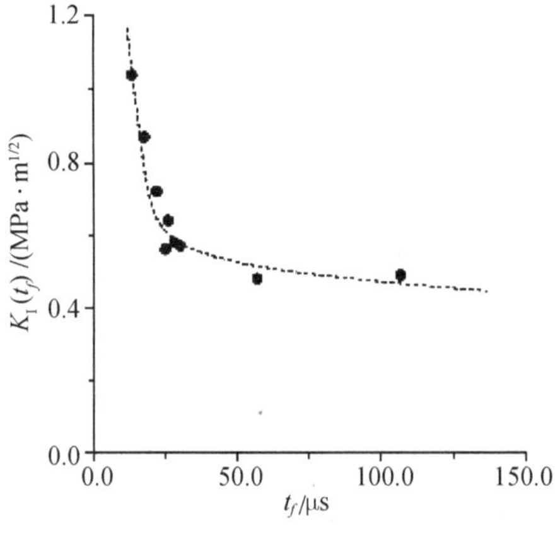

图 12.7　幅值一定的脉冲载荷作用下, 裂纹起始扩展的应力强度因子与时间的关系

力强度因子的水平值近似为 K_{IC}. 另一方面, 高载荷幅值产生断裂时间小于 50μs, 临界应力强度因子强烈依赖于断裂时间. Ravi-Chandar 和 Knauss[8] 定性讨论了基于黏性扩展及通过微裂纹形核的黏性机制, 同时也报道了加载到裂纹起始扩展的应力强度因子整个历史的测量. Kim[10,11] 随后利用一个不同的光学方法也进行了研究, 即应力强度因子追踪法. 他利用 Homalita-100 大板试样, 同样利用 Ravi-Chandar 和 Knauss[8] 介绍的电磁载荷仪器, 在部分裂纹表面施加压力的情况.

研究金属中动态断裂起始的实验方法由 Costin 等[12] 给出. 在实验中, 拉伸波在一个预制裂纹圆杆中通过爆炸法产生. 此波在裂纹部分 25μs 内产生断裂. 在实验过程中测量了含裂纹部分韧带上的载荷及裂纹张开位移. 由于韧带尺寸相比于瞬时载荷脉冲长度很小, 含裂纹部分的力场为基于场量分布与施加静止载荷一样的假设推断而来. 这种假设已被 Nakamura、Shih 和 Freund[13] 通过详细的瞬时场计算得到了证实.

Shockey 等[4] 注意到动载条件下的断裂韧性低于他们实验中环氧树脂的 K_{IC}. 事实上, 很多发现表明, 断裂试样的加载率对断裂起始的应力强度因子水平有影响. 在 Costin 等[12] 对结构钢的工作中也发现这个情况. 目前存在一些关于断裂韧性随加载率增大而增大的例子, 另一方面也存在一些相反现象的例子. 对断裂韧性偏高或偏低的解释必须依赖于非弹性形变机制及材料在高应力区分离机制.

为了说明材料断裂反应引起的两个不同行为的现象, 考虑两个理想化断裂机制, 即假设当裂尖一个材料单元达到临界应力或临界应变, 材料就会在裂尖区域分离. 临界应力准则可以适用于具有内禀解理晶粒多晶材料的起始解理断裂, 如多晶铁在室温或室温以下含有脆性晶粒. 由于塑性流动的混合效应, 在 I 型裂尖前的材料点处于高三轴应力, 当局部应力足够大, 发生解理断裂, 断裂则起始. 解理微裂纹被认为在理想情况下宏观断裂的残余. 这样在任一加载率条件下, 只需要了解裂尖区域的临界应力水平. 另一方面, 临界应变准则可应用到局部韧性断裂起始情况. 在一个由脆性颗粒嵌入韧性基体的两相材料中, 如高于室温的碳钢, 载荷作用下, 靠近裂尖的大应变将导致颗粒与基体界面的分离或单个颗粒的断裂, 以至于导致孔洞韧性生长形核. 对任一载荷率, 裂纹起始总需要一个临界裂尖应变值. 非弹性变形在裂尖一些小区域是很重要的.

形变率的增加对材料应力–应变反应的影响是, 在给定应变水平, 需要增大应力来满足连续的塑性流动. 这种影响依赖于材料及微观条件. 考虑两种载荷条件, 一个快, 一个相对慢, 比较低的应变水平下, 快速加载比慢速加载使得裂尖区域的某个点首先达到临界应力, 应力功密度在快速加载中比较小. 如果在裂尖前材料单元达到断裂点需要少量的功, 则表示材料应该更脆些. 因此, 应力控制材料的起始断裂, 流动应力随形变率增加而增加, 增加载荷率的效果是降低了断裂韧性. 如果同样的状况对于临界应变准则, 很清楚, 在达到临界应变时, 裂尖某个点的应力功密度在快速加载中比慢速加载情况中大. 对于快速加载情况, 材料似乎韧性更大. 因此, 由临界应变机制控制断裂起始的材料, 增加加载率会增加断裂韧性.

对理想断裂起始的简单讨论, 目的是说明对于真实的材料, 可能有更多的原因. 目前能量概念的应用还不是很成熟. 在后面我们将更深入的讨论. 分离的物理机制相比于理想机制更复杂. 而且高载荷率的主要影响极可能不是改变材料的韧性, 而是完全改变了断裂机理. Wilson 等[14] 对结构钢的起始断裂给出了一些依据. 他们的结果显示: 在低测试温度下, 断裂起始机制主要是应力引起的解理. 载荷率增大将稍微降低了韧性水平. 类似的, 在高测试温度下, 断裂机制一般是形变控制的韧性孔洞的生长, 载荷率的增大稍微增大了韧性水平. 这种转移反映了由于载荷率增大而引起断裂机制的改变.

参 考 文 献

[1] Freund L B. Dynamic fracture mechanics. Cambridge: Cambridge University Press, 1998.

[2] Thau S A, Lu T H. Transient stress intensity factors for a finite crack in an elastic solid caused by a dilatational wave. International Journal of Solids and Structure, 1971, 7: 731–750.

[3] Kalthoff J F, Shockey D A. Instability of cracks under impulse loading. Journal of Applied Physics, 1977, 48: 986–993.

[4] Shockey D A, Kalthoff J F, et al. Evaluation of dynamic crack instability. International Journal of Fracture, 22: 217-229; Simultaneous measurements of stress intensity and toughness for fast-running cracks in steel. Experimental Mechanics, 23: 140–145.

[5] Sneddon I N. The distribution of stress in the neighborhood of a crack in an elastic solid. Proceedings of the Royal Society (London) A, 1946, 187: 229–260.

[6] Chen E P, Sih G C. Transient response of cracks to impact. Elastodynamic Crack Problems, Leyden: Noordhoff Publishing, 1977: 1–58.

[7] Homma H, Shockey D A, Murayama Y. Response of cracks in structural materials to short pulse loads. Journal of the Mechanics and Physics of Solids, 1983, 31: 261–279.

[8] Ravi-Chandar K, Knauss W G. An experimental investigation into dynamic fracture: I. crack initiation and arrest. International Journal of Fracture, 1984, 25: 247–262.

[9] Chandar K R, Knauss W G. An experimental investigation into dynamic fracture: II. microstructural aspects. International Journal of Fracture, 1984. 26: 65–80.

[10] Kim K S. A stress intensity factor tracer. Journal of Applied Mechanics, 1985, 52: 291–297.

[11] Kim K S. Dynamic fracture under normal impact loading of the crack faces. Journal of Applied Mechanics, 1985, 52: 585–592.

[12] Costin L S, Duffy J, Freund L B. Fracture initiation in metals under stress wave loading conditions. Fast Fracture and Crack Arrest, Special Technical Publication 627, Philadelphia, American Society for Testing and Materials, 1977: 301–318.

[13] Nakamura T, Shih C F, Freund L B. Elastic–plastic analysis of a dynamically loaded circumferentially notched round bar. Engineering Fracture Mechanics, 1986, 25: 323–329.

[14] Wilson M L, Hawley R H, Duffy J. The effect of loading rate and temperature on fracture initiation in 1020 hot-rolled steel. Engineering Fracture Mechanics, 1980, 13: 371–385.

第13章 均匀材料中动态扩展裂纹

前面章节我们讨论了静止裂纹受动态载荷的情况, 裂纹扩展速度为零. 本章我们将讨论裂纹扩展时的多种不同情况, 裂纹速度非零, 且主要讨论均匀材料中裂纹情况, 至于双材料界面裂纹的问题将在下一章中进行讨论.

对于一个给定的材料, 初步估计惯性效应是否可以在裂尖渐近场中忽略的裂纹速度范围, 可以基于准静态裂纹扩展的平衡方程获得. 由于本章局限于弹性固体材料中的裂纹问题, 为了阐述这种思想, 我们首先考虑弹性材料中以速度 v 扩展的 I 型裂纹, 有关准静态裂纹尖端场的解可以在文献中找到. 当裂纹尖端接近扩展路径中的某个粒子时, 粒子的速度将急剧的增大, 相应的动能密度也增大. 当裂尖趋近时, 应力应变场的值急剧增大, 也导致了应变能密度的增大. 这两种能量在可比的时间段发生变化, 所以当材料粒子与裂尖很近时, 两种能量密度的比较, 从某种程度上可以说明材料惯性对局部场的影响程度. 离裂尖距离为 r 的粒子速度正比于 $vK_{\rm I}/E\sqrt{r}$, 所以其动能密度为

$$T \sim \frac{\rho v^2}{2}\frac{K_{\rm I}^2}{E^2 r} \tag{13.1}$$

式中, ρ 为材料质量密度, E 为杨氏模量. 同样, 应力分量与 $K_{\rm I}/\sqrt{r}$ 成正比, 应力功密度在同一点为

$$U \sim \frac{1}{2}\frac{K_{\rm I}^2}{Er} \tag{13.2}$$

比值 T/U 为

$$\frac{T}{U} \sim \frac{\rho v^2}{E} \tag{13.3}$$

这个比值与 r 无关. 方程 (13.3) 说明当裂纹速度小于 1/3 弹性波速 $c_0 = \sqrt{E/\rho}$ 时, 惯性效应就不是很重要了.

13.1 动态裂纹定常扩展

考虑一个弹性固体二维平面应变条件下扩展裂纹, 裂纹尖端以常速 v 移动, 且物体的形状与外力分布与时间无关, 并可以持续很长时间. 典型的动态裂纹定常扩展分析为物体具有无限边界或具有一个与裂纹平行的直边界. 在这些条件下, 可以求得一个边界值问题的定常解. 定常假设使得问题的独立变量从 3 个 (x, y, t) 减少

到 2 个 (ξ, y), 分析也相对简化. 当然我们必须注意, 裂纹扩展过程中一些有意义的物理现象在这种方法中有所忽略, 所以对这些解的评价必须恰当.

一个平面形变固体 x, y 平面内, 裂纹位于 $y=0$ 平面. 裂纹尖端以常速 v 沿 x 方向延伸扩展. 不失一般性假设 $t=0$ 时刻, 裂尖位于 $x=0$ 处, 令 $f(x,y,t)$ 表示任意一个场, 如果此场属于定常解, 那么

$$f(x,y,t)=f(\xi,y) \tag{13.4}$$

式中, $\xi=x-vt$, ξ, y 坐标以速度 v 沿 x 或者 ξ 方向移动.

由 (13.4) 式, 可以得到如下性质

$$\frac{\partial f(x,y,t)}{\partial x}=\frac{\partial f(\xi,y)}{\partial \xi}, \qquad \frac{\partial f(x,y,t)}{\partial t}=-v\frac{\partial f(\xi,y)}{\partial \xi} \tag{13.5}$$

基本场量可以用两个位移势函数 $\phi(\xi,y)$ 及 $\psi(\xi,y)$ 来表示. 这样对于准静态情况, 我们有

$$\alpha_d^2\frac{\partial^2\phi}{\partial\xi^2}+\frac{\partial^2\phi}{\partial y^2}=0, \qquad \alpha_s^2\frac{\partial^2\psi}{\partial\xi^2}+\frac{\partial^2\psi}{\partial y^2}=0 \tag{13.6}$$

在 $\xi-y$ 平面, $\alpha_d=\sqrt{1-v^2/c_d^2}$, $\alpha_s=\sqrt{1-v^2/c_s^2}$

方程 (13.6) 有如下一般解:

$$\phi(\xi,y)=\mathrm{Re}\left\{F(\zeta_d)\right\}, \qquad \psi(\xi,y)=\mathrm{Im}\left\{G(\zeta_s)\right\} \tag{13.7}$$

式中, $\zeta_d=\xi+\mathrm{i}\alpha_d y$, $\zeta_s=\xi+\mathrm{i}\alpha_s y$, 且函数 F, G 在物体内部区域为解析函数, 由边界条件来求解. 对于 I 型形变问题, 有 $\phi(\xi,-y)=\phi(\xi,y)$, $\psi(\xi,-y)=-\psi(\xi,y)$. 对于 II 型形变问题, $\phi(\xi,-y)=-\phi(\xi,y)$, $\psi(\xi,-y)=\psi(\xi,y)$. 利用此对称性得

$$F(\bar{\zeta})=\pm\overline{F(\zeta)}, \qquad G(\bar{\zeta})=\pm\overline{G(\zeta)} \tag{13.8}$$

上面的符号 "+" 适用于 I 型, 而下面的符号 "−" 适用于 II 型. 上标 "−" 表示共轭.

利用两个未知函数 F 及 G, 位移和应力可以分别表示为

$$u_y(\xi,y)=-\mathrm{Im}\{\alpha_d F'(\zeta_d)+G'(\zeta_s)\}, \tag{13.9}$$

$$\sigma_{yy}(\xi,y)=-\mu\mathrm{Re}\{(1+\alpha_s^2)F''(\zeta_d)+2\alpha_s G''(\zeta_s)\}, \tag{13.10}$$

$$\sigma_{xy}(\xi,y)=-\mu\mathrm{Im}\{2\alpha_d F''(\zeta_d)+(1+\alpha_s^2)G''(\zeta_s)\}, \tag{13.11}$$

利用这些结果, 我们就可以得到一些具有代表性的准静态裂纹扩展问题的解.

13.2　裂纹面上集中剪切力

考虑一个平面应变情况下沿 $y=0, \xi<0$ 半无限裂纹, 裂纹前沿在 $\xi=0$, 以速度 v 沿 ξ 方向在无界固体内扩展. 假设无穷远处无任何外界力, 裂纹表面在离裂纹尖端 l 处受一对表面切向剪切力作用, 剪切载荷点随着裂纹表面以同样速度移动. 这个问题具有 II 型形变场的对称性, 如图 13.1 所示, 求解准静态解.

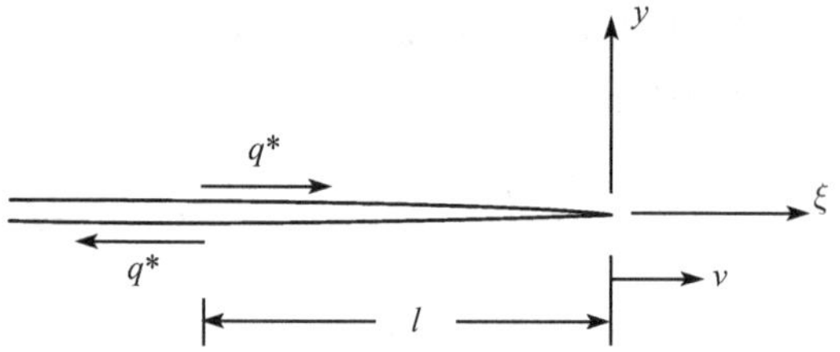

图 13.1　一对反向剪切力在裂尖后方 l 处作用在裂纹面上的定常扩展 II 型裂纹

根据应力分量, 边界条件为

$$\sigma_{xy}(\xi,\pm 0)=-q^*\delta(\xi+l),\quad \sigma_{yy}(\xi,\pm 0)=0 \tag{13.12}$$

相对离裂尖 l 长度处的点, 在无穷远处的应力消失. 存在两个解析函数变量 (13.7) 式的一般解, 这两个函数同样以 F 及 G 表示. 结合边界条件 (13.12), 我们有

$$\begin{aligned}&(1+\alpha_s^2)[F_+''(\xi)-F_-''(\xi)]+2\alpha_s[G_+''(\xi)-G_-''(\xi)]=0,\\ &2\alpha_d[F_+''(\xi)+F_-''(\xi)]+(1+\alpha_s^2)[G_+''(\xi)+G_-''(\xi)]=2\mathrm{i}q^*\delta(\xi+l)/\mu,\end{aligned} \tag{13.13}$$

已经利用了 II 型形变的对称性性质 (13.8) 式.

方程 (13.13) 中第一个方程在整个物体内有

$$G''(\zeta)=-\frac{1+\alpha_s^2}{2\alpha_s}F''(\zeta) \tag{13.14}$$

利用上式可以消除 (13.13) 式第 2 式中函数 G, 得到

$$F_+''(\xi)+F_-''(\xi)=\frac{4\mathrm{i}\alpha_s}{D}\frac{q^*}{\mu}\delta(\xi+l),\quad -\infty<\xi<0 \tag{13.15}$$

上式具有物理意义的解为

$$F''(\zeta)=-\frac{2\mathrm{i}\alpha_s\sqrt{l}}{\pi D\sqrt{\zeta}(\zeta+l)}\frac{q^*}{\mu} \tag{13.16}$$

随着在体内区域 $F''(\zeta)$ 的确定, $G''(\zeta)$ 也可以相应的通过 (13.14) 式求得. 剪切应力分布 $\sigma_{xy}(\xi,0)$ 在裂尖 $\xi>0$ 的延长线上为

$$\sigma_{xy}(\xi,0)=\frac{q^*\sqrt{l}}{\pi\sqrt{\xi}(\xi+l)} \tag{13.17}$$

则 II 型应力强度因子为

$$K_{\mathrm{II}}=\lim_{\xi\to 0^+}\sqrt{2\pi\xi}\sigma_{xy}(\xi,0)=q^*\sqrt{\frac{2}{\pi l}} \tag{13.18}$$

同样, 应力强度因子与裂纹速度 v 无关.

13.3 黏结区模型

弹性动力学模型对尖锐裂纹扩展的研究发现裂尖处应力奇异, 当然这种结果在物理上是不能合理的. 该结果只有在材料行为偏离线性行为的裂尖区域很小, 以至于该裂尖区域内的应力应变场受外围的弹性应力场控制的情况下可以接受. 黏结区思想则提供了一个简单且有用的方法, 可以检测裂尖材料响应偏离线性的范围.

黏结区模型的主要思想是针对平面应变 I 型扩展裂纹. 当拉伸裂纹在某些载荷下扩展, 建立了围绕裂纹前沿的应力强度因子场, 这种应力强度因子, 我们称之为外加应力强度因子 K_{Iappl}. 为了模拟材料线弹性范围外的反应, 在数学裂尖 $(x_1=l(t))$ 后, 裂纹张开受到一种分布在 $-\Lambda<\xi<0$ 范围黏结力阻止, 其中, $\xi=x_1-l(t)$, $\sigma(\xi)$ 作用在裂纹两个面上. 黏结力在 $\xi=0$ 处, 产生了一个负的应力强度因子 K_{Icoh}. 对于一个给定的黏结应力, 则整个应力强度因子为 $K_{\mathrm{Iappl}}+K_{\mathrm{Icoh}}=K_{\mathrm{I}}$. 可以通过选择粘结区长度 Λ, 来满足 $K_{\mathrm{I}}=0$, 使得整个应力奇异性消失.

由前一节 II 型裂纹的解, 我们可以得到相应 I 型裂纹的解, 只要将集中剪切力换成集中压力 p^*. 由 (13.17) 式可以得到

$$\sigma_{yy}(\xi,0)=\frac{p^*\sqrt{l}}{\pi\sqrt{\xi}(\xi+l)} \tag{13.19}$$

上式为裂纹线 $\xi>0$ 的正应力分布, 其中, p^* 为作用在 $\xi=-l$ 处使得裂纹张开的集中力大小. 相应的应力强度因子为

$$K_{\mathrm{I}}=p^*\sqrt{\frac{2}{\pi l}} \tag{13.20}$$

由于黏结应力的作用, 总的应力强度因子可以通过叠加的方法求得. 首先将 (13.19) 式中集中力 p^* 换成黏结应力 $-\sigma(l)$, 分布在一个无限小区域 $\xi=-l$ 到

$\xi=-(l+\mathrm{d}l)$ 上, 然后通过 $0<l<\Lambda$ 积分, 我们得到

$$K_{\mathrm{Icoh}}=-\sqrt{\frac{2}{\pi}}\int_0^{\Lambda}\frac{\sigma(l)}{\sqrt{l}}\mathrm{d}l \tag{13.21}$$

对于给定的 $\sigma(l)$, 选择 Λ 来满足

$$K_{\mathrm{Iappl}}=\sqrt{\frac{2}{\pi}}\int_0^{\Lambda}\frac{\sigma(l)}{\sqrt{l}}\mathrm{d}l \tag{13.22}$$

从而使得 $K_{\mathrm{I}}=0$ 且整个应力奇异性消除.

为了进一步阐述黏结区思想, 对黏结区应力必须要给出特定的形式. 1960 年 Dugdale[3] 提出了均匀黏结应力来代替理想弹塑性薄板在受拉状态下, 裂尖附近的塑性区. 他假设黏结应力为理想塑性材料的拉伸流动应力 σ_0, 那么从 (13.22) 式, 在 $y=0$ 平面上的力将小于等于 σ_0, 只要 Λ 为

$$\Lambda=\frac{\pi}{8}\left(\frac{K_{\mathrm{Iappl}}}{\sigma_0}\right)^2 \tag{13.23}$$

正如量纲分析所预期的那样, 裂尖非弹性区尺寸利用了长度参数 $(K_{\mathrm{I}}/\sigma_0)^2$ 来度量.

当 Λ 一定, 裂纹线载荷也完全确定, 且可推论出解的其他特性. 必须注意的是物理裂尖位于 $\xi=-\Lambda$ 处, 而不是 $\xi=0$ 处, 而裂尖位于 $\xi=0$ 只是一种简单的数学方法.

13.4 Broberg 问题

1960 年, Broberg[4] 给出了均匀拉应力场作用下, 裂纹从长度为零开始扩展的自相似问题的解. Broberg 利用一些特殊问题的解给出了该问题的完整解, 虽然在他的解答过程中, 自相似起了一定的作用, 但他的方法更直接, 在整个描述过程中, 提出了一个解决自相似问题的方法. 更一般的分析自相似场的框架由 Cherepanov 和 Afanasev[5] 给出.

对于自相似动态裂纹扩展, 微分方程、边界条件及初始条件都是线性的, 所以任何应力分量可以表示为

$$\sigma_{ij}(x,y,t)=\sigma_{\infty}f_{ij}(x,y,t) \tag{13.24}$$

式中, f_{ij} 为无量纲化函数.

此物理系统不包含任何特征长度及特征时间. 裂纹长度用时间 t 来度量, 所以也不是特征长度, f 则依赖于 x,y,t 的无量纲组合, 例如,

$$f_{ij}(x,y,t)=\tilde{f}_{ij}(ct/x,ct/y) \tag{13.25}$$

式中, c 为波速. f_{ij} 是一个零自由度的均匀函数. 具有这种性质的边值问题解称为均匀解, 所描述的场称为自相似场.

假设 $f(x,y,t)$ 是一个均匀函数, 且 f 是一个具有特征波速 c 的波函数, 则

$$\frac{\partial^2 f}{\partial x^2}+\frac{\partial^2 f}{\partial y^2}-\frac{1}{c^2}\frac{\partial^2 f}{\partial t^2}=0 \tag{13.26}$$

选择两个独立简化的变量, 即

$$f(x,y,t)=\hat{f}(\xi,\theta) \tag{13.27}$$

式中,

$$\xi=ct/r,\quad \theta=\arctan(y/x),\quad r=\sqrt{x^2+y^2} \tag{13.28}$$

那么 (为了书写简单起见, 以下省略 $\hat{f}$ 上面的 $\wedge$)

$$\left(\xi^2-1\right)\frac{\partial^2 f}{\partial \xi^2}+\xi\frac{\partial f}{\partial \xi}+\frac{\partial^2 f}{\partial \theta^2}=0 \tag{13.29}$$

此方程的解可以写为[2]

$$f=\mathrm{Re}\left\{F_2(\zeta)\right\},\quad \zeta=\frac{x}{r^2}t+\mathrm{i}\frac{y}{r^2}\sqrt{t^2-r^2/c^2},\quad ct/r>1 \tag{13.30}$$

F_2 是在 $y>0$ 及 $y<0$ 的 ζ 的解析函数.

引入 x,y 坐标到平面应变问题中, 裂纹扩展沿 $y=0$ 的平面, 在 $t=0$ 时刻, 裂纹开始对称的从零初始长度向两侧扩展, 每一个裂尖则以速度 v(小于瑞利波) 移动. 以后任一时间, 裂纹占据 $-vt<x<vt$. 两个裂纹面受到均匀压缩正应力 σ_∞, 裂纹面上的剪切应力为零. 物体上无其他载荷. 在 $t\leqslant 0$ 时材料静止且应力自由, 这样位移势 ϕ 及 ψ 满足波动方程

$$\frac{\partial^2 \phi}{\partial x^2}+\frac{\partial^2 \phi}{\partial y^2}-\frac{1}{c_d^2}\frac{\partial^2 \phi}{\partial t^2}=0,\quad \frac{\partial^2 \psi}{\partial x^2}+\frac{\partial^2 \psi}{\partial y^2}-\frac{1}{c_s^2}\frac{\partial^2 \psi}{\partial t^2}=0 \tag{13.31}$$

并满足边界条件

$$\sigma_{yy}(x,0^{\pm},t)=-\sigma_\infty,\quad \sigma_{xy}(x,0^{\pm},t)=0,\quad |x|<vt \tag{13.32}$$

这些解相对 x 轴具有 I 型场对称性, 即:

$$u_x(x,-y,t)=u_x(x,y,t),\quad u_y(x,-y,t)=-u_y(x,y,t) \tag{13.33}$$

平面内应力分量可以利用位移势来表示为

$$\begin{cases} \dfrac{\sigma_{xx}}{\mu} = \dfrac{c_d^2}{c_s^2}\dfrac{\partial^2\phi}{\partial x^2} + \left(\dfrac{c_d^2}{c_s^2} - 2\right)\dfrac{\partial^2\phi}{\partial y^2} + 2\dfrac{\partial^2\psi}{\partial x\partial y} \\ \dfrac{\sigma_{yy}}{\mu} = \left(\dfrac{c_d^2}{c_s^2} - 2\right)\dfrac{\partial^2\phi}{\partial x^2} + \dfrac{c_d^2}{c_s^2}\dfrac{\partial^2\phi}{\partial y^2} - 2\dfrac{\partial^2\psi}{\partial x\partial y} \\ \dfrac{\sigma_{xy}}{\mu} = 2\dfrac{\partial^2\phi}{\partial x\partial y} + \dfrac{\partial^2\psi}{\partial y^2} - \dfrac{\partial^2\psi}{\partial x^2} \end{cases} \tag{13.34}$$

式中, μ 为弹性剪切模量, 粒子的速度分量为

$$\dot{u}_x = \frac{\partial^2\phi}{\partial x\partial t} + \frac{\partial^2\psi}{\partial y\partial t}, \quad \dot{u}_y = \frac{\partial^2\phi}{\partial y\partial t} - \frac{\partial^2\psi}{\partial x\partial t} \tag{13.35}$$

方程 (13.34) 左边为一个零自由度均匀函数, 具有一定的对称性. 那么 (13.31) 波动方程的解也必须保证方程 (13.34) 右边具有左边同样的性质. 由上面对均匀函数及自相似的讨论可知, 函数 $\partial^2\phi/\partial x^2$ 可用一个解析函数的实部表示, 即 $F_{xx}(\zeta_d)$, 其中,

$$\zeta_d = \frac{x}{r^2}t + \mathrm{i}\frac{y}{r^2}\sqrt{t^2 - r^2/c_d^2}, \quad \frac{c_d t}{r} > 1 \tag{13.36}$$

除实轴上某些奇异点外在 ζ_d 平面解析. 类似的有

$$\begin{cases} \dfrac{\partial^2\phi}{\partial x^2} = \mathrm{Re}\{F_{xx}(\zeta_d)\}, \quad \dfrac{\partial^2\phi}{\partial x\partial y} = \mathrm{Im}\{F_{xy}(\zeta_d)\} \\ \dfrac{\partial^2\phi}{\partial y^2} = \mathrm{Re}\{F_{yy}(\zeta_d)\} \\ \dfrac{\partial^2\phi}{\partial x\partial t} = \mathrm{Re}\{F_{xt}(\zeta_d)\}, \quad \dfrac{\partial^2\phi}{\partial y\partial t} = \mathrm{Im}\{F_{yt}(\zeta_d)\} \end{cases} \tag{13.37}$$

及

$$\begin{cases} \dfrac{\partial^2\psi}{\partial x^2} = \mathrm{Im}\{G_{xx}(\zeta_s)\}, \quad \dfrac{\partial^2\psi}{\partial x\partial y} = \mathrm{Re}\{G_{xy}(\zeta_s)\} \\ \dfrac{\partial^2\psi}{\partial y^2} = \mathrm{Im}\{G_{yy}(\zeta_s)\}, \quad \dfrac{\partial^2\psi}{\partial x\partial t} = \mathrm{Im}\{G_{xt}(\zeta_s)\} \\ \dfrac{\partial^2\psi}{\partial y\partial t} = \mathrm{Re}\{G_{yt}(\zeta_s)\} \end{cases} \tag{13.38}$$

式中,

$$\zeta_s = \frac{x}{r^2}t + \mathrm{i}\frac{y}{r^2}\sqrt{t^2 - r^2/c_s^2}, \quad \frac{c_s t}{r} > 1 \tag{13.39}$$

裂纹平面应力场的对称性要求

$$F_{\alpha\beta}(\overline{\zeta_d}) = \overline{F_{\alpha\beta}(\zeta_d)}, \quad G_{\alpha\beta}(\overline{\zeta_s}) = \overline{G_{\alpha\beta}(\zeta_s)} \tag{13.40}$$

函数 F_{xx}, F_{yy}, F_{xy} 及 F_{yt} 都可以根据 (13.37) 式由相同函数 ϕ 推导求得, 所以他们并非独立. 事实上由方程 (13.37) 可知, 只要

$$\frac{\partial}{\partial y}\mathrm{Re}\{F_{xx}(\zeta_d)\} = \frac{\partial}{\partial x}\mathrm{Im}\{F_{xy}(\zeta_d)\} \tag{13.41}$$

函数 F_{xx} 及 F_{xy} 是协调的. (13.41) 式在 $\sqrt{a^2-\zeta^2}F'_{xx}(\zeta) = -\mathrm{i}\zeta F'_{xy}(\zeta)$ 时可得到满足. 其中

$$a = c_d^{-1} \tag{13.42}$$

$$\frac{\partial\zeta_d}{\partial x} = -\frac{\zeta_d\sqrt{a^2-\zeta_d^2}}{x\sqrt{a^2-\zeta_d^2}-y\zeta_d}, \quad \frac{\partial\zeta_d}{\partial y} = -\frac{a^2-\zeta_d^2}{x\sqrt{a^2-\zeta_d^2}-y\zeta_d} \tag{13.43}$$

同样可以发现

$$-\mathrm{i}\sqrt{a^2-\zeta^2}F'_{xy}(\zeta) = \zeta F'_{yy}(\zeta) = \mathrm{i}\zeta\sqrt{a^2-\zeta^2}F'_{yt}(\zeta), \qquad b = 1/c_s$$

$$(b^2-\zeta^2)G'_{xx}(\zeta) = \mathrm{i}\zeta\sqrt{b^2-\zeta^2}G'_{xy}(\zeta) = \zeta^2 G'_{yy}(\zeta) = -\zeta(b^2-\zeta^2)G'_{xt}(\zeta) \tag{13.44}$$

最终可以得到在 $y=0$ 平面上法向应力 $\sigma_{yy}(x,0,t)$,

$$\sigma_{yy} = \mathrm{Re}\left\{\frac{b^2}{a^2}F_{yy}(\xi) + \left(\frac{b^2}{a^2}-2\right)F_{xx}(\xi) - 2G_{xy}(\xi)\right\}_{\xi=t/x} \tag{13.45}$$

利用波前 $r=c_d t$ 处应力连续, 那么对于 $x=t/a=c_d t$, 有 $\sigma_{yy}(x,0,t)=0$. 结合边界条件 (13.32) 第一式, 可以得到

$$\sigma_{yy} = -\alpha\mu\frac{h}{b^2}\mathrm{Im}\left\{\int_a^{t/x}\frac{R(\xi)}{(h^2-\xi^2)^{3/2}\sqrt{a^2-\xi^2}}\mathrm{d}\xi\right\} \tag{13.46}$$

式中,

$$\frac{\sigma_\infty}{\mu} = \alpha\frac{h}{b^2}\int_0^\infty\frac{R(\mathrm{i}\eta)}{(h^2+\eta^2)^{3/2}\sqrt{a^2+\eta^2}}\mathrm{d}\eta \tag{13.47}$$

$$\alpha = \frac{\sigma_\infty}{\mu}I(b/h) \tag{13.48}$$

$$R(\xi) = \left(b^2-2\xi^2\right)^2 + 4\xi^2\sqrt{a^2-\xi^2}\sqrt{b^2-\xi^2} \tag{13.49}$$

$$I(b/h) = \frac{b^2}{h}\left[\int_0^\infty\frac{R(\mathrm{i}\eta)}{(h^2+\eta^2)^{3/2}\sqrt{a^2+\eta^2}}\mathrm{d}\eta\right]^{-1} = I(v/c_s) \tag{13.50}$$

$I(b/h)$ 可以由数值积分求得. 由图 13.2 所示, 当 $v/c_s\to 0$ 时, $I(b/h)\to 1-\nu$. 动态应力强度因子为

$$K_{\mathrm{I}}(t,v) = \lim_{x\to vt^+}\sigma_{yy}(x,0,t)\sqrt{2\pi(x-vt)} = -\frac{I(b/h)R(h)}{b^2h\sqrt{h^2-a^2}}\sigma_\infty\sqrt{\pi vt} \tag{13.51}$$

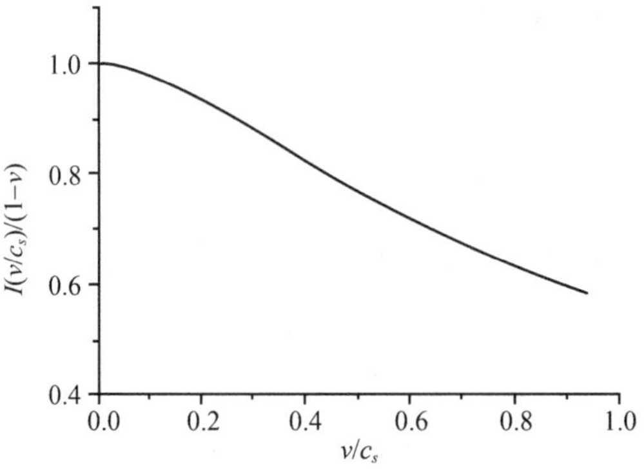

图 13.2 函数 $I(v/c_s)$ 与归一化裂纹速度 v/c_s 的关系曲线, $\nu = 0.3$

对裂纹总长为 l 的 I 型平衡准静态裂纹, 将 $v \to 0$, $t \to \infty$, $vt \to l/2$, 所得到的应力强度因子用 $K_{\mathrm{I}o}$ 表示, 则 $K_{\mathrm{I}o} = \sigma_\infty\sqrt{\pi l/2}$. 无量纲化比值为

$$\frac{K_{\mathrm{I}}(t,v)}{K_{\mathrm{I}o}} = -\frac{I(b/h)R(h)}{b^2h\sqrt{h^2-a^2}} \tag{13.52}$$

此比值说明了惯性效应在整个过程中的影响. 当 $h/b \to \infty$ 或 $v/c_s \to 0$, 从 I 的渐近行为可见: 当 $v/c_s \to 0$ 时, $K_{\mathrm{I}}(t,v)/K_{\mathrm{I}o} \to 1$, 与相应的准静态结果一致, 即将 vt 认为是裂纹长 $l/2$, 此比值与 v/c_s 函数关系表示在图 13.3 中.

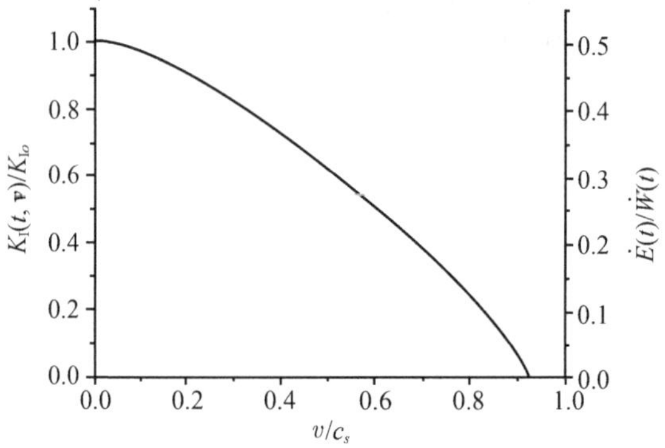

图 13.3 归一化的应力强度因子与归一化裂纹速度 v/c_s 的关系曲线

一旦确定了应力强度因子, 则通过 (13.52) 式求出裂纹尖端奇异场. 另一个在局部展开中对裂纹尖端场有贡献意义的是有界且非零项. 当趋近裂纹尖端时, 这些项被表示成 $\sigma_{ij}^{(1)}$. 对 Broberg 问题, 裂纹表面受 σ_∞ 压力, $\sigma_{yy}^{(1)} = -\sigma_\infty$. 对表面自由而无穷远处受 σ_∞ 拉伸, $\sigma_{yy}^{(1)} = 0$, 由于场的对称性, $\sigma_{xy}^{(1)} = 0$. 剩下的一项 $\sigma_{xx}^{(1)}$ 为

$$\sigma_{xx} = -\alpha\mu\frac{h}{b^2}\mathrm{Im}\left\{\int_a^{t/x}\frac{2(b^2-a^2)(b^2-2\xi^2)-R(\xi)}{(h^2-\xi^2)^{3/2}\sqrt{a^2-\xi^2}}\mathrm{d}\xi\right\} \tag{13.53}$$

观察发现, 当 $t/x > h$, 积分为零. σ_{xx} 显然在裂纹面上是常数, 这个常数即为 $\sigma_{xx}^{(1)}$.

$$\frac{\sigma_{xx}^{(1)}}{\mu} = -\alpha\frac{h}{b^2}\int_0^{\infty}\frac{2(b^2-a^2)(b^2+2\eta^2)-R(\mathrm{i}\eta)}{(h^2+\eta^2)^{3/2}\sqrt{a^2+\eta^2}}\mathrm{d}\eta \tag{13.54}$$

裂纹表面粒子速度在任一时刻 t 为

$$\dot{u}_y(x,0^{\pm},t) = \mathrm{Im}\left\{\frac{\alpha\zeta}{h\sqrt{h^2-\zeta^2}}\right\}_{\zeta=t/x\pm\mathrm{i}0} = \frac{\pm\alpha v}{\sqrt{1-(x/vt)^2}} \tag{13.55}$$

裂纹表面张开位移为

$$u_y(x,0^{\pm},t) = \pm\alpha vt\sqrt{1-(x/vt)^2}, \quad x^2 < (vt)^2 \tag{13.56}$$

13.5 对称扩展剪切裂纹

对于一个在平面内剪切自相似扩展有限长裂纹问题, 可以利用与 §13.4 中同样的方法求解. $t \leqslant 0$ 时, 假设材料为静止且应力自由. $t=0$ 时, 裂纹从零初始长度开始对称扩展, 每个裂尖速度为小于瑞利波速的常值 v. 在以后任一时间, 裂纹则位于 $-vt < x < vt$ 上. 裂纹面受到一对相反的均匀剪切应力 τ_{∞} 作用, 裂纹面法向应力为零, 且无其他外力作用. 满足波动方程的位移势 ϕ 及 ψ 必须满足边界条件:

$$\sigma_{yy}(x,0^{\pm},t)=0, \quad \sigma_{xy}(x,0^{\pm},t)=-\tau_{\infty}, \quad |x|<vt \tag{13.57}$$

位移具有以下对称条件:

$$u_x(x,-y,t) = -u_x(x,y,t), \quad u_y(x,-y,t) = u_y(x,y,t) \tag{13.58}$$

与 Broberg 问题相似, 利用 II 型对称性, 位移势的二阶导数可以用解析函数表示成

$$\begin{cases} \dfrac{\partial^2\phi}{\partial x^2} = \mathrm{Im}\{F_{xx}(\zeta_d)\}, & \dfrac{\partial^2\phi}{\partial x\partial y} = \mathrm{Re}\{F_{xy}(\zeta_d)\} \\ \dfrac{\partial^2\phi}{\partial y^2} = \mathrm{Im}\{F_{yy}(\zeta_d)\} & \\ \dfrac{\partial^2\phi}{\partial x\partial t} = \mathrm{Im}\{F_{xt}(\zeta_d)\}, & \dfrac{\partial^2\phi}{\partial y\partial t} = \mathrm{Re}\{F_{yt}(\zeta_d)\} \end{cases} \tag{13.59}$$

及

$$\begin{cases} \dfrac{\partial^2\psi}{\partial x^2} = \mathrm{Re}\{G_{xx}(\zeta_s)\}, & \dfrac{\partial^2\psi}{\partial x\partial y} = \mathrm{Im}\{G_{xy}(\zeta_s)\} \\ \dfrac{\partial^2\psi}{\partial y^2} = \mathrm{Re}\{G_{yy}(\zeta_s)\} & \\ \dfrac{\partial^2\psi}{\partial x\partial t} = \mathrm{Re}\{G_{xt}(\zeta_s)\}, & \dfrac{\partial^2\psi}{\partial y\partial t} = \mathrm{Im}\{G_{yt}(\zeta_s)\} \end{cases} \tag{13.60}$$

ζ_d 及 ζ_s 在 Broberg 问题中已经给出.

$F_{\alpha\beta}$ 及 $G_{\alpha\beta}$ 中只有两个独立的函数, 另外有

$$(a^2-\zeta^2)F'_{xx}(\zeta)=\mathrm{i}\zeta\sqrt{a^2-\zeta^2}F'_{xy}(\zeta)=\zeta^2F'_{yy}(\zeta)=-\zeta(a^2-\zeta^2)F'_{xt}(\zeta) \tag{13.61}$$

对于 $G_{\alpha\beta}$ 也有相似的协调条件.

通过以下两个函数可求得完整解,

$$G'_{yt}(\zeta)=\frac{\beta(b^2-2\zeta^2)h}{b^2(h^2-\zeta^2)^{3/2}},\quad F'_{xt}(\zeta)=\frac{2\beta\zeta^2h}{b^2(h^2-\zeta^2)^{3/2}} \tag{13.62}$$

式中, β 由边界条件 (13.57) 第二式确定.

在区间 $a<t/x<h$, 任一点的剪切应力 $\sigma_{xy}(x,0,t)$ 由下式给出

$$\sigma_{xy}=-\beta\mu\frac{h}{b^2}\mathrm{Im}\left\{\int_a^{t/x}\frac{R(\xi)}{(h^2-\xi^2)^{3/2}\sqrt{b^2-\xi^2}}\mathrm{d}\xi\right\} \tag{13.63}$$

式中, β 从下式条件可以求出

$$\frac{\tau_\infty}{\mu}=\beta\frac{h}{b^2}\int_0^\infty\frac{R(\mathrm{i}\eta)}{(h^2+\eta^2)^{3/2}\sqrt{b^2+\eta^2}}\mathrm{d}\eta \tag{13.64}$$

即

$$\beta=\frac{\tau_\infty}{\mu}I_{\mathrm{II}}(b/h) \tag{13.65}$$

I_{II} 的值可以对 (13.64) 式数值积分得到.

应力强度因子为

$$K_{\mathrm{II}}(t,v)=\lim_{x\to vt^+}\sigma_{xy}(x,0,t)\sqrt{2\pi(x-vt)}=-\frac{I_{\mathrm{II}}(b/h)R(h)}{b^2h\sqrt{h^2-b^2}}\tau_\infty\sqrt{\pi vt} \tag{13.66}$$

长度为 l 的 II 型平衡准静态裂纹的应力强度因子可以通过 $v\to0$, $t\to\infty$, 即 $vt\to l/2$ 来得到. 该应力强度因子表示为 $K_{\mathrm{II}o}$, $K_{\mathrm{II}o}=\tau_\infty\sqrt{\pi l/2}$. 无量纲化比值为

$$\frac{K_{\mathrm{II}}(t,v)}{K_{\mathrm{II}o}}=-\frac{I_{\mathrm{II}}(b/h)R(h)}{b^2h\sqrt{h^2-a^2}} \tag{13.67}$$

具有一定的意义, 反应了整个过程中惯性效应的影响. 从 β 或 I_{II}, 当 $h/b\to\infty$ 或 $v/c_s\to0$ 的渐近行为可以很显然的得到, 当 $v/c_s\to0$, $K_{\mathrm{II}}(t,v)/K_{\mathrm{II}o}\to1$, 这与相应的准静态结果 $vt=l/2$ 时一致. 该比值与 v/c_s 的函数关系如图 13.4 所示.

1973 年 Burridge[6] 对这个解进行了有趣的讨论, 他发现当裂纹以瑞利波速扩展时, 裂纹尖端剪切应力奇异性消失, 即当 $v\to c_R$, 应力强度因子为零. 通过直接计算, 他给出了 σ_{xy} 在裂纹前方的分布. 在剪切波处, 即 $x=c_st$ 会出现一个剪切幅

值峰值. 这一特点也隐含于方程 (13.63) 中. Burridge 报道说, 在剪切波前沿处 σ_{xy} 幅值约为 $1.63\tau_\infty$, 这就意味着如果滑移面的断裂阻抗较小, 且裂纹快速加速到瑞利波速, 则裂纹极有可能在主裂纹前方引发一个子裂纹, 并参与到裂纹扩展中, 使得裂纹超瑞利波速扩展. 这个机制同样由 Andrews[7] 通过数值模拟一个沿滑移面扩展的剪切裂纹中得到. Archuleta[8] 在解释 1979 年 Imperial Valley 地震时也认为此机制可能发生, 且速度超过地壳材料的剪切波速.

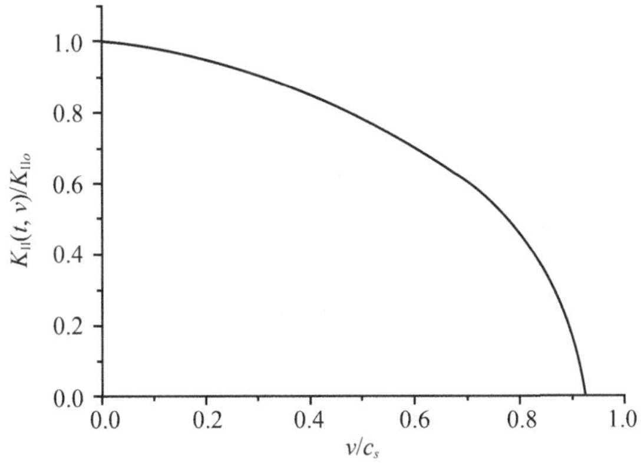

图 13.4 归一化的对称扩展 II 型裂纹的应力强度因子与归一化裂纹速度 v/c_s 的关系曲线, $\nu = 0.3$

13.6 时间无关载荷作用下裂纹扩展

假设裂纹在一个弹性材料中, 材料受时间无关的表面力或体力作用. 在裂纹扩展之前为一个平衡场. 假如载荷增加到足够大, 则裂纹开始扩展. 断裂力学就是基于连续介质力学基础上预测裂纹扩展方式及扩展准则. 研究裂纹突然起始, 并以一定的速度扩展情况为本节的主要内容. 对于非均匀速度扩展的情况, 我们不予介绍, 可以参考 Freund[2]. 在无限大固体中, 半无限长裂纹 I 型平面应变问题将作为例子进行阐述. 分析方法建立在积分变换及 Wiener-Hopf 方法基础上, 利用这种方法, 解决动态裂纹问题的重要步骤可以参见 Baker[9], 该文研究了应力波载荷作用下裂纹扩展的特例. 前面介绍的有关静止裂纹问题, 采用了积分变换及 Wiener-Hopf 方法为本节方法提供了解题框架.

考虑二维平面应变条件下裂纹扩展, 裂纹面位于 $y = 0$ 上, 裂纹前沿平行于 z 轴并沿 x 方向扩展. 裂尖初始位于 $x = 0$ 上, 在 $t = 0$ 时刻以均匀速度 v 扩展. 当 $t > 0$ 时, 裂尖位置在 $x = vt$ 处.

裂纹前方由被加载荷引起的应力分布, 在裂纹扩展过程就是这些应力分布的消失, 这样可以通过叠加方法获得一般载荷作用的完全解.

裂纹扩展前位于 $y=0$. 在 $x>0$ 上的拉伸应力用 $\sigma_{yy}(x,0)=p(x)$ 表示. 由于对称性, 剪切应力为零. 裂纹前沿在 $t>0$ 时扩展 $x=vt$. 裂纹面在 $0<x<vt$ 上受 $p(x)$ 压应力的作用. 将这个结果与初始平衡场叠加, 则得到一般时间无关载荷作用时裂纹突然扩展问题的完全解. 初始平衡解已经由前面章节给出, 我们只要求出动态扩展场. Freund[10] 分两步完成, 首先, 对相反方向集中力作用在裂纹面固定点上的情况, 给出了问题的基本解. 然后对裂纹面任意应力分布的情况, 可直接通过基本解的叠加. 下面我们给出基本解的推导.

13.6.1　基本解

当时间 $t\leqslant 0$, 裂尖位于 $x=0$ 处, 材料静止且应力自由. 在时间 $t=0$ 时, 裂尖沿 x 正方向以速度 v 扩展. 当裂尖从坐标原点扩展离开, 在 $x=0$ 处留下试图分开裂纹面的集中力 p^*, 如图 13.5 所示. 当裂纹前进时, 裂纹面张开, 力做功, 产生了动力学场, 这个场为基本解. 根据对称性, 我们只要求出半平面 $-\infty<x<\infty$, $0<y<\infty$ 的解. 位移势 ϕ 及 ψ 满足波动方程

$$\frac{\partial^2\phi}{\partial x^2}+\frac{\partial^2\phi}{\partial y^2}-\frac{1}{c_d^2}\frac{\partial^2\phi}{\partial t^2}=0,\quad \frac{\partial^2\psi}{\partial x^2}+\frac{\partial^2\psi}{\partial y^2}-\frac{1}{c_s^2}\frac{\partial^2\psi}{\partial t^2}=0 \tag{13.68}$$

边界条件为

$$\begin{aligned}\sigma_{yy}(x,0,t)&=-p^*\delta(x)H(t),\quad -\infty<x<vt\\ \sigma_{xy}(x,0,t)&=0,\quad -\infty<x<\infty\\ u_y(x,0,t)&=0,\quad vt<x<\infty\end{aligned} \tag{13.69}$$

式中, $\delta(\cdot)$ 及 $H(\cdot)$ 分别代表 δ 函数及单位分步函数. 另外由方程 (13.69) 最后一式可知

$$u_x(x,-y,t)=u_x(x,y,t),\quad u_y(x,-y,t)=-u_y(x,y,t) \tag{13.70}$$

利用位于裂尖的 (ξ,y) 坐标变换, 如图 13.5 所示.

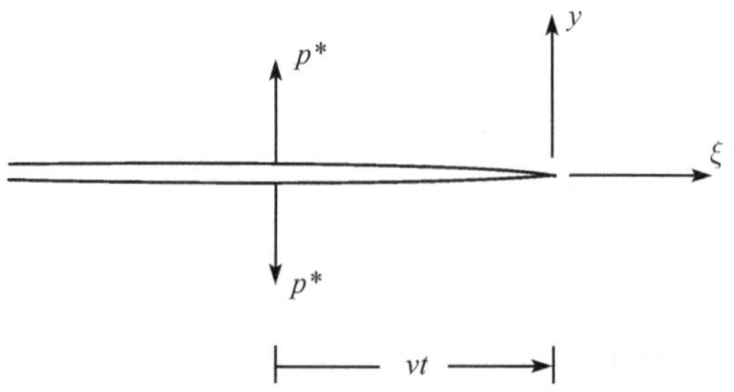

图 13.5　基本解描述的边界值问题示意图

$$\xi = x - vt \tag{13.71}$$

位移势函数为裂尖坐标系的函数, 波动方程为

$$\left(1-\frac{a^2}{h^2}\right)\frac{\partial^2\phi}{\partial\xi^2}+\frac{\partial^2\phi}{\partial y^2}+\frac{2a^2}{h}\frac{\partial^2\phi}{\partial\xi\partial t}-a^2\frac{\partial^2\phi}{\partial t^2}=0 \tag{13.72}$$

式中, $a=1/c_d$, $h=1/v$. 对于 $\psi(\xi,y,t)$ 的波动方程, 只要将上式中 a 换成 $b=1/c_s$.

在移动坐标系中, 边界条件 (13.69) 在 $-\infty<\xi<\infty$ 区间可写为

$$\begin{aligned}\sigma_{yy}(\xi,0,t)&=\sigma_+(\xi,t)-p^*\delta(\xi+vt)H(t)H(-\xi)\\ \sigma_{xy}(\xi,0,t)&=0\\ u_y(\xi,0,t)&=u_-(\xi,t)\end{aligned} \tag{13.73}$$

σ_+ 及 u_- 为未知函数, 分别在正及负 ξ 范围非零. 鉴于此边值条件, 可以利用 Wiener-Hopf 方法来解决此问题, 步骤基本与前面的一致, 只是一些细节方面不同而已. 本节只给出了主要步骤.

利用 Laplace 变换将时间的相关性压缩为

$$\widehat{\phi}(\xi,y,s)=\int_0^\infty\phi(\xi,y,t)e^{-st}\mathrm{d}t \tag{13.74}$$

再利用双边 Laplace 变化

$$\varPhi(\zeta,y,s)=\int_{-\infty}^\infty\widehat{\phi}(\xi,y,s)e^{-s\zeta\xi}\mathrm{d}\xi \tag{13.75}$$

基于 $\hat{\phi}(\xi,y,s)$ 远场的渐近性质, 方程 (13.75) 的收敛区间为 $-a_-<\mathrm{Re}(\zeta)<a_+$, 其中 $a_\pm=a/(1\pm a/h)$.

对波动方程 (13.68) 利用 Laplace 变换, 得到两个普通微分方程, 其解为

$$\varPhi(\zeta,y,s)=s^{-3}P(\zeta)\mathrm{e}^{-s\alpha y},\quad \varPsi(\zeta,y,s)=s^{-3}Q(\zeta)\mathrm{e}^{-s\beta y} \tag{13.76}$$

式中,

$$\alpha(\zeta)=(a^2-\zeta^2+a^2\zeta^2/h^2-2a^2\zeta/h)^{1/2} \tag{13.77}$$

$\beta(\zeta)$ 只要将 $\alpha(\zeta)$ 中 a 换成 b 即可.

边界条件 (13.73) 变换后为

$$\mu\left[\left(\frac{b^2}{a^2}-2\right)s^2\zeta^2\varPhi+\frac{b^2}{a^2}\frac{\mathrm{d}^2\varPhi}{\mathrm{d}y^2}-2s\zeta\frac{\mathrm{d}\varPsi}{\mathrm{d}y}\right]_{y=0^+}=\frac{\Sigma_+(\zeta)}{s}-\frac{hp^*}{s(h-\zeta)}$$

$$\mu\left[2s\zeta\frac{\mathrm{d}\Phi}{\mathrm{d}y}+\frac{\mathrm{d}^2\Psi}{\mathrm{d}y^2}-s^2\zeta^2\Psi\right]_{y=0^+}=0$$

$$\left[\frac{\mathrm{d}\Phi}{\mathrm{d}y}-s\zeta\Psi\right]_{y=0^+}=\frac{U_-(\zeta)}{s^2} \tag{13.78}$$

式中,

$$\Sigma_+(\zeta)=s\int_0^\infty\hat{\sigma}_+(\xi,s)\mathrm{e}^{-s\zeta\xi}\mathrm{d}\xi$$

$$U_-(\zeta)=s^2\int_{-\infty}^0\hat{u}_-(\xi,s)\mathrm{e}^{-s\zeta\xi}\mathrm{d}\xi \tag{13.79}$$

场的渐近行为在转换后为: Σ_+ 在 $\mathrm{Re}(\zeta)>-a_-$ 中解析, U_- 在 $\mathrm{Re}(\zeta)<a_+$ 区间解析, 公共解析区域为 $-a_-<\mathrm{Re}(\zeta)<a_+$ 条带区域.

将 (13.76) 式代入 (13.78) 式中, 并消除 P 及 Q 得到

$$\frac{hp^*}{(\zeta-h)}+\Sigma_+(\zeta)=-\frac{\mu h^2}{b^2}\frac{R(\zeta)}{\alpha(\zeta)(\zeta-h)^2}U_-(\zeta),\quad -a_-<\mathrm{Re}(\zeta)<a_+ \tag{13.80}$$

式中,

$$R(\zeta)=4\zeta^2\alpha(\zeta)\beta(\zeta)+(2\zeta^2-b^2-b^2\zeta^2/h^2+2b^2\zeta/h)^2 \tag{13.81}$$

利用 Wiener-Hopf 分解, 详细步骤可参见 Freund[2], 此处我们给出了最终结果

$$\Sigma_+(\zeta)=\frac{hp^*}{(\zeta-h)}\left[\frac{F_+(h)}{F_+(\zeta)}-1\right]$$

$$U_-(\zeta)=-\frac{b^2}{\mu\kappa h^2}\frac{hp^*}{(\zeta-h)}F_-(\zeta)F_+(h) \tag{13.82}$$

式中,

$$F_\pm(\zeta)=\frac{\alpha_\pm(\zeta)}{S_\pm(\zeta)(c_\mp\pm\zeta)} \tag{13.83}$$

$$\alpha_\pm=\{a\pm\zeta(1\mp a/h)\}^{1/2} \tag{13.84}$$

$$\kappa=4\sqrt{(1-a^2/h^2)(1-b^2/h^2)}+\left(2-b^2/h^2\right)^2 \tag{13.85}$$

$$S_\pm(\zeta)=\exp\left\{-\frac{1}{\pi}\int_{a_\mp}^{b_\mp}\arctan[V(\eta)]\frac{\mathrm{d}\eta}{\eta\pm\zeta}\right\} \tag{13.86}$$

$$V(\eta)=\left[\frac{4\eta^2\beta(\eta)\,|\alpha(\eta)|}{(2\eta^2-b^2-b^2\eta^2/h^2\mp 2b^2\eta/h)^2}\right] \tag{13.87}$$

$$c_\pm=c/(1\pm c/h),\quad c=1/c_R \tag{13.88}$$

下面我们将讨论解的一些性质, 首先给出应力强度因子. 从 (13.83) 式中可以看出当 $|\zeta| \to \infty$, 有 $F_{\pm}(\zeta) = O(\zeta^{-1/2})$, 所以 $\Sigma_+(\zeta) = O\left(\zeta^{-1/2}\right)$, 这就意味着在裂纹前沿应力为平方根奇异性.

$$\lim_{\zeta\to\infty}(s\zeta)^{1/2}\frac{1}{s}\Sigma_+(\zeta) = \lim_{\xi\to 0^+}(\pi\xi)^{1/2}\hat{\sigma}_+(\xi,s) = \frac{1}{\sqrt{2}}\hat{K}_{\mathrm{I}}(s,v) \tag{13.89}$$

$\hat{K}_{\mathrm{I}}(s,v)$ 为应力强度因子的时间 Laplace 变换. 由 (13.82) 式可得

$$\hat{K}_{\mathrm{I}}(s,v) = p^*\sqrt{\frac{2}{vs}}k(h) \tag{13.90}$$

式中,

$$k(h) = \frac{(1-c/h)}{S_+(h)\sqrt{1-a/h}} \tag{13.91}$$

我们由 $k(h)$ 可以看出当 $v/c_R = 0$, $k = 1$; 当 $v/c_R = 1$, $k = 0$. 对 I 型应力强度因子进行 Laplace 逆变换, 则

$$K_{\mathrm{I}}(vt,v) = p^*\sqrt{\frac{2}{\pi vt}}k(v) \tag{13.92}$$

应力强度因子在惯性效应消失时, 具有正确的形式. 当 vt 被当作 p^* 到裂纹尖端的距离 l 时, 在平衡条件下, $v/c_R = 0$, 则 $K_{\mathrm{I}} = p^*\sqrt{2/\pi l}$.

整个弹性动力学场可以通过变换求得. 当 $\Sigma_+(\zeta)$ 与 $U_-(\zeta)$ 通过 Wiener-Hopf 方法求得后, 函数 $P(\zeta)$ 及 $Q(\zeta)$ 在 (13.76) 式中也就知道了. 对此问题

$$P(\zeta) = \frac{hp^*(b^2 - 2\zeta^2 + b^2\zeta^2/h^2 - 2b^2\zeta/h)F_+(h)}{\mu(\zeta-h)R(\zeta)F_+(\zeta)}$$

$$Q(\zeta) = \frac{2hp^*\alpha(\zeta)\zeta F_+(h)}{\mu(\zeta-h)R(\zeta)F_+(\zeta)} \tag{13.93}$$

函数 $\phi(\xi,y,t)$ 也可以通过两次 Laplace 变换得到

$$\phi(\xi,y,t) = \frac{1}{2\pi\mathrm{i}}\int_{s_o-\mathrm{i}\infty}^{s_o+\mathrm{i}\infty}\frac{1}{s^2}\frac{1}{2\pi\mathrm{i}}\int_{\zeta_o-\mathrm{i}\infty}^{\zeta_o+\mathrm{i}\infty}P(\zeta)\mathrm{e}^{s(t+\zeta\xi-\alpha y)}\mathrm{d}\zeta\mathrm{d}s \tag{13.94}$$

式中, s_0 及 ζ_0 为 $-a$ 与 $+a$ 之间的正实数.

13.6.2 任意初始平衡场情况

上面小节给出了基本解. 现在我们返回到任意初始平衡场的情况. 在某一个外载作用下的 I 型裂纹, 裂纹前方引起了正应力 $p(x)$, x 为裂纹扩展方向. 裂纹扩展则主要是消除此应力分布. $t > 0$ 时刻寻找一个弹性动力学解满足零应力初始条件、

体内粒子速度及在新形成的裂纹面上具有正压应力 $p(x)\,(0<x<vt)$. 这样的解与初始平衡解叠加就形成问题的完整解. 下面建立任意 $p(x)$ 形成的解.

考虑与 13.6.1 节同样的问题, 只是在 $x=x'>0$ 处作用一对集中力载荷, 而不是 $x=0$ 处. 裂尖仍然以匀速 v 从 $x=0, t=0$ 开始扩展, 裂尖在 $t=x'/v$ 时通过 x' 点. 令 $p^*f(x,y,t)$ 表示在基本解中任意场标量分量, 那么对应修改后的问题则为 $p^*f(x-x',y,t-x'/v)$. 进一步假设出现在裂尖后方的载荷 (当裂尖通过 $x=x'$) 不是一个集中载荷, 而是一个载荷强度 $p(x')$, 分布在无限小区段 $[x',\ x'+\mathrm{d}x']$ 之间. 对此问题, 具有同样物理意义的解为 $f(x-x',y,t-x'/v)\,p(x')\,\mathrm{d}x'$. 最后对于 $0<x<vt$ 的正应力 $p(x)$ 分布的解可以通过下列积分得

$$\int_0^{vt} f(x-x',y,t-x'/v)p(x')\mathrm{d}x' \tag{13.95}$$

通过 (13.92), 很显然函数 $f(x,y,t)$ 在 (13.95) 式中必须选为 $k(v)\sqrt{2/\pi vt}$, 这样对于一般载荷情况, 应力强度因子为

$$K_{\mathrm{I}}(vt,v)=k(v)\sqrt{\frac{2}{\pi}}\int_0^{vt}\frac{p(x)}{\sqrt{vt-x}}\mathrm{d}x,\quad t>0 \tag{13.96}$$

注意上式的形式, 为一个普函数 $k(v)$ 乘以一个以 vt 组合与 x 及 t 相关的函数, 即从 $t=0$ 开始的裂纹扩展长度. 事实上, 在 (13.96) 式中因子 $k(v)$ 就是裂尖在 $x=l=vt$ 及裂纹表面在 $0<x<l$ 受压应力 $p(x)$ 情况的平衡应力强度因子. 这样动应力强度因子就为简单的普函数 $k(v)$ 乘以给定载荷和瞬时裂纹扩展量下平衡应力强度因子:

$$K_{\mathrm{I}}(vt,v)=k(v)K_{\mathrm{I}}(vt,0) \tag{13.97}$$

当载荷 $p(x)$ 作用下的应力强度因子已知后, 则可以通过 Irwin 关系求得能量释放率:

$$G(vt,v)=\frac{1-\nu^2}{E}A_{\mathrm{I}}(v)K_{\mathrm{I}}^2(vt,v)=\frac{1-\nu^2}{E}k^2(v)\,A_{\mathrm{I}}(v)K_{\mathrm{I}}^2(vt,0) \tag{13.98}$$

这种形式则可认为是相应的平衡能量释放率乘以一个普函数 (裂尖速度的函数)$g(v)$, 即:

$$G(vt,t)=g(v)G(vt,0),\quad g(v)=A_{\mathrm{I}}(v)k^2(v) \tag{13.99}$$

这样动态能量释放率也存在这样的形式, 即裂尖速度的普函数乘以裂纹面特殊加载且裂尖在相应瞬时动态扩展长度问题的平衡能量释放率. 无量纲函数 $g(v)$ 的性质是: 当 $v/c_R=0$, $g=1$; 当 $v/c_R=1$, $g=0$. 在实际应用中, 可以近似用 $g(v)=1-v/c_R$ 来表示.

对于一般应力强度因子的结果, 我们给出一个简单的例子, 即考虑一个扩展裂纹释放平衡应力强度因子场. 当裂纹从静止开始以速度 v 运动, 那么

$$p(x)=\frac{K_0}{\sqrt{2\pi x}},\quad 0<x<vt \tag{13.100}$$

式中, K_0 为初始平衡应力强度因子. 对这种情况的动应力强度因子为

$$K_{\mathrm{I}}(vt,v)=k(v)\frac{K_0}{\pi}\int_0^{vt}\frac{\mathrm{d}x}{\sqrt{x(vt-x)}}=k(v)K_0 \tag{13.101}$$

这样当裂纹以常速 v 开始扩展, 因为当 $v/c_R>0$, $k(v)<1$, 应力强度因子发生从初始值 K_0 到动态值 $k(v)K_0$ 的间断变化, 应力强度因子间断下降. 同样能量释放率在裂纹开始扩展瞬间也发生间断下降.

类似的, 对于 II 型及 III 型情况, 我们有

$$K_{\mathrm{II}}(vt,v)=k_{\mathrm{II}}(v)K_{\mathrm{II}}(vt,0) \tag{13.102}$$

$$k_{\mathrm{II}}(v)=\frac{1-v/c_R}{S_+(v^{-1})\sqrt{1-v/c_s}} \tag{13.103}$$

$$K_{\mathrm{II}}(vt,0)=\sqrt{\frac{2}{\pi}}\int_0^{vt}\frac{q(x)}{\sqrt{vt-x}}\mathrm{d}x \tag{13.104}$$

S_+ 为方程 (13.86) 式.

$$K_{\mathrm{III}}(vt,v)=k_{\mathrm{III}}(v)K_{\mathrm{III}}(vt,0) \tag{13.105}$$

$$k_{\mathrm{III}}(v)=\sqrt{1-v/c_s} \tag{13.106}$$

13.7 时间相关载荷作用下裂纹扩展

在前一节, 我们讨论了半无限裂纹在无限大固体中受时间无关载荷作用的情况. 在这一节, 将考虑同样的物理系统, 但裂纹区域内的材料被假设为初始静止且应力自由, 在某一瞬间 $t=0$, 裂尖区由于平面应力波或突然施加的均匀裂纹面载荷作用, 而产生应力, 裂纹在一段时间后开始扩展. 此目的是为了检验该裂纹扩展过程相关的力场. 这一节相比于前一节显得比较特殊, 仅仅考虑了均匀裂纹面压力或法向突加平面应力波. 前一节的时间无关载荷, 在其空间变量中更一般. 而更一般的时间相关载荷情况是相当困难的.

$t<0$ 时, 材料静止且应力自由; $t=0$, 均匀法向压应力 σ^* 开始作用在两个裂纹面上, 裂纹位于 $x\leqslant 0$, $y=0$ 平面上, 沿 x 正方向扩展. 这样 x-y 平面的形变为 I 型变形. 裂尖初始在 $x=0$ 处, 在裂纹扩展之前的精确解已经求得. 裂尖应力强度

因子与 σ^* 成正比, 并随 $\sqrt{c_d t}$ 而增大. 如果材料强度有限, 则在某一时刻 $t=\tau$, 裂纹开始扩展. 本节的目的正是研究在 $t=0$ 时裂纹面受突加载荷, 在 $t=\tau$ 时, 裂纹以匀速 v 开始扩展的情况. 在任一时刻 $t>\tau$, 裂尖位于 $x=v(t-\tau)$. Baker[9] 已经研究了 $\tau=0$ 匀速裂纹扩展的情况.

突加裂纹面压应力引发裂尖前方瞬时应力分布, 裂纹扩展的过程则是消除这些应力的分布. 与前一节一样, 可以通过叠加的方法得到完全解. 在裂纹扩展之前 $y=0, x>0$ 的拉应力分布为

$$\sigma_{yy}(x,0)=p(x/t)=\sigma_+(x,t) \tag{13.107}$$

$\sigma_+(x,t)$ 已经在前面章节中给出. (13.107) 式中特殊形式 $p(x/t)$ 是为了说明这个函数为 x 及 t 零阶的均匀函数. 由于对称性, 裂纹面的剪切应力为零. 在 $t>\tau$ 时, 裂纹前沿位置在 $x=v(t-\tau)$, 且裂纹面在 $0<x<v(t-\tau)$ 区间受压应力, 假如弹性动力学裂纹扩展的解满足初始应力及形变处处为零, 那么这个结果与初始瞬时场叠加则提供了突加裂纹压应力载荷在 $-\infty<x<0$ 裂纹扩展问题的完全解. 首先 Freund[11] 给出了一个非常有用的基本解. 对于分布载荷作用的场则可通过此基本解的叠加得到.

13.7.1　基本解

当突加载荷施加到裂纹面上时, 在 $x>0, y=0$ 产生 (13.107) 式所示的法向应力. 裂纹在 $t=\tau$ 时刻开始扩展, 来消除此法向应力分布. 也就是, 任一固定应力水平在散射场中, 沿 x 轴以常速散射, 集中应力 $p(u)$ 从裂尖 $x=0, t>0$ 时以速度 u 运动. 速度 u 位于 0 及 c_d 之间. 集中应力施加点裂尖的 x 坐标在时间 t 以速度 u 及 $u+\mathrm{d}u$ 扩展时为 ut 及 $(u+\mathrm{d}u)t$. 其中, $\mathrm{d}u$ 被理解为速度的无限小增量. 这样, 对于一阶无限小量 $\mathrm{d}u$, 整个面力为 $p(u)t\mathrm{d}u$, 此力作用在 $x=ut$ 处.

对于基本解的模型, 在 $t\leqslant 0$, 裂尖位于 $x=0$, 材料处处静止且应力自由. 在 $t=0$ 时刻, 裂尖开始沿 x 正轴以速度 v 扩展. 当裂尖离开坐标原点后, 留下一对试图分开裂纹面集中力 p_0, 并以速率 p_1 增加, 在 $t>0$ 时刻, 以速度 u 前进. 裂纹面除 $x=ut$ 处, 应力自由. 裂纹扩展, 裂纹面张开, 力做功, 产生了弹性动力学场. 这个场即为基本场. 鉴于场的对称性, 只要求出上半平面的解, 即 $-\infty<x<\infty$, $0<y<\infty$ 上的解. 位移势 ϕ 及 ψ 满足波动方程

$$\frac{\partial^2\phi}{\partial x^2}+\frac{\partial^2\phi}{\partial y^2}-\frac{1}{c_d^2}\frac{\partial^2\phi}{\partial t^2}=0,\quad \frac{\partial^2\psi}{\partial x^2}+\frac{\partial^2\psi}{\partial y^2}-\frac{1}{c_s^2}\frac{\partial^2\psi}{\partial t^2}=0 \tag{13.108}$$

边界条件为

$$\left\{\begin{array}{ll}\sigma_{yy}(x,0,t)=-(p_0+p_1t)\delta\left(x-ut\right)H(t), & -\infty<x<vt\\ \sigma_{xy}\left(x,0,t\right)=0, & -\infty<x<\infty\\ u_y(x,0,t)=0, & vt<x<\infty\end{array}\right. \tag{13.109}$$

利用裂尖坐标 (ξ,y), 则坐标转换为 $\xi=x-vt$.

两次 Laplace 变换得

$$\Sigma_{yy}=p_0\frac{wF_+(w)}{s(\zeta-w)F_+(\zeta)}-p_1\frac{w^2}{s^2F_+(\zeta)}\left[\frac{F_+(w)}{(\zeta-w)}\right]' \tag{13.110}$$

$$U_y=-p_0\frac{wb^2F_-(\zeta)F_+(w)}{s^2\mu\kappa h^2(\zeta-w)}+p_1\frac{w^2b^2F_-(\zeta)}{s^3\mu\kappa h^2}\left[\frac{F_+(w)}{(\zeta-w)}\right]' \tag{13.111}$$

式中, $w=1/(v-u)$, 其他参数与前一节一致.

基本解的应力强度因子最有价值. $\hat{K}_{\rm I}(s)$ 的 Laplace 变换可以由 $\Sigma_{yy}(\zeta,0,s)$, 当 $\zeta\to\infty$ 的渐近行为确定, 结果为

$$K_{\rm I}(t)=p_0\sqrt{\frac{2}{\pi}}\frac{wF_+(w)}{\sqrt{1-a/h}}t^{-1/2}-2p_1\sqrt{\frac{2}{\pi}}\frac{w^2F'_+(w)}{\sqrt{1-a/h}}t^{1/2} \tag{13.112}$$

如果集中载荷的时间相关性表示为更一般形式 $p_0+p_1t+p_2t^2+\cdots$, 那么应力强度因子可以表示成 t 的更高阶项, 系数为 $F_+(w)$ 的更高阶导数.

13.7.2 任一延迟时间情况

令 $p_0f_0\left(\xi,y,t,u\right)+p_1tf_1\left(\xi,y,t,u\right)$ 代表基本解的任一情况, 如应力分量或位移分量. 从问题的线性可以看出解的一部分将一直与 p_0 成正比, 另一部分与 p_1 成正比. 解与加载点速度 u 的关系为显式关系. 考虑与上一节同样的问题, 只是裂纹在 $t=\tau$ 时刻开始扩展, 而不是 $t=0$. 集中载荷仍然是在裂纹开始扩展的一瞬间出现在裂纹面 $x=0$ 处. 修改后问题的解则为 $p_0f_0\left(\xi,y,t-\tau,u\right)+p_1(t-\tau)f_1\left(\xi,y,t-\tau,u\right)$, 现在 ξ 则为 $\xi=x-v(t-\tau)$. 进一步假设集中载荷是当裂纹尖端通过点 $x=x'$, 而不是 $x=0$ 时出现在裂纹面, 裂尖仍然是在 $t=\tau$ 时刻, 从 $x=0$ 处开始扩展, 那么解为

$$p_0f_0\left(\xi,y,t-\tau-x'/v,u\right)+p_1(t-\tau-x'/v)f_1\left(\xi,y,t-\tau-x'/v,u\right) \tag{13.113}$$

为了建立应力 $p(x/t)$ 在裂纹面情况的解, x'/u 选为 $t'=v\tau/(v-u)=w\tau/h$, $p_0=t'p(u)du$, $p_1=p(u)du$. 那么移动裂纹面载荷为

$$f_0\left(\xi,y,t-t',u\right)p(u)\mathrm{d}u+(t-t')f_1\left(\xi,y,t-t',u\right)p(u)\mathrm{d}u \tag{13.114}$$

完全解则可以通过 u 的适当范围叠加得到. 鉴于 u 为应力 $p(u)$ 从静止裂纹尖端开始移动的速度, 则 u 的范围为 x/t, 在 $x=0$, $t=\tau$ 及 $x=v(t-\tau)$, $t=t$, 即 $0\leqslant u\leqslant v(t-\tau)/t$. 这样解为

$$\int_0^{v(t-\tau)/t}\left[f_0\left(\xi,y,t-t',u\right)p(u)+(t-t')f_1\left(\xi,y,t-t',u\right)p(u)\right]\mathrm{d}u \tag{13.115}$$

上式则可用来求解移动裂纹问题的应力强度因子, 即裂尖在 $x=v(t-\tau)$ 处, 压应力 $p(x/t)$ 作用在裂纹表面. 鉴于上式中不同函数通过 $w=1/(v-u)$ 与 u 关联, 则可以对 w 进行积分. 积分变量从 $u\to w$, 并利用关系 $\mathrm{d}u=\mathrm{d}w/w^2$. w 的范围为 $h<w<h^*$, $h^*=ht/\tau$, 最终发现

$$K_{\mathrm{I}}(t)=-2\sqrt{\frac{2\tau}{\pi(h-a)}}\int_h^{h^*}\left[F_+(w)(h^*-w)^{1/2}\right]'p(w)\mathrm{d}w \tag{13.116}$$

式中, $p(u)$ 已用 $p(w)$ 代替. 上式积分可以求出. 但必须注意 $p(w)$ 的奇异点在 $w=h(u=0)$ 及积分因子在 $w=h^*$ 处奇异.

由前面的解, $p(w)$ 可以显式的表示为

$$p(w)=\frac{\sigma^*}{\pi}\int_a^{wh/(w-h)}\mathrm{Im}\left\{\frac{F_+^0(0)}{\eta F_+^0(-\eta)}\right\}\mathrm{d}\eta \tag{13.117}$$

F_+^0 也在前面的章节中有了定义, 上标 "0" 是为了区别静止裂纹问题及本节中同样字母表示的函数. 他们之间的联系可以简单的写为

$$\lim_{v\to 0}F_+(\zeta)=F_+^0(\zeta),\quad \lim_{v\to 0}\alpha_+(\zeta)=\alpha_+^0(\zeta)\ \text{等} \tag{13.118}$$

另外

$$S_+(w)=\frac{S_-^0\left(u^{-1}\right)}{S_-^0\left(v^{-1}\right)},\quad w=\frac{1}{v-u} \tag{13.119}$$

$$F_+(w)=\mathrm{i}k(h)\sqrt{\frac{h-a}{w-h}}F_+^0\left(\frac{-wh}{w-h}\right) \tag{13.120}$$

式中, $k(h)$ 定义在 13.6 节中, 为裂纹速度的普函数.

通过特定的技巧, 见 Freund[2] 的第 6.5.2 节, 最终移动裂纹问题的应力强度因子为

$$K_{\mathrm{I}}(t,v)=2\sigma^*k(v)\sqrt{\frac{2}{\pi}}\left[\frac{\sqrt{c_dt(1-2\nu)/2}}{(1-\nu)}-\sqrt{v(t-\tau)}\right],\quad t\geqslant\tau \tag{13.121}$$

当 $0<t<\tau$, 则上式成为静止情况的应力强度因子.

13.8 II 型超剪切波扩展裂纹

1999 年, Rosakis[12] 等人研究了剪切主导的裂纹沿一个弱平面扩展. 在远场非对称载荷下, 他们观察到裂纹扩展速度达到了纵波速度. 这个实验与人们普遍认为的观念不同：根据裂尖应力场的弹性动力学解及不同速度范围及加载方式的能量释放率, 脆性裂纹不可能以超瑞利波速扩展. Broberg[13] 及 Freund[2] 对所有速度范围的动态裂纹扩展进行了总结：对 I 型裂纹, 能量释放率及应力奇异性在裂纹速度大于瑞利波时消失. 这就意味着 I 型裂纹不可能以超过瑞利波的速度扩展. 对于 II 型裂纹的行为, 与 I 型在亚音速范围内非常相似, 即能量释放率单调减小到瑞利波速处的零, 并在瑞利波与剪切波之间也保持为零. 应力奇异性在小于瑞利波时为 1/2, 在瑞利波与剪切波之间则为零. 但当 I、II 型裂纹速度大于剪切波速时, 则不一样. 在 I 型裂纹中, 应力奇异性为零, 而 II 型裂纹中, 应力奇异性变为正值, 表示只有剪切裂纹在跨音速范围内具有强应力集中, 对于 I 型在跨音速范围内能量释放率为零, 而对于 II 型跨音速裂纹为正值. 特别的是在 $\sqrt{2}c_s$ 处, 达到最大值. Broberg[13,14] 认为 II 型跨音速裂纹的正能量释放率必须通过断裂黏结区的观点来理解, 因为在传统的奇异模型中, 超过瑞利波速, 除了 II 型裂纹在 $\sqrt{2}c_s$ 速度外, 能量释放率为零.

传统理论解认为, I 型裂纹的极限速度为瑞利波速, II 型裂纹则具有瑞利波速与剪切波速之间的禁区, 除了这个禁区, II 型裂纹则可在亚瑞利波及超剪切波速范围内扩展. 当禁区无法超越时, II 型极限速度为瑞利波速.

是否有一个机制控制剪切裂纹从亚瑞利波速跳到超剪切波速？第一个具有暗示性的回答是 Burridge[6] 对瑞利波速扩展的自相似裂纹进行了分析, 他发现, 在 II 型情况下, 裂纹尖端前方的剪切波速处出现一个剪切应力的峰值, 而在 I 型裂纹中, 并不会出现这种现象. 这个结果则暗示着 II 型瑞利波速扩展的裂纹能够在主裂纹前方发生第二次断裂. 这是否是 II 型裂纹跳跃禁区的可行机制呢？Andrews[15] 利用一个弱滑移模型研究了剪切裂纹沿一个弱界面扩展, 发现剪切裂纹以瑞利波扩展确实引起了一个微裂纹或子裂纹, 并以超剪切波速扩展. 相似的机制也在有限元模拟粘结表面[16-18] 及边界积分模拟弹性动力学跨剪切断裂的研究[19] 中得到报道. Geubelle 和 Kubair[19] 在 2000 年发现裂纹在预应力试样中, 当载荷为很大的混合型载荷时, 不出现子裂纹而以跨音速扩展.

剪切裂纹以超剪切波速扩展的证据, 同样也有灾难性的地震现象得到证实[20-22]. 在 Rosakis 等人的实验中, 剪切主导的裂纹以跨音速扩展, 直至纵波速, 那么这个裂纹是否由亚音速裂纹加速或者直接形核成跨音速裂纹？这个问题由 Gao 等[23] 从 MD(分子动力学) 及连续介质力学理论方法得到了解释.

13.8.1　原子模拟结果

跨音速剪切断裂的原子模拟, 是基于分子动力学 (MD) 方法, 通过对每一个原子数值积分牛顿定律 $F = ma$, 来预测给定原子的运动.

在 MD 模拟中, 原子之间的相互作用是通过连续势函数来描述. 具体的关于 MD 跨音速剪切断裂的 MD 模拟可以参考 Abraham 和 Gao[17] 及 Abraham[18]. 为了与后面连续介质分析相比较, 这里只简单介绍一些相关结果.

为了考虑在线弹性各向同性体内沿弱界面扩展裂纹, 我们考虑一个由对势来描述的二维原子晶格, 进行分子动力学计算时, 长度采用了 LJ(Lennard-Jones) 势为零时的原子间距进行无量纲化, 能量则采用了 LJ 势最小的势阱进行无量纲化, 而质量采用了原子质量. 跨越弱界面的原子被假设根据 LJ 势相互作用:

$$\phi(r) = 4\left(\frac{1}{r^{12}} - \frac{1}{r^6}\right) \tag{13.122}$$

在相邻晶体内原子则假设由协调势描述, 即最近的原子间:

$$\phi(r) = \frac{1}{2}k(r-d)^2 \tag{13.123}$$

这就类似固体的 "球–弹簧" 模型. 在二维情况下, 这个势则形成稳定的三角形晶格, 在小变形情况下, 各向同性. 为了使材料跨越弱界面时弹性均匀, 协调势的晶格及弹簧常数可以与 LJ 势一样:

$$d = 2^{1/6}, \quad k = \phi''(d) = 72/2^{1/3} \tag{13.124}$$

我们注意到, 协调晶格由于最近原子线性相互作用, 具有无限大断裂强度, 能断开的路径只有沿界面.

图 13.6 所示为跨音速剪切裂纹扩展的 MD 模拟图. 具体的原子个数等信息可以参见 Gao[23]. 初始温度为零, 在恒定能量下进行模拟. 为了研究剪切主导裂纹, 在 2D 上下两个平面的原子行上施加的剪切应变率为 2.5×10^{-4}, 而拉伸应变率为 5×10^{-5}. 板的上端向上及向左移动, 而下部则向下及向右移动. 裂纹为混合型裂纹且剪切主导.

裂纹在 I 型及 II 型载荷作用下的速度如图 13.7 所示. 三角形表示在 I 型载荷作用下裂纹尖端的位置 (作为时间的函数), I 型裂纹迅速达到匀速, 如图三角形表示的直线段, 斜率为 4.83, 为协调晶格的瑞利波速, 表示 I 型的极限速度为瑞利波速, 与断裂力学经典理论一致. 相比之下, 图中点代表 II 型占主导的载荷作用下裂纹尖点的位置. II 型裂纹在一个临界时间起始扩展, 约 65, 然后迅速达到一个均匀速度, 以这种速度扩展一段时间, 裂尖跳跃到一个更高的常速, 由两个直线的拐点处表示. 第一个直线斜率约为 4.83, 为协调固体的瑞利波速, 第二个直线的斜率约为 8.97, 即纵波速. 跳跃时间约为 140. MD 模拟证实了跨音速裂纹扩展, 及由母裂纹–子裂纹的机制控制. 子裂纹的产生并不能用临界能量释放率或临界应力强度因子来刻画, 因为这两个量在瑞利波速处都为零. 仅有可能的机制是母裂纹前方的有限应力峰值, 与 Burridge[6] 所预测和讨论的一致.

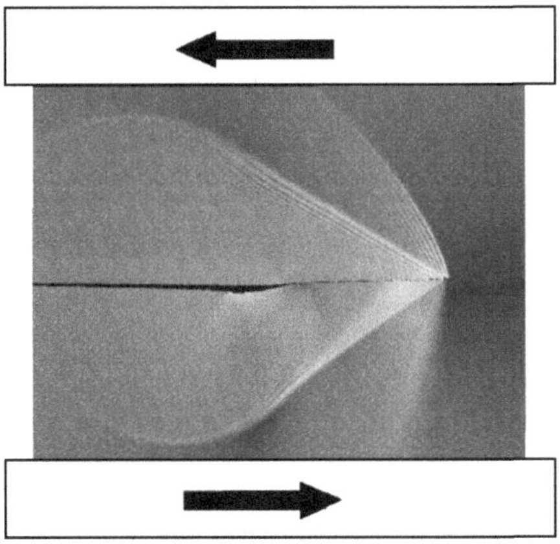

图 13.6 跨音速裂纹扩展 MD 模拟瞬时示意图, 模拟系统尺寸为 1424×712 个原子[23]

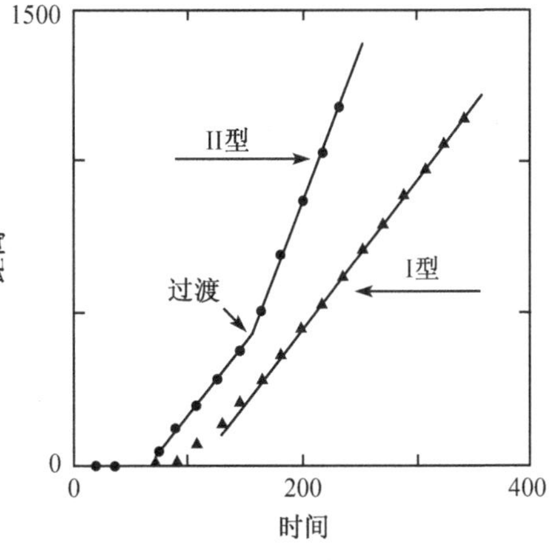

图 13.7 I 型及 II 型载荷下裂纹速度历史[23]

连续介质力学对断裂的描述需要材料的性质, 如杨氏模量, 泊松比, 弹性波速, 表面能, 黏结强度等. 这些材料参数可以从原子模拟中精确的得到.

一个二维三角形晶格与平面应力弹性板行为相似, 具有下列常数模量[24]:

$$\mu = \frac{\sqrt{3}}{4}k = \frac{18\sqrt{3}}{2^{1/3}}, \quad E = \frac{2}{\sqrt{3}}k = \frac{144}{2^{1/3}\sqrt{3}}, \quad \nu = 1/3 \tag{13.125}$$

式中, μ 为剪切模量, E 为杨氏模量, ν 为泊松比.

原子质量设为单位质量, 则三角形晶格密度为

$$\rho=\frac{2}{2^{1/3}\sqrt{3}} \tag{13.126}$$

那么材料的纵波、剪切波及瑞利波速分别为

$$c_d=\sqrt{\frac{3\mu}{\rho}}=9,\quad c_s=\sqrt{\frac{\mu}{\rho}}=5.20,\quad c_R\approx 0.93c_s=4.83 \tag{13.127}$$

材料断裂表面能定义为, 当裂纹扩展时断开原子键的能量. 从上述 MD 模拟中可以看出, 跨越界面的原子根据 LJ 势相互作用, 截断距离等于 2.5. 考虑所有原子的相互作用, 对于每一个原子断裂过程中, 有 4 个原子键 (2 个最近的, 2 个次邻的) 断开. 断裂表面能定义为贮存在这些键中的一半能量, 并可表示为

$$\gamma=-\frac{\phi(d)+\phi\left(\sqrt{3}d\right)}{d}=0.956 \tag{13.128}$$

在剪切载荷作用下, 弱界面处单根原子键黏结强度定义为两个原子之间界面力达到最大值, 即:

$$\phi''(d_m)=0 \tag{13.129}$$

临界键长为

$$d_m=(26/7)^{1/6} \tag{13.130}$$

单根键的黏结强度为

$$f_m=\phi'(d_m)=24\left(-\frac{2}{d_m^{13}}+\frac{1}{d_m^{7}}\right)=2.396 \tag{13.131}$$

图 13.8 表示当一个键达到黏结强度时原子键结构图. 平行于界面及界面法向的力平衡有

$$\begin{aligned}\tau_{\text{int}}d&=f_m\cos\theta+f_\alpha\cos\alpha-f_1\cos\alpha_1+f_2\cos\alpha_2\\ \sigma_{\text{int}}d&=f_m\sin\theta-f_\alpha\sin\alpha+f_1\sin\alpha_1+f_2\sin\alpha_2\end{aligned} \tag{13.132}$$

式中, τ_{int} 及 σ_{int} 为界面黏结极限状态下的剪切及法向应力. 不同原子键之间的力及角度如图 13.8 所示. 从上述方程中消除 f_α, 并利用下列关系

$$\frac{d}{\sin(\theta+\alpha)}=\frac{d_m}{\sin\alpha},\quad \frac{2d}{\sin(\alpha+\alpha_2)}=\frac{d_2}{\sin\alpha},\quad \frac{d}{\sin(\alpha-\alpha_1)}=\frac{d_1}{\sin\alpha} \tag{13.133}$$

得到

$$\tau_{\text{int}}+\sigma_{\text{int}}\frac{\cos\alpha}{\sin\alpha}=\frac{f_m}{d_m}+2\frac{f_2}{d_1}-\frac{f_1}{d_1} \tag{13.134}$$

在平衡状态下, 我们近似用

$$\alpha = 60°, \quad d_1 = d_2 = \sqrt{3}d, \quad f_1 = f_2 = \phi'\left(\sqrt{3}d\right) \tag{13.135}$$

界面的失效准则为

$$\tau_{\mathrm{int}} + \frac{\sigma_{\mathrm{int}}}{\sqrt{3}} = \frac{f_m}{d_m} + \frac{\phi'\left(\sqrt{3}d\right)}{\sqrt{3}d} = 2.039 \tag{13.136}$$

可见剪切与拉伸应力在黏结失效过程中相互耦合.

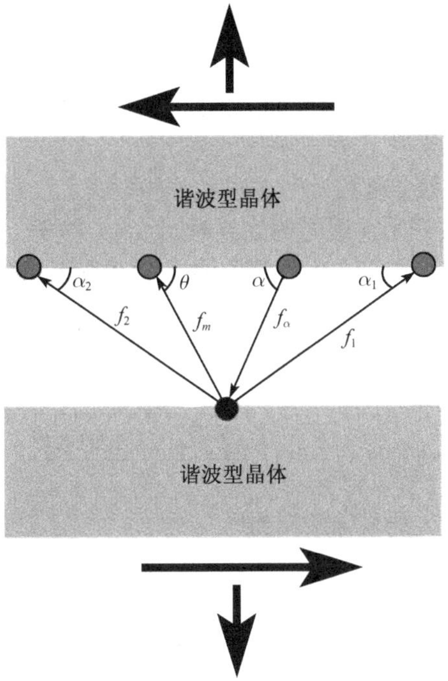

图 13.8 跨越界面的原子键示意图[23]

13.8.2 连续介质方法分析裂纹的起始与扩展[23]

在 13.8.1 中通过原子模拟讨论了剪切主导裂纹在均匀材料中沿一个弱界面起始并扩展问题. 在动载荷作用下, 裂纹初始保持静止, 然后加速并以瑞利波速扩展. 随着载荷的继续增大, 在裂尖前方的一定距离处会产生一个子裂纹. 在本节, 整个裂纹起始及扩展过程通过瞬时连续介质分析的方法加以讨论. 结果显示, 在连续介质分析中, 利用 Griffith 准则, 能够相当精确的确定出裂纹起始的临界时间. 利用一个黏结强度准则也能确定出子裂纹产生的位置及时间. 基于连续介质分析的结果与原子模拟吻合很好.

平面应力固体内, 一个半无限裂纹位于 x_1 负轴上, 受到远处常剪切率 $\dot{\tau}_0$ 及拉伸应力率 $\dot{\sigma}_0$ 作用. 在 $t=0$ 时, 初始速度为零. 固体为线弹性各向同性, 具有剪切模量为 μ, 泊松比 ν 及杨氏模量 $E=2\mu(1+\nu)$.

变形场可以分解为两个子问题的叠加. 第一个是没有裂纹存在的均匀变形场, 对应于常剪切率 $\dot{\tau}_0$ 及法向应力率 $\dot{\sigma}_0$. 非零应力为

$$\sigma_{12}=\dot{\tau}_0 t, \quad \sigma_{22}=\dot{\sigma}_0 t \tag{13.137}$$

第二个子问题为常应力率 $\dot{\tau}_0$ 及 $\dot{\sigma}_0$ 作用在整个裂纹面上, 包括裂纹扩展后形成的新裂纹面, 来消除第一个子问题中裂纹面的力 (即无初始速度场, 裂纹保持静止, 直到临界时间 $t=t_{\text{init}}$, 此刻满足 Griffith 准则). 另一方面, 当裂纹尖端以 c_R 速度扩展, 裂尖应力非奇异, 剪应力在裂尖前方出现一个峰值, 一旦峰值达到固体的黏结强度, 则产生子裂纹.

(1) Griffith 准则及裂纹起始

首先研究宏观裂纹开始扩展时的临界时间 t_{init}. 对于一个平面应力静止裂纹, 在裂纹面受到远方剪应力和正应力作用[2] 的应力强度因子为

$$K_{\text{II}}(t)=\frac{4}{3}\dot{\tau}_0\sqrt{\frac{2(1+v)c_s t^3}{\pi}} \tag{13.138}$$

$$K_{\text{I}}(t)=\frac{4}{3}\dot{\sigma}_0\sqrt{\frac{\sqrt{2-2v}\,(1+v)\,c_s t^3}{\pi}} \tag{13.139}$$

相应的平面应力裂尖能量释放率为

$$G=\frac{1}{E}\left(K_{\text{II}}^2+K_{\text{I}}^2\right)=\frac{16c_s}{9\pi\mu}\left(\dot{\tau}_0^2+\sqrt{\frac{1-v}{2}}\dot{\sigma}_0^2\right)t^3 \tag{13.140}$$

格里菲斯准则预测, 当能量释放率达到表面能 2 倍时, 即 2γ, 则裂尖开始扩展,

$$G=2\gamma \tag{13.141}$$

所以裂纹起裂的临界时间为

$$t_{\text{init}}=\left[\frac{9\pi\mu\gamma}{8c_s\left(\dot{\tau}_0^2+\sqrt{\dfrac{1-v}{2}}\dot{\sigma}_0^2\right)}\right]^{1/3} \tag{13.142}$$

可见裂纹起始时间与表面能 $\gamma^{1/3}$ 成正比, 与 $\dot{\tau}_0^{2/3}$ 及 $\dot{\sigma}_0^{2/3}$ 成反比.

在 13.8.1 中, 我们已经给出了弹性常数, 波速及断裂表面能. 在原子模拟中, 利用的工程剪应变率及法向应变率为 $\dot{\gamma}_0 = 0.00025$ 及 $\dot{\varepsilon}_0 = 0.00005$. 相应的可以求出剪应力率 $\dot{\tau}_0$ 及法向应力率 $\dot{\sigma}_0$, 则裂纹初始起裂时间为

$$t_{\mathrm{init}} = 70.3 \tag{13.143}$$

与 MD 模拟中 $t_{\mathrm{init}}^{\mathrm{MD}} = 65$ 基本吻合.

(2) II 型裂纹扩展分析

裂纹在 $t = t_{\mathrm{init}}$ 时刻, 以 c_R 开始起始扩展, 连续介质分析则相当复杂. 令 (x_1, x_2) 为初始静止裂尖的坐标. (ξ_1, ξ_2) 与裂尖同时移动的坐标. $\xi_1 = x_1 - c_R t, \xi_2 = x_2$. 首先研究第 2 个子问题中只施加剪切载荷的情况.

由于对称性, 我们只考虑上半平面 $x_2 \geqslant 0$, 在 II 型问题中边界条件为

$$\sigma_{22}(x_2 = 0) = 0, \quad -\infty < x_1 < +\infty \tag{13.144}$$

$$u_1(x_2 = 0) = 0, \quad \max[0, c_R(t - t_{\mathrm{init}})] < x_1 < +\infty \tag{13.145}$$

$$\sigma_{12}(x_2 = 0) = -\dot{\tau}_0 t, \quad -\infty < x_1 < \max[0, c_R(t - t_{\mathrm{init}})] \tag{13.146}$$

式中, $\max[0, c_R(t - t_{\mathrm{init}})]$ 代表裂尖的位置. 利用前面所讲的动态裂纹表面载荷及裂纹扩展问题的瞬时动态断裂问题的方法进行求解, 涉及 Laplace 变换及 Wiener-Hopf 方法. 再利用 Laplace 逆变换及 Cagniard-de Hoop 方法给出了解析解.

此处仅给出了子裂纹形核的剪应力, 整个剪应力为均匀应力场与非均匀剪应力 τ 的叠加.

$$\sigma_{12}(\xi_1 > 0, \xi_2 = 0) = \dot{\tau}_0 t + \tau, \quad t > t_{\mathrm{init}} \tag{13.147}$$

$$\begin{aligned}
\tau = {} & \frac{\dot{\tau}_0}{\pi c_s s_+(0)\kappa_0} H\left(\frac{t - t_{\mathrm{init}}}{\xi_1} - \frac{1}{c_l - c_R}\right) \int_{1/(c_l - c_R)}^{(t - t_{\mathrm{init}})/\xi_1} \frac{\sqrt{(c_s + c_R) r + 1}}{r s_-(-r)} F_1(r)(t - \xi_1 r)\,\mathrm{d}r \\
& + \frac{\dot{\tau}_0}{\pi c_s \kappa_0} H\left(\frac{t - t_{\mathrm{init}}}{\xi_1} - \frac{1}{c_l - c_R}\right) \int_{1/c_R}^{+\infty} p(w) Q(w, \xi_1, t) \frac{\sqrt{(c_s - c_R) w + 1}}{s_+(w)}\mathrm{d}w \\
& + \frac{\dot{\tau}_0}{\pi c_s s_{0+}(0)} \frac{c_R^2}{2\left(\dfrac{1}{c_s^2} - \dfrac{1}{c_l^2}\right)} H\left[\frac{t}{\xi_1 + c_R(t - t_{\mathrm{init}})} - \frac{1}{c_l}\right] \\
& \times \int_{\max\left[\frac{1}{c_l}, (t - t_{\mathrm{init}})/(\xi_1 + c_R(t - t_{\mathrm{init}}))\right]}^{t/(\xi_1 + c_R(t - t_{\mathrm{init}}))} \frac{\sqrt{c_s r + 1}}{r(c_R r + 1) s_{0-}(-r)} \\
& \times F_2(r)[t - \xi_1 r - c_R r(t - t_{\mathrm{init}})]\,\mathrm{d}r
\end{aligned} \tag{13.148}$$

常数 κ_0 为瑞利波速 c_R、剪切波速 c_s 及纵波速 c_l(即前面章节的 c_d) 的函数.

$$\kappa_0 = \frac{2}{c_R^2}\sqrt{1 - \frac{c_R^2}{c_s^2}}\sqrt{1 - \frac{c_R^2}{c_l^2}}\left(\frac{1}{c_s^2 - c_R^2} + \frac{1}{c_l^2 - c_R^2}\right) - \frac{2}{c_R^2 c_s^2}\left(2 - \frac{c_R^2}{c_s^2}\right) \tag{13.149}$$

函数 s_- 及 s_+ 为

$$s_{\pm}(\pm r)=\exp\left[-\frac{1}{\pi}\int_{1/(c_l\mp c_R)}^{1/(c_s\mp c_R)}\arctan\frac{4c_s^4\eta^2\beta(\mp\eta)\left|\alpha(\mp\eta)\right|}{\left(2c_s^2\eta^2-(c_R\eta\pm 1)^2\right)^2}\frac{\mathrm{d}\eta}{\eta+r}\right] \tag{13.150}$$

$$\beta(\pm\eta)=\frac{1}{c_s}\sqrt{1\pm(c_s-c_R)\eta}\sqrt{1\mp(c_s+c_R)\eta} \tag{13.151}$$

$$\left|\alpha(\pm\eta)\right|=\frac{1}{c_l}\sqrt{(c_l-c_R)\eta\pm 1}\sqrt{(c_l+c_R)\eta\mp 1} \tag{13.152}$$

$$s_{0-}(-r)=\exp\left[-\frac{1}{\pi}\int_{1/c_l}^{1/c_s}\arctan\frac{4c_s^3\eta^2\sqrt{1-c_s^2\eta^2}\sqrt{c_l^2\eta^2-1}}{c_l\left(2c_s^2\eta^2-1\right)^2}\frac{\mathrm{d}\eta}{\eta+r}\right] \tag{13.153}$$

常数 $s_{0+}(0)=s_{0-}(0)$, 及

$$F_1(r)=\frac{1}{(c_Rr+1)^2(2c_Rr+1)}\left[4r^2\left|\alpha(-r)\right|-\frac{\left(2c_s^2r^2-(c_Rr+1)^2\right)^2}{c_s^4\left|\beta(-r)\right|}H\left(r-\frac{1}{c_s-c_R}\right)\right] \tag{13.154}$$

$$F_2(r)=\frac{4}{c_l}r^2\sqrt{c_l^2r^2-1}-\frac{\left(2c_s^2r^2-1\right)^2}{c_s^3\sqrt{c_s^2r^2-1}}H\left(r-\frac{1}{c_s}\right) \tag{13.155}$$

最终

$$p(w)=\frac{1}{\pi c_s s_{0+}(0)}\frac{c_R^2}{2(1/c_s^2-1/c_l^2)}\int_{1/c_l}^{w/(wc_R-1)}\frac{\sqrt{c_sr+1}}{r(c_Rr+1)s_{0-}(-r)}F_2(r)\,\mathrm{d}r \tag{13.156}$$

$$\begin{aligned}Q(w,\xi_1,t)=&\int_{\max(1/(c_l-c_R),(t-c_Rwt_{\mathrm{init}})/(\xi_1+c_Rt_{\mathrm{init}}))}^{(t-t_{\mathrm{init}})/\xi_1}\frac{\sqrt{(c_s+c_R)r+1}}{(r+w)^2s_-(-r)}F_1(r)\\&\times\left[\begin{array}{l}\left(\dfrac{s_+'(w)}{s_+(w)}-\dfrac{\frac{1}{2}(c_s-c_R)}{(c_s-c_R)w+1}\right)\dfrac{r+w}{c_R(r+w)-1}\\(t-\xi_1r-c_Rt_{\mathrm{init}}(r+w))+\\\dfrac{2c_R(r+w)-1}{(c_R(r+w)-1)^2}(t-t_{\mathrm{init}}-\xi_1r)-t_{\mathrm{init}}\end{array}\right]\mathrm{d}r\end{aligned} \tag{13.157}$$

对 $t=1.5t_{\mathrm{init}}$ 情况, 移动裂纹前方的剪应力分布如图 13.9 所示, 其中剪应力利用了常剪应力率 $\dot{\tau}_0$ 及初始起始时间 t_{init} 进行了无量纲化. 距离 $\xi_1>0$ 也利用了剪切波速 c_s 及 t_{init} 无量纲化. 很清楚地看到剪应力在移动裂尖前方出现一个尖锐的峰值, 且发生在剪切波前沿, 即 $(c_s-c_R)(t-t_{\mathrm{init}})$ 处. 事实上, 对于任一时间 $t>t_{\mathrm{init}}$,

这个峰值总会出现在剪切波前沿. 基于这种结论, 将 $\xi_1 = (c_s - c_R)(t - t_{\text{init}})$ 代入剪应力表达式中, 可以求出最大峰值应力 τ_{peak},

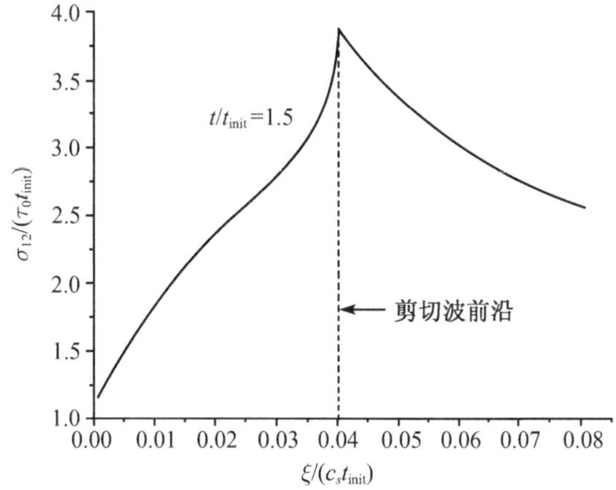

图 13.9 母裂纹以瑞利波扩展时, 裂尖前方剪切应力分布[23]

$$\begin{aligned}\tau_{\text{peak}} =& \dot{\tau}_0 t + \frac{\dot{\tau}_0}{\pi c_s s_+(0)\kappa_0}\int_{1/(c_l-c_R)}^{1/(c_s-c_R)}\sqrt{\frac{(c_s+c_R)r+1}{rs_-(-r)}}F_1(r)\left[t-(c_s-c_R)r(t-t_{\text{init}})\right]\mathrm{d}r\\ &+\frac{\dot{\tau}_0}{\pi c_s\kappa_0}\int_{1/c_R}^{+\infty}p(w)\,Q_{\text{peak}}(w,t)\frac{\sqrt{(c_s-c_R)w+1}}{s_+(w)}\mathrm{d}w+\frac{\dot{\tau}_0}{\pi c_s s_{0+}(0)}\frac{c_R^2}{2\left(\dfrac{1}{c_s^2}-\dfrac{1}{c_l^2}\right)}\\ &\times\int_{1/c_s}^{t/c_s(t-t_{\text{init}})}\frac{\sqrt{c_s r+1}}{r(c_R r+1)s_{0-}(-r)}F_2(r)\left[t-c_s r(t-t_{\text{init}})\right]\mathrm{d}r \end{aligned}\tag{13.158}$$

式中,

$$F_1(r) = 4r^2\left|\alpha(-r)\right|/(c_R r+1)^2(2c_R r+1) \tag{13.159}$$

$$Q_{\text{peak}}(w,t) = Q\left(w,(c_s-c_R)(t-t_{\text{init}}),t\right) \tag{13.160}$$

(3) I 型扩展裂纹分析

对于 I 型的解可利用同样的方法求得. 此处仅给出了在扩展裂尖前方剪切波处的正应力, $\sigma = \sigma_{22}\left[\xi_1 = (c_s - c_R)(t - t_{\text{init}}), \xi_2 = 0\right]$, 即

$$\begin{aligned}\sigma =& \dot{\sigma}_0 t + \frac{\dot{\sigma}_0}{\pi c_l s_+(0)\kappa_0}\int_{1/(c_l-c_R)}^{\frac{1}{c_s-c_R}}\frac{\sqrt{(c_l+c_R)r+1}}{rs_-(-r)}F_1^{(I)}(r)\left[t-(c_s-c_R)r(t-t_{\text{init}})\right]\mathrm{d}r\\ &+\frac{\dot{\sigma}_0}{\pi c_l\kappa_0}\int_{1/c_R}^{+\infty}p^{(I)}(w)\,Q^{(I)}(w,t)\frac{\sqrt{(c_l-c_R)w+1}}{s_+(w)}\mathrm{d}w\end{aligned}$$

$$+\frac{\dot{\sigma}_0}{\pi c_l s_{0+}(0)\kappa_0}\frac{c_R^2}{2\left(\frac{1}{c_s^2}-\frac{1}{c_l^2}\right)}$$

$$\times\int_{1/c_s}^{t/c_s(t-t_{\text{init}})}\frac{\sqrt{c_l r+1}}{r(c_R r+1)s_{0-}(-r)}F_2^{(I)}(r)\left[t-c_s r(t-t_{\text{init}})\right]\mathrm{d}r \quad (13.161)$$

式中,

$$F_1^{(I)}(r)=-\frac{\left(2c_s^2r^2-(c_R r+1)^2\right)^2}{c_s^4(c_R r+1)^2(2c_R r+1)|\alpha(-r)|} \quad (13.162)$$

$$F_2^{(I)}(r)=\frac{4}{c_s}r^2\sqrt{c_s^2r^2-1}H\left(r-\frac{1}{c_s}\right)-\frac{c_l\left(2c_s^2r^2-1\right)^2}{c_s^4\sqrt{c_l^2r^2-1}} \quad (13.163)$$

$$p^{(I)}(w)=\frac{1}{\pi c_l s_{0+}(0)}\frac{c_R^2}{2\left(\frac{1}{c_s^2}-\frac{1}{c_l^2}\right)}\int_{1/c_l}^{w/(wc_R-1)}\frac{\sqrt{c_l r+1}}{r(c_R r+1)s_{0-}(-r)}F_2^{(I)}(r)\,\mathrm{d}r \quad (13.164)$$

$$Q^{(I)}(w,t)=\int_{\max\left(\frac{1}{c_s-c_R},\frac{t-c_R w t_{\text{init}}}{(c_s-c_R)(t-t_{\text{init}})+c_R t_{\text{init}}}\right)}^{\frac{1}{c_s-c_R}}\frac{\sqrt{(c_l+c_R)r+1}}{(r+w)^2 s_-(-r)}F_1^{(I)}(r)$$
$$\times\left[\begin{array}{l}\left[\dfrac{s_+'(w)}{s_+(w)}(r+w)-\dfrac{\frac{1}{2}(c_l-c_R)(r+w)}{(c_l-c_R)w+1}+\dfrac{2c_R(r+w)-1}{c_R(r+w)-1}\right]\\ \times\left(\dfrac{1-(c_s-c_R)r}{c_R(r+w)-1}(t-t_{\text{init}})-t_{\text{init}}\right)+\dfrac{c_R(r+w)}{c_R(r+w)-1}t_{\text{init}}\end{array}\right]\mathrm{d}r \quad (13.165)$$

(4) 黏结强度准则及子裂纹的形核

我们利用黏结强度准则 (13.136) 式, 来决定子裂纹的形核. 在 (13.158) 式及 (13.161) 式中已经给出了剪切波处的最大剪应力及相应的正应力. 从量纲分析角度考虑, 剪应力值及正应力可以写为

$$\tau_{\text{peak}}=\dot{\tau}_0 t_{\text{init}} f_{\text{II}}\left(\frac{t}{t_{\text{init}}}\right),\quad \sigma=\dot{\sigma}_0 t_{\text{init}} f_{\text{I}}\left(\frac{t}{t_{\text{init}}}\right) \quad (13.166)$$

式中, f_{I}, f_{II} 为从 (13.158) 式及 (13.161) 式中求得的无量纲时间 t/t_{init} 的函数. 将 (13.166) 式代入黏结强度准则 (13.156) 式, 则可求得子裂纹的形核时间 t_{nucl},

$$\dot{\tau}_0 f_{\text{II}}\left(\frac{t_{\text{nucl}}}{t_{\text{init}}}\right)+\frac{\dot{\sigma}_0}{\sqrt{3}}f_{\text{I}}\left(\frac{t_{\text{nucl}}}{t_{\text{init}}}\right)=\frac{2.039}{t_{\text{init}}} \quad (13.167)$$

$$t_{\text{nucl}}=120 \quad (13.168)$$

与分子动力学模拟的 $t_{\text{nucl}}^{\text{MD}} = 140$ 比较接近.

子裂纹形核位置也可以进一步得到,

$$\xi_{\text{nucl}} = (c_s - c_R)(t_{\text{nucl}} - t_{\text{init}}) = 18.2 \tag{13.169}$$

而分子动力学模拟的结果为 $\xi_{\text{nucl}}^{\text{MD}} = 22$, 这就表明了 (13.136) 式的黏结强度准则似乎是控制子裂纹形核的依据, 导致跨音速裂纹的扩展.

13.9 裂纹尖端超弹性区对 I、II 型裂纹速度的影响

固体的弹性会受到变形状态的影响, 例如, 当到达临界失效形变时, 金属呈现出软化而多聚物呈现出硬化现象. 对于弹性模量, 只有在无限小变形时才能认为是常数, 且线弹性关系成立. 大多数断裂力学模型利用了线弹性的条件, 尽管在裂纹尖端有很大的变形. 在本节中大尺度的原子模拟显示, 在大应变即超弹性情况下, 弹性行为对动态断裂起主导作用, 线弹性理论则不可能完全刻画断裂现象.

Gao[24] 及 Abraham[25] 独立地提出了裂纹尖端的超弹性效应能够在动态断裂中起主导作用, 他们的思想有助于帮助理解裂纹分叉、裂纹失稳及实验计算机模拟中裂纹扩展速度的最大值偏低现象. 然而, 超弹性对动态断裂的主导思想还没有被普遍接受, 一个理由是在加载体中, 大变形区域局限于裂尖处, 与试样尺寸相比很小.

本节介绍了 Buehler、Abraham 和 Gao[26] 利用大尺度原子模拟来证实在理解动态断裂过程中超弹性的重要性. 即使超弹性相比于试样尺寸很小, 裂尖附近的超弹性能够通过提高或降低局部能量流动影响裂纹扩展的极限速度. 超弹性理论完全改变了经典理论中裂纹最大扩展速度. 例如, 在前面我们讲到, 经典理论认为 I 型的裂纹最大极限速度为瑞利波速, II 型的为纵波速 (通过子裂纹形核). 在 Buehler 等[27] 的计算机模拟中, I 型超瑞利波速及 II 型超音速裂纹在超弹性状态可以实现, 这也被实验所证实[12]. 在他们[26] 的模拟中, 发现一个与裂尖处能量流动相关的特征长度尺度, 以至于当超弹性尺寸接近这个特征长度时, 超弹性则主导裂纹的动态扩展. 为了模拟超弹性, 协调势函数由两个弹簧常数组成, 一个与小变形相关, 另一个与大变形相关, 来研究超弹性在一个类似真实材料中的一般特征.

13.9.1 模型

如图 13.10 所示是一个二维模拟几何图, 板尺寸为 l_x 及 l_y, 裂纹在 y 方向扩展, 扩展长为 a. 裂纹在一个三角六边晶格中扩展, 最近的距离为沿晶格方向 $r_1 = 2^{1/6} = 1.12246$, 如图 13.10 所示. 为了避免裂纹分叉, 引进一个弱断裂层, 通过

假设裂纹预计扩展的原子键在一个临界 r_{break} 断裂, 而其他地方保持不断, 断裂距离可以用来调整断裂表面能 γ. 分子动力学计算的无量纲方法与 13.8.1 节一致.

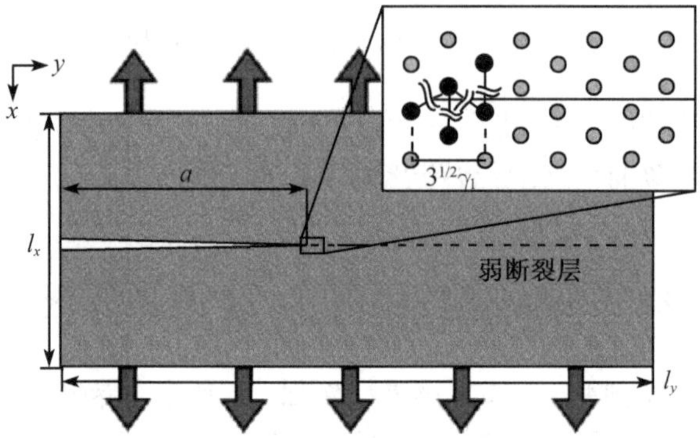

图 13.10　MD 模拟几何形状, 裂纹在 y 方向扩展, 初始裂纹长为 $a=200$[26]

原子键势函数定义为

$$\phi(r)=\begin{cases}\dfrac{1}{2}k_1(r-r_1)^2, & r<r_{\text{on}}\\ a_2+\dfrac{1}{2}k_2(r-r_2)^2, & r\geqslant r_{\text{on}}\end{cases} \tag{13.170}$$

其中, 参数为 (从连续的条件得到)

$$a_2=\frac{1}{2}k_1(r_{\text{on}}-r_1)^2-\frac{1}{2}k_2(r_{\text{on}}-r_2)^2 \tag{13.171}$$

$$r_2=\frac{1}{2}(r_{\text{on}}+r_1) \tag{13.172}$$

杨氏模量为

$$E=\frac{2}{\sqrt{3}}k_1,\quad \mu=\frac{\sqrt{3}}{4}k_1 \tag{13.173}$$

断裂表面能 γ 定义为裂纹扩展单位长度原子键断裂所需要的能量, 对纯协调势为

$$\gamma=\frac{E\left(r_{\text{break}}-r_1\right)^2}{2r_1} \tag{13.174}$$

对双协调势为 $(r_{\text{break}}>r_{\text{on}})$

$$\gamma=\frac{2a_2+k_2(r_2-r_{\text{break}})^2}{\sqrt{3}r_1} \tag{13.175}$$

E_1 为小变形的杨氏模量, E_2 为大变形的杨氏模量.

在模拟中, 作者采用了两个弹簧常数 (所有的量为无量纲单位)

$$k_1 = 36/\sqrt[3]{2} = 28.57, \quad k_2 = 2k_1 \tag{13.176}$$

在弹性硬化系统中, 弹簧常数 k_1 与平衡距离 r_1 相关, 而 k_2 与键拉伸 $r > r_{\rm on}$ 相关. k_1, k_2 如果颠倒过来, 即 $k_1 = 2k_2$, $k_2 = 36/\sqrt[3]{2}$, 则为弹性软化系统. 对于纯协调系统, 只要 $r_{\rm on}$ 比 $r_{\rm break}$ 大很多, 就可以实现.

泊松比几乎与密度无关, 对所有势函数, 我们取 $\nu = 0.33$. 在硬化系统中, 小变形杨氏模量 $E_1 = 33$, $\mu_1 = 12.4$, 而大变形的杨氏模量为 $E_2 = 66$, 剪切模量为 $\mu_2 = 24.8$. 对于软化系统, 则 $E_2 = 33$, $E_1 = 66$. 在小变形情况下, 二维原子板可以看作各向同性平面应力板.

在弹性固体中, 三个物质波的波速分别为：纵波速 $c_d = \sqrt{3\mu/\rho}$, 剪切波速 $c_s = \sqrt{\mu/\rho}$, 瑞利波速 $c_R = 0.9225c_s$. 密度为 $\rho = 2/\sqrt{3}/\sqrt[3]{2} = 0.9165$. 假设原子质量为单位 1, 根据 $k_2 = 2k_1$, 则可推导大变形时的波速为小变形的 $\sqrt{2}$ 倍.

13.9.2 裂纹速度及能量流动

对协调系统, 选 $r_{\rm break} = 1.17$, 对双协调系统, 选 $r_{\rm on} = 1.1275$, 在硬化系统中选 $r_{\rm break} = 1.1558$, 在软化系统中 $r_{\rm break} = 1.1919$. 与线弹性理论预测相比, 在硬化系统中裂纹扩展速度超过 20%, 而在软化系统中则低 30%. 整个过程保持小应变弹性常数不变, 而改变大应变的弹性, 所以应该为超弹性对动态裂纹产生的影响.

利用一个基于主应变的几何准则来描述裂尖附近的超弹性响应. 将具有最大主应变 $\varepsilon_1 > (r_{\rm on} - r_1)/r_1$ 的区域定义为超弹性面积. 图 13.11a 表示硬化材料中的超弹性面积, 图 13.11b 表示软化材料的超弹性面积. 从图中可以看出超弹性效应高度局限于裂尖周围, 但对裂纹速度的影响却很大, 与板的尺寸无关. 图 13.11c 中表示了硬化双线性系统中裂纹附近的能量流动提高, 及图 13.11d 表示软化系统中能量流动减小. 在每一个图中, 局部超弹性区由点画线表示, 图中箭头表示能量流动方向, 在软化情况下, 可以看出裂纹前方的能量流动几乎不存在. 可见, 在硬化材料中裂纹速度增大, 软化材料中裂纹速度减小, 是由于裂尖附近的能量流动提高或降低的原因.

对于 I 型张开裂纹, 线性理论预测, 当速度接近瑞利波速时, 能量释放率消失, 暗示着 I 型裂纹不能超过瑞利波速前进. 这种现象对协调势系统得到了证实. 当利用双协调势考虑不同强度的超弹性效应, 由参数 $r_{\rm on}$ 控制不同的起始应变. 参数 $r_{\rm on}$ 控制的超弹性效应的起始应变为 $\varepsilon_{\rm on} = (r_{\rm on} - r_1)/r_1$. 模拟显示裂纹以定常态超瑞利波扩展, 且在裂尖周围存在一个局部硬化区. 图 13.12a 给出了裂纹速度作为超弹性起始应变 $\varepsilon_{\rm on}$ 的函数关系. 图中速度是在定常态扩展过程中给出的. 我们发现超弹性效应越早出现, 则极限速度越大. 利用主应变准则发现 $\varepsilon_{\rm on}$ 越小, 则面积越大.

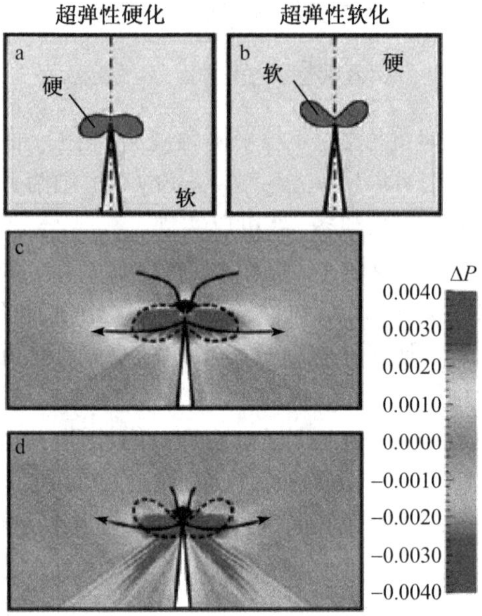

图 13.11　裂纹尖端超弹性区及相关能量流动变化[26]

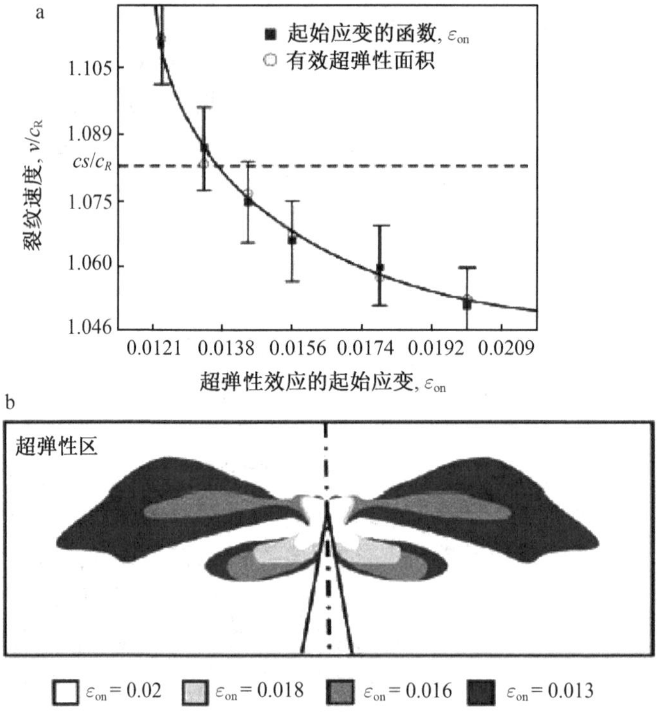

图 13.12　随超弹性启动应变 ε_{on} 裂纹速度的变化[26]

图 13.12b 中描述了不同 ε_{on} 时的裂尖超弹性区形状. 超弹性区形状及大小与板宽 l_x 无关. 在所有情况下, 超弹性区面积都局限在裂尖周围, 而不延伸到模拟试样的边界.

I 型裂纹, 如果存在一个局部硬化超弹性区, 则会以准静态跨音速扩展, 例如, 当大应变弹簧常数选为 $k_2 = 4k_1$, $r_0 = 1.1375$, $r_{\text{break}} = 1.1483$, I 型裂纹将比相对较软材料的瑞利波速快 21%, 并为跨音速, 如图 13.13a 中剪切波的 Mach 锥清晰可见.

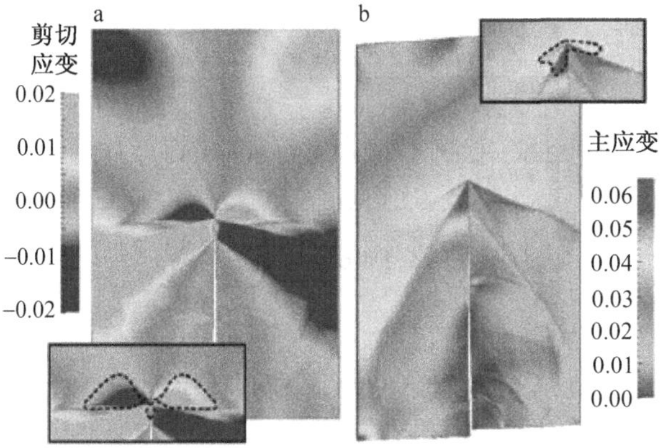

图 13.13 I 型跨音速裂纹扩展及 II 型超音速裂纹扩展[26]

在本节中, 也用双协调硬化势研究了一个剪切主导的 II 型裂纹问题. 定义 $r_{\text{break}} = 1.17$, r_{on} 选择略小于 r_{break}, 使得超弹性区很小. 当子裂纹产生后, 则停止动态载荷, 结果显示在图 13.13b 中. 子裂纹从母裂纹中形核, 并以超音速扩展. 虽然超弹性区保持在裂尖区, 超音速的 II 型裂纹扩展在以前的报道中已经出现[18], 但在那些模拟中并没有强调一个比较清晰定义的超弹性区. 该文的结果则证明了局部超弹性效应在裂尖处使得裂纹超音速扩展成为可能.

该文的 I 型裂纹的超瑞利波速扩展以及 II 型裂纹的超音速扩展与经典断裂力学的预测结果相矛盾.

13.9.3 特征能量长度尺度

在弹性硬化材料中, I 型超瑞利波裂纹扩展问题, 在某种程度上与包围在软基体的硬条带中 I 型裂纹扩展的 Broberg 问题[28] 类似. 如图 13.14 所示, Broberg 显示这种裂纹扩展相对周围基体超音速扩展, 能量释放率可以写成

$$G = \frac{\sigma^2 h}{E} f(v, c_1, c_2) \tag{13.177}$$

式中, σ 为作用力, h 为硬条带的半宽度. 为裂纹速度 v、条带及周围基体材料波速 (c_1, c_2) 的无量纲函数. 利用动态能量释放率 $G = 2\gamma$, 表明裂纹扩展速度为比值

h/χ 的函数, 其中 $\chi \sim \gamma E/\sigma^2$ 定义为局部能量流动的特征长度. 关于这个特征长度与硬条带厚度及裂纹扩展速度的关系, 可以参见 Gao 等[29] 一文, 这里就不再详述.

另外采用线性幂次超硬化本构关系, 波速将随应变的增大而提高, 对于 III 型裂纹也会在裂尖周围出现一个相对于远场材料的超音速 III 型裂纹扩展, 可以参见 Guo 等[30].

对于 I 型裂纹超瑞利波速扩展, 最近由 Peterson[31] 等人利用橡胶进行了实验, 发现在非线性材料也会出现这种现象.

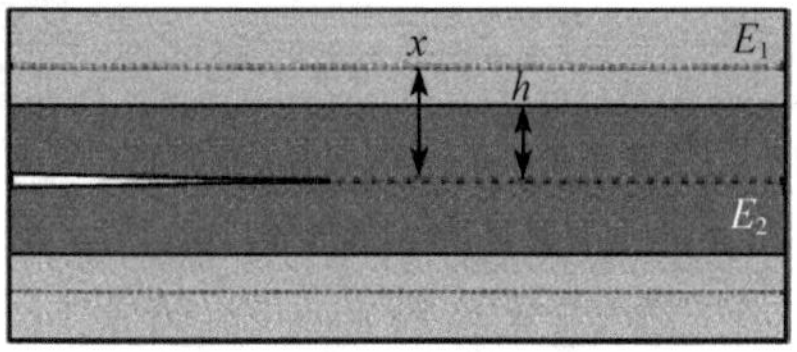

图 13.14 Broberg 条带问题

参 考 文 献

[1] Yoffe E H. The moving grifith crack. Philosphical Magzine, 1951, 42: 739−750.

[2] Freund L B. Dynamic fracture mechanics. Cambridge: Cambridge University Press, 1998.

[3] Dugdale D C. Yielding of steel sheet containing slits. Journal of the Mechanics and Physics of Solids, 1960, 8: 100−104.

[4] Broberg K B. The propagation of a brittle crack. Archiv fur Fysik, 1960, 18: 159−192.

[5] Cherepanov G P, Afanasev E F. Some dynamic problems of the theory of elasticity: a review. Applied Mathematics and Mechanics, 1973, 37: 584−606.

[6] Burridge R. Admissible speeds for plane-strain self-similar shear cracks with friction but lacking cohesion. Geophysical Journal of the Royal Astronomical Society, 1973, 35: 439−455.

[7] Andrews D J. Rupture velocity of plane strain shear cracks. Journal of Geophysical Research, 1976, 81: 5679−5687.

[8] Archuleta R J. Analysis of near source static and dynamic measurements from the 1979 Imperial Valley earthquake. Bulletin of the Seismological Society of America, 1982, 72: 1972−1956.

[9] Baker B R. Dynamic stresses created by a moving crack. Journal of Applied Mechanics, 1962, 29: 449−458.

[10] Freund L B. Crack propagation in an elastic solid subjected to general loading: I. constant rate of extension. Journal of the Mechanics and Physics of Solids, 1972, 20:

129−140.

[11] Freund L B. Crack propagation in an elastic solid subjected to general loading: III. Stress wave loading. Journal of the Mechanics and Physics of Solids, 1973, 21: 47−61.

[12] Rosakis A J, Samudrala O, Coker D. Cracks faster than the shear wave speed. Science, 1999, 284: 1337−1340.

[13] Broberg K B. Cracks and Fracture. San Diego: Academic Press, 1999.

[14] Broberg K B. The near-tip field at high crack velocities. International Journal of Fracture, 1989, 39: 1−13.

[15] Andrews D J. Rupture velocity of plane strain shear cracks. Journal of Geophys. 1976, 81: 5679−5687.

[16] Needleman A. An analysis of intersonic crack growth under shear loading. Journal of Applied Mechanics, 2000, 66: 847−857.

[17] Abraham F F, Gao H. How fast can cracks propagate. Physical Review Letters, 2000, 84: 3113−3116.

[18] Abraham F F. The atomic dynamics of fracture. Journal of the Mechanics and Physics of Solids, 2001, 49: 2095−2111.

[19] Geubelle P H, Kubair D. Intersonic crack propagation in homogeneous media under shear dominated loading: numerical analysis. Journal of the Mechanics and Physics of Solids, 2001, 49: 571−587.

[20] Beroza G C, Spudich P. Linearised inversion for fault rupture behavior-application to the 1984 Morgan-Hill. California, Earthquake, J. Geophys. 1988, 93: 6275−6296.

[21] Wald D J, Heaton T H. Spatial and temporal distribution of slip for the 1992 Landers. California, Earthquake, Bull. Seismol. Soc. Am., 1994, 84: 668−691.

[22] Ellsworth W L, Celebi M. Near field displacement time histories of the M 7. 4 Kocaeli (Izimit). EOS Trans. Am. Geophys. 1999, 46: F648.

[23] Gao H, Huang Y, Abraham F. Continuum and atomistic studies of intersonic crack propagation. Journal of the Mechanics and Physics of Solids, 2001, 49: 2113−2132.

[24] Gao H. A theory of local limiting speed in dynamic fracture. J. Mech. Phys. Solids, 1996, 44: 1453−1474.

[25] Abraham F F. Dynamics of brittle fracture with variable elasticity. Phys. Rev. Lett. 1996, 77: 869−872.

[26] Buehler M, Abraham F F, Gao H. Hyperelasticity governs dynamic fracture at a critical length scale. Nature, 2003, 426: 141−146.

[27] Buehler M. Dissertation of PhD, University of Stuttgart and Max-Planck Institute for Metals Research, 2004.

[28] Broberg K B. Dynamic crack propagation in a layer. International Journal of Solids and Strucutres, 1995, 32: 883−896.

[29] Gao H, Chen S, Markus B. Dynamic crack propagation in a heterogeneous material strip: study of the Broberg problem by continuum an atomic methods. ICF11, Turin (Italy), 2005, 3: 20−25.

[30] Guo G F, Yang W, Huang Y. Supersonic crack growth in a solid of upturn stress-strain relation under anti-plane shear. Journal of the Mechanics and Physics of Solids, 2003, 51: 1971−1985.

[31] Peterson P J, Deegan R D, Marder M, et al. Cracks in rubber under tension exceed the shear wave speed, Physical Review letters, 2004, 93, 0155041: 1−4.

第 14 章　双材料界面动态裂纹扩展

前几章中我们介绍了均匀材料中动态裂纹扩展, 另一个重要的分支是双材料界面裂纹扩展问题.

众所周知, 许多新发展的多相材料的力学行为及其整个服役过程在很大程度上受界面的影响, 因此处理脱黏的界面断裂力学方法对于设计及生产多相材料很重要. 这些方法可以用来指导材料的选择, 估计脱黏韧性的影响.

关于理论及实验结果, 作为界面断裂力学方法的基础在 1990 年 Ruhle 等[1] 给出了一个综述, 且这个领域由于薄膜脱黏及脆性复合材料韧性的研究被进一步拓宽. 在许多材料系统中, 由断裂造成的低韧性或脆性, 在混合载荷作用下开始于界面, 以至于将界面脱胶抗力看作混合度的函数. 这种方法已经被 Rice[2] 基于小尺度接触及 Evans 等[3] 的代表性系统实验合理化, 并由 Hutchinson 和 Suo[4] 进一步发展, 分析了多层材料问题. Suo[5] 及 Wang 等[6] 将这种方法拓宽到复合多层的各向异性问题中.

尽管界面断裂很重要, 但我们对动态断裂脱胶问题, 如材料惯性、应变率感应及脱胶速度, 在 1990 年之前很少理解. 当一个多聚物复合多层材料受到冲击, 基体则劈裂, 脱胶进一步发展. 脱胶的形式及程度, 冲击损伤忍耐性都强烈受到载荷率, 混合度及材料应变率的影响. 这些对多层材料反应的观察经常是基于静态断裂力学的基础上. 至于固有存在的动态效应的出现也非常有必要考虑.

惯性效应可以产生于快速加载及快速裂纹扩展, 并对结构中混合型载荷转移特征有很重要的影响. 事实上, 加载率及混合度强烈影响率敏感材料中的断裂过程.

在 PMMA-Al 脱胶实验中, Tippur 和 Rosakis[7] 观察到脱胶裂纹能到达 PMMA 瑞利波速的 80%, 在均匀 PMMA 材料中是无法达到这个速度的. Yang 等[8]1991 年分析了 $v < c_{R1} < c_{R2}$ 的各向异性体之间的界面裂纹动态扩展种裂尖处应力奇异场, 重点阐述了建立界面动态断裂的框架, 包括快速施加载荷, 快速裂纹扩展及应变率相关材料的反应. 一般情况下, 应力奇异性具有振荡性, 与准静态裂纹类似. 当界面裂纹以软材料的瑞利波速扩展时, 振荡因子趋于无穷大, 暗示了在快速扩展裂纹后方存在比较大的接触区. 与均匀材料中裂纹情况相比, 界面裂纹在较小的瑞利波速时, 具有一个有限的能量因子. 同时 Yang 等[8] 也给出了各向同性双材料的奇异场及正交各向同性材料情况下的信息, 并给出了一些特殊构型下的各向异性双材料中动态应力强度因子. 在时间非相关载荷情况下, 动态应力强度因子可以分解

为一个裂纹速度的普函数与平衡状态的应力强度因子乘积.

下面我们介绍一些各向同性双材料界面裂纹动态扩展的特例. 读者可以从这些特例中学会和了解求解动态界面裂纹的基本思路及方法, 并理解界面动态裂纹与均匀材料中动态裂纹的尖端场区别与联系, 动态裂纹扩展极限速度的异同及影响因素.

14.1　准静态动态裂纹扩展

受到 Liu 等[9] 实验报道的启发, Yu 和 Yang[10] 对跨音速界面裂纹问题进行了研究, 首先他们研究了反平面剪切双材料界面裂纹问题. 界面裂纹的速度超过了软材料的剪切波速, 而小于硬材料的剪切波速, 控制方程对于硬材料为椭圆形, 而对于软材料为双曲线型, 得到了一个封闭的解析解, 描述了从椭圆区域向双曲线区域力学场的过渡. 裂纹尖端的应力奇异性依赖于裂纹扩展速度. 对半无限脱胶裂纹, 受准静态裂纹面载荷情况, 当裂纹速度为较小剪切波速时无奇异性, 当接近较大剪切波速时为 1/2 奇异性. 衡量奇异强度的应力强度系数, 对跨音速脱胶情况, 整个能量释放率消失, 而能量从硬材料一边沿着一个特征线流向软材料一边, 在裂尖处无残留, 并得到结论: 只要流过界面能量是有限的, 脱胶速度不可能超过较大剪切波速.

如图 14.1 所示, 材料 1 和 2 分别位于上下半空间. $\rho^{(1)}$、$\rho^{(2)}$、$\mu^{(1)}$、$\mu^{(2)}$ 分别表示两种材料的密度及剪切模量, (1)、(2) 分别对应表示材料 1 及 2. 剪切波速为

$$c_s^{(1)} = \sqrt{\mu^{(1)}/\rho^{(1)}}, \quad c_s^{(2)} = \sqrt{\mu^{(2)}/\rho^{(2)}} \tag{14.1}$$

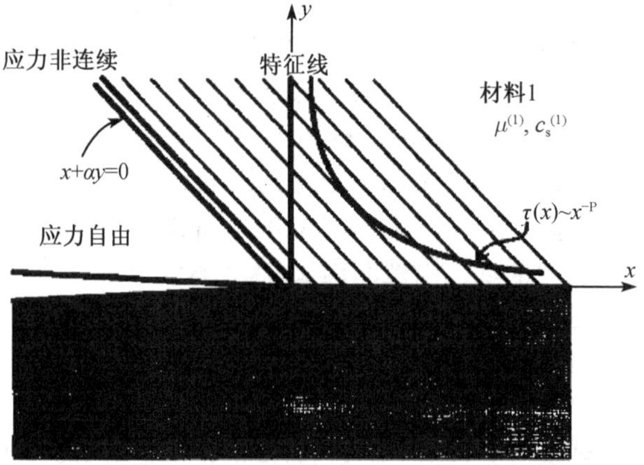

图 14.1　跨音速界面裂纹扩展示意图, 在较软的材料中出现一个特征线族[10]

假设 $c_s^{(2)} > c_s^{(1)}$, x、y 坐标位于裂纹尖端与裂尖以同样速度 v 前进, $c_s^{(1)} < v < c_s^{(2)}$. 反平面位移 w 在材料 1 中满足,

$$\alpha^2 w_{,xx} - w_{,yy} = 0, \quad y > 0 \tag{14.2}$$

在材料 2 中满足,

$$\beta^2 w_{,xx} + w_{,yy} = 0, \quad y < 0 \tag{14.3}$$

α,β 分别定义为

$$\alpha = \sqrt{(v/c_s^{(1)})^2 - 1}, \quad \beta = \sqrt{1 - (v/c_s^{(2)})^2} \tag{14.4}$$

α 在靠近低剪切波速时消失, 而 β 在靠近高剪切波速时消失. 软材料控制方程为双曲线型, 而硬材料控制方程为椭圆形.

裂纹面自由边界条件为

$$\sigma_{zy}(x, 0^+) = \sigma_{zy}(x, 0^-) = 0, \quad x < 0 \tag{14.5}$$

σ_{zx}、σ_{zy} 表示反平面剪切应力. 界面处应力和位移的连续条件为

$$\sigma_{zy}\left(x, 0^+\right) = \sigma_{zy}\left(x, 0^-\right), \quad w\left(x, 0^+\right) = w\left(x, 0^-\right), \quad x \geqslant 0 \tag{14.6}$$

方程 (14.2) 的一般解在双曲线区域有两个特征线, 与航空中的超音速流动相似.

$$w\left(x, y\right) = W\left(x + \alpha y\right) \tag{14.7}$$

将方程 (14.7) 代入 (14.5) 中第一个边界条件, 我们发现界面上方楔状翼内, 即 $\{x, y|_{y>0, x+\alpha y<0}\}$ 中应力自由, 且具有均匀的反平面位移:

$$w\left(x, y\right) = w\left(0, 0\right), \quad \sigma_{zx} = \sigma_{zy} = 0 \tag{14.8}$$

不失一般性, $w(0,0)$ 可以取 0, 界面剪切应力在软材料一边求得

$$\sigma_{zy}\left(x, 0^+\right) = \alpha\mu^{(1)} \frac{\partial w\left(x, 0^+\right)}{\partial x} = \alpha\mu^{(1)} \frac{\mathrm{d}}{\mathrm{d}x} W\left(x\right) \tag{14.9}$$

利用下列变量转换

$$\xi = x, \quad \eta = \beta y \tag{14.10}$$

方程 (14.3) 被转变成一个用 ξ, η 表示 w 的标准 Laplace 方程. 具体的方法见 Yu 和 Yang [10], 最终关于界面应力的积分方程为

$$\frac{\lambda}{\pi} \int_0^\infty \frac{\tau\left(\xi\right)}{\xi - x} \mathrm{d}\xi = \tau\left(x\right), \quad x > 0 \tag{14.11}$$

$$\lambda = \frac{\mu^{(1)}\alpha}{\mu^{(2)}\beta} \tag{14.12}$$

利用对 τ 的 Hilbert 变换:

$$G[\tau] \equiv \frac{1}{\pi}\int_{-\infty}^{+\infty}\frac{\tau(\xi)}{x-\xi}\mathrm{d}\xi \tag{14.13}$$

将未知函数 τ 映射到正负两个函数空间:

$$\tau(\xi) = \tau_+(\xi) + \tau_-(\xi) \tag{14.14}$$

$$\tau_\pm = \frac{1}{2}\left(\tau(\xi) \pm \mathrm{i}G[\tau]\right) \tag{14.15}$$

$\tau_\pm$ 的 Fourier 变换为

$$F[\tau_\pm] \equiv \frac{1}{\sqrt{2\pi}}\int_{-\infty}^{+\infty}\tau_\pm(\xi)\exp(\mathrm{i}s\xi)\,\mathrm{d}\xi \tag{14.16}$$

并具有以下性质:

$$F[\tau_+] = \begin{cases} 0, & s>0 \\ F[\tau], & s<0 \end{cases}, \quad F[\tau_-] = \begin{cases} F[\tau], & s>0 \\ 0, & s<0 \end{cases} \tag{14.17}$$

最终得到 Wiener-Hopf 方程:

$$\tau_+ = Q(\xi)\,\tau_- \tag{14.18}$$

式中,

$$Q(\xi) = \begin{cases} (\lambda-\mathrm{i})/(\lambda+\mathrm{i}), & \xi>0 \\ -1, & \xi<0 \end{cases} \tag{14.19}$$

$$Q(\xi) = -\frac{q^-(\xi)}{q^+(\xi)} \tag{14.20}$$

$$q^\pm(\xi) = \lim_{\eta\to 0^\pm} q(\zeta), \quad q(\zeta) = (\mathrm{e}^{-\pi\mathrm{i}}\zeta)^{\mathrm{p}} \tag{14.21}$$

$q(\zeta)$ 除了沿 ξ 正轴割线, 处处解析.

$$p = \frac{1}{\pi}\arctan\lambda \tag{14.22}$$

对任意 λ 值, p 的范围为 0~1/2. 这样 Wiener-Hopf 方程 (14.18) 可写为

$$q^+\tau_+ = -q^-\tau_- \tag{14.23}$$

为了消除 q 在无穷远处的奇异性, 上式可写为

$$\frac{q^+}{\xi-\mathrm{i}}\tau_+ + \frac{K_0}{\xi-\mathrm{i}} = -\frac{q^-}{\xi-\mathrm{i}}\tau_- + \frac{K_0}{\xi-\mathrm{i}} \tag{14.24}$$

经过代数处理, 最终

$$\tau(\xi)=\frac{K}{\sqrt{2\pi}}\xi^{-p},\quad K=-2\sqrt{2\pi}\mathrm{i}K_0\sin(\pi p) \tag{14.25}$$

从上式可以看出, 跨音速脱胶的应力奇异性依赖于裂纹速度. 当 v 刚刚超过较低的剪切波速, p 接近零. 界面应力几乎无奇异性. 应力奇异性随着裂纹速度增大而增大, 当 v 趋近于较高剪切波速时, 界面应力趋于 1/2 奇异性. 应力强度系数 K 表示裂尖应力场的强度, 虽然奇异性指数在不同情况下发生变化, K 与脱胶速度、试样几何及远处载荷相关.

由界面应力表达式可以求出软材料中的位移场及应力场为

$$w(x,y)=\frac{K}{\sqrt{2\pi}\mu^{(1)}\alpha(1-\rho)}(x+\alpha y)^{1-p}H(x+\alpha y) \tag{14.26}$$

$$\alpha\sigma_{zx}(x,y)=\sigma_{zy}(x,y)=\frac{K}{\sqrt{2\pi}}(x+\alpha y)^{-p}H(x+\alpha y) \tag{14.27}$$

对于硬材料, 位移梯度可以写为

$$\begin{aligned}\frac{\partial w\left(\xi,\eta\right)}{\partial\xi}&=\frac{1}{\pi\beta\mu^{(2)}}\int_0^{\infty}\frac{x-\xi}{\left(x-\xi\right)^2+\eta^2}\tau\left(x\right)\mathrm{d}x\\ \frac{\partial w\left(\xi,\eta\right)}{\partial\eta}&=-\frac{1}{\pi\beta\mu^{(2)}}\int_0^{\infty}\frac{\eta}{\left(x-\xi\right)^2+\eta^2}\tau\left(x\right)\mathrm{d}x\end{aligned} \tag{14.28}$$

于是可以求得硬材料中的应力场:

$$\left\{\begin{array}{c}\sigma_{zx}\\ \sigma_{zy}\end{array}\right\}=\frac{K}{\sqrt{2\pi}\sin p\pi}r_s^{-p}\left\{\begin{array}{l}\beta^{-1}\cos\left(p\left(\pi+\theta_s\right)\right)\\ \sin\left(p\left(\pi+\theta_s\right)\right)\end{array}\right\} \tag{14.29}$$

及位移场:

$$w\left(r_s,\theta_s\right)=\frac{K}{\sqrt{2\pi}\mu^{(1)}\alpha}\frac{\sqrt{\lambda^2+1}}{1-p}r_s^{1-p}\cos\left(\theta_s-p\left(\pi+\theta_s\right)\right) \tag{14.30}$$

式中, r_s, θ_s 为硬材料中的极坐标.

为了进一步理解跨音速脱胶应力场, Yu 和 Yang[10] 考虑了一种反平面裂纹面载荷 $t(x)$ 随裂尖运动的解, 控制方程为

$$\frac{\lambda}{\pi}\int_0^{\infty}\frac{\tau\left(\xi\right)}{\xi-x}\mathrm{d}\xi+f\left(x\right)=\tau\left(x\right),\quad x>0 \tag{14.31}$$

式中,

$$f\left(x\right)=\frac{\lambda}{\pi}\int_{-\infty}^{0}\frac{t\left(\xi\right)}{\xi-x}\mathrm{d}\xi,\quad x>0 \tag{14.32}$$

最终

$$\tau(x)=\frac{f(x)}{1+\lambda^2}+\frac{\lambda}{1+\lambda^2}\frac{x^{-p}}{\pi}\int_0^{\infty}\frac{f(\xi)\,\xi^p}{\xi-x}\mathrm{d}\xi \tag{14.33}$$

从这个解中可以根据定义求得应力强度系数为

$$K=\sqrt{2\pi}\lim_{x\to 0}x^p\tau(x)=\sqrt{\frac{2}{\pi}}\sin(p\pi)\int_{-\infty}^{0}t(\xi)(-\xi)^p\mathrm{d}\xi \tag{14.34}$$

考虑一个基本问题, 即在界面裂纹表面施加反平面集中力 S, 距离裂尖 b, 且随裂尖前进, 那么

$$t(x)=S\delta(x+b) \tag{14.35}$$

代入 (14.34) 式中, 即可求得应力强度系数:

$$K=\sqrt{\frac{2}{\pi}}\sin(p\pi)\frac{S}{b^{1-p}} \tag{14.36}$$

对于脱胶速度正好越过较低剪切波速时, p 趋于零, K 消失. 从上面位移及应力表达式可见, w 及 σ_{zx} 为有限值, 而 σ_{zy} 在靠近较低剪切波速时消失. σ_{zx} 的非连续性则暗示了非协调界面剪切应变有助于裂纹超越较低剪切波速. 在较高剪切波速附近, K 趋于有限值 $\sqrt{2/(\pi b)}S$, 应力和位移在软材料中具有有限幅值, σ_{zy} 在硬材料中也如此, 但 σ_{zx} 及位移在硬材料中趋于无穷, 则暗示着超过较高剪切波速是非常困难的.

下面我们讨论脱胶过程中的能量流动. 在准静态情况下, 我们知道流动能量积分对一个 x 方向均匀的材料是路径无关的, 对 III 型反平面剪切问题

$$F=v\int_{\Gamma}\left\{(U+T)\,n_x-(\sigma_{zx}n_x+\sigma_{zy}n_y)\frac{\partial w}{\partial x}\right\}\mathrm{d}\Gamma \tag{14.37}$$

式中, Γ 表示从一个裂纹面开始, 终止于另一个裂纹面的围线, 具有单位外法向矢量 (n_x,n_y). U 与 T 分别表示应变能及动能, 可以表达为

$$U=\frac{\sigma_{zx}^2+\sigma_{zy}^2}{2G},\quad T=\left(\frac{v}{c_s}\right)^2\frac{\sigma_{zx}^2}{2\mu} \tag{14.38}$$

能量积分 (14.37) 式对于准静态跨音速脱胶问题, 只要连续条件 (14.6) 式满足, 则路径无关.

将 (14.38) 式代入 (14.37) 式有

$$F=\frac{v}{2\mu}\int_{\Gamma}\left\{\left[\sigma_{zy}^2-\left(1-\frac{v^2}{c_s^2}\right)\sigma_{zx}^2\right]\mathrm{d}y+2\sigma_{zx}\sigma_{zy}\mathrm{d}x\right\} \tag{14.39}$$

Γ 选择为起始于裂纹下表面, 然后逆时针转向并终止于裂纹上表面. F 的路径无关性允许将 Γ 收缩到裂纹尖端, 而奇异性阶数 p 小于 1/2. 对一个围绕裂尖的无限小

环, 积分 (14.39) 式消失, 所以在任一 Γ 上都为零. 于是, 整个能量流动到任一包围裂尖的环线都为零.

我们再估计 $\Gamma_P^{(2)}$ 半环积分, 即起始于裂纹面下表面任一点, 逆时针到界面上一个特定点 P. 如图 14.2 所示, 选择一个封闭的环线, 由 $\Gamma_P^{(2)}$、P 点沿界面到裂纹附近一点, 一个排除裂尖的半圆及部分裂纹面的几段组成. 守恒积分 Γ 沿这个闭合环线为零, 沿裂纹面的积分也因为 $\mathrm{d}y=0$, $\sigma_{zy}=0$ 而为零. 当圆收缩到裂尖, 半圆积分为零 (应力奇异性小于 1/2), 所以半环积分 $F(\Gamma_P^{(2)})$ 可以写为

$$F\left(\Gamma_P^{(2)}\right)=\frac{v}{\mu^{(2)}}\int_0^{x_P}\sigma_{zx}\left(x,0^-\right)\sigma_{zy}\left(x,0^-\right)\mathrm{d}x$$
$$=\frac{vK^2}{\sqrt{2\pi}\,(1-2p)\,\mu^{(1)}\alpha}x_P^{1-2p}\equiv F_P \tag{14.40}$$

式中, x_P 表示从 P 点到裂尖的距离. 上式表示流过下半圆弧 $\Gamma_P^{(2)}$ 的能量等于流过从裂尖到点 P 界面段的能量.

对于上半圆弧 $\Gamma_P^{(1)}$, 起始于点 P, 逆时针到裂纹上表面的任一点, 如图 14.2 所示.

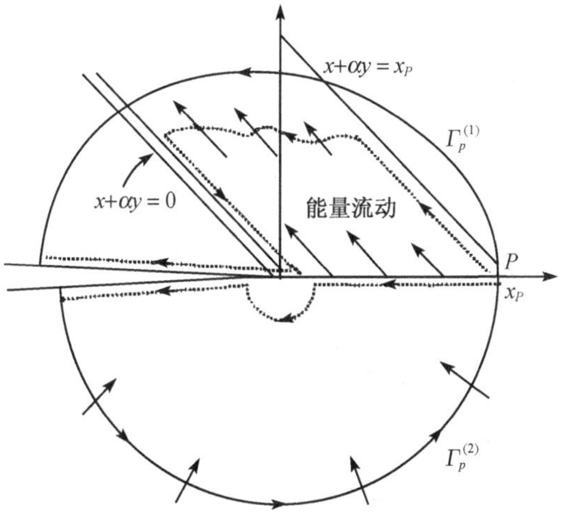

图 14.2 反平面剪切跨音速扩展的准静态能量流动[10]

$$F=v\frac{K^2}{\sqrt{2\pi}\mu^1\alpha}\int_C\left(x+\alpha y\right)^{-2p}H\left(x+\alpha y\right)\mathrm{d}\left(x+\alpha y\right) \tag{14.41}$$

C 为任意一个在双曲线域内的弧. 该能量并不流过特征线.

对于脱胶速度刚超过低剪切波速, 流过界面的能量为

$$F_P=x_P\frac{c_s^{(1)}}{\sqrt{2\pi}\mu^{(1)}}\lim_{v\to c_s^{(1)}}\frac{K^2}{\alpha} \tag{14.42}$$

从 K 的表达式, 我们可以发现, 当接近低剪切波速时, 虽然应力分量 σ_{zx} 在界面上下边处非零, 流过界面的能量消失.

脱胶速度略小于高剪切波速时, 流过界面的能量与点 P 无关, 积分值为

$$F = \frac{c_s^{(2)}}{4\mu^{(2)}} \lim_{v \to c_s^{(2)}} \frac{K^2}{\beta} \tag{14.43}$$

从 K 的表达式可见, 应力强度系数 K 在高剪切波速处为有限值. 这样 F 在高剪切波速处, 由于 $\beta \to 0$ 而无限大, 也就是当反平面剪切速度接近硬材料剪切波速时, 流过界面的能量趋于无穷大. 从物理意义上讲, 反平面剪切脱胶速度不可能超过硬材料剪切波速.

对于跨音速平面内裂纹问题, 读者可以参见 Yu 和 Yang[11], Huang 等[12].

14.2 双材料界面裂纹含接触区跨音速扩展

众所周知, 界面裂纹的渐近弹性场具有振荡奇异性. 裂尖处的行为在物理本质上是不可接受的: 裂纹面褶皱并相互嵌入. 能够接受的是裂纹面重叠的接触区. 在拉伸主导的情况下, 接触区一般很小, Rice[2] 在 1988 年进行了小尺度接触研究并消除了不符合物理的特征. 当载荷为剪切主导时, 接触区尺寸则相对很大.

这种情况对双材料界面准静态扩展裂纹同样存在, 如 Yang 等[8]. 界面裂纹在非相似的双材料中同样存在与静止界面裂纹一样的振荡奇异性, 且接触区尺寸同样受到施加载荷类型的强烈影响. 也就是, 当拉伸主导时, 接触区尺寸较小, 而剪切主导, 接触区尺寸较大. 对于亚瑞利波范围动态界面断裂, 界面裂纹尖端的速度小于双材料系统中两个材料的较小瑞利波速, 已经有很多研究, 如 Atkinson[13], Yang 等[8], Deng[14], Liu 等[9]. 他们认为界面裂纹的最终速度小于较小瑞利波速, 也有人认为稍大于较小瑞利波速 (Willis[15]). 然而 Tippur 和 Rosakis[16], Liu 等[9], Lambros 和 Rosakis[17] 的实验发现一些令人惊讶的现象: 在 PMMA/钢双材料界面动态断裂中, 界面裂纹尖端速度被发现很快趋近并超过瑞利波速, 甚至于超过 PMMA 的剪切波速.

这些实验观察激发了一系列关于跨音速界面扩展裂纹渐近场的解析研究, 如 14.1 节的 III 型反平面剪切情况, 裂纹速度介于两个剪切波速之间. 对于两个特例, 即两材料趋于一样或其中一个材料为刚性体, Huang 等[12]1996 年发现跨音速 III 型界面裂纹是不可能的.

Liu 等[18], Yu 和 Yang[11], Huang 等[12] 研究了跨音速界面扩展裂纹, 裂纹面应力自由的裂尖场, 发现应力不仅在裂尖处奇异, 而且在随裂尖扩展的整真个射线上奇异. 这个射线类似于空气动力学中的冲击波, 代表强非连续的特征线, 在一系列

实验中也有发现 (Liu 等[9], Lambros 和 Rosakis[17]1995, Singh 等[19]).

然而, 这些实验也发现在裂纹后面, 存在一个相对比较大的接触区, 接触区长度为 1.5~2mm. 基于能量分析, Liu 等[9]; Lambros 和 Rosakis[17] 认为对 PMMA/钢双材料, 裂纹面在界面裂尖速度位于 c_s^{PMMA} 及 $\sqrt{2}c_s^{\mathrm{PMMA}}$ 之间时, 发生接触, 其中 c_s^{PMMA} 为 PMMA 的剪切波速. 这个界面裂尖速度与 Liu 等[9], Lambros 和 Rosakis[17] 实验观察一致. 裂纹面接触、应力非连续及与裂尖一起移动的激波现象, 在 Xu 和 Needleman[20] 的数值模拟中也有发现.

扩展裂尖后方的有限接触, 则可能导致移动裂尖及接触区末端的两个激波. 事实上, 最近实验清楚的表示, 当裂纹以介于 c_s 与 $\sqrt{2}c_s$ 之间的速度向前扩展时, 其中 c_s 为较软材料的剪切波速. 存在这两种激波. 两个激波以同样角度倾斜于界面, 且速度相同. 鉴于以上实验及数值结果, Huang 等[21]1998 年考虑了接触区的存在, 研究了跨音速扩展界面裂纹尖端应力场. 由于钢的杨氏模量比 PMMA 的高两个数量级, 应力应变场与弹性/刚性材料情况非常类似, 且 Huang 等[12] 已经说明弹性/刚性双材料系统能捕捉一般弹性/弹性双材料的所有本征特点, 但前者的解相对简单得多. 本节将介绍 Huang 等[21]1998 年基于弹性/刚性双材料系统的分析工作. 对一般弹性/弹性双材料系统的解析解可以参考 Wang 等[22]1998 年的工作.

14.2.1 基本公式

如图 14.3 所示, 弹性固体与刚性基底之间的界面位于 x_1 轴, 裂纹尖端在 x_1 轴正方向以速度 v 向前扩展

$$c_s < v < c_l \tag{14.44}$$

式中, $c_s = \sqrt{\mu/\rho}$, $c_l = \sqrt{(\kappa+1)/(\kappa-1)}c_s$ 为弹性固体的剪切波速及纵波速, μ 为弹性剪切模量, ρ 为质量密度, 平面应变有 $\kappa = 3-4\nu$, 平面应力有 $\kappa = (3-\nu)/(1+\nu)$,

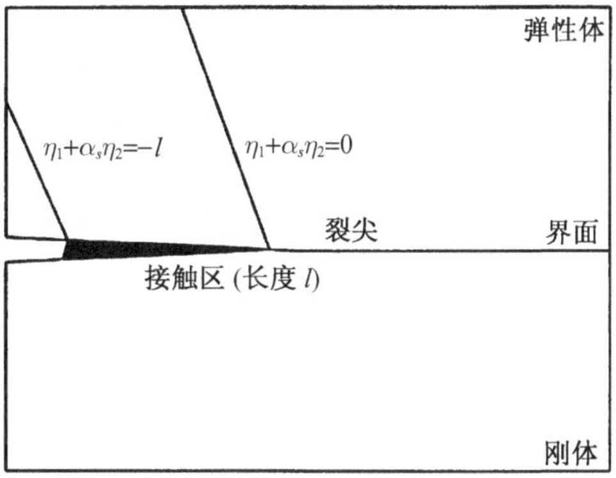

图 14.3 弹性体与刚性体之间的跨音速扩展界面裂纹, 接触区长度为 l[21]

而 ν 为泊松比. u_1 及 u_2 为弹性固体的位移, 分别用两个位移势 ϕ 及 ψ 表示为

$$\begin{aligned} u_1(x_1,x_2,t) &= \frac{\partial}{\partial x_1}\phi(x_1,x_2,t) + \frac{\partial}{\partial x_2}\psi(x_1,x_2,t) \\ u_2(x_1,x_2,t) &= \frac{\partial}{\partial x_2}\phi(x_1,x_2,t) - \frac{\partial}{\partial x_1}\psi(x_1,x_2,t) \end{aligned} \tag{14.45}$$

通过引进移动坐标 $(\eta_1,\eta_2)=(x_1-vt,x_2)$, 并假设裂纹扩展为定常态, 运动方程可得到一个关于 ϕ 的 Laplace 方程及 ψ 的波动方程, 并有如下的一般解 (Liu 等[18]),

$$\left.\begin{aligned} \phi(\eta_1,\eta_2) &= \mathrm{Re}\{F(z_1)\} \\ \psi(\eta_1,\eta_2) &= g(\eta_1+\hat{\alpha}_s\eta_2) \end{aligned}\right\},\quad \eta_2>0 \tag{14.46}$$

式中, $z_1=\eta_1+\mathrm{i}\alpha_1\eta_2$, $F(z_1)$ 为上半平面 $\eta_2\geqslant 0$ 的 z 的解析函数. $g(\eta_1+\hat{\alpha}_s\eta_2)$ 是一个实函数,

$$\alpha_1=\left(1-\frac{v^2}{c_l^2}\right)^{1/2},\quad \hat{\alpha}_s=\left(\frac{v^2}{c_s^2}-1\right)^{1/2} \tag{14.47}$$

界面上方弹性固体中位移和应力表示为

$$\left.\begin{aligned} u_1 &= \mathrm{Re}\{F'(z_1)\}+\hat{\alpha}_s g'(\eta_1+\hat{\alpha}_s\eta_2) \\ u_2 &= -\alpha_1\mathrm{Im}\{F'(z_1)\}-g'(\eta_1+\hat{\alpha}_s\eta_2) \end{aligned}\right\},\quad \eta_2>0 \tag{14.48}$$

及

$$\left.\begin{aligned} \sigma_{11} &= \mu\left[\left(1+2\alpha_1^2+\hat{\alpha}_s^2\right)\mathrm{Re}\{F''(z_1)\}+2\hat{\alpha}_s g''(\eta_1+\hat{\alpha}_s\eta_2)\right] \\ \sigma_{22} &= -\mu\left[\left(1-\hat{\alpha}_s^2\right)\mathrm{Re}\{F''(z_1)\}+2\hat{\alpha}_s g''(\eta_1+\hat{\alpha}_s\eta_2)\right] \\ \sigma_{12} &= -\mu\left[2\alpha_1\mathrm{Im}\{F''(z_1)\}+\left(1-\hat{\alpha}_s^2\right)g''(\eta_1+\hat{\alpha}_s\eta_2)\right] \end{aligned}\right\},\quad \eta_2>0 \tag{14.49}$$

在界面处 $(\eta_2=0^+,\eta_1>0)$, 由于与刚性基底相连, 所以位移在此处为零, 即

$$\left.\begin{aligned} & F'^{+}(\eta_1)+\bar{F}'^{-}(\eta_1)+2\hat{\alpha}_s g'(\eta_1)=0 \\ & \alpha_1\left[F'^{+}(\eta_1)-\bar{F}'^{-}(\eta_1)\right]+2\mathrm{i}g'(\eta_1)=0 \end{aligned}\right\},\quad \eta_1>0 \tag{14.50}$$

式中, $\bar{F}(z_1)=\overline{F(\bar{z}_1)}$ 是 z_1 下半空间的解析函数, 上标 "+" 及 "−" 表示 $\eta_2\to 0^+$ 及 $\eta_2\to 0^-$ 的极限, 消除 $g(\eta_1)$ 可以得到

$$(\alpha_1\hat{\alpha}_s-\mathrm{i})F'^{+}(\eta_1)-(\alpha_1\hat{\alpha}_s+\mathrm{i})\bar{F}'^{-}(\eta_1)=0,\quad \eta_1>0 \tag{14.51}$$

基于解析连续, 引进一个新的解析函数 $\theta(z)$

$$\left.\begin{aligned} \theta(z) &= (\alpha_1\hat{\alpha}_s-\mathrm{i})F'(z),\quad \mathrm{Im}(z)\geqslant 0 \\ \theta(z) &= (\alpha_1\hat{\alpha}_s+\mathrm{i})\bar{F}'(z),\quad \mathrm{Im}(z)<0 \end{aligned}\right\} \tag{14.52}$$

$\theta(z)$ 在除了裂纹面 $(\eta_2 = 0, \eta_1 < 0)$ 处处解析. 对于 $\eta_1 > 0$, 函数 $g(\eta_1)$ 则可表示为

$$g'(\eta_1) = -\frac{\alpha_1}{1+\alpha_1^2\hat{\alpha}_s^2}\theta(\eta_1), \quad \eta_1 > 0 \tag{14.53}$$

以上分析对于平面内形变条件下, 沿弹性/刚性界面扩展的跨音速裂纹问题都成立, 与裂纹表面的边界条件无关. 如 Liu 等[18], 裂纹表面应力自由情况成立, 对本节的无限及有限接触区的解也成立. $\theta(z)$ 为根据裂纹面的边界条件需要确定的唯一函数. 在本节中, 采用了线性接触模型, 即剪切应力与法向应力在接触区内关系为

$$\sigma_{12} = \lambda\sigma_{22}, \quad \eta_2 = 0^+ \tag{14.54}$$

λ 依赖于双材料及连续性质. 在本节中 λ 简单的被认为是一个常数.

由于双材料中有一相为刚性材料, 所以在接触区内法向位移 u_2 为

$$u_2 = 0, \quad \eta_2 = 0^+ \tag{14.55}$$

接触区内剪切应力阻止裂纹面的相互滑移, 即

$$-\sigma_{12}v_1 < 0, \quad \eta_2 = 0^+ \tag{14.56}$$

式中, $-\sigma_{12}$ 为剪切应力, $v_1 = \mathrm{d}u_1/\mathrm{d}t$.

14.2.2 半无限大接触区情况的渐近场

在此小节, 我们考虑的是一个跨音速界面裂纹问题的解, 且半无限长裂纹面都接触. 在渐近分析中, 裂纹面接触条件 (14.54) 式及 (14.55) 式对整个裂纹面成立. 将方程 (14.48) 式及 (14.49) 式中位移代入 (14.54) 式及 (14.55) 式中,

$$\begin{aligned}&2\alpha_1\left[F''^{+}(\eta_1) - \bar{F}''^{-}(\eta_1)\right] + 2\mathrm{i}\left(1-\hat{\alpha}_s^2\right)g''(\eta_1)\\&= \lambda\left\{\mathrm{i}\left(1-\hat{\alpha}_s^2\right)\left[F''^{+}(\eta_1) + \bar{F}''^{-}(\eta_1)\right] + 4\hat{\alpha}_s\mathrm{i}g''(\eta_1)\right\}, \quad \eta_1 < 0\end{aligned} \tag{14.57}$$

$$\alpha_1\left[F'^{+}(\eta_1) - \bar{F}'^{-}(\eta_1)\right] + 2\mathrm{i}g'(\eta_1) = 0, \quad \eta_1 < 0 \tag{14.58}$$

消除 $g(\eta_1)$, 可得到 $\eta_1 < 0$ 区间 $F''^{+}(\eta_1)$ 与 $\bar{F}''^{-}(\eta_1)$ 的关系. 利用 (14.52) 式中 $\theta(z)$, 则可表示为

$$\theta'^{+}(\eta_1) - \frac{(\alpha_1\hat{\alpha}_s - \mathrm{i})\left\{\alpha_1\left(1+\hat{\alpha}_s^2\right) + \lambda\left[2\alpha_1\hat{\alpha}_s + \mathrm{i}\left(1-\hat{\alpha}_s^2\right)\right]\right\}}{(\alpha_1\hat{\alpha}_s + \mathrm{i})\left\{\alpha_1\left(1+\hat{\alpha}_s^2\right) + \lambda\left[2\alpha_1\hat{\alpha}_s - \mathrm{i}\left(1-\hat{\alpha}_s^2\right)\right]\right\}}\theta'^{-}(\eta_1) = 0, \quad \eta_1 < 0 \tag{14.59}$$

这就变为一个 Riemann-Hilbert 问题. 位移在裂尖处有界要求：当 $|z| \to 0$, $\alpha > -1$, $\theta'(z) = \mathrm{O}\left(|z|^{\alpha}\right)$. $\theta'(z)$ 的一般解为

$$\theta'(z) = \frac{A(z)}{z^q} \tag{14.60}$$

式中, $A(z)$ 为一个全函数, 在整个平面, 包括裂纹面解析. 应力奇异性指数 q 为

$$q=\frac{1}{\pi}\arctan\left[\frac{\alpha_1\left(1+\hat{\alpha}_s^2\right)\left(1+\lambda\hat{\alpha}_s\right)}{\alpha_1^2\hat{\alpha}_s\left(1+\hat{\alpha}_s^2\right)+\lambda\left(1-\hat{\alpha}_s^2+2\alpha_1^2\hat{\alpha}_s^2\right)}\right] \tag{14.61}$$

q 依赖于裂尖速度 v, 泊松比和线性接触系数 λ. q 为实数, 所以裂尖附近应力场对于含接触区的沿弹性/ 刚性界面跨音速扩展界面裂纹无振荡性. 如 $|\lambda|>10$, q 对 λ 不敏感, 并可给出

$$q=\frac{1}{\pi}\arctan\left[\frac{\alpha_1\hat{\alpha}_s\left(1+\hat{\alpha}_s^2\right)}{1-\hat{\alpha}_s^2+2\alpha_1^2\hat{\alpha}_s^2}\right] \tag{14.62}$$

将方程 (14.60) 代入 (14.52) 式, 我们就可以得到函数 $F(z)$:

$$\begin{aligned}F''(z)&=\frac{1}{\alpha_1\hat{\alpha}_s-\mathrm{i}}\frac{A(z)}{z^q},\quad \operatorname{Im}(z)\geqslant 0\\ \bar{F}''(z)&=\frac{1}{\alpha_1\hat{\alpha}_s+\mathrm{i}}\frac{A(z)}{z^q},\quad \operatorname{Im}(z)<0\end{aligned} \tag{14.63}$$

因此 $\bar{A}(z)=A(z)$.

假如全纯解析函数 $A(z)$ 可以分解为 Taylor 级数, $A(z)=\sum\limits_{n=0}^{\infty}A_nz^n$, 所有系数 A_n, $(n=0,1,2,3,\cdots)$ 为实数. 在渐近分析中, 应力主导场对应首项 A_0. 与断裂力学的应力强度因子相似, 实参数 A_0 代表裂尖附近渐近场的幅值, 依赖于双材料几何、时间变化的外部载荷及裂尖速度. 这说明跨音速界面裂尖附近的渐近应力场由单个实参数控制, 而在考虑裂纹接触的静止或亚瑞利波速界面裂纹尖端, 由一个复应力强度因子控制.

实函数 $g(\eta_1)$ 在 $\eta_1<0$ 可以由 (14.58) 式得到, 与方程 (14.53) 一起给出,

$$g''(\eta_1)=\begin{cases}-\dfrac{\alpha_1}{1+\alpha_1^2\hat{\alpha}_s^2}\dfrac{A_0}{\eta_1^q}, & \eta_1>0\\ -\alpha_1\dfrac{A_0}{(-\eta_1)^q}\dfrac{\cos q\pi-\alpha_1\hat{\alpha}_s\sin q\pi}{1+\alpha_1^2\hat{\alpha}_s^2}, & \eta_1<0\end{cases} \tag{14.64}$$

这样, 就可以求得裂纹尖端渐近位移及应力场:

$$\begin{aligned}\begin{pmatrix}u_1\\u_2\end{pmatrix}=&\frac{A_0}{1+\alpha_1^2\hat{\alpha}_s^2}\frac{1}{1-q}\\ &\left\{\begin{aligned}&r_1^{1-q}\left[\cos(1-q)\theta_1\begin{pmatrix}\alpha_1\hat{\alpha}_s\\-\alpha_1\end{pmatrix}-\sin(1-q)\theta_1\begin{pmatrix}1\\ \alpha_1^2\hat{\alpha}_s\end{pmatrix}\right]\\ &-\alpha_1\left|\eta_1+\hat{\alpha}_s\eta_2\right|^{1-q}\begin{pmatrix}\hat{\alpha}_s\\-1\end{pmatrix}\left[\begin{aligned}&H(\eta_1+\hat{\alpha}_s\eta_2)-\\&(\cos q\pi-\alpha_1\hat{\alpha}_s\sin q\pi)H(-\eta_1-\hat{\alpha}_s\eta_2)\end{aligned}\right]\end{aligned}\right\}\end{aligned} \tag{14.65}$$

$$\begin{bmatrix} \sigma_{11} \\ \sigma_{22} \\ \sigma_{12} \end{bmatrix} = \frac{\mu A_0}{1+\alpha_1^2\hat{\alpha}_s^2}$$

$$\left\{ \begin{array}{l} \dfrac{1}{r_1^q} \begin{bmatrix} \left(1+2\alpha_1^2+\hat{\alpha}_s^2\right)\left(\alpha_1\hat{\alpha}_s\cos q\theta_1+\sin q\theta_1\right) \\ \left(-1+\hat{\alpha}_s^2\right)\left(\alpha_1\hat{\alpha}_s\cos q\theta_1+\sin q\theta_1\right) \\ -2\alpha_1\left(\cos q\theta_1-\alpha_1\hat{\alpha}_s\sin q\theta_1\right) \end{bmatrix} + \dfrac{\alpha_1}{\left|\eta_1+\hat{\alpha}_s\eta_2\right|^q} \\ \times\left[H\left(\eta_1+\hat{\alpha}_s\eta_2\right)+\left(\cos q\pi-\alpha_1\hat{\alpha}_s\sin q\pi\right)H\left(-\eta_1-\hat{\alpha}_s\eta_2\right)\right] \begin{bmatrix} -2\hat{\alpha}_s \\ 2\hat{\alpha}_s \\ 1-\hat{\alpha}_s^2 \end{bmatrix} \end{array} \right\} \tag{14.66}$$

$$r_1 = \sqrt{\eta_1^2+\alpha_1^2\eta_2^2}, \quad \theta_1 = \arctan\left(\alpha_1\eta_2/\eta_1\right) \tag{14.67}$$

我们观察到, 应力不仅在裂尖处奇异, 而且在整个射线 $\eta_1+\hat{\alpha}_s\eta_2=0$ 上也奇异. 这种随着裂尖扩展奇异射线在实验中也有发现 (Singh 等[19]).

基于裂纹定常扩展假设, 粒子速度场也可由位移场得到. 在接触面上粒子速度为

$$v_1\left(\eta_1<0,\eta_2=0\right) = -vA_0\sin q\pi\left|\eta_1\right|^{-q} \tag{14.68}$$

方程 (14.56) 所描述的在接触面上剪切应力阻止裂纹面滑移则可表示为

$$\frac{\dfrac{\mu v A_0^2}{\left|\eta_1\right|^{2q}}\alpha_1^2\left(1+\hat{\alpha}_s^2\right)^2\lambda\left(1-\hat{\alpha}_s^2\right)\left(1+\lambda\hat{\alpha}_s\right)}{\left[\alpha_1^2\hat{\alpha}_s\left(1+\hat{\alpha}_s^2\right)+\lambda\left(1-\hat{\alpha}_s^2+2\alpha_1^2\hat{\alpha}_s^2\right)\right]^2+\left[\alpha_1\left(1+\hat{\alpha}_s^2\right)\left(1+\lambda\hat{\alpha}_s\right)\right]^2} > 0 \tag{14.69}$$

上述方程给出了线接触系数 λ 的可取范围:

$$\begin{aligned} &\text{I}: c_s<v<\sqrt{2}c_s, \quad \lambda>0 \\ &\text{II}: c_s<v<\sqrt{2}c_s, \quad \lambda<-\left(\frac{v^2}{c_s^2}-1\right)^{-1/2} \\ &\text{III}: \sqrt{2}c_s<v<c_1, \quad -\left(\frac{v^2}{c_s^2}-1\right)^{-1/2}<\lambda<0 \end{aligned} \tag{14.70}$$

可见, 虽然线接触系数 λ 与摩擦系数相似, 但对于跨音速裂纹的扩展, 不能排除 λ 可以取负值. λ 的物理约束使得接触面上剪切应力阻止裂纹表面的相对滑移.

图 14.4 给出了应力奇异性指数 q 与无量纲裂尖速度 v/c_s 的关系, 在 $c_s<v<\sqrt{2}c_s$ 范围内, 裂纹面接触 (Liu 等[18]), 其中 PMMA 的泊松比为 $\nu=0.35$, 几个正的线接触系数 λ 也有标注. 应力奇异性指数在整个裂尖速度范围内小于 1/2, 使得流入裂尖的能量为零[23,24]. 这种现象在跨音速剪切主导的均匀或界面断裂中都有

发现[11,12,22,25,26]. 接触区耗散了从远场输入的整个能量, 在后面我们将进行讨论. 应力奇异性随 λ 的增加而减弱, 所有的曲线在裂尖速度达到 $\sqrt{2}c_s$ 时交接. 相应的裂尖奇异性 $q=\arctan\left[(3-\kappa)/(1+\kappa)\right]^{1/2}/\pi$ 不仅依赖于 λ, 而且与 Liu 等[18] 未考虑接触的解一致.

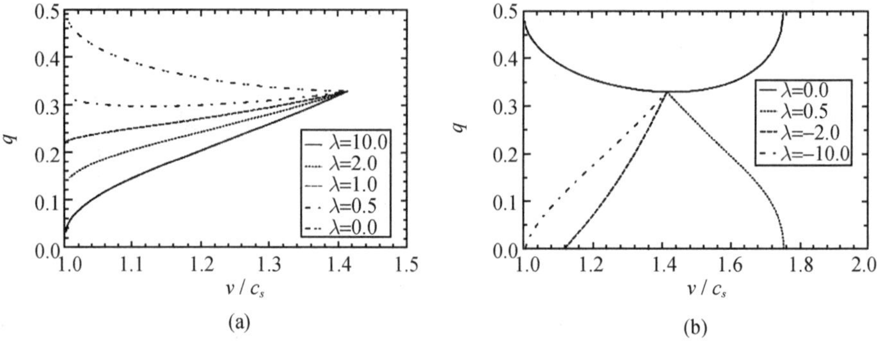

图 14.4 平面应力 PMMA/刚性体界面处裂尖应力奇异性指数 q 与裂纹速度 v/c_s 之间的关系: (a) 正线接触系数 λ; (b) 负线接触系数 λ[21]

事实上, 很容易证明, 在临界速度 $\sqrt{2}c_s$ 处, Liu 等[18](1995) 的解, 在小于 $\sqrt{2}c_s$ 时预测的法向位移相互嵌入, 而在 $\sqrt{2}c_s$ 处, 有 $u_2=0$. 裂尖在 $c_s<v<\sqrt{2}c_s$ 时, 裂纹面接触. 一旦 v 到达 $\sqrt{2}c_s$, 则裂纹面张开, 接触消失. 但不能说大于 $\sqrt{2}c_s$ 时, 裂纹面不接触. 幅值 A_0 的符号决定了当 $v>\sqrt{2}c_s$ 时, 裂纹面是否接触.

14.2.3 界面处有限接触模型

前一部分的渐近分析只适用于裂纹尖端附近. 为了与 Liu 等[9], Lambros 和 Rosakis[17], Singh 等[19] 实验观察比较, Huang 等[21] 讨论了跨音速扩展裂纹后面有限接触区情况. 如图 14.3 所示, 接触区的长度为 l. 在弹性/刚性界面上, 接触条件 (14.54) 式及 (14.55) 式在接触区内同样成立.

而在非接触区的裂纹面应力自由条件为

$$\sigma_{12}=\lambda\sigma_{22},\quad u_2=0,\quad -l<\eta_1<0 \tag{14.71}$$

$$\sigma_{12}=0,\quad \sigma_{22}=0,\quad \eta_1<-l \tag{14.72}$$

方程 (14.57) 式与 (14.58) 式, 用函数 F 及 g 表示的在 $-l<\eta_1<0$ 边界条件同样成立, (14.59) 式也在 $-l<\eta_1<0$ 中成立. 将应力 (14.49) 式代入应力自由条件 (14.72) 式中给出:

$$\left.\begin{aligned}\left(1-\hat{\alpha}_s^2\right)\left[F''^{+}(\eta_1)+\bar{F}''^{-}(\eta_1)\right]+4\hat{\alpha}_s g''(\eta_1)=0\\ \alpha_1\left[F''^{+}(\eta_1)-\bar{F}''^{-}(\eta_1)\right]+\mathrm{i}\left(1-\hat{\alpha}_s^2\right)g''(\eta_1)=0\end{aligned}\right\},\quad \eta_1<-l \tag{14.73}$$

消除上式中的 $g(\eta_1)$ 得到了接触区外 F^+ 与 $\bar{F}^-$ 之间的关系, 利用 (14.52) 式中 $\theta(z)$ 则该关系可表示为

$$\theta'^+(\eta_1)-\frac{(\alpha_1\hat{\alpha}_s-\mathrm{i})\left[4\alpha_1\hat{\alpha}_s+\mathrm{i}\left(1-\hat{\alpha}_s^2\right)^2\right]}{(\alpha_1\hat{\alpha}_s+\mathrm{i})\left[4\alpha_1\hat{\alpha}_s-\mathrm{i}\left(1-\hat{\alpha}_s^2\right)^2\right]}\theta'^-(\eta_1)=0,\quad \eta_1<-l \tag{14.74}$$

方程 (14.59)($-l<\eta_1<0$) 及 (14.74) 式组成了 Riemann-Hilbert 问题. 然而裂纹面非连续条件对于接触区由 (14.59) 式给出, 而非接触区由 (14.74) 式给出. 可以发现, 应力场有两个奇异性, 一个是在裂尖处由 (14.59) 式给出, 一个在接触区末端 ($\eta_1=-l$, $\eta_2=0$) 处由 (14.74) 式决定的. 裂纹尖端的应力奇异性必须与前一节渐近解一样, $\theta'(z)$ 的一般解可表示为

$$\theta'(z)=\frac{B(z)}{z^q(z+l)^p} \tag{14.75}$$

$B(z)$ 为一个全纯函数, q 代表裂尖处奇性指数, 而 p 代表接触区末端应力奇性指数. 与 (14.67) 式相似, $B(z)$ 满足 $\bar{B}(z)=B(z)$. 将 (14.75) 式代入接触 $-l<\eta_1<0$ 的非连续条件 (14.59) 式中, 因为 $(z+l)^{-p}$ 在接触区内是连续的, 产生了 (14.61) 式中一样的 q 解. 代入应力自由条件 (14.74) 式中, 因为 z^{-q} 及 $(z+l)^{-p}$ 在接触区外都是非连续的, 则可以给出 $q+p$ 的解,

$$q+p=\frac{1}{\pi}\arctan\left\{\frac{\alpha_1\hat{\alpha}_s\left[4-\left(1-\hat{\alpha}_s^2\right)^2\right]}{4\alpha_1^2\hat{\alpha}_s^2+\left(1-\hat{\alpha}_s^2\right)^2}\right\} \tag{14.76}$$

我们注意到, 上述表达式与线性接触系数 λ 无关, 且与 Liu[21] 无接触的跨音速界面裂纹应力奇异性一致, 即没有裂纹面接触的应力奇异性指数可以分解为两个部分, 一个是裂尖处奇异指数, 一个为接触区末端的奇异指数.

接触区末端的应力奇异性指数可以用 (14.76) 式减去 (14.61) 式得到

$$p=\frac{1}{\pi}\arctan\left\{\frac{\alpha_1\left(1-\hat{\alpha}_s^4\right)\left[2\lambda\hat{\alpha}_s-\left(1-\hat{\alpha}_s^2\right)\right]}{4\alpha_1^2\hat{\alpha}_s\left(1+\hat{\alpha}_s^2\right)+\lambda\left[8\alpha_1^2\hat{\alpha}_s^2+\left(1-\hat{\alpha}_s^2\right)^3\right]}\right\} \tag{14.77}$$

与裂尖速度 v, 泊松比 ν, 线性接触系数 λ 相关. p 为实数, 则接触区末端的应力也许为非振荡的奇异性 (如 $p>0$).

实函数 $g(\eta_1)$ 可根据 (14.58) 式中对应 $-l<\eta_1<0$ 及 $\eta_1<-l$ 的函数 $\theta(\eta_1)$ 获得. 结合方程 (14.53) 及接触区末端的位移连续条件有

$$g'(\eta_1)=\begin{cases}-\dfrac{\alpha_1}{1+\alpha_1^2\hat{\alpha}_s^2}\theta(\eta_1), & \eta_1>0\\ \dfrac{\mathrm{i}\alpha_1}{2}\left[\dfrac{\theta^+(\eta_1)}{\alpha_1\hat{\alpha}_s-\mathrm{i}}-\dfrac{\theta^-(\eta_1)}{\alpha_1\hat{\alpha}_s+\mathrm{i}}\right], & -l<\eta_1<0\\ \dfrac{\hat{\alpha}_s^2-1}{4\hat{\alpha}_s}\left[\dfrac{\theta^+(\eta_1)}{\alpha_1\hat{\alpha}_s-\mathrm{i}}+\dfrac{\theta^-(\eta_1)}{\alpha_1\hat{\alpha}_s+\mathrm{i}}\right] & \\ +\left(\dfrac{1-\hat{\alpha}_s^2}{4\hat{\alpha}_s}+\dfrac{\mathrm{i}\alpha_1}{2}\right)\dfrac{\theta^+(-l)}{\alpha_1\hat{\alpha}_s-\mathrm{i}}+\left(\dfrac{1-\hat{\alpha}_s^2}{4\hat{\alpha}_s}-\dfrac{\mathrm{i}\alpha_1}{2}\right)\dfrac{\theta^-(-l)}{\alpha_1\hat{\alpha}_s+\mathrm{i}}, & \eta_1<-l\end{cases} \tag{14.78}$$

式中, $\theta(z)$ 在上下裂纹面非连续 $(\eta_1<0)$, 在后面将给出显示的表达.

函数 $B(z)$ 在 (14.75) 式中可以展开为 Taylor 级数,

$$B(z)=\sum_{n=0}^{\infty}B_n z^n \tag{14.79}$$

式中, 系数 $B_n(n=0,1,2,\cdots)$ 为实数, 其首项 B_0 对应的应力场为

$$\sigma_{ij}=\mu B_0 s_{ij}(\eta_1,\eta_2,q,p) \tag{14.80}$$

s_{ij} 为 η_1,η_2, q, p 的函数, 可表示如下:

$$\begin{aligned}&\begin{bmatrix}s_{11}(\eta_1,\eta_2,q,p)\\ s_{22}(\eta_1,\eta_2,q,p)\\ s_{12}(\eta_1,\eta_2,q,p)\end{bmatrix}\\ &=\frac{1}{1+\alpha_1^2\hat{\alpha}_s^2}\left\{\frac{1}{r_1^q r_2^p}\begin{bmatrix}\left(1+2\alpha_1^2+\hat{\alpha}_s^2\right)[\alpha_1\hat{\alpha}_s\cos(q\theta_1+p\theta_2)+\sin(q\theta_1+p\theta_2)]\\ -\left(1-\hat{\alpha}_s^2\right)[\alpha_1\hat{\alpha}_s\cos(q\theta_1+p\theta_2)+\sin(q\theta_1+p\theta_2)]\\ -2\alpha_1[\cos(q\theta_1+p\theta_2)-\alpha_1\hat{\alpha}_s\sin(q\theta_1+p\theta_2)]\end{bmatrix}\right.\\ &\quad-\frac{1}{|\eta_1+\hat{\alpha}_s\eta_2|^q\,|\eta_1+\hat{\alpha}_s\eta_2+l|^p}\Big[\alpha_1 H(\eta_1+\hat{\alpha}_s\eta_2)+\alpha_1(\cos\pi q-\alpha_1\hat{\alpha}_s\sin\pi q)\\ &\quad\times[H(\eta_1+\hat{\alpha}_s\eta_2+l)-H(\eta_1+\hat{\alpha}_s\eta_2)]+\frac{1-\hat{\alpha}_s^2}{2\hat{\alpha}_s}(\alpha_1\hat{\alpha}_s\cos\pi(q+p)\\ &\quad\left.+\sin\pi(q+p))H(-\eta_1-\hat{\alpha}_s\eta_2-l)\Big]\begin{pmatrix}2\hat{\alpha}_s\\ -2\hat{\alpha}_s\\ -1+\hat{\alpha}_s^2\end{pmatrix}\right\}\end{aligned} \tag{14.81}$$

可以发现应力在分别起始于裂纹尖端及接触区末端两个平行的射线 $\eta_1+\hat{\alpha}_s\eta_2=0$ 及 $\eta_1+\hat{\alpha}_s\eta_2=-l$ 上奇异. 虽然高阶项 $B(z)$ 中 B_1z, B_2z^2, $B_3z^3,\cdots$ 对裂尖处的应力场并不重要, 但在接触区末端的应力场中却比较重要, 因为这些项与首项 B_0

在 $z=-l$ 处阶次相同. 与实系数 B_n 相关的应力场, 可以简单的通过将 s_{ij} 中 q 换成 $q-n$ 得到, 并给出 $s_{ij}(\eta_1,\eta_2,q-n,p)$ 的形式. 这样, 对一般 $B(z)$, 应力场成为一个无穷级数,

$$\sigma_{ij}=\mu\sum_{n=0}^{\infty}B_n s_{ij}(\eta_1,\eta_2,q-n,p) \tag{14.82}$$

位移场也可解析得到,

$$u_1=\mathrm{Re}\left\{\frac{\theta(\eta_1+\mathrm{i}\alpha_1\eta_2)}{\alpha_1\hat{\alpha}_s-\mathrm{i}}\right\}+\hat{\alpha}_s g'(\eta_1+\hat{\alpha}_s\eta_2) \tag{14.83}$$

$$u_2=-\alpha_1\mathrm{Im}\left\{\frac{\theta(\eta_1+\mathrm{i}\alpha_1\eta_2)}{\alpha_1\hat{\alpha}_s-\mathrm{i}}\right\}-g'(\eta_1+\hat{\alpha}_s\eta_2) \tag{14.84}$$

式中,

$$\theta(z)=\sum_{n=0}^{\infty}B_n\int_0^z\xi^{n-p}(\xi+l)^{-p}\,\mathrm{d}\xi \tag{14.85}$$

g' 在方程 (14.78) 中给出. 利用准静态条件可得到速度场. 可以证明由裂纹接触面剪切应力阻止裂纹面滑移的要求 (14.56) 式同样得到方程 (14.66) 中线接触系数 λ 的允许范围. 这就表明, 在接触区中, 线接触系数 λ 对于双材料系统及裂尖速度是本征的.

对于 $\nu=0.35$ 及几个正的线接触系数 λ, 在接触区末端的应力奇异性指数 p 与无量纲化裂尖速度 v/c_s 的关系表示在图 14.5 中, p 很小, 典型的为小于 0.1, 比裂尖处的奇异性弱很多. 对相对较大的线接触系数 λ, 存在一个最大值 p. 另外, 对小 λ, p 可以为负值, 导致应力奇异性及接触区末端第二个激波消失.

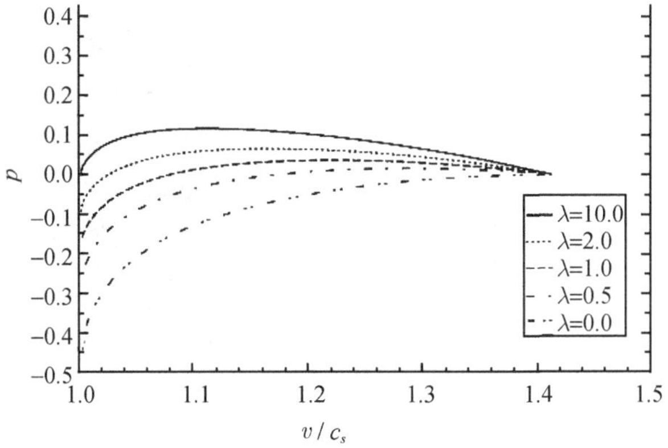

图 14.5 接触区末端应力奇异性指数 p 与裂纹速度 v/c_s 之间的关系[21]

14.2.4　与实验观察比较

Huang 等[21] 得到了解析解, 进一步与实验进行了比较. 实验中采用了固有梯度感应光测法 (CGS) 及相弹法, 并采用高速照相机来记录多聚物/金属双材料系统中跨音速扩展裂尖的应力场. CGS 图纹表示第一应力不变量的梯度等值线, 即 $(\sigma_{11}+\sigma_{22})_{,1}$ 或 $(\sigma_{11}+\sigma_{22})_{,2}$. 而相弹法是感应主应力的差值, 即为 $\sigma_1-\sigma_2$, 其中, σ_1 及 σ_2 为平面应力情况下两个主应力. 对于 CGS 图纹, $(\sigma_{11}+\sigma_{22})_{,1}$ 为

$$(\sigma_{11}+\sigma_{22})_{,1}=-\frac{2\mu\left(\alpha_1^2+\hat{\alpha}_s^2\right)}{1+\alpha_1^2\hat{\alpha}_s^2}\sum_{n=0}^{\infty}B_n r_1^{n-q-1}r_2^{-p-1}$$

$$\left\{\begin{array}{l}\alpha_1\hat{\alpha}_s\left(q-n\right)r_2\cos\left[\left(q-n+1\right)\theta_1+p\theta_2\right]\\+\left(q-n\right)r_2\sin\left[\left(q-n+1\right)\theta_1+p\theta_2\right]\\+\alpha_1\hat{\alpha}_s p r_1\cos\left[\left(q-n\right)\theta_1+\left(p+1\right)\theta_2\right]\\+p r_1\sin\left[\left(q-n\right)\theta_1+\left(p+1\right)\theta_2\right]\end{array}\right\} \tag{14.86}$$

式中, (r_1,θ_1), (r_2,θ_2) 为 $(\eta_1,\alpha_l\eta_2)$ 平面内极坐标, 中心分别在裂尖及接触区末端处:

$$r_1=\sqrt{\eta_1^2+\alpha_1^2\eta_2^2},\quad \theta_1=\arctan\left(\alpha_1\eta_2/\eta_1\right) \tag{14.87}$$

$$r_2=\sqrt{\left(\eta_1+l\right)^2+\alpha_1^2\eta_2^2},\quad \theta_2=\arctan\left[\alpha_1\eta_2/\left(\eta_1+l\right)\right] \tag{14.88}$$

对于相弹图纹, $\sigma_1-\sigma_2=\left[(\sigma_{11}-\sigma_{22})^2+4\sigma_{12}^2\right]^{1/2}$ 可以由方程 (14.82) 得到.

图 14.6(a) 及 14.6(b) 给出了裂尖速度为 v =1300m/s 的解析解与 CGS 实验结果比较. 接触区的长度 l 大概估计为 1.5~2.0mm, $\lambda=10$, l=1.85mm. (B_0,B_1) 为非零拟合幅值参数. 从图中可见在裂尖及接触区末端处的两个不同的奇异性.

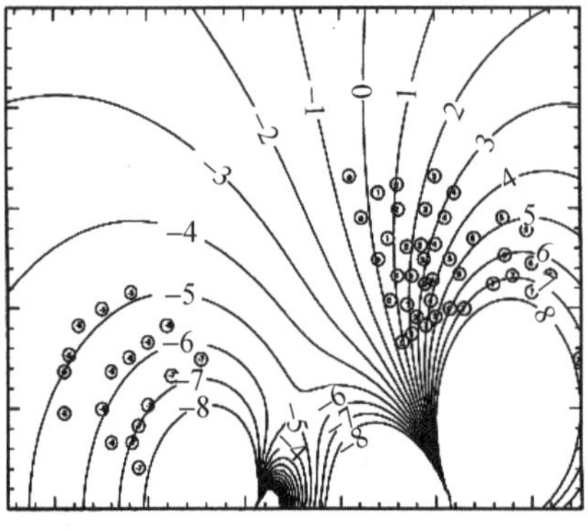

(a)

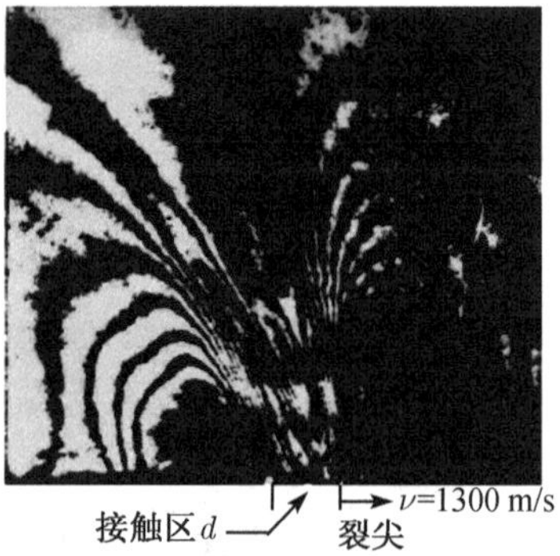

(b)

图 14.6　裂尖速度为 $v=1300\text{m/s}$, $c_s=1000\text{m/s}$ 的实验及理论 CGS 图案比较[21]

14.2.5 能量耗散率及潜在的断裂准则

对于均匀材料或双材料中的跨音速剪切主导的裂纹的一个特别的性质是：在大多数速度范围内, 裂尖奇异性指数小于 1/2. 在均匀系统中, 当 $v=\sqrt{2}c_s$, 奇异性为 1/2, 已经有很多人进行了研究, 如 Freund[24], Broberg[26] 等. 对于双材料界面裂纹, Liu 等[18], Yu 和 Yang[11], Huang 等[12] 对应力自由界面裂纹情况进行了研究, 应力奇异性指数在整个速度范围保持在 0.4 以下, 裂尖能量释放率为零.

对均匀材料中剪切主导跨音速裂纹扩展, Broberg[26] 曾引进了一个 Dugdale-Barenblatt 过程区模型来补救当 $v\neq\sqrt{2}c_s$ 的零裂尖能量释放率. 这就提供了一个裂纹尖端处能量吸收机制. 该节的接触区与此工作有一些类似的地方, 也提供了能量吸收的可能机制.

直接应用动态 J 积分及能量流动概念, 接合裂尖零能量释放率, 总的流入裂尖/接触区的能量为

$$J=D+G \tag{14.89}$$

式中, D 为接触区上单位长裂纹的能量耗散:

$$D=\int_{-l}^{0}(-\sigma_{12})\frac{\partial u}{\partial\eta_1}\mathrm{d}\eta_1,\quad \eta_2=0^+ \tag{14.90}$$

$$G=0 \tag{14.91}$$

将应力及位移表达式代入 (14.90), 得

$$D=\frac{\mu\alpha_1^2\left(1+\hat{\alpha}_s^2\right)^2\lambda\left(1-\hat{\alpha}_s^2\right)\left(1+\lambda\hat{\alpha}_s\right)\displaystyle\int_0^l\frac{\left[\displaystyle\sum_{n=0}^{\infty}(-1)^n B_n\eta^n\right]^2}{\eta^{2q}\left(l-\eta\right)^{2q}}\mathrm{d}\eta}{\left[\alpha_1^2\hat{\alpha}_s\left(1+\hat{\alpha}_s^2\right)+\lambda\left(1-\hat{\alpha}_s^2+2\alpha_1^2\hat{\alpha}_s^2\right)\right]^2+\left[\alpha_1\left(1+\hat{\alpha}_s^2\right)\left(1+\lambda\hat{\alpha}_s\right)\right]^2} \tag{14.92}$$

从上式可见, 要求能量耗散非零, 即要求剪应力抵制裂纹面滑移, 也就是方程 (14.66). 主导首项为

$$D=\frac{B_0^2}{l^{2(q+p)-1}}\frac{\mu\alpha_1^2\left(1+\hat{\alpha}_s^2\right)^2\lambda\left(1-\hat{\alpha}_s^2\right)\left(1+\lambda\hat{\alpha}_s\right)\beta\left(1-2q,1-2p\right)}{\left[\alpha_1^2\hat{\alpha}_s\left(1+\hat{\alpha}_s^2\right)+\lambda\left(1-\hat{\alpha}_s^2+2\alpha_1^2\hat{\alpha}_s^2\right)\right]^2+\left[\alpha_1\left(1+\hat{\alpha}_s^2\right)\left(1+\lambda\hat{\alpha}_s\right)\right]^2} \tag{14.93}$$

式中,

$$\beta\left(a,b\right)=\int_0^1 x^{a-1}\left(1-x\right)^{b-1}\mathrm{d}x \tag{14.94}$$

14.3 界面裂纹的超音速扩展

本节仅为 MD (分子动力学) 模拟结果, 理论分析还有待进一步发展.

最近几年, 对双材料界面的动态裂纹研究日趋增多, 如对双材料界面裂纹的渐近应力场理论研究及大量的实验结果报道. 实验观察已发现裂纹速度能够超过软材料的剪切波速, 且与理论预测结果一致, 但很少有双材料界面动态断裂的 MD 模拟结果. Buehler[27] 最近的研究侧重于利用 MD 模拟来研究裂纹的极限速度. 这节的计划是: 首先对界面裂纹受拉伸情况进行了模拟, 发现通过一个母裂纹到子裂纹的过渡机制, 裂纹速度能够超过硬材料的瑞利波速. 然后研究了界面裂纹受剪切主导的 MD 模拟, 发现一个母裂纹–子裂纹–孙裂纹的转变机制, 使裂纹的速度接近硬材料的纵波速. 下面我们简单的给出了 MD 模拟的结果.

14.3.1 双材料界面拉伸裂纹

在模拟中, 左边板为硬材料, 而右边板为较低杨氏模量的软材料. 弹性失配参数为 $\Xi = 10$. 相比较而言, PMMA 与铝之间的弹性失配为 15. 图 14.7(a) 显示了裂纹尖端速度的历史. 图 14.7(b) 给出了裂尖速度随时间 t 的变化关系, 此处的时间为分子动力学中的无量纲化量. 进行分子动力学计算时, 长度采用了 LJ 势为零时的原子间距进行无量纲化, 能量则采用了 LJ 势最小的势阱进行无量纲化, 而质量采用了原子质量. 裂纹在 $t = 35$ 形核, 然后迅速达到软材料的瑞利波速 $v \to c_{R0} \approx 3.4$. 当载荷继续增大, 裂纹速度稍微增大并成为超瑞利波裂纹. 我们观察到在 $t = 110$ 时, 裂纹速度发生一个大的跳跃, 这时第二个裂纹形核, 并迅速接近硬材料的瑞利波 $v \to \sqrt{\Xi} c_{R0} = 10.7571 > c_{l0} = 6.36$. 第二个裂纹以 Mach 数 1.7 在材料中扩展. 在 I 型载荷下, 第二个裂纹形核仅在高应变率下发生 ($\dot{\varepsilon}_{xx} = 0.00005$).

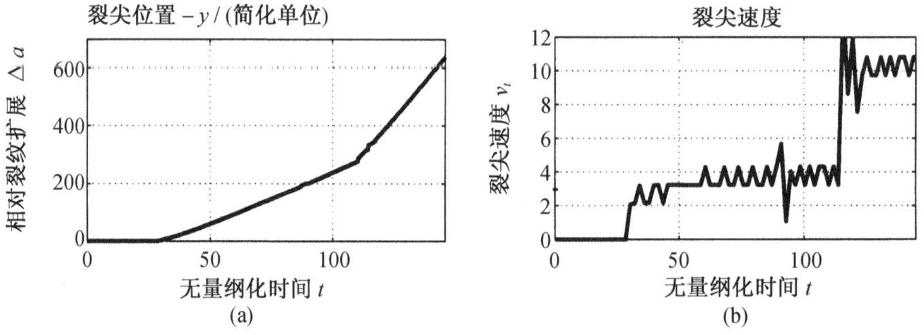

图 14.7 $\Xi = 10$ 时拉伸载荷作用下界面裂纹的裂尖位置及裂纹速度变化过程

(a) 裂尖位置; (b) 裂纹速度变化过程. 子裂纹产生并以相对于软材料的超音速扩展

目前为止, 母裂纹–子裂纹形核只有在 II 型载荷下才发现这样的机制. 这个结果暗示, 在双材料界面问题中, 张开型裂纹在较大载荷下能够以硬材料的瑞利波扩展, 且裂纹能超过软材料的纵波速. 这种现象至今在实验中没有发现. 在实验研究中, 拉伸界面裂纹速度仅略超过软材料的瑞利波, 而未发现跨音速或超音速现象. 图

14.8 给出了应力场, 图 14.9 给出了第二个裂纹形核之前的粒子的速度场. 图 14.10 给出了第二个裂纹形核后, 子裂纹为超音速运动时势能场. 图 14.11 及图 14.12 分别给出了应力场及粒子速度场. 子裂纹通过材料超音速扩展, 在右半平面的软材料中 Mach 锥清晰可见.

母裂纹–子裂纹机制在拉伸载荷下, 对弹性失配参数为 $\Xi = 2, 5, 7, 10$ 都有发现.

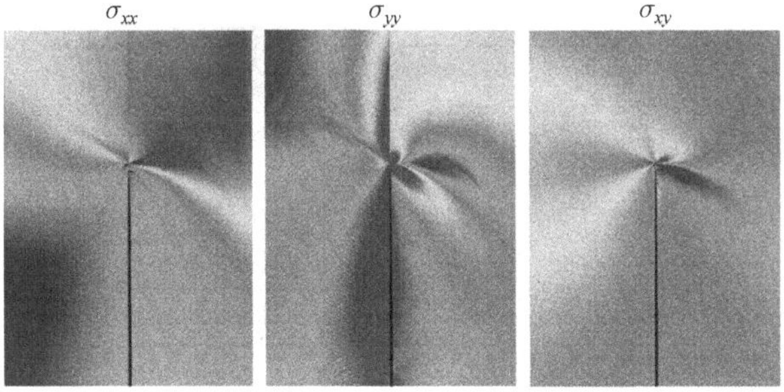

图 14.8 子裂纹产生前裂纹尖端的应力场

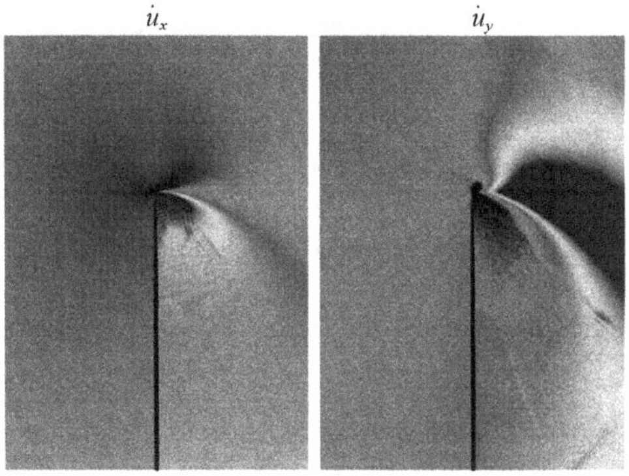

图 14.9 子裂纹产生前粒子速度场: (a) $\dot{u}_x$; (b) $\dot{u}_y$. 速度场有明显的非对称

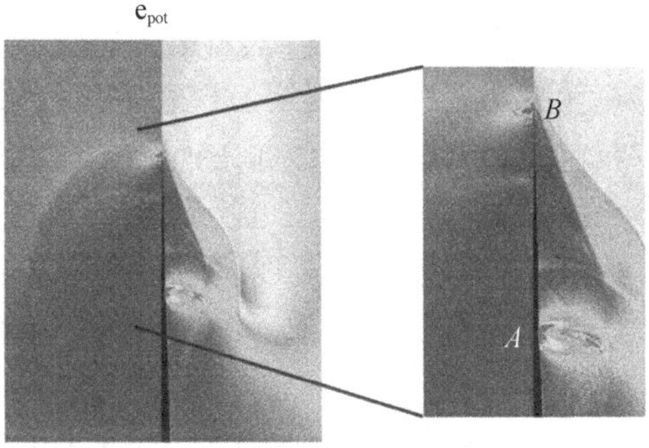

图 14.10 弹性失配常数 $\Xi = 10$ 情况下的势能场, 右边图中 A 表示母裂纹, B 表示子裂纹

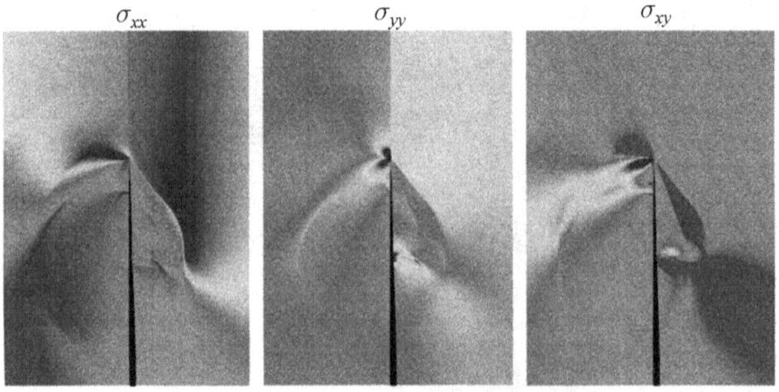

图 14.11 弹性失配常数 $\Xi = 10$ 情况下的应力场, 在软材料中两个 Mach 锥清晰可见

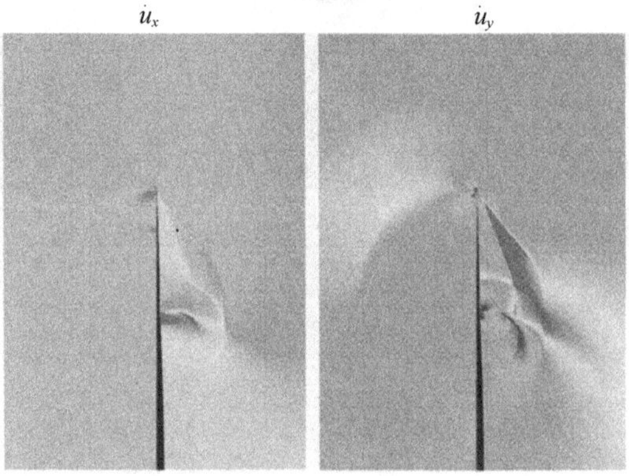

图 14.12 弹性失配常数 $\Xi = 10$ 情况下的粒子速度场

14.3.2 双材料界面剪切裂纹

在 MD 模拟中, 选择了弹性失配参数 $\Xi = 3$, 图 14.13 给出了裂尖速度与时间变化的关系, 加载率包括部分小的拉伸载荷 $\dot{\varepsilon}_{xx} = 0.00003$ 及比较大的剪切载荷率 $\dot{\varepsilon}_{xy} = 0.000125$.

起初, 母裂纹以软材料的瑞利波速扩展, 然后第二个裂纹 (子裂纹) 产生并以软材料的纵波速扩展, 最后第三个裂纹 (孙裂纹) 产生, 并以硬材料的纵波速扩展. 孙裂纹的扩展相对于软材料为超音速扩展. 假如在孙裂纹形核后, 载荷停止, 裂纹速度仍然保持, 直至整个材料破坏. 对于 $\Xi = 2$ 情况, 发生同样的现象.

在图 14.14(a) 中给出了剪切主导界面裂纹的势能场. 我们标记不同的裂纹为: A 为母裂纹, B 为子裂纹, C 为孙裂纹. 图 14.14(b) 中给出了极限速度及裂纹速度的跳跃示意图.

图 14.15 给出了两个不同时刻的应力场, 图 14.15(a) 为子裂纹形核前的应力场, 图 14.15(b) 为孙裂纹形核后的应力场, 图 14.15(c) 为裂尖区域的放大图.

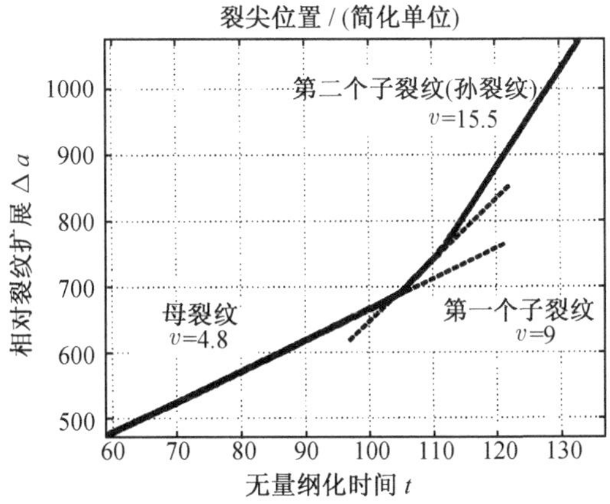

图 14.13 弹性失配常数 $\Xi = 3$ 情况下剪切载荷作用的裂尖位置,
该图显示了母–子–孙裂纹的机理

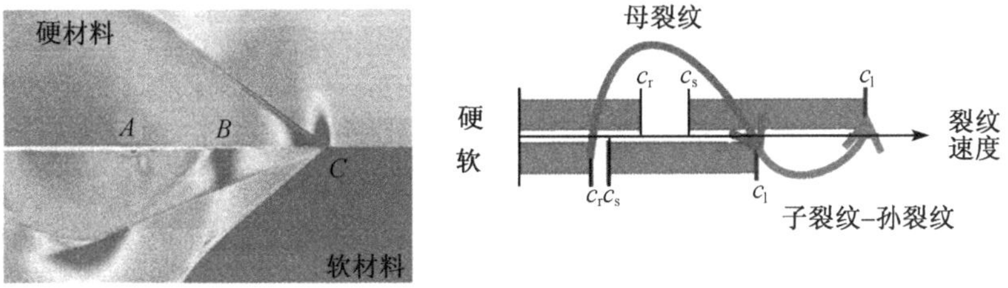

(a) (b)

图 14.14 界面裂纹剪切作用下超音速扩展
(a) $\Xi = 3$ 时势能场; (b) 允许极限速度及观察到的裂尖速度跳跃.
图中 A 表示母裂纹, B 为子裂纹, C 为孙裂纹

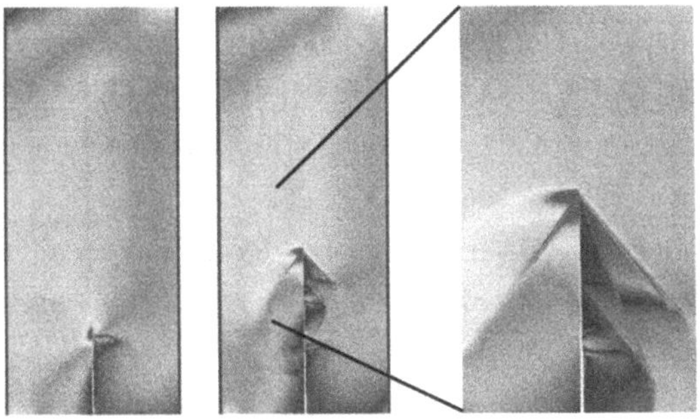

(a) (b) (c)

图 14.15 $\Xi = 3$ 情况下界面裂纹剪切作用下 σ_{xx} 应力场

原子模拟对研究界面裂纹的动态扩展是一个可行的方法, 有待进一步的研究应

集中在模拟渐近场与理论的比较, 及对所观察到的母裂纹–子裂纹–孙裂纹形成机理更详细的理论分析.

参 考 文 献

[1] Ruhle M, Evans A G, Ashby M F, et al. Metal-ceramic interface. Acta-Scripta Metallurgica Proc. Ser. 4, New York: Pergamon Press, 1990.

[2] Rice J R. Elastic fracture mechanics concepts for interfacial cracks. J. Appl. Mech., 1988, 55: 98−103.

[3] Evans A G, Ruhle M, Dalgleish B J, et al. The fracture energy of biomaterial interface. Mater. Sci. Engng A, 1990, 126: 53−64.

[4] Hutchinson J W, Suo Z. Mixed mode cracking in layered materials. Advances in Applied Mechanics, New York: Academic Press, 1991.

[5] Suo Z. Singularities, interfaces and cracks in dissimilar anisotropic media. Proc. R. Soc. Lond. A, 1990, 427: 331−358.

[6] Wang T C, Shih C F, Suo Z. Mechanics of interface crack extension and kinking in anisotropic solids. Int. J. Solids Struct, 1991.

[7] Tippur V H, Rosakis A J. Quasi-state and dynamic crack growth along biomaterial interface: a note on crack tip measurements using coherent gradient sensing. SM Rep. 1990, 17.

[8] Yang W, Suo Z, Shih C F. Mechanics of dynamic debonding. Proc. R. Soc. Lond. A, 1991, 433: 679−697.

[9] Liu C, Lambros J, Rosakis A J. Highly transient elastodynamic crackgrowth in a biomaterial interface: higher order asymptotic analysis and optical experiments. J. Mech. Phys. Solids, 1993, 41: 1887−1954.

[10] Yu H, Yang W. Mechanics of transonic debonding of a bimaterial interface: the anti-plane shear case. J. Mech. Phys. Solids, 1994, 42: 1789−1082.

[11] Yu H, Yang W. Mechanics of transonic debonding of a bimaterial interface: the in-plane case. J. Mech. Phys. Solids, 1995, 43: 207−232.

[12] Huang Y, Liu C, Rosakis A J. Transonic crack growth along a bimaterial interface: an investigation of the asymptotic structure of near-tip fields. Int. J. Solids Structures, 1996, 33: 2625−2645.

[13] Atkinson C. Dynamic crack problem in dissimilar media. Mechanics of Fracture, 1977, 4: 213−248.

[14] Deng X. Complete complex series expansions of near-tip fields for steadily growing interface cracks in dissimilar isotropic materials. Engineering Fracture Mechanics, 1992, 42: 237−242.

[15] Willis J R. Self-similar problems in elastodynamics. Phil. Trans. R. Soc. Lond., 1973, 274: 435−491.

[16] Tippur V H, Rosakis A J. Quasi-state and dynamic crack growth along biomaterial interface: a note on crack tip measurements using coherent gradient sensing. Exp. Mech., 1991, 31: 243−251.

[17] Lambros J, Rosakis A J. Shear dominated transonic crack growth in a bimaterial-I. experimental observations. Journal of the Mechanics and Physics of Solids, 1995, 43: 169−188.

[18] Liu C, Huang Y, Rosakis A J. Shear dominated transonic crack growth in a bimaterial-II. Asymptotic fields and favorable velocity regimes. Journal of the Mechanics and Physics of Solids, 1995, 43: 189−206.

[19] Singh R P, Lambros J, Shukla A, et al. Investigation of the mechanics of intersonic crack propagation along a bimaterial interface using coherent gradient sensing and photoelasticity. Proceedings of the Royal Society, 1997, 453: 2649−2667.

[20] Xu X P, Needleman A. Numerical solutions of dynamic crack growth along an interface. International Journal of Fracture, 1996, 74: 289−324.

[21] Huang Y, Wang W, Liu C, et al. Intersonic crack growth in bimaterial interfaces: an investigation of crack face contact. J. Mech. Phys. Solids, 1998, 46: 2233−2259.

[22] Wang W, Huang Y, Rosakis A J, et al. Effect of elastic mismatch in intersonic crack propagation along a bimaterial interface. Engineering Fracture Mechanics, 1998, 61: 471−485.

[23] Freund L B. Energy flux into the tip of an extending crack in an elastic solid. Journal of Elasticity, 1972, 2: 341−349.

[24] Freund L B. Dynamic fracture mechanics. Cambridge: Cambridge University Press, 1998.

[25] Freund L B. The mechanics of dynamic shear crack propagation. J. Geophys. 1979, 84: 2199−2209.

[26] Broberg K B. The near-tip field at high crack velocities. International Journal of Fracture, 1989, 39: 1−13.

[27] Buehler M. Dissertation of PhD, University of Stuttgart and Max-Planck Institute for Metals Research, 2004.

索 引